DESIGN FOR CHINA
The Collection of the Selected Thesis of the
Seventh National Exhibition of
Environmental Art Design

为中国而设计
第七届全国环境艺术设计大展
入选论文集

U0325433

7th DESIGN FOR CHINA

徐里 张绮曼 主编

中国美术家协会 主办

中国美术家协会环境设计艺术委员会 四川美术学院 承办

中国建筑工业出版社

序
Foreword

　　"为中国而设计"，这是鲜明的学术主张，也是我国环境艺术设计事业树立中国气派、中国精神、中国品格的伟大宣言。

　　改革开放以来，我国的城市化进程取得了举世瞩目的成就，我们的思想意识、文化理念需要为快速发展的城市建设有所担当。为此，中国美术家协会于2003年成立了环境设计艺委会，以期指导当代环艺事业发展，吸收国际先进理念，继承、借鉴、弘扬、创新，全面提高中国环境艺术设计、景观设计、室内空间设计水平，鼓励从概念设计到实际工程的创作，从纸上规划到落地应用，改善人民生存环境、营造舒适居住空间，为文化中国、美丽中国的建设贡献力量。

　　十三年前，在张绮曼教授的主持下，提出了"为中国而设计"的工作方针和发展理念。在这一理念的指引下，全体艺委会成员戮力同心，先后在北京、沈阳、深圳、西安、上海成功举办了六届全国环境艺术设计大展暨学术论坛。今年第七届活动即将在美丽的重庆四川美术学院举办，届时将是中国环艺事业发展的又一次盛会。

　　七届大展和论坛有各自不同的主题，分别是"为中国而设计"，"和谐、生态、现代中国"，"改革开放三十年·倡导设计独创性"，"为农民而设计·低碳时代的环境艺术设计"，"中国当代　创新突破"，"美丽中国——设计关注生态、关注民生"，"更新 复兴 创新"。我们提倡每一届都为社会发展的热点"把脉、开药方"，用专家智慧指明方向，引领潮流。

　　所谓"十年磨一剑"，大展和论坛搭建了创作展示和学术交流的良好平台，并且始终关注着时代的热点，寻求创新和突破，以学术性和专业性在全国领先。经过十余年的努力和时间的检验，我们欣喜地看到，过去的辛苦付出有了收获，大展和论坛得到了全国各地院校、设计公司和行业组织的持续关注，成了业界首屈一指的品牌活动，也是推出精品力作和培养优秀人才的重要平台。

　　令人感到欣慰的是，随着活动的开展和推动，中国的环艺设计事业取得了显著的成绩，从业人员队伍逐渐扩大，艺术设计水平持续提高，社会应用能力不断增强，为推动中国设计的进步做出了突出的贡献，并且走在了专业的国际前沿，引领着时代发展的方向。更重要的是，"为中国而设计"这一理念得到了全国设计从业者的广泛认可，并以实际行动践行着这一理念，切实为城市人文环境的改造和生存居住空间的美化发挥着重要作用。我们要感谢中国美协环境设计艺委会的努力，也要感谢社会各界人士的支持。

　　今天，"为中国而设计"这一主张成为中国环境艺术设计事业的灵魂和旗帜，它不是一个简单的口号，它是一种符合中国国情的、与时俱进的文化理念，更是一种心灵的呼声，是我们设计艺术的指南针。不积跬步，无以至千里；不积小流，无以成江海。我们坚信，在"为中国而设计"这一理念的指引下，只要我们继续脚踏实地的努力，坚持艺术规律，遵循时代发展的趋势和人民群众的需求，中国艺术设计事业将会取得更大的建树，可持续发展的"中国梦"的美丽环境一定会实现。

　　最后，预祝第七届全国环境艺术设计大展暨学术论坛圆满成功！

中国美术家协会分党组书记
2016年9月

前言
Preface

中国美术家协会环境设计艺委会于2003年9月28日在北京成立。2004年筹备首届环境艺术设计大展及论坛活动时我们提出了"为中国而设计"这一鲜明的学术主张，确定了以双年展的形式结合国家建设和民生需求的动向来确定各次活动的侧重主题，希望尽快搭建一个专业性强、能够发挥学术导向作用的交流平台，研究中国环境设计中的重点问题，为推动专业深化及发展发挥积极作用。现将已经成功举办的六次大展及论坛活动以及即将开幕的第七次大展论坛活动总体情况概要汇报如下：

1. "首届全国环境艺术设计大展及设计论坛"于2004年在中央美术学院举办，建筑学院承办。当年，中国正处于飞速发展的城市化进程中，环境艺术设计越来越凸显其重要性，许多城市中充斥着欧陆样式、西洋情调与城乡环境格格不入。为此，我们直接提出了"为中国而设计"的学术主张，号召中国设计师立足本土、面向世界，为中国而设计。同时，确定了将这一学术主张作为今后双年展的长期纲领。

2. 第二届全国环艺大展及论坛活动于2006年在沈阳鲁迅美术学院举行，延续了第一届大展的主题"为中国而设计"，副标题定为"和谐、生态、现代中国"。目的在于通过学术交流促进专业水平的提高，引导国内环境艺术设计领域关注本学科的最新发展动向，促进设计师走具有中国文化内涵和满足现代生活需求的环境艺术设计之路。

3. 第三届大展及论坛活动于2008年在深圳大学艺术设计学院举办，为了更好地体现中国改革开放的成果和环境艺术设计专业、装饰行业的迅猛发展和成就，以副标题"改革开放30年，倡导设计独创性"为环境艺术设计提出了具有核心价值的学术导向。

4. 2010年是中国经济夯实复苏基础的调整之年，是实现可持续发展的关键之年，按照国家发展西部的指向，在"第四届为中国而设计—环境设计大展及论坛"活动中设定了"为农民而设计"的专题，调动四校联合开展为陕西农民进行"西部生土窑洞公益改造设计"活动并予以实施，大展在西安美院举办，论坛在三原县柏社村地坑窑院改造现场举行。大会在倡导和践行可持续发展生态设计理念的同时，为中国的环境设计发展提出了有核心价值与现实意义的导向。

5. 2012年第五届环境设计大展及论坛活动在中央美院召开，城市设计学院承办，副标题为"生态中国、创新突破"。设计大展按四个专题征集：西部生土窑洞改造设计、创新突破的当代家具设计、公共景观规划设计及环保低碳室内设计等较为广泛的题材，意在调动广大设计师的创作热情，启发创新思维。论坛设置了三个专题：中国本土设计的创新与突破；低碳生活与创意家具；环境艺术设计教育。中国美协环境设计艺委会不同于国内行业协会，环艺委员都是活跃在全国各地美术设计专业院校和专业设计、研究部门的专家学者、学术带头人、著名设计师，通过策划组织这些覆盖全国的高水平学术活动力争打造中国环境艺术设计的第一学术交流平台。

6. 2014年第六届大展及论坛活动在上海大学美术学院举办，大展及论坛主题为"美丽中国—设计关注生态、关注民生"。展出作品又分四块：环境空间原创设计、"东鹏杯"卫浴产品原创设计、实验性原创家具设计以及上海城市轨道交通公共空间设计。第六届大展学生组作品设计水平较前几次大展有很大提高，反映出中国环境艺术设计教育水平的提升，以及大展整体作品中不乏关注生态、关注民生、低碳节能、创新、传承的好作品。

7. 2016年"为中国而设计：第七届全国环境设计大展及论坛"活动将在中国西南地区重庆四川美术学院生态新校园的美术馆举办，设定的主题为"更新、复兴、创新"，讨论环境艺术设计在面对人与自然、人与人的关系等永恒性问题时所能做出的应对与回答，展览将对人类居住历史、人居现实问题、人类未来发展思路进行讨论，同时也将艺术对人居环境的柔性介入与改善纳入活动研讨范畴。虽然当前中国美协对大展评审办法有所改变，但并未减少全国各地设计师们、院校师生参展、参加论坛的热情，收件及投稿数量众多，因为展出规模及出版页数的限制仍以作品集、论文集两册作为大展及论坛的学术成果正式出版发行。

至此，中国美术家协会环境设计艺委会经由全体委员的共同努力，编辑人员的辛勤付出，七届大展及论坛活动共有正式学术出版物14本，连同2008年至2014年"中国环境设计年鉴"6本，以及"环艺委员作品集"、"中国西部生土窑洞"专集2本，环艺委正式出版发行总共22本。配合各次学术交流发挥了重要作用，在此特别要对中国建筑工业出版社长期以来给予我们的大力支持和友情协助，致以衷心的感谢和敬意！

以上是对各次大展的概要回顾和小结。

在中国美协领导下，环境设计艺委会一直以推动中国环境设计专业的发展为己任，通过举办大展、论坛及各地考察举办专题研讨会等活动，关注中国环境设计领域的发展方向和热点问题，传承中国优秀文化，凝聚专业创新智慧，倡导广大设计师为改善提高人民生活环境质量有责任、有担当，为中国国家建设和发展贡献力量！

张绮曼

2016年9月

目录
Contents

北京地铁公共艺术的探索性实践
——"北京·记忆"公共艺术计划的创作思考

武定宇　北京联合大学广告学院

摘要： 本文阐述了公共艺术介入北京地铁空间的发展过程，并结合北京地铁8号线南锣鼓巷站"北京·记忆"公共艺术计划的创作，从对城市文化与场所精神的挖掘、公共精神的强调、跨界艺术语言的运用等方面来谈实现一件具有探索意义的公共艺术作品的创作思考。

关键词： 地铁 公共艺术 城市记忆 场所精神

对于公共艺术介入轨道交通空间的记载可以追溯到20世纪七八十年代，其中最有名的例子是1977年巴黎地铁公司与市政府发布的一个长达十五年的"文化活力计划"和随后英国伦敦1981年启动的"蜕变的车站"的专项计划。[1]北京作为国内最早建设地铁的城市，紧跟时代的脚步，1984年北京地铁2号线西直门、建国门、东四十条站先后展开以壁画为艺术形式，以传统文化科学发展为主要内容的艺术品的创作，将艺术品引入我国地铁空间。从这一批作品

至2014年，我国的公共艺术创作已经走过了整整30年。截至2014年初，北京地铁已有17条线路投入运营，其中有11条线路、83站引入了公共艺术创作，共计128件（组）公共艺术作品（含车站一体化设计）。

由于种种原因，1987年到2006年间北京地铁建设及其公共艺术创作基本处于停滞状态，直到为迎接2008年北京奥运会而建设的北京地铁机场线、8号线一期（奥运支线）等项目启动，地铁公共艺术创作才重新被提上日程。由于对线路形象和功能的特殊定位，这两条线路并没有采用传统的公共艺术以壁画形式介入地铁空间的方式，而是由公共艺术主导站内空间的装修设计，进行了整体的艺术化营造。这标志着地铁公共艺术创作不仅随着新一轮北京地铁线网建设而重新启动，更因其独特的作用在新的发展时期中扮演着越来越重要的角色。

2012年北京市有关部门组织了地铁6号线一期、8号线二期南段、9号线北段、10号线二期33站的50多件公共艺术作品的创作实施工作，将越来越多新作品引入地铁空间中，地铁公共艺术的创作形式也逐步从单一的传统壁画向更多元的艺术形式转变。[2]无论从是数量上还是从质量上看，北京地铁公共艺术创作都获得了长足的进步。随着地铁线网建设和地铁公共艺术的发展，地铁空间日渐成为城市文化传播的重要载体。就北京来说，地铁每天的人流峰值超

① 杨子葆.捷运公共艺术：拼图[M].马可波罗文化出版社，2002：92-102.
② 北京市规划委员会.北京地铁公共艺术1965-2012[M].北京：中国建筑工业出版社，2014：10-11.

图1 "北京·记忆"公共艺术计划现场全景图　　　　　　　　　图2 "北京·记忆"作品细节图

过一千万人次，也就是说每天面对地铁公共艺术的人数不少于500万，这是美术馆和博物馆参观人数的数百倍，它与公众沟通的次数是任何其他场所的艺术都无法比拟的。通常地铁的车站一般都会选择在周边区域较为核心位置设置，站点的开通必将成为该区域重要的公共场所，它将是周边区域文化精神最好的传播平台。在地铁公共艺术的创作中我们通常都会运用一定的艺术语言将这个区域的历史、文化展现出来，但这种展现很难突破传统的"叙事"和"再现"，并没有把区域文化的能量充分地挖掘、放大，同时也往往缺少对"当下"的一些关注和思考。如何利用好这个特有的空间，在创作中对区域的文化诠释的方式上取得新的突破；如何在满足地铁有限空间并符合基本功能需求同时，将更加丰富的艺术手段合理有效地利用在地铁空间，这是对于正在逐渐熟悉和适应地铁这一特殊空间的艺术创作者而言不容回避的问题，下面我就近期刚刚实施完成的一件作品的创作谈谈自己的感受与思考。

1 应注重对城市文化与场所精神的挖掘，展现其精神内核

"北京·记忆"公共艺术计划，位于北京地铁八号线南锣鼓巷站站厅层付费区墙面，长20米，高3米（图1）。作品所在的南锣鼓巷地区较好地保存着元大都时期里坊的城市肌理，保留着较为完整的胡同格局，每一条胡同都有着深厚的文化积淀，每一个宅院都诉

说着动人的故事。它一直是北京文化历史的核心区域，直到如今，那里也是最具北京特色文化的时尚地标。在考察调研过程中，我们一直在尝试寻找其精神特质，在梳理了大量的历史文献资料，对周边的现状与功能属性进行了实地踏勘与分析后，我们深信其核心的精神就是城市记忆，就像美国哲学家爱默生曾经说："城市是靠记忆而存在的"，城市是有灵魂和记忆的生命体，丧失记忆的城市即意味着文化根脉延续性的断裂与消退。[①] 因此，在创作中我们紧紧抓住记忆这个原点，去挖掘这条历史街区、院落和物件中所隐藏的人文往事，寻找即将遗失的北京故事。

作品诠释"记忆"的灵感一开始来源于琥珀，作品整体艺术形象由4000余个琉璃单元体组成，以拼贴的方式呈现出具有北京特色的人物和场景剪影，如街头表演、遛鸟、拉洋车的等（图2）。

每一个剪影又是由数百块琉璃块组成，在每一个琉璃单元体之中封存了一个北京的物件，如一枚徽章、一张粮票、一个顶针、一条珠串……我们把这些物件和它背后的一个个单体记忆和故事，连同它们所代表的时代的缩影，就如同松香包裹昆虫那样封存起来。封存在一个墙面中的众多鲜活的记忆相互作用，相互融合，最终将它以一个整体的全新姿态呈现。此时作品已经成为了有着独立灵魂的记忆载体，这个记忆载体，承载着无数单体记忆的同时，又在传播与展示的过程中不断与更多的观众建立联系，催生出新的记忆，

① （德）刘易斯.艺福.城市发展史[M].北京：中国建筑工业出版社，2005:101—105.

图3 征集来来承载着北京记忆的物件　　　　图4 田野调查小组与当地居民沟通与采访过程

而这最终也使它更加具有包容的凝聚力和超乎想象的震撼力。它将是记忆的承载者，也是记忆的传播者，更是记忆的创造者。

我认为，对于城市公共艺术的创作者而言，创作过程中最为重要的就是要找到其精神的内核，注重对其场所精神的把控与表达。公共艺术的创作绝不仅是一个外在形式的探索，好的公共艺术作品本身就应该具有内在精神和特定的社会文化意义，让人们可以透过作品，看到时间与空间、现实与历史、思想和情感留下的烙印，从而引发公众讨论、文化交流等一系列的互动关系。就像我们要找到一个艺术的种子让它在这里生根发芽一般。

2　强调公共精神，让公众与作品共呼吸

地铁公共艺术区别于传统意义上的博物馆艺术、美术馆艺术，甚至区别于一般意义上的公共艺术，一方面是由于其大众艺术的属性，要兼顾一般大众的审美能力和趣味；另一方面是因为其庞大而复杂的受众群体，既要考虑所在地区的场所精神和文化，同时要兼顾非本地区生活的人群对作品的读解能力。因此，我们在创作构思的过程中尝试促成一种当地居民的记忆与一般受众之间的某种对话，并在创作的初期，就通过征集、走访等方式去尝试让南锣鼓巷的居民参与到作品的创作中来。由创作者来设定交流规则，由作品来提供平台，但是交流的内容和素材则由居民来提供。最终的结果证明，引导公众参与到作品的创作中来，不仅极大地丰富了作品的

内容，帮助我们完善了作品的结构，更推动了公众与作者、公众与作品、公众与公众之间的互动，使作品拓展了其社会功能。这就像20世纪70年代末，挪威著名的建筑师、历史学家诺伯格·舒尔茨所说的：“城市形式并不是一种简单的构图游戏，形式背后蕴含着某种深刻的涵义，每一场景都有一个故事”。置于特定场景之中并作为城市有机组成部分的公共艺术必然要成为这一故事的载体，让人们在同公共艺术品的交流和互动过程中，察知城市的历史文化、体悟城市的精神内涵和延续城市的感觉与记忆。[①]

在创作的过程中我们运用了公开征集、目标走访、田野调查等多种手段来进行前期的数据收集，并对庞杂而琐碎的信息进行了系统地梳理。一方面，通过设立官方网站和媒体向社会发布“北京·记忆”公共艺术的计划的征集启事；另一方面，组建专门的执行团队走访北京重要的老字号商户、非物质遗产传承人，去收集和整理那些特殊的城市记忆故事和纪念物；此外，还同时组织了10个小分队开展田野调查，去与长时间生活在那里的民众沟通，向他们阐释了关于“北京·记忆”的创作想法以及收藏他们的北京物件和北京记忆的请求（图3）。在征集的过程中我们还得到了南锣鼓巷居委会的支持，通过居委会的组织与当地居民的参与成功举办了“北京·记忆”　公共艺术计划的宣讲会，得到所在居民的积极响应，民众对公共艺术的积极认可和接受程度是我没预料到的。当然，在工作展开的初期，很多的居民对这个艺术作品

①　陈高明，董雅.公共艺术的场所精神与地缘文化——以天津为例.文艺争鸣，2010（4）：66.

为中国而设计　第七届全国环境艺术设计大展入选论文集

DESIGN FOR CHINA　The Collection of the Selected Thesis of the Seventh National Exhibition of Environmental Art Design　011

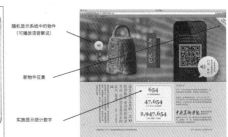

图5　"北京·记忆"作品二维码的呈现方式　　　　图6　"北京·记忆"作品的手机微信平台的界面和网站平台界面

的执行方式并不理解，存在一定的质疑，但是经过我们工作的不断完善、沟通和阐述方式的改善，最终还是收获了居民的理解与支持。征集工作前后历时七个月，走访了上千位民众，收集物件共计3068件，视频与语音采访122条，经过对物件和视频认真地筛选，最终确定1969件物件与50条语音视频等待放入作品之中（图4）。

　　"北京·记忆"这件作品所追求的不单是艺术作品的呈现，艺术形式仅是它的"外"在表现，而我们更注重的是它的"内"在灵魂，我们要做的不局限于去装点一个墙面，让它具有形式美感，更是希望通过作品触发人们对这个场域的回忆与思考。这里强调的不是个人的创作和艺术风格，而是体现作品与社会与公众沟通，与生活在这个区域特有的人群沟通。这里没有艺术家和创作者，而只是与公众进行一种更为平等的心灵沟通。我们很看重这个过程，在这一过程中我们不单单是寻找我们需要的物件和记忆，我们在寻找的是一个个作品的参与者，把他们的记忆用物质的形式记录并流传下去，让他们参与其中产生一种自豪感与归属感，当这种自豪感与归属感不断地传播、延续、发酵，就会激发更多可能性，让作品获得不断地获得生长性和生命力。我们在向公众讲述艺术创作的同时，希望传播的是一种公共艺术的精神，在沟通的过程中让公众逐渐地了解公共艺术，感受公共艺术，去探索和体验公众对公共艺术的态度，培养公众对公共艺术的理解和可接受的程度等。这个过程是公

共艺术核心价值的体现，在征集和讲解的过程中会遇到很多有价值的问题，与公众思想的碰撞促使我们在解决和回答问题的过程中逐步的完善和充实作品，也让我们更加深刻地理解公共艺术在中国存在的价值和意义。当然，一件作品创作与公众的沟通也许不能去改变什么，但它也会像一个"种子"一样生长在公众的脑海里。

3　运用跨界艺术的复合手段，强调作品的延展性与时代性

　　"北京·记忆"这个作品之中我们建构了一个基于网络的延展平台，在封存物件旁边的琉璃单元体中安放了二维码，并设置微信平台与其互联。市民可以用手机扫描二维码，获得征集物件背后的故事和相关视频，在乘车的过程中阅读，同时还可以通过留言方式进行互动交流（图5、图6）。我们还设立了"北京·记忆"的官方网站（http://www.beijingmemory.org/），记录平台中每一观众与作品的互动，公众可以通过登录官方网站了解每一个物件的背后故事，可以了解创作团队的创作理念和创作过程，让艺术作品与公众之间形成了一个生态的互动链条，这种虚拟的平台赋予了作品一种新的生命，公众的互动参与促进了作品本身的生长，为作品未来延展提供了可能。但毕竟地铁空间作为交通空间，留给每一个人欣赏艺术作品的时间和空间都是相当有限的，传统意义上的互动难以在这样的限定中获得良好的传播和生长效果。因此，我们尝试

图7 "北京·记忆"作品的互动链条

让"北京·记忆"突破作为墙面上的一件艺术品的限制，将有限的时间和空间变为受众与作品互动的一个起点和触发点，让更多的阅读、互动发生在乘车和行动过程中，通过让观赏者将作品带走、阅读、收藏，来实现作品的延展和生长。

我们将"北京·记忆"称之为公共艺术计划，就是要强调作品本身的计划性和系统性。它并不局限于艺术品的概念，在创作中，通过宣讲、征集、推广等方式和过程体现作品的"社会性"与"公共性"，同时强调跨界艺术的多样性和互动性，将新的信息传播方式、多媒体艺术、网络空间等因素纳入到作品中，使作品的形式和载体更加丰富多元。用一种全新的方式阐述地域文化文化，展现其场所精神，抓住"记忆"这个概念，强调其多样的"生长"过程。此时的"北京·记忆"已不仅仅是城市公共空间物化的艺术品，随着时间的发展，它还将是一个市民互动事件，一次媒体与公众的交流，甚至会引发一个社会话题，并最终成为一个公共事件。它将是植入城市公共生活中的一颗"种子"诱发文化的"生长"（图7）。

总之，"北京·记忆"公共艺术计划作为地铁公共艺术创作中的一次探索是具有积极意义的。首先它强调的是对场所精神与地域文化的深度挖掘，找到其精神内核，并运用艺术的语言进行演绎和发展，其促成文化的再生长；其次，它采用一种严谨的方法去组织策划，在作品的实施过程中注重创作者与民众的沟通，让民众参与作品创作之中，让作品更具"公共性"与"参与性"；最后，它所强调的是一种探索精神，大胆地将跨界的艺术形式、复合的艺术语言有选择地运用到艺术作品之中，打破原有单一艺术作品的概念，让作品更具生命与活力，让其更具时代性。"北京·记忆"公共艺术计划的这一次尝试只能算作地铁公共艺术探索中的一颗"种子"，它会和在其他探索中的"种子"一起在地铁公共艺术创作的土壤中逐渐地成长壮大。

从二维走向三维的曼陀罗*

李 沙 北京建筑大学
任 军 北京建筑大学

摘要： 藏传佛教曼陀罗图式不仅出现于西藏建筑，在中原腹地也被广泛传播，体现了汉藏文化艺术的融合与相互影响，带有浓郁藏传佛教密宗文化色彩的藏传佛教曼陀罗图式传达出特有的美学观念，在平面曼陀罗基础上形成了三维形式，营造了严肃端庄而充满对比变化的灵动宗教艺术氛围，它对研究藏传佛教曼陀罗图式的演变及发展脉络具有重要的参考价值。

关键字： 藏传佛教 曼陀罗 平面 三维

1 曼陀罗的定义

1.1 基本概念

曼陀罗代表平等周边十法界，轮圆具足，指藏传佛教密宗按一定仪规所建立的修法的曼陀罗其图式源于古印度教，在《吠陀经》中叙述了藏传佛教曼陀罗的产生神话：在远古，以太中央是大梵天，即太阳神，描绘为发光的生命之源，被众神环绕，呈现出有序的世界（VastuPurusha Mandala），其形式圆中有方，圆象征世俗世界和时间流逝，方则象征神灵世界岿然不动。因而构成完美的绝对形式，象征着神灵世界的宇宙观。主要文化源头出自古印度的太阳崇拜文化和生殖崇拜文化。6~7世纪密宗兴起，渐成佛教的主流，于是藏传佛教曼陀罗图式日趋成熟。

1.2 曼陀罗的分类（表1）

藏传佛教曼陀罗类型表　　　　　表1

类 型	形 式	实 例	地 点
曼陀罗图式	唐卡	—	—
	彩沙	—	—
曼陀罗模型	鎏金铜质	布达拉宫供奉	西藏拉萨
	珐琅	雨花阁供奉	北京故宫
	木质	普乐寺供奉	河北承德
曼陀罗建筑	曼陀罗式寺院	桑耶寺	西藏山南地区扎囊县
	三维曼陀罗	时轮金刚曼陀罗	四川阿坝中壤塘县
曼陀罗城市	城市规划	缅甸古都王宫	缅甸曼德勒

1.2.1 曼陀罗图式

包括以平面形式描绘诸佛、菩萨形象的全景曼陀罗；以平面形式描绘佛的法器和印契的三昧曼陀罗；以平面形式描绘代表诸尊名称的首写梵文字母的种子曼陀罗。通常是以唐卡、壁画和彩砂等艺术形式呈现。

1.2.2 三维曼陀罗模型

即以三维形式塑造诸佛、菩萨形象全景曼陀罗的羯磨曼陀罗。三维曼陀罗模型常见于藏传佛家寺院及宫殿，现存曼陀罗模

*北京市哲学社会科学规划项目，项目编号：13WYB035.

图1 缅甸古都曼德勒　　图2 种子曼陀罗复原图

型一般为铜质镏金、珐琅和木质三种材质。布达拉宫曼陀罗殿供奉密集金刚曼陀罗、胜乐金刚曼陀罗、大威德金刚曼陀罗三座镏金铜质曼陀罗模型，另外时轮殿供奉的时轮金刚曼陀罗亦为镏金铜质，国内其他寺院建造的曼陀罗模型多以布达拉宫此四尊模型为范本；故宫雨花阁同样藏有密集曼陀罗、胜乐曼陀罗、大威德曼陀罗三座模型，其材质为掐丝珐琅，是雨花阁内制作工艺最精、耗资最大的工艺品；承德普乐寺主殿旭光阁内供奉一座由37块木料组合的曼陀罗，其下为折角方形台座，四面伸出五股金刚杵，座上四正面设门坊，中为木质殿堂，殿内供奉胜乐金刚铜像。

1.2.3 曼陀罗建筑

曼陀罗式寺院和三维曼陀罗分别是两种建筑形式。

在佛寺的营建中，常引用关于佛国世界宇宙模式的环境及建筑描述，如须弥山的形式、善见城的布置、三界的层次安排等，作为造型的依据。此类佛寺是佛教宇宙模式与传统建筑的形式特征相结合的产物，被称为曼陀罗式寺院，桑耶寺、托林寺、普宁寺是较为典型的曼陀罗式寺院。

三维曼陀罗是伴随营建技术发展而于近年新出现的建筑类型。至2010年，甘孜与昌都地区已建有六座大幻化网曼陀罗。江苏无锡灵山五印曼陀罗于2011年10月落成。正在建设中的四川阿坝中壤塘觉囊密乘时轮金刚曼陀罗则是第一座教法传习的三维曼陀罗。区别

于桑耶寺等"曼陀罗式"寺院，该曼陀罗本体便是信众的修持工具和冥想空间。

1.2.4 曼陀罗式城市规划

以曼陀罗的理念设计的城市规划，即1859年落成的缅甸曼德勒皇宫，贡榜王朝最后两任皇帝在此居住。整体规划计划在很大程度上遵循了对于本尊神界情景的象征性规划设计语言，周围由一条护城河环绕正方形曼陀罗围墙。宫殿本体建筑位于城堡的中心。1885年被英国占领后，成为达弗林要塞。第二次世界大战期间，大部分的宫殿被摧毁，仅观察塔和曼陀罗围墙幸免而保持了下来（图1）。

2 平面曼陀罗图式解读

2.1 曼陀罗的平面形式

以唐卡、壁画和建筑彩画和彩砂等艺术形式呈现出平面曼陀罗，描绘了诸尊名称的首写梵文字母被称为种子曼陀罗。

藏传佛教密宗的曼陀罗中心是象征太阳神的大梵天，即发光的红色生命之源。贴金的梵文种子字母"唵"代表菩萨的身、口与心，是观世音菩萨的化身；环绕其周围的八个梵文种子字母则是寓意美好愿望宝石、纯洁无瑕的莲花，以及祈求智慧和福运。在梵文种子字母周围描绘了方形内城和长城箭垛的城墙，象征佛国世界岿然不动。圆形的外院被描绘为世俗世界和时间流逝，外围空间由硕火构成（图2）。

图3 三昧耶曼陀罗复原图

三昧耶藏传佛教曼陀罗，呈现了缠枝纹八吉祥内容。在中心位置描绘大梵天，沥粉贴金的梵文种子字母"吽"，代表"梵我合一"的意思。指个人生命基础的"我"和宇宙万有基础的"梵"之本质是相通的、永恒的、无形相、不变灭，如虚空般弥纶一切。即通过内在对真我的认识，使灵魂从世俗世界中解脱出来，达到真实、光明、喜悦的彼岸。其周围则由佛的八件法器所环绕，以此构成其艺术语汇的组成要素，并未描绘诸佛与菩萨形象的坛场全景，因而颇具三昧耶藏传佛教曼陀罗之特色。

2.2 平面曼陀罗的内容

由于明代汉藏之间经济、文化、艺术的广泛交流，藏传佛教题材及其艺术装饰形式大行其道，并对明代建筑彩画创作产生了深远影响，彩画的装饰纹样也在这一时期越发丰富多彩。永乐朝迁都北京之后，开始大兴宫殿及寺庙建筑，从此平面曼陀罗图式的应用逐步扩大，加上藏传佛教的影响，使得图案和题材多变，八吉祥、梵文、西番莲和佛像等诸多藏传佛教文化元素逐渐盛行。

构成其艺术语汇的组成要素，在相互对比和呼应的形式关系中展现了良好的组织性，使得看似复杂多变的组合形式，体现出丰富而又均衡有序的视觉特征。由此可见，缠枝纹可谓明代最具活力的艺术语汇之一，在植根于元代艺术元素的基础上，得到明代吉祥文化的浸润，延续极具特色的传统构图样式，加之丰富多样的构成要

素，演绎出鲜明的汉族特色，突出体现了中国传统装饰纹样的包容性与生命力。

追溯兼具汉藏传统艺术特征的曼陀罗图式渊源，需研究明代治藏的基本制度。当时在汉藏之间政治、经济和文化交流频繁的背景下，大量藏区艺术品被输入内地，包括八吉祥、铃杵等藏传佛教法器和礼器，其数量远大于元代。因皇室崇信藏传佛教，为适应大规模佛事需要，宫廷批量制作藏传佛教铃杵、佛经等。这些对明代汉地装饰艺术以至于建筑彩画产生了深远影响。带有八吉祥、七珍、铃杵、梵文等藏传佛教装饰纹样的频繁出现亦是顺理成章，尤以八吉祥纹样在汉地建筑彩画中运用较为广泛，其图案的内容与形式的演变脉络也较为清晰（图3）。

作为典型吉祥纹样的八宝，通常包括轮、螺、伞、盖、花、罐、鱼、肠八种造型。上述吉祥纹样源于古印度文化。早期出现于释迦牟尼悟道成佛的图像中，也作为佛祖悟道时手中奉献的宝物，其中法轮、莲花及白螺出现频率较高。后来八吉祥宝物被赋予了更深刻的吉祥富贵含义，八吉祥宝物作为装饰图案的流行与定型化则是伴随藏传佛教的发展而逐渐形成的，藏传佛教中不仅将八吉祥作为佛前礼器，而且还大量出现于壁画、唐卡及建筑彩画之中，并成为三昧耶藏传佛教曼陀罗的重要元素。

图4 印度达兰萨拉，集尊胜寺三维曼陀罗模型　　图5 四川省阿坝州时轮金刚曼陀罗效果图

3　三维曼陀罗空间解读

3.1　三维曼陀罗的形式

三维藏曼陀罗多以须弥山为表现形式，佛教的宇宙结构是以须弥山为中心，日月绕须弥山而行，周围海水弥漫，四方各一大洲，每洲旁各有二小洲，海水外有铁围山环绕，其结构布局可提炼为中央主殿，四周围绕配殿为三维空间模式。印度达兰萨拉，集尊胜寺三维曼陀罗模型体现了古老密宗对宇宙结构的认知（图4），该曼陀罗模型中央高耸须弥山，并有日月在其左右升降，外围宫殿为四大洲和八小洲，底座纹饰代表地下结构，依次是地轮、水轮、火轮、风轮；典型的曼陀罗式寺院——桑耶寺用建筑群完整体现须弥山及各部洲的空间对应关系，布敦《佛教史大宝藏论》记录了桑耶寺最初的总体布局："阿阇黎按照阿旃陀那布尼寺的图样，设计出须弥、十二洲、日月双星，周围绕以铁围山以表庄严"；三维藏传佛教曼陀罗建筑亦突出中央主殿的殊胜地位，时轮金刚曼陀罗中央为象征须弥山的层楼叠阁，包括五层宫殿，四面为象征四大部洲和日、月的塔殿。

3.2　三维曼陀罗的功能

若将众生所依持的宇宙结构（须弥山形式）视为藏传佛教曼陀罗的表现形式，众生及众生的身心活动则可视为藏传佛教曼陀罗的表现内容。众生种类繁多且境界悬殊，藏传佛教曼陀罗便是以诸佛（或其象征物）的群组秩序和聚集关系为表现内容的。四川阿坝中壤塘在建的时轮金刚曼陀罗依据度量经的规范尺寸建造（图5），高约80米，由上至下共五层，分别为身曼陀罗、语曼陀罗、意曼陀罗、智慧觉悟曼陀罗、大乐曼陀罗。身曼陀罗是修行者初步与佛陀接触的地方，供奉536尊佛像；语曼陀罗代表佛陀言语的清净，供奉116尊佛像；意曼陀罗供奉70尊佛像，修行者在此处与佛陀心意识相应；智慧觉悟曼陀罗是禅定境界；大乐曼陀罗代表觉悟的超凡经验，供奉时轮本尊；藏地六座大幻化网曼陀罗之一噶陀寺中阴文武百尊见解脱曼陀罗（图6），建筑总高70米，共六层，一层为长寿佛殿（建筑基座，非曼陀罗主体部分）；二层供万尊阿弥陀像，故称万佛殿；三层供奉寂静42尊；四层平面为圆形，供奉忿怒58尊；五层供奉普贤王如来塑像；六层金顶塔藏有5000部经书。

4　结论

透过不同维度所展现出的藏传佛教密宗的精神世界，朝圣者可从视觉、身临其境地感受佛教世界的深刻内涵。同时，凭借艺术语言与建筑语言生动传达精神追求。从狭义上来讲，藏传佛教曼陀罗是密宗的一种平面与三维共存的图式符号；从广义上来讲，藏传佛教曼陀罗图式可以达到众生与佛的精神沟通。因此，作为精神图式，它不但具有上下次第关系，而且具有秩序感。无论是出现于平面彩画中，还是反映于三维曼陀罗上，都体现了藏传佛教的文化特

图6 四川省白玉县噶陀寺中阴文武百尊见解脱曼陀罗

色，引导着人们对审美的更高追求。以平面和三维藏传佛教曼陀罗图式为代表的藏传佛教文化，属于珍贵的古代文化遗产，对于继承和发扬优秀的古代建筑文化具有现实意义，具有特殊的艺术研究及历史研究价值。

参考文献

[1]辞海编辑委员会.辞海[M].上海：上海辞书出版社，2000.

[2]吴庆洲.曼荼罗与佛教文化（上）[J].古建园林技术，2000（1）：32.

[3]黄宝生译.奥义书[M].北京：商务印书馆，2010.

[4] Alberta Hutchinson. Mystical Mandala Coloring Book [M].New York：Dover Publications Inc. Mineola，2007.

[5]唐颐.图解曼荼罗[M].西安：陕西师范大学出版社，2009.

[6]宿白.藏传佛教寺院考古[M].北京：文物出版社，1996.

[7]孙大章.普宁寺——清代佛教建筑之杰作[M].北京：中国建筑工业出版社，2008.

[8]李沙，彭梅.明式建筑彩画色彩控制[A]//中国建筑学会.建筑我们的和谐家园—2012年中国建筑学会年会论文集[C].北京：中国建筑工业出版社，2012.

[9]侯启月，李沙.曼荼罗与明代官式宗教建筑彩画——以智化寺为例[J].装饰，2015（3）.

[10]李沙，彭梅.中国古典建筑彩画的新生[J].中国建筑装饰装修，2012（5）.

[11]杨鸿姣.明代藏传佛教八吉祥纹样在汉地的传播及其风格演变[J].西藏艺术研究，2008(1).

重构"环艺之鼎"
——"五字联结"的环境艺术设计理论创新与实践

王国彬　北京工业大学艺术设计学院

摘要： 在新的时代契机下，环境艺术设计专业面临巨大的挑战，专业的边界与范畴不断受到挤压，核心竞争优势下降。本文向古人借智慧，通过对"道、形、器、材、艺"五字联结设计理论的论述与实践，力求完成环境艺术设计专业的更新与复兴，与时俱进地完成环境艺术设计专业从"理论"到"方法"再到"实践"的理论体系的纵向构建，强化以"艺术"为核心，艺术设计专业与社会各专业的"协同创新"的理论体系。从"跨界"到"无界"，明确地凝聚环境艺术设计专业的核心竞争力，开拓专业的可持续发展方向，实现环境艺术专业的辉煌复兴。

关键词： 复兴创新　环艺之鼎　五字联结　环艺三足

引言

"造福于民"几乎是历朝历代的贤者、政治家们所追求的终极理想，虽"法"相异，然"道"相同。人对于美好幸福生活的追求，是人类不断努力发展的原动力。根据百度百科的解释，"幸"为精神生活的满足感，"福"为物质生活的满足感。两者共生共存，相互促进，不可分离，构成了幸福生活的两仪。

"艺术"的本质是探寻到达"美的三重境界"[1]途径的不同，"设计"则是探索不同途径所运用的方法。时至今日，全球化生态环境及气候的恶化，一系列相关自然与社会问题日趋复杂，

人们开始重新思考人与环境的关系。作为一个交叉型学科专业，环境艺术设计的目标是通过"艺术"的途径，在人居"环境"的范畴内，运用"设计"的方法，培养人们的环境审美意识，全面而又系统地解决相关问题，使人们的生活达到既"幸"又"福"的美好境界。

在新的时代契机下，新的技术、新的社会问题、新的相关专业不断涌现，环境艺术设计专业面临了巨大的挑战，专业的边界不断受到挤压，专业的核心竞争优势下降。一个问题实在地摆在我们面前——环境艺术设计专业的未来之路，究竟要走向何方？

1 环境艺术设计需要与时俱进地构建"环艺之鼎"

曾几何时，改革开放的春风，极大地促进了中国经济的发展。新兴的环境艺术设计专业"恰好"弥补了大量经济发展所需的建筑、园林、规划等相关专业的学科盲区，也可以这么说，环境艺术设计是一个相当有"中国特色"的专业学科。一时间，环境艺术设计专业遍及大江南北的各种高校，但很少有人冷静思考这一专业的核心本质，"环艺"专业在经济大潮中逐渐迷失了本就不太明确的专业方向。

时过境迁，随着相关专业分工的精细化发展，各专业的盲点不断被弥补。"环艺"专业风光不再，面临着有名无实的尴尬境遇——由于缺乏明确的专业核心竞争力，环境艺术设计的从业者成

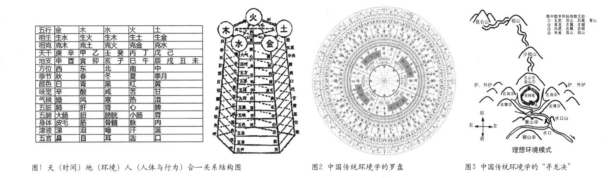

图1 天（时间）地（环境）人（人体与行为）合一关系结构图　　　图2 中国传统环境学的罗盘　　　图3 中国传统环境学的"寻龙决"

了"万金油"，沦为其他相关专业的附庸。随着教育部2011年学科目录的改革，在"设计学"成为一级学科的今天，更需要举高"环境艺术设计"的大旗，凝聚"环艺"专业的核心竞争力，重新构建环境艺术设计的专业之鼎。

2 环境艺术设计专业之"鼎"立，需要"三足"的支撑

一个专业学科的产生与发展，基于其核心知识系统的不可替代性，作为一个由建筑、城市规划、风景园林、实用美术等相关学科交叉而成的新专业，传统"环艺"专业的知识体系呈现纵向深度不足、横向广度有余的缺点。随着时代的发展，这个缺点被无限地放大、呈现出来。因此，保留专业广度的优势，进行从"理论"到"方法"再到"实践"的理论体系的"纵向"构建，是"环艺"专业突破与创新的着力点。那么，中国特色的"环艺之鼎"能否重新屹立，作为其核心建构的"理论"加上"方法"以及"实践"的"三足"，到底是什么呢？

首先是理论层面，"天人合一"的全息宇宙观思想一直是中国人文精神的核心。如何向古人借智慧，传承优秀传统思想文化，成为我们"环艺之鼎"的首"足"。

数千年的中国传统哲学思想，仰观天象，俯察地理，中参人和，相对于"西学"的分科之学，它比较强调学科的综合系统性。中国传统环境学（也称"堪舆"），正是这种哲学观念的集中体现，它认为"天"（时间）、"地"（人的生存环境）、"人"（人自身及行为活动）三位一体，并通过阴阳、五行、八卦、九星的相互关系来体现天地人"合"的系统关系（图1）。

从图1中不难看出，"天人合一"不是简单的一句口号，而是基于古时环境与文化特点形成的中国传统环境学所体现的具体的天时、地理、人事，三者的"关系"，几千年来，在理论上构建出了一派人与自然的和谐景象。传统环境学的从业人员，通过专业工具"罗盘"（图2），以传统朴素的宇宙全息哲学观，融合天文星象、方位磁场、人文地理等"数术"学科，重在处理"天、地、人"三者的关系。从城市规划、建筑择向选址，以及环境与人们行为的关系——诸如"内外六事"[2]等多方面，为人们的生活作出了指导（图3）。

五四运动以来，中国的教育沿袭了西方"分科之学"的科学体系，几乎完全摒弃了"天人合一，通才之学"的国学体系。然而，近代中国没有经历真正意义上的工业革命，因此没有形成真正的现代化大生成的协作意识。上述的种种原因，造成了现行教育机制中的学科封闭性，学科边界形成大量盲区。具体在行业现状中，专业协作大多徒有其名，实为各扫门前雪。原有中国传统环境学中设计师的职责工作，则被拆分并演化为了环境科学、规划、建筑、园林等多个学科，这样做的结果必然会造成专业的边界相离，以及相互

协作的障碍，从而损失了传统环境学的核心——"关系"的把握。

　　随着科技的进步与社会的发展，人们的需求呈现多元化与复杂化的特点，未来的学科发展呈现开放性与交叉性的趋势。西方也开始借鉴古老的东方生存智慧，力图构建人与自然的新秩序。"有之以为利，无之以为用"，环境艺术设计专业作为一个以"关系"为核心的交叉专业学科，恰恰产生于各相关专业学科的边界之中，在人们的生活当中充当的是"无"的边缘角色，长期以来被大多数人所忽视。

　　"边界"就是"关系"，边界的清晰说明了关系的明确，意味着专业竞争力的加强；而边界的模糊虽然是竞争力的减弱，却也是某种创新的发生，意味着某种融合与发展。因此，与其说是在边界上跨越，还不如说是在边界上的融合与创新。一个新专业的产生与专业的核心竞争力的增强，显示为原有边界的模糊，变成无界，也就是融合的状态。从"有"到"无"，边界不断清晰与融合的发展轨迹，也正反映着社会发展与进步。

　　第二是方法层面，借鉴传统环境学思想，恢复构建人与自然"天人合一"的和谐可持续发展，应该以"融"为核心，将各专业交叉点整合起来，凝结新的专业核心，构成我们"环艺之鼎"的三足之二——"五字联结"系统设计理论的方法论研究。

　　"环艺"专业应该像中医一样，是系统整体诊治疾病的过程，

而非西医的"头疼医头，脚疼医脚"的局部治疗法。"水善利万物而不争"，"环艺"专业应最大限度地运用自己的交叉特色，以求形成独特的专业理论体系。无论从字面还是更深层次的角度而言，"环境艺术设计"应该是绿色的、可持续发展的、艺术与科学合一的系统综合体。因此，我们首先应该细心梳理当代的问题与相关学科关系，寻找专业交叉点，将这些点关联起来，从而完成传统文化思想理论指导下的方法理论体系建构（表1）。

艺术设计学科与各学科关系节点列表

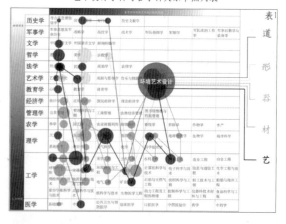

　　环境艺术设计的最终目标是通过"艺术"的途径，在"人居环境"的领域中，运用"设计"的方法追寻"美"的最高境界。然而，快速发展的时代，急速变幻的社会环境，教育体制的封闭，使

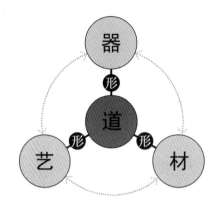

图4 "道、形、器、材、艺"五字联结关系图

一些身居其中的中国设计师来不及重视"美"的终极追求，更不注重设计方法的系统性研究，只在"术"上求"显"效，不在"道"上悟真髓，造成了创造力的缺失与设计语言的匮乏，设计作品抄袭雷同现象严重。以此为戒，我们应该深度思考自己的职业行为对社会的影响，强调整个理论体系（道）指导下的方法体系（术）的研究。通过大量相关理论与整个学科体系的研究，"道，形，器，材，艺"五字联结的方法理论体系跃然而出，将"环艺之鼎"的重要一"足"落到实处。五个字不是并列关系，而是以"道"为核心，以"形"为介质的自上而下、由里及表的系统层级关系(图4)。

所谓"道"，是整个系统的关键，"形而上者谓之道，形而下者谓之器"。"道"是万物之源，万事之由，是本方法论系统的核心。具体到专业领域，可以通俗地理解为由世界观生成的"设计理念"或者"设计概念"。

所谓"形"，是"道"能为人所感知的物化体现。这里的"形"，广义上讲可以是体现"道"的形式方法，狭义地讲应该是可视化形态的语义表达，将形而上的思想"道"物化成为二维或者三维的可视化形态，是这个阶段的核心内容。值得一提的是，由于中国的艺术高考制度，大部分环艺从业者都是学习绘画出身，因此，艺术造型自然成了环境艺术设计专业的主要手段和核心技术，一张漂亮的表现图曾经几乎是环境艺术设计的全部。这其实是混淆了手

段与目的，一叶障目，脱离了环境艺术设计的核心。

所谓"形而下者"的"器"，是指功能。人们在认识与改造自然的过程中，不断遇到各类困难与问题，人们主动地去设想与计划，并且通过某种能被人感知的形式传达出来。因此，设计就是解决问题。这个问题具体表现为对"功能"的需要。19世纪美国的芝加哥学派的代表人物路易斯·沙利文提出的"形式追随功能"，至今仍是设计界的至理名言。建筑大师密斯和赖特的观点则有不同，看似观点相左，不过是"先有蛋还是先有鸡"的争论，但其中"功能"的重要性不言而喻。

所谓"材"与"艺"，参考出自《考工记》的这段话："天有时，地有气，材有美，工有巧，合此四者，然后可以为良"，它不但是中国传统造物观的集中体现，也表达了材料与工艺的密不可分。"砖说：我喜欢拱"，建筑大师路易斯·康的这段话生动地表达了对"材"的态度。"材"是"形"与"器"的物质载体，知"材"善用，才能使"形""器"达"道"。

值得一说的是"艺"在我们这个系统里绝非单指"工有巧"，而是"合此四者"的"合"，是一种统筹与整合的能力。通过"艺"将"道、形、器、材"串联起来，"合"四为一，才能达到"天人合一"的"道"。

作为现代设计教育鼻祖，成立于1919年的德国包豪斯设计学

院的核心理念是"艺术"与"技术"的统一，究其目的也是修复"手"与"脑"的割裂关系，对"手"与"脑"能力的系统整"合"的这个"艺"，是我们环境艺术设计专业核心竞争力的具体体现。

第三是实践层面。实践是检验真理的唯一标准，"五字联结"设计理论的跨界运用与实践，构成我们环艺之鼎的终极之足。

五字联结的设计理论方法，简单说来，就是首先要以自己的世界观与人生观（道）的修行为核心，并在现代人居环境范畴实践中，像"中医诊病"一样，找出相关具体需求（器），以某种方式和形态（形），选择适合的物质载体（材），并以运用某种技能（艺）统筹，最终达到"天人合一"的终极美境界（道）。它不但明确了新的专业核心竞争力，而且突破与创新了原有环境艺术设计专业的边界，使得所谓的艺术 "跨界"，通过五字联结的设计理论方法，变成以"艺术"为核心出发点，强调艺术设计专业与社会各专业"协同创新"的 "无界"。

因此，五字联结设计理论方法在大量的社会实际项目的跨界实践应用中，明显地模糊了各专业的边界，形成了从"有界"到"跨界"再到"无界"的过渡，构建"理论"加上"方法"以及"实践"三足支撑的纵向体系——以五字联结理论体系为核心的"环艺之鼎"，并且对"设计学"一级学科以及"艺术"的大学科门类的发展，也提供了一定的理论可能（表2）[①]。

① 更多实践成果请参阅本人专著《易禾十年：中国环境艺术设计之探索》

五字联结设计理论支持下，
艺术设计专业与相关领域各专业"协同创新"实践成果　表2

跨界无界／五字联结	建筑	景观	照明	桥梁	室内	产品	工艺美术
跨界无界	清华大学新百年学堂	北京天图文创基地	中国国家大剧院	北京潞苑北大街桥	中国人民抗日战争纪念馆主题展览	共声桌	漆茶海
五字联结							
道	自强不息厚德载物	文化冲突对立统一	水天一色天人合一	银河九天漕运传承	伟大胜利历史贡献	多方人一方土	太极生两仪
形	沙漏	折	形色一体	天鹅	篇章	波纹	指纹
器	1. 会议 2. 观演 3. 展示	1. 餐饮 2. 展示 3. 办公	1. 光环境提升 2. 地标	1. 交通 2. 文化地标	1. 展示 2. 纪念 3. 教育	1. 桌子 2. 音响 3. 交互	1. 茶海 2. 装饰
材	1. 红砖 2. 人造石	1. 耐候钢 2. 石材 3. 种植	1. 染色灯 2. 电动升降机	1. 混凝土 2. 染色灯	1. 展板 2. 多媒体	1. 大芯板 2. 强震音箱	1. 木材 2. 大漆
艺	1. 干挂石材 2. 艺术优化整合	1. 机械加工 2. 手工折边 3. 艺术优化整合	1. 数字自动光控 2. 艺术优化整合	1. 干挂石材 2. 混凝土 3. 艺术优化整合	1. 数字加工 2. 艺术优化整合	1. 机械加工 2. 音频可视 3. 艺术优化整合	1. 参数化 2. 剖犀工艺 3. 艺术优化整合

3　结语

作为"科学史"这个学科的奠基人，萨顿曾经说过"我们人类认识社会不外乎是真善美。一般来说我们把"真"定义为科学求真；"善"则一般是宗教，而"美"则跟艺术有关。"萨顿认为，真善美就像一个金字塔的三个面，从不同的面看，它们彼此之间是分离的，但是，当你认识的高度逐渐上升之后，会发现几个面之间的距离越来越近，达到顶点就是一体的。

　　萨顿认为，我们应该，也非常必要把这几种东西结合起来，消除彼此的隔膜，最终满足人类对美好幸福的追求。五字联结的设计理论，使得环境艺术设计从跨界到无界，很好地融合了时间与空间、人类与自然的关系，最终实现当代"四个文明"协调发展的环境新秩序，立新时代的"环艺之鼎"于金字塔尖，成为人们幸福美好生活的真正缔造者，从而实现中华民族的伟大复兴。

参考文献

[1]王国彬.结合某大桥景观设计前轮桥梁美学设计的理念创新和方法.特种结构，2011（3）.

[2]李少君.图解黄帝宅经：认识中国居住之道[M]西安：陕西师范大学出版社，2008.

城市文化复兴中的公共艺术

王 中 中央美术学院

"城市复兴"（Urban Regeneration）的概念源自20世纪末英国"城市工作专题组"（Urban Task Force）撰写的城市黄皮书《迈向城市的文艺复兴》（*Towards an Urban Renaissance*），一经推出，就在城市规划设计领域引起了广泛影响，成为21世纪城市建设的核心概念之一。领导这一研究的建筑师理查德·罗杰斯（Richard Rogers）在报告前言中写道："要达到城市的复兴，并不仅仅关系到数字和比例，而是要创造一种人们所期盼的高质量和具有持久活力的城市生活。"

"城市复兴"思想的出现是欧美国家对大规模城市改造的反思。在城市中心区清理贫民窟，代之以写字楼、购物中心等商业空间，事实证明，规划图纸变为现实之后，美则美矣，却并不宜人。城中心繁荣的表象之下，是空心化的"水泥森林"。

回顾中国自改革开放以来30年的城市建设，"数字和比例"固然喜人，"质量和活力"却实在令人堪忧。2014年，政府出台《国家新型城镇化规划(2014-2020年)》，指出当前城市建设存在"城市空间无序开发、人口过度集聚；重经济发展、轻环境保护；重城市建设、轻管理服务；盲目追求城市建设速度；自然历史文化遗产保护不力；城乡建设缺乏特色"等诸多问题。我们的城市建设不仅重蹈欧美的覆辙，更可怕的是，无节制的"拆迁"已经重创中国城市的"风景"与文脉。走进每一座城市，眼前都是宽阔笔直的

街道、名字标榜欧美血统的高大楼盘、橡皮坝截流留下的干涸河床、"高尚"小区门口脏乱的垃圾桶……光鲜的面具都是一样的，面具背面却各有各的伤疤。

面对这样的现实，政府提出了"新型城镇化"的发展方向：需要优化城市内部空间结构，城市规划设计的合理化；需要坚持生态文明、绿色低碳的原则；也需要强调文化的传承，凸显城镇的文化特色；更需要提升城市的创新能力和可持续发展能力。究其本质，"新"意味着从"物的城镇化"提升到"人的城镇化"。由此，在当下的语境中讨论可持续发展的城市复兴理论具有特别的价值。

城市复兴的引擎是什么？以国外的实践检验看，答案是文化和艺术。在这一进程中，以文化为内核、以公共利益为诉求的公共艺术不仅能直接改善城市面貌，而且能提升经济活力，增强城市创新能力，将城市与人连接在一起，将城市中生活的人联系在一起，让城市不仅美丽，而且充满生机与活力。

理解"公共艺术"（Public Art），首先需要区别它与城市"公有空间的艺术"（Art of Public Space）的不同。后者仅强调艺术品的位置，而公共艺术更强调其文化价值取向——"公共性"。其核心包含以艺术的介入改变公众价值，以艺术为媒介建构或反省人与环境的新关系，它不仅超越物质符号本体、提供隐蔽的教化功能，关键的是经由人、公共艺术、环境、时间的综

图1 奈德·史密斯 (Ned Smyth) 作品《世界公园》　　　　　　　　　　　　图2 杰克·马基 (Jack Mackie) 作品《舞者系列——舞步》

合感知、批判、质疑或提出新的文化价值与思考。因此，公共艺术的范畴超越了城市规划、建筑、景观、雕塑设计的界限，其问题导向、文化导向超越了材料和手段，在新型城镇化建设需要突破传统观念和陈规时，不失为一条值得探索的道路。

美国印第安纳波利斯市对公共艺术的定义是：在实际操作中，艺术家往往与建筑师、工程师和景观设计师合作，以创造视觉化空间来丰富公共场所。这些共同合作的专案包括——人行步道、脚踏车车道、街道和涵洞等公共工程。所有这些公共艺术表现方式，使得一个城市越发有趣并更适合居住、工作及参访。

公共艺术渗透进城市街巷，丰富了城市空间尺度，"千城一面"的问题自然消解，更重要的是，城市具有了文化亲近感，成为可进入、可交流的弹性空间。

大尺度作品如当代著名公共艺术家奈德　史密斯（Ned Smyth）将费城市中心的观光巴士起点站站台转变为公共艺术作品《世界公园》，为候车和休息的人群提供了完备的使用空间，同时带给游客"费城——公共艺术之都"的第一印象（图1）。

小尺度作品如杰克·马基（Jack·Mackie）1982年为西雅图百老汇区域改造项目创作的《舞者系列——舞步》。马基选择在百老汇一带的八个地点安置他的艺术品，坐落在最繁华的百老汇购物和娱乐核心街区的人行道上。每个地点安置与之相适应的特定舞步作品（图2）。

艺术家用铜、铁材料嵌入地面八组鞋印，排列成一对夫妻跳舞时脚步移动的样式。鞋印被设计成"一步接着一步"的舞步运动轨迹以及由马基设计的两种舞蹈"obeebo"和"busstop"。鞋印由箭头和"R"、"L"（右、左）标示出舞者正确的脚步移动。每组舞步旁边的牌匾写有舞蹈的名字和节奏。比如，探戈是"慢-慢-快快-慢"，伦巴是"快-快-慢"。最初公众对马基的创意持否定态度，但艺术品安置完成后很快被商人和公众所接受并赞赏，西雅图的人行道便由普通的通行空间转换为公共娱乐活动空间。

在城市设计中，公共设施与公共艺术的结合成为普遍现象，最终的结果将是将文化艺术弥漫在整个城市，全体市民在日常生活中形成共同的城市文化认同感。

当代公共艺术对于城市复兴更重要的价值是其本质上对"民主、互动、开放、参与"的强调，"公共"二字的涵义就落在这一文化指向上。基于此，艺术的作用和方式从神圣感、殿堂式、经典式的方式变为追求有效的表达和交流，艺术与公众的关系成为双向交流关系，形成良性互动，从而推动公共利益的实现。

西雅图派克市场（Pike　Place）有件深受市民喜爱的公共艺术作品——瑞秋猪（图3、图4）。瑞秋猪肥胖可爱的形象和满地撒落的蹄印引来无数市民和游客与之合影。瑞秋猪诞生于1986年8月 17

图3 社区居民对公共艺术的参与，瑞秋猪成为市民节日生活的新图腾   图4 瑞秋猪冰箱贴

日，是雕塑家乔治亚·杰博（Georgia Gerber）根据1985年Island县展览会的冠军猪复制的铜像，它重达约340公斤，名为"Rachel"（瑞秋）。雕塑家在瑞秋身上留了一条口，胖猪就成了一个存钱罐，不时有游客往里投钱，这成为派克市场基金会筹集资金的一个渠道。通过瑞秋猪，派克市场基金会每年能够筹集到6000~9000美金，为市场所在社区的近万低收入人群和老年居民提供帮助。具体的服务包括市场居民的医疗保健、市区的食品银行、市场的老年中心和幼儿园等。

2007年3月21日，作为美国最早的为农民经营提供服务的市场，派克市场开始庆祝它的诞辰百年，同时，基金会也庆祝自己为市场提供服务25周年。这一庆祝活动持续半年，直至9月。作为其中重要的一项节目，2007年6月，胖猪大游行开幕，关注底层人民、扶助弱势群体的故事和精神在整个西雅图市传播。

2007年适逢中国农历猪年，"胖猪大游行"也反映出公共艺术活动汲取多种文化的包容性与创造力。公共艺术以直观的方式让多种文化、生活形态深入人心，增进社会的宽容度与面进步。

作为一种当代艺术形式，随着公共性观念的深入人心，公共艺术在城市建设与社会生活中的作用早已超越了城市美化的简单层面，而是代表了艺术与城市、艺术与大众、艺术与社会关系的一种新型取向，是国家文化发展战略中必不可少的重要组成部分。尤其

是它在城市复兴中的作用，已经成为欧美、日韩，以及中国地区等成熟的发展经验。中国公共艺术从以"人民艺术"的面貌在中国萌芽开始，迄今已经走过20年探索期（1978~1999年）和15年发展期（2000年至今）。在过去的35年中，中国公共艺术从政治宣传符号演变为城市美化的重要手段，从传统的城市雕塑发展为综合性当代艺术，开始探索公共艺术在改善城乡空间结构、提升社区活力等方面的积极作用，有意识地反思工业化、城镇化进程中伴生的社会、文化问题，并通过艺术实践促进社会和谐与文化传承，这个探索方向无疑是与强调"以人为本、四化同步、优化布局、生态文明、文化传承"的中国特色新型城镇化道路一致的，是可持续发展的城市复兴实践。

费城现代艺术协会主席卡登（Janet KarDon）评价公共艺术："'公共艺术'不是一种风格或运动，而是一种以联结社会服务为基础，借由公共空间中艺术作品的存在，使得公众福利被强化。"新型城镇化是国家促进城乡繁荣、提升全民福祉的发展战略，公共艺术秉承同样的目标与价值体系，将成为中国城镇化向质量转型的重要动能。

当代城市墓园墓葬方式优化初探

戴慧芬　北京交通大学
孟　彤　北京交通大学

摘要：本文以墓葬方式为切入点，将当代城市墓园的埋葬方式与土地集约利用相结合，并通过对我国现有墓葬方式分类解读与分析，提出城市公墓埋葬方式的设计目标与设计新形式，即结合垂直墓葬与生态墓葬以提高单位面积的土地利用率，满足人们对土地需求的同时节约土地，加强墓葬用地的生态性，提升生态效益；顺应信息时代发展，促进墓园的现代化建设，并进行大面积推广。

关键字：城市墓园　墓葬方式　土地集约　家族墓

引言

在城市化发展加剧、人口老龄化和土地资源利用不均衡的社会背景下，政府部门提出建设资源节约型、环境友好型社会的战略方针。墓葬用地作为城市的特殊用地，埋葬方式作为城市墓园最基本、最本质的土地使用方式，在目前的发展中存在两个比较突出的问题。首先，现有的主要墓葬方式快速地消耗着有限的土地资源，同时伴随着一定的生态问题；其次，目前我国所推出的生态墓、节地墓由于传统观念的束缚，并未得到市场与大众的接受。因此民政部提出来要"创新骨灰安葬方式，积极推动绿色墓葬"。第三，我国现代墓地建设起步晚，传统丧葬观根深蒂固，因此，在骨灰安葬方式创新时，既要节约土地，又要满足人们的内心需求与市场需

求。本文通过对目前墓葬方式进行分析研究，对骨灰墓葬方式提出优化策略。

1 我国墓葬方式现状

我国公墓建设由西方引进，建设起步晚，在建设过程中出现了土地资源紧张与生态破坏等问题，为避免出现类似于英国的墓地奇缺现象，我国在墓地建设中借鉴西方墓园建设的经验与措施展开了对墓地的节地与生态建设的改革，并从土地集约的角度出发，开发了三大类墓葬方式，包括：墓穴葬、垂直葬、生态葬。然而，改革在实施过程中存在一定的问题，导致了墓地土地资源仍然处于紧张的状态。

1.1 墓穴葬的快速土地消耗与生态问题凸显

水泥和石料墓穴骨灰墓是对传统土葬最直接最简单的改进，这种墓葬方式是目前我国最普遍的墓地用地方式，主要有双穴、家庭穴、家族穴这三种形式，单墓占地面积只有传统遗体墓的1/4~1/10，但是家庭穴与家族穴占地面积巨大且无上限。家庭、家族墓葬的土地利用问题突出。其次，从某种程度上来说，这种墓葬方式所带来的危害比传统的土葬方式大得多，从我国的祭拜习俗来看，祭祀不过三代，三代以后墓穴将鲜有问津，这也将会出现"死墓危机"，同时，难以风化瓦解的水泥、石料使得青山白化，而且水泥、石料的墓穴设置易造成水土流失等更严重的生态问题，不

利于土地的可持续发展与墓地自身的健康循环发展。

1.2 垂直墓葬、生态墓葬覆盖率低

我国现有的垂直葬有塔式墓与壁式墓两种主要形式，其中，塔式墓包括有地上格式墓葬与地下骨灰深埋（八宝山人民公墓——怀思阁是骨灰集体深葬的场所，骨灰安葬于地下室内，采用一次性封存骨灰的安葬形式，安葬后不得取出）两种处理方式，并常常作为墓地的景观节点与地标。壁式墓是介于骨灰存放和骨灰墓葬之间的一种新型垂直安葬方式。壁式墓有三种形式：走廊式、回廊式、多层叠加式。塔式墓与壁式墓这种垂直土地利用方式，大大地提高了土地利用的效益，但这种上下不接的墓葬方式与传统的伦理、文化等有一定的出入，使得人们对这种墓葬形式的接受度有限。其中，塔式墓由于建设成本高，成本回收慢，墓葬开发者一般不会建设。也就是说这种方式对于促进墓地的土地集约的作用不大。（表1）

三大墓葬形式综合评价表　　　　　　表1

墓葬形式	特征	优点	问题	建设度	接受度
墓穴葬	用水泥或石料板块制成墓穴安放骨灰盒，立墓碑	占地只有土葬墓的1/6~1/10，符合"入土为安"的观念，价格合理，我国很普遍的一种公墓形式	易造成青山白化。碑高树小，不雅观。使水泥（或石料）等材料造成资源浪费	高，约占65%以上	高
垂直葬	垂直安置骨灰，以"井"状的一般为塔式墓、壁式墓	节约土地和增加自然景观和人文景观，价格较低；安葬、合葬、迁出比较方便，可视为永久	现实中叫好但不卖座，根源还在于"厚葬"的传统观念在民众心中的根深蒂固	较低，公墓基本配有壁式墓	低，多为临时使用
生态葬	树葬、花葬、草坪葬将骨灰直接葬入，留卧碑或编号	属我国目前殡葬改革骨灰处理最佳方式。骨灰直接葬入土中，不用骨灰盒，既不会产生环境隐患又成为树木的营养	政策倾斜，但推广不够，人们的接受度有限	极低，基本为公益性公墓建设	极低

其实在我国，人们很早就认识到了人应该与自然和谐相处，并提出"天人合一、师法自然"的生态殡葬自然观念。生态墓葬主要有海葬、树葬、花葬、草坪葬等形式。其中，海葬、河葬是将骨灰撒入大海、河流的生态葬法。花葬、树葬、草坪葬，即将骨灰撒入或深埋于土壤的一种不留骨灰的形式，在表面植上花苗、树种、草皮，并配有书籍大小的卧碑或者编号，以便纪念（这些生态葬也包括单人葬、家庭葬、家族葬）。这种生态化的墓地集约利用模式，突破了墓穴与骨灰盒的束缚，不仅解决了骨灰存放的问题，而且这种生态化的墓葬符合了"入土为安"的传统殡葬思想，在精神上，满足了人们情感需求。在生态方面，节约了土地资源及矿产能源并对生态有一定的修复作用。但是这种墓葬方式存在着一定的问题，如树葬，栽种的树木存活率很低，经常会引起一些纠纷，同时，从目前的公墓生态墓建设来看，其市场占有率特别低，以生态墓建设较好的北京为例，其生态墓的建设数量不足整体安葬方式的10%(新京报)而且使用率更低，以位于城郊的温泉墓园为例子，3年前参照国外生态葬的经验，开发了绿地雕塑下的集体骨灰深埋服务。然而3年来，仅办理18份。

对于目前我国的墓葬形式进行梳理并进行综合评价，墓穴墓葬方式建设度、接受度最高，但是在目前的设计使用方面存在着资源浪费与环境破坏的隐患；垂直墓葬与生态墓葬对墓地土地利用的集约程度高，但是在实际建设中建设少，传统观念与设计相对粗暴（垂直葬）致使使用率低，因此对促进墓地的土地集约所起到的作用很小，但是这可能是未来发展的方向，因此，本文在此基础上对现有的墓葬方式进行优化，综合这三种墓葬方式的优劣，扬长避短，整合优化，寻求适合社会、适合市场、适合群众的墓葬形式，以期优化策略可以大面积推广，推进我国公墓的良性发展，实现土地集约的最大化的土地效益。

2 我国墓葬方式的优化

2.1 政策的导向与"互联网+"思想的辐射

近几年，由于一些墓地的社会问题，引发了人们对于墓地的关注。2016年国家两会的会议问题里就包含了对墓地问题的探讨，民政部、发改委等9个部门出台意见，要求推行节地生态安葬并提出"提倡家庭成员合葬，不保留骨灰"的意见。可以肯定的是集约的生态安葬是我国未来发展的方向，"家庭成员合葬"是未来公墓墓葬方式的着力点之一，因此本节从设计的角度，结合中国国情探讨现阶段能为大众所接受且能够普遍推广的墓葬形式设计。推进城市公墓的建设与可持续发展。

其次，20世纪以来，进入了信息时代，数字智能化作为信息社会的基础，为社会与生活带来了巨大的方便与收益。国家大力倡导发展"互联网+"，同样，其触角也延伸到了墓地建设方面，而且其自身也在不断地完善中，如二维码、高科技骨灰堂（日本东京的目黑安养院及中国的广州市银河革命公墓等城市公墓中得以应用）；网络纪念（目前，我国最大的网络纪念网站"Netor网同"也只有119664座纪念馆）等数字智能化科技在现代城市公墓建设中的应用大大提高了公墓的管理效益而获得更多的经济效益、社会效益。

2.2 优化策略

2.2.1 整合优化

目前，我国城市墓园的墓葬方式有墓穴墓、垂直墓、生态墓的三类土地集约利用方式，墓葬新形式综合原来墓葬方式的优势，如墓穴墓的"入土为安"，垂直墓的超节地性质，生态墓的无骨灰存放。具体做法则是：首先，以墓穴墓葬方式为基石，将垂直墓葬由地上移至地下，形成墓穴的垂直利用；其次，为消除原有的骨灰存放问题所带来的"死墓危机"与"二手墓地"现象，融入生态葬无

骨灰存放的方式；最后，响应国家的号召，探索"家庭成员合葬"的新形式，提出"家庭、家族垂直草坪葬"的概念。

2.2.2 具体策略

"家庭、家族垂直草坪墓葬"即变水泥墓穴平面铺设为立面生态通道的垂直利用，将单位墓穴面积缩减至目前国家所倡导的单位墓穴不大于0.5平方米，提高墓地的绿化面积，地下垂直深度依据家庭、家族成员的数量与要求设置多档，地面设置太阳能景观灯骨灰墓葬口作为墓碑或者设置竖向墓碑（随着骨灰量的增多而上升）以增加人们的参与性与互动感，二次埋葬不需要开墓，只需要插入倾倒（与深埋口相吻合的特制骨灰盒）。结合草坪葬中所运用的GIS技术，对埋葬位置、深度等进行测量与数据的记录，方便墓园的综合管理；顺应"互联网+"思维模式的引导，配备建立家族网络纪念塔，形成家谱，对家族成员进行生平、照片、事迹等方面的纪录，以贴近人们的生活，增强人们的家族荣誉感。留二维码于景观灯的方式供人们随时浏览。

国家规定首次购买需要交纳墓葬费用，后期为国家规定20年一期的管理费用（首次购买费用的5%），"家庭、家族垂直草坪墓葬"利用了墓葬的时间差，在一定程度上抹去了管理费用的存在，避免"死墓危机"，给人们和开发商都带来了便利。另外，综合开发商与人民的利益，在费用方面实现互利，采用价格梯度的收费形式，本文提出的家族墓首次墓葬需缴纳一定的费用，后期只需交纳管理费用，费用相对可观且相对有保障，开发商会乐于开发建设；作为消费者，除首次费用高外，后期再次墓葬费用低，适合长远利益考虑。

"家庭、家族垂直草坪墓葬"增强了墓地发展的延续性与循环性，提升墓葬的传承性与家族荣誉感；提高单位面积的土地利用率，满足人们对土地需求的同时节约土地；加强墓葬的生态用地，

提升生态效益；顺应信息时代发展，促进墓园的现代化建设。同时，这种新形式具有一定的普遍性与实用性。在情感方面，它符合了人们对"入土为安"的精神需求；在墓葬时与墓碑产生互动，形成一定的仪式感；景观灯的存在，给人以心灵的温暖，也避免了由树葬带来的"存活率低"的纠纷问题。在建设方面，建设成本相对低，单位容纳量大致使单位面积产值高，开发商乐于开发且适合大面积推广，政府可以对新墓葬方式进行加强舆论宣传与引导，推进科技化建设（如GIS技术的运用），并促进该墓葬方式大面积建设，做到真正意义上的集约利用。

3 结语

"生命的伟大在于生命只有一次"，死亡是生命中的一个重要环节，亦是生命的最后一站。公墓作为城市的特殊用地，是逝者的最终栖息地，是连接生者与死者的特殊区域，安葬逝者，抚慰生者，其地位尤为重要且不可或缺，同时，公墓建设也面临着土地资源稀缺的问题。因此，墓葬作为公墓最本质的用地，它的形式影响着墓园的发展与土地利用，应在其建设与发展过程中对墓葬形式进行不断的探索。

参考文献

[1] 安力加.现代城市公墓设计升级与优化策略研究[D]. 重庆：重庆大学,2014:33.

[2] 邓小妹.当代墓园景观生态之路探索[D].大连：大连理工大学,2011.

[3] 靳凤林.窥视生死线——中国死亡文化研究[M]. 北京：中央民族大学出版社,1999.

[4] Andy CLAYDEN & Fiona STIRLING .The Changing Landscape of the Dead: New Developments in the United Kingdom in the Design and Management of Burial Grounds and Cemeteries[J].Landscape Architecture,2008.

[5] Stephane Roche and Jean—Baptiste Humeau GIS Development and Planning Collaboration. Few Examples From France[J].URISA Journal, 2001.

公共艺术与场所精神
——《学子记忆》创作浅谈*

魏 鑫 中央美术学院中国公共艺术研究中心

摘要： 随着近年来轨道交通空间艺术品的发展，针对公共艺术和轨道交通空间场所关系的探索已经十分必要，这是轨道交通空间艺术品中界定浮雕、壁画等传统艺术形式同公共艺术之间区别的关键所在。在北京地铁十五号线二期清华东路站公共艺术品《学子记忆》的创作中，将公共生活空间和公共艺术创作理念结合在一起，旨在凝聚区域人文共识，从历史、文化、社区、人群等角度探索当地的文脉特色，获得该公共艺术创作的在地素材，研究场所精神同地域文脉的同音共律，从而促进了公众对该地域的认同，最终使得作品深入公众记忆的情感核心。

关键词： 公共艺术 场所精神 文脉 在地性 文化认同

时至今日，公共艺术已从纯粹意识形态的纪念和宣传转向对空间艺术、地区文化及艺术形式语言的探索，强调公共艺术创作对环境整体的关注与对话。从本质属性来看，公共艺术是研究空间、公众关系的综合性艺术与设计手段，公共艺术家应用艺术与设计手段在公共场合表达自己对环境的情感意识，得到公众的情感共鸣，从而引起公众对审美的想象，所以，公共艺术的表达实际上是对在地文化态度与精神的综合表达，是一种在空间中对整个环境精神的解读。

1 场所精神与区域认同

那我们又如何来定义环境精神呢？正如诺伯舒兹在其场所现象论述中所说："环境最具体的说法是场所，一个由物质的本质、形态、质感及颜色的具体现象组成的有清晰特性的整体，这些物的总和决定了一种'环境特性'，即场所的本质。"由此，我们不难理解公共艺术对其所在环境精神的解读在某种层面上探讨了公共艺术与场所精神的关系。

"场所是一种人化的空间，它的物质特性和精神特性被认同后，就折射出场所精神"，任何具体的空间之所以被人所知，都是由于它具体的物质特性和抽象的精神特性结合而形成的场所精神——而场所精神就是诺伯舒兹建筑现象学的核心，其建筑现象学中一般以"建筑"来定义和表现人为场所的具体化，因此我们不难理解建筑的作用就是使场所成为具体直观的空间，也就是说运用各

*本文系国家社科基金艺术学青年项目《中国公共艺术发展史研究》（项目编号：15CG158）阶段性研究成果。本文的写作得到了中央美术学院中国公共艺术研究中心和武定字的大力支持，在此表示感谢。

图1 海安路公共艺术1

种结构方法和与材料把一个空间与外部自然环境分隔开，其目的就是形成一个具体的功能性的人为场所。[1]当我们的社会的生产力发展到一定水平以后，公众不再满足于快速、单调、冷漠的功能空间，而是希望建造一个更具特性的场所，因此，基本的空间造型已被"特性"赋予了更多情感上的意义，它不仅是一个具体的"这里"，更是人们生活中所有故事和回忆产生的场所，于是人们自然而然与之建立了某种深刻的联系，即这个场所能够带给我们安定的感觉，或者是我们对这一场所的认同感。如果一位建筑师能运用建筑语言巧妙融合人造环境和自然环境，使这个场所表现出其应有的场所精神并为人们所认同，那么这就是一个成功的建筑，而这个场所也将具有持久的生命力。[2]

公共艺术作品与建筑异曲同工，不仅要受到环境的启示，更重要的是和环境达成真正的统一，即作品来源于环境，具体的环境产生具体的作品，具体的作品吸收所在环境的特殊意义，从而获得一种独立的精神气场。[3]换言之，公共艺术家在场所特性里找到了灵感，将日常生活的现象诠释为属于环境的艺术。因此不难理解，轨道交通空间作为公共艺术家创作的"自然环境"，公共艺术品通过艺术形式表现将地上人文环境同地下"自然环境"融合起来，使地下轨道交通空间表现出的场所精神并被公众认同，那就是一个成功的轨道交通空间公共艺术品，也使得这个场所具备真正意义上的

场所精神。

公共艺术创作的形式是多样的，除了新兴的艺术手段之外，也包含传统的艺术手法，比如雕塑、壁画等。传统艺术形式和公共艺术的区别不仅仅在于互动性上，"互动"是一个形式，它可以运用在很多艺术形式中，但好的公共艺术的核心是作品深入公众记忆的情感核心，它甚至在形式上是简单的、传统的、自由的。"海安路艺术造街计划"（图1、图2），一项历时十年的公共艺术计划，集结了中国台湾地区及国外的众多不同领域的艺术家，涵括了景观、绘画、涂鸦、摄影、露天演出等多种艺术样式。其计划的意义，不仅是通过公共艺术行为给原本早已破败不堪街道注入新的能量，恢复了该区域的经济活力，为中正海安商圈带来新生机。其通过十年的改造与积淀，为当地居民打造了一片广阔的艺术化公共生活空间、一种轻松的生活美学与艺术消费空间；更重要的是实施过程中与民众的反复互动交流，唤醒了民众对于过往时日、生活习性、风土人情等的点滴记忆，在实现民众区域文化认同的同时，也有效推动了民众对于公共艺术的认知，从而最大限度地发挥了公共艺术介入城市、激活空间、服务民众的功效，使得街区具备了其特有的场所精神。

相较之，《学子记忆》在精神表达上是唤起老学子对于过往课堂、集体生活、校园风景等的点滴记忆，同时引发在校学子们的共

图2　海安路公共艺术2

图3　《学子记忆》局部

鸣，为单调冷漠功能性公共空间注入莘莘学子的正能量，带着一种生活美和记忆性实现了作品在地性、互动性、生长性和延展性的统一，找到了地域文化的认同。

2　公共艺术应该凸显场所精神

场所具体结构并不是固定而永久的状态，环境会因发展而改变，有时甚至非常剧烈，但是这并不意味着场所精神一定会消失或改变。"稳定的精神"是人类生活的必要条件，保护和保存场所精神意味着将公众的精神记忆经由人的行为保存于新的介质里，[4]而公共艺术可以作为有效的行为方式对场所精神加以诠释。

首先，公共艺术需契合场所精神，与区域特性形成互动，"公共艺术"即"公共+大众+艺术"，公众参与的艺术行为，为公众服务的艺术介质，是站在公共的角度上营造空间、激活空间。公共艺术在地性理念的介入，使得公共空间的场所特质被充分发掘，场所精神得到了升华。公共艺术带领大众融入该地区民众的生活的历史主线，增强了路过性人群对于该场域的了解，唤起了本地区人民的精神共鸣。

同时，特定的场所精神也是公共艺术创作的重要思维触发点。通过对在地性人文故事的收集整理与分析、对空间尺度的感受与研究，寻找能体现出该地域人文精神的文脉线索，运用艺术创作手段进行创作，通过公共艺术介质保护和保存公众对该地域的认同，即

使该区域的场所精神得以延续。

最后，当作品呈现于公众面前时，体验性与参与性往往是最引人注目的。公共艺术的创作可以是一个无限循环，它只有开始，并不一定有结束，每一次公众的体验，每一次公众的参与，都是公共艺术的创作过程，场所精神通过公共艺术传达给公众，与此同时公众继承并创造着新的场所精神延续了历史，这是场所精神赋予公共艺术的特殊意义，也是公共艺术对场所精神的再次诠释。

3　《学子记忆》的创作探索与表现

如海德格尔所论述的："在物质越来越容易得到满足的现代社会我们却越来越焦虑和浮躁，我们的痛苦是无处安放自己的身心"。[5]那么根在哪里？世界上的每一个城市都有它自己的历史记忆，每个人的根都在令他感到亲切的、无法取代的时间和空间里。《学子记忆》从本质上讲就是一次"寻根"之旅，把个人的记忆放大为集体的、时代的和地区的，个人记忆被放置到历史的中心，讲述个人记忆与历史记忆的共通性。"寻根"记忆因此成为站在不同年代交界线上的历史主线，也就是说当个人记忆和历史记忆在同一历史主线时，所在区域的文脉是被公众认同的。

无论"六零后"、"七零后"还是"八零后"，说起十年寒窗、说起对象牙塔的憧憬，都会在心中激起无数涟漪。几乎在每个人的学子记忆中，都有响着车铃声的林荫路、教室里琅琅的书声、

图4《学子记忆》建成照片

球场上挥汗如雨的身影、电话那头的乡愁与牵挂、书桌上堆积的书本和青春懵懂的爱情。《学子记忆》选取了16个最具代表性的场景或情境，用特殊的透视和照明手法，在墙面的"窗口"中进行展示和还原（图3）。

清华东路站在创作过程中并非一帆风顺，虽然初期项目业主单位、专家评审以及我们创作团队对该站点打造地下历史博物馆，体现地域教育科技人文正能量的设计理念达成一致共识，但创作过程却相对坎坷，清华东站的公共艺术作品根据其辐射区位（近学院路与清华东路）优势最初将主题锁定在"新中国第一"这个概念上，因为在这片地区诞生了诸多新中国第一的研究成果，而这些"新中国第一"正是国家正能量的一种体现，但自我论证中发现这些成就存在着相对集中于某些高校、分配不均、难以取证等问题，在反思中我们试图寻找使得设计合理化的理由，于是创作理念以该站点辐射范围内的高校所取得的新中国第一为出发点，选取8所高校创作，但是在对这一理念实地调研的过程中，仍遇到各高校态度不一，某些专业院校的成果无法视觉化表现，素材资源分配不均等问题。如何寻找到这一站点的合理的人文素材呢？答案就是在我们一次次调研的过程中发现的曾经作为高校学子的我们共同拥有的，没有校际区别的，属于这一区域所有学子的深深记忆，最终清华东路站的公共艺术作品选择"学子记忆"作为表现的

主题，不仅因为这一站在地理位置上临近多所高校，更因为在当代社会，几乎所有人都有着类似的求学经历和身为学子的青葱记忆。某种程度上，附近的这些知名学府，承载的也是每一个学子、乃至于国家和民族的梦想和希望。选择学子记忆进行演绎，将最大限度地激发欣赏者的共鸣，触动珍藏于内心的美好记忆（图4）。

同时《学子记忆》的互动性也是地铁公共艺术作品中的一个亮点，公众可以通过扫描作品旁的二维码关注学子记忆公众互动平台（图5），输入相应"窗口"的数字编号听到关于作品表现场景的情境对话和录音。并且，可以通过在日后的运营中组织新的公共艺术活动，向公众或周边学子征集他们各自关于作品表现场景的感受和录音，并在特定的时间或条件下在公众平台上发布，促使新的学子记忆与文化事件生成，从而通过艺术实体和线上公众平台的延展，以最合理、简化的形式诠释了轨道交通公共艺术的创作理念。轨道交通空间有着集中的人流，每天都会有成千上万不同的思想从这里经过，当公众看到了可以让他们回忆起自己的那段青春岁月的公共艺术品时，内心将产生何等的共鸣，此时个人记忆就像一个个点不断地向历史的主线靠拢，聚集多了，线就变成了面，因而空间场所被赋予公众认同，加之线上公众平台的延展，场所精神以最合理、简化的形式被《学子记忆》所表达。

最后，在此特别感谢亦师亦兄的武定宇老师，感谢他在《学子

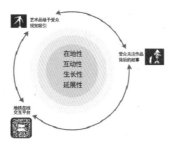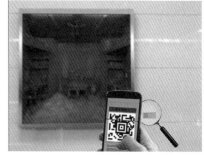

图5《学子记忆》二维码互动演示

记忆》创作参与中给予我的实践指导和支持以及在本文撰写过程中的大力帮助。

4 结语

随着地铁公共艺术的发展，越来越多的地铁艺术品已不拘泥于传统的浮雕壁画，形式多样、现代意味浓郁的作品开始出现在地铁空间，更有一些艺术家开始大胆地尝试运用交互手段来丰富和延展艺术品的生命力，运用网络等虚拟空间形成与观众的互动与延展，使地铁公共艺术作品成为可以带走阅读和玩味的新型媒介，而其中的关键在于围绕并服务于区域的城市文化脉络，把握对在地场所精神解读的前提下以公共艺术计划的形式来推进公共艺术品的设计，从而实现公共艺术在地性、互动性、生长性和延展性的统一。

在公共艺术创作中应充分把握空间的特定属性，借由公共艺术的表达，创作出具有在地性且与场所精神紧密结合的带有交互性质的公共艺术作品，强化公众置身于公共空间的在场感，让公众与城市之间、公众与文脉之间、公众与公众之间发生切实的关联，使得公众自觉地、直观地享受艺术之美所带来的审美愉悦与心灵休憩，从而引导公众迈向一种与公共艺术息息相关的新型生活形态。

参考文献

[1]杨宁.诺伯格·舒尔兹的建筑现象学.西安：西安建筑科技大学，2006：36.

[2]宣炜.场所精神与建筑的归根复命：王澍作品之现象学解读.学海，2012：223.

[3]王中.公共艺术概论（第2版）.北京：北京大学出版社，2014：282.

[4]（挪威）Christian Norberg – Schulz.场所精神——迈向建筑现象学.施植明译.武汉：华中科技大学出版社，2010：18.

[5]宣炜.场所精神与建筑的归根复命：王澍作品之现象学解读.学海，2012：224.

故乡之约与地域景观

陈六汀　　北京服装学院

摘要：快速的城市化进程，中国原有城市所拥有的社会形态、历史文化、地方风情等典型地域特征几乎消失殆尽。本文通过城市景观规划设计的地域文化关照实际案例的剖析，来探讨寻找故乡记忆再生的可能性。

关键词：地域文化 城市景观 故乡 再生

我们不用再寄希望家乡那曾经拥有的往日温馨和熟悉的地方还依然存放在那里，再也没有了家乡的老槐树，没有了远远就能看见的故乡山顶上的白塔。从不一样的城市到街区，从胡同到小巷，还有邻里的小院和家门，这一切都在这三十多年的城市化快速推进过程中毁掉了。城市功能、建筑风格、景观形态、商业业态等都模式化的从一个城市复制迁移到另一个城市，城市形象走向了趋同。人们开始不认识自己的城市了，在我们当下的国度里，无论是所见还是在人们的情怀里，几乎再也找不到那叫作故乡的记忆之城了，可我们的故乡情怀却与日俱增。为了这个情怀，地域文化在城市规划与景观设计实践中的决定性作用就显而易见。由于特定区域的地理背景、生态系统、民俗风貌、传统信仰、建筑特点等，经过长期的融合生长，打上了地域的烙印。既具有独特性，又具有了相对稳定性、认同感和亲近感。无论是中国文化、阿拉伯文化、欧洲文化都是如此。当然，地域文化在城市规划及景观设计中的体现也是纷繁多样的。学术主张上地域主义、新地域主义、批判性地域主义等都秉承尊重传统与历史，在这样的土壤之上培育新的生命。

1 伦佐·皮亚诺的吉巴欧文化中心启示

"这就是我们的……"卡纳克人站在吉巴欧文化中心建筑群前对记者这样描述他们的感受。还是十几年前，当第一次在杂志上见到意大利著名建筑师伦佐·皮亚诺（Renzo Piano）设计的位于

为中国而设计 第七届全国环境艺术设计大展入选论文集

DESIGN FOR CHINA The Collection of the Selected Thesis of the Seventh National Exhibition of Environmental Art Design 037

图1 吉巴欧文化中心平面图　　　　图2 吉巴欧文化中心鸟瞰图　　　　图3 吉巴欧文化中心建筑设计
（来源：www.baidu.com）　　　　（来源：www.baidu.com）　　　　（来源：www.baidu.com）

南太平洋中心法属新喀里多尼亚的南端首府努美亚的吉巴欧文化中心相关资料和图片时，这座于1998年完工的文化中心建筑群落及其环境所独具的地域特征和本土文化魅力就在我的心里播下了记忆的种子。其设计理念和手法遵循本土文化精髓，采用本土棚屋形式，通过尺度和体量的放大，选取当地原生材料，结合现代技术建造而成。该中心包括有长期展览空间、临时展览空间、内部剧场、多媒体图书馆、餐厅、儿童宿舍、艺术家工作室、内部和外部的活动空间及主题场景等。伦佐·皮亚诺也因此获得了当年的普利兹克建筑奖(Pritzker Architecture Prize)。有评论称该项目是一种高技术与本土文化、高技术与高情感的完美结合。多年过去了，皮亚诺不同时期的作品印象常常交织在一起，无论是他与理查德·罗杰斯合作完成的巴黎蓬皮杜艺术中心，还是日本大阪的关西国际机场，以及波茨坦广场改造工程设计，还有他独特的建筑思想等，都在不断地提醒在城市化过程中地域文化所能带给我们未来怎样的价值期待。

（图1~图3）

　　吉巴欧文化中心是政治和文化双重意义的产物。从1853年新喀里多尼亚成为法属地之后，当地的卡纳克人就与外来统治者之间冲突不断，努力寻求民族独立自治。这个中心的建立首先是卡纳克人为了纪念自己的民族领袖吉巴欧(Jean Marie Tjibaou)在不断争取民族自由的独立浪潮中所作出的卓越贡献，文化中心也以其姓氏

命名，更重要的是为了继承和振兴卡纳克民族的本土文化。从地理角度看，新喀里多尼亚岛为一狭长岛屿，崎岖的山脉将该岛分为东西两部分，建筑群的基地选择正处在这个位于咸水湖和海洋之间的山脊之上，山脊四周被热带植物和仙人掌覆盖。信风、微风和有时的龙卷风，湿润的空气，山地地貌等特殊的环境与气候条件也为皮亚诺提供了充分利用它们的设计思路。皮亚诺借鉴村落式的规划格局，建筑外部形态紧紧抓住当地传统"棚屋"这一典型的居住建筑形式，强化生态环境及气候特点的有机融合，将"棚屋"演变为新的竹篓式"编织"的构筑模式。运用木材和不锈钢组合的结构形式，结合现代科技及设计手法将太平洋传统文化表现得淋漓尽致，亲和而自然，使建筑群落与卡纳克民族的传统对话得到了无限的延展。在这里，历史与传统、民俗与地域、技术与生态等要素都在浓厚的对于地域精神和本土文化尊重的原始情结中得以新的展现。

2 成都生活精神的宽窄巷子地域主题

　　成都宽窄巷子是以还原市井生活为地域主题的成功的案例，也是游走在外川民的情感安放空间。宽窄巷子被称作最具有"成都生活精神"的历史文化保护区，自建城初始时驻守这里的八旗清军，至后来的满族后裔直至融居于此的成都人，历经三百多年的光阴。重新打造的该项目，其规划面积约32公顷，核心保护区约7.2公顷，是成都遗留下来的较成规模的清朝古街道，与大慈寺、文殊

图4 成都宽窄巷子景观1

图5 成都宽窄巷子景观2

图6 成都宽窄巷子景观3

院并称为成都三大历史文化保护街区。该项目由宽巷子、窄巷子和井巷子三条平行排列的城市老式街道及其之间的四合院群落组成，被称作是北方胡同文化和建筑风格在南方的"孤本"，老成都"千年少城"城市格局和百年原真建筑格局的最后遗存。本着"原址原貌、落架重修"、"修旧如旧、保护为主"的原则，竣工完成后的宽窄巷子由三条步行街、45个清末民初风格的四合院落、旧时花园洋楼、新建宅院式精品酒店、民俗生活体验、特色餐饮娱乐休闲、个性化策展与公益博览、情景再现等业态的"院落式情景消费街区"和"成都城市怀旧旅游的人文游憩中心"综合形成。

宽窄巷子景观再生的市井特质确立，是区别于其他城市历史街区改造的出发点和回归所在，真正体现成都生存状态和生活方式的本质，"闲生活"、"慢生活"和"新生活"是这种本质的具体体现。从空间和情绪体验上"闲、慢、新"与"宽、窄、井"三条巷子对应吻合。其中，以"闲生活"为主题的宽巷子古街全长约500米，老成都民居特色独具，房舍大部分建于民国初，这里的院落中多是前后两个四合院含两个天井的平房。八字粉墙，红檐青瓦，石狮、石鼓的石墩蹲放大门前两侧，门楣上雕着金瓜、佛手、寿字等饰物，屋脊有残存的泥塑兽头等。临街大门内还有一道绘着金线狮子的四扇中门，若无庆吊大事，中门不开，由侧门进出。巷子里有原住民、龙堂客栈、精美的门头、梧桐树、街檐下的老茶馆，还有老茶馆门口老人们喝茶摆龙门阵，成都女孩绣蜀锦，皮影、木偶戏、书法等。再现老成都生活的，感受成都的风土人情和民俗生活场景，代表了最成都、最市井的民间文化和老成都的"闲生活"。（图 4～图6）

而窄巷子的特点则是老成都的"慢生活"形态，成都的院落文化在这里表现得淋漓尽致。宅中有园，园里有屋，屋中有院，院中有树，树上有天，天上有月，这既是窄巷子的生活现状与梦想，也蕴含着中国式的院落梦想。在中国，院落不仅鸟语花香，四季景致变化纷繁使人赏心悦目，也是传统建筑千百年来追求的主要公共空间形式，承载了中国文化中家庭血缘、伦常道德的价值观和审美取向，是家庭成员交流十分重要的情感空间和理想场所，也即建筑的灵魂所在。在窄巷子，这种院落文化代表了成都一种传统的雅和精英文化。另外，窄巷子的慢还在艺术休闲、健康生活馆、特色文化主题店、西式餐饮、轻便餐饮、咖啡等主题的精致生活品味区、街区的黄金竹、攀爬植物、街面古朴壁灯照明装饰等中彰显无遗。

在享受着逍遥人生、安逸生活的同时，这三条巷子中的井巷子则是主导闲逸背景下的"新生活"区，夜店、甜品店、婚场、小型特色零售、创意时尚为主题的不同区域设置，呈现了多元、开放和动感的消费空间。在这样经典而悠长的巷子里拥丰富多彩的美食、声色斑斓的夜晚、自由创意的快乐。地域文化使这一历史街区市民

图7 上海新天地街区景观1 　　　　　 图8 上海新天地街区景观2 　　　　　 图9 上海新天地街区景观3

生活多样性的原始滋味与开放的当下风采同时得以展现。

3 上海新天地景观的新地域性再生

上海新天地，是上海人心中故乡的地标之一。虽然早已被业界和普通民众所熟知，但作为中西文化交融特征最为典型的历史街区，从地域性景观再生的这个角度来看，它仍然有许多值得回顾的地方。首先在中国的城市发展与历史文化的保护的双重使命背景下，上海新天地的出现，无疑是在中国开创了一个历史街区再生改造的全新范例。这个位于淮海中路南侧，占地面积3万平方米，建筑面积6万平方米的历史街区改造项目，开创性地将购物中心、娱乐中心、时尚中心、旅游景观为一体，就是后来被广泛借鉴和拷贝的Mall(shopping mall)模式。在中国的那个年代，Mall的概念彰显着时髦，也影响到当前的城市规划和房地产开发的投资取向，因为它不是纯粹商业主义为目的去旧建新，也不是单纯的牺牲商业的保护主义，它是将地域文化、历史和商业如何很好地结合起来，成为开发商们追捧的热门开发业态和街区景观规划改造模式。

从新地域这个角度，传统中新生的感受一直贯穿在规划和设计及细节中。由美国旧城改造专家本杰明·伍德设计事务所、新加坡日建设计事务所、同济大学设计院的合作团队共同配合，设计完成了这是一个以石库门建筑为主体，欧式风情与现代建筑有机统一的街区，而中共一大会议旧址，就在新天地里面，原样保留。项目由南北两个部分，一条步行街贯穿构成。整体规划上保留北部地块大部分石库门建筑，少许现代建筑；南部地块则以反映时代特征的新建筑为主，辅以部分石库门建筑，使新旧、中西、传统石库门里弄、现代建筑有机融合；同时，率先将石库门原有的居住功能，创新地赋予其综合的商业功能。投资方香港瑞安集团努力还原当年石库门弄堂形象，通过从档案馆查找到当时由法国建筑师签名的原有图纸，按图纸修建。在主导街区景观之一的石库门建筑群保留了当年的红青相间的清水砖墙、屋瓦，还有青砖步行道、雕刻着巴洛克风格卷涡状山花的门楣和厚重的乌漆大门等，都透着20世纪二三十年代的上海气息，强调了历史感。而在老房子内加装了包括地底光纤电缆和四季如春的中央空调等现代设施，确保房屋的功能更完善和可靠。在建筑室内，不同住户的室内空间隔墙被打通，重建宽敞的空间，其中设置欧式的壁炉、酒吧、咖啡室与茶座、中餐厅和谐搭配，沙发与东方的八仙桌、太师椅相邻而处，墙上的现代油画和立式老唱机悄声倾诉着主人的文化品位，使得整个景观体验场所在传统中透着现代和时尚。在石库门博物馆里，有这样一段话来描述它："中老年人感到它很怀旧，青年人感到它很时尚，外国人感到它很中国，中国人感到它很洋气。"这样一条融商业、文化、艺术、娱乐、休闲等功能于一体的高知名度国际化时尚休闲步行街，至今仍活力无限。上海新天地项目所荣获包括2002年底在香港举行的美国建筑师协会年度荣誉颁奖庆典上颁发的"文化遗产建筑"奖，以及美国2003年度堪称房地产发展界最高荣誉的国际性奖项"Urban Land Institute (ULI) Award for Excellence"大奖等，都是对在弘扬民族文化与地域关怀保护方面的努力与杰出成就给予的充分肯定（图7~图9）。

4 结语

无论城市怎样的发展，不管你是处于哪种文化背景，当置身于城市或乡村的某种场景时，我们应该感受到的是，和谐地同根深蒂固的传统文化相处，对地方民俗的尊重，与环境的融合，形成一个节律的呼吸与心跳，被故乡的氧气深深的包裹。地域文化的注入和加强，城市历史文脉的延续等多元素综合作用，将个人和集体情感的体验保存下来。随时能够唤醒我们记忆的片段及过程，重拾那渐行渐远的城市乡镇特有的温暖，走好地域景观的设计之路。

参考文献

[1]（美）E.沙里宁.城市——它的发展衰败与未来[M].顾启源译.北京：中国建筑业出版社，1986.

[2]（美）埃德蒙.N.培根.城市设计[M].黄富厢等译.北京：中国建筑工业出版社，2003,8.

[3]（美）凯文.林奇.城市意象[M].方益萍,何晓军译.北京：华夏出版社，2001.

[4]陈六汀.主题策略与历史街区景观再生.设计艺术研究[J],北京：2013(2).

空间记忆"何去、何从"
——地方变化中的文化传承

姚肖刚　　中央美术学院

摘要：空间仅仅作为资本市场投机的场所虽在一定程度上为资本运转提供了机会，然而以利益导向的城市建设所造成的恶果全社会有目共睹。同样，人类并非机器，其居住的空间也不可能是柯布西耶所谓的居住的机器。在物理空间建设的同时，空间精神与社会关系等一系列与人类生活相关的要素均当考量在内。集体记忆作为空间精神的重要内容是人类社会生活中不可缺少的部分，它呈现于物理空间中，在今天大规模的建设中屡遭破坏。无论是旧城中需要改造的空间，还是建设新城将占据的村舍、农田，都承载了太多的东西，慎重处理，是对历史的尊重，也是提升我们生活空间品质的重要因素。

关键词：文化传承 精神空间 集体记忆 空间意象

引言

17世纪以来人类貌似得了一种"怀旧病"，对文化遗产的热衷从欧洲开始遍及至世界各地，即便是在娱乐产业发展如此迅猛的今天，人们对于文化遗产仍旧抱有极大的兴趣。一方面，人们对于历史的真实性有了更多的反思，而古迹、文物等正是了解历史的一类重要媒介。由于欧洲文艺复兴、启蒙运动在一定程度上减少了对生命超越性的执着，客观上导致人对于自身存在价值的迷失，于是比人类任何阶段都迫切的"寻求"拉开了序幕，客观上也促进旅行的繁荣。另一方面，由于20世纪中后期世界人口的急速增长以及资本积累的压力，人类的生存空间同样遭到天翻地覆的变化。无论是城

市更新运动下的存量改建，还是新城建设的增量开发，空间拆除在所难免，在现代主义规划理论指导下，拆除更是得到合法化认证。这一理论起源于欧洲，发扬于赫鲁晓夫时期的苏联，也影响着今天中国的城市建设，"夷平巴黎重建光明之城"的魄力盛行了短暂又极其漫长的一段时期。

此种情形下，城市空间的改变带来市民精神的迷失与空间集体记忆的抹除所引发的社会结构性失衡，致使社会问题此起彼伏，社会成本无限制扩大。在中国供给侧结构性改革的大环境下，升华空间品质成为城乡建设的重要出路。虽然现阶段中国社会对自己的生存空间有了更多的重视，然而专业者在空间处理上却面临因长期的社会分工带来的对空间认知的片段性[1]，造成在空间规划与设计上乏力，难以给空间规划提供好的解决方案，本文将从城市社会学论入手，分析研究几处空间"记忆"的实体，试图提出一些空间设计中有意思的问题，以引发这一领域更多的思考。

1 精神空间与集体记忆

20世纪后期的都市社会学有了突破性的发展，出现了马克思主义都市社会学的一些专家，法国社会学家亨利·列斐伏尔(Henri Lefebvre,1901-1991)、西班牙城市社会学家纽曼·卡斯特(Manuel Castells,1942-)等从都市社会学的角度深入分析了城市空间结构以及当前城市社会面临的问题，对20世纪后半叶乃至21世纪的空间

---

① 台湾大学夏铸九教授对此有详细的解释："社会分工与专业的分化趋势在学院与研究单位中的发展，逐渐造成了空间论述的片断性，形成了资本主义基本结构之间的一些连接或不连接的特殊形式。论述之片断性使得规划与设计的部分专业者更加深陷于工具性操作，而拙于思考与分析的困境。于是，当社会改变，在社会科学被迫反省之后，空间专业（设计与规划专业）就因缺乏学术研究传统而显现出语言的空泛、思考的片断性以及空间理论的贫困，因而无法主动突破结构性分工，无法推动社会转化或指导实践。"

图1 耶路撒冷圣殿院墙前哭泣的犹太人

规划理论及空间实践作出了突出的贡献。

空间如时间一样，我们每日生活在其间，不论群体行为还是个体行为都不能离开此二者，因此空间绝非一个价值中立的存在，它在满足人们安全、舒适等物理需求的同时，更展现了人们在某个时间与空间交集的社会价值与内心认同。[2]法国城市社会学家亨利·列斐伏尔(Henri Lefebvre,1901–1991)提出空间三元论，即物质空间、精神空间和社会空间之间的理论统一性。精神空间即感觉现象所占有的空间，这种感觉又与物理空间有莫大的关系，二者互相影响。精神空间影响着物理空间的形态，物理空间则反映着精神空间的内容。人类生活的村庄、城乡在传统社会中往往有其特殊的精神价值，即地域集体记忆所呈现出来的内容。集体记忆早于列斐伏尔精神空间出现，法国社会学家莫里斯·哈布瓦赫(Maurice Halbwachs，1877–1945)在1925年首次引入这一概念，将其定义为"一个特定社会群体的成员共享往事的过程和结果，认为集体记忆是附着于物质现实之上为群体共享的东西。"[3]这种为群体共享的东西随着资本市场在全球的大肆运作，已变得少之又少，但仍能从空间的细枝末节中发现一些精彩的东西，它仍旧散发着历史的气息。

2　残垣断壁承载的城市记忆

"当来自记忆的浪潮涌入，城市就像海绵一样将它吸收，然后涨大。"对今日齐拉（Zaira）的描述，必须包含齐拉的一切过往。但是，这座城市不会述说它的过去，而是像手纹一样包容着过去，写在街角，写在窗户的栅栏，写在阶梯的扶手，写在避雷针的天线上，写在旗杆上，每个小地方都一一铭记了刻痕、缺口和卷曲。[4]

2.1　犹太民族的"哭墙"

犹太民族的圣殿最初为所罗门王四年所建[5]，430年后，犹大国都城耶路撒冷被巴比伦王尼布甲尼撒攻陷，焚毁圣殿[6]，此为第一圣殿；第二圣殿为犹太人被掳掠至外邦70年后，波斯王古列下令重建[7]，到了公元70年，当时还是罗马将军的提图斯（Titus Flavius Vespasianus）攻破耶路撒冷，大体上终结了犹太战役。同时焚毁圣殿，是第二圣殿。如今仅剩下第二圣殿的一段院墙，两千多年来一直颠沛流离的犹太人得以在此缅怀先祖的荣光，将民族与个人的苦难在此倾诉、祈祷（图1），一些犹太人将自己的心愿写在纸上塞进墙缝中，以此了却自己的心愿，一面墙撑起一个民族的集体记忆。

2.2　恩阳古镇

恩阳古镇位于四川省巴中市恩阳区，1932年冬天，中国工农红军第四方面军从陕西南部进入川东北地区，于1933年解放巴中城（今巴中市巴州区），1933年6月16日解放巴中境内恩阳河以西的地区，设立仪阆县，县政府设在今恩阳镇。至1935年春红军离开四川时，在这一地区留下了大量石刻红色标语，然而在红军走后，国民

图2 恩阳古镇列宁模范小学外墙被破坏的红色标语

党对这些标语进行了"擦除"，多处标语被毁坏到不能辨识，特别是在列宁模范小学①外面石墙上的标语（图2），其破坏程度之重以致墙体的承重几乎都受到影响。这一系列遗迹展示了当时国共两党斗争的一段历史，具有非凡的历史意义。

2.3 山西省临猗县北马村王东顺四合院

山西省临猗县北马村的王东顺四合院于1934年建成，院落为一进四合院，正房三间，东西厢房各两间，南房两间，大门设在南房的西侧。院中的木雕、石雕、砖雕、铁花无不精妙绝伦、极为罕见。院内在原有儒家文化的氛围中笼罩了一层"文化大革命"时期的意向，无论是柱子上、墙面上都留下了当年的标语，东西厢房墙面上部的"谦虚谨慎，戒骄戒躁；团结紧张，严肃活泼"依旧清晰可见，柱子上写的"农业学大寨，工业学大庆"给人一种穿越感。有意思的是，正房外两则包框墙上写着"没有中国共产党的努力，没有中国共产党人做中国人民的中流砥柱，中国的独立和解放是不可能的。中国的工业化和农业近代化也是不可能的。——毛泽东"（图3），②另一块（图4）包框墙上的红色标语已经被部分破坏，可以清晰地看到底层的砖雕是某位状元写的内容，再仔细看，不难发现还有一层白底黑字的内容，也是"文化大革命"时期的标语，不断地修改也反映了那个时期的社会现象，一面墙展现了中国近现代以来的文化变迁。

如卡尔维诺所言，"城市不会述说它的过去，而是像手纹一样包容着过去"。一面墙，记载了一个民族在外来者入侵后的大规模毁坏，同一个民族不同政党之间的纷争，一个院落中不同时期的文化变迁，相对于完好的文物古迹，这几处遗迹更富故事性，极大地丰富了空间的文化内涵。

3 历史古迹中故事保存的方式

台北市北投区阳明山公园内有一栋20世纪20年代的日式建筑，原本是为了接待日本皇室太子裕仁所建的太子宾馆，随着日军在第二次世界大战中惨败，国民党撤退至台湾，这里一度成为蒋介石的居所，蒋介石辞世后院落一直荒废，直到2003年，由台北市文化局整修对公众开放，定名为"草山行馆"，并在此积极组织艺术沙龙，提供艺术展览空间，赋予这里新的意义。

2007年4月7日凌晨③，草山行馆被焚毁。经过鉴识，草山行馆的火灾确定是人为纵火，但纵火者及其犯案动机至今仍毫无线索。④之后台北市文化局依当年的施工方式重新整修，历时一年零四个月，再现了当时的空间意象。在这次修整中，他们巧妙地将当时焚烧时留下的遗迹保存下来，在地板中间的强化玻璃下留下了一片当时焚烧后的原貌，让历史清晰地摆在面前。无独有偶，1994年，另一处古迹蔡瑞月舞蹈研究社因地铁工程面临拆除，在台北艺术运动下得以保存，然而却在1999年被指定为市定古迹后的第二日

---

① 毛泽东在其名篇《为人民服务》中提到的张思德就读于这所学校
② 此次为本文搜集资料时已得知原包框墙上刻着朱熹《朱子家训》中的选段："黎明即起，洒扫庭除，要内外整洁，既昏便息，关锁门户，必亲自检点。"
③ 蒋介石逝世纪念日后一天。
④ 在当时很明显地可以看出是一些"去蒋化"的人所为。

图3　王东顺四合院包框墙内的文字1　　　图4　王东顺四合院包框墙内的文字2

遭人纵火，建筑主体严重损毁，在之后的重新修建时，建筑师巧妙地保留了当时被焚毁的一面墙，让后人能后看到这一段历史。

4　结论

集体记忆既是地方居民精神文化的重要因素，亦是景观社会下重要的文化内涵，这已经超越现存学科架构下规划师、设计师的工作范畴，是上升到哲学层面的一个怎样看待历史的问题。"一切历史都是当代史"[8]是意大利哲学家克罗齐（BenedettoCroce，1866-1952）在其专著《历史学的理论和实际》中提出的著名论点。在对于这一论点的解释中，他认为无论是当代史，还是非当代史，都是从眼前的生活中涌现出的，只有对眼前生活产生兴趣才会去回顾过去的事情，"过去的事实只要和现在生活的一种兴趣打成一片，它就不是针对一种过去的兴趣，而是针对一种现在的兴趣的。"[8]回到本文开头，自17世纪以来的这种"怀旧病"正是从眼前的生活中涌出的对于过去的回顾。

在笔者为此论文搜集资料时，得知北马村原有的《毛主席语录》以及院落中部分的红色标语已经被擦除，即集体记忆中关于"文化大革命"时期的这一部分内容被部分剥离，笔者无意指责当地农民在国家提倡大力发展文化旅游的号召下未做详细的文化梳理而进行修建，与之相比，大规模的拆除在城市中比比皆是。如何深入研究人类居住的场所，在空间规划理论及实务上创新，以提升城乡作为一个社会要素的质量，是当前亟待解决的问题。

参考文献

[1]夏铸九.建筑论述中空间概念的变迁：一个空间实践的理论建构.马克思主义与现实，2008(1).

[2]毕恒达.空间就是权利.台北：心灵工坊文化事业股份有限公司.2001.

[3]（法）莫里斯·哈布瓦赫.论集体记忆.毕然，郭金华译.上海：上海人民出版社，2002.

[4]伊塔洛·卡尔维诺.看不见的城市.王志弘译.台北：时报文化出版企业股份有限公司，1993.

[5]圣经.列王记上6章1节.

[6]圣经.耶利米书52章12-13节.

[7]圣经.以斯拉记6章3节.

[8]贝奈戴托·克罗齐.历史学的理论和实际.道格拉斯·安斯利英译.傅任敢汉译.北京：商务印书馆，1986.

框架与法度：
唐代建筑与家具的结构体系

孟 彤　北京交通大学建筑与艺术学院

摘要： 唐代艺术讲究法度。唐代木构建筑体系的成熟与框架结构家具的基本成型关系密切，这具体体现在：二者都由垂直系统与水平系统构成完整的结构体系；都具备可以彻底分离并随意增减的承重与围护两套系统；结构性构件同时具有装饰作用，材料选择和加工也有明显的关联性。研究唐代木构建筑体系与框架结构家具的关系对于当代设计的"更新、复兴、创新"具有重要的现实意义。

关键词： 唐代 建筑 家具 框架 法度

1 法度完备的框架结构系统

唐代艺术讲究法度，多种艺术形式都在此时形成了成熟的体系。在法度的约束下，艺术依然获得了充分自由的表达。苏轼说过："故诗至于杜子美，文至于韩退之，书至于颜鲁公，画至于吴道子，而古今之变，天下之能事毕矣。"这不是说到唐代艺术就终结了，艺术家们从此就无事可做了，而是说，各艺术门类到唐代已经法度完备，高度成熟。当然，法度的完备不是一蹴而就的，也不是以王朝更替为起点和终点的。以建筑和家具设计为例，唐朝历20帝290年，建筑和家具的框架结构体系是在继承既往建筑传统并融合各地建造技术的过程中逐步完善的。

中国古代建筑与家具的木框架结构产生得都非常早。虽然西方早期建筑中也曾出现过木框架结构，但是，作为完整的体系而存在的木框架结构建筑形式最早产生于中国，而且，这个体系贯穿于整部中国建筑史而未曾中断。同样，就目前掌握的资料看，虽然垂足而坐的生活方式主要是受外来文化的影响，但是，框架结构的椅子却是源于中国本土（图1）。一些试图证明中国框架椅受西方影响的学者发现，在西方历史上却根本找不到类似中国家具演变的实例。[1]

初唐和中唐，建筑融合了抬梁、穿斗等构造方式，结构方式灵

图1 西魏敦煌285窟北坡《禅修图》中的椅子是目前所知中国最早的框架椅
（来源：濮安国.中国红木家具.杭州：浙江摄影出版社，1996.130.）

活多样、空间组合丰富自由，到了晚唐时期，才走向高度规范化。宋代的《营造法式》主要是对唐代建筑营造规范的理论总结，法度的确立其实早在唐代的建筑实践中就已经完成。类似地，框架结构家具范式的推广也经过漫长的过程。虽然高式家具在唐代开始逐渐为人们所接受，但是，席地而坐向垂足而坐的普及历有唐一代也没有彻底完成，唐代家具类型一直呈现多样化的特征。以框架椅为代表的高足家具在全国范围的普遍使用是到宋代才完成的。

2 水平与垂直双重结构体系

中国古代建筑的主流是木构建筑，家具制作的材料也主要是木材，从材料与制作工艺方面，建筑与家具具有天然的联系，建筑营造与家具制作都主要依靠木工工艺。木工工艺又分为"大木作"和"小木作"，前者主要负责房屋的木构架建构，后者主要从事建筑装修和木家具制作。两个工种分别由"大木匠"和"小木匠"承担，这其实只是一个行业的内部分工，并无本质不同。所以，中国古代建筑和家具不仅存在密切的相关性，而且几乎就是同步发展的。建筑上出现的空间观念、结构方式与建造工艺会顺理成章地被同时应用于家具，反过来也一样，家具上的变化也会体现在建筑上，其中，框架结构体系的完善是其中最本质、最核心的要素。隋唐五代家具借鉴建筑大木梁架造型和结构，梁架构件多用圆材，建筑中的壶门、须弥座等佛教样式也被吸收进家具制作。中国古代的

木框架结构建筑与木框架家具的产生与发展相互启发和促进，这很难说是一种巧合。

在隋代建筑技术的基础上，初唐和盛唐的建筑木构技术已经达到成熟，梁，柱（包括蜀柱、叉手），斗栱，昂等主要建筑构件的种类、材料和尺度已规格化，并且很可能已经有了"以材为祖"的用材制度。隋唐时期沿承汉魏以来的土木混合结构体系，继承和完善了南北朝时的用基本模数和扩大模数相结合的控制体系，斗栱结构进一步完善，斗栱与梁架相结合，木构件模数化，用材标准化，柱网布置制度化，建筑结构的整体刚性加强，屋顶结构"举折"做法成型，斗栱挑檐结构充分发展，这些都标志着以木构架承重、以墙体作围护、具有中国特色的完整木构建筑体系已经成熟。在唐代，只要确定了平面布局、结构形式或建筑形式之中的任何一个方面，另外两个方面就具有必然性，这也可看作木构技术达到成熟的另一个标志。

同时期的高型家具则仍处于初创阶段。尽管如此，从结构的角度来看，高型家具在草创时期就开始采用了和建筑一样的框架结构。框架结构由垂直与水平两个系统构成。其中，垂直系统的主要作用是对抗重力，把结构系统的重力传递到地面，使建筑或家具得以直立；水平系统的主要作用是在水平方向建立联系，使整个结构系统形成整体，增强其稳定性与坚固性。具体到中国的木框架结构

图2 西安高元珪墓壁画上有一人在绳床上垂足而坐
（来源：李宗山.中国家具史图说.武汉：湖北美术出版社，
2001：232.）

建筑与家具，则体现为以竖向的柱或腿为支撑，以横向的梁或枨为联系的构造方式。在唐代建筑中，这种垂直与水平系统的整合已经非常完善。现存比较完整的唐代木构建筑山西五台的南禅寺大殿和佛光寺东大殿虽然有墙体围护，但是，它们的墙身都不承重，屋顶重量通过梁架由檐墙上的柱子支撑。在陕西西安慈恩寺大雁塔门楣石刻的唐代佛殿中，柱头间以两重额枋和蜀柱相连接，纵架置于柱头之上，加强了纵架和横架的结合，结构方式坚固合理。佛殿只有木构架承重，完全没有墙体，说明此时木构体系已经能够独立承托屋顶重量，承重与围护两套系统可以彻底分离了。

在中国家具史上，唐代是一个划时代的时期。北方少数民族、西域和佛教徒的起居习惯随着文化交流而逐渐为中原接受，席地而坐逐渐为垂足而坐所取代，高型家具开始出现，床、榻等低矮的早期古典家具逐步向桌、椅、凳等晚期古典家具演化。因多种生活起居方式的需要，唐代家具类型呈现多样化的特征，家具的形体与构造处于转型期。外来的高足高座家具在普及的过程中不断与本土家具制作工艺相结合，并延续本土家具制作中既有的借鉴建筑大木梁架造型和结构的传统，体现出中土文化自身的特色。尽管唐代的家具品种繁多，但是，在借鉴建筑框架结构方面，它们具有共同的取向。

3　坐具与木构建筑的同构

坐姿的变化主导了起居方式的变化，也导致了坐具的变化。

相应地，为了适应一系列起居方式的变化，坐具的变化又主导了多种家具的变化。坐具最能体现高型家具的演变过程。在唐代，席地跪坐、伸足平坐、侧身斜坐、盘足跌坐和垂足而坐多种坐姿长期同时存在，相应地，就长期存在多种坐具并用的情况。即使在为了适应垂足坐姿而制作的椅子上，在很长一段时间里也仍然保留着跪坐和盘腿的坐姿，坐姿的多样性在现存的图像资料中可以见到。唐代坐具样式有多足壶门台座式榻、四足矮榻、枰以及由枰或四足矮榻演变而来、被称为"长凳"或"长连床"的坐具，还有席、地毯、垫、束腰凳、杌、椅子、绳床、胡床、墩等。

高坐具在中唐以后已经非常流行，其造型和陈设格局高度汉化。隋唐五代的床榻主要有三类：第一类是方座式，下面有壶门托泥座，有的床榻上支"胡帐"，座面绘壶门、忍冬、莲花等纹样；第二类是高足式，各足之间没有座围，而是用横枨连接，形成典型的框架式结构。五代王齐翰《勘书图》中描绘的就是这种样式。第三类是封闭式，各足间有围板，床榻两侧和后背有画屏或墙围，这类床榻出现于五代顾闳中的《韩熙载夜宴图》，形体宽大[1]。三类床榻中，第一类还带有典型的西域特色，后两类简洁清晰的框架式结构则呈现出鲜明的汉式建筑风格，由于框架承重体系与围护体系的分离，根据使用的需要灵活设置或取消围板的做法就成为可能，这与建筑中的做法如出一辙。

图3　敦煌第103窟东壁南侧盛唐壁画《维摩诘经变》中的床榻
(来源：易存国.敦煌艺术美学.上海：上海人民出版社，2005.图版14)

由床榻分化出来的椅子的演变过程同样是一个汉化的过程。绳床是椅子的雏形，起初为佛教徒所用，从唐代开始为世俗社会所接受。早期绳床的座面以绳编织，后来逐渐演变为以竹木板衬面的竹木混合结构，绳床进一步向椅子转型，早期佛教样式的椅子逐渐演变为符合汉族生活习惯和审美趣味的样式。

中唐以后，椅子形式逐渐汉化。发现于西安的唐天宝年间的高元　墓壁画中的扶手椅是具有明显汉文化特征的已知最早实例。椅足笔直，椅足粗大，形象朴拙。椅背上部模仿木构建筑结构方式以栌斗承托"搭脑"（又称托首）作头颈倚靠之用（图2）。敦煌148窟、196窟、108窟壁画中的椅子也有栌斗形式，充分说明在椅子的汉化过程中借鉴了木构建筑的结构方式[2]。《挥扇仕女图》中的圈椅、《李世民像》和《唐明皇像》中的雕龙头加托首圈椅、圆搭脑圈椅等也很有代表性。

凳是另外一类常见的坐具。在此时期，凳也多见框架式结构。隋唐时期，凳的具体形式非常丰富，有方凳、圆凳、月牙凳、椭圆凳、鼓凳、高脚凳、梅花凳、马杌、漆木杌、裹脚杌等变体，三足或四足。座面为平板、板状足或四足的板凳也很流行。从敦煌473窟壁画可见，画中描绘的长凳有四足，足间以横枨连接，也构成简洁的框架体系。

4　其他家具类型中的框架结构

框架结构家具也出现在其他家具类型中，除了竖向的支撑构件，这些框架结构家具常用横枨、托泥等构件作为横向连接。随着起居方式的改变和高型坐具的变化，一些几案类家具在隋唐时期也增加了高度。高度的增加对家具构造的整体性与稳固性提出更高要求，框架结构很好地满足了这个要求。传周昉《内人双陆图》摹本中的棋盘为上下双层壶门，仕女的坐凳有四足，上有雕花或镶嵌作装饰。曲形栅足的几案常用底部的横枨加强横向联系，以求得结构的稳定。唐代卢楞伽的《十八尊者像册》现存六幅，画中所绘的几案也用横枨或托泥加强横向联系。五代王齐翰的《勘书图》中的书案也有横枨，它四足直立，形体简洁大方，结构合理，设计颇为成熟。

唐代室内大多陈设屏风、帘幕、帐幄等，根据需要灵活地分隔室内空间。不论是空间形态还是其框架结构形式，这类陈设都与当时的建筑具有更多共性。敦煌第103窟盛唐壁画《维摩诘经变》所画床榻的四角有帐杆，用以支撑床帐，床侧没有床栏杆，取而代之的就是联屏式屏风，反映了当时屏风和床榻合二为一的家具特征（图3）。这种类型的幄帐简直就是一种微缩的框架结构建筑。

架具的构造与建筑更为相通。因功能上的要求，架具一般不需要围护性构件，其主要作用是承托，框架结构在这类家具上的应用就更能体现力学的合理性。

5 结语

综上所述，根据现存的实物与图像资料，可以看到，在框架结构体系的建构、结构构件与装饰构件的关系、材料选择和加工等方面，唐代建筑与家具呈现出明显的关联性。这些关联与当时起居方式的变化、对空间和结构高度理性的认识、装饰理念、美学趣味、工具与工艺的进步、建筑师与木匠身份的重合、对匠师与工程的统一管理等诸多因素都不无关系。

在当代，出现了大量新材料、新工具、新美学观、新设计理念，也出现了更加细化和完善的社会分工、新的工程管理方式，设计与生产面临许多新问题，过去的经验往往不再适用。但是，建筑与家具之间的联系并未因此被割断，一些现代建筑大师的家具设计实践很有力地说明了这一点。因此，探究唐代木构建筑体系与框架结构家具的关系对于当代设计的"更新、复兴、创新"具有重要的现实意义。

参考文献

[1]CHARLES PATRICK FITZGERALD. Barbarian Beds: The Origin of the Chair in China[M]. London: The Cresset Press,1965:72.

[2]李宗山.中国家具史图说[M].武汉:湖北美术出版社,2001:240—241,231.

去边缘化·世博会如何重新连接世界

孔岑蔚　　中央美术学院

摘要：近代人类文明与世博会有着密不可分的联系，它一度成为人类文明的催化剂。而在21世纪的今天，世博的发展似乎遇到了瓶颈，时代的发展、信息传达方式的更迭，世博似乎已经不能引起人们的关注，人们对世博的质疑更是不绝于耳。新世纪下的世博会将何去何从？本文通过对当代世博会的梳理与辩证思考，来探寻嫁接"过去世博"与"当今世界"的设计基点。

关键词：世博会 展示设计 信息传达

1 世博会不等于建筑展

每当谈到世界博览会，人们的第一印象往往会想到世博会中形态各异的建筑，虽不知这些建筑意味着什么，但不可否认的是，在大众印象中，世博会一定程度上等同于建筑展。当你试图向大众了解更多对世博的认知时，人们往往告诉你的是："这些建筑令我印象深刻。"人们面对建筑作为第一视觉感知的世博，往往更多会记住建筑，而忽略世博作为特定行为所要传达的理念与情怀。世博本质究竟是什么？建筑与世博的关系是什么？如不能重新辩证地认识这些问题，世博也许会一直作为建筑展而误读下去。

对于世博会的辩证思考需要我们"温故而知新"。世博会起源于1851年，当时称之为"万国博览会"。举办万国博览会的时代背景正值大英帝国的全盛时期。万国博览会虽然没有特定的主题，但向全世界传达的信息则特别明确，即：最佳的制造技术、最佳的工艺设计、最佳的产品、最佳的贸易——非英国莫属。博览会成为了英国伊拉莎白女王向全世界传达特定信息的载体。而这样的国际性博览会不仅需要高效的执行政策，更需要一座前所未有的"展馆"与之相衬。园林师约瑟夫·帕克斯顿（JosephPaxton）在海德公园修建了一所前所未闻的玻璃盒子展馆。英国Punch杂志将它称之为"水晶宫"。水晶宫不仅成就了世博会，同时在建筑史中占有举足轻重的地位，成为现代玻璃幕墙建筑的先驱。也恰恰是水晶宫为代表的建筑展馆的开始，日后的每届世博会都继承了以建筑为主导的世博传统。在百年世博期间，众多建筑师更是踊跃参与，将世博会当作了建筑的试验场。不可否认建筑对于世博的贡献，但如果将建筑完全等同于世博会展示则多少会有偏失。世博会确实诞生了以水晶宫和埃菲尔铁塔为代表的建筑，这种"代表性"来源于前所未见的事物对感官的冲击。而这种冲击恰恰符合世博会作为全球最大盛会所需的要求，所以建筑在特定的时代环境成为较为恰当的解决方案。历史的长河更多记住了建筑的存在，而忽略了这些建筑真实存在的前提——即：世博是为"展示"而非为"建筑"。世博建筑的存在只因是展示的需要，是需要类似的构筑物为世博会提供展现的载体。世博历史中的众多建筑在刚建成时并不被主流建筑师所认可，水晶宫初建成时被形容为"玻璃盒子"，埃菲尔铁塔被嘲笑为巴黎城的"怪物"，直至今日，建筑圈内人士对于世博的临时性建筑仍有所偏见。这种与主流建筑圈的若即若离在一定程度上反映出了世博会所谓的"建筑"的实质——为展示特定的事物和主题而存在的展示场所，而非真实的建筑。从世博会所具有的汇聚文明、展示文明与探讨未来可能性的角度来看，那些为传达信息而存在的建筑，只是成了世博会信息传达的手段之一，而非世博的核心。当我们再看近几届的世博会的争议，人们更多地把目光集中在了建筑学的本体上：展馆成为被围观而短命的存在，却要消耗人力和资源；因为他们不承载日常生活和城市的功能，而不惧真实性。同时世博周期则成为了这些建筑的生命周期，虽有极少数展馆会作为永久展馆保留下来，但更多的展馆则成为了历史过客。而世博会的初衷是否随着建筑师不断对世博建筑化的尝试而被遗忘呢？

2 世博会的展示规律

世博的展示规律可以从两方面来解读，其一，为世博会的发展线索规律，它涵盖了世博的发展和与之并行的时代发展规律，时代与社会深刻影响世博。其二，为世博会中具体的展示规律，它涵盖具体的展示主题与展示理念。这两方面涵盖了世博展示规律的点和系统。

早期的世博更多层面上集中在工业产品的展示，受限于当时信息传播的条件与手段，人们获取信息的途径相对单一，而能在同一时间、同一地点一次性掌握世界文明的进程的机会也许只有世博会能满足：自世博诞生以来，从电梯、单灯、电报到马达、汽车、飞机，工业革命以来人类所有的重要发明几乎都通过世博传播到世界。爱迪生、贝尔、莱特兄弟等众多科学家与发明家都将自己的重要发明节点留给了世博，世博会通过其特有的方式将世界文明联系在一起。当世界文明步入后工业革命后期，工业革命所带来的一系列问题摆在了人类的面前，战争、环境与健康问题一度成为全世界国家共同面对的问题。而作为世界文明催化剂的世博会也引起了人们的思考，即世博会在后工业时代应发挥什么作用？在1974年，美国小镇斯波坎举办了一届前所未有的世博会，主题为"无污染的进步"，成为历史上首次明确地将环境问题作为主题的世博会。正是从斯波坎世博会开始，意在展现人类现代化成就的世博会开始转向关注环境问题。有人这样评价这次世博会：如果说有些世博会向人们演示了电话，有些演示了电梯，那么斯波坎世博会则演示了人类自己的"过失"。由此开始，世博会的展示不再仅仅以呈现文明发展为主，人们开始意识到，世博会不可能包揽人类文明的所有成就，也不该成为简单展示这些成果的交易会，而应该把重心放在探索和解决人类共同面对的问题这一基点上。从这届世博会可以看出，世博的展示已经开始超出传统对于展示的简单认知。以往的世博会可以理解为"物—展示—人"的单向展示，而自斯波坎世博会开始，世博会展示开始转向"问题—人—探索—问题"的双向循环的过程，世博展示的边界也随之开始模糊，这种"斯波坎模式"一直持续到今天。而时至今日，人类与世界的问题似乎更加复杂与多样，传统的"参观—了解—反馈"的获得信息过程显然已经不能完全应对当下世界的问题，也不能满足人们对于世博展示的期待，世博百年前的展示力量与社会影响可以说与现在的碌碌无为形成了强烈的反差，而这正是当代社会对于世博的争议所在。可以说，世博的展示发展是紧密与时代特征相关联，它会反映时代的脉搏，而现在，则是世博需要改变的时候了。

从以往世博各个展馆的展示实践来看，大致由四部分组成，即"主题"、"内容"、"媒介手段"和"反馈"。主题的确立为各个国家与展馆建立谈论的范畴，它包括了对人类文明的见解，也包括对现有问题的探讨。虽然每届世博会都有固定的主题来统一整体，但每个国家对于主题的解读却不尽相同，每个展馆成为了主题的"诠释者"，各抒己见发表对世博主题的理解。各个展馆对于主题的见解既包括展馆所呈现的讲述主题的方式，即展示中经常提到的"故事线"、"脚本"、"板块"等，也包括展馆给观众呈现的展示外在形式。无论受众看到怎样的图像与装置实体，或者被叫作建筑的展馆，其实都是为解决信息传达而存在的表现手段与载体。信息传达的过程缺少不了媒介的介入，媒介在以往的展示理论中仅仅理解为空间，认为空间是信息传达的媒介，过分强调空间从而忽略了媒介多样性与可变性。马歇尔·麦克卢汉在其著作《理解媒介》中提出了媒介的几条原则，如"媒介即信息"、"媒介是人的

延伸"、"冷媒介和热媒介"等。从麦克卢汉的理论当中，我们可以看到媒介决定着信息的清晰度和结构方式。如果说"主题"、"内容"、"媒介"看作是世博会的主体构成部分的话，那么"反馈"则凸显了世博会的真实存在意义，即人们从看似美好的世博会中得到了什么。反馈是人们对世博的真实反映，从对世博会的整体认知，到具体的参观感受，反馈一直持续在参观者身上，并深刻作用于人们之后的行为。这种对人持续的作用力恰恰是世博的力量所在，这种影响在早期的世博中尤为明显，而笔者现在对于世博的见解，也可以说是世博给予反馈的一部分。

3　世博如何重新连接世界

针对世博的现状争议与重塑，笔者通过以下几点来探讨：

3.1　世博会的职能是什么？

世博会的职能在一定程度上是世博会存在的必要基础，早期世博会所展示的人类文明的呈现已经在现代世博会式微，仅仅留下通过对主题的提出来引起人们对重要问题的反思与探索。正像人类文明的交流在现代社会已经不需要在特定的时间来集中展现与交流一样，当下世博会所持有的对特定主题的探讨也越来越不能满足现代社会对一次全球盛会的要求。自1974年波斯坎世博会以来，世博会过多得把世博会职能停留在对世界现有问题的"提出"与"启蒙"上，认为世博会应该是世界范围内问题的"发现者"，认为全世界人民提出"问题"更重要。世博会将"问题"等同为"主题"。这也就带来了每五年一届的"主题盛会"。我们不能否认早期世博会的成就，人类文明得以在五年一次的世博会中得以集中展示，因此世博会具有集中展示第一手"人类文明"的职能。但当世博想从"文明集中呈现"置换成"问题的反思"以求得继续的辉煌时，似乎又和时代错位。在当下以人为组成单位的移动互联网环境下，主题所带

来的信息流通似乎已经司空见惯，众多社会与环境问题的发现者并非世博会，而是社会中的个人，世博会所呈现的问题往往已经是街头人们平时所交流的谈资，而非"惊喜"。此时世博会已经不再是那位"发现者"，而已经变成了发现问题的"滞后者"。同时，仅仅去强调问题是显然不够的，人们更想看到的是解决的方法，虽然提出问题有着"集思广益"的初衷，但滞后的信息与主题还能引起多少人的兴趣呢？雅克·赫尔佐格将现代世博会形容为"虚荣而又陈旧的名利场"。认为现代世博会已经到了需要改变的临界点，西方国家在百年世博会中尽情炫耀国力与自豪之后，已然开始质疑"表面文章"和"民族自豪"。但地球上还有众多小国才刚刚加入这场表演，他们期望世博能给他们国家带来一个世纪以前的能量，继而规则性的申办、举办……而这种为展现国家形象、刺激经济增长而轮流举办的园游会是世博的真正职能吗？

3.2 世博会的呈现

时间、场地、展馆构成了以往大众对世博的印象。现代世博会似乎缺少了20世纪的野心，依然沿袭着以展馆为单位的组成形式。以展馆（国家馆）为单位的世博会在一定程度上造成了世博会的当代困局：即它仿佛是混淆了传统意义上的展览会与实验建筑的"展览"，每个国家馆的任务是各自为战，目的是通过建筑学与主题策划来为大众呈现一个对世博主题诠释的展览，这里面最大的问题是对于"展览"与"展示"的混淆。因此，有必要说明展览和展示的关系与区别：展览有着明晰的边界与属性，即在空间中通过规划场地与设置展线，将要呈现的"物"富有逻辑性的传递给受众。展示不同于具体的展览，它是包括所有呈现手段与信息传达行为的总和，是一个可探索与界定的规律。"展示"更多时候是为解决问题而众多学科和手段都为我所用，它所呈现的是复合型的、模糊边界

属性的系统。从这个角度去理解，世博会展示应该有更多可能性，而非仅常规意义的展览。在世博会"展览"的模式下，国家馆成为了展览的空间载体，而国家馆组成的世博会究竟应该是靠展馆来展现国家形象？还是应该通过展示来呈现主题？这似乎是每个国家馆的纠结所在：一方面有些国家需要时机来展示，这在政治与经济面前不可避免，更何况是在世博会的机遇中。另一方面，国家的展示并不是当代世博会的初衷，也不是当代世博会最主要的职能。世博会需要给大众提供有效的"内容"，而非空间"装饰"。同时，我们在辩证思考世博会时，我们需要清晰地认知我们所生活的时代———网络信息化的地球村。在无处不网络的当代社会，处于特权地位的中心被解构了，每一个普通的个人与每一个恢宏的机构划时代的拥有了平等的地位。每一个人都看似仅是一个小点，但却随时可以成为信息的中心。当代社会正在从以物质为基础、以黄金为价值的社会进入以能源为基础、以信息数据为基础的社会。信息技术正前所未有的彻底改变着全球化进程中的各种联系。如果说世博会在一个多世纪前靠文明的汇集来连接世界的话，那么今天的世界文明早已被互联网所连接。工业革命时代下所产生的世博会必须适应当代的互联网社会，这不仅是世博自身发展的需求，也是世博再次连接世界的开始。过往世博会更多的是单向的信息输出，即点对面的传达，设计者设计好固定的空间与信息来提供给参观者，这种片面、枯燥的信息未必是参观者所需要的。这种模式与个人为信息生产单位的现代社会似乎已经脱节。世博会与互联网社会并非不可调和，互联网基于数据构建、世博会基于信息的传达。这两者之间的联系显而易见，互联网为世博会提供了全新的思考空间，我们需要的不仅仅是设计层面的探索，而是需要对世博会呈现意识的转变，它关乎世博会对社会、人文与自然的态度与立场。

试论展示设计中西叙事差异及其启示

张天钢　中央美术学院

摘要： 本文首先对展示设计的概念及其本质进行了论述，接着厘清了叙事学的概念并阐述了叙事学与展示设计的关系，随后从叙事学的叙事结构、叙事视角、叙事时间和叙事意象四个方面结合中西展示设计案例，探讨了展示设计中西叙事的差异，展示设计中西叙事差异主要体现在历史逻辑性叙事和非历史逻辑性叙事、整体性叙事和分析性叙事、叙事元始和非叙事元始、写意性叙事和写实性叙事四个方面，最后文章指出了展示设计中西叙事差异的启示：我们可以汲取西方展示叙事之长处构建中西兼顾的展示叙事思维模式——或中或西或中西结合，在展示设计实践中辩证、灵活地应用。叙事元始和写意性叙事是在展示设计中展现中国特有叙事审美和叙事感受的两种方法，也是表达中国气质和形象的两种途径，有助于我们对中国气质和形象的表达走向自觉。叙事学自身对于展示设计也有着理论研究和实践的意义。中西展示设计在叙事上的差异，其实是中西世界观和思维模式的差异在展示设计中的反映，这为我们在全球化背景下研究和发展我国的展示设计提供了思路。同时，本文是对中国特有叙事传统在展示设计中的继承和发展的探讨，也是对如何在展示设计中表现和传达中国观世界观和哲学观的探讨。本文是笔者在对展示设计研究和实践的基础上结合叙事学理论而写成，是对展示设计中西叙事差异研究的一次尝试，希望能起到抛砖引玉的作用。

关键词： 展示设计　中西　叙事差异　启示

1 展示设计的概念及其本质

展示设计"具体地说即是在一定的空间环境中，采用一定的视觉传达手段，借助一定的展具设施，将一定的信息和内容展示于公众面前，达到传达信息、沟通合作等主要目的，并以此对观众的心理、思想和行为产生重大影响"。[1]展示设计的本质是通过各种媒介实现对信息的传达，进而实现交流等目的。这里所说的各种媒介具体指二维图形、空间造型、影像、装置艺术、文字、声音等。展示设计本体性的工作任务就是把需要传达的信息通过合适的媒介转换成具有视觉审美意味的、受众易于接受和喜闻乐见的展示形式，实现信息高效优质的传达。展示设计工作的重点就是创造性地把所需媒介有机地组织编排成适合特定信息传达的展示形式。换句话说，展示设计的结果也可看做是一种经过有机编排组织的媒介环境。展示设计一般分为文化类和商业类两种范畴，文化类包括博物馆、世博会、美术馆、科技馆、规划馆等，商业类包括专卖店、商店橱窗、各种展会和交易会等。

2 叙事学与展示设计

本文主要从叙事学的角度对展示设计中西叙事的差异进行研究，那么就要厘清叙事学的相关概念，并明晰叙事学与展示设计之间的关系。

2.1 叙事学

首先要明确什么是叙事，"顾名思义，叙事就是叙述事情（叙＋事），即通过语言或其他媒介来再现发生在特定时间和空间里的事件"[2]。"叙"即叙述，叙述随着人类历史的发展而发展，从远古时代先人通过岩画等媒介对日常生活和神话故事的讲述，到文字产生后史学家对历史事件的纪录，直至到新兴媒介的电影讲述、戏剧表现、舞台表现、网络讲述、展示设计表现等，都属于叙述。"事"指生活中发生的事情及文学影视作品等中虚构的事情，事实上"事"也可以指特定的信息。一般来说，叙事也泛指对某个信息的叙述和表达，例如某个建筑传达出某种信息，我们称之为建筑叙事。展示设计是对特定信息的传达，我们也称之为展示叙事，此外也有景观叙事、城市叙事、绘画叙事、医疗叙事、舞蹈叙事等提法。实际上叙事包含两层意思，它既可指讲述某个完整的情节故事，如小说和电影等，又可指叙述某个事情（非情节故事）或传达某个特定信息。

叙事学是一门学科，形成于20世纪60年代左右，其是受结构主义影响而产生的研究叙事的理论，叙事学研究的对象不仅是文学类文字叙事作品，也包括电影、舞蹈、音乐、绘画、建筑等非文字媒介叙事作品，叙事学的理论主要建立在对文字叙事作品的分析之上。叙事学对叙事有着特定的研究方法和研究切入点。普林斯编撰的《叙事学辞典》在"叙事学"词条项下收录了两种观点。一种是以托多罗夫为代表的观点，即叙事学研究的对象是叙事的本质、功能和形式，无论这种叙事使用哪种媒介（如文字、图像、影像、空间、舞蹈、声音、建筑），叙事的普遍特征是研究重点，尤为重视故事的普遍结构。另一种观点以热奈特为代表，即"将叙事作品作为对故事事件的文字表达来研究，无视故事本身，而聚焦于叙述话语"[3]，在研究中关注的是叙述者在"话语"层次上表达事件的各种方法，如倒叙、预叙和视角的运用等，因此叙事学也称"叙述学"。总的来说，叙事学是关于"如何讲（组织）故事"和"如何叙述"的学说。叙事学的出现带来了观察叙事文本的一种新视角，具有重要意义和影响。叙事学于20世纪80年代以后传入中国，中外学者在西方叙事学理论的基础上结合中国丰富的叙事资源、历史悠久的叙事遗产以及独具特色的叙事传统发展出了中国叙事学，例如杨义先生所著的《中国叙事学》一书就提出了诸如"叙事结构"和"叙事意象"等不同于西方的、具有中国特点的叙事学观点。

2.2 叙事学与展示设计的关系

叙事是对信息、知识和经验等的一种整理和加工，是人类的一种精神现象，叙事存在于文学、影视、建筑、绘画、音乐、舞

图1 上海世博会中国馆　　　　图2 回潮中国城市发展历史　　　　　　图3 "清明上河图"回潮古代城市智慧
[注："岁月回眸"展区（图1、图2）和"智慧长河"展区（图3）都有历史逻辑叙事]

蹈等领域中，也存在于传达信息的展示设计中，例如展示设计师对展览故事线的设计、对展示概念表达方式的设计、对文字脚本视觉物化的设计等都涉及叙事学，其实设计师自觉不自觉地在展示设计中经常会运用到叙事。"文字与非文字叙事的要旨在于肯定人的感受力与想象力，通过不同的媒介与展现方式，揭示'我'与他人之间一种'设身处地'的知觉能力和交流行为。因此，纵然文字与非文字艺术（包括音乐、舞蹈、雕刻、建筑等）在媒介和形式上存在诸多差异，但他们之间从根本上说是相通的"[2]，自然，展示设计叙事与文字（文学）叙事也是相通的，因此从叙事学的角度来探讨展示设计中西叙事差异便成为可能。

反过来说，主要建立在对文学叙事研究基础之上的叙事学的相关理论也可以运用到展示设计中。展示设计的本质是传达信息，展示设计工作的重点就是创造性地把所需媒介有机地组织编排成适合特定信息传达的展示形式，叙事学是关于"如何讲（组织）故事"和"如何叙述"的学说，其为展示设计"媒介的组织编排"提供了新的思路和参考，叙事学为展示设计的信息传达方式提供了新的可能，这对展示设计是有意义的。笔者的另一篇论文《故事场：展示设计中信息叙事体验设计方法初探》对叙事学在展示设计中的运用有详细论述。从国内外来看，有意识地把展示设计与叙事学相结合的理论研究和设计实践目前处于初步阶段。

从中西叙事学来看，叙事的结构、视角、时间、意象是叙事学研究的主要方面，这四个方面客观上也存在于展示设计中。反过来说，这四个方面是也叙事学运用于展示设计中的重要途径。下文将从叙事学的结构、视角、时间、意象这四个方面来探究展示设计中西叙事的差异。

3　展示设计中西叙事差异

本节从叙事学的结构、视角、时间、意象四方面为切入点，结合中西方展示设计案例，论述归纳出展示设计中西叙事的差异。

3.1　叙事结构差异

什么是叙事的结构呢？《世界诗学大辞典》指出结构是一部文学作品有计划、有组织的框架。对展示设计而言，展示设计的叙事结构是指展览的信息结构（展览的内容板块、展线或故事线等）的宏观性安排。中国展示设计往往体现出注重历史逻辑的结构安排，即展览信息结构常常体现出历史时间逻辑，展览的内容在宏观上常常呈现出历史回顾性的逻辑，或展览的信息结构常常与中国历史有某种关联。这应该与中国的叙事传统有一定关系，中国叙事传统的一个特点是历史叙事。这里所说的历史叙事是指编撰历史这一类叙事，如《史记》等。"宋代真德秀有'叙事起于史官之说'，清代主张'六经皆史'的章学诚也认为：古文必推叙事，叙事实出史学。"[4]西方叙事文类的历史发展过程为：神话传说→史诗悲剧→

图4 互动实验   图5 农业知识游戏   图6 农业植物
[注：米兰世博会德国馆（图4~图7）通过交互游戏等方式来传达"滋养地球，生命的能源"主题]

罗曼司→小说。中国叙事文类发展的历史没有西方那种鲜明的阶段性，数千年的发展中往往是多种文体并存的状态，如果一定要划分出大致的发展阶段话，中国叙事文类的发展历程大体为：神话传说→历史叙事→小说，由此可见历史叙事是中国叙事文学的重要组成部分且是具有中国特色的部分。

这种重历史逻辑的叙事特点在2010年和2015年两届世博会的中国馆都有所体现，笔者的导师黄建成教授作为2010年上海世博会中国馆展示设计总监参与主持了中国馆的展示设计。上海世博会中国馆的叙事结构很大程度是历史时间逻辑，从中国历史中挖掘"城市发展中的中华智慧"（图1~图3）；2015年米兰世博会中国馆也展现出历史逻辑的特点，中国馆的展陈分"序、天、地、人、和"五大展区，"全面介绍中国农业、粮食和悠久饮食文化的发展历史、现状及未来可持续发展理念"[5]。然而，同样在这两届世博会中的西方国家展馆（如英国馆、美国馆、德国馆、法国馆、荷兰馆等）的历史逻辑叙事却并不十分明显，像上海世博会英国馆"种子圣殿"（表达物种保护和可持续性理念）和米兰世博会英国馆"蜂巢"（表达人类与蜜蜂相似性和关联性）都没有涉及历史逻辑的叙事，而这两届世博会的德国馆更像是两座互动"实验室"（图4~图7），也都几乎没有涉及历史逻辑的叙事。当然，并不是说这两届世博会西方国家展馆绝对都未涉及历史逻辑的叙事，只是中国馆比

西方国家馆的历史逻辑叙事更加明显，这种叙事结构的差异从这两届世博会可见一斑。历史逻辑的叙事思维作为一种集体无意识似乎隐藏于每一个中国人的血液中。

3.2 叙事视角差异

叙事视角"是一部作品，或是一个文本，看世界的特殊眼光和角度"[4]。"视角是传递主题意义的一个十分重要的工具，无论是在文字叙事还是在电影叙事或其他媒介的叙事中，同一个故事，若叙述时观察角度不同，会产生大相径庭的效果"[2]。展示设计的叙事视角是指传达信息所选取的角度。叙事是人类的一种精神现象，由于中西文化和思维方式的不同，展示设计中西叙事视角的选取也往往不同。在展示设计中，西方展示设计师在展现一个概念时常常善于选取"小"的视角来讲"大"道理，即以小见大，呈现出分析性的叙事特点，这与西方人的分析性思维模式有关，西方人要弄明白某个事物，总是将事物的各种属性和各个方面等区开来分析；而中国展示设计师在展现一个概念时常常采用概括性的整体性叙事方式，这与中国人的综合思维模式有关，中国人在看待事物的时候，总是把事物当成一个整体，将事物的各种属性和各个方面等结合起来去分析。在中西文学和影视叙事中也存在以上类似的情况。

以2010年上海世博会"城市人"主题馆为例，"城市人"主题馆展示设计由荷兰著名展示设计师赫曼·考斯曼和笔者导师共

图7 土壤标本　　　　　　　　图8 巴西家庭塑像　　　　　　　图9 六个家庭生活场景　　　　　图10 "小种子"　　　　　　图11 "蜂巢"
[注：上海世博会"城市人"主题馆（图8、图9），上海世博会英国馆（图10），米兰世博会英国馆（图11）]

同合作设计。此展馆展示设计的主题创意由赫曼·考斯曼设计团队提出，通过对世界五大洲六个城市中六个不同家庭的跟踪拍摄，将他们的故事嵌入家庭、工作、交往、学习和健康五个展区，运用实物、艺术装置、影像、多媒体技术相结合的手法，营造出11个不同城市景观，让观众可以身临其境地了解城市人的不同需求，体验"人们留在城市，是为了更好地生活"。展览的视角聚焦于城市最小的单元——家庭，这就是典型的以"小家庭"见"大道理"的分析性叙事方式（图8、图9）。而上海世博会中国馆与"城市人"主题馆相反，其在讲述"城市发展中的中华智慧"这一主题时呈现出整体性的叙事特点，展览主要从"大"的中国城市发展的历史和其他方面面来展现"中华智慧"，以此来表达中国馆的主题，这与"城市人馆"以"小"见"大"的叙事方式形成了鲜明的对比。上海和米兰两届世博会的英国馆也是很好的例子，上海世博会的英国馆"种子神殿"以"小种子"来表达生物多样性和可持续性的"大道理"，米兰世博会英国馆"蜂巢"以"小蜜蜂的困境"来表达"滋养地球，生命的能源"这一主题（图10、图11）。

3.3 叙事时间差异

　　我们都有这样的经验：有时小说家为了入木三分地描写故事中人物的心理活动，会以数页篇幅去描写刻画可能只有几秒的瞬间；同样，小说家可能也会以很短的篇幅概述故事中较长的时间段，以

一句话一笔带过几百年。"小说家为了构建情节、揭示题旨等动机，常常在话语层次上'任意'拨动、调整时间"[2]，这里的时间就是叙事时间。叙事时间是叙事学研究的一个重要方面。展示设计中也存在叙事时间，上海世博会中国馆的"寻觅之旅"展区通过轨道车快速地带着观众领略中国古今城市发展智慧，这种带给观众的"快速时空穿越"就是叙事时间的一种体现。

　　下面重点来谈一下中国独特的叙事时间观——叙事元始。中国采取"年-月-日"时间标示顺序，而西方主要语种按"日-月-年"的顺序标示时间，中国的时间标示顺序，"总体先于部分，体现了他们对时间整体性的重视，这种时间意识和整体性思维方式，深刻影响了中国叙事作品的时间操作方式和结构形态"[4]。时间整体性思维方式影响着中国叙事作品的开头，中国人的叙事作品的开头非常讲究，"中国著作家往往把叙事作品的开头，当作与天地精神和历史运行法则打交道的契机"[4]，例如《三国演义》、《西游记》、《封神演义》、《金瓶梅》等古典小说的开头都是以一首沟通天地之道、历史法则的诗作为开场，这是一种概括性的开头。这与西方在叙事作品开头的处理上大为不同，西方小说往往从"近距离"的细节写起，如从一事一人一物写起。这"表明中西文化启动其世界感觉，以及进入其叙事世界的通道有着明显的不同"[4]，这其实反映出了中西方感受世界的方式和世界观的不同。"鉴于中国

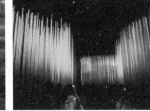

图12 上海世博会中国馆影院
（来源：http://pavilin.expo.cn/zoool/ssize/explainchinavenue/index.html 网上世博会.中国国家馆.东方足迹展区.春天的故事区.）

图13 影片《和谐中国》片段

（来源：http://.bbs.house.sina.com.cn/thread-4526537-1.html 新浪网 陆川为世博会拍摄国家馆主题影片）　　　　图14 "写意竹林" 1　　　　　　　　　　　图15 "写意竹林" 2

叙事文学对开头异乎寻常的重视，以及它在时间整体性观念和超越的时空视野中的丰富的文化隐义，有必要给它起一个独特的名称：叙事元始"[4]。上海世博会中国馆的第一个主体展厅就是影院，这在展示设计中并不多见，一般来说影院常常在整个展览的中后部分，中国馆展示设计总设计师潘公凯曾指出，展览的开头设置影院就是希望设置一个整体性的开篇。影院的影片名叫《和谐中国》（又名《历程》），通过一家四代的成长变迁，讲述了改革开放三十多年来中国自强不息的城市化历程，以及中国人的建设热情和对于未来的期望。这是一个对中国改革开放以来的城市化历程总结性的影片，其"开章明义"，类似古典小说开头的诗作，这个影院是一个概括性的开头，相当于整个展馆的叙事元始（图12、图13）。叙事元始这种叙事形态蕴含着独特的中国式叙事审美，能够带给观众进入展览的独特叙事体验，其也是对中国时间观和世界观的反映，有其自身的价值，而这种叙事形态在西方展示设计中很少见。

3.4　叙事意象差异

文学叙事作品中，意象的运用比比皆是，如小说《围城》中的"围城"意象被大家所熟知。意象在叙事作品中具有"文眼"的作用，它具有凝聚意义、凝聚精神的功能。展示设计是视觉媒介类叙事，与文学叙事还不相同，笔者认为具有象征意味的视觉形象也可引申为"意象"的范畴。从视觉形象的叙事意象来说，中西展示

设计有着一定的差异。"由于东西方的思想体系、文化体系的差异，因此对传统造型艺术的理解追求和表现形式也就不同。中国画重在表意，强调自我主体的特征，与西方绘画重在摹仿，强调客体的特征"[6]，中西方审美思维的不同，造成了中西方艺术面貌的不同。同样，中西展示设计视觉形象的叙事意象也存在着类似的不同，其在中国展示设计中常常呈现出"写意"审美的特点，其在西方展示设计中常常呈现出"写实"审美的特点。从2010年上海世博会和2015年米兰世博会中国馆的展示设计与西方国家馆的展示设计的比较就可见一斑。上海世博会和米兰世博会中国国家馆分别采用了具有象征意味的"写意竹林"和"写意田野"等视觉叙事意象来构成艺术装置，"写意"地传达展览主题，显示出写意性的审美特点（图14~图17）；而米兰世博会德国馆和法国馆使用了很多具象的现成实物，如各种食物、厨具、超市手推车等视觉叙事意象来构成艺术装置，"写实"地表现展览的主题，显示出具象、机械、理性的审美特点。需要指出的是，中西展示设计这种"写意"和"写实"的差异并不是绝对的，中国展示设计"写意"的视觉叙事意象更多见。

4　展示设计中西叙事差异的启示

由于中西在文化体系、思想体系以及思维体系上的不同，导致叙事这一精神活动的不同，进而在展示设计的叙事上也呈现出差

图16 "写意田野" 1　　　　　　　　　　　　　　　　图17 "写意田野" 2　　　　图18 "写实超市"
[注：米兰世博会德国馆（图18、图19）和法国馆（图20、图21）显示出具象、机械、理性的审美特点]

异，反观这种差异，给我们带来如下启示。

　　从中西展示设计叙事结构和叙事视角的差异来观察，我们可以发现：中国展示设计在传达信息时常常把目光投向历史，并呈现出整体性的叙事特点，因此中国展示设计给人一种"宏大叙事"的印象，而西方展示设计更多地从"近距离"、分析性、有趣的视角来传达信息表达主题，从而呈现出生动性和深刻性。有人对中国展示设计"宏大叙事"的现象提出批评，指出"宏大叙事"缺少生动性，笔者认为上述两叙事方式各有自己的长处和特点，我们应当超越单向思维的模式，把中西这两种叙事方式置于一种开放的、对话的场地中，构建一种超越中西的展示设计叙事思维模式：中西兼顾的展示叙事思维——或中或西或中西结合，在展示设计实践中辩证、灵活地应用。从中西展示设计叙事时间和叙事意象的差异，我们看到了中国展示设计叙事元始、写意性叙事的特点。叙事元始是中国特有的叙事结构形态，蕴含着中国式的叙事审美，能够带给观众独特的叙事体验；写意性叙事是在展示设计中通过视觉叙事意向凸显中国身份和艺术气质的一种方式。叙事元始和写意性叙事为我们在展示设计实践中表达中国气质和形象提供了理论上的支撑，有助于我们对中国气质和形象的表达走向自觉。

　　从叙事学本身来说，其给我们带来一个观察、研究展示设计的新视角，这是其理论研究层面的意义；叙事学的结构、视角、时间、意象等理论也可运用到展示设计中来指导展示设计的实践，其可为展示设计的概念表达和视觉物化提供有意涵和有意味的信息编排组织方式，这是其对展示设计的应用价值。叙事学自身对于展示设计在研究和实践两个层面上都具有意义。

5 结语

　　中西展示设计在叙事结构、叙事视角、叙事时间和叙事意象上的差异其实是中西世界观和思维模式的差异在展示设计中的反映，这些差异为我们提供了比较中西展示设计的切入点。这些差异带来的启示有三方面：（1）我们可以汲取西方展示叙事之长处构建中西兼顾的展示叙事思维模式——或中或西或中西结合，在展示设计实践中辩证、灵活地应用；（2）叙事元始和写意性叙事是在展示设计中展现中国特有叙事审美和叙事感受的两种方法，也是表达中国气质和形象的两种途径，有助于我们对中国气质和形象的表达走向自觉；（3）叙事学自身对于展示设计也有着理论研究和实践的意义。这使我们得以从国际视野和历史眼光来审视展示设计，为我们在全球化背景下研究和发展我国的展示设计提供了思路。同时，本文也是对中国特有叙事遗产、叙事传统、叙事思维和叙事审美在展示设计中的继承、复兴和创新的探讨，也是对如何在展示设计中表现和传达中国哲学观、智慧观和世界观的探讨，正如本届大展和论坛的主题：更新、复兴、创新。

图19　"写实厨房"　　　　　图20 "写实食品" 1　　　　　图21 "写实食品" 2

参考文献

[1]黄建成.空间展示设计.北京：北京大学出版社，2007.

[2]申丹，王亚丽.西方叙事学：经典与后经典.北京：北京大学出版社，2010.

[3]申丹.叙事学.外国文学，2003（3）：60.

[4]杨义.中国叙事学.北京：人民出版社，1997.

[5]http://www.expochina2015.org/c_2430.htm.2015年米兰世博会中国馆官网　中国馆概况.

[6]http://www.njdaily.cn/2014/0411/805059.shtml　南报网　文化鉴赏 陈云《中国画的意象审美与兴象思维》

室内材料语言的艺术表现力研究
——以玻璃为例

刘　钊　　中央美术学院

摘要: 随着科学技术的日益更新,玻璃材料向着更加多元化和艺术化的方向发展,不断满足人们对室内空间个性化和艺术化的需求。本文旨在通过对室内空间中玻璃艺术美感的研究,并结合现代设计思想及手法,从视觉与艺术审美方面提升室内空间氛围与艺术效果,进一步发掘玻璃材料的艺术表现力,并将这种艺术表现力发挥到极致,创造出独特的空间情境。

关键词: 材料 表现力 艺术 玻璃

　　"物也好,光也好,空气的流动也好,人能实际感受到的存在感是设计的出发点,材料既是设计的物质基础和条件,也为设计师们提供了丰富的创造灵感。有材料,设计才由此开始。"[1]放眼望去,人们可以看到、触摸到的真实的物质空间就是由各种材料所构成的。在当今很多优秀的室内设计中,相当一部分作品的创新之处就是用装饰材料的形式语言恰到好处地表达出设计想法,并在材料的使用过程中注重传统材料的创新型加工工艺和形式构成的表达方法,突破了传统材料的使用模式以及所呈现出的视觉美感。也就是说,现如今的装饰材料在满足建筑自身及室内空间需求的同时,更重要的是能够配合设计的主题深刻地表达装饰材料自身的独特魅力。

　　材料是室内设计方案得以实现的物质基础和先决条件。现如今

由于科学技术的不断发展和人们生活水平的日益提高,室内装饰材料迅猛发展,市面上各种新材料层出不穷。然而玻璃作为一种现代常用的装饰材料,它以其悠久的历史和广泛的用途而深受人们的喜爱,尤其是它所具有的通透性更是使其在室内设计中发挥着独特的优势。玻璃作为室内装饰材料中有特质的一员,在参与室内设计的过程中充分发挥自身的优势,一方面能够给空间的使用者带来独具特色的视觉体验,另一方面也能触动体验者的心理和精神方面的综合感受,在室内设计中发挥着越来越重要的作用。

1 常规状态下的艺术表达

　　每一种材料都有属于它自身的特殊材料语言,玻璃当然也不例外。而设计师对于材料语言的了解、挖掘以及应用的手法直接关系到设计方案的艺术水平和价值。所以说材料对设计的价值不在于它本身是否昂贵,而是这些材料能否很好地表现出设计方案的真正魅力。[2]

　　形态是物体自身形体和形状的一个外在的视觉表现。玻璃在成型的过程中是由液态到固态的一种转变,在高温的熔炉里能够以多种多样的形态存在着,人们便可以在众多的设计项目中充分地领略到玻璃材料的形态美。它可以是平面形态的不同几何图形以独特的视觉形式和构成形式组合在一起,形成一幅严谨但不缺乏节奏感的视觉画面,营造出一种秩序的、抽象的和理性的视觉美感;它可以

是立体形态波纹状褶皱玻璃，避免了平板玻璃在空间中呈现的呆板状态，使得空间在一定程度上呈现出动态美感；它也可以是非常规的艺术形态，即"破碎玻璃""编织玻璃"等，将两种看起来毫无任何关系的、甚至是矛盾的两种事物联系起来，为玻璃的形态的艺术表现方式开启另外一种可能。

色彩是材料非常重要的一个外在的视觉表现要素之一。同时，在现代室内空间的设计中，色彩也逐渐地成为一种重要的设计手法之一。这不仅仅是因为色彩能够在室内空间中起到引导人流的作用外，它还具有有效地调节空间中人们的压力的作用，而且在美学方面也能达到事半功倍的良好效果。除了玻璃材料表现出它自身的艳丽色彩之外，人们还需要运用一些色彩的基本规律对其进行有效的组织和协调，使其产生一些明度对比、色相对比、面积效应以及冷暖对比等现象，以此来凸显和丰富玻璃的色彩在室内空间中的视觉表现力，使空间色彩相互叠加渗透，形成更加丰富的色彩层次，并结合光线的层层反射形成绚烂多彩的虚幻世界。

肌理作为材料比较重要的一个属性，是设计中需要重点表现的因素。玻璃作为一种人工材料在加工成型的过程中，会随着工艺的不同而产生不同的表面肌理和由此而形成的视觉感受。在玻璃表面的肌理图案中大致可分为抽象几何图案和写实仿生图案。玻璃表面的肌理不但能够给空间增添视觉的美感，还能结合灯光在空间中创

造出不同的透射、折射效果，形成一个迷幻的超现实空间。

不同的材料具有它们各自的独特性和差异性，在室内的运用中，设计师往往是利用这种独特性和差异性来塑造具有个性化的室内空间 [3]。玻璃材料作为一种特殊的人工材料，其透明度的变化是玻璃材料区别于其他材料的最主要的差异性。而不同的透明度的丰富变化又具有不同的审美品质和个性表达，同时也能给人的心理带来不同的感受。（1）全透明玻璃。设计的过程中运用透明的玻璃材料，巧妙地使空间内外的环境完美地融合在一起。从而透明的玻璃材料让建筑处于一种存在与不存在之间的模糊界限，看上去神秘、简单而安静。（2）半透明玻璃。半透明玻璃是介于完全透明和完全不透明之间，那些经过半透明玻璃层层过滤后的光线会显得更加的柔和自然。因此也就提升了整个空间的层次感，从而获得一种模糊的、含而不露的视觉体验。除了半透明玻璃给人带来的这种别具特色的视觉美感，更重要的是这种模糊的背后留给人们的是无尽的遐想。"世界开始的时候是暧昧的，想象力让一切都有了意义"[1]。暧昧，这个作为玻璃材料特有的语汇，在空间中能够创造出一种"似透非透"空间效果，能够削弱室内和室外的界限，将室外的景色引入室内，进一步地"扩大"室内的面积。而对于中国人来说，一向比较喜欢含蓄的表达，喜欢一种朦朦胧胧的美，所以选择半透明的玻璃材料来表现这种朦胧、模糊和暧昧的状态再适合不过了。也正是因为看不清楚，人们就会对玻璃后面的事

图1 位于上海SOHO的"玻璃办公室"

图2 位于华沙市中心的服装店设计

物有所期待，产生兴趣，会用尽全部的感受方式去理解、去体会这个事物。也就是因为如此，半透明玻璃是一种能够带动人们参与到空间中的特殊材料，充分地引导人们对空间的感知。（3）不透明玻璃。不透明的玻璃虽然完全阻隔了人们的视线，且这种表现和一般的装饰材料没什么区别，但是玻璃表面的光滑性使得不透明的玻璃具有另外一种光学性能——反射性。反射原理在室内空间中的巧妙应用能让原本平淡无奇的空间顿时有了盎然生机，使空间中有了一些趣味性。设计带来的空间错位感，如同拼贴的蒙太奇效果般，展现出冲破线性束缚的丰富空间体验。

2 极致状态下的特殊表达

所谓的极致状态，是指玻璃材料的属性在空间中发挥到极致的一种状态，所营造出的空间特殊体验达到了使用者所能接受的极值，此种状态下的空间能给人们带来不同以往的特殊体验。（1）使用面积最大化。设计师为了满足人们对空间的一种极致追求，在空间中大面积地使用玻璃材料，以至于玻璃在室内空间中面积的量化达到了80%以上。如图1为位于上海SOHO的"玻璃办公室"，设计师用玻璃材料改变了原来的空间、高度和结构等的视觉感受，使空间与周围的环境进行了亦真亦幻的合并。在整个室内空间中透明、反射、无界成了空间的主题。隔断、墙面、地面几乎都是由玻璃做成，室外的光线经过室内不同玻璃的层层穿透，再加上反射和

折射，使空间中变幻莫测的视觉效果达到了极致。设计的目的除了要向租户们展示这样的视觉效果以外，更重要的要给租户们营造出一种激动人心的空间体验。透过透明的顶棚玻璃，租赁客户可以非常清楚地看到各种管线的布置。而地面的玻璃材质通过反射，似乎使空间具有了一种漂浮感。在整个室内空间中，80%以上的面积都以玻璃作为主要的装饰材料，但是为了避免玻璃的过度折射给空间带来的杂乱感，所以就在部分地面选取了地毯铺设，给空间增添一种安稳感。在这个案例中，玻璃作为一种途径、一个媒介，通过很简单的方法便创造了一个错综复杂的室内空间。（2）属性特征最大化。每种材料都有属于自己的特殊属性，玻璃材料的反射性为其特殊属性，它的极致运用能够在空间中创造出奇特的视觉景象。如图2为位于华沙市中心的服装店设计，室内空间充满了前卫与梦幻。设计师希望在空间中能够实现以最简单的设计手法创造出最具震撼的视觉效果，所以设计师以"爱丽丝梦游仙境"作为设计的理念，在仅仅27平方米的空间中，从四周的墙体到顶棚全部选用镜面装饰材料，狭小的展示空间在视觉上被层层无限放大，营造了如梦如幻的空间透视景象。整个室内空间以黑色作为主色调，简约的LED白灯让人们仿佛置身于一个虚拟的三维空间，充满了极其简约的前卫感。设计师仅利用线光源与镜面的反射效应就引发了强烈的视觉错觉，使空间放射到无限大。借由这种效应，空间里低矮的顶

为中国而设计 第七届全国环境艺术设计大展入选论文集

DESIGN FOR CHINA The Collection of the Selected Thesis of the Seventh National Exhibition of Environmental Art Design 065

棚所造成的压抑感也随之消失。所以一个外表看似不怎么起眼的建筑，内部空间却创造了一个如科幻电影般的视觉效果，顾客进来之后就像是被带入另一个时空当中。整个空间像极了一个魔盒一样，引发了一系列连锁的魔术效应。空间中镜面的立面、黑色的地面、白色的LED条带照明、白色的衣架，被镜面层层的折射后虚虚实实、亦真亦假，就好像似在穿梭于宇宙之中，未来感极强。

3 玻璃在室内空间中的应用价值

（1）提升空间的艺术性。玻璃的透明性是其他任何的材料都无法与之相媲美的特殊性。透明的玻璃材质令人遐想万千，它可以引导人们进行无限的想象。正因为如此，它拥有了其他材料无法比拟的特殊情调。有时玻璃锐利无比的光芒给人的感觉是冷酷无比的；有时它似有若无的透明感给人的感觉是梦幻的；有时玻璃的纯净给人的感觉是静谧的；有时它也可以是温馨可人的，总之玻璃有它丰富的表情，足够它在空间中释放自己独特的魅力和个性。室内设计在一定程度上依赖于视觉的表现力，由于玻璃具有特殊的视觉表现效果，因而能够在空间中形成亦真亦幻、光怪陆离、朦胧等视觉感受，是其他材料所不能比拟的。因此玻璃材料也就既具有一定的功能性，同时又能满足人们的视觉审美要求，提升空间环境的艺术性。

（2）提升空间的精神性。玻璃给人带来纯净无瑕的视觉感

受，在此基础上可以进行一些相似性的联想，比如由玻璃的纯洁无瑕可以联想到纯洁；由玻璃的通透可以联想到自由和开敞等，以此来探寻玻璃与人们内心世界之间的关联性。因此玻璃这种完全透明的状态给了人们无边无际的遐想空间，由此也就使得玻璃能给人们带来其他材料所不具备的特殊体验，即带给人们不一样的思考和感觉。与此同时，这种神秘单纯的材料还能表现出一种宁静而又饱含生命的力量，其中别具一番禅味。因此在一定程度上也使得空间具有了精神属性。以日本设计师吉冈德仁为例，媒体给他的标签是简洁、现代和东方哲学的代表。他的很多作品表现出来的是对材料本质表现力的深入挖掘，力图寻找材料所蕴含的潜在价值。他在不断地研究新材料的同时，也不忘挖掘常见材料的不寻常的用途，以最原始的、简洁的和诗意的方式呈现给人们，将玻璃材料的精神属性发挥到最大。

4 结语

在现如今的室内设计中，玻璃材料以其特殊的视觉表现效果和精神属性，渐渐地成了室内装饰材料的重要组成部分，扮演着越来越重要的角色，被广泛应用于室内界面的装饰与处理、室内家具以及陈设艺术品中。玻璃材料的多样性已经使它成了室内装饰中一个重要的材料，它的艺术性和创新性不断地满足着人们日益增长的物质需求和精神需求。但是它也有自身的局限性，因此在实际使用的

过程中，设计师应做到以人为本，合理恰当地使用玻璃材料，才能使其特有的魅力得到完美展现。

　　总之，艺术和设计在多元文化浪潮的推动下必将走向更加广阔的未来。玻璃材料不论是在室内设计的广泛领域中的运用，还是在设计工艺技术上的发展，都会向着一个更高层次的未来去发展，以求能够呈现出更加丰富多元的艺术表现形式。综上所述，将玻璃材料广泛用于室内设计的领域，具有相当重要的意义。同时作为一名室内设计的研究者，要在思维创新的过程中把控好装饰材料在室内空间中的艺术表现力，在此基础之上创造更加具有艺术美感的室内空间。

参考文献

[1]（日）黑川雅之.素材与身体[M].河北：河北美术出版社，2013.

[2]王峰.设计材料基础[M].上海：上海人民美术出版社，2006.

[3]邱晓葵.建筑装饰材料——从物质到精神的蜕变[M].北京：中国建筑工业出版社，2009.

[4]张妍钰.超现实体验——上海复兴路SOHO玻璃办公室[J].设计家，2013.

[5]褚智勇.建筑设计的材料语言2[M].北京：中国电力出版社，2006.

信息时代传统思想的展陈创新转化研究
——以中国国学中心"易学馆"为例

崔笑声 清华大学美术学院

摘要：本文研究以创新性的转化为核心的展示设计策略，以中国国学中心易学馆为例，诠释传统优秀思想智慧和文化可视化形象和气质的脉络，将"可分享、可互动、可体验"的展示体验方式作为研究的主要内容。研究重点为抽象的传统优秀思维和文化创新的转换，以"能量"和"信息"为出发点，试图在信息时代背景下创新性地展现传统思想的智慧和影响力。

关键词：易学 能量 信息 创新转化

1 研究的意义

研究背景

大力加强文化建设已经作为国家新时期发展的重要工作。十八大报告指出：文化是民族的血脉，是人民的精神家园。要建设优秀传统文化传承体系，弘扬中华优秀传统文化。一个国家、一个民族的强盛，总是以文化兴盛为支撑的，中华民族伟大复兴需要以中华文化发展繁荣为条件。对历史文化特别是先人传承下来的道德规范，要坚持古为今用、推陈出新，有鉴别地加以对待，有扬弃地予以继承。

习近平总书记指出：中华优秀传统文化是中华民族的突出优势，中华民族伟大复兴需要以中华文化发展繁荣为条件，必须大力弘扬中华优秀传统文化。中华民族具有五千多年连绵不断的文明历史，创造了博大精深的中华文化，为人类文明进步作出了不可磨灭的贡献。要以科学态度对待传统文化。不忘本来才能开辟未来，善于继承才能更好创新。中华传统文化是我们民族的"根"和"魂"。

2014年9月24日习近平总书记在纪念孔子诞辰2565周年国际学术研讨会暨国际儒学联合会第五届会员大会开幕会上指出："中国优秀传统文化的丰富哲学思想、人文精神、教化思想、道德理念等，可以为人们认识和改造世界提供有益启迪，可以为治国理政提供有益启示，也可以为道德建设提供有益启发。对传统文化中适合于调理社会关系和鼓励人们向上向善的内容，我们要结合时代条件加以继承和发扬，赋予其新的涵义。"

"要坚持古为今用、以古鉴今，坚持有鉴别的对待、有扬弃的继承，而不能搞厚古薄今、以古非今，努力实现传统文化的创造性转化、创新性发展，使之与现实文化相融相通，共同服务以文化人的时代任务。"

因此，研究、展示和传播古老而又充满活力的中华传统优秀智慧与文化的创新型转化，对于国家形象和国际地位的进一步提升具

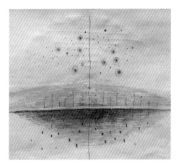

图1 概念意向图

有重大意义。

2 研究目标、研究内容、重点和难点

2.1 研究目标

研究以创新性的转化为核心的展示设计策略，将"根和魂"作为诠释传统优秀思想智慧和文化可视化形象和气质的脉络，将"可分享、可互动、可体验"的展示体验方式作为研究主体内容。

2.2 研究内容

以中国国学中心"易学馆"展陈创新转化为研究课题，在展陈大纲的指导下，在展陈知识文本的基础上，深入研究展陈策划文本。按照"创造性转化、创新性发展"的精神，不以文物陈列为重点，充分调动现代手段，结合中国国学馆的空间场地条件，从文本分析、结构框架建立、相关技术和案例分析、空间条件分析、设计策略指导性框架、以及空间场地设计应用等方面展开研究，研究涉及空间设计，行为心理，逻辑框架，声光电等多媒体综合运用。

2.3 研究的重点、难点

研究重点为抽象的传统优秀思维和文化创新转换的方法，难就难在"创新性转化"上。 其主要表现为以下几点：

2.3.1 无同类型项目案例可供研究

要准确、科学地展示源远流长、博大精深的中华传统文化精髓，而且要以喜闻乐见的展示内容和先进手段激发受众特别是青少

年对传统文化的兴趣，并从中受到熏陶和启迪。目前尚无可借鉴的案例。

2.3.2 创新性转化的目标要求极高，方法实践层面难度大

研究内容庞杂，涉及面很广，思想体系专业性、哲理性强，抽象概念众多，抽象思维的系统性与完整性在转换为视觉语言符号时，如何确保其准确性，同时在受众的感知层面如何确保其传播效率与准确性（简言之，一个思想如何不走样的被理解、翻译为视觉符号、高效的传播给受众）。

2.3.3 平衡学术水准与大众接受

中华传统文化体系庞大、学术流派众多，展陈设计必须保持学术的科学性和权威性。同时，又要以百姓能接受的方式传达出来，做到"百姓喜爱、专家认可、国家放心"是研究成果的是否成功的重要评价依据。

3 课题的研究思路

对于文化遗产的展示和陈列，不乏精彩案例，但这些案例大多建立在丰厚的实体遗产之上，壁画、工艺品、典籍……可被感知的视觉信息丰富，其空间的文化属性和历史信息、以及空间感染力能被观者体验。但是，本课题研究具有一定独特性。研究的对象不是一个博物馆或规划馆类型的空间体验，中国传统文化的智慧是思想层面的，其物质遗存除书籍之外，可陈列的经典实物并不十分丰

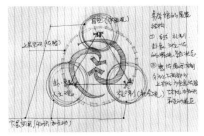
图2 空间结构意向图1

图3 空间结构意向图2

图4 空间意向图

富。所以，本课题在此方面的研究将会是一个具有突破性的方式。

首先，本课题已经由中国国学中心聘请的国内顶尖专家撰写出文本大纲，并经多次专家研讨，确定了文本内容。在此基础上，国学中心多次组织各方面专家就文本大纲展开研究，初步形成了一个展示大纲。接下来，将是比较重要的任务，将抽象文本转化为具象的体验内容。在艺术、设计、文化、科学、教育、游览等几个层面梳理信息。对于已经有的展览资料进行分类，对于明确的视觉信息评估其艺术性和学术性，研讨对于文物的展陈创新转化方式。

其次，在文本研究整理的基础上，力求梳理出几个空间和体验方式的结构性成果，包括体验和感知的逻辑，空间的层次和组织，文化线索与观赏和参与互动的关系等。结构性的关系组织是体验展示的核心，由文本到结构的转换也是空间体验的核心部分，本课题研究重点和难点主要集中在此方面。结构梳理要遵循"可学、可观、可游"的策略，将抽象的智慧以多层次的体验手段物化成空间和具象信息。

再次，针对文本和结构研究的成果进行体验感知的可行性设计，从知觉的不同层面尝试设计手段的可能性，体验设计要调动观者在视觉、听觉、触觉、嗅觉等多方面的感觉，尝试现代的科技成果与传统的、自然的、朴实的体验手段结合，使之对抽象而晦涩的文化智慧产生理和感觉的共鸣。

4 展陈创新性转化的研究实践

4.1 "易学馆"展陈设计框架

4.1.1 "易学馆"的总体思路

"易学"作为中国传统文化的精髓，堪称中华文化的基础思想，所以，"易学"的展示不仅要有独立的空间深入呈现，同时，它也应作为一种气质、或神韵贯穿在整个国学中心的建筑空间之中。所以，在展示设计中，要将"易学"的信息弥散在空间的任何一个角落。

因此，易学馆的展陈主题定义为：生生不息。

4.2 "易学馆"的展陈创新转化原则

展陈设计中每个馆应突出重点，强调体验感和互动性，调动视觉、味觉、触觉、听觉、嗅觉等感官刺激，达到全方位体验的效果。将知识和信息巧妙地凝练在展项之中，杜绝说教。

展陈设计根据不同展馆的要求，要遵循辩证统一的方式，动静结合，刚柔相济，明暗转换结合，虚实空间结合，传统展示和现代科技要张弛有度，使观者在变化中体验。

展陈设计应结合展示主题和空间关系，适当以大型装置，配合现代技术的方式表现特殊的内容，达到创造性转化、创新性发展的效果。

图5 易学馆总平面图

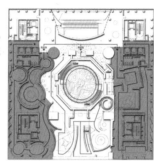

a首层展览流线
图6 易学馆展览流线

b二层展览流线

展陈设计应合理运用现代工艺、材料及声光电技术，做到克制有度，把现代技术和设计理念与传统营造方法和艺术效果完美结合。

4.3 "易学馆"的展陈创新转化思路

应充分表现两个关键词：即"能量"和"信息"。

能量：易学的智慧孕育并推动了中华文明的发展，其成就表现在诸多领域，现在的天文、物理学发现也与易学描述的情景吻合，自然的变化、物质的演变，生命的进程……均与能量的转换有关，能量平衡、兴衰、转化，呈现大千表象世界。在人类的启蒙时期，"易学"已经洞悉此理，可见其深奥之处。

信息：在人类文明和技术高度发展的当代，信息作为核心动力之一被世界所关注，生命信息、虚拟世界、数据分析……信息正在改变世界的运行规则。信息也以有形和无形的方式存在于人的周围，"易学"智慧同样阐述了人是信息的载体，并在一定的信息关系中存在。因此，信息将成为展示设计的关键词。

4.4 "易学馆"的展陈创新转化流线控制

首先，打破观者与展品对立的传统展示逻辑，将观展者巧妙地转化成为诉说展览的一分子，"易学"浩瀚的信息之中，一个个微小的个体都是体验和传达易学精髓的媒介，此时，肉体不再是束缚，精神随着展览信息思索。因此，在整个观展过程中，将设置若干互动细节，引导观者入景、入思、入理、入化，最后达到启示和弘扬的预设效果。

其次，将在展示过程中设置一个"虚拟的智者"，此角色多数以讲述者的身份伴随观者，娓娓道来，深入浅出，同时，他可以幻化成许多形象，根据展示的需要，以不同的状态出现在空间中，一种声音、一些符号、一段图像、一个老者……给在迷茫中探索的"人"引路。

4.5 "易学馆"展陈创新转化的空间描述

感悟与体验板块（对应"能量"主题，以动态图像和互动体验为主），包括序厅和体验大厅展区。以自然物象——能量平衡为线索，依靠物化的自然景象结合科技手段呈现"易学"中相生相克、阴阳平衡的现象。

"起"：是"易学馆"的序厅部分，此空间将以抽象化的自然物象为主要展示内容。草、木、石、风、水、电，配合动态4D手段介入，使空间呈现自然万物的变化，空间边界是不确定的，随着场景的变化，观者犹如置身大千世界。此时的状态是表象的，是开启观者思考的阶段。同时，观者可以参与个人信息采集，在之后的观展过程，观者将不断得到惊喜，观者作为探索易学智慧的一分子，经历自己的思考不断升华的过程。同时，"虚拟智者"可能是以图像和符号，以及声音的方式伴随观者体验。此处的空间将是平和的、宁静中富于变化的、物质化的……

图7 易学馆公共序厅　　　　　　　　　　　图8 易学馆体验厅——易学"三易"之简易　　　　　图9 易学馆体验厅——易学"三易"之变易

空间展示的目标：回答何谓易学，它的起源是什么。

"悟"：是"易学馆"的重点体验空间，此空间将以全信息体验的方式呈现。主要表现易学理论中的核心思想：能量平衡和互相转化。观者将经历一个相对迷茫、无助、甚至有些不安的过渡空间。在过渡空间中，将有意识地设置一些装置，弱化视觉感知，唤起人的其他感知能力，在经历一番充满未知符号的摸索后，观者（作为一个能量的例子）置身于一个动态变化的巨型空间之中，影像信息表现"易学"的阴阳转化、物质相生相克，空间的界面随之而动，压迫、空旷、迫近、深远……最后以六十四卦象的影像信息展示达到高潮。"虚拟的智者"以声音讲述的方式将"易学"的核心知识和智慧传达给正在摸索的个体。

空间展示的目标：全方位地诠释"易学"核心思想的内容，以身心体验为主，强调易学思想的图像化体验，避免说教。

知理与问心板块：（对应"信息"主题，以知识陈列和互动展示为主），包括百经之首、神秘符号、文化血脉、东方哲学、生生不息展区。以润化众生——启迪后世为线索，采用自然的材料和空间状态，局部结合交互科技手段表现"易学"的文献和实物研究成果，及其对各领域的启发和贡献，并将"易学"研究与当今世界的科技文化成果进行比较，表现"易学"的生命力。

"思"：是"易学馆"中各时代对于易学研究成果的展示，将在相关专家的指导下，梳理易学研究的脉络和时间节点，以及重点人物，可以用相对独立的空间状态，分专题展示。此空间的展陈设计将是朴素的，用材料、空间、文字、符号、实物等多重关系表现展陈内容。观者刚刚经过一次震撼的体验后，需再次经过一处过渡性空间，平稳心境、若有所思，进入一个可以安静思考的空间，随着历代国学大家对于"易经"的研究，渐渐地梳理自身的体会，达到身心的升华。"虚拟的智者"幻化成不同历史人物，伴随观者思考，"问心"！

空间展示的目标：展现易学研究的文献和实物成果，以独立主题空间的方式深入阐释易学对于各学科的影响，以及对不同思想流派的贡献。

"合"：是"易学馆"展示的当代篇，主要展示易学作为一种具有生命力的智慧，与当今文化、科学、艺术、社会等各领域发展的关联，以及对于未来发展的启示。空间将是一个综合状态，突出"生生不息"的主题意境，以大型动态空间装置，表现"易学"作为一个外延和内涵均极其广阔的思想智慧的未来状态。

空间展示的目标：综合上述展示空间的主题，强化"易学"是一部具有生命力的智慧之学。

4.6 易学馆各展陈空间设计

序厅：展示目标是刺激观者探索易学奥秘的兴趣。

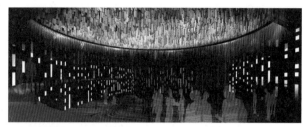

图10 易学馆体验厅——易学"三易"之不易

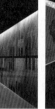

图11 易学馆——易学其名　　　　　　　　图12 易学馆——文化血脉

　　此空间将以抽象化的自然物象为主，以蓍草丛林为概念，配合动态影像。空间边界是不确定的，随着观者拨开蓍草丛林进入深处，会看到伏羲的影像，变化的符号，由此开启观者思考、体悟的阶段。重点互动体验方式：观者可以参与个人信息采集，在之后的观展过程，观者将不断得到惊喜，展览细节呈现可以将观者作为探索易学智慧的一份子。（图7）

　　易学体验大厅：展示目标是全方位体验"易学"核心智慧的内容，强调对易学的感悟。

　　本展区是易学馆的重点体验空间，将以全影像信息配合多感官体验的方式呈现。主要表现易学理论中的核心：能量平衡、相互转化。观者将经历相对迷茫甚至有些未知感的序厅空间。本空间将设置一些装置，弱化视觉感知，唤起人其他感知能力，观者（被作为一个能量的例子）置身于一个动态变化的巨大空间之中，影像信息呈现易学的"简易""变易""不易"三个主题内容，由观自然气象，到阴阳转化、物质相生相克，空间的界面随之而动，压迫、空旷、迫近、深远……以六十四卦象的影像信息展示达到高潮，再到回到万物变化之本，是恒久不变的，此时空间归于平静状态。（图8~图10）

　　百经之首展区：展示目标是从知识的层面开始深入地了解"易经是一本怎样的书"。

　　展厅位于易学体验展厅出口处，展陈设计将是朴素的，用材料、空间、文字、符号、实物等多重关系表现展陈内容。观者在刚刚经过震撼的体验后，需经过一个沉静的空间，平稳心境、若有所思，渐渐地梳理自身的体会。（图11）

　　文化血脉展区：展示目标是展现易学对各学科的深远影响及成果。

　　此空间以独立装置展示的方式深入阐释易学对于各种学科的贡献，展示空间呈现明亮色调，曲线的展览装置界定出流线。独立的装置式的展示，结合多媒体交互技术是本展厅的亮点。（图12）

　　神秘的符号展区：展示目标是以空间体验与实物展项、互动媒体结合方式解释卦象的演变。

　　展厅是一处狭长的空间，由百经之首展厅经过连桥，下坡道后进入此展厅。观者会被六米高，由易经卦象符号搭建的巨大墙面所震撼，远端墙面以互动装置表现卦象的演变原理，同时，鼎作为表现卦象的实物展项。（图13）

　　东方哲学展区：展示目标是展现易经在哲学和认识层面的智慧。诠释易学作为一种具有生命力的智慧。

　　空间同样以独立装置展示的方式，阐释易学的宇宙观、时空观、能量观、因果观，展示空间呈现深色调，硬朗的直线展览装置，结合多媒体交互技术。空间状态与文化血脉展厅形成互补的关系。（图14）

图13 易学馆——神秘的符号　　　　图14 易学馆——东方哲学　　　　　图15 易学馆——生生不息

生生不息展区：展示目标是装置、实物结合多媒体的形式，展现易学的简史和主要人物，以及在当今文化、科学、艺术、社会等各领域发展。强化"易学"是一部具生生不息的智慧之学。

空间将是一个综合状态，以动态空间装置，表现"易学"作为一个外延和内涵均极其广阔的思想智慧的状态。（图15）

5 结语

作为国家级的文化展示空间，中国国学中心致力于研究和展现中华优秀传统文化所蕴含的道德、智慧、审美的丰富内涵及其当代价值。"易学馆"展陈的创造性转化、创新性，是传承和创新中华优秀传统文化，促进中外文化交流的重要舞台，为国学研究、普及和对外交流提供全新的基地。

鉴于此，将中国国学中心"易学馆"展陈的穿心转化总结为几个层面的价值：

是一个研究和传播中国传统文化的机构。

是一个超越普遍意义博物馆的终生学习机构。

是一个提供传统和当代文化与社会运行管理信息的平台。

是一个以哲学、历史、文化、艺术等多元形式共同建构的新时代文化复兴的宣传机构。

是一个面向世界、面向大众的传播中国传统智慧和精神的推广机构。

以研究性学习为导向的研究生教学探析
——以北京服装学院环境艺术设计专业研究生教学实践为例

李瑞君　北京服装学院艺术设计学院

摘要： 面对当下环境艺术设计专业研究生的实际状况，本人认为在研究生教学中"提倡普适"只能是一种理想状态下的学术倡导，是一个美好的愿景，而"因材施教、差异化培养"才是研究生招生和教育的必然途径。倡导主题学习、设计学习和综合学习等多种方式，强调对学生主动探索和研究精神的能力培养。要培养创新性人才，必须大力开展创新教育，深入持久地开展研究性教学和研究性学习，让研究生在校期间能够参与社会性课题的探讨，进行创新性研究，培养创新精神。

关键词： 研究生教育的特点 研究性学习的方式 研究性教学的实施 研究性学习的意义

近年来，北京服装学院环境艺术设计专业研究生招生规模不断扩大，宽口径的招生方式降低了专业的门槛，带来研究生整体质量的下滑。这在某种程度上已经造成在读研究生专业水平的参差不齐，学生的研究能力和设计实践水平整体下滑，个别学生甚至连环境艺术设计专业最基本的专业知识都未能熟练掌握。这对研究生教学的实施和质量的影响非常之大，给承担研究生课程的教师带来相当大的困难，同时也提出了更高的要求，教师需要不断调整自身以适应新的形势和发展的需要。

1　研究生教育的特点

面对当下环境艺术设计专业研究生的实际状况，本人认为在研究生教学中"提倡普适"只能是一种理想状态下的学术倡导，是一个美好的愿景，而"因材施教、差异化培养"才是研究生教育的必然途径。如何满足当下经济社会发展的多样化需求、全面提高研究生教育质量，是当前和今后一个时期研究生教育最为核心和最为紧迫的任务。对于精英型人才的培养，还是应坚持"慢工出细活"的传统，真正的精英型人才不可能通过"大批量生产"获得；"大批量生产"除了带来高等教育数量的增长或规模的扩张外，并不利于质量的提高。

1.1 人才培养目标上的精英性，是研究生教育的追求

研究生教育不能也不应成为教育大众化和产业化的领域，研究生教育更不应该是教育"普及"的领域。尽管随着社会的进步，受教育的人会越来越多，研究生教育的类型也会更加丰富，但是，研究生教育的这一"精英性"的本质不应该、也不会发生变化。这应该是我们从事研究生教育的群体能够达成的共识。

1.2 学生学习过程中的研究性，是研究生教育的根本

研究性学习是以"培养学生具有永不满足、追求卓越的态度，培养学生发现问题、提出问题，从而解决问题的能力"为基本目标；以学生从学习生活和社会生活中获得的各种课题或项目研究、作品的设计与制作等为基本的学习载体；以在提出问题和解决问题的全过程中学习到的科学的研究方法、获得的丰富且多方面的体验

和获得的科学文化知识、实践技能为基本内容；以在教师指导下，以学生自主采用研究性学习方式开展研究为基本的教学形式的教学模式。

1.3 教师在教学过程中的适应性，是研究生教育的补充

在研究生教育这个体系中，传统的师生角色已经发生了变化。不论教师，还是学生，所"扮演"的都不再是单一的角色。除了传统意义上的师生角色外，学生扮演的角色往往是"顾客"，而导师扮演的角色则是"设计师"，有时师生的角色还会互换。此外，学生必须要参与整个研究生"加工"和"制作"的过程，同时要积极担负起高级工艺师的责任，亲自动手选料、裁剪和制作他们自己定制的"霓裳华服"。指导导师提供必要的"服务"和指导，有时还要担负起"高级顾问"的职责。

随着环境艺术设计专业的不断发展和成熟，以及涉及学科和专业领域的不断扩大和深入，本人逐渐认识到自己所承担课程的设置、教学模式、方法和内容等方面存在一些缺陷和不足：现有的课程设置、教学模式、方法和内容过于偏重于对学生在艺术维度和设计实践方面的训练，对社会问题和课题的研究性关注度不够，学生在一定程度上缺乏必要的研究性学习的训练。同学们经常会陷于迷茫和困惑的状态之中，大多数学生依然停留在本科生阶段的状态，不能对课题进行有针对性的、有效的研究，更不用说对课题研究方法的掌握了。因此有必要对课程的教学内容、教学的模式和学习的方式进行调整。这样一方面能充分调动学生主动学习的积极性和主动性，另一方面让研究生能够掌握一定的课题研究方法，以满足今后同学们进行学位论文选题、研究和写作的需要。

当下研究生教育的主要任务是培养学生的研究能力、实践能力、创新能力和创业精神，促进学生知识、文化、眼界、能力和素质的全面提升和发展。而在实际教学的过程中，有些课程采用的教育方式仍是采取对知识的机械记忆、浅层理解和简单应用的方式，很难达到培养具有实践能力和创新意识人才的目标。因此注重研究生主动建构问题，收集信息和解决实际问题的研究性学习的教学模式的建立显得尤为必要。这样不但丰富了学生的知识、开拓了学术视野、提升了专业水平，而且提高了研究生的研究能力，使其掌握一定的研究方法，提升了研究能力和论文写作能力。同时，在教学模式上从教师单一讲授辅导的一言堂模式切换为师生之间互动交流的研讨会模式。

2 研究性学习的方式

经过一段时间的摸索和实践，本人认为环境艺术设计专业研究生实现研究性学习可以通过三种方式：①更新课程的教学内容、教学模式和学习的方式，以研究项目作为课程的课题，关注中国当下社会的现实问题；②与校外设计机构或院校合作共建，参与社会上的学术活动和设计实践，开拓学生的眼界，提高设计实践的能力；③提高学生的研究能力，使他们掌握一定的研究方法，完成从本科生阶段到研究生阶段之间角色的衔接与转换，为今后的进一步学习和研究打好基础。

2.1 教学内容和模式的更新

首先，在课堂上要抓住研究性学习的特点，强调学生能够独立开展课题研究式的学习活动，要求他们能够有针对性地收集资料，梳理资料，自行发现问题，并能独立地分析与解决问题。其次，每位同学的题目都不一样，即便选择同样的题目，每个人的研究角度和出发点也各不相同。这样一来由于学生建立了自己的兴趣方向，就能最大限度地激发他们学习的兴趣和潜能，使其能够较为主动深入地进行研究。要求每位同学针对自己的选题，查阅相关的资料，独立开展研究，同时能够通过探讨和观摩，相互借鉴，取长补短，深化自己的研究。

2.2 与校外设计机构合作

充分利用社会资源，与校外设计机构开展合作，实施研究生研究性学习、设计实践实习的联合培养计划。根据研究生的实际情况，联系对口的实习单位，真正做到理论研究与设计实践相结合。同时，这样的合作为研究生提供了实习的单位，同学们可以根据自己的所长选择适合自己的机构。客观上讲，这也为研究生毕业后的就业提供了一定的选择机会。

2.3 实现从实践性到研究性学习的转换

实施研究性学习有助于学生主体意识的建立：课题研究式的学习在于围绕问题而展开，对问题提出自己的解决方案，能有效地激发学生的学习动机与兴趣。实施研究性教学有利于培养学生的创新品格，以及克服困难的韧性和解决问题的能力。创新人才应该具备

探索性、坚韧性、自控性和合作性的创新品格。

研究生的教学应该包括设计实践和理论研究两个部分，在教学方面除了现有的重视在设计实践方面的训练外，我们还应该重视理论研究方面的教育。本人所承担的环境艺术设计研究生课程，在不影响整体课程设置的基础上，希望能够完成局部课程与局部课程之间、局部课程与毕业论文和设计之间的衔接与转换，做到理论研究与设计实践并重，使课程的布局更为合理，内容更加新颖，同时提升研究生的理论研究能力和设计实践能力。

3 研究性教学的实施

研究性学习的本质在于，让学生在课题研究的过程中亲身经历知识产生与形成的阶段和过程；使学生学会独立运用其大脑进行思考；追求"知识"发现、"方法"习得与"态度"形成的有机结合与高度统一，进行知识的自主建构。这是研究性学习的本质之所在，也是研究性教学所要达到和追求的教育目标。

3.1 课程教学的设计

通过一段时间的尝试和探索，本人认为在研究性教学的设计和实施上要达到以下几个目的。

3.1.1 从"单一"到"复合"——课程关联性的建设

对本人所承担的环境艺术设计专业课程的整体结构进行调整，组成循序渐进的、以研究项目为内容的课程，为下一阶段的设计实施课程做好理论上的铺垫和准备工作。以"课题项目研究"和"工程项目实践"作为系列课程教学效果的最终检验环节。

3.1.2 从"技能"到"方法"——项目实践性的操作

从独立的技能训练单元课程设置，向主导课题研究和设计实践贯通的研究和设计方法系列课程过渡。在系列课程中真正做到理论研究与设计实践并重，技能与方法并重。理论研究与设计实践相结

合，能够把自己的课题研究成果有目的地应用到接下来的设计实践课程中。

3.1.3 从"结果"到"过程"——教学目的性的变革

从重视终极结果的课程，向在教学过程中启发创造思维和研究性探索的课程转换。把"研究课题的选择"、"资料的收集整理"、"研究的开展"、"研究的深化"、"研究报告的写作"、"理论性的总结"和"论文的写作"的训练融合到课程的每一阶段里。改变一直以来习惯性的以提交最终成果为目的的课程教学模式。

3.1.4 从"单向"到"多维"——思考创研性的激发

课程教学中，既要强调学生对基本知识、专业理论的学习，同时也应注意加强学生在研究能力和思考能力方面的培养，使其在课题研究的过程中能够进行多维思考，关注课题的方方面面，如历史、人文、习俗、自然条件、气候等，以及它们之间的关系，能够进行综合性思考和研究。只有这样，才能激发学生们的发散性思维和综合性思维，使学生能够从其他领域吸纳知识，能够从其他专业领域中学习和借鉴，进行跨学科的思考，有利于今后的创新性研究和实践。

3.1.5 从"被动"到"主动"——研究性学习的尝试

改变原来的上课模式，教师进行灌输式的课程内容讲述，而是提供一种研究方法和模式，让学生们主动学习，充分调动学生们学习的积极性和主动性。彻底从本科生阶段教师"拉洋片"的知识讲述、学生翻资料来启发研究和设计思维的主导教学方式，向直接来源于生活的原创性和研究性主导等教学方式转变。学习从被动变为主动，从教师的知识灌输变为师生间、学生间的互动与交流。课堂上，不但学生能够从教师那里学到知识，还可以从其他同学那里学到知识，同时老师也会在课堂上有一定的收获。

3.2 教学方式的转换

3.2.1 互动的授课方式

在课堂上，采用师生互动的教学方法。课上先是分析本人在课程开始之前完成的一个完整研究案例，讲授如何选择课题，如何收集资料，如何开展研究，如何深入研究，如何写作论文等，讲解了研究的整个过程和方法，展示给同学们一个系统的、多方位的、完整的研究过程，以及最后的成果。而后同学们选题，进行研究。在整个课程的过程中，进行几次课程汇报，内容包括案例分析、资料观摩、实地考察、技术解析、语言表达训练、研究方法探讨、论文写作辅导等诸多环节。

3.2.2 汇报与研讨相结合

课堂汇报的过程就是一个小规模的研讨过程，针对汇报同学的内容，其他同学都可以表达自己的看法并提出自己的建议，教师进行深入的剖析，把握研究方向，提出研究细节上的建议。汇报中，每个同学除了在自己选择的课题上的学习之外，也能在其他同学的课题中学到很多自己没有关注到的专业知识和内容。汇报过程结合了课堂讲述、课堂讨论、辅导讲评、课题答辩等多种方式，有目的地全方面提升学生的能力（研究能力、思考能力、表达能力等）。

3.2.3 形式多样的成果

课程教学结束后，每位同学在答辩研讨之后都会提交自己的课题研究成果，包括自己收集的资料、思考的成果、PPT演示文件、论文、研究报告等几个部分。同时，在课上的汇报答辩和研讨过程中，每位同学都能在语言的表达上得到一定的训练，为今后的论文开题、中期考核、论文答辩作好准备。

4　结语

近几年来，本人在承担的北京服装学院环境艺术设计专业的研究生课程教学中，系统地进行了研究性教学的尝试。

首先，结合自己所做的示范性的研究案例，对研究目标、目的、过程、方法，以及研究重点和最终的研究成果等方面进行了阐释和分析。讲授了如何选择课题，如何收集资料，如何开展研究，如何深入研究，如何写作论文等，讲解了研究的整个过程和方法，展示给同学们一个系统的、多维度的、完整的研究过程和成果。

其次，引导同学们根据自己的兴趣和关注点，选取具有典型性的课题进行研究，要求同学们在一个星期之后提交各自的选题并开展研究。在这一周的时间里，同学们要收集与自己所选课题的相关资料并进行文献分析，选取自己的研究角度和出发点，分析研究的可行性，相当于进行了一次毕业论文开题的实弹演习。在选题的汇报中，就像论文开题一样，调整、确认每位同学的选题，并提出具体的调整和研究建议。

在课程进行的过程中，每位同学在课上给大家讲解自己的阶段成果，相互交流，共同促进，教师会针对每个课题给出具体的改进和深入研究的意见。经过一段时间的研究，最后每位同学都提交了各自的研究报告和论文等多种成果。

在研究生课程教学、学生参与科研训练和课外学习与研究的过程中，本人积极进行教学方法与学习方式的变革，推进基于探索和研究的教学和学习，建立了灵活多样、操作性较强的研究性学习实施模式，取得了较好的教学效果。本人从中领悟到：①研究性学习是创新能力培养的根本途径；②以培养创新性为核心的研究性学习的实施要与时俱进。

首先，要抓住研究性学习的特点，强调学生能够独立开展课题研究式的学习活动，要求他们自行发现问题，并能独立地分析与解决问题。

其次，每位同学选择的题目都不一样，即使题目一样，但要求设计和研究的方向也各不相同。这样一来由于学生建立了自己的兴趣方向，就能最大限度地激发他们学习的兴趣和潜能，能够较为深入地研究。要求每位同学针对自己的选题，查阅相关的资料，独立开展研究与探讨工作。

最后，课程结束时学生们取得的研究成果经常会出人意料，有时甚至会超出教师的预期，给人以突如其来的惊喜。同时，学生就各自的研究成果可以进行相互交流，相互学习，极大地拓展了学生们的知识面，提高了学习效率，任课教师也会在整个过程中受益。

实施研究性学习有助于学生主体意识的建立：课题研究式的学习在于围绕问题而展开，能有效地激发学生的学习动机与兴趣。

实施研究性教学有利于培养学生的创新品格：创新型人才应该具备探索性、坚韧性、自控性和合作性的创新品格。

东方建筑之启示

纪 伟 天津城市建设学院
纪 业 天津大学

摘要：论述了中国及其周边国家在建筑文化上的相互联系 ，分析了中国周边国家 ，如日本、印度，现代建筑走向成功的先进经验，提出以扬弃态度，深入学习西方现代建筑,深入研究中国传统文化 ，探求一条有中国特色的、现代建筑创作之路 。

关键词：东方建筑 本土文化 传统 现代 建筑创作

中华民族位于世界的东方，其古老的文化，悠久的历史为世人瞩目。早在七千年前的浙江余姚河姆渡遗址中，就已经出现了兼用榫卯和绑扎的干阑式建筑。而三千年前的半坡遗址中，许多小房子全部以一个大房子为中心的原始的生活方式竟如此深刻长久地遗传下来，发展为集合若干单体建筑组成院落组群的布局形式。这种以木构架为主要结构、以封闭的院落为基本群体布置方式的独特风格，它的发展从未中断，并对朝鲜、日本、东南亚各地的建筑产生深远的影响。可以说,古代中国建筑和文化在亚洲，甚至在世界都处于领先地位。中国建筑对周边国家的影响是十分明显的。

以日本为例，日本古代文化得到外来的中国文化的塑造和推动，这使得日本文化的发展和性质带上了深深的中国文化烙印。文字是文化的代表和延续的载体，而日本文字表现出与汉字不可分割的联系，正反映了日本文化是在汲取了中国文化的基础上发展起来的。日本几年一度地向唐派遣唐使、留学生学习中国文化并带回日本 ，而中国也有像鉴真一样的僧人、匠师去日传播佛学、文化。鲁班尺在日本的运用正是中国匠人在日本存在、发展的体现；而唐招提寺正是鉴真等一批中国人在日本传播汉文化的历史见证。

朝鲜、东南亚一带的朝鲜民居、马来居民从形式到内涵 ，从单体到组群无处不表现出与中国传统建筑剪不断的渊源。

以丝绸之路为主的东西方贸易文化交流更是带动了中国文化与周边地区的交往。而古中国作为一个先进、昌盛的大国，其经济、文化对周边相对落后的国家来说，必定产生一种强烈的辐射作用，使文化从高处流向低处——即中原汉文化向其他地区延伸，使中国连同其周边国家所形成的中国文化圈共同进步、发展。可以说,中国作为一个文明古国,在历史上确实起到了这样的作用。

历史在向前发展，随着欧洲工业革命的开始，生产力飞速发展，而旧中国仍在封建制度下缓缓前行。随着欧洲列强的侵略扩张，中国及其周边国家或者说几乎整个亚洲受到了前所未有的破坏。中国失去了其在东南亚区经济、文化领先的优势……

随着现代建筑运动的兴起，亚洲各国经济的恢复,中国的周边国家不失时机地抓住这次机遇。东南亚各国没有古代文明的传统束缚，发展现代主义建筑自然有优势；而印度、日本传统建筑文化很深厚的国家，也不失时机地学习、吸收现代建筑，创造出了符合本国情况的现代建筑。

日本的现代建筑发展是一条从全盘西化到东西结合的道路。战后的日本一片废墟，要迅速建造起适合居住、工作的建筑，现代建筑的明确性、功能合理性、简洁性等都适应了迅速建造大量房屋的需要。现代建筑大师勒·柯布西耶的学生丹下健三成了日本现代建筑的旗帜。并且从丹下健三开始，日本现代建筑渐渐走向成熟。现代建筑的发展并没有使传统消灭，吉田五十八就走了以和风为出发点而向现代建筑进发的道路。而在这一过程中，除了建筑师自身的努力外还有两个重要原因：外国优秀建筑师的帮助和业主的要求，建筑大师柯布西耶在参观日本传统建筑时，被其流动的空间所感动，但就其与现代建筑的差距说："日本建筑线条过多"。于是，吉田五十八从整理"线"出发来整理日本建筑。其采用大壁构造，整理线露出面，从而产生流动化的空间。他的空间构成通过整理各要素，消去不必要部分，而取得现代感，创造了属于日本的现代建筑——现代和风建筑。而现代和风建筑的存续却正是因为它满足了日本人的生活方式与和心的追求。

印度经历了灿烂的文明古国时期、痛苦的殖民时期；独立后的发展时期；也有着与中国共有的沉重压力——人口众多、经济不发达……然而印度的建筑师在跨向现代建筑的行列中，却迈出了远胜于我们的坚实的步伐。

印度干燥炎热的自然条件似乎使每一个初到印度的人不得不认真对待，也许正是这独特的气候给了印度机遇。每一个到印度来工作的西方建筑大师无一例外地注重了印度的地方特色，柯布西耶应邀设计了印度现代化的象征——冒迪加尔首府，表现了对印度古老的东方文化的尊重。以柯布为首的西方建筑师在印度做了可贵的探索，而印度自己的建筑师也在不懈地努力。以印度建筑师柯里亚为代表，柯里亚是柯布西耶的学生，他的作品特别重视流行的资源文

化和气候条件，这些成了他从传统走向现代的关键。针对印度的特殊气候，柯里亚创造出较温和地带的"开敞空间"和炎热干燥气候条件下的"管式住宅"，都充分考虑了炎热气候下的隔热、通风。针对印度的经济情况，柯里亚不追求豪华和高档，除德里人寿保险中心曾用玻璃幕墙外，几乎找不到高档材料。针对印度的本土文化，柯里亚很少有对印度传统建筑进行简单的和肤浅的堆砌和拼凑。他的许多建筑设计和理论都表现了他对本土文化深层次的追求和思考……以柯里亚为代表的印度建筑师正是以这种立足本国、着眼现实的态度，脚踏实地地工作，一步步地走向世界，创造出现代的、印度的优秀建筑。

我们中华民族曾经是东方的核心，曾经不断地向周边国家输出先进的文化、思想、技术……但是，历史不等于现实。我们现在落后了，我们要赶上去，周边国家走向成功的经验是值得我们学习的。

鲁迅先生曾经用"拿来主义"来说明对西方先进的科学技术的态度和对中国文学艺术遗产的继承——"我们要拿来，我们要或使用，或存放，或毁灭。那么，主人是新主人，宅子也会成为新宅子。然而首先要这人沉着、勇敢、有辨别、不自私。没有拿来的人不能自成为新人，没有拿来的文艺不能自成为新文艺"。今天，我们要发展我们自己的建筑也要把西方现代主义的功能性、合理性拿来；把中国传统的文化、特色拿来；把周边国家的先进经验拿来……拿来主义是发自内心的谦虚的学习，是脚踏实地地真正的工作，绝不是口号和形式，中国建筑要发展必须拿来。

（1）拿来西方优秀建筑师的设计

柯布西耶的一句话引起了日本建筑界对和风的简化，柯布西耶对阳光的创造性利用，使现代建筑在印度找到了真实的落脚点。外国建筑师对别国传统的认识也许会显得肤浅，但比本土建筑师更懂

得概括，一如城市里的孩子看到庄稼地只知道那是植物，而农村的孩子却因看到那些是不同的高粱、大豆而忽略了它们都是植物。建筑师也一样，本国建筑师往往过多地将精力投入到细部上，而忽略了整体的把握，正所谓"见惯不怪"了。外国建筑师则以一种外来者的眼光来看待别国的建筑传统，不同之处——即地方特色就显而易见了。所以，发展本国的建筑事业，引进优秀的外国建筑师来本国作设计是很必要的。一来，优秀建筑师的优秀设计作品的建成本身就是本国建筑师学习的好教材；二来，中国建筑师通过与优秀的世界级建筑师的合作，必然大有提高，成为领导中国建筑发展的带头人；第三，利用外国优秀建筑师敏锐的观察力去概括我们的传统建筑，摆脱目前我国建筑界"不识庐山真面目、只缘身在此山中"的困境。

（2）拿来我国的优秀文化遗产

中华民族是一个有着几千年古老文化的文明古国。两千多年以前，老子就提出了"三十辐共一毂，当其无，有车之用。埏埴以为器、当其无，有器之有。凿户牖以为室，当其无，有室用。故有之以为利，无之以为用。"表现了古人对空间的深刻认识。这对比西方人古代对柱式、雕刻的追求要深奥多少，而对比西方现代才提出的空间理论又多么先进，为什么西方人发现了空间的重要，我们就那么地惊叹、追逐就因为我们对自己的传统认识得太狭隘、太肤浅，似乎除了大屋顶、斗栱这些形式之外，就没有别的了。我们要学习西方的现代主义，是因为我们现在落后了，我们要赶上去。我们没有创造出新的中国的建筑、中国的优秀建筑，不是因为我们的传统过时了、落后了，而是因为我们没有去深深地挖掘，没有开掘出传统的根，我们中华民族的根……

（3）拿来日本、印度的先进经验

靠西方人来创建有中国特色的现代建筑是靠不住的，靠在传统中回顾历史是创作不出现代建筑的，我们中国建筑师所做的只有踏踏实实地去干。"日本的"、"现代的"建筑是丹下健三、吉田五十八等日本优秀建筑师创作的；"印度的"、"现代的"建筑也是柯里亚等印度优秀建筑师心血的结晶。柯布西耶指出了日本过多的线、印度强烈的阳光，但符合本土的现代和风住宅和管式住宅都是本土建筑师创造的。本土建筑师更了解本土人们的生活方式，生活需求；本土建筑师更深体会本土的文化；本土建筑师更深入本土的人……本土建筑的源泉在本土的人，创造在本土建筑师，发展还在本土建筑师。我们中国的建筑要发展，就要中国建筑师深入到中国人民中去，认认真真地研究现代中国人的生活、现代中国人的需求，踏踏实实地解决现代中国人的困难，而不是一味地追求高档的奢华，形式主义的符号。

让我们每一个中国建筑师都脚踏实地地在中国这片土地上走出一条中国建筑发展之路，只要我们踏踏实实地去做了，中国建筑一定能走向世界建筑之巅。

当代建筑外观形式的审美趣味

雷锋钰　晋中职业技术学院

摘要：建筑作为社会生活中的一本"书"，对人的审美及价值认识有重要的影响。面对当下复杂多样的建筑外观形式，我们应有态度地划分出"奇奇怪怪"的建筑。本文对照审美活动的三个阶段，从建筑外观形式的角度，论述了读解方式、审美主动性的激发以及补偿机制等因素对形成得体的审美趣味的重要影响，这些内容潜藏在我们审美活动的过程当中，容易被人们忽视。同时本文也对建筑外观形式的构建作了建设性的分析。

关键词：建筑外观　审美趣味　艺术价值

引言

科技与时代的发展使得当下建筑外观形式复杂多样，这是文化多元化发展的结果。其对于建筑艺术而言有促进作用，但在这种多样的情况下，我们也应该注意习近平总书记在文艺工作座谈会中提出的"奇奇怪怪的建筑"这一现象。

建筑属于艺术的范畴之一，它通过形式构造、色彩搭配及功能安排等因素一方面表达了设计者的认识，另一方面对观者产生影响。建筑外观的形式构造对于建筑的存在价值有重要的影响作用。悉尼歌剧院（图1）的出名并非是使用功能的价值，而是因为那些并没有实用性的贝壳形外观。当然，这只能说明外观形式的重要性，如何能获得形式得体的审美趣味就另当别论了。

1 准备阶段

为获得一种得体的审美趣味，就要从审美活动的各个阶段出发。在审美准备阶段中，有两种情境：一种情境是审美对象的出现，吸引了观者的注意，从而中断了观者其他的心理活动；另一种情况是审美期望过程的作用。我们谈论的是建筑外观形式的特点，因此集中于第一点论述。就吸引力而言，熟悉的、简单的因素往往只具有较弱的吸引力，反之则会更加地吸引观者的注意。这一点反映在造型、材料等不同的方面。这也是为什么火柴盒式的现代建筑没落以及造型夸张的当代建筑兴起的原因。

在建筑外观形式中，我们不反对复杂的因素，"复杂"一词并非贬义，而更提倡一种有机节奏在形式构造中的体现[1]。没有变化的、整齐划一的机械感仍然是当代审美趣味所反对的，我们认为那是一种廉价的产品，而有机节奏本身是一种生命的象征，而生命是高贵的，这是一种有效的价值连觉反应。这种有机秩序感在王澍的作品中有较好的表现，如宁波博物馆（图2）的外观表皮装饰中，通过形状与色彩渐进式规律的变化产生一种有机的秩序感。这种有机秩序感的存在是工人们亲自动手后的劳动成果，有手工创造的艺术秩序的存在感，显示出一种相比机械制作更加灵活、多变以及延展性的区别。该博物馆所用的材料是当地的陶瓦碎砖，并不是简单的工厂批量化模型产品。其外观形式也避免了现代主义的简单造

图1 悉尼歌剧院

图2 宁波博物馆

图3 中国国家体育馆

型，做出了少许的变化，从而成功地在审美准备阶段吸引了观者的注意。

2 观照阶段

观照阶段是审美活动的主体过程。从美学意义上指观者对审美对象的凝神专注。这一阶段是观者对审美对象的感知和理解过程，而这一过程既需要观者具有一定的审美鉴赏力，更在于审美对象自身的审美趣味体现。

在这一阶段中，首先要谈的是对于读解方式的理解，这会直接影响作品在观者面前所呈现的视觉效果。文化传播的载体从口头文化到文字文化，再到图像文化。文字文化对于口头文化的取代实际是理性取代直观，对于审美意义而言是一次重要的复杂化过程。以往"视的方式"被"读的方式"取代[2]，中川作一也曾说"视文化被概念文化所取代"。

文字文化与图像文化的不同不仅仅反映在传播途径上，更重要的是体现在它对人类观看方式和审美方式的影响上。在以文字为主的读解训练下，直接结果便是我们习惯以理性的方式获取意义。当我们面对一幅绘画作品时，我们习惯于要问"作品传达的主旨是什么？"我们所问的并不是绘画语言本身，而是其所指，是作品意义的部分。

以文字为读解方式对于建筑外观的影响就是我们习惯于思考审美对象表达的主旨意思是什么，或者会思考作者的创作意图，而并不会欣赏作品本身在形式、色彩、材质以及构造方式上所体现出来的艺术特点。这种形式所体现的审美趣味，是适应于图像文化发展到一定阶段后的情况。

这也就是为什么中国国家体育馆"鸟巢"（图3）在国内获得一致好评的原因。"鸟巢"在竞标中所提出的设计理念出自于《小尔雅》"鸟之所乳谓之巢"，寓意为孕育生命，释放希望的地方。这一概念也很容易从建筑外观形式中体现出来。概念的选择、外观形式以及建筑作用本身三方面促进了观者对其存在的理解，因此也就广为观者接受了。

其次，我们要谈到的是审美对象对于观者而言审美主动性的激发。"趣味"一词的英文是"taste"，观者对于艺术作品审美趣味的体验最初也是参考嘴巴愉悦感的。小孩是比较喜欢甜味的，而大人或老练的审美则会倾向于不太甜，如略带苦味的咖啡或嘎吱作响的坚硬果子。关于甜蜜与坚硬之区分的经典精神分析来自于爱德华·格洛夫，他说："所有的愉悦都可以根据主动目的或被动目的的满足来进行区分"[3]。格洛夫所谈论的是趣味的判断价值，它对于艺术趣味的判断同样存在很大的影响。我们将软、甜、柔顺与被动性联系在一起，把硬、苦、粗糙与主动性联系在一起。而在趣味中，我们所讨厌的正是艺术的被动暗示。这种被动型审美体验会降

图4 德国犹太人纪念馆鸟瞰

图5 德国犹太人纪念馆

低观者的审美主动性，它使观者感到自己被当做傻子，因为作品在理解上没有任何的困难，它也许可以吸引普通大众，但不能吸引老练的观者。

建筑艺术作品若想提升审美趣味，就要考虑该作品是否能调动起观者的审美主动性。对审美主动性激发的目的在于使得观者对作品有追猎式的探索趣味，为实现这一目的，我们可以运用在理解过程中"思维层的转换"这一机制。其运行方式是指设计者对想要表达的主题通过不同的媒介材料，运用隐喻、夸张、对比等不同的修辞方式使观者由联想、联觉、移情等方式作用于观者的内心，从而非直接式的理解设计者的表达意图。

这一转换机制的存在符合伊莱亚斯关于人类趣味与举止之间的关系分析，伊莱亚斯详细论述了人们欲望的满足是怎样受控于越来越多的社会制约[4]，这些制约可以在各种社会规章中找到。因此，趣味与举止的价值与等级势力的金字塔是相对的，高雅的趣味意味着要有一个不易受直接愉悦的头脑，直接的愉悦只能诱惑粗俗的人。

在里伯斯金设计的德国犹太人纪念馆（图4、图5）中蕴含着丰富的隐喻。可以说在这个方案中所有的形式构成概念都是基于犹太人苦难的历史来构建的，里面没有一扇形式规整的窗户，全都变形成复杂的交织线，另外建筑外观形式上表现出的夸张、怪诞、不合

逻辑的变形以及内部空间扭曲的水平面，并且所有的通道、墙壁、窗户都带有一定的角度，没有一处是直立的，这些都让观者感受到犹太人曾在德国所遭受的苦难。建筑折叠多次，连贯的锯齿空间被打断，航空俯视照片让人清楚地看到锯齿状的建筑平面和与之交切的、由空白空间组成的直线，所有的这些形式构成所隐喻的是被杀害的不计其数的犹太人。作者在方案中使观者通过之前的柏林博物馆旧馆而进去该馆，但在入口处却有三个走廊，它们可以通向不同的方向，这隐喻着犹太人最初的选择，通向死难、逃亡或者艰难的生存。犹太人纪念馆可以说是功能性完全服务于形式的最好的例子。同时也表现出形式在建筑意义表达过程中的重要性。这座纪念馆被认为是最有表现力的纪念馆作品。其核心方法就是整个的建筑过程都在围绕一个核心概念进行阐述，不论是材料的选择，还是整体外观形式的构成，以及内部的空间布局。

在这件作品中我们可以感受到设计者对于内心情感以及创作主题的隐喻式表达，在调动起观者的主动式审美的情况下，使观者有兴趣去自己发现一些作品中的秘密以及去尝试着分享设计者内心的秘密，观者也会以此为荣。思维层的转换促成了这一过程的进行，也形成了高雅的审美趣味。

3 效应阶段

在审美活动中，当审美对象离开观者或观者离开审美对象时，

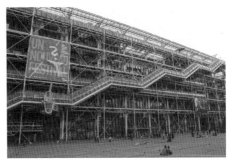

图6 法国蓬皮杜艺术中心

观照阶段就会结束，紧随而来的便是效应阶段，简单来说，效应阶段就是观者对于作品的评价和判断过程，是审美活动的最后一个过程。

在这一阶段中，观者会根据客观与主观的因素对作品作出一个判断，而在这个过程中，尤其要注意补偿机制的运行。补偿机制在观者对作品审美趣味综合评价中起重要的判断作用。主动式与被动式的审美状态并非是好与坏的区别，而只是好坏工具的区别。补偿机制的存在会平衡观者心理的满足。作为一件优秀的艺术作品而言，必然会有不同的补偿机制在观者心中产生，在考尔巴赫画的《灾祸将临》中，虽说是一种甜蜜的被动式审美状态，但作品中故事情节的安排却是那么地细腻而感人，因此甜蜜式的视觉图形在故事情节的补偿下也成了动人的艺术作品。同样的事情，印象主义在苦涩式的视觉图形中成功地将文学联想排除，使绘画作为绘画而存在。当然，补偿机制不仅上述几种类型，它涵盖了社会学、心理学等各个方面。

在当代建筑作品当中，观者同样会寻找并分配这种心理满足，设计者应该认识到观者的审美是很敏感的。我们可以先简单地作一个概括：形式简单没有内涵；形式复杂有内涵。法国蓬皮杜艺术中心的外观形式被机械的复杂结构裸露地表现出来。这一复杂的外观形式有可能使观者忽略四方格式的简单整体轮廓，也不再愿意去考究它的意义表达，而仅仅停留在十足的视觉魅力上（图6）。

"多样悦人"，形式过于简单，在吸引力上本身是比不过复杂造型的。我们可以想象一下，家里四方格重复排列的地板和公园里铺设的碎石块，哪个更能引起人们的注意。因此，如果想创作一件优秀的艺术作品，在简单、朴素的外观形式中，就需要有别的成分作为补偿，从而形成价值的平衡，达到高雅、健康审美趣味的要求。这种补偿可以是材料、工艺或者是故事的娓娓道来等，但总之要有补偿的内容。这一品质是庸俗和不加鉴赏的风格所不具备的。

现代主义作品在20世纪初期的风行是多方面的结果，但有一点是容易被人们忽视的，那就是现代主义纯净墙面的背后是共产主义的崇高理想[5]，现代主义的推行者如格罗皮乌斯、迈耶等都在他们的建筑作品中表达了饱满的共产主义理想，这是一种对20世纪初期欧洲忧国忧民的情怀。这一思想情绪在建筑外观形象上的赋予也使得这一形式构造被当时众多的艺术家所接受。

4 结语

人的思想在改变,时代在改变,科技也在改变。当我们面对一件作品时，既会根据它所摈弃和否定的方面来对它作出评价，又会根据它是什么来作出评价。就好像文艺复兴时期的绘画放弃了对金子的使用，而转向能指形象内质的探讨。在当代，这种否定与否定之否定的变化更为复杂与频繁。事实上，这与如今时代快速发展的现状有关。一个低俗的设计者若汲汲于追求这种时代的脚步，确实也可以使他的作品惊艳面世，但我们要注意的是，只有各方面价值的平衡，才能使艺术成为最高价值的审美对象。

　　在文化多元发展的状态下，我们接受并支持百家争鸣，但对高雅趣味的追求本身也是应该的，毕竟建筑作为一种社会公共形象对人民的影响极大。本文论述了多种因素对审美趣味的影响，在对当代建筑外观形式审美的过程中，我们可以分析在哪一个阶段的哪一个环节上出现了怎样的问题，而针对问题的改正却也为建筑外观形式的构造提供了可靠的建议。

参考文献

[1]阿摩斯·拉普卜特.文化特性与建筑设计.常青译.北京:中国建筑工业出版社.2007.

[2]赵巍岩.潜在的建筑意义.上海：同济大学出版社.2012.

[3]贡布里希.木马沉思录.徐一维译.北京：北京大学出版社.1991.

[4]贡布里希.秩序感.杨思梁译.广西：广西美术出版社，2014.

[5]特兰西克.寻找失落空间——城市设计的理论.朱子瑜译.北京:中国建筑工业出版社.2008.

[6]约瑟夫·里克沃特.亚当之家.李保译.北京:中国建筑工业出版社.2006.

[7]（日）安藤忠雄.安藤忠雄论建筑.白林译.北京:中国建筑工业出版社.2002.

[8]维特鲁威.建筑十书.（美）罗兰英译、陈平中译.北京：北京大学出版社.2013.

[9]韦斯顿.材料、形式和建筑.范肃宁译.北京：中国水利水电出版社.2005.

基于自然形式的视觉美学与参数化原理研究

马克辛　鲁迅美术学院
刘中远　鲁迅美术学院

摘要： 参数化设计在建筑市场受到极大的重视与发展，但大多用于与美学无关的解决实际工程问题、造价问题或对复杂施工方案的优化与图纸绘制问题。在环境艺术方面的应用较少，源于缺少一个人们在使用参数化设计用到的关于视觉美学的参数化设计方法论，这种能指导参数化设计的美学方面创作的方法论，需要包含具有明确的逻辑结构与艺术或美学原理，这并不是对矛盾体。文章通过分析自然界具有美学价值的客观现象，从中抽出让人们产生审美体验的产生这种客观现象的逻辑与机制，并用这种具有可以让人们产生审美体验的机制与逻辑生成我们需要的参数化设计作品。这种来源于自然的逻辑具有先天的符合我们审美需要的属性。自然逻辑生成的明确性不具有主观成分，能很好地转化成程序用于计算机运行，并且其中的自然界现象与法则的相关迭代、随机等逻辑与计算机的适应性极强。这篇给予自然形式的视觉美学参数化原理研究，即通过分析具有视觉美学价值的自然形式，把他们转换为适应参数化设计的逻辑并最终用于设计。文中列举了一些自然现象与部分实际国内（作者参与的实际项目）国际的项目来说明这种方法论的可行性。这种使用艺术视角的观察自然与应用在程序与装饰上的方法是区别于建筑理性的。对与新艺术形式、与新工艺的结合都有很大的潜力。解放社会主义生产力，满足人们的更高级的物质文化需要。

1 研究的目的与意义

1.1 参数化设计的国际国内背景

自电脑出现以来，计算机辅助技术已被应用在了各种不同的设计领域，其中参数化设计——作为一种新世纪非常热门的表现形式已逐步深入人心，但这些作品中绝大多数都是从参数化的理性价值出发，即关于结构、能源与成本的优化等相对实际的层面，却鲜有装饰与审美层面的研究。甚至相当一部分人把参数化设计当成快速修改方案的工具，而不是一种设计思维上的转换或者提高。这就造成了参数化设计作品在美学意义上的缺失，也使参数化设计不可避免地被打上了"工具"的烙印。最明显的现象就是国内甚至包括国际上一些不成熟的、单调却复杂的参数化设计实验和作品。由此可见，正是由于参数化设计缺少一些必要的视觉美学要素，导致其至今仍旧没能真正的融入设计市场。

1.2 讨论参数化设计视觉美学方法论的目的

参数化设计在美学方面的缺失究其根本通常是由于机械生硬的思考方式——过于依赖电脑平台去创作，盲目地用程序来表达结果，这些都会导致审美意识相对薄弱的工程师、建筑师等工科出身人士只看重功能而忽略感受。同时，因其在技术方面的学习与实践难度较高，又阻挡了很多具有审美意识却缺乏技术能力的艺术家们。本文所讨论的参数化设计美学方法论就是站在这样一个平衡点上——兼具理性与感性，技术与艺术，并把二者进行有机的结合，找到一个能够在进行参数化设计时提供指导思维的方法论。即同时具备技术价值和美学价值的设计形式，真正的把参数化设计转化成一种重要的思考方式而绝非单纯的造型工具。

1.3 讨论参数化设计美学方法论的意义

作为一种利用电脑解放人脑并延伸表达形式的方法，参数化设计亟须找到一种与之相对应的美学方法论使其充分融合人脑的想象力和电脑的执行力，进而生成一种普遍的适应广大受众审美生活的新型设计。参数化设计的美学方法论关系到一种新的设计思考模式，这种思考模式不仅仅是对相关建筑设计思路的扩充，也是对当下艺术创作的启发。

2 研究在自然形式启发下的具有审美价值的参数化原理主要方法

本文试图从一种新的角度——自然——去探究参数化设计在美学方向上的方法论。即在自然的形式与自然形式生成的机制中找到适合非线性参数化设计的美学法则。因为自然形式的表象下隐藏着最为普遍的审美形式与规则。在人类对自然的不断探索中，自然的很多现象已被逐步解读，而这些现象背后所蕴藏的无尽的美学力量与逻辑规则正是本文想要讨论的重点。

如果说几何形体建筑是人类抽象思维的结果，那非线性的参数化设计表现形式应该归属于自然形式的逻辑机制。那么从自然中获取参数化设计的美学原理就成了必经之路。其实相关的理论例如泰森多边形、极小曲面、元胞自动机等已经出现，但他们的形式美法则却仍有不足。如果要读懂自然形式的美学原理，就要从自然形式的生成原理、以及人面对自然时的审美行为两个角度来考虑。当代科学解释自然的最新理论为混沌、自组织、分形理论等。而人对自然形式进行视觉审美的过程中，最重要也是最前沿的理论为阿恩海姆《艺术与视知觉》中的视觉完型心理学与格式塔心理学。本文即基于以上理论，对自然形式诞生的原因进行分析，找出其中符合人类审美需求的机制，并把这种机制转译成逻辑与算法，通过把这种具备审美逻辑关系的逻辑与算法转换成程序等计算机语言实现在参数化设计领域的应用。即通过分析人在欣赏自然时的诸多审美要素并把其抽取转化成抽象的关联逻辑与数据，表现成装饰肌理，使得参数化设计真正获得适合自身的合理的有效的方法论。

具有视觉美学的参数化原理的思考与创新

作者自本科至研究生期间进行了大量参数化设计实践：在鲁迅美术学院与王冠同学共同创作的活动式拼图展台；与徐卫国院长、于雷博士在清华大学完成的机械臂鸟巢搭建；于北京设计周期间在与ASW事务所合作的侨福芳草地中完成的Volcan3D打印空间，都是具有视觉美学意义的参数化应用与实践，尽管笔者学识有限，但仍希望具有视觉美学意义的参数化设计原理能够给创作参数化作品的艺术工作者们一些新的视点，同时也希望与大家一起思考与完善。

3 自然界中形式的生成逻辑与审美

"外师造化，中得心源"这是唐代画家张璪对于艺术创作中客观现象、艺术意向与艺术形象关系的准确总结，意思是艺术创作必须来自于现实美，而现实意义上的现实则是包罗万象。但自现代设计开始，包豪斯代表的一派当代设计理念以几何、体块为构成元素，得到的设计成果往往明显区别于自然形态。柯布西耶主导的国际主义建筑蔓延全球，其城市也明显区别于自然环境，两者格格不入。确实，现代设计风格所造就的几何城市有其政治上的意义——对广大群众的普惠；经济上的意义——低成本，可复制；以及城市发展上的意义——纵向空间的扩展。但其带来的缺点也显而易见——

单一没有个性、忽略人自身的超大城市、拥堵的交通与恶化的环境等。这些忽视自然精神的人造物正被人类的本心与自然的大道所排斥。而自人类诞生起，对人造器物的拟自然化的装饰纹样就一直传承下来，例如卷草纹、卷云纹等自古以来就最受欢迎。它们之中寄托着人类对自然的喜爱、崇拜与敬畏。

如果说设计行为是人类根据自己的需求与理解，使用自然元素去改造或创造符合自身需求的物质实在的话，那么这一过程中必然包含着人对自然本身的认知基础。至一战前，由于新艺术运动与工业革命带来的工业产品以及与当时极不相称的装饰手法，产生了一批杰出的以少即是多、几何体块切割　、构成主义等为核心的设计师和建筑师，其中以密斯·凡·德·罗、格罗皮乌斯所代表的包豪斯学院为典型。这是由于当时的民主社会、量子力学等前沿的科学环境所带来的批量生产等现象综合作用的结果。而世界整体科学的进度也时刻在影响着他们对哲学、对世界的认识。随着二战计算机的发明，带有更多、更复杂计算要求的科学原理被逐渐证明。与此同时，人类逐渐找到了自然界有关形式的真面目——混沌理论、自组织理论与分形理论。并且出现了与之相对应的心理学——格式塔心理学。

3.1 自然界形式逻辑分析——分形几何学

分形几何始于本华·曼德博在1968年在《科学》杂志所发表的《英国的海岸线有多长？统计自相似和分数维度》著名论文。它以英国的海岸线为例子说明了在不规则的宏观外形中，隐藏了局部规则与整体规则的相似性，这种相似性则为某种机制的不断重复，在更小的单元上重复相同的机制。这些自然界中我们常见的现象愉悦着我们灵魂的同时，也使我们产生困惑——似乎它们都是无法理解的，混乱，没有规律的。但分形几何的出现解释了自然形态内在

的联系——相似性。由此可见，分形图形具有的美学特征是显而易见的，分形结构早就存在于人类的审美趣味中。自然界中直观可见的除外，人类艺术范畴中的音乐、构成美学的基本思想、甚至一些艺术作品中的肌理都存在相似的特征，整体包含着局部，局部暗示着整体规律，而后又组成了整体，分形就包含了对称平衡、节奏韵律、渐变特异、对比和谐等重要的美学规律[①]。

3.2 自然界的生成机制与算法生成的相似性

算法的提出本身就源自人类对自然，对复杂问题的思考。人类在算法的探求上经历了一个复杂的过程，在算法概念提出以前，人们认为自然现象、人类以及其他生物的生存行为都是无法准确描述的，充满了真正的不确定性，例如"人是如何思考一个问题的？如何找到了解决方案"这个·思考的过程是否可以确定下米，如果可以记录下来，那么"思考"与"解决"这种人类认知范围内的最复杂、最不确定的行为就可以被剖析、被复制，甚至被从人类身上剥离而转移到其他媒介上，例如计算机。人们用计算机的强大计算能力模拟并论证了一系列自然现象的本质(例如分形理论、自组织理论)。这种通过确定的计算机可执行的算法证明了自热本质的同时，也揭示了自然界的确定性与其确定性所对应的算法。实际上也是老子所提出的"道"。自然界按照那种确定的规则运转的方式即是一种高级的算法，自然与算法的关系已然明了了。而对思考过程的剖析正是现在设计方案在概念形成的重要来源，也是设计分析所描述的最重要的部分。设计行为从某种程度上看也是一种高级算法——通过设计师的知识储备来完成某种具有复杂需求的解决方案。

3.3　根据格式塔心理学的异质同构推演得到的基于自然形式的视觉美学参数化原理

格式塔心理学强调的异质同构在宏观上可视为自然的构成元素

---

① 朱华，姬翠翠.分形理论及其应用.北京:科学出版社，2011:265.

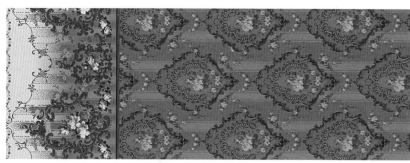

图1 洛可可装饰纹样

的组织形式与人脑内部有神经网络产生的意识活动的构成机制具有相似性，即不同的两者存在相似的构成。这种相似性体现在人对混沌与秩序形式的偏好。一切艺术创作都是围绕着这种最底层的意识倾向去实现的。当用算法去实现、去提炼这种构成后，把它寄宿于客观物像，那么这种有相似构成新生成的人造物就变成了具有易于与人大脑内部的构成产生共鸣，使人产生审美享受。这种提炼出自然规律的算法再以不同参数去控制与限制结果，最终生成的方案就为基于自然形式的视觉美学参数化方案。使用这种方式去思考设计的过程就为基于自然形式的视觉美学参数化原理。

4 具有自然审美价值的逻辑所对应的参数化算法类型

4.1 统一与变化的随机生成逻辑

统一与变化是美学原理中形式美的基本规律之一，也是哲学上一种重要的矛盾体。自然界在各种尺度、各种规则上无不体现着整体的统一性与局部的变化性，这两种截然对立的方式在自然界无时无刻不刺激着我们的感官。统一在形式美的规律表现实际上就是一种形式秩序的表现。这种秩序的表现在艺术上极为常见。可以说装饰就是一种秩序艺术。人们在无数的器物上重复着各种图案——这是典型的人们对秩序所产生的美的诉求。例如法国洛可可装饰风格中就大量应用了重复阵列出现的植物具象装饰纹样（图1）。

这种人对于自然形式的爱好暗示了人们生活在隔离于自然、抵抗自然的城市中对自然形式与意向的心理需求。然而自然生长的植物本是混乱，无序随意的，人们并没有照搬自然的形式，而是加以概括，并加入了最明显的人为因素——秩序。

固然，富有规律的图案与装饰让人感觉轻松惬意，但是过于秩序又使事物变的索然无味，单调让人提不起兴趣，这种情况用形式美的角度来观察，就是在整体统一，轻松的同时出现不可预测的，使人注意力聚焦的兴奋点。这种情绪上的刺激正是大量作品所暗示与接受的。这种有不确定性产生的神秘与崇高在人类艺术创作的过程中更是十分明显。油画的随意笔触却塑造了令人不可思议的整体图案，这种技术性与过程的复杂性产生的物质价值上的感染力与情感的共鸣并不是摄影作品在物质上的感染力可以比拟的。

在自然界中有无数令人向往的美景（图2），这种干涸的河床下经历流水冲刷的形状各异的石块让人忍不住去拾取、观察与欣赏。这种经历自然鬼斧神工后的自然造物的每一个个体都饱含了它存在至今的记忆，这种厚重的、静谧的美的价值是十分珍贵的，在历史上一块鹅卵石就曾经卖到数十万元。由于对这种景观的向往，景观设计师们就把它们用一种新的题材去创作（图3）。设计师们保留了原来随机石头的肌理的质感，并用多种不同材质石头去对比，并融合在功能中。

图2 自然河床   图3 人造碎石景观   图4 谢菲尔德某建筑立面

这种由人改造过的具有自然肌理与自然力量作用产生的结果（流水冲刷使形态各异）在结合人的有关秩序的改造后得到了统一，保留了人们喜爱的不可预测的肌理成分，在一定程度上约束了随机性，使它既有神秘复杂、富于变化、厚重，又有整洁、单纯统一的不同尺度上的多种审美趣味。这种变化中的统一，统一中的变化有很多参数化设计的成功案例。图4为英国谢菲尔德的一个建筑立面，其使用阵列的模块的同时又对每个模块进行随机调整，整体营造了一种秩序的同时又产生了丰富的变化，通过限制每个个体的朝向（控制范围与程度，使其在一定变化区间内随机生成），每个个体间的差异与每块鹅卵石在自然鬼斧神工之间的差异性、油画无数的看似随机却有作者运笔习惯的随机笔触的差异性所带来的审美趣味十分相近，都有明确的规则与随机的变化，这就是参数化设计与形式美中对比统一、与自然美学逻辑的结合点之一。

4.2 统一与变化的对立统一与在参数化设计过程中的转化与融合

这两种审美趣味在对立的基础上又有着可以统一的一面。即人类在追寻着秩序、可理解的因果同时又被随机的巧合、不可预测的神秘所吸引。一种是对事物的掌握，一种是对神秘的好奇，秩序与混沌是人们审美底层的两种截然不同的诉求，但他们有对立统一，你中有我，我中有你。即统一与变化共存，秩序与混乱共存，在算法上就是阵列重复与随机控制并存。图5为作者为某室内改造项目

所做的基于色彩构成原理的随机颜色贴图，在橙红色调的基础下完成了退晕与渐变。在计算机的支持下可以完成大量的结果并在整体趋势不变的情况下保证每次结果都不同。

这种具有单元重复与微妙渐变的图案特点正是参数化设计最擅长的表现种类之一。由于使用特定的程序，可以大量生成具有某种特点的图案，可以直观的修改参数调整密度与整体尺度上的关系，并可以加入另一种或几种干扰因素来对这种单元进行影响，形成渐变退晕。这种微妙的变化与单元的独特性是其他非参数化设计手段很难表达的。事实上，量的这种对于生成方案与实现的困难度正是参数化设计所最擅长解决的，也是诞生的起点——借由计算机解决大量的复杂的生成结果，并按差异化加工出来。"稠密的数量则可以产生一个无法拆解为局部的整体"[①]参数化使大量生成差异化成为可能，这种量引发了质变。形成了一种独特的装饰特点—机械性重复与韵律并存。"量有它自己的质——约瑟夫·斯大林"[②]这种"量"形成了参数化自己的新的"质"。使大量重复与渐变变成一个整体，再也无法分开。

5 基于自然形式逻辑的具有视觉美学价值的参数化原理价值与意义

文章通过自然形式的探究，找到了一种把自然形式中隐含的具有美学意义的逻辑、关联性与变化规律等抽象出来并转化成程序语

① 雷泽，梅本.新兴构件图集.李涵，胡妍译.北京：中国建筑工业出版社.2012，1：58.
② 雷泽，梅本.新兴构件图集.李涵，胡妍译.北京：中国建筑工业出版社.2012，1：58.

图5 参数化颜色肌理

言应用于设计的过程。这种理解自然美学本质并转译为设计作品的方法。基于自然法则或形式的设计以前就出现了，被称作仿生设计，但在这里，这种基于自然形式逻辑的具有视觉美学价值的参数化原理与传统仿生有着质的区别。这种参数化设计模拟的是自然运行的本质中具有美感的形式规则，并把其中每一个个体都进行了一定程度上的还原，是微观上的。而传统仿生设计只是仿生自然形式或某种功能，是同一个领域的两种不同思维与方法。

这种具有自然美学基因的参数化设计方案可以把基于计算机生成的参数化设计潜力充分发挥出来，使用程序大量生成高密度、高质量、高智能的个体与群体，并精确施工出来，是传统的设计手段所达不到的，它作为方法论指导参数化设计，既解放了设计思维，又保证了方案的实施，结合当下的或者未来的新工艺与高度定制的消费习惯，潜力可见一斑。

5.1 基于自然形式的视觉美学与参数化原理的局限性

基于自然形式的视觉美学与参数化原理的局限性还是有的，比如在找到一种具有美感的自然形式作为起点之后，如何转化成合理的、计算机可以理解的程序并实现出来，这是比较难的。而且在转换的过程中，其程序的可调性、对不同状况的适应性都将决定最终参数化美学的成功与否。这与使用者对具有美的事物的感受、对规则的抽象概括能力与计算机编程能力三者都是考量。这种具有美的

属性的参数化设计站在了技术与艺术的平衡点上，然而真正做到的人并不多，过多倾向于技术就使作品平庸、单调，过多倾向于感受又变成了空想，无法实现。

5.2 参数化设计原理的发展思考与展望

使用计算机进行创作的过程将可能是21世纪甚至未来的主流，计算机解放了人脑的计算问题，扩展了实现更大规模、更复杂或关联性更强的方案的可能性。这种数字化设计的过程是一切涉及到加工业、制造业的倾向——自动化程度更高，更多的程序员参与进制造业，改造着生产力。而这种可以批量精确出施工图纸的参数化设计与大量定制自动化生产方式结合起来就会产生无尽的火花。而当下最新的一些互动媒体、可穿戴设备VR等，都有与参数化设计结合的很大潜力，毕竟它们底层都留着相同的血——程序与代码。而想要更多倾向于产品或者方案显然需要有更多具备美学素养的人加入进来，方案才能以一个设计产品的身份进入市场。由此可见，未来的参数化设计需要更多的艺术家与设计师参与进来，并结合更新的技术，既满足人的审美需求，又作为社交媒介与人产生互动，创造前所未有的价值。

以米兰世博会为例谈中国传统元素在现代设计中的运用

王　浩　东北林业大学园林学院
孙瑞阳　东北林业大学园林学院
陈晓媛　东北林业大学园林学院

摘要： 优秀的设计需要个性。随着国人对民族复兴的渴求，在设计中应用中国传统元素也变得越来越寻常。这一现象体现了国人对于民族文化的认同感进一步提升，也符合设计发展的规律，正如鲁迅先生的观点，"有地方色彩的，倒容易成为世界的"。本文将以米兰世博会为例，探讨中国传统元素在现代设计中的运用。

关键词： 米兰世博会　中国传统元素　现代设计

中国传统元素在园林景观的营造及布局中有着举足轻重的核心地位。大凡飞禽走兽、奇花异木，只要形、音、义中的任何一项能显示某种喜乐、安康、祥和、吉庆事物，都会被我们伟大的先人所用，或直接以其形象作为装饰图案，或将其抽象为几何图案，甚至是取自谐音的语言。在我们的传统文化之中，这种或具象或抽象，而具有美好象征意味的装饰图案统称为吉祥图案。此文化现象与我国传统文化之中所蕴含的"天人合一"、"德行自然"等思想是分不开的，吉祥图案既能用来装饰环境，又能体现人们对于"吉祥、如意"这一美好祈愿的追求。

在2015届米兰世博会上，中国国家馆（以下简称"中国馆"）提炼、运用了大量传统元素，成为此次世博会上的亮点。

1 中国馆设计的传统理念

米兰世博会的主题为"滋养地球，生命的能源"，聚焦农业、粮食和食品。有鉴于此，中国馆以"希望的田野，生命的源泉"为设计理念，提炼出了中国农业长久以来发展过程中的观念。中国馆的设计立足于中国古典文化的精髓，在展馆内部空间结构中分为"天、地、人、和"四个结构层次，并且在建筑的立面上拓扑了城市天际线，馆中运用田野等形象叙述主题，使得建筑语言凝练而富有中国特色。在细节表现中，中国馆的设计将具体问题与科学技术相结合，并借鉴传统元素体现出了其与科学技术的完美结合。可以说，"天、地、人"三才和谐共生的思想，既是对我国传统农耕文明的精炼总结，也是我们中华民族核心价值观倡导和谐的一大体现。并且这一价值观念与当今世界可持续发展的思路是极为贴切的。本次世博会巧妙利用了中国传统元素，充分展现了中国传统文化中和谐共生的理念[1]。

2 中国馆中传统元素的运用

传统意味上，吉祥图案的应用可以分为两种层次。在小的层次之中，吉祥图案作为瓦当、屋檐檐角、漏窗、门洞形状、地铺等元素来装点环境，例如中国古典园林之中常见的"梅兰竹菊"四君子、岁寒三友"松、竹、梅"以及桃、李、杏的图案。在大的层次

图1 中国馆"希望的田野"

之中，吉祥图案往往作为一个空间环境的主要景色，可能是一处景观节点，也有可能是一组小型园林景观建筑。

而在全球化的今天，建筑的语言应该是国际化的、人本主义的，它所展现的应该是普世之美。[2]中国馆的主建筑师明确反对的就是"具象"的设计，避免照搬套用、简单罗列传统图案、脸谱、灯笼、剪纸这些过于具体的符号或装饰。

在本次世博会中，中国传统符号经设计者分析、提炼后形成具有强烈象征意味的非具象元素。从建筑的木结构屋顶，到室内的"LED麦田"装置和"水墨之中国集市"的艺术装置；从北京先农坛祭坛形制的舞台到主通道曲折的江河形态，都无不间接地体现了中国传统文化元素的运用。

中国馆内数百平方米光影跃动的"希望的田野"装置(图1)可以充分体现这一点。小麦作为五谷之一，种植历史悠久，是我国的主要粮食作物，在全国各地都有种植。麦穗指农业，以农业为本，在我国的国徽、共青团的团徽中都有麦穗出现。该田野装置的核心组成部分是巨型LED光源点，几万根人工"麦秆"阵列组成了一望无际的麦田，而每根"麦秆"顶端的"麦穗"是电脑程序可控制的LED发光体。通过高低错落、疏密的布局，借助于时间与空间的互动概念，一根根"麦穗"构成巨大的带有立体感的动态田野画面，具有强烈的视觉冲击力。麦穗一改人们熟知的具体形象，虽以高科

技的光电形式出现，但仍能使人联想到 "五谷丰登"的喜悦。

在中国馆内的装点和布置上，设计者也有意避免中国传统文化符号的堆砌，而对传统价值符号进行了概括处理，传达出同样的象征意味。

中国是世界上较早进行农耕定居的国家之一，植物同人们生活的关系极为密切。新石器时代，我们的先人已经在彩陶上将植物图案抽象变形。在历朝历代中，植物的纹样被更加广泛地运用于织物、器皿、建筑以及室内装饰中。此次中国馆的设计也大量利用了传统植物纹样进行装饰。

贵宾厅棕黄色的地毯以夸张变形的植物曲线作为装饰图案，使人联想到金秋时节丰收的喜悦。贵宾厅内的挂毯《生生不息》以参天大树为意象，暗喻着在大地上茁壮成长的顽强生命。"水墨之中国集市"的室内设计更是提炼了中国传统元素，如墙壁上悬挂的葫芦寓意"福禄"，撑开的油纸伞仿佛带人们走进了江南水乡，展台四周以剪纸作为装饰，既显示出了农耕生活，又展现出了浓浓的乡土气息。在这些元素中都不难发现传统元素的影子，但其又不仅仅是为表达特色而设立，抽象而又经过提炼的传统因素在实现其实际应用功能时显得游刃有余。

正如国内有学者评价说："2015年米兰世博会的中国馆似一阵'麦浪'在世博园区脱颖而出，我们再也找不到如中国结、斗栱、

图2 "桂林山水天际线"与"北京　图3 中国馆建筑的胶合木节点　　　　　图4 光线透过竹瓦形成斑驳的光影效果
CBD的城市天际线"的对比

中国红、灯笼等具象的中国符号，但游走其间却会发现一种空灵的感觉，包括竹板在阳光的照射下会投影在防水层上，构成的阴影如同中国的山水画，随着时间的变化阴影也发生改变，给人以'山移水动'的感受。"[3]只有对中国传统元素批判地继承，摆脱具象化的束缚，才能更好地为现代设计所用。

同样体现本次世博会在中国传统元素应用时，充分考量其文化意蕴的并不局限在此一处。

"智者乐水，仁者乐山"。水，淡泊灵动；山，刚毅伟岸。在中国传统文化中山水具有许多美好的象征，并且有山水诗、山水画等具体的艺术门类。建筑师在中国馆的南侧主入口立面和北侧面对景观河的立面上分别拓扑了"桂林山水天际线"和"北京CBD的城市天际线"抽象形态，并以"Loft"的方式生成了展览空间。在南向主立面上，设计者通过推进不同的进深来形成"群山"的效果。

古人曾用"千峰环野立，一水抱城流"来形容桂林的美景，而"桂林山水天际线"在此作为一种人们对美好生活的向往，象征性地传达出农耕文明状态下人们的生活环境，可以说是恰到好处。山水天际线和城市天际线是对不同地区生活环境的提炼概括，也是对人类生存发展和自然环境的对比。当今时代，城市的建筑轮廓线开始超越或者取代山脊线成为城市天际线的主导力量，大量缺乏个性的高层建筑构成的城市天际线开始代替或者遮挡了原来的标志性

城市天际线，因此，众多本来具有特色的城市渐渐地丧失了其本来的地方特色。而此处"桂林山水天际线"和"北京CBD的城市天际线"（图2）的对比足以引人深思。

要利用好中国传统元素，就不能不对中国传统元素背后所蕴含的文化精髓进行解读与批判性继承。只有深切体会中国传统元素的深层次意蕴，将其与具体实际相联合，才能将拥有深厚文化底蕴的中国传统元素更好地应用到现代设计中。

同2010年上海世博会中国馆层层出挑的斗栱形建筑相比，这次中国馆用了最新的胶合木建造技术，起到了承重的作用，演绎出了中国传统建筑的木框架，以此向中国传统建筑中的抬梁式木构架屋顶致敬。而且不相重复的胶合木节点（图3）最终完成了一个完全没有一根柱子的内部结构。这不得不说是中国传统元素与科学技术结合的一个良好典范。

"宁可食无肉，不可居无竹"，这是古人为追求精神生活而对居住环境作出的具象要求。竹子柔韧挺拔，亭亭玉立，代表了谦谦的君子之风，在传统纹样中的运用比比皆是。中国馆以不同寻常的手法使用了竹子的元素，即屋顶由用竹子编排而成的竹板铺砌而成。这种竹板具有中国传统材料和手工艺特色，阳光洒在竹编上形成斑驳的投影，恰似传统水墨画（图4），是展馆内一道靓丽的风景线。同时光线透过竹瓦漫射进室内空间，对空间内环境起到采光

和取暖的作用，对于节能环保也作出了很大的贡献。

3 设计当随时代

笔墨当随时代，设计也应当紧扣时代的脉搏。提及中国传统元素，很容易让人联想到现实生活中具体的象征符号。但在新的文化语境下，如果依旧照搬套用，就会使人感到老生常谈、乏善可陈。

其次，谈及中国传统元素的在现代设计中的应用，必然不能缺失评判中国传统元素与当代先进的科学技术之间的关系。中国传统元素的继承、应用与科学技术的发展并不相违背，能够与当代先进的科学技术相结合必然能够促进中国传统文化的传承。

米兰世博会中国馆给了我们许多启示：当今富有民族特色的设计首先应当避免"符号化"；只有探索发掘传统元素深层次下的意蕴才能更好地运用中国传统元素；中国传统元素的运用应结合现代先进科学技术，符合历史发展潮流。

4 总结

中国优秀的传统文化源远流长，传统元素背后所蕴含的文化底蕴也无比厚重。在应用中国传统元素时，我们只有对不同使用环境、不同客观对象加以分析，同时有选择地甄别合适的传统元素，强调传统元素在应用时的语境，才能够避免在应用传统元素时易产生的误区，从而将我们优秀的传统文化发扬光大，才能够做好现代设计。

参考文献

[1]郑曙旸.形式与内容的统一——米兰世博会主题表达存在的问题[J].装饰，2015（10）.

[2]周志.设计无界——清华大学美术学院2015米兰世博会中国馆设计团队访谈录[J]，装饰.2015（6）.

[3]金丹元.2015 意大利米兰世博会中国馆的艺术创新及其延伸思考[J].艺术百家，2015（3）.

城市触媒
——公共艺术

罗 曼 上海大学美术学院

摘要： 正如规划设计对城市空间干预所产生的具体质变，公共艺术介入空间后也常如"城市针灸"的效果般，从某些异质性的穴位逐渐诱生周边城市环境的改变。但从本质论述到操作过程、乃至介入效果，空间规划设计与公共艺术介入究竟有何不同？在公共艺术介入的场域中，是否存在着异于规划设计理性的企图、逻辑及美学立场？在当前中国经济新常态特征下，城市建设从规模转向质量将是新的趋势和需求，高品质的城市空间、城市文化魅力、特别的城市历史底蕴等城市"软实力"越来越突显出它的价值。中国环境艺术行业正面临从粗放型向专业化、精细化、品牌化等方向发展，在全球化与在地化拉扯的同时，公共艺术无疑是城市的触媒。

关键词： 环境艺术 公共艺术 艺术介入 城市触媒

引言

环境艺术与地景艺术于近代西方展开，呼吁人类要重视环境永续议题，且小心使用贴近自然的素材进行创作，尽量不造成环境生态的负担，它是一种公共艺术的呈现。而城市，作为一种环境艺术，是长时间众人智慧之积累，因此，也是一种社会艺术。

中国城市建设从"大跃进"式的建设模式转为重视质量的建设形态，城市建设从规模转向质量将是新的趋势和需求，其核心必然反映在对文化的更高诉求上。城市的飞速建设，带来了对城市文化的一种快餐性的诉求，也带来了对环境艺术的量化需求。城市规划师、环境设计师、景观设计师、灯光设计师、街道家具设计师等都被找来，共同为某个场域或城市道路做规划，团队透过缜密计算所完成的一致性风貌使我们欣喜，然而，其危险也是相对的，在表面繁荣的背后也存在着盲目地符号性复制潮流，欲求视觉性的协调却有可能使原本对比鲜明的元素在规划中消失不见，牺牲的是城市独有的文化品质，其成果大都成为注重功能，却失去品味的堆叠。因此，我们需要思考：环境艺术呼吁人类要重视环境永续议题的初衷哪去了？我们的文化哪去了？经济充满活力是不是就等于一个健康的城市？

城市重塑：更新复兴与创新

人们评价城市发展的标准在发生变化，开始更多地从城市的美观和文化氛围来评价一个城市，在城市环境艺术的建设中开始对其"综合价值"的关注。城市环境艺术最高的理想并不只是那些物化的形态，而是对满足城市人群的行为需求、留存城市文化意象寄以期望。因而，我们需要另一种更开放适宜的"城市公共空间"的定义和操作模式。即使不同的社会有其不同的发展进程及需求，但"公共空间"的建立，亦或是"公共空间"的重建，皆是贯穿每一个时期社会的重要课题，由于城市的发展，人们始终喜欢聚集、喜欢分享共有的空间显得更加重要。新的转型期给未来城市建设带来了机遇与挑战，在城市建设从规模到质量的转型期，正在步入注重自然与人文和谐，诉求城市差异和特色，全面塑造城市文化形象发展的新阶段，城市建设从规模走向质量的转型带来了城市设计与环境建设的新课题①。

公共艺术对相应空间的作用及价值恰恰体现在这。公共艺术成为现代都市论述的一环，它正是用艺术的语言和方式潜移默化地去介入去化解这些问题，重塑当地环境和当地人文精神。对于一个勇于吸收新文化的国家来说，公共艺术仍是一种未被充分理解与消化的异质文化，城市雕塑虽是公共艺术的一个重要组成部分，但早已不是公共艺术的全部内容。公共艺术正在不断地"滋长"，是促使每一个人与世界、联谊每一个人与他人"相遇"的触媒，公共空间、公共性、艺术性、社会性、在地性、公益性、公众参与、跨学科、跨媒介，这些关键词都是谈及公共艺术时绕不开的话题。"城市因为公共艺术而增加它的价值。公共艺术区分延续着城市的地域历史和精神传承，反映并揭示一个社会，创造更有意义的城市和更独特的地方（Public Art Network Council, 2010）。"公共艺术不再成为观众专注地回应其全神贯注创造的具象物件，而是要以最合宜的介入去创造、去促成人与整个环境的新关系，理清场域中所缺的东西，更新、复兴、创新，不做无谓的添加，诱生"公共空间"的出现和交流。通过物化的精神场，渗透至人们日常生活的场景和路径中，并以一种动态的精神意象，引导人们如何看待自己的城市、自己的生活。现在更多的人们关心居住的地区有没有公园、绿地、有活力的生活环境空间，因为人们对精神消费和艺术熏陶的需求是与生俱来的，随着生活方式的转变，这种文化生活还在变化中释放新的活力。城市的"文化形象"显现一个国家的文化底蕴，承载一个民族的文化自觉和意识，彰显着城市的文化表情，环境艺术用多重手段营造新的城市公共空间与环境景观，创造着城市的新文化，而公共艺术的介入将成为文化生长的孵化器、城市风格的助推器，公共艺术是城市的触媒。

① 中国环境艺术杂志环境艺术联盟对王中的访谈：新形势下，中国环境艺术发展战略如何升级？

图1 台北市永康街永康公园外墙公共艺术

　　探索新的理念并形成对今后城市环境艺术建设深远的影响，艺术和美不止是唯一的目标，环境艺术建设正从"艺术装点空间"转型到"艺术营造空间"，进而走向"艺术激活空间"。不断变换形态的"公共空间"的促成媒介非"艺术"莫属。从"艺术介入空间"深入为"艺术浸润空间"，透过艺术作为媒介，除了改善人们的生活空间、美化城市视觉景观，更希望能借此改变民众的美学态度，产生对城市环境、社区环境的互动与认同，形式包含但不限于绘画、雕塑、影像、声音、文字、网络、装置、新媒体、表演、教育剧场等领域，由此可看出艺术类型的多元化。艺术品出现所创造的时空分享、调整光线、导引方向、对视觉的刺激、视觉所暗示不可见之物、声音、气味等，对于环境空间的形成有相当的助益，使体验到的人感到精神富足。艺术在这里，逐渐转移为游戏、互动为主要目的的公共行为，让公共空间中的自由、休闲、互动、游戏的特质尽显，是另一种可以成为环境"公共空间"的有利条件的介入型艺术，是人与人、人与环境互动的触媒。

　　公共艺术的基本要素是"在地性"、因地制宜(site-specific)。城市公共空间（街道、广场等）的艺术设置越来越琳琅满目，但离开美术馆的艺术品与所在地的环境、与社会脉络的对话，经常仍是浮面而样板的。上海大学美术学院院长、公共艺术研究领域资深专家汪大伟教授这样概括："我理解的在地性是不可复制性，'

非此地不可'，也就是说离开这个地方、背景，该作品就可能毫无意义了"。从公共艺术的公共性及地方认同来说，以公共艺术作为"地方重塑"的概念进行规划与设置来深化社区的地景风貌，从而丰富城市整体多元的地景风貌。将社区公共艺术作为社会化的公共议题，透过公民论述与市民创作，在社区参与过程中凝聚地方认同，形塑地方性与地点感。加拿大洛杉矶分校的"地方的力量"工作室（The Power of Place），以一位曾任助产士的黑人母亲Biddy Mason的一生故事为创作素材，将种族、宗教、政治、经济、性别等社会议题融入艺术创作，并借由"公共历史工作坊"民众参与说故事的过程积累创作内容，艺术家与居民共同完成了画作、书、雕塑等系列作品，再现了城市历史的底层生命力，人们在观赏这些作品的时候仿佛看见自己平日生活的场景进入艺术的领域。透过艺术的反身凝视，认同的力量塑造了一种全新而进步的地方感。台北市永康街社区的居民携手北师美教系的师生，在永康公园的14面外墙上以艺术的手段诠释地方故事，叙述着社区不同阶段的代表性事件，并在现场直面社区居民和路过行人的讨论和建议，自信地摆脱了一般邻里公园大同小异的制式框架，用精美的琉璃砖拼贴出永康街社区的公共历史（图1）。

　　从文化产业的视角，将一定场域内的地方特色，透过公共艺术与地景环境的整体规划，选择历史主题、社会议题、地方特殊产物

图2 墨西哥湾海底公共艺术《无声的进化》
（来源：MUSA博物馆网站）

图3 台北市立动物园公共艺术

或创新文化等，形成具有特色的地方社区或村落，发展地方观光、地方产业或文化商品等。墨西哥湾海底震撼人心的公共艺术《无声的进化》，将400多个真人比例的雕塑沉入海底，因当地的珊瑚礁常遭飓风破坏，礁石稀少，雕塑群成为珊瑚、浮游生物等吸附的载体，海洋生物得以栖息、繁衍。该公共艺术激发了人们对于海洋环境公共空间的意识，当地也因此变成了旅游的圣地（图2）。

从城市设计的角度，考量城市环境中的通道、地标、节点、区域、边缘等空间组成要素，在城市"门面"的场域，将公共艺术作为全球地方化及地方全球化下形塑城市意象的重要元素，将城市剪影透过公共艺术强化城市性格。台北市立动物园的公共艺术从相应空间便开始介入，且具体而微：动物园捷运站、公车站、猫空缆车，公共艺术早早介入城市交通枢纽；动物园门前的路灯"长着"动物的斑纹，围墙、雕塑、电话亭，艺术的每一处介入都邀请艺术家为动物园"私人定制"；园内随处可见的雕塑、导览牌、休息亭、售卖亭、垃圾站、昆虫区的垃圾桶，甚至是机动车道路旁的凸面镜等等，艺术不仅潜移默化的介入空间，循旧化新，艺术本身就是空间（图3）。

结语

文化的积淀是建立在城市自然增长的基础上的，公共艺术作为城市触媒，在当下人为促进城市化进程中，给城市注入文化的灵魂，恢复城市历史的记忆，建立城市的人文与场域精神，营造宜居、艺术的生存环境，这正是我们环境艺术设计从业者们最重要的努力方向。致力于推广公共艺术在城市的发展，通过公共艺术介入来提倡城市的公共精神，体现公民意志，表达公众意愿，提升公共艺术美学意义与其在城市中的价值，增加人们对一座城市、一个社区的认同感和归属感。针对城市空间的公共艺术介入，我们希望公共艺术进驻城市公共空间是一个新的契机，让我们有机会重新检讨与改善我们的城市空间与环境品质，期望透过公共艺术转换城市的意象，融合艺术、自然和建筑的边界来呼应环境，在全球化的潮流中，发展出属于每个城市特有的城市意象与在地精神，塑造出欢愉又有活力的、人们喜爱的、具有深度文化美感的城市。

参考文献

[1] Catherine Grout，艺术介入空间：都会里的艺术创作.姚孟吟译.台湾：远流出版社，2002.

[2] 台北市文化局主编.解放公共艺术——破与立之间.台湾：台北市文化局出版，2004，3.

[3]陈冠甫、廖世璋、彭嘉玲执行企划.艺术出墙：成果专辑Art Out of the Wall.台湾：台北市文化局出版，2007，11.

为中国而设计　第七届全国环境艺术设计大展入选论文集

DESIGN FOR CHINA　The Collection of the Selected Thesis of the Seventh National Exhibition of Environmental Art Design　101

地域性文化元素与度假酒店创新设计的契合性研究

赵逸飞　上海大学

摘要： 当下，经济的快速发展带动了旅游行业的繁荣，而度假酒店是旅游业发展地区必备的基础设施建设。如今的度假酒店普遍采用现代化设计风格，同质化现象严重，这严重阻碍了区域性旅游文化的发展，特别是在观念更新、文化复兴、设计创新的今天，只有具有典型的地域性文化特色的酒店设计才能更好地满足人们的旅游体验需求，因此有必要将地域性文化元素与度假酒店创新设计结合起来，探讨其契合的原则及方法。

关键词： 地域性　文化元素　度假酒店　创新设计　契合性

1 地域文化特征概述

"地域文化特征"是指在一定地域内文化沉淀的体现，一个地区也正是具有这些特殊性才能凸显其地域的特殊文化。通俗来说，一个地区在长时间内所形成的建筑、文学、风俗等方面的特征便是其地域文化特征。以巴厘岛为例，巴厘岛是印度尼西亚群岛中的一个小岛，面积只有我国海南岛的六分之一，却发展成了著名的海岛旅游胜地，正是基于地域文化与现代建筑的结合。其中有一种常见的建筑叫做"贝尔"，这是巴厘岛建筑与当地印度文化相结合的产物，通常用茅草覆盖屋顶，屋顶是"神"；支撑的柱子表示"人类"；地基则是表示"魔鬼"。巴厘岛无论是从整体城市规划，还是从建筑细节上来看，都是地域性文化特征应用的典范。

2 地域文化特征与度假酒店创新设计的关联

地域文化所包含的地域性、人文性特征都与度假酒店的设计和建造有着千丝万缕的联系，它们之间的结合互相支撑、互相促进、互相契合。地域文化特征应用于度假酒店创新设计中，能够使度假酒店更好的融入于地域环境中。

2.1 设计中表达地域文化特征反映了旅游的动机

人们旅游的动机有很多种，但目前大多数人选择出行旅游是希望能够进入一个全新的环境，让自己的压力得到释放，放松身心。度假酒店如果只是机械的复制"国际式"建筑，人们会对这种新鲜感大打折扣。而度假酒店的设计中表达地域性就成了营造跟我们现代生活完全不同的一种"新鲜生活"的重要手段。这种全新的、以休闲为主的旅游方式要求度假酒店能够与当地的自然景观相契合，为旅游者营造出自由放松的度假环境。

2.2 设计中表达地域文化特征符合度假酒店的发展趋势

如今，地域文化的发展已经成为地域社会经济发展中不容忽视的重要组成部分。它既是地方社会经济发展的窗口和品牌、也是招商引资和发展旅游度假酒店的一个重要部分，同时推动着旅游业的进步。所以度假酒店在设计中如果没有注重地域性特征的表达，反过来也就不太可能吸引大众。所以，从社会发展、经济发展的方面来说，度假酒店在设计中表达地域性特征是符合其发展趋势的。

其次，从生态自然环境方面而言，将地域文化特征表现在度假酒店的设计中，也是符合度假酒店的发展趋势的。在全球都在提倡绿色环保、生态发展的大背景下，地域建筑的发展从来没有也不可能脱离地域生态自然环境，在尊重自然环境的前提条件下，充分利用当地的建筑材料，既能节省经济成本又能很好地体现地方特征。度假酒店的设计也应当注重与周围自然景观的融合，尽量减少对自然环境的破坏，这样的发展才是生态可持续、经济可持续的发展道路。

2.3 设计中表达地域文化特征推动地域文化的发展

在现代化进程中，由于信息的传递快速，全球经济文化交流的深入以及地域间的距离逐渐拉近等原因，虽然这些交流对彼此的发展有许多积极作用，但是从另一方面来说，也由于不同的地域甚至国家之间的文化开始不断的相互借鉴、吸收、融入，不可避免的出现了文化上的"同化现象"，就如同现代建筑一样，每一个地区的建筑都开始出现"国际式"建筑，丧失了本民族和文化应有的文化个性。此时，如果度假酒店能够作为地域文化的媒介，分析地域文化特征并能够将有用的成分运用到设计作品中，将民族文化推向世界，又何尝不是一种对地域文化的保护与发扬。

3 地域性文化元素与度假酒店创新设计的契合方法

地域性文化元素与度假酒店创新设计的契合方法应该从三个方面入手：一是再现的前提条件；二是再现的设计原则；三是再现的设计手法。

3.1 地域历史文脉的切入点

了解历史文脉包括四个方面：一是探索当地的历史文化，这是发扬文化的民族性和传统性的基础；二是了解当地人们的生活方式、生产方式、习俗信仰等；三是分析当地居民的性格特征，它涉及生活方式、情感爱好、社会审美水平等；四是挖掘当地的文化特色。以上四个方面都离不开历史文脉，离不开当地自然条件，也离不开当地环境。它们构成了当地的文化内涵，这些内容是将地域文化融入度假酒店设计中的基石。因此，必须在设计之前对当地历史

图1 西溪悦榕庄度假村

文脉做深刻的定位与分析，这将成为能否创造出与当地社会风貌相符的建筑空间的前提条件。

3.2 设计原则

社会经济的快速发展造成了旅游业竞争的日益剧烈，当下旅游业的竞争不仅是资源的竞争，更是以地域文化为特色的品牌竞争，因此在度假酒店设计中懂得并善于利用优势资源，通过挖掘、整理、深入分析地域文化的特征，进而来增强度假酒店的吸引力和竞争力，在此主要总结归纳出以下五点原则。

3.2.1 整体性原则

随着我国经济的繁荣发展，度假酒店也在我国得到了迅速崛起。但毕竟其发展也只有短短的十几年，在设计的很多方面都存在不足与不成熟的地方。在处理问题的时候，就更应该把眼光放长远，从整体环境出发考虑设计方案，但这并不是意味着一个设计元素在空间中的运用是一成不变的，而是需要和空间里的其他设计元素或造型搭配出不同的效果，力求统一中包含变化，变化中不脱离统一。在运筹帷幄的同时，需要设计师注重设计中每个细节的处理，在材料、工艺、家具、陈设和色彩都要遵循整体原则，在把握整体基础上，以细节打动人心。

3.2.2 时代性原则

度假酒店设计中的时代性原则要求设计一方面要尊重历史文化

的沉淀；另一方面设计需要与时俱进，不能一味地对现代或古代的建筑进行复制抄袭。时代在发展，技术在进步，运用先进的技术与材料表达出建筑的地域特色。人们总期望在距离自己不远的地方有一个原生态的环境所在，可以有效缓解压力，舒缓身心。而杭州西面的西溪国家湿地公园的西溪悦榕庄度假村（图1），便是这么一个所在地，它将优美的自然环境与具有几百年历史风貌的古建筑相互融合，游客可以身在其中感受到一种优雅与静谧的氛围。同时各个细节的设计也是充满浓厚的地域性文化特征，特别是江南风情的呈现，浓郁的大自然情感回归，处处彰显出一种复古的静谧感与舒适感。

现代社会是一个大熔炉，各个地区各种文化都在这个大熔炉里相互融合发展。在度假酒店设计中，把握住自己的内涵，与时代接轨，让新旧在这里融合共生，并以一种新的形式把地域文化内涵继续传承。

3.2.3 情感共鸣原则

生活中人们所遇到的不同场景会带给人们不同的感受，也就或深或浅地在人们大脑中留下印象。利用有限的空间引发人们情感共鸣，给人们带来依托与归属感是度假酒店设计所追求的目标。

如何能让度假者一进入酒店就有一种回家的归属感，这就需要对度假酒店设计空间的每一个细节进行推敲，不仅需要通过空间造

图2 安缦法云外观

型、图形符号、材料工艺、色彩的搭配以及陈设艺术的运用，将地域文化特征的魅力表现出来并感染度假者的心理，同时应该满足更大众群体的需求，用更人性化的设计方式引起人们与度假酒店之间的共鸣。

3.2.4 生态可持续性原则

度假酒店大部分都是依靠良好的自然生态环境建造的，比如甲米瑞亚维德度假村就建造在拥有松鼠和猴子的一片热带椰树林之中。目前，全球生态环境都遭到了破坏，各个行业都在以低碳环保为出发点。因此，度假酒店在建造的过程中也同样应该秉承尊重自然的态度，尽量在不破坏自然生态环境的前提条件下开展，使其形成可持续发展的良性循环。生态可持续这一点是原则中的重点和前提。

3.3 设计手法

地域文化是一种从古到今的文化沉淀，围绕地域文化特征的地域性、人文性，在度假酒店设计中再现这种文化沉淀，主要有两种设计手法：

3.3.1 修旧如旧

这样的设计手法一般运用在文化历史深厚的区域内，选择地域文化特征保存的比较完整的，依然具有其传统建筑风格与生活方式的，并且交通也相对比较便利的村落进行打造。这种修旧如旧的设计手法对于村落及建筑的外观不会有太大的改动，除了增加酒店所

必要的基础设施外，在很大程度上依然延续其原始的模样。设计者原汁原味地保留了村落最自然、最朴素的地域文化特征，让度假者置身村落之中，感受村民的自然生活、生产状态以及村落的自然形态，为度假者提供了一种非常纯粹的地域文化体验模式。

杭州西湖的西侧坐落着一个风景如画的旅游度假酒店——安缦法云，其四周被茶园与竹林环绕，搭配有着天竺文化特色的法云寺，地理位置极佳，吸引了大量的游客(图2)。这里原来是一个叫做"法云村"的古村落，安缦就采取了这种修旧如旧的设计手法，将原来的22块茶园都很好地保存了下来，也很好地延续了古村落的建筑形式。

3.3.2 传统的复兴

传统的复兴其实就是用现代的设计手法来诠释传统地域文化中的元素，这种设计手法也是在现代度假酒店设计中应用较多的方式。复兴不等于仿古，仿古是一味的模仿、照搬，复兴则是将传统的元素经过提取、再创造，将这些元素融入现在设计风格当中；复兴不等于一个整体加另一个整体，而应该是一半加一半，最后成为一个整体。复兴是设计师将传统的元素与自身设计个性相结合，既体现现代的气息，又能找到传统的影子，赋予度假酒店空间新的生命与活力。

周庄花间堂的设计就是运用了这样的手法，将中国江南的地域文

图3 周庄花间堂

化与法国的浪漫主义情怀相结合，赋予了老建筑新的活力(图3)。

4 结语

旅游是一种消费文化行为，每个旅游者都希望到达一个前所未去的地方去旅游，地域文化则是其选择旅游地域的首要原则之一，而地域文化特征需要借助旅游配套与旅游周边呈现，地域性度假酒店应运而生。文章从探究地域性文化元素与度假酒店创新设计的契合性入手，分析其应用的原则、方法，希望通过研究，在推动酒店创新性、复古性设计的同时，带动区域性旅游业的发展。

参考文献

[1]熊博.舒适并非源自奢华——简析国内度假酒店设计中的误区[J]，中外建筑，2008(12).

[2]凌克戈.酒店那些事——度假型酒店创作思维探讨[J]，城市建筑，2010(10).

[3]何褪.主题酒店设计探析——以5家国外主题酒店为例[J]，建筑学报，2013(05).

[4]吴亮.度假酒店室内空间的地域性特色塑造[D].南京林业大学硕士论文，2008.

论乡土元素与地域特色景观的共生关系
——以兰溪市灵洞乡洞源村景观设计为例

朱海林　　上海大学

摘要：随着我国经济的快速发展和城市化进程的不断加快，出现了一系列破坏性问题。除了环境污染加重、资源枯竭危害、人类健康威胁等问题外，更为突出的是对传统村落的自然景观和乡土文化的破坏。这些问题都值得我们去思考与探究。在乡村景观设计中，离不开对乡土元素的挖掘与探索。在分析乡土元素在地域特色景观设计中的运用问题上，总结出了乡土元素对景观设计的重要性。本文结合兰溪市灵洞乡洞源村景观设计实践，阐述乡村景观的设计方法以及乡土元素与地域特色景观的共生关系。

关键词：乡土元素　乡村景观　洞源村　地域性　设计

1　对乡土景观的概述

"乡土"本身是质朴的、自然的、传统的，它是一个没有边界的地域概念。从自然景观角度来看，乡土既包括乡村的自然风貌，又包括乡村独特的人文气息。两者相互影响、相互推动。自然景色随着人们生活方式的改变也随之变化，这是人类改造自然的过程。如乡村内出现农田景观、居民房屋、乡间小道等，这些都是随着人们的生活方式而形成的人文景观。另一方面，人们也会为了适应自然而形成最舒适的生活方式，这是人类适应大自然的过程。如沿河聚居、梯田景观、山居寺庙等，这些都是适应大自然而形成的景观风貌。

由此可看出，乡土景观是最贴切自然的，它具有大自然的和谐性、人文的传承性、地方的独特性等特点。在设计乡土景观的过程中，运用乡土元素作为塑造乡土景观的亮点。兰溪市灵洞乡洞源村景观设计是运用乡土元素塑造地方性景观的一次重要实践。

2　洞源村基本概况及项目定位

洞源村，位于兰溪市东部，距离城区 8 公里。境内山明水秀，绿树成荫。村落与大自然结合得恰到好处。洞源村名胜古迹众多，拥有浙江省级风景名胜区六洞山、白沙庙、绮霞园、地下长河、栖真寺、清代古建筑郭氏节孝石碑坊等。旅游资源丰富，为洞源村的景观改造提供了大量的特色景观风貌。

该项目以尊重原生态自然景观，融入地方特色的设计原则，依托洞源村的自然风光资源优势，运用中国传统山水园林造园手法与现代设计手法相结合。因地制宜，重塑一个自然、淳朴、独特的具有深厚文化底蕴的民间村落，体现出江南水乡炊烟袅袅的意境美。展示出洞源村独特的文化内涵，凸显出"美丽乡村"的特色性。

3　乡土元素的现状调研

境内山水农林等自然资源丰富，有茶山水库、六洞山森林公园、六洞山风景名胜区。洞源村村域内野生动物繁多。洞源村历史悠久，风景优美，村内名胜古迹众多，又有兰溪滩簧、洞源板凳龙

图1 六洞山　　　　　　　　　　　　　　　　　　图2 地下长河

等特色民俗活动。根据实地调研，乡土元素可从乡土自然元素和乡土人文元素两大类中提炼。本项目主要以挖掘乡土自然元素为主，以六洞山（图1）和地下长河（图2）为主线。六洞山风景名胜区有许多自然景观，如：洞穴、石头、山峰、温泉、溪流等，特别是溶洞景观是自然景观的主要特征之一。结合周边山林的自然风光，从而对村内景观进行整治与设计。

3.1 设计元素创意阐述

根据洞源村的乡村文化资源，把当地最具文化底蕴的天然"地下长河"作为设计元素。"地下长河"作为本土的乡村文化，代表了当地的景观特点，从"地下长河"中提取设计元素，溶洞、水（曲线）等元素运用整体的景观设计布局中。建筑景观在结合这两个元素的基础上，多个层面衡量它的观赏性和实用性，形成具有地方特色和具有代表性的艺术品。运用这些本土元素打造每个景观节点，形成线状的景观线。

3.2 运用乡土元素的意义

乡土元素是当地文化的精华，同时也是地域特色的重要保障。但随着城市化进程的推进，现在已经有很多乡土文化逐步消失，从而代替的是千篇一律的建筑物。乡土文化直接影响到当地的景观特色。在新农村建设的大背景下，我们应该保留地方特色，保持当地的自然风光，这也是发展第三产业的重要措施之一。同时，在针对

村内的规划与设计中，必须突破传统设计观念，运用本土元素与地方性特色景观相结合进行设计，地方性特色景观与本土元素原本是共生的规律。设计的过程中需要尊重自然的发展规律。从本土文化理念新需求出发，注重环境、艺术、功能和群体组合等方面的总体协调。唤起人们对本土文化的重视，以新的思路、新的设计手法达到对乡村建设的提升，也符合我国美丽乡村建设和"两美"建设的目的。将乡村元素运用到景观设计中，也是对本土文化的继承和弘扬的一种重要途径，恢复了原有的乡村特色，从而也加入了新的现代元素，促使了民族文化的继承与发展。

3.3 对待乡土元素理论的分析与评价

其一，乡土元素是本土的自然景观，这些本土元素都是随着时间的推移，优胜劣汰的结果而形成的，所代表的蕴意已经不再是单纯的物质那么简单了。其本质已融合了特定的环境与时间，更多的是包含着人文气息的方面。在有限的空间里回忆时光，乡土元素是劳动人民长期磨炼的成果，其中的文化内涵大过于一切表现形式，融于景观设计会有一种独特的情感表达。由此可见，在景观设计中，乡土元素的运用对于乡村景观设计的重要性。

其二，提高景观资源利用率，节约成本。由于乡土元素具有自然的属性，在景观设计中只需简单的调整，便能符合景观设计的要求。其次，乡土元素具有顽强的生命力，不易受到气候、周边环境

图3 生态友好型景观区1　　　　　　　　　　图4 生态友好型景观区2　　　　　　　　图5 休闲广场

图6 村路口　　　　　　　　图7 村道景观

等因素冲击。

其三，对于乡土元素的运用，必须正视传统与革新的问题。意识到设计是为人所用，要善于吸收优秀的设计作品。做到"取其精华，去其糟粕"，不断的传承与革新。

4 洞源村的乡土景观设计

乡土景观的设计过程就是对项目场地乡土景观元素的认识、理解、提炼、再创造的过程。因此，乡土景观设计应做到通过人文环境和自然环境的结合而达到舒适、和谐的效果。想要达到这种效果，乡土景观设计应该从这两个方面考虑：融入自然的生态理念与区别于自然的景观空间创造。

4.1 山水田园一体原则——尊重自然、融于自然

任何意义上的自然景观都保持着"和谐共存"的状态，如果为了设计而破坏自然，那只是盲目的人类改造活动，源于自然、高于自然是景观设计的首要原则。"设计结合自然"再而开拓创新，进行"再设计"，即在尊重自然、保护自然的基础上进行创造。洞源村的自然生态资源是不可再生的特殊土地资源，其首要价值在于天然属性，并保持其原真性，其次是衍生出观赏、游憩的价值景观。只有保护原有自然风光的真实性和完整性，再进行拓展更多的特色景观，这样才能实现洞源村景观打造的丰富性。因此，保护优先是洞源村旅游规划的基本出发点。注重人文环境与自然环境的和

谐统一，匠造人文与自然协调共存的生态友好型景观区。（图3、图4）

4.2 景观空间的拾忆——记忆重生、再现乡情

在乡土景观空间的创造上，着重于地域的"拾忆"，即拾起对乡土的记忆。同时理解当地居民的行为与空间场所的关系。这样才能够更好地把握空间特性。这样的景观空间才能让人产生共鸣，从而促进当地文化的传承与发展。在洞源村的居民广场规划设计中，通过调研当地居民生活方式，结合地域乡土元素，融入"水流"的自然姿态，打造一个健康、休闲、运动、而富有文化底蕴的居民广场。让游人的脑海中涌现出山水间古老村落的悠然画面，重温对民间村落的记忆。（图5）

4.3 生态经济共荣原则——乡土旅游、繁荣发展

在强调"美丽乡村"与"宜观宜游"的观念下。洞源村万亩山林的生态原始环境是进行乡村旅游开发的基本门槛。在景观节点设计的层面上，要考虑利用生态资源适度发展具有特色性的乡村旅游经济产业。乡村旅游已成为该村培育的新经济增长点的投资项目。增加村民收入，并采取农业结构的调整，逐步转向以乡村旅游为导向，拓宽农业，延长农业产业链，发展乡村旅游服务业。加强对乡村的原生态特色溶洞风光的开发，丰富空间区域的特点，尤其是在地理特征上反映了景观的天然来源，创造了村路口景观（图6），

为中国而设计　第七届全国环境艺术设计大展入选论文集

DESIGN FOR CHINA　The Collection of the Selected Thesis of the Seventh National Exhibition of Environmental Art Design　109

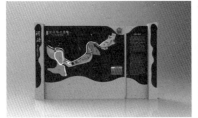

图8 文化橱窗栏　　　　　　　　　　　图9 简介牌　　　　　　　　　图10 停车场指示牌　　　　　图11 警示牌

设计了一系列标示牌（图7~图11），展现了乡村的旅游价值，丰富了洞源村的优良风貌，最终打造本土特色的洞源村乡土景观。

5　结语

乡土景观作为一种风土与文化传承的场所而存在，是一种社会生活的空间，是人与环境的有机整体。乡土元素与地域特色景观是共生的，合理运用乡土元素到设计中，尊重场地精神，凸显人文关怀，使不同的地域景观得以发展。在打造独特的地域景观的同时，尊重自然发展规律，充分利用自然景观资源，更好地保持生态环境的和谐稳定。从乡土元素出发，可以产生丰富而又独特的艺术作品。塑造地域性特色景观，我们需要不断地挖掘乡土元素，使乡土景观得到不断的丰富与发展。

参考文献

[1]游洁敏."美丽乡村"建设下的浙江省乡村旅游资源开发研究[D].浙江农林大学,2013:6-7.

[2]曾茂蔚.城市滨水区景观规划设计研究[D].中央美术学院硕士毕业论文,2004：6-8.

[3]周心琴、陈丽、张小林.近年我国乡村景观研究进展[J].地理与地理信息科学,2005：1-2.

[4] 郭泉林、王晨、韩建玲.运用乡土元素塑造地域特色景观——北京雁栖湖生态发展示范区"古槐溪语"景点设计[J].北京园林,2014：2-3.

[5]日本土木学会.滨水景观设计[M].大连：大连理工大学出版社,2002：2-3.

[6]刘红梅、廖邦洪.国内外乡村聚落景观格局研究综述[J].现代城市研究 ,2014:1-3.

新疆维吾尔族建筑中的佛教印记*

闫　飞　华东师范大学

摘要： 新疆维吾尔族建筑融合多元文化，独具本土特征，在新旧突变与环境适应中呈现出一种进化过程。我们在不断沉淀的文化基层中，通过对维吾尔族传统民居、陵墓建筑和装饰图案的研究，辨别不同文化的历史渊源，以及多种文化相互渗透中的佛教印记。

关键词： 新疆 维吾尔族 佛教 装饰 民居

　　新疆古称西域（狭义的西域范围），是古代中国通向西亚、中亚的门户，在丝绸之路对沿线商贸的带动下，四大文明随之在这里交汇。因此，在多民族聚居和多文化融合下，新疆逐步形成了独具本土特征且较为复杂的文化综合体。新疆文化的复杂性则在于看似简单的文化更替，这种更替并非是以旧换新的单元体替换模式，而是在新旧突变与环境适应中呈现出的一种进化过程，表现在以维吾尔族建筑为信息的载体中最为凸显。通过对维吾尔族建筑中的形态、装饰艺术、人居行为的研究，我们可以从不断沉淀的文化基层中，清晰的辨别出不同文化的历史渊源，以及多种文化相互渗透中的佛教印记。

　　公元10~13世纪伊斯兰教传入西域，在喀喇汗王朝的推崇下伊斯兰教成为西域的主体信仰宗教，并在15世纪征服整个西域地区。而在此之前，西域曾是佛教兴旺之地，并有"小西天"的美誉。

据考证佛教是在公元前一世纪传入西域，经过一百多年的发展，到东汉时期佛教在西域得到了普遍传播和信仰，出现了佛教图像、寺庙、石窟等佛教建筑。到魏晋南北朝时期，西域佛教完全进入鼎盛时期。[1] 古代龟兹、焉耆、疏勒、于阗高昌都是奉行佛教的重镇。《晋书·四夷传》载："龟兹国西去洛阳八千二百八十里，俗有城郭，其城三重，中有佛塔庙千所。"东晋高僧法显也曾描述于阗为："其国丰乐，人民殷盛，尽皆春法，以法乐相娱。众僧乃数万人，多大乘学，皆有众食。彼国人民星居，家家人门前皆起小塔，最小者可高两丈许，作四方僧房，供给客僧及余所须。"[2] 然而，环绕塔里木盆地的古代佛教圣地，现今是以维吾尔族为主体的伊斯兰教文化圈。确切的说是具有多种文化融合特征的伊斯兰文化，其中佛教艺术最为显著，主要表现在维吾尔族传统民居、陵墓建筑和装饰图案中。

1 传统民居中的佛教传承

　　很多人认为伊斯兰文明的兴起将是其他宗教文化的灭亡，持有此类论调的学者常常站在伊斯兰教与佛教文化的对立性上，强调了两种文化客观存在的固有矛盾，而忽略了传播者主观作用下的执行力。比如说共同信仰伊斯兰教的维吾尔族和回族，在北疆地区的清真寺建筑造型截然不同。维吾尔族的清真寺建筑具有浓郁的外来建筑因素，特别是门楼部分多采用门厅和对称的宣礼塔构成；而回族

*基金项目：2013年国家社科基金青年项目《新疆维吾尔族传统聚落文化形态研究》（13CMZ036）。

清真寺则带有中原风格的木框架坡屋顶建筑形制。这说明建筑文化的复杂性很难用某种单一的定义去诠释。同样在新疆传统民居与佛教文化之间，也存在许多相互借鉴和相互传承的实例：①建筑结构的相互因借。龟兹石窟外部现存建筑痕迹，专家推测其木建筑构造与当地民居之间的相互借鉴。魏正中对龟兹石窟外部的描述："靠近地面的一些洞窟还保存有窟前木构建筑的痕迹。例如第161窟和第156窟前保存若干遗迹，显示窟前原有比较复杂的建筑物。第161窟……前室上方的岩面凿有用于安置枋子和椽子的三排水平凹槽和椽檐，估计是用来承托屋顶的。"[3] 在魏正中先生的复原图中，就是参照当地民居中的木制梁柱结构。另有洞窟壁画中的"藻井"彩绘图形，如：吐鲁番七康湖窟顶藻井与敦煌莫高窟第428窟6世纪的北周彩绘仿木构套斗建筑的莲花藻井……并没有木构套斗，而是彩绘上去的横梁上加有两层套斗。这种套斗建筑形式，斯坦因称之为"灯笼式"建筑，并且说在喀喇昆仑东西两边的佛教寺院的天顶藻井都是这种形式。这说明，无论是吐鲁番还是敦煌，这里的佛教石窟藻井彩绘，都是从喀喇昆仑两边佛教寺院的木构建筑以及绘有莲花的藻井，连同木构形式一起仿照绘制的。[4] 从现有建筑遗痕和考古文献中，都说明了当地民居建筑对佛教建筑的相互模仿与借用。②民居建筑对佛教文化的继承。以新疆和田传统"阿以旺"式民居为例："阿以旺"也被称为"明亮的房子"或"大房子"，是新疆和田地区（古代于阗地区）典型的民居形制，主要特征是在民居主厅顶部设有方形藻井，在藻井突出屋顶的四周安置一圈窗户用于室内采光，主厅两侧各通向两个长廊，长廊与主厅在平面上构成"∩"形，其两侧与多个起居室、卧室相连。在走道的中央或交接处的顶部，还会设置小型木质藻井为走道采光。

但在我们实地的田野调查中发现，"阿以旺"所指的那间主

厅真正的实用价值和实用频率远远低于其存在的实际意义。具体分析如下：和田位于塔克拉玛干沙漠南缘，每年春季四至五月风沙弥漫，当地居民便将很多日常活动和劳作在室内完成，"阿以旺"内廷院落式民居的产生是适应环境的需求。但所指"阿以旺"只是位于民居中间最大的一间公共空间（类似主厅），位于顶部中央有方形木质采光藻井，围绕藻井是一圈实木雕刻柱体，柱体与四周墙体之间，上有实木密椽，吊顶下有木炕或砖砌炕。综合来看具有"阿以旺"式的厅堂就像一个内庭院落，但其实用功能却让人匪夷所思。首先是"阿以旺"主厅进深较大，仅靠顶部采光，很多住户又用帷幔装饰遮挡窗户，造成厅堂的光线昏暗，与周围起居室相比并不适合日常劳作；其次，如果作为多人会客厅，"阿以旺"主厅又缺少家具和相关的待客用具，最主要的是信仰伊斯兰教的维吾尔族，都会在主要起居室、厅堂的正西壁设置龛形，用于每日面西的宗教礼拜活动（以喀什、库车等地区为例），而且主厅只是在室内装饰上更加丰富，常用到石膏、彩绘装饰等，空间形制完全与其他起居室相同。但在和田民居中，装修最为精美的是"阿以旺"式主厅，从屋顶到柱体都布满实木雕刻，无论是装饰还是空间组合完全有别于其他空间，却没有伊斯兰教的宗教活动迹象。因此，我们猜测这或许与其他文化活动有一定的内在关联。以古代佛教石窟为例，新疆的佛教石窟分中心柱窟、方形窟、大象窟和僧房窟四类，前三种石窟主要用于礼拜、修行、纪念、观想等佛学活动，第四种僧房窟则是用于僧人生活居住。僧房窟又经过不同的发展阶段，早期阶段的僧房窟中间有一个较大的方形公共空间，僧人们可齐聚一堂禅修、辩论或礼拜，围绕四周的小型单体房间用于僧人居住休息。这与"阿以旺"式民居的空间布局方式虽然不尽相同，但功能组合的意义上具有一定相似性。这种推测虽然没有相关的考古资料

为支撑，但对和田传统民居的空间组合提供了一种合理的解释路径。

2　陵墓建筑中的佛教渊源

圆顶形建筑是维吾尔族陵墓建筑的主要形式，如喀什的阿帕克霍加墓（香妃墓）。"圆顶形"在此文中是一个比较模糊的临时称谓，因为从建筑形态来看，此类建筑与伊斯兰教穹窿形清真寺和佛教复钵形　堵坡之间都有相似性，但两者是在不同的文化系统下产生并发展的。伊斯兰教穹窿形建筑形制与建造方法源自对希腊、罗马等西方建筑的模仿与借用。早期的穆斯林在建造宫殿、清真寺时聘请了来自希腊、叙利亚、波斯等地的建筑师、工匠和艺人，同时也将西方成熟的建筑技艺完整地吸收到新的建筑形式中。位于叙利亚的大马士革（Damascus）清真寺，建于公元709~715年，是伊斯兰建筑史上第一个大清真寺，就具有明显的拜占庭、罗马教堂风格。[5] 由于穆斯林帝国迅速崛起，部分未及时新建的地区直接把原有基督教教堂改造为清真寺。如波斯皇帝在麦达因（即波斯国都泰西封）的穹窿大厅，或是将原有的宗教建筑，如希姆斯的基督教大教堂，被当做清真寺使用。[6]

最早的伊斯兰陵墓是位于伊拉克萨马拉（Samarra）地区的苏拉比亚墓（建于公元862年），墓建筑由八角形墙体和尖顶穹窿构成，这是穆斯林首次将"圆顶形"拱顶用于陵墓建筑中。然而，早在印度公元前3世纪的孔雀王朝就流行佛教的窣堵坡信仰（窣堵坡是供奉和安置佛陀及高僧大德的遗骨、经文和法物的圆形拱顶冢），并在印度、巴基斯坦、尼泊尔等地区比较普遍。著名的桑奇大塔（窣堵坡）就建造于公元前一世纪左右。依据窣堵坡造型的佛教意义有多种源流猜测，因与倒扣的佛钵相似，故称为复钵形建筑。对新疆南、北疆穆斯林建筑功能、建造技法分类研究，我们发现维吾尔族的民居、清真寺、经学院和陵墓建筑中，只有陵墓建筑应用这种穹

窿形天顶，在个别的清真寺门楼、宣礼塔上使用过具有穹窿造型的建筑结构，但这都只属于建筑装饰范畴，对室内空间并没有干扰，不能归类于"穹窿形"建筑。因此，"穹窿形"建筑形态在维吾尔族的认知中具有相对统一的认识，即陵墓建筑。如：著名的喀什阿帕克霍加墓、白麻扎（麻扎是维吾尔族对陵墓的另一种称呼），吐鲁番吐峪沟麻札、将军墓、木头沟麻札，以及各地百姓的墓地等都可看出一个民族对建筑形态的共识。常青在《西域文明与华夏建筑的变迁》一书中，从窣堵坡建筑形态的发展变迁中考析了新疆地区陵墓建筑的源流，并作了翔实的分析。因此，通过对建筑形态的源流辨识，文献资料的梳理，以及维吾尔族本土建筑的分类研究，可以看出佛教文化已在维吾尔族建筑文化中打下深深的烙印。

3　装饰图案中的佛教文化

相对建筑而言，装饰的信息量更为庞杂，很多纹样都经历了"图案提炼"至"图案符号"再到"图案装饰"三个环节的演变过程，然而这个看似简单的过程都汇集着历史的沉淀和民族的审美特征，比如说：图案源自创作者对周围自然世界的描绘，具有本土性和地域性特征；当图案走向符号化能够代表或象征某种事物时，则具有一定的社会属性或宗教属性。在对新疆皮山县吐尔地·阿吉庄园（建于清朝末年）的调研中，学者发现："其建筑形式属本地传统建筑，但内部装饰多为汉风。无论是梁檩彩绘、天顶藻井，装饰以云头如意图案、回文图案。"[7] 除此之外，我们还在相关的考古文献中发现一些建筑装饰图案中的佛教文化遗迹，如斯坦因在《古代和田－中国新疆考古发掘的详细报告》中的描述："装饰主题与犍陀罗浮雕最为相似。形状与紫色大铁线莲（Clematis）极为相近的四瓣花是雕刻中最常出现的图案……八瓣莲花显然是印度式的，而前镶板中央的装饰连同它程式化的果实（石榴）和叶子，令人想起印

度科林斯（Indo-Corinthian）式柱头上的装饰成分。" [8]

4 结语

人类的历史是兴亡、胜负和成败的过程，而人类用才智和双手建造的建筑，构成了一个永恒的精神世界。在所有门类的艺术中，建筑留存时间最长，而且总括了装饰、美术和艺品等其他艺术，因此是具代表性的综合艺术。[9] 纵观历史，新疆维吾尔族建筑作为新疆少数民族建筑文化的一个代表，直观而现实地反映了多元融合的特征，而汉化后的佛教对于新疆维吾尔族建筑的影响，却使它不同于任何一个外来宗教文化的建筑风格，在特定的环境中传达着特殊的实体符号。

参考文献

[1] 李进新.新疆宗教演变史[M].乌鲁木齐：新疆人民出版社，2004：4-5.

[2] 魏长洪.西域佛教史[M].乌鲁木齐：新疆大学出版社，2003：18、28.

[3] 魏正中著.克孜尔石窟前的木构建筑[J].文物，2004（10）.

[4] 李云.维吾尔族民居及伊斯兰教建筑中多元文化的交融荟萃[J].新疆艺术学院学报，2007，6，第5卷，第2期.

[5] 王小东.伊斯兰建筑史图典[M].北京：中国建筑工业出版社，2006，10：4

[6] 金宜久.伊斯兰教史[M].南京：江苏人民出版社，2006，1：113.

[7] 李云.维吾尔族民居及伊斯兰教建筑中多元文化的交融荟萃[J].新疆艺术学院学报，2007，6，第5卷，第2期.

[8] 斯坦因.古代和田——中国新疆考古发掘的详细报告[R].山东：山东人民出版社，2009，7：354.

[9] 刘一虹、齐前进.美的世界——伊斯兰艺术 [W].北京：宗教文化出版社，2006：42.

中国餐饮空间室内设计趋势初探*

陈　易　同济大学建筑系
张顺尧　兰州理工大学建筑系

摘要： 本文在分析当今中国生活模式变化的基础上，从注重个性特点、注重田园氛围、注重地域文化、注重绿色环保等四方面，提出了中国餐饮空间室内设计发展的趋势，供广大设计师参考。

关键词： 餐饮空间 室内设计 发展趋势 中国

"民以食为天"是一句古老的谚语，与之对应，餐饮空间亦是一类重要的空间。餐饮空间的演化、发展既反映了人们生活模式的变化，也反映出建筑设计和室内设计发展的动向。

1 当今中国生活模式的变化

自1949年以来，大部分中国人的生活模式基本上经历了三个阶段，即：解决温饱的阶段、追求数量的阶段、追求质量的阶段。

1.1 解决温饱的阶段

这一阶段大概从1949年开始至改革开放之前，前后大约经历了30年左右。在这一阶段，物资匮乏，很多食品和物资都处于凭票供应的状态，人们的生活水平低下。

在饮食方面，粮食、肉、蛋等均需凭票计划供应，城市中的人们基本处于温饱状态，农村的生活条件更加艰苦。除了少数涉外餐饮空间外，绝大部分餐饮建筑及其内部环境非常简陋，并无专门的室内设计。

1.2 追求数量的阶段

这一阶段大概从改革开放起至20世纪末，前后大约经历了20年左右。在这期间，中国的经济得到飞速发展，物资极大丰富，人民的生活水平迅速提高，结束了凭票供应的状态。

在饮食方面，绝大部分中国人已经告别了食物供应不足的温饱状态，食品种类空前丰富，生活水平有了很大的提升。相对应的餐饮空间也得到了飞速发展，其设计水平也有了很大的提升，出现了一大批优秀的餐饮空间案例。

1.3 追求质量的阶段

这一阶段大概从21世纪开始，一直延续至今。中国经济经过持续的高速发展，GDP高居全球第二，中国已经告别了物资不足、片面追求数量的年代，开始进入注重质量、追求品质的时代。

在餐饮方面，人们更加关注食品的质量、关注食品对健康的影响。在餐饮空间设计方面，更加关注多元化，关注就餐时的环境体验。

2 中国当今餐饮空间室内设计的发展趋势

与高速增长的经济相适应，"物质生活高档次、精神生活高格调、生活规律高节奏、文化知识高结构"的趋势已经出现在中国，并逐渐表现出强大的影响力，对人们生活的各个方面都产生了很大的影响，对就餐形式和餐饮空间室内设计方面的影响也很大，使之

*基金项目：本研究得到国家自然科学基金项目（课题编号51278338）的支持。

图1 如恩设计的上海Capo餐厅
（来源：http://home.foucus.cn/
news/2013-07-09/364997_12.html）

图2 台湾一处以"医院"作为主题的餐厅
（来源：http://alex0126.pixnet.net/blog/
post/12083103-the-clinic）

图3 具有田园氛围的农村餐厅
（来源：颜隽提供图片）

图4 具有质朴之感的咖啡厅
（来源：陈易提供图片）

图5 冯纪忠先生设计的何陋
轩模型及外观
（来源：http://1yuanzi.
blog.163.com/blog/static
/101138843200901411341
6212 http://www.ikuku.cn/
user/6709）

图6 何陋轩内景
（来源：http://www.ikuku.cn/user/6709）

图7 张永和教授设计的京兆尹餐厅内景
（来源：http://www.ikuku.cn/project/
jingzhaoyin-shineisheji-zhangyonghe）

表现出一些新的发展趋向。

2.1 趋势一，注重个性特点

多元化的时代必然越来越强调个性发展和个人价值，因此，在室内设计中越来越重视个性体验、个人感情，赞同个人对自然、对社会、对艺术等的独特理解。当前餐饮空间室内设计中，人们更加关注餐饮空间的特色，求新求异，满足个性化的需求。

对于设计师而言，既有从主题出发突出餐饮空间的独特氛围，也有从风格出发突出餐饮空间的鲜明特色，也有从设计师的个人爱好出发突出餐饮空间的独特个性……总之，多样化、个性化是餐饮空间室内设计发展的重要趋势之一。

图1是如恩（Neri&Hu）设计的上海Capo餐厅，位于"洛克·外滩源"一幢建于20世纪初的历史建筑内，其餐饮空间不同常规，别有特色。图2是一处以"医院"作为主题的餐饮空间，颇令人惊讶。

2.2 趋势二，注重田园氛围

"远上寒山石径斜，白云生处有人家。"中国人历来崇尚自然，喜欢栖居山林，与自然浑然一体。中国传统诗词中，类似的佳句比比皆是。然而，快速城镇化进程已经割裂了人与自然的关系，造成了交通堵塞、环境污染、住房紧张等一系列城市病，更加激发出人们向往郊外生活的心理需求。因此，在不少餐饮空间室内设计中，都将田园氛围作为追求的目标。

在注重田园氛围的餐饮空间中，往往以田地、园圃乃至农村、渔场等环境特征作为室内设计的形式手段，尽力表现悠闲、舒畅、自然的特点。在设计中，倡导"回归自然"，推崇"自然美"，认为只有崇尚自然、结合自然，才能在当今高科技快节奏的社会生活中获取生理和心理的平衡，因此注重田园氛围的设计力求表现田园生活的情趣。

在具体细节上，一定程度的粗糙和破损是允许的；砖、陶、木、石、藤、竹等自然材料是常用的；棉、麻等天然制品是受到青睐的，阳光（含月光）、室外景观、绿色植物等自然元素是引入的。总之，希望创造出自然、简朴、高雅的氛围。此时，邀三五好友，把酒当歌、对月品茗，真有一番世外桃源的感觉。图3和图4就是表现田园氛围的餐饮空间。

2.3 趋势三，注重地域文化

全球化导致人们更加关注历史传统和地域特色，普遍青睐各类注重表达文化内涵、地域特征的设计作品，批判的地域性主义（Critical Regionalism）理论就是对这一倾向的总结和提升。批判的地域主义认为：在批判现代主义缺点的同时，应该继承现代主义的进步之处；要使建筑植根于特定场所，尊重当地的风土；结构、用材都应该合理。这一理论颇受设计师的拥护，在设计实践中也

图8 京兆尹餐厅某包间内景
（来源：http://www.ikuku.cn/project/
jingzhaoyin-shineisheji-zhangyonghe）

图9 使人宛如处于山林之间的餐饮空间
（来源：http://photo.zhulong.com/proj/
detail50224.html）

图10 尽量与自然融于一体的生态餐厅
（来源：http://www.chinashanon.com/filespath/
images/20130517144515.jpg）

诞生了一批佳作。这一理论希望保持不同地区的文化特色，让建筑物（含室内环境）成为所在地方的自然的一部分，但与此同时，并不排斥采用现代建筑的设计方法，努力将地域性和世界性结合在一起。

在餐饮空间设计中，亦常常表现出对地域文化的重视，如：松江方塔园内的何陋轩（一处茶室的名称）是冯纪忠先生的作品，尽管面积很小，却具有深远的学术影响，在探索地域文化的表达方面达到了世界水平（图5、图6）。

京兆尹餐厅是位于北京一座四合院内的素食餐厅，张永和教授延续了其对四合院的研究，从空间、材料等方面进行了巧妙设计，表达了一种传统与现代结合的美感（图7、图8）。

2.4 趋势四，注重绿色环保

"大力推进生态文明建设"是当前及今后中国发展的战略决策，"关注生态、关注环境保护"的绿色设计也成为各类设计项目的重要趋向，餐饮空间也不例外。

绿色设计是指在建筑物的全寿命周期内，最大限度地降低资源能源消耗、保护环境、减少污染。从建筑选址、规划设计、建筑设计、室内设计，乃至施工、管理、运行、维护等阶段都应该贯彻绿色的理念。

在室内设计中，绿色设计主要表现在尽量引入自然通风、天然采光；尽量简化装饰，少用纯粹的装饰性构件和装饰性材料；尽量使用可再生能源供应的能源；尽量选用可再生、可循环、本地化的材料；实现雨水、中水的再利用；尽量选用安全无害的装饰材料等等。目前广大室内设计师都在这一方面进行探索和尝试，图9和图10就是一些尝试体现绿色环保理念的餐饮空间室内设计案例。

3 结语

中国传统哲学追求天人合一，在空间意境方面表现为：追求人与自然和谐之美、追求整体之美、追求内涵之美、追求中庸之美、追求朴素之美，使中国空间表现出浓郁的东方特色。在全球化、绿色化、智能化的时代，中国当代室内设计，包括餐饮空间室内设计应该勇于学习新技术、新理论，勇于拿来为我所用，同时又应该结合地域文化和国情条件，探索地域性和时代性的结合，探索中国地域文化的恰当表达，为大众创造高品质的环境。

基于互动性研究的城市公共艺术探讨
——以城市雕塑为例

谭婷婷　苏州大学艺术学院

摘要： 公用艺术所关注的是艺术的公共性，即所在场所的公共性与参与人的公共性，城市雕塑作为公共艺术的一种形式，需要更多的关注与大众的关系，本文从雕塑与人多角度的互动并结合国内外的例子来探讨城市雕塑的互动性问题。

关键词： 互动性 公共艺术 雕塑

引言

在城市公共艺术中城市是公共艺术的载体，公共艺术强调了艺术的公共性，即在公众可以参与的场所所存在的艺术，它由多种形式构成，可以是一件雕塑、一场表演等。在20世纪80年代改革开放刚起步的时候，纪念性的巨大雕塑常常会被理解成城市公共艺术的全部，而随着经济的进步社会的发展，公共艺术的定位逐渐清晰，它所强调的是一种与公众之间的平等与参与。城市雕塑也是如此，城市雕塑的关注点越来越多地转移到城市文化脉络的延续性、公众的参与性和周边环境的和谐型上，雕塑也一改往日严肃的面貌而变得诙谐、平易近人。

1 城市雕塑发展与现状

在过去，城市雕塑常常被认为是一种巨大的带有纪念意义的雕塑，它材料厚重，威严庄重，让人有肃然起敬之感或者是距离感。随着经济的发展，人们的审美需求越来越高，在城市化进程越来越快、千城一面的尴尬局面下，城市作为生活在其中的人的共同家园，有着其深厚的文化渊源和情感特征。城市雕塑不仅作为一种装饰存在于城市中，也将其蕴含的特有的城市文化展现给人们。城市雕塑也一改当年纯观赏的面貌，而强调与环境的和谐，与观赏者身体及心灵的互动。在高楼林立、车水马龙的城市中，雕塑可以在一定程度上起到缓解气氛的作用。许多城市雕塑是带有趣味性的，人们在欣赏雕塑、与雕塑接触中得到放松。公众共同参与也无形之间拉近了人与人的距离，人有时也融入雕塑中，成为城市中亮丽的风景线。

2 公共艺术中互动性的特点

公共艺术所强调的"公共"一是艺术所在场地的公共性，二是参与人群的公共性，艺术不再像过去一样是为少数权贵服务的。关于公共艺术设计的认知调查结果表明，公众对于可接近、可视、可听、可闻、可触等感知体验有着极大的心理和行为需求。[1]公众的参与常常能与公共艺术产生互动，在公共艺术将其内涵传达给人们的同时，人们也参与、融入公共艺术中，成为其中的一部分，这种

图1 云门　　　　　　　　　　　　　　图2 水滴　　　　　　　　　　　　　图3 埃俄罗斯风神

双向的影响，构成了公共艺术的一大特点。城市雕塑的互动性不单纯是与人的互动，也需要与它所处的环境进行互动。

3 城市雕塑与人和环境的关系

3.1 雕塑与环境的关系

雕塑的存在不会是毫无目的和根据的，它常常与所在环境产生联系，会存在在公园走道旁、广场中心、人流聚集区域等，雕塑被人所关注才有了它存在的意义。作为公共艺术的城市雕塑常常会承载着一个城市的文化，展现一个城市的精神特质。并且带给人们的是不脱离本土文化、贴近人民群众的艺术感受。

3.2 雕塑与人的关系

通过城市雕塑所传达出来的艺术性，可以刺激观者产生精神上的愉悦。雕塑与人产生的互动经常有两种。一种是在精神上产生的共鸣，雕塑所表现的精神内涵与人的内心产生某种契合。另一种是行为上的互动，雕塑以适度的尺寸、有趣的造型、夸张的神态或者是鲜艳的色彩吸引人们驻足观看，或者相继模仿，甚至直接融入其中，成为雕塑的一部分。这类雕塑带给人们趣味性，增加了人与雕塑、人与人之间的交流。互动性雕塑本身所具有的"趣味性"成了吸引公众参与艺术活动的出发点，让人们产生了"互动"的动机。[2]

4 城市雕塑与人的互动

在城市雕塑的互动性设计上，充分考虑了大众的审美需求，考虑了周边人流群体的情感因素。在国外，雕塑设计与建筑设计通常是同时进行的，现在中国也正在往这方面发展。一个雕塑的存在可以使这一区域更有标志性，增加此区域人们的归属感，也给过路人增加视觉上的刺激。通常城市雕塑与人的互动体现在触觉、视觉、行为和精神多个方面，下面来详细说明一下。

4.1 触觉互动

雕塑的质地通常是坚硬并且能够经得起风雨的冲刷，常见的城市雕塑材质有石材、金属、树脂等，这些材质或粗糙或光滑，是雕塑与大众最常见的互动。人们喜欢用手拂过雕塑的表面，去感受雕塑的质地，去和雕塑亲密接触。常年累月雕塑也会留下被抚摸的痕迹，石材的雕塑最常被抚摸的地方会变得光滑，铜质的雕塑最常被接触的部位会变得异常的光亮。

4.2 视觉互动

视觉互动给人的第一感觉是一个雕塑的外形吸引人们对它驻足观看。但实际上并没单纯是这样，举一个比较著名的例子，英国雕塑家卡普尔设计的"云门"（图1）。这是一个不锈钢制成的巨大的光滑圆润的雕塑，它可以反射外面的建筑物，并随着光线、天气的变化而呈现不同的外观。这个雕塑很像一个门洞，人们路过这里时通常会从这个雕塑下面穿过去。当人们靠近它时可以从雕塑中看到自己，并且稍带变形，通过、走近、走远又会有不同的样子，

图4　有趣的声音雕塑　　　　　　　　　　　　　图5　肥女人

十分具有趣味性。许多人在云门前观察的时候也会相视一笑，或发出爽朗的笑声，拉近了人与人之间的距离感，这是雕塑在视觉互动上非常典型的例子。苏州金鸡湖边上有一个巨大的水滴形不锈钢雕塑，也达到了这种效果（图2）。

4.3 听觉互动

听觉是除了视觉外又一个容易吸引人的因素，想要雕塑在听觉上达到互动可以通过各种手段，比如说通过现代科技在雕塑中加入发声装置，也可以在空旷地带的雕塑上穿上孔洞，当风吹过时，雕塑就会发出不同的声音。位于伦敦金融区的雕塑埃俄罗斯风神（图3），运用了声学和光学，风吹过雕塑时，雕塑能发出美妙的音乐。音乐由310根不锈钢管和弦共鸣产生。观者站在雕塑内向外观望时，能感受到强大的视觉冲击力。由瑞典设计师 Karl-Johan Ekeroth 设计的一个弯曲的管状公园小品雕塑（图4），可以在一头说话通过金属管将声音传输到另一头，管子上的按钮可以将原始声音变成各种俏皮的声音，颜色鲜艳的弯曲造型也可以供小朋友们在上面攀爬玩耍。

4.4 行为互动

一个庄严肃穆的城市雕塑往往不容易引发人们巨大的兴趣，而一个造型夸张有趣的城市雕塑则会引来人们的关注，或驻足观看，或争相模仿留言，或是攀爬到雕塑上，与雕塑进行亲密接触。如图5所示，雕塑家许鸿飞的雕塑作品中的肥女人形象憨态可掬，非常具有喜感，在意大利广场上展览时引来了外国小孩的模仿，画面十分有趣。大连星海广场上的一组旱冰雕塑（图6），游客可以踩到那个挖空的雕塑旱冰鞋上摆动作拍照留影，非常有意思，在游玩过程中还会加深对大连的印象。

4.5 精神互动

雕塑在不同的场合会有不同的意义，在人流聚集的广场或是一般休闲的公园，通常雕塑会以比较轻松的方式出现，可以调节人们的心情，在精神上带给人们愉悦。但如果是带有纪念性质的场所，雕塑就会变得沉重一些，以它特有的方式去感染人们的情绪。如南京大屠杀纪念馆，看到那些雕塑，会让人觉得内心沉重，无法忘却那段令人心痛的历史。逃难求生的老人的雕塑（图7），让人不敢去触碰，一看到他就会有想哭的冲动。还有那一双双震撼人心的脚印（图8），虽然就在眼前，但是很少会有人上去走。这种雕塑不用吸引人去触摸玩耍，光是立在那里，早已直指人心，与人进行了一场灵魂深处的精神互动。

5　结语

互动性的公共艺术体现了在经济迅速发展的背景下，对公众体验的重视。城市雕塑可以凝聚大众的情感，互动性的体验可以拉近雕塑与人、环境与人的关系，缓解城市中人的压力。雕塑的造型、

图6 溜旱冰　　　　　　　　　　图7 逃难者雕塑　　　　　　　　　图8 历史证人的脚印

材质色彩等因素可以增加雕塑的趣味性和吸引力。现代科技的发展也增加了雕塑互动性的更多亮点，我们应该寻求平民化、大众喜爱的城市雕塑。作为艺术家应当更多地思考怎样将互动性融入城市雕塑中。

参考文献

[1] 邱裕.当基于互动性视角的公共艺术设计研究[J].大众文艺，2011 (12).

[2] 王雅莉、张秋梅.城市公共雕塑"互动性"分析[J].家具与室内装饰，2014 (3).

有机共生的拓扑空间建构
——南京链条厂旧建筑更新研究

卫东风　南京艺术学院设计学院

摘要： 本文尝试将拓扑几何结构作为设计手法，运用到原南京链条厂旧建筑更新研究中，并以类型学理论指导，研究建筑类型转换和宾馆空间的流线规律、空间建构、建筑历史信息保存。在废旧厂房区的改造利用中，各种新旧元素通过整合而成为一个整体，通过新旧元素的重组，为新生体注入活力并提供发展的可能性与自由度。本文作为一种项目实践性分析，补充了公共空间室内类型的研究资料，对旧建筑更新和室内类型设计研究而言具有一定的意义。

关键词： 厂房　更新　宾馆　拓扑　建构

引言

南京市江宁区的利民工业厂区，该企业前身是原南京链条制造厂。原企业厂区共有三个主厂房，均是20世纪50年代的轻质钢桁架结构老建筑，老厂房区域现已规划为创意产业园区。按照管委会委托，其中一幢厂房改造设计为民国文化酒店。厂房建筑长100米，宽18米，室内可加建使用净空8米。建筑表皮经过时间的冲刷，已经布满岁月斑驳的痕迹，整个建筑充满了那个年代特有的气息。站在厂房中，仿佛还可以看见来回忙碌的工人，听到机器的轰鸣声。（图1）

本文尝试将拓扑几何结构作为设计的构思图式，运用到原南京链条厂旧建筑更新中，有机共生的拓扑空间建构给老厂房带来了新生。同时，从类型学出发进行建筑与室内设计的基本方法研究，在创作中把握原建筑与室内空间的内涵及精神层面的母题"原型"，探索与环境共生的类型学建构。

1 旧厂房建筑空间类型分析

1.1 南京链条厂旧厂房建筑类型归属

旧厂房建筑有着鲜明的时代性特征。旧厂房有着简洁、明快的现代主义风格。注重框架结构和钢结构本身的形式美、造型简洁，崇尚"机械美"，强调工艺技术与时代感。通过对原厂区环境考察和本项目建筑实测调研，对原有的机械设备和车间行车进行拆除，留下空旷空间。厂房功能性空间布局形成室内类型的原初形态和模式，考察原初形态和模式是认识室内类型特征的主要渠道。其室内车床设备功能布局，首先须满足内部空间开敞、高窗和顶窗自然光照充足的生产加工环境要求，无内部隔断，更方便后期更新加建。其表现在简约的结构、钢桁架屋顶、自由平面为后期转换类型带来了方便。

1.2 范型类型学特征和更新设计依据

建筑类型学理论经过了原型、范型和第三种类型学的发展。19世纪末，第二次工业革命之后，由机器来进行大规模的生产，新

图1 链条厂旧建筑调研

图2 建筑类型分析

图3 拓扑空间概念图解

类型、新模型演变为"范型"。范型类型学把新类型的产生当做中心主题,认为人是新类型的根本。依据人的身体类型建立一种标准居住设施:门、窗、楼梯、房间高度等。20世纪初范型类型学的整体思路,即"人–住房–效率"和与之对应的"材料–机器–效率",其交点是效率,表明了一种时代愿望,也是现代类型学的主要特征。课件、范型概念是工业化社会的发明物。旧厂房建筑转换类型设计过程,要遵循"范型原型"要旨,即体现"机器性"和"效率",在立面、门窗结构、交通空间以及基本设施中保有产品性和现代大跨钢结构。建筑由产业空间类型转换为宾馆休憩类型,依然要尊重"范型原型"(图2)。

1.3 从物与物到人与物的空间尺度转换

依据类型学设计方法,运用抽取和选择的方法对已存在的类型进行重新确认、归类,导出新的形制。通过比例尺度变换可以在新的设计中生成局部构建,还可以将抽象出的类型生成整体意象结构。厂房建筑的工业类建筑室内空间以物为尺度,以人为辅助尺度,人的生产活动是附属于机器设备和工艺流程的,而且人与物在空间上不分离,决定空间的最重要的因素就是生产流程以及与之相符合的机器设施与设备要求。将厂房建筑转变为宾馆建筑,则由以物为尺度转变为人+桌椅的尺度类型,厂房内部空间由单一大空间转变空间复合叠加成为必然。

2 有机共生的拓扑空间建构

2.1 拓扑学原理作为概念图形的基础

根据拓扑学原理的室内空间设计,突出的成形概念与设计手法,表现在有限的空间中互为借用、互为衬托和反正关系,在反转共生中实现功能与形式的创新。在空间"扭曲""折叠"的变化中,空间的复合性与丰富性初步得以实现;删减不必要的体与面,使其空间结构回归基本的使用要求,在选择删减体与面的过程中,不断观察空间的结构与层次变化,比较其表现特征和功能空间的结合性。在经过由简入繁、由单一到复合、由线性空间到体面空间的交错往来的反复推敲中,空间生成逐渐由模糊到清晰,由简单到丰富,由繁杂到趣味,空间设计质量会有很多提高和改善(图3)。

基于动线生成与空间流动的拓扑结构设计,从一个单元空间进入另一个单元空间,人们在逐步体验空间的过程中,受到空间的变化与时间的延续两个方面同时影响,从而形成对客观事物的视觉感受和主观心理的力象感受。拓扑结构动线的主要机能就是将空间的连续排列和时间的发展顺序有机地结合起来,使空间与空间之间形成联系与渗透的关系,增加空间的层次性和流动性(图3)。

2.2 楼层加建的拓扑空间有机性

依据拓扑结构生成室内空间,重点是如何搭建底层与加建层之间的关系。通过研究和模型推演,尝试解决空间生成的系列变化,

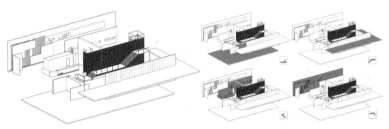

图4 宾馆大堂和交通空间的有机建构

图5 空间的伸缩与跳跃表现

解决如何使独立交通空间的建构形态更加富有空间趣味，这其中，将空间原型和生成关系分解为：基本空间→扭曲折叠→概括去杂→功能划分→建构完型等几个步骤，较好地表达了空间设计与空间生成的序列关系：其一，在基本空间规划中，认识空间规模与存在现状，理解布局规划的功能意义；其二，在空间"扭曲""折叠"的变化中，新的建构创意来自对"莫比乌斯带"启示与设计手法的借鉴，空间的复合性与丰富性得以初步实现；其三，进一步的设计工作是删减不必要的体与面，使其空间结构回归基本的使用要求，在选择删减体与面的过程中，不断观察空间的结构与层次变化，比较其表现特征和功能空间的结合性；其四，回到基本功能方面的初始性考虑，深度比较单一交通空间与复合交通空间的规模与体量，为确定细部空间比例分配作思考；其五，在由简入繁、由单一到复合、由线性空间到体面空间的交错往来的反复推敲中，空间生成逐渐由模糊到清晰，由简单到丰富，由繁杂到趣味，空间设计质量有了很多提高和改善（图4）。

3 旧建筑空间更新类型学思考

3.1 折弯性与伸缩性是内部结构更新亮点

通过对旧厂房改造和建筑加建，内部公共空间的路径与复合空间规划，有了许多质量改善，表现在平面规划、休息区座凳等细部形式上，既保留了现代主义建筑空间清晰与简洁的特点，又在有规律和制约的空间脉络中，增加了丰富和趣味的形式美感和空间特质。表现在：其一，"折弯性"的变化，在线性交通空间设计中，原有的常规设计是规则性直线延伸空间，向上或向下的空间延展，而在新的空间概念设计中，更多的变化表现在空间会适当地"折弯"改变前行方向，或是有一定的偏角弯折，因为不是大折弯，故不会对线性空间的功能有影响，相反，略微折弯的空间更有趣味性；其二，"伸缩性"的变化，在路径和复合空间的设置与衔接中采用可伸缩的空间处理，具体做法表现为适当控制路径的尺度关系，如舒缓的长线，紧促的短线，长且窄，短且宽，在对观众视觉心理的影响中，表现出"伸缩性"空间影响；其三，"跳跃性"的变化，在底层与二层的空间转换中，使用者在建筑上下层空间的转换中穿行，路径的纵向抬升、平缓坡道、平层停滞、平缓流动、急速抬升等急缓静的空间体验，就如在空间中的"跳跃式前行"，有序而有趣、动静急缓结合，改造设计中重点梳理了纵向与水平空间的调配关系；其四，"大小头"的变化，在立面视角所展现的图形关系上，有宽窄"大小头"的形态变化，从功能方面考虑，设置坡道、路径、抬升关系，有意识地控制人流的穿行数量、流量、动静，从宽到窄，或反之，便于对人流的规整、引导，在空间视觉图形上，使空间变化更加丰富，节奏韵律特性得以体现（图5）。

图6 顶层钢结构与光的表现

3.2 系统性与路径优化使空间序列清晰流畅

作为建筑的公共空间，在更新改造设计中注重室内路径、边界、区域、节点、标志营造。其中，路径是主导元素，也是线性要素，使用者在室内空间中移动、浏览观察空间，室内形态及元素随路径延展。随着路径线性移动，自入口空间进入楼梯空间，沿途主要墙壁的线性装饰对流线的纯净化有帮助，有利于缓解使用者的拥挤和压迫心理。交通空间中的围挡、隔断等不可穿越的屏障，以及台阶、地面质感等示意性的可穿越的界线成为边界，其不同区域间又可以以它作为联系的纽带。在公共空间新加建设计的区域，中心设置的坡道长梯和对应空间顶部所表现出独特的"内部"可识别性感受。入口空间的地面结构设计，快速通过楼梯和电梯廊道，进入过厅的立面和停留区底层站台区和楼梯关系，其中最大的空间节点是电梯间立面装饰壁画，随着节点和路径的变化，表现出清晰的空间序列，丰富的空间节点是设计的重点（图6）。

3.3 "旧壳体"与"新内容"对接使建筑文脉延续

在废旧厂房区的改造利用中，各种新旧元素通过整合而成为一个整体，通过新旧元素的重组，为新生体注入活力并提供发展的可能性与自由度。每一个建筑作品都有着它自己的"环境"和"地域"，从设计的初始阶段开始，旧建筑结构作为一个原型与室内空间更新之间就建立了一种相互依赖的关系。设计师面临的问题是如

何使原建筑与新室内一体化，室内空间结构与原建筑语言吻合。在本项目更新关系的处理上有以下三方面设计思考与表达：其一，在与旧厂房的图底关系上，通过分析建筑实体形态与空间形态的图底关系，梳理建筑墙体立面、屋顶钢结构疏密度、建筑朝向、把握旧厂房材料肌理的类型特征，作为确定新加建部分的基本依据，推进室内实体形态合呼类型意义的空间生成，最终体现类型学建构；其二，在室内空间与旧厂房"壳体"的生态关系上，通过对原有旧建筑自然属性的集合所构成的整个系统分析，原建筑墙体、开窗，屋顶桁架和采光等相互之间密切联系、相互作用，成为室内框架加建的依据，生成动态平衡整体和自身较完善的生态系统。在新室内建筑中，从外观角度观察不发生显著的变动，在室内建筑规模、加层高度、基本空间格局及室内空间表皮等方面和老建筑互动、对话，强调创新，但不突兀自立，且体现类型学建构；其三，在与旧厂房的历史文脉关系上，使旧建筑保留原有的外墙和窗户、屋顶和钢结构、部分墙壁表皮材质的历史遗存元素，并在新加建的内部围合、坡道起伏、扶手钢构件、主要固定家具及照明灯具等方面与原建筑风格统一，体现对老建筑的尊重和文脉的延续，体现类型学建构（图7）。

4 结语

在南京利民链条厂旧建筑更新项目中，以有机共生理念将旧与

图7 底层大堂与细部设计

新、建筑遗存与设计时尚缠裹，使它在这一建筑空间中以另一种形式表现出来。有机共生的拓扑空间建构是空间设计的主旨，其原则也蕴含在诸如建筑历史信息、新旧形式和材料的组织、细部的设计等方面中。拓扑关系表达了一个相互缠绕的组织和不同的空间实体的分开以及在某一点相遇，两个实体有自己运行的轨道，但在某些时刻汇合，又有可能在某些时刻颠倒角色。拓扑结构带使建筑框架、交通空间、楼层结构紧密结合成一体，空间延伸和翻转、叠加的空间关系带来了新的空间体验。

参考文献

[1]卫东风.莫比乌斯带的启示——南京地铁新街口站空间设计研究.[J]艺术研究，2010(4).

[2]卫东风.以类型从事建构——喀什博物馆建筑与室内类型设计研究.[J]华中建筑，2010(10).

乡村景观与"经营"
——以兰溪市黄店镇蟠山村为例

沈 潼 中国美术学院

摘要：本文是基于"浙江省兰溪市黄店镇蟠山村景观设计"方案中关于"美丽乡村"宜居景观设计方向，探讨如何解决新农村建设过程中人地资源不协调、人与自然关系不融合、产业单一低效等现实问题。通过研究国内外农业景观案例，以及对兰溪市蟠山村景观项目方案设计，相关文献总结，提出美好乡村景观设计要把当地自然景观特征、人文景观特色、生态环境、多产业、互联网+等概念进行整合、优化成为高度复合景观系统，其最终目的是为了活化乡村景观资源，调节人与自然关系，探索新农村建设中适应乡村聚落景观的规划模式。

关键词：经营 乡村景观 人地资源 产业化 互联

引言

近年来，随着城市化进程的发展以及人民生活日益提高，我国新农村建设已成为各行业探讨的重要课题之一。在农村城市化进程加快的同时，大量农村青壮年却外涌，2014年全国农民工总量为27395万人，同比增加1.9%，农民工总量持续增加，总数中61%的人口流向地级以上大中都市[1]，（国务院发展研究中心课题组，2015）越来越多的"空心村"已经出现，随之产生各种农村问题。这引发我们的思考：为什么农村青壮年大量外出务工现象与新农村建设的最初愿景相违背[2]？（寇亚莉、李亚娟、陈璐，2016）不仅农村劳动力流失，农村新建住宅也大量闲置。久而久之，人地关系发生了改变，农村问题愈加严重，田地抛荒，林地废弃，环境资源缺少管理，陷入恶性循环当中。

为什么要让现代中国农村景观发展方向从"种地"转化为"经营"？首先，乡村景观与其他类型景观的最大区别，在于它是基于农业生产性的乡村景观和粗放的土地利用方式决定了特有的田园生活和田园文化[3]。（Andrew W. Gilg，1978）另外，在提高现代村落经济的同时，也要保持环境的完整性和连续性。美国景观环境规划学之父F·L·奥姆斯特德（Frederick Law Olmsted）认为"景观规划不单要提供一个健康的城市环境，同时也要建设一个受保护的

为中国而设计　第七届全国环境艺术设计大展入选论文集

DESIGN FOR CHINA　The Collection of the Selected Thesis of the Seventh National Exhibition of Environmental Art Design　127

图1 日本里山　　　　　　　　　　图2 中国台湾清境牧场　图3 中国杭州梅家坞　　　　　　　　　图4 蟠山村

乡村环境。"[4] (Philips H. Lewis, 1998) 带有景观学意识的乡村景观是把自然景观特征、文化特色、生态环境三个系统融合为自然—文化—经济的复合景观系统, 既调节"人地关系", 也是改善人类聚居生活和对环境创造性保护的手段之一。

1 乡村景观中的"种地"与"经营"

1.1 乡村景观"种地"与"经营"概念的区别

"种地"一词出自《元典章·兵部·正军》, 解释为犹种田, 下种[5]。(陈高华等, 2011)"经营"一词的含义较为丰富, 一指筹划营造, 《书·召诰》: "卜宅, 厥既得卜, 则经营; 二指规划营治, "[6] (令狐德   , 唐代) 释义带有"规划、谋划、管理"的意思, 并且有一定的营利性。另外, "经营"是有目标的, 含长远性、全局观。

从景观角度看, "种地"是在一定景观特征的土地上投入劳动力、生产资料、时间的单一劳动方式, 没有对周围环境的总体规划和本质改造。"经营"则需要把景观资源、农田、山林、水等进行分类、整合、重组后, 再立足于场地特征, 进行"应时、取宜、和谐"的设计。通过重建复合景观系统进行资源最优化配置, 产生更大效益, 是传承农耕文化的一种新方式。此外, 对资源的集约、高效、生态化利用不仅为人类带来经济价值、文化价值、社会价值, 更是人与资源、人与自然相融共生, 推动村落宜居、可持续生长的

动力之一。

1.2 "经营"景观案例浅谈

通过对日本里山 (图1), 以及中国台湾"清境牧场" (图2)、杭州梅家坞村 (图3) 等成功"经营"景观案例的分析, 总结"经营"乡村景观的设计方法, 作为蟠山村项目设计的借鉴与学习方向:

(1) 日本里山的成功之处在于遵循"自然农法", 创新利用传统农业生产智慧, 结合现代生态系统, 探寻人与自然和谐共生方式。中国台湾清境牧场的"翠湖步道"、"落日步道"、"柳杉步道"还可以让游人在一年的不同季节、一天的不同时间体验到不同活动, 这种乡村景观不仅可以观赏, 还是可以参与、进入、体验的。

(2) 农业综合体以农业为主导, 融合旅游、创意、文化、商贸、娱乐等相关产业, 形成多功能、复合型、创新型产业结合体。像杭州的"梅家坞", 包括龙井茶文化的茶室、餐厅、炒茶作坊, 以及历史文化景点, 比如琅珰岭、礼耕堂等, 将单一农业转化为以农业为主导的多产业联动运转方式, 用全局、动态、关联的思维方式重新定义乡村景观。

(3) 互联网与品牌的重要性。杭州梅家坞把茶田资源、采摘活动、炒茶体验、茶叶表演相结合打造出梅家坞龙井茶品牌, 让游客在感受生态之美的同时, 了解茶文化历史。在打造了自己的品牌

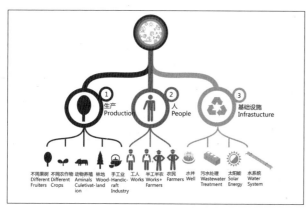

图5 蟠山村资源分析

图6 蟠山村生产现状分析图

蟠山村民收入比重表　　　　　　　　　　　　　　　　　　　　表1

种类	（现）村外面积/亩	（现）村内面积/亩	总产量（kg）	收入（元）	人均收入（元）
农作物	18.50	124.30	214971.00		
果林	3.00	84.70	30743.20	371992.80	1347.80
茶田	24.40	120.20	12000.00	1008000.00	3652.20
总计	45.90	329.20	257714.20	1379992.80	5000.00

之后，梅家坞龙井茶上市期可以卖到每斤500~800元。在梅家坞的茶楼，一杯龙井茶至少也要20元。除了实地购买龙井茶，梅家坞村民最近几年利用网络平台推广和出售，收入非常可观。

2 "种地"思维下的蟠山村景观现状

2.1 蟠山村现状土地资源与生产比重

浙江省兰溪市蟠山村是兰溪市政府评选出的"美丽乡村"之一（图4），位于兰溪市北部。蟠山村下山搬迁安置地块位于蟠山老村东北侧，北至朱家，南至黄店镇。整个村面积1.81平方公里，耕地约150亩，山地2619亩。有2个村民小组，276人，约79户。

蟠山村资源分析（图5）以及收入分析图（表1），以2015年为例可以看出：投入≠支出，投入＞支出，大量资源产生利润较低。另外，村民经济收入来源单一，除种地外只靠外出打工增加收入，因为每户家庭为新建住宅背负了40万的贷款。蟠山村有优美的自然景观，山、水、梯田、人家，如果通过景观设计师的介入，使其成为"可居、可观、可游"的宜居环境，这种农业综合体形态将为村民创造更大的经济、文化、社会价值。

2.2 农业生产现状与问题

蟠山村传统农业生产现状主要有以下几个特征（图6）。

首先，农业生产仍依靠原始低效的农具以及大量劳动力。大量青壮年外出务工，只剩老弱妇孺来进行农业生产，劳动力不足逼迫他们逐渐放弃耕地。第二，分田到户的分配形式，缺少土地资源规划观，导致土地利用率低下。第三，蟠山村还是中国传统村落中最常见"靠天吃饭"的状态。一旦天气突变恶劣，很可能让村民一年的辛苦颗粒无收。比如，2016年春天就因为低温而冻死大批枇杷树，几乎没有收成。最后，蟠山村现在是单一农业结构，无附加产业。其原产品主要依靠水果批发商收购，处于产业链的最底端，利润相对较低。长此以往，高投入、低收入的极不平衡状态，渐渐使蟠山村民发现耕种土地还不如外出打工的收入可观。

3 蟠山村"经营"景观策略及方法

3.1 农田景观与资源重组

新村和老村之间有30分钟的路程，并且相对高差约300米，在不同高度上已具有一定景观特征（图7）。从航拍图上能见到沿山

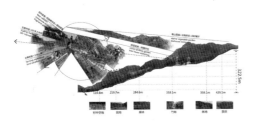

图7 蟠山村剖面图

图8 蟠山村田地

图9 香味菜园效果图和剖面图

坳至山林的新村田地肌理（图8），但村民一直以来对种植缺少规划，才造成土地资源低效率利用情况。

北魏《齐民要术》中有"谷田必须岁易"、"麻欲得良田，不用故墟"等记载，套作是在前一类作物还未收获时，在它们之间种植或移栽下一期作物的方法[7]，（缪启愉，1998）《氾胜之书》已有黍、桑套种的记载[8]。（石声汉，1956）通过轮作、套作、间作的方式，可以提高对水分、光、养分等方面的最大利用率，也是提高土地利用率的方式。现代乡村景观设计，不仅是利用景观元素，更要从传统智慧中汲取灵感，对现有作物进行光照、水分、虫害等分析对于作物搭配种植起到重要作用。另外，花卉和农作物相间种植，不仅可以形成花园与菜园结合的景观效果，而且花卉散发的气味也有一定去除害虫的作用，减少除虫剂、农药的使用，既降低生产成本，又能种植出放心、健康的有机蔬菜（图9）。

农村生态系统应该是景观设计学中兼具功能性和观赏性的系统。实地考察后发现，村民在新村中仍有饲养家禽的习惯。除此以外，老村原来也有水田景观，山上溪水随层层农田到村口，利用生态方法的"稻鱼鸭生态系统"既复合利用空间，增加生物多样性，又使生物和作物之间形成良性生态循环系统。（图10）

山上老村农田部分与山下的不同，主要体现在温差、降水、光照等方面。山上的光照强，昼夜温差较大，若管理不当，易发生作物冻害情况。所以在高山蔬菜园，将田间水塘的水与田中沟渠结合，以沟渠蓄水保温方式降低作物受到冻害的可能性。然而，高山种植具有自身优势，空气环境好，污染较少，夏季温度合适，平地不适合种植的植物却适合高山种植。这样不仅扩大生产规模，最大限度地增加经济效益，而且具有一定试验性农田功能，同时为游客提供新式农耕体验场所。

3.2 商业多元化与农忙农歇体验

蟠山老村建筑大多拆毁，只余留部分住宅建筑、祠堂、村委会等，背靠上百亩"云雾茶"茶田。之前村民大多将鲜茶直接出售，利润非常低。而山上还有开阔的山水景色，天气晴朗时甚至可俯瞰兰溪市全景，将余留建筑修缮成茶馆、炒茶工坊、民宿等，既延续了村民记忆，又有一定经济效益。老村中还有一棵百年樟树（图11），树下空间是山地村落生活中非常重要的一部分，体现"生产活动与山地特征长时间互相作用后产生出了特征性空间形式和景观形态"[9]。（徐坚，2002)让新的体验活动与老村文化结合，这对村民更有意义。

山地果林采摘、管理难度大，村民越来越不愿意种植。另外，果树收成量虽然较高，但是出售价格较低，利润不高，村民更加不愿花时间和精力管理。

针对以上问题，在蟠山村果林中引入集"山地观光——树冠采

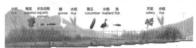

图10 稻鱼鸭共生系统效果图和剖面图　　　图11 蟠山老村大樟树

摘——树屋DIY作坊（原生果汁坊）——山地果园链式循环货运索道运输——村中交易市场"为一体的生产线体验（图12）。另外，这条"采摘廊桥"，不仅让游客在采摘时欣赏上山沿途的美景，还让采摘后的水果通过索道传送至货车中转处，也可在"树屋作坊"中制作原生果汁，让游客亲自DIY并品尝。其余水果运送下山后，利用网络平台和交易市场对外出售，使采摘体验和农产品生产相结合。

3.3 网络租赁与产业扩展

对于蟠山村的农田，通过网上认领土地的形式出租给网上游客，游客提供租金，村民提供劳动力、生产技术等，租客可以随时来体验田园生活，所得收成会部分提供给租客，部分出售(图13)。这种"互联网思维"的农业生产模式，将在宣传、生产、出售等各环节扩展村民的视野，使生产者和消费者直接交易，更经济、高效、便捷。在互联网时代，农业产业化不仅包括传统观光旅游的活动，而且应该是互联网思维的经营系统。

4 结语

兰溪市蟠山村景观设计是在"新农村建设"过程中，解决乡村产业结构调整，农村生的活环境及生产方式改变所产生矛盾和冲突的一次尝试。通过农田资源重组、引入商业与附加产业、增加农忙农歇体验、运用网络平台扩展产业等方式，为农民解决生存发展问题。传统小农经济中人与自然资源、产业仅仅是共存关系，越来越不能满足乡村的生存和发展，而多产业、复合系统、互联网思维式的"经营"是将这种关系转化为一种人与乡村"交融、共生"的动态发展形势。"经营"乡村景观是优化人与资源、人与自然关系，激发乡村活力、活化乡村景观的不二法门。

"乡村景观是乡村资源体系中具有宜人价值的特殊类型"，在对村落中资源的开发和利用过程中，还要有保护意识，因为它是一种可以开发利用的综合资源，也是乡村经济、社会发展与景观环境保护的宝贵资产[10]。(王云才，刘滨谊，2003) 它的开发，有利于发挥乡村的优势，摆脱传统的乡村观和产业对乡村发展的制约，重塑乡村功能，构建产业发展模式，推动可持续发展和城乡景观一体化建设。作为景观设计师，我们可以调整人与环境、社会经济发展与资源、生物与非生物以及生态系统之间的关系。总之，"经营"乡村景观是通过景观设计方法，在保护自然景观完整性和延续性的前提下，帮助村民从传统"靠天吃饭"的农业生产方式转化为一种"多产业"联动经济发展模式，从深层次看，这也具有一定的社会学意义。

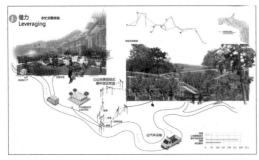
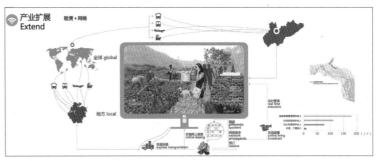

图12 山地观光——树冠采摘——树屋DIY作坊（原生果汁坊）——山地果　　图13 网络租地流程图
园链式循环货运索道运输——村中交易市场

参考文献

[1] 陈高华等.元典章点校[M].北京：中华书局，2011.

[2] 国务院发展研究中心课题组.农民工对扩大内需和经济增长的影响[J].经济研究，2015，6:4—6.

[3].寇亚莉、李亚娟、陈璐.空心村现象：由农村劳动力流失引发的思考[EB/OL]http://www.nyxw.org.cn/.2016—3—27.

[4] (唐) 令狐德缪.周书.召诰[M].北京：中华书局，1971.

[5]缪启愉.齐民要术校释[M].北京：中国农业出版社，1998.

[6]石声汉.氾胜之书今释[M].北京：科学出版社，1956.

[7]徐坚.浅析中国山地村落的聚居空间[J].山地学报，2002，20 (5) :526—530.

[8]王云才，刘滨谊.论中国乡村景观及乡村景观规划[J].中国园林，2003，1:55—58.

[9]Andrew W. Gilg, Douglas David etc.Countryside planning [M].London:Routledge，1978.44—76.

[10]Philips H. Lewis. Tomorrow by design—a regional design process for sustainability [M].NewYork:1998.John Wiley &Sons,33—43.

以新城市主义视角重塑街道活力

徐　鹏　中国城市建设研究院有限公司福建分院

图1 街道作为市民生活的交往空间　　　图2 支离破碎的街道景观
（来源：引自网络）　　　　　　　　　（来源：引自网络）

摘要： 街道是城市正常运转的基本要素，是城市的骨骼和血管。街道有生气，城市才有活力。街道也是我们日常生活和交往的重要场所，而现在的街道却变得有道无街，生活气息逐渐消失。街道可以触发活动，但也可以扼杀生活。本文通过回顾街道的演变，结合美国新城市主义对活力街道的设计原则，引出我国街道现状的主要问题，最后以厦门市鹭江道为例，力图营造出具有活力的城市街道。

1 作为市民公共活动空间的街道

欧洲的街道一直到中世纪，都是进行商品交易和休闲活动的场所，人们以步行为主。到了罗马中世纪时期，街道两侧一般设有柱廊或连拱廊，它们可以遮阳避雨，成为市民公共生活的主要空间。文艺复兴初期，马车在欧洲开始大量出现，但马车通常作为远途运输工具，城内仍以步行交通为主。后来，巴黎建造许多林荫大道，主要用于娱乐和锻炼，而不是为了解决交通问题（图1）。

工业革命爆发后，城市变得前所未有的繁忙，19世纪50年代开始，奥斯曼男爵对巴黎城市施加大改造。在高密度的旧城中，征收土地，拆除建筑物，切蛋糕似地开辟出一条条宽敞的大道，这些大道贯穿各个街区中心，成为巴黎的主要交通干道。华盛顿规划也正处

于方兴未艾之势，在通往国会大厦的宾夕法尼亚大道上，宽阔的道路与不受限制的建筑界面迫使整个大道景观支离破碎（图2）。于是，街道开始从市民公共活动空间转向交通的机器。

2 有道无街的现代城市

如今，"有道无街"是中国街道的普遍问题，这是"车本位"的城市发展造成的后果，某种程度上，也是以美国城市为样本而带来的发展结果。诉其根源，还要追溯到现代主义建筑大师柯布西耶在《光辉城市》中高呼"我们得扼杀街道"、"街道是交通的机器"；1933年颁布的《雅典宪章》将柯布西耶倡导的"汽车行驶作为城市街道最根本功能"的观点合法化，让街道进行功能分类，车辆的行驶速度成为道路功能分类的依据。

第二次世界大战之后，在"车本位"的规划思想影响下，美国很多城市掀起了大规模人口由市区向郊区的迁移。当时郊区蔓延被认为是一种理想化的人工系统。但这种人工系统的不可持续性，也随着时间慢慢暴露出来，比如，由于居住、工作、购物和上学被安排在不同区域，居民不管到任何地方，都不得不开车（图3）。

为了扭转郊区蔓延，解决"车本位"的城市发展问题。1990年，新城市主义、精明增长运动等一些新思想在美国应运而生。新城市主义把"街道"当作是城市的骨骼与血管，是生命的有机体，街道设计不只是铺地砖、种种树和摆座椅，而是与建筑、城市规划

图3 连遛狗都要开车（来源：引自网络）　　图4 防止行人乱穿马路的花样层出不穷（来源：引自网络）

图5 呈贡百米大道

图6 停满车辆的人行道
（来源：引自网络）

及公共政策等方面紧密相连。

如果细查我国建设部1995年颁布的《城市道路交通规划设计规范》，里面这样写道"城市道路网规划应适应城市用地扩展，并有利于向机动化和快速交通的方向发展。"从中便可见端倪，这里的"机动化"和"快速交通"并未明确指出到底是私家车还是公共交通，最后则模糊地认定交通应当首先满足作为个人运输工具的机动车。在新版2012年的《城市道路交通规划设计规范》中，虽然明确优先为非机动车、行人以及公共交通提供舒适良好的环境，但许多城市仍将"公交优先"、"以人为本"当作一纸空谈（图4）。

因此，在我国的城市中，道路的通行能力、最大车辆的尺寸决定了城市街道的形态。这里有必要讲一下"道路"和"街道"的区别：道路主要是运输功能，在古代是"驿道"，现代则是汽车等交通工具的通道。而街道则不同，除了运输功能，还是人们日常生活和社会交往的公共场所。简单来说，道路的主角是车，街道的主角是人。

然而，街道向道路的转换，不仅改变了宽度，改变了城市街道系统的格局，还使高架桥、立交桥和快速路等交通设施，成为各大城市的"标准景观"。2016年2月21日，我国也出现了关于"窄马路、密路网、开放街区"的全国性讨论。这也许是把"道路"还原成"街道"的机会。

3 新城市主义视角下街道设计观

3.1 路权的重新分配

按照我国的《城市道路工程设计规范》，标准车道宽为3.5米、3.75米，虽然与其他国家的车道宽度相差不大，但是动辄上百米的大道直接导致了我们街道活力的丧失（图5）。很多主干道成了小汽车的排污沟，次干道和支路成了私家车的停车场；结果是非机动车要与私家车抢道，行人要在夹缝中生存（图6）。

在新城市主义看来，首先要解决的是重新分配路权问题，按照行人、自行车和机动车的公平使用来设计。让公共交通成为街道行驶的主角，私家车被允许通行但降低了其运行速度，自行车被重视起来，行人将被赋予更多的步行空间。具体方法是将减少车道、收缩车道宽度和设计复杂交叉口、较小转弯半径以及沿街停车等措施组合使用。纽约在近年来，就一直在尝试把"道路"变成"街道"（图7、图8）。

3.2 小尺度街区

窄街道与密路网的相互搭配，就产生了小尺度街区。当下我们街区的尺度巨大，造成了一系列连锁反应。从某种程度上，大街区模式也是迫使我们跨越半城上班的罪魁祸首之一。而新城市主义力争让居民能够更轻松、便捷地步行到达学校、公司、公交站点和购物商店。因为它能清楚地认识，根据我们日常出行，街道的终究意

图7 纽约时代广场前后对比图
(来源：Making Safer Streets，New York City Department of Transportation)

图8 纽约麦迪逊广场前后对比图
(来源：Making Safer Streets，New York City Department of Transportation)

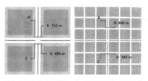

图9 在超大街区(左)里，由于其封闭性迫使人们
任意两点间的通勤距离都要大于密格网街区(右)
(来源：《TOD在中国》)

图10 北京银河SOHO的前世今生 2004年、2014年对比图
(来源：Google Earth)

图11 华盛顿特区中心填充式开发
(来源：《城和市的语言》)

义是让我们到达功能点，而不是让我们一直在路上（图9）。在这里，小尺度街区就不仅仅是发挥了"疏通经脉"的支路作用，它会产生更多的临街面，也就意味着越来越多的店铺（即功能点），不仅受益于普通居民，还让小商铺和起步公司负得起租金。

3.3 小规模开发

小尺度街区的发展模式不仅适合新区建设，同样也能运用于老城区的"新陈代谢"。在过去的几十年里，我们拆掉了不计其数的历史遗存，以"拆"为主的制度基因，导致我们的未来"必须以弑父的方式建立在历史废墟上"（图10）。从北京老城的死亡档案——《城记》中可窥见一斑。

新城市主义提倡填充式、渐进式的小规模开发，遵循原有的城市肌理和空间形态特征，让新的城市建设成为城市演化进程中的有机环节，而不是随意放置明星建筑或随处可见的建筑（图11）。建筑可以新、旧结合，不能随意抹平城市的老空间，因为抹去的不仅是历史人文与场所，还有市民的归属感。

3.4 恰当的建筑

当在街区中插建具体的建筑时，新城市主义对参与街道围合的建筑又有了新的要求。特别是针对临街高层及大体量建筑，建议设置街道墙（裙楼）或底层架空，弱化高层建筑对街道空间的破坏。人们在街上行走时，只关注建筑物的底层、路面以及街道空间本身

正在发生的事情。街道墙可以塑造出延续性的街道空间效果。底层架空则通过把地面空间还给人们，打破大体量建筑对街区的隔离。

纽约的西格莱姆大厦利用退后空间，塑造了公共广场，广场南、北两侧安排两个长方形水池，水池周围有大理石座椅，吸引了大量人群的停留（图12）。纽约的利华大厦，通过裙房底层架空，布置了座椅和植物，不仅可以遮风避雨、让人休息，还加强了建筑内外空间的融合，使街道自然地过渡到办公空间（图13）。

然而，根据我国现行的建筑退后条例，越高的建筑可能意味着离街道越远，就会产生大量与街道生活无关的碎片化空间。以上海陆家嘴和厦门鹭江道为例，建筑门前往往是与行人活动无关的停车位；或是为了"捍卫自己的领地"拒绝与别人分享内部小游园或停车位而设置的门禁及绿篱；乍一看这些景观绿化并没有什么问题，但正因这冠以"美化功能"的"绿"麻痹了行人的步行体验。市民既不能在游园中活动，又不能擅自"闯入"这类门禁。马特·斯鲁格认为，这些绿地其实就是"不明确的空地，是一块除了闲置外没有任何意义的死区"。

3.5 营造公共空间

除了街道作为公共空间使用外，新城市主义对广场和公园的创造与利用也很擅长。看看我们城市里的广场和公园，为了凑足绿地率指标，大建所谓"处处皆绿"的形式景观，抑或拿交通不便利的

图12 纽约西格莱姆大厦前广场
（图片来源：摘自网络）

图13 纽约利华大厦底层架空
（图片来源：摘自网络）

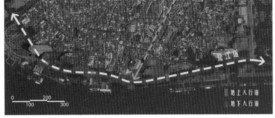

图14 鹭江道行人过马路示意图

图15 下穿式通道示意图

远郊大公园充数，这些只图"指标"，"只可远观，无法使用"的城市绿地，忽视了人们的实际需求。

新城市主义则认为城市土地寸土寸金，要精打细算着利用起来。塑造街边高品质的公共空间也是备受推崇。既可以利用两栋建筑的罅隙，也可利用多余的停车位打造具有弹性的袖珍公园。另外，商家还把自家的商品、桌子、椅子搬到街道上来，以增加街道活力。

4 厦门鹭江道的再次设计

与鼓浪屿一水之隔的鹭江道是厦门市最早的街道之一，建于1929年，宽13.4米。1996年拓展了堤岸，道路宽至44米，建设了观景平台和观海长廊。2010年前后，这条景观带整治了数次。如今，鹭江道是一条双向7车道的城市主干道，割断了城市与水的联系。人性尺度丧失迫使这片黄金海岸成为厦门市最大的"失落空间"。

曾有人这么调侃鹭江道，"世界上最远的距离，不是生与死，而是中山路就在对面，我却过不去。"这条长约1600米的鹭江道，除了两端的人行道外，途中有且只有一个地上人行道。如果说行人从中山路出来，想要到对面的观景平台看海，那他至少要绕500米才能到达（图14）。鹭江道已经彻底成了汽车的通道，纵使人们想看看美丽的滨水景观带和大海，就是过不去马路。景观整治没有抓住问题的本质，就只能沦为"花瓶景观"。

由于鹭江道内侧的老城区路网还未疏通，几乎大半的过境交通都压迫在鹭江道上，鹭江道承载着巨大的交通压力。较为理想的解决办法是：将过境车辆引入下穿式隧道，鼓励私家车使用地下隧道，将地面的道路让给公共交通、慢行交通和行人（图15）。

当路权回归到公共交通、慢行交通和行人，就要考虑如何把原来44米宽的道路回归成街道。街道的宽度将缩减到16米，其中双向4车道（13米）、双向自行车道（3米）。高层建筑前的空地可以重新利用，比如建行大厦前的新增建筑，为居民提供生活相关的商业功能。随之围合出的广场空间，也可成为供游客、附近工作人员及居民休闲、放松的休憩空间。然后，可以在街道对面也加建建筑，围合出街道空间，形成了连续而明晰的街廓。根据相同的街道原理，可以把原本嘈杂的道路，变成人性尺度的街道和建筑（图16~图18）。

5 反思

吴良镛先生曾谈到一个好的城市规划管理体制，需要达成三个方面共识：专业的共识、社会的共识和决策的共识。专业的共识是指在学术与业界范畴内，大家认同相对一致的思想与理念，比如像新城市主义在美国已成为大多数城市规划师的共识。社会层面的共识则需要更进一步地引导社会大众，了解世界，认识真理，懂得权衡利弊参与公共政策。

就"社会的共识"与"专业的共识"而言，在中国急速发展的

图16 改造前、后效果图1   图17 改造前、后效果图2

图18 改造前、后效果图3

今天，要人们接受一种全新的、美好的城市未来远景还需要更多的理解和沟通。比如说，很多的规划师、建筑师和市民都去过巴黎、纽约、东京，普遍会赞叹那里街道的生机与繁荣。大家都认同活力街道这个目标，但是想实现"一个有活力的城市街道"所需要的连续街廊、较窄街道、小街区较高密度开发、混合功用和高品质公共空间，却是非常困难的事情。

比如，阻挡在"有活力的城市街道"前面的首先是规划法规。就如刚才所述，不同高度、功用的建筑都要退红线，而且建筑越高、道路越宽，后退红线就越多。甚至有人认为"建筑退线是我国早期城市规划者几代人奋斗的成果，存在即合理"。我想许多工程师、设计师心里都有一个更为合理的设计标准，只是受制于制度规范和社会现实，无法将其付诸实现。我希望未来的设计之路在某些方面，不会再遭到规范的强制性约束，允许设计师们有灵活可变、弹性调节的余地。

楚文化元素符号化应用于武汉市城市形象设计的研究

李　娜　　湖北商贸学院

摘要： 随着全球一体化的进程及城市化的不断扩张，地域性文化特色逐渐消失已成为不争的事实，在我国，各城市建设趋于雷同，到处都是类似的都市风景，城市景观单调乏味。楚文化作为中国传统文化的重要组成部分，曾经创造了辉煌的历史与文明，将楚文化丰富的视觉元素符号化地融入城市景观、建筑设计之中，必将使武汉市城市建设独具特色，使城市形象更富艺术感染力与生命力，同时带给人们一种强烈的区域文化归属感。

关键词： 楚文化　武汉市城市形象　设计　符号化

中国古代诸侯国楚国，起源于西周时期，发展于春秋，鼎盛于战国，衰退于秦。楚文化在楚国灭国之后，部分被秦吸收，最终与汉文明融合到一起。广义的楚文化包括了楚国的一切物质文化和精神文化，是地域文化的一个分支。

楚地和楚国初期偏处湖北汉江上游的荆山、睢山一带，是一个蛮荒小国。后经800年开拓，以江汉流域为根基，沿汉江和长江中下游发展，鼎盛时期地方五千里，人口五百万，疆域几乎是今天的南半个中国，曾是"春秋五霸"之一，战国七雄之首，是中国古代延续时间最久的诸侯国之一。对于楚文化的价值，华南师范大学教授皮道坚在《楚艺术史》中写道："楚艺术也是人类在古代世界所有杰出艺术的创造，与早于它的古代埃及艺术、巴比伦艺术，以及与它大致同期的希腊艺术、稍后的罗马艺术相互辉映"。

1　楚文化代表性元素

文物是文化的载体，楚人造物活动在器皿的装饰纹饰中体现出来，各种千变万化的动物纹、植物纹、几何纹以及现实生活和神话传说等图案纹样，形象地将楚文化的造型特征和审美意识呈现出来。

楚人在器物上常表现的题材首推凤纹。楚人尊凤，以凤为图腾，有证可考的历史距今已有七千多年，最初是由其远祖拜日、尊凤的原始信仰演化而来，楚人的祖先祝融是火神兼雷神，也是凤的化身。凤在楚文化中象征含义丰富，被认为是祥瑞之征。楚人对凤的崇拜，在大量遗存的工艺装饰纹饰中都有体现。1962年底在湖北江陵楚墓中出土的虎座鸟架鼓，是楚地特有的典型器物，具有鲜明的楚文化风格。鼓由木雕成形，再施以彩绘。其座为相背的二虎，作蹲伏状。虎身上分别站立凤鸟，相背而立，仰首展翅。楚人与西境的巴人常发生战争，巴人崇虎，楚人尊凤，所以器物中出现以高大器宇轩昂的凤鸟立于矮小匍匐的虎之上的形象，来象征楚人不畏强敌的信念（图1）。其次，出土的器物中，编钟是楚人在文化、艺术、工艺等方面的杰出代表。编钟是春秋战国时期流行的一种打

图1 虎座鸟架鼓　　　　　　　图2 曾侯乙墓编钟

击乐器，用于祭祀或宴饮时。出土于湖北随县的曾侯乙墓编钟是我国目前出土编钟数量最多、保存最好、音律最全、气势最宏伟的代表性作品，这套编钟的出土不仅再现了楚人在青铜铸造工艺上的卓越成就，也表现出了楚人对音乐的热爱，对浪漫艺术的追求（图2）。

除了代表着楚人物质生产的文物外，楚文化还包括楚的社会形态、宗教哲学、语言艺术、民族精神等。

楚国由最小的蛮荒之地发展到后来强大的国家，培养了楚人自强不息、特立独行、桀骜不驯、"敢为天下先"的个性，这种肯定人和人本身，主张人性自由，主张"率性而为"，把人性视为天经地义的东西。使得他们在艺术创作上，偏重于情感，力求浪漫，与更偏重于礼法的中原文化形成很大的差异。楚国杰出的诗人、政治家屈原身上就有着鲜明的楚人精神。屈原在政治上，主张对内举贤任能，修明法度，对外力主联齐抗秦。因遭贵族排挤毁谤被流放，却仍保有一腔爱国主义情怀，最后在秦将白起攻破楚都郢（今湖北江陵），悲愤交加，怀石自沉于汨罗江，以身殉国。在文学上，他创作了中国浪漫主义文学代表《楚辞》，对后世诗歌产生了深远影响。因他在爱国精神与文学上的成就，使得他赢得了后世人们的尊敬与怀念，也成为今天楚国文化代表性人物。

在对楚文化进行梳理之后，发现屈原、凤鸟、编钟、虎座鸟架鼓等形象成为了具有强烈象征意味的意象、符号。如今这些形象散布在今天的楚地各处，并被表现在各种艺术样式里。可以说它们就是楚文化的精髓，是最能代表楚文化精神和神韵的符号。当然楚文化中拥有丰富而庞大的视觉符号体系，可以代表楚文化的符号绝不仅仅是这些，但在当前楚文化研究还不是很发达，楚艺术表现还不是很丰富的情况下，这些形象的提炼与宣扬，对人们感知楚文化有着不可估量的巨大作用。

2　楚文化元素在武汉市城市形象设计中的应用

湖北武汉是楚文化的发祥，发展之地，作为我国中部地区的核心城市，在改革开放30多年的发展中，日新月异，近些年城市建设更是如火如荼，然而在高速发展的经济背景下，城市形象也同我国其他大部分城市一样，高楼林立，但千楼一面，毫无地域特色。中国城市规划专家王树声，曾提醒今天的城市建设者："城市绝不仅仅是经济的产物，城市秩序也不仅仅是经济秩序，因经济而起的新建设都应与城市的人文、自然融为一体"。文化是历史的积淀，是城市与建筑之魂，让现代建筑与历史文化结合是继承与发扬传统文化和地域文化的重点，如果将楚文化元素融合进现代建筑，设计出具有楚风楚韵的新城市形象，那武汉将会因为具有积极鲜明的城市形象，而更具发展潜力和竞争力，也能提升生活在此地的居民的文化自信与归属感。

近些年，武汉也在有意识地将楚文化元素融入城市设计之中。

图3 湖北出版文化城　　　　　图4 武昌火车站　　　　　图5 武汉城市标识　　　　　图6 湖北电视台标志

如一些地标性大型、单体建筑——湖北出版文化城、武昌火车站、湖北省博物馆及一些大型景观——楚河汉街、欢乐谷、东湖风景区等都有楚文化元素的再现。其中的湖北出版文化城，设计灵感来源于编钟。主体建筑的造型利用原有双塔形成具有编钟意象的造型，孔洞状的方形小窗形似编钟上的突起。双塔的头部两翼翘翅展开，又取意于凤鸟形象（图3）。同样设计源自编钟的还有武昌火车站，主站房形似编钟，整个外观仿如一座"楚城"，外墙上还镶有编钟文饰（图4）。但是这些建筑与景观对楚文化的表现不系统、整体不强。城市形象设计除了地标性建筑及景观设计之外，还应该包括城市视觉识别系统设计，即城市标志体系、城市公共标识体系、城市公共艺术体系、城市公共设施体系和城市公共交通工具体系等。

2014年武汉发布的城市形象标志，以繁体"漢"字为设计创意点，右侧上部采用了出土的楚国双联玉舞人造型，色彩上选用以渐变式的"楚红"为主色彩，透出浓厚的楚汉文化韵味（图5）。城市公共标识体系方面，被命名为"火凤凰"的湖北电视台标志，以"凤"为元素，运用简洁、流畅、并富有动感的线条，刻画出一只抽象的凤鸟形象，极富有现代设计的形式美感。"火凤凰"不仅寓意着电台一飞冲天的积极向上、奋力拼搏的精神，也反映了湖北地区的先民楚人崇火、拜日、尚赤、尊凤的文化传统（图6）。城市

公共艺术体系与公共设施体系方面，表现突出的是对外旅游重点区域的东湖风景区的建筑装饰、雕塑及垃圾桶、围栏等设施大多以凤鸟纹作为元素设计烘托了楚文化特色。这些是很好地实例，但是相比较而言，武汉在城市公共标识体系与公共交通工具体系方面，设计的文化介入还十分薄弱，如标识体系中的地标、路标、导向标牌、公共交通标识、交通规则标识，交通工具体系中的地铁、公交车、清扫车、垃圾车、消防车、救护车、宣传车等，看不到有关于楚文化的直接或间接的表现，这就造成了文化再现上的不连贯性。唯有将城市形象设计作为一个的整体策划才能使城市的形象具有明确的特色与个性。

3 楚文化元素符号化手法

艺术设计领域里的符号，具有认知性、普遍性、约束性和独特性。如果环境符号系统所载有效信息太少，只具有技术语义和少量的功能语义，缺乏文化内涵，就会导致环境的冷漠和乏味。对传统文化元素符号化的研究将帮助设计者更好地处理建筑、景观与文化之间的关系。

首先，符号的运用有直接和间接之分。目前楚文化元素在武汉市城市形象设计中运用并不算多，并且多以直接挪用文化元素为主。例如武汉洪山礼堂主体建筑外立面装饰，直接采用了虎座鸟架鼓图案、东湖楚城的入口雕塑用了一对青铜铸立凤形象，地铁2号

线洪山广场站的浮雕写实再现了虎座鸟架鼓、编钟、青铜鼎、双龙玉璧等形象，大量城市公共艺术形象都是对符号的直接挪用。对符号简单的照抄、挪用，会让观者习以为常而难以引起足够的注意和兴趣。所以，在对传统文化元素的运用时，需要加入现代设计的手法，使之新颖、耐人寻味并具有时代感。例如，有意识的改变符号间的一些常规组合关系，将一些常见的符号简化、变形、抽象或者把元素组合关系打散，再以一种新的构成方式重新组合，以此起到引人注目、发人深省，加强环境语言的信息传递的作用，这就是对符号掌握丰富与熟练的情况下的间接运用。

即便是直接挪用传统符号也可以有创新表现，比如用新的材料展示传统造型与纹饰。随着经济的飞速发展，各种装饰材料层出不穷，以现代材料再现楚文化构成元素，也会造就一种新的美学意义，就如同建筑大师贝律铭用钢材、玻璃等现代建筑材料再现徽派建筑特色的苏州博物馆以及模仿埃及金字塔而设计的卢浮宫入口那样，新材料与传统造型完美嫁接。

其次，设计符号是文化的载体和媒介，是文化的产物和积淀，它有外延和内涵之分。符号的外延是指符号所表示的已确定的、显在的意义，如武汉目前大量建筑、景观设计中对楚凤形象的再现，就是对楚文化元素符号外延的再现。内涵是指符号所代表的事物属性及特征，内涵体现了符号表现背后的文化和审美信息。这一方面是武汉城市形象设计欠缺的。以楚河汉街为例，此街位于武汉中央文化区，总长1.5公里，是目前中国最长的城市商业步行街，街道以"楚河"命名，然而整体建筑却是民国建筑风格。步行街设有5个以湖北地区历史名人命名的大型广场，其中一个立有屈原雕像的广场命名为屈原广场，除了一尊用写实主义手法制作的屈原铜制雕像外，并没有其他与之相应的楚文化再现，让观者不知所以，符号背后的文化和审美信息传达有限。然而，这种片面的、表面化的设计手法在武汉城市其他景观设计中普遍存在。武汉近年来提出的城市精神"敢为人先，追求卓越"，并喊出口号"武汉每天都不一样！"与楚文化精神中的"自由激扬、开拓创新"相吻合，但是，这样的设计却让民众难以体会到楚文化精神，更无法真正地让楚文化精神融入民众生活。

4 结语

设计对文化的处理实际就是对符号的处理。楚文化中拥有丰富而庞大的视觉符号体系，继承与发扬这些优秀的民族文化遗产，不仅是传承历史，更可以在未来成为武汉城市形象设计的人文亮点。对楚文化代表性元素的选择要恰如其分，要与其他造型因素统一并形成整体，才能成为空间语言而实现传达意义和价值的目的，对楚文化的造型符号也不是简单地沿用，而是创新传统，以达到对楚文化精神的复兴。当然，楚文化并不是武汉市城市形象唯一代表，却是不可忽视的重要部分。武汉的城市形象是多元的，发展的，楚文化的内容也应是发展的，也应与当代文化结合并发扬光大。

参考文献

[1] 皮道坚.楚艺术史 [M] .湖北：湖北教育出版社.1995.

[2] 邓政，张峥红.论湘楚文化元素在现代景观设计中的应用 [J] .美术教育研究,2012(12).

[3] 李传成，罗维.武昌火车站建筑设计——荆楚地域文化的浓郁体现 [J] .华中建筑,2006(10).

[4] 肖德荣.符号学在环境艺术设计中的文化表征 [J] .湖南大学学报(社会科学版),2010(1).

[5] 吕文强.城市形象设计 [M] .南京：东南大学出版社,2002.

地铁艺术风亭形态设计策略
——以武汉地铁艺术风亭为例

吴　珏　湖北美术学院环境艺术设计系

摘要： 地铁建设迅速发展，人们需求的不仅是便利快捷的交通功能，同时也正关注地铁地上风亭带给城市景观的艺术化特质，风亭作为地铁地上连接地下出入口和排风换气的重要的辅助设施，其形态也反映出城市交通景观的整体面貌。国内地铁风亭艺术形态在城市交通景观中的实践性研究是个全新的课题。本文结合武汉地铁地上艺术风亭实践项目的设计理念和表达方法，在满足风亭通风功能的基础上，为风亭在美学意义上的形态研究提供创新性思路，给城市交通景观带来更有活力、创意、独特和时代感的形象。

关键词： 地铁风亭　城市景观　艺术形态　设计策略

地铁是解决城市交通的非常有利的运输工具，同时也是城市精神和城市文化的载体。地铁的设计除在城市硬件设施建设上有更高要求外，在提升城市文化力方面也应提出更为严格的审美要求。在城市中，触目所及，间断的碎片、缝隙、破裂、非延续性向我们诉说数不清的城市"灾难"。[①]但公众文化素质的不断提升，必然对生态环境的规划、建筑形式的探求、公共艺术品的质量、历史文化古迹的保护、公共场所的视觉感受等方面形成更为深刻的追求。

对地铁地上风亭的艺术化处理不仅可以提升城市的整体形象，还能增强市民的城市归属感，打造和谐、优美的城市形象，构建快速、便捷的轨道交通景观体系。建成环境的意义是可见差异的"可感知的"与译读用法和行为"可联想的"之间的相互关系。[②]地铁地上风亭造型设计可以根据不同城市、不同线路、不同站点的特点，结合周边环境来设计出经济、合理、可行的布置形式，使风亭造型能与周边环境和谐统一，能够承载城市文化，渲染城市特色，能为城市景观增添生机，注入新的活力，它的造型可以告诉我们这里的故事，也可以告诉我们城市缺少什么和需要什么，以多样性和复合性诠释与城市的关系。

1 风亭的主要功能

风亭作为地铁地上排风换气的重要辅助设施，主要功能包括：新风亭（通过风机为地铁车站输送新鲜空气）；排风亭（通过推力风机向外界排放地铁车站内的空气）；活塞风亭（起到活塞作用，形成正或负压，通过活塞风亭向外换气，从而达到空气交换和排出列车运行产生的余湿余热的效果）。在风亭的设计和建设中往往是与冷却塔合建在一起节约用地和提高效率。风亭主要的功能是排风、散热、除味、平衡风压、注入新风和冷气。按建筑形式划分，地铁风亭可分为与周边建筑合建、独立有盖、敞开无盖等几种形式。依据功能的不同，风亭构筑物的视觉体量也不同，但共同的特征是体量较大、浅灰水泥色、沿街面、素水泥、实体、立面有风洞、部分顶部有冷却塔、非规整形态。风亭在整个地铁设施中对地下空间、列车、设备、人员及防灾具有极其重要的作用。

① Serge Salat.城市形态——关于可持续城市化的研究[M]，香港：香港国际文化出版有限公司，2013,23.
② 阿摩斯·拉普卜特.建成环境的意义——非语言方式表达[M]，黄兰谷等译，北京：中国建筑工业出版社，2003,159.

图1 街道口艺术风亭　　　　　　　　　　　　图2 积玉桥艺术风亭

2　风亭设计的总体思路

风亭作为地铁地上附属物，由地下延伸至地上，特殊的功能需求使其出现在城市交通的重要节点，对风亭的艺术化处理是将原本影响城市视觉景观的构筑物，转变为区域内的视觉焦点，传递赋予内涵的文化，是公众有所受益的公共艺术品。在满足通风功能的同时采用"消隐"的方式减小对周边环境的影响；或是采用"地标"的方式强调区域特征，起到标识的作用；或是结合城市发展的总体趋向，与城市景观相协调等。对这些视觉景观形态进行研究，并付诸于实践是地铁建设中主要的景观课题。

国内现有的地铁城市在处理风亭时基本采用"消隐"的方式，即通过植物或材质等工程手法使其与周边环境相适应，以削弱对城市景观的影响。但在武汉地铁2号线艺术风亭设计中，针对具有特殊意义的地区，以突显"城市风景线"公共艺术品的创新思路，将地域文化和城市精神融入设计，提出 "一线一景，文化推广，艺术介入"的设计理念。以艺术化设计构想，形象把握城市精神精髓所在，展示现代城市面貌。生活在城市中，城市的文化赋予城市景观特有的气质。公众对城市交通景观富有浓厚且特殊的感情，通过研究各站点区域文化特征，提出特色站点一站一景的设计模式，打破传统工程式建设的老教条，形成新的景观形式，衍生出新的城市风貌。

3　艺术风亭形态的设计策略

3.1 基于生态隐喻的设计策略

生态隐喻的策略关注城市生态，主要方法有对自然环境、动植物高度抽象的概括手法，利用阳光、风能、热能、水利用的技术手法，尊重自然保护环境的隐喻手法。阿诺德·伯林特在《环境美学》中提到："艺术与自然都包含一种无所不包的体验类型，这种体验需要涵盖性的理论来容纳它"。[①] 　城市不断发展、扩张，土地价值不断增长，为追求利益最大化，城市公共绿地逐渐减少，人们也渐渐模糊了对大片林地的印象，但内心深处却是对自然的向往和追求。城市发展的同时，环境应以映射的方式随之"生长"以达到平衡关系。运用抽象信息的视觉艺术表现是为使公众结合自身理解，而产生共鸣，共同关注人民生存环境，改变所存在的问题。

武汉2号线街道口站1号出入口风亭方案的设计理念取自"树木"的抽象表现。"森林之歌"以树的剪影方式制作风亭表皮，采用几何抽象的构图勾勒树形轮廓，树枝的穿插、叠加，树的主形是银色镁铝合金材质，负形以金灰色彩铝格栅为背景，既满足通风率达到80%的功能需要，又造型美观。以装置的表现方式，对自然的认知与尊重，使受众从中感悟人与自然的关系；"森林之歌"艺术创作过程中一直在思考，针对城市主要交通干道路口较大体量的构筑

① 阿诺德·伯林特.环境美学[M].张敏，周雨译.湖南：湖南科学技术出版社，2006：147.

图3 宝通寺艺术风亭

图4 杨家湾艺术风亭

物，向公众传递的共同参与和引导性的启发，树干的剪影和十种树叶的疏密有致的搭配，以装置的表现方式，隐喻在城市"生长"的同时，也要关注自然的同步"生长"（图1）。王家墩站风亭以"树叶"为基本形态进行抽象及立面艺术化剪裁排版，树叶翩翩落下后一层层叠加的艺术效果，错落有致，犹如一首绿色交响曲；循礼门站的"绿色魔方"是将绿化系统进行空间拓展，形成立体效果，使受众从中感悟人与自然的关系，将抽象化的自然景观和启发性的人文景观完美结合，形成别具一格的城市风景线。

3.2 基于历史文脉的设计策略

历史文脉的策略是关注地域文化，追根溯源，延续历史的传承，根据地名故事的扩展，唤起人们对地方文化的记忆和怀念。城市快速建设，信息的不断动态的更新，打乱了人们对这个地区历史的记忆序列。城市肌理被"撕裂"还可以通过环境来平衡，但人们的记忆碎片是很难梳理和再现的。城市需要记忆，记忆的片段是通过故事在口述传承和文字记载。以风亭作为历史文脉传承表现的载体，以艺术形态结合历史故事，为公众讲述曾经的辉煌，以激励当下勇于创新发展的动力。

城市景观能够塑造城市形象，提升环境品质，体现区域特色，它是城市文化的重要载体之一。地铁地上风亭作为城市景观不可或缺的构成要素，其设计不可能游离于城市景观之外，更不应与城市景观相矛盾，而应从区域人文环境特色中汲取灵感，使之和谐融入城市整体景观环境。

武汉2号线积玉桥站中，"积玉桥"泛指武昌解放路北端以东至中山路南北两侧地带。据史料记载，积玉桥附近原来确有一座桥。每年夏季湖水上涨时，附近的居民就在桥孔处捕鱼捞虾，所捕之鱼多为鲫鱼，遂称此桥为"鲫鱼桥"（此桥建于清光绪年间），并泛指附近之地。后来，这里成为运送铸造铜元（清末民初以来所铸各种新式铜币的通称，俗称铜板）材料的车辆至铜元局的必经之地，便取堆金积玉之意，将"鲫鱼桥"谐音雅化称为"积玉桥"。积玉桥作为片区名称则沿用至今。积玉桥风亭的鲫鱼跳跃，源于地名的由来，以中国传统民间剪纸艺术的变形，以抽象化处理再呈现对历史的追忆；在设计过程中展示地方文化底蕴，充分挖掘了"积玉桥"地名历史文化来源。方案中以"鱼"为题，手法上运用中国传统民间剪纸艺术，对地面风亭等构筑物进行了艺术化的造型创作，与花坛中动态鲜活的《鲤鱼跃龙门》的艺术小品雕塑的呼应使得此建筑在整个大环境中脱颖而出而具有极强的艺术感染力，犹如置身中国民间艺术展览馆。所以，前往2号线积玉桥站乘车时，将会发现这里的地面风亭造型别有一番风味"两只鲤鱼正跃跃欲试跳龙门"（图2）。

3.3 基于文化标志的设计策略

文化标志是对区域标志性风亭的拓展，根据周边主体标志性建筑物、强化标志性、象征性，加强公众对地域的认知度。凯文林奇在《城市意象》中关于意象的内容涉及到标志物的强化，一个充满活力的标志物的基本特征就是其唯一性，即他与周边的关系、与背景形成的对比。①城市的同质化发展，使人们对城市元素模糊，对区域的意象需要明确标志物的存在，引导、强化区的特殊个性和标识功能。

武汉2号线宝通寺车站位于珞瑜路上，宝通寺对面，延武珞路布置。车站为地下两层车站，地下一层为站厅层；地下二层为站台层。宝通寺站属于装修特色站，装修方案包括一面菩提树造型的墙，意在让人们在忙碌之余停下脚步，沉静心灵。该站4号出入口及风亭经过特别设计，凸显古典建筑及佛教特色，与附近的宝通寺相呼应。东北侧为广州军区武汉总医院，西北出口是宝通寺，南侧是武汉亚贸广场。在宝通禅寺站的风亭设计中，采用佛教禅宗里较有特色且内涵丰富的佛掌形态，作为整个设计的核心元素，用特殊的工艺将材料做成镂空佛掌状，表面通过喷漆装饰，再将大小不一的佛掌镶嵌到金属榫卯搭建具有韵律框架的风亭外框中，意为"佛手"送"福寿"，向市民传达了"福""寿"安康的健康精神（图3）。

3.4 基于区域特色的策略

区域特色集中体现区域形成规模的产业和街道属性，是把人们潜意识中的形象以固化实体为载体进行体现，以标志性符号元素表现。区域的特色在于可识别性，我们的心理成分中起作用的最基本的力量之一，是创造和保持我们的可识别性的需求。对于归属和识别自己专有的场所的需求，在任何地方都可通过将场所个性化的行为来得以表现。②

武汉2号线广埠屯站最大的特色就是对其地面设施群进行艺术化处理，使其白天酷似一座城市雕塑，夜晚则会展现出流光溢彩的视觉美景。经过对周边环境特色的综合分析，广埠屯站试图融入更多广埠屯特有的电子文化，以达到体现站点文化，提升城市形象的目的。而广埠屯地铁站地面设施较多，其中包括1台冷却塔、3座风亭、1个紧急疏散通道。这些设施一字排开，连成一线，形成了一片长约50米、宽约7米、最高高度为12米的设施群。简陋、粗糙的形体裸露于街道中，其庞大的外形、冰冷的色彩将对行人的视觉与心理产生负面影响，势必拉开市民与城市的距离，破坏城市景观。首先将这些设备连为一个整体，在内部通过钢结构为支撑，搭建起整体骨架，外部以铝板形成表皮，再通过内藏LED灯管的形式展现出电路板结构所特有的符号语言，使整个站点的设计取得速度感与方向感。站点的设计高低错落有致、层次分明。白天，其巨大的尺度仿

① 凯文林奇.城市意象[M].方益萍,何晓军译.北京：华夏出版社，2013：77.
② 布莱恩·劳森.空间的语言[M].杨青娟等译.北京：中国建筑工业出版社，2003：35.

佛一座坚挺的城市雕塑，守卫着城市的祥和安宁。夜晚来临，华灯初上，不规则长条状灯带展现出其绚丽的色彩，带给市民最大化的视觉冲击与享受，其斑斓夺目的灯光变幻也象征着整个城市正发生着日新月异的变化。

3.5 基于表皮重塑的策略

表皮重塑是对现有混凝土风亭采用多种材料艺术化包裹后或反映时代主流文化、或主题明确、或诠释城市精神。表皮重塑中的视觉问题，关系到城市街道景观的格局，也是公众视觉思维的逻辑性表达。被称为"思维"的认识活动并不是那些比知觉更高级的其他心理的特权，而是知觉本身的构成部分。[①]表皮的重塑是视知觉的再感知，风亭的设计中是运用再感知的传递公众特定时代的审美情趣的需求。

武汉2号线杨家湾站位于洪山区虎泉街与雄楚大街交叉口，沿虎泉街设置。车站北侧为中国五环化学工程总公司及其家属区、华师一附中初中部、保利华都，南侧为商住。车站为地下二层岛式站，近期设置3个出入口。2号线开通后，今后路过这一站的市民一定会被杨家湾站地面上酷似"水立方"的造型吸引。在杨家湾站风亭等地面建筑物造型设计中，将通过不锈钢立柱、镂空花纹等，打造成"水立方"立体造型，而站点以"花瓣"为基本形态元素进行抽象及立面艺术化剪裁排版，塑造了站点圆润的外形，通透的外部框

架设计让乘客能够在站内一览美丽的都市景象。穿孔弧面板和玻璃挡板则保证空气流通，满足采光和通风的功能要求。

4 地铁艺术风亭的展望

从艺术和人文的角度来审视和建构当今的轨道交通环境，不仅是政府部门、设计师、艺术家的课题。可以预见到未来的中国，大众的审美艺术必然会逐步提高，公共艺术品的品质与艺术素质也必然会快速提高，地铁延伸到哪里，人流就会聚到哪里，财富就会开拓在哪里，艺术创新就会绽放在哪里。地铁风亭建筑设计具有多样性和灵活性，应根据不同城市、不同线路、不同站点各自特点，并结合周边环境景观等条件，多个方案比较，做出合理的设计，并站在总体的角度研究、规划，使地铁风亭与城市景观更融合，并在艺术形式上采用多元化的表现形式，为人们的视觉带来享受。

人流量注定了地铁站的风亭不可能只是单一的作为地铁的地上辅助物，实施它的排风换气功能，更注定了它必须以一种艺术化的方式，去让公众接受它很显眼得矗立在这样一个繁华的地带，那就是实用和艺术化性质结合的城市公共艺术。城市公共艺术在当今城市建设以及改建中，扮演着越来越重要的角色，放置于某一空间环境的城市艺术品必然有其意义。整个创作过程中探讨艺术介入城市，文化融入生活的可能性，寻找一条将人文景观，工程模式，艺术手法与现代社会发展相结合的有效途径。将地铁基本功能，区域文化特征，艺术设计手法三者综合考虑，以求达到技术、文化与艺术的共同促进与发展。

---

① 鲁道夫·阿恩海姆.视觉思维——审美直觉心理学.滕守尧译.成都：四川人民出版社，2005:17.

工业景观设计中的视觉艺术实践

梁竞云 湖北美术学院环境艺术设计系

摘要: 在当今这个工业化浪潮转型的激烈时期,大规模的工业园建设往往还是胁迫设计师迁就于建筑的功能性价值而忽略了建筑所应具备的伦理功能及美学态度。设计师作为处在建筑意识形态的最前沿,应该从艺术的角度找到自己行动的方向,在设计中建立一个出发的原点即设计的立场。

关键词: 工业景观 视觉艺术 空间形态 肌理 尺度 伦理功能

引言

随着我国后工业时代的来临及"城市化"的迅猛发展,工业厂区与工业园的重新规划及建设进入了集中时期,工业园区集中迁移到城市边缘的新区,在最优工业发展的空间边际内分散。

目前我国工业用地在城市建设用地中所占的比例一般为15%~25%,是城市框架中的重要功能区域,也是影响现代城市发展的重要因素。大规模的工业园区建设给城市带来生命力的同时,也带来了各种问题,最直接的就是生态环境保护的问题,这是一个显性的可直接物化评价的问题,而另一个隐性的问题相对容易被忽视,即其负面的城市景观形象割裂了人对环境的良性心理行为需求。

吉迪翁(Sigfried Giedion)在《空间、时间和建筑》一书中评述当代建筑面对的主要任务是"对于我们时代而言是可取的生活方式的诠释",即建筑能否帮助我们在这个越来越令人迷惑的。世界中找到位置和方向。用建筑所应具备的伦理功能也可称之为美学态度,来帮助形成某种社会共同精神气质的任务,就是人文层面上的可持续发展观。

可在当今社会转型的时期,大规模的建设往往还是迁就于建筑的功利性价值,大家一方面对可持续发展做理论上的高谈阔论,另一方面又一头扎入建设大干快上的湍流里,全心全意地参与其中。"功能决定形式"成了搪塞一切问题的借口。西方现代主义运动初始提出的"功能决定形式"的口号实际上是针对艺术和文化修养已成为一种起码的认同基础上而言的,而在我国目前设计教育中较为缺乏对传统美学修养的重视,无论造型能力还是对形式的判断能力都还是个问题的情况下,简单地将形式打入冷宫,这也是造成粗暴的工业建筑横亘于我们城市空间的主要原因之一。

在设计过程中,艺术素养是基础,理性的设计是一种专业素质,只有艺术修养而没有专业素质是无法胜任设计师的职责的,而片面强调功能的重要性,不重视艺术因素的影响,作品又会显得苍白无力。从艺术的角度,使设计者在设计中建立一个出发的原点即设计的立场,这是任何一个社会、任何一个设计者都应该坚持的原则,而不是在建设的功利浪潮中随波逐流,这也许是每一个设计师

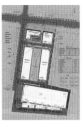 

图1 总平面图　　　　图2 鸟瞰效果图

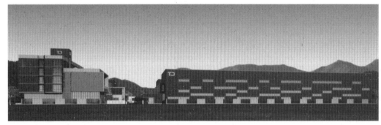

图3 工业园外观效果图

应该冷静面对的问题。

1 项目背景

武汉铁盾民防工程工业园由于武汉城市规划的调整及生产规模扩大的需求，厂区整体从市内搬迁至武汉市江夏区黄金工业开发区，地块位于黄金大道的南侧，用地呈"L"形，地势相对平坦，总用地面积为47530平方米（图1~图3）。

在项目设计前期与委托业主方的交流沟通中，业主方持一种较开放的态度，在生产办公使用功能要求得到满足的前提下，对视觉形式上的问题不予任何限制而给予设计师很大的发挥空间。希望由此能创造一个不仅是高效率的生产空间，也同时让生产者产生安全感、归属感的以人为主体的人性化空间氛围（图4、图5）。因此在项目的设计中，需处理好人与机器、人与人、人与环境三个方面的关系，而其中人与环境的关系是设计之中所关注的重点。

另有一个要求就是业主小时居住的老汉口里弄街区被拆迁，业主将房屋拆迁后的老青砖都收购了下来，希望在厂区的景观中用作建筑材料，以期能建立与过往时光的一些情感上的联系。

2 视觉艺术实践

2.1 空间形态

在本项目的设计中，厂区的功能规划分为三大部分：

（1）研发办公综合楼（图6~图8）；

（2）员工后勤活动中心；

（3）钢结构加工车间。

三大功能建筑因其使用空间的功能要求，而呈现不同体量的建筑形态。空间设计的过程也是探讨它的内部功能性与外部表现形式之间联系的过程。工业空间对于人来说，具有使用价值的不是围合成空间实体的壳，而是空间本身。工业空间除了满足专业的工业生产需要，还应满足具有人文特征的精神层面需要，即任何一种空间表现形式都应考虑空间的功能性、科学性、艺术性。

因此，在总平面图的规划布局中，将轴网开间要求较灵活的办公研发楼和员工后勤活动中心安排在临主干道的南面，在功能使用上方便工业园行政办公与外部的交流沟通，而建筑内部使用空间轴网的灵活性使建筑具有丰富的形态变化而一反常规工业建筑的生硬与突兀，以增加城市沿街立面的生动性。

作为园区内两个最大体量的建筑，两个大型钢结构加工车间，呈"H"形竖向布置在用地的后部区域以形成园区空间中的实体背景。在办公区与生产区之间，将那十几万块青砖砌筑了一条高12米、长100米的青砖隔墙（图9、图10），将两个区域清晰地界定分开，在总平面图布局中形成前后两个大的围合院落式空间。墙面上根据交通功能需要不规则地设置洞口，使前后两个空间相互交融，在视线的穿透中互为借景。青砖墙夸张、变异的雕塑般元素，使园

图4 园区小景实景照片和侧入口效果图

图5 园区内实景照片　　　　图6 研发楼外观实景照片　　　　图7 研发办公综合楼临街实景照片　　　　图8 研发办公综合楼内院实景照片

区建筑形态在过于清晰的秩序中变得多样而混沌，在矛盾中使人打破视觉的惯性，对客观物象的重新观照，产生对场所的某种精神寄托。

2.2 尺度

工业建筑作为生产要求，其建筑物在城市景观中大多呈现单一的大尺度形象，往往给周边及厂区的工作人员带来视觉及心理上的冷漠和压迫感。

尺度从视觉角度来讲，它不同于尺寸，尺寸是客观地度量出来的，而尺度是主观地度量，即人所具有的感受，而不是具体尺寸，因此尺度是具有可塑性的。

在对园区建筑尺度的设计控制上，采用了两种方式：一是通过增加视觉过渡层次以进行消解，如大面积青砖墙对大尺度厂房的间隔，广场中心景观水池及绿化带对视觉的缓冲等；二是通过建筑外表皮材料的视觉肌理细节转换视觉的焦点来增加人们对建筑的亲切感。另外，大尺度建筑也并非都为负面因素，在大尺度空间条件下，也可使人产生某种精神上的崇高感与对客观环境的一种尊重，因此尺度是一种可消解与借用的空间语言。

2.3 表皮肌理

歌德曾经说过："最高境界的建筑必须是表现的艺术。因为这时的建筑要运用想象力，要改变材料的性能，把它转换成另一种材料来使用……"

建筑表现形式的表现力源自构造方式与材料之间的相互关系的表达，构造方式与材料是分不开的，只有对材质特征具有敏锐的感觉，尽可能将材料的各种物理性能、工业构造方式的特征富有艺术性地表达出来，借助光线与阴影的塑造力，在统一与对比中体现材料自身的视觉价值，才可在建筑中营造出一种有动人细节的理性美。

工业建筑受其建造工艺技术的要求，在材料的选择上有所局限。首先会考虑其材料建造工艺上的配套与经济性。在本项目设计中，钢结构加工车间作为园区体量最大的建筑，其外墙材料只能选用大型钢结构厂房通用的彩钢槽板。因此，将这种彩钢槽板作为整个园区建筑立面材料的肌理基底，在厂前区的研发办公楼及员工后勤中心的立面上，也根据建筑立面构造的形态，穿插沿用了这种彩钢槽板。在这个统一而均质的肌理背景上，所有其他外墙肌理材料都与其形成对比，使其成为一个具有变化而又不至失控的肌理平台（图11）。

在园区建筑整体中性灰色钢槽板的基调中，穿插了三种不同肌理质感的灰色材质：①旧青砖；②灰色肌理外墙涂料；③火烧板石材。这三种材料与钢槽板形成一种渐次过渡的关系，打破了工业材料的生硬与单调，增加了材料的视觉肌理层次，以增加场所的细节丰富感。

为避免过于统一的灰色调给人带来视觉上的沉闷与疲劳，在局

图9 青砖墙实景照片　　　　　　　　　　　　　图10 青砖墙局部实景照片

图11 钢结构车间外观效果图　　　　　　　　　　图12 园区内景观实景照片

部建筑立面上采用了本色的防腐板，以增加建筑的温暖亲切感。在建筑的部分钢结构连接构件上涂以鲜明的橙红色油漆，以增加园区视觉变化的活力因素与色彩对比。

　　在园区的前院，利用建筑围合的空间中心，具有交通导向性地设计了非对称形的浅水池与绿化，以增加厂区视觉景观的层次及精神上的享受和调节。建筑与景观互为映衬，建筑借助水面的倒影来充分表现它的形态和虚实的质感，水面也因绿化和建筑的倒影更显生动，使人感到建筑空间里的动态和活力（图12）。

3　结语

　　武汉铁盾民防工程园设计项目是一个小规模的工业园区规划与建筑设计，其完工以后的效果也并非都尽如人意，但作为设计者在工业景观中导入视觉艺术元素的探索来表达设计者从视觉形式入手，从物质文化、精神文化的角度探讨和理解工业厂区景观设计形式，这样一种方式或角度，或许能对工业建筑在城市形象中的负面形象有所改观，从而有利于工业厂区景观设计的良性发展。

参考文献

[1]陈顺安，黄学军.工业景观设计[M].北京：高等教育出版社，2009.
[2]（美）卡斯腾·哈里斯.建筑的伦理功能[M].申嘉，陈朝辉译.北京：华夏出版社，2001.

广州古村落建筑的民系色彩与特征
—— 兼论建设美丽乡村目标下岭南建筑传统的传承*

傅　欣　武汉纺织大学艺术与设计学院
王瞻宁　武汉纺织大学艺术与设计学院

摘要： 岭南地区古村落的民系色彩是有别于其他地区古村落的重要属性，总结课题田野调查与文献检索的结果，以案例分析法对广州周边古村落的民系属性与建筑特色加以论述与分析，并结合当下广州建设"美丽乡村"的目标，就岭南建筑传统的传承问题提出看法。

关键词： 广州 古村落 岭南建筑 民系

引言

在悠久的历史演变中，广东形成了以广府、客家、潮汕三大民系族群文化为主体，既保留有古越族等土著民族底层文化，又深受外来文化影响的多元文化格局。在这种长期的多元文化浸润下，广州周边遗存了大量的宋明清时期历史村落与传统民居建筑，这些建筑遗存也同样呈现出多样化形态，既表现出各自鲜明的民系特征，又相互碰撞与交融，共同描绘出岭南民居聚落的特有风貌，是广州周边乡村美丽景观的重要组成部分，其数量、类型、特色以及保存现状等指标，在全国各大型城市周边古村镇资源中，都呈现居前状态，是广州先民给后人留下的珍贵遗产。

广州古村落的形成因素很多，影响最为直接的有地理位置、气候条件、民风民俗等诸多成因，从中国以农为本的历史角度来看，本地区特有的农耕形式，形成丰富的地方出产，其农商经济格局对古村落的形成至关重要，围绕宗祠文化所体现与凝聚的民系传统和

聚落特征也十分明显，在古村落的建筑格局和空间形态中，无不包容着属于这个村落的历史痕迹和民俗特征。在长期的历史积淀下，古村落作为人工构筑物和人类活动的聚落场所，也同时自然地与岩石、土壤、水体、田原肌理及动物、植被物种一起，在组成本区域大地景观及地貌特征的元素中承担了重要角色。而广州周边古村落的民系色彩，正是构成广州乡村特殊风貌的主要因素之一。

1 广州周边古村落的民系类型与分布

广州地处珠江三角洲北缘，北高南低，既有平原沼泽，也有丘陵山地、山野田园，土地肥沃，出产丰饶，雨水充沛。同时，广东在历史上被视为"蛮荒瘴疫之地"，故此很早就成为了"谪官"流放地与中原百姓躲避灾祸战乱的处所。据史料记载，广东历史上最大规模的移民有三次，历代移民与本地土著即古百越民族经过两千多年的交融，形成了以广府、客家、福佬三大民系为主的汉族族群。

一般情况下，人们对岭南古村落建筑的整体印象，主要是由"广府"、"客家"和"潮汕（福佬）"三大民系建筑，以及后期出现的南洋风建筑如"碉楼"等组成。但在调研中我们发现，三大民系建筑的分布其实是有着地区性密集特征的。广州周边目前尚存的古村落，比较明显的归为"广府"和"客家"两类，"潮汕（福佬）"类型的建筑在我们的调查范围内尚无发现。

*广州市哲学社会科学规划课题，课题编号：2012GJ61《广州建设美丽乡村前提下的岭南古村落建筑生态调查与教学保护研究》。

广府人是在前秦"征岭南融百越"及之后历代迁徙岭南的中原人与本地古越族融合而形成的汉族民系，在广东三大民系中成形最早，分布最广，是广东风俗文化的主要代表。珠江三角洲是以粤方言为载体的广府文化分布的核心地带，而处于珠三角北缘的广州自然是广府人最为集中的所在。因此"广府"古村落在广州周边分布最为广泛，如小洲、坑背、莲塘、钱岗、黄埔、西樵松塘、塱头等古村落皆是。

广州周边古村落的另一个聚集群是客家古村落，从遗存的数量上来看仅次于广府。客家自称"河洛郎"，可见客家自认其渊源是在中原的河南洛河流域一带。相对稳定的客家族群的起源，最早可追溯到前秦"征岭南融百越"，最迟在南宋已经形成，"因当时户籍管理已有'主''客'之分，移民入籍者皆编入'客籍'，故而'客籍人'遂自称为'客家人'"。[1]由于古代政治、经济、战乱、灾祸等原因，客家人历史上经历了五次（有说六次）大迁徙，由于始终居于客位，所面临的族群冲突更为强烈，故此客家建筑从广义上看，多呈现内聚的合族聚居性和对外的防御性，最为著名的是土楼和围龙屋，虽然形式不同，内涵却是一样的。然而，在广州周边一带，不知是否因为接近政治文化中心，安全感会强一些，我们在田野调查中没有看到类似土楼这样的大规模全围合建筑群体，而从开放程度和围合性上都有了形式上的变通。

2 广州周边古村落的民系特征

2.1 广府古村落特征

广府民居建筑的外在特点非常容易辨认，在主要建筑的山墙顶部，可以看到两只高耸的镬耳状墙头就是了。镬耳墙与徽派建筑的马头墙异曲同工，都具有防火、通风的良好性能。火灾时，高耸的山墙可阻止火势蔓延和侵入；微风吹动时，山墙可挡风入巷道，进而通过门、廊流入屋内。民间还有"镬耳屋"，蕴含富贵吉祥、丰衣足食一说，也被称为"鳌鱼墙"，喻意"独占鳌头"。因此，据说一旦家族兴旺，或做官或发财，一定会在屋顶上大做文章，最为典型的工艺是岭南特有的陶雕、灰塑和彩绘，广州著名历史建筑"陈家祠"更是达到了"穷尽"。

"镬耳墙"是广府建筑特有的风火墙形式，但若论及广府古村落的特色远不止外在形式这么简单，从村落的布局、景观、主体建筑与民居的关系等方面，都延续了久远的宗亲、风水等象征意义。以广州中新知识城内"古莲塘村"为例，莲塘村是一个始建于南宋的古村，据说是广府大支陈姓入粤最初在岭南立足定居的地方之一，创建者"时四"是陈姓入粤始祖陈彦约的第五代子孙，有"时四陈公祠"为证。来到莲塘村，首先映入眼帘的是二面环绕村庄的莲池与古桥、端庄正坐的祠堂和香火依然的千年古榕，村落虽已破败鲜有居住者，但绕过池塘循村边小路进入村庄，一条条狭窄的街巷井然有序，将村庄分隔为数个区域，形成完整的村庄肌理，即岭南古村落最为典型的"梳式"布局，这种布局可以最大限度地高密度有序排列住宅单元，提高宅基空间的有效利用率。村内仍保留有中原崇教兴学之风，所遗留的秀昌书会、鸿祐家塾、友恭书室等多个教学场所以及家祠等公共建筑，往往设置于巷道的前端，其后才是民居的排列。村庄背靠郁郁葱葱的玄武山，前低后高，站在村边只看村庄的气势与布局，仍不禁对这个具有近800年历史的古村落曾经的兴旺浮想联翩。

莲塘村大致能够折射出广府古村落的基本格局，虽然因地势、交通等原因各个村落都具有自己的独特面貌，但从考察的花都区头村、增城坑背村、西樵松塘村等广府古村落来看，其基本内涵、格局、构成元素都大致相同。

---

① 郑客.客家人的五次迁徙[N/OL].中国民族报，2003-11-04

2.2 客家古村落特征

客家是汉族中极为特别又影响巨大的族群分支，在历史上自前秦以来几次大的民族迁徙中逐步获得文化认同。在寻找和建设家园的艰苦过程中，客家人的生存历史，始终是与土著和其他民系之间矛盾、争斗再到逐渐适应融合的过程，因此村庄的安全与防卫处于极为重要的地位。岭南客家建筑最大的特点是村落布局的围合性，客家建筑中堪称典型的土楼、围龙屋、围屋比比皆是，都呈现出对内集中——生活情趣升腾、对外封闭——防御设施完善的向心性气场的特征，这样的建筑形态，一方面来自客家人以宗祠为核心的家族性聚居习俗，一方面也来自立足之初严酷的生存环境使然。在我们所考察的广州周边几个客家村落中，虽然没有出现围合性、向心性如土楼般强烈的客家建筑，但从村落的布局中，依然能够感受到这种特点的存在。

例如，距离中新知识城最近的从化太平镇钟楼村，是"唐宋八大家"之一欧阳修的后人于清朝同治年间（公元1862年）修建，被认为是迄今为止所发现的保存最为完好的历史村落，有中轴线上的"欧阳仁山公祠"堂联"庐陵世泽，渤海家声"为证。在考察前我们查阅了大量资料，已经有了村落"以欧阳仁山公祠为中轴线，左右分布着房屋，左边四巷，右边三巷；每个巷口另有门楼，上有巷名；过门楼，巷中间是一条花岗石砌边、青砖铺底的排水渠，依地势步步而上；巷两侧是三间两廊的民居，每排七户，前后毗连，共四十九户，每户两廊相通对望，小至孩子的照看，大至防范盗贼入屋，都可方便地相互照应；一家有难，众人相帮，这种'守望相助'的建筑形式，在全国乃至世界都是独一无二的"基本印象（来自钟楼村介绍铭牌），但是我们在现场考察中还是为该建筑群规划的严谨缜密所折服。

钟楼村属于客家建筑中典型的独姓围村格局，村庄居住部分以街巷为间隔，布局极其规整严密，后面有"挂金钟山"为依托，周围有三米多高的围墙环绕，四角有两层堞垛角楼可防御，村外有2米宽3米深的壕沟可护卫，村落的后面还有五层高的望楼作为制高点，依然是一派对外围合、对内开放的立意格局，而其匠心独运之处，还表现在整个村庄的围墙是由三层青砖砌构而成，夹在里外两层的中间层是不规则碎砖，这样盗贼即使想掏墙打洞也不能轻易得手，由此可见建设者的忧患意识。

村内每户人家均由"三间两廊"围合天井，构成一个小小的庭院，排列于巷道两旁。"三间两廊"是清末时候岭南中小型建筑的基本形式，村落的高墙窄巷和民居单元的小天井大进深，能加大建筑阴影，减少太阳直射，有效降低辐射热量，具有很好的遮阳防晒效果。同时建筑之间相互遮阳，巷道拔风，形成地面冷环境，与院落的开阔空间形成热压，给建筑内带来良好的热压通风小环境。天井有下水口和管道利于泄水。面朝天井的正厅光线充足，后部架有阁楼，上置神祖龛安放祖宗牌位，下面以隔扇屏风与内堂间隔，布置有条案、桌椅等家具，为家庭会客、起居、餐饮、拜祖的主要活动空间，开敞通风，非常适合岭南亚热带湿热气候。值得注意的是，这种民居形式并非来自于欧阳一族原居住地江西吉安庐陵一带，钟楼村采用"三间两廊"，很显然是接受了本地建筑特色，以顺应本地气候条件的结果。

正因为钟楼村是经过规划设计后一次性搬入的，因此处处体现出与其他古村落不一样的规整与完美。只可惜村口本应有的风水池塘和一只角楼因为公路的修建被填埋、拆除了，给我们的考察带来遗憾。

3 "美丽乡村"目标下的岭南建筑传统的传承

在田野调查中我们发现，古村落的现实状态不容乐观。

由于人口增加、交通方式及经济结构改变、生产方式和生活要求变迁、原有生活设施落后等原因，原住民几乎已经全部搬迁至新村，加之当下农村青壮年多数外出务工，只有老弱妇孺留守，多数古村落已成"空巢"，被称为"空心村"。老屋长期无人居住且缺乏修葺和管理，使得许多古村落已呈颓势，考察从化钱岗古村时，居住于古村周边新居的村民关于"当台风或暴雨来临时，常常听到古村落中老房子轰然倒塌的巨响……"的表述让人痛心，老屋中神祖龛下残留的蜡烛香灰和爆竹碎屑也使人感触至深。

老屋正在离去，新村建设却并未传承原有建筑风貌，即便松塘、杨池、小洲等已经纳入"广东省古村落"名单的古村落，也是任由毫无风格可言的新楼与古民居参杂交错，完全破坏了原有的布局与天际线，致使这一延续了千百年的历史文化形态，基本处于"美丽不再"的"自我消亡"境地。

我们认为，"美丽乡村"建设应该弘扬具有鲜明特色的区域性大地景观特色，对优秀古村落的保护，应包括对传统文化基因、建筑风格和居住方式的传承。如何保留岭南建筑的文化基因和风格特征，又能满足村民对高质量生活方式的要求从而去主动接受，使得传统建筑与当代生活得以跨时代地交接、转换、传承、光大，应该是建设管理机构、建筑设计单位和文化机构应该考虑的紧迫问题，多学科多部门积极介入"美丽乡村"建设，制定具有可持续性的新农村建设标准，设计特色鲜明风格独特的新民居，对美丽乡村建设给予具有可执行性的指导与监督，是岭南大地景观特色永久存留的保证。

4 结论

出于当下广州市建设"美丽乡村"决策的推行，古村落的前程命运又一次摆在人们的面前。我们认为，古村落属于不可再生的物质文化遗产，也是非物质文化遗产的共生载体，在建设"美丽乡村"的前提之下，古村落保护的意义，不仅仅在于对历史文化遗产的抢救，更在于传承地域文化特色，保留岭南大地景观特征，避免同质化等问题，从长久利益来考量，是打造广东文化强省、建设广州"美丽乡村"的重要内容之一。

参考文献

[1] 广东省文学艺术界联合会,广东省民间文艺家协会. 广东古村落 [M].华南理工大学出版社， 2010-08-01.

[2] 朱纯,张远环,洪淑媛. 弘扬古村落文化:彰显美丽乡村地域特色 [J].广东园林 ， 2015-02.

[3] 江门市图书馆. 三间两廊民居 [DB/OL]. 五邑数字文化网文献库，http://wyq.jmlib.com/jmhq/listhq.asp?id=53282.

红色革命历史片区保护与利用研究
——以武汉武昌区"中央农民运动讲习所"历史地段为例

范晶晶　武汉工程科技学院

摘要： 当今城市化进程越来越快，城市原有的社会结构和文化风貌受到了相当大的冲击，大片历史街区、传统建筑消失，传统的生活方式也逐步被新的方式所替代。我国当下对于红色革命历史纪念地的保护与建设十分重视，武汉是中国近现代史上的重要城市，其革命历史纪念文物较多。然而，对于这些红色文物的历史地段的整体保护与利用的设计则有所欠缺。因此，如何有效地保护这些红色文物，努力提高红色历史地段的利用价值成为值得探究的话题。

关键词： 红色革命历史 农讲所历史地段 保护与利用 持续发展

1 绪论

1.1 课题研究的背景和意义

1.1.1 研究背景

武汉市的历史文化、革命古迹遍布城市内部，形成了一定的城市肌理脉络，对其进行合理建设、有效保护、恢复与新建都是城市建设的重要部分。目前，形成了汉口原租界风貌区、武昌旧城风貌区等四片旧城风貌区和青岛路片、"八七"会址片、首义片、昙华林片、农

讲所等16片历史文化风貌街区。现代化与工业化的建设不断兴起，人们因为生活需求而开始乱搭乱建，破坏街道原有路径，公共区域与绿化减少，导致人们淡化了对城市的革命历史文化情结。

因此，应提高保护红色革命历史街区的意识，使红色革命历史保护区与人们的社会生活紧密相连，让城市环境具有全新的活力。

1.1.2 研究目的

通过对武汉市武昌区革命历史片区改造的理论研究分析，为城市的建设提出更高的设计要求：

（1）保留城市革命历史街区的旧址，更新传统的规划理念、网络肌理，与现代的设计技术相结合，延续红色革命历史片区的空间形态，将文化与环境相统一。

（2）将革命历史片区的发展融入城市的环境功能，打造新型的具有革命历史纪念意义的建筑与景观群落，以革命历史文化为主线，配以文化休闲与文化旅游为支撑的多元化居住环境。

（3）优化生态环境，对分散的居所与自行搭建的群落进行整治，把居住环境与商业环境、绿化环境进行整合，增加人们的公共活动空间，形成新型绿化景观区域。

1.1.3 研究意义

（1）理论意义。其研究对武汉市武昌区红色革命历史片区的整体设计提供一定的理性参考，提出适合其持续性发展的设计概

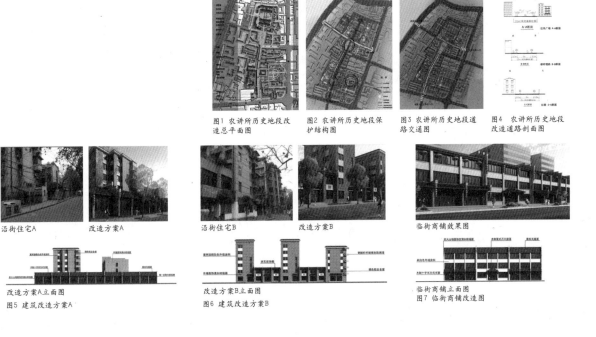

图1 农讲所历史地段改
造总平面图

图2 农讲所历史地段保
护结构图

图3 农讲所历史地段道
路交通图

图4 农讲所历史地段
改造道路剖面图

沿街住宅A　　　改造方案A　　　　　沿街住宅B　　　改造方案B　　　　　临街商铺效果图

改造方案A立面图
图5 建筑改造方案A

改造方案B立面图
图6 建筑改造方案B

临街商铺立面图
图7 临街商铺改造图

念，对其他相关的城市片区设计的结构关系、美学要求及有关设计原则都有着具体的理论意义。

（2）现实意义。科学保护和合理有效地开发利用城市红色革命历史片区，将有利于城市革命历史文脉的传承；完善片区的人居环境与文化商业环境，提高物质生活与精神生活水平；建筑与景观空间形态和谐统一，必将会促进具有特色的城市发展。

2 课题研究的主要内容

论文主要通过革命历史区规划原理、美学理论、风景园林学、景观生态学、区位理论、经济学、人文地理等相关理论，研究具有红色革命历史地段的保护和利用方法，促进城市具有特色的片区可持续性发展。论文分为以下内容：

（1）通过论文的选题背景、研究的意义与目的，找到相关的论述研究；

（2）搜集了许多国内外对其研究的理论，总结出明确的保护与利用方向；

（3）以武昌区农讲所历史街区作为设计改造的重点案例分析，挖掘其存在的红色革命历史文化内涵，总结改造重点，并提出可行性保护与利用建议；

（4）总结具有红色革命的历史地段的社会价值，

得出课题的主要研究结论，并对未来的相关研究进行了展望。

3 国内外相关理论研究

3.1 国内相关理论研究

至2008年全国已有300个革命博物馆、纪念馆等基地免费开放。各地"红色旅游"已有多个重点红色旅游区、精品路线和经典景区，初步形成了红色革命特色的旅游发展框架。

庄锐辉（2009）认为保护历史风貌区可以减少对旧城的破坏与城市现代化发展的若干矛盾，这有利于解决保护和发展的关系。

陈光明（2010）在《城市发展和古城保护——以苏州古城保护为例》一书中说明，古城的保护目标是保护城市风貌和格局、古迹建筑等，从而维护传统的物质结构、空间形态，尽可能保存原生态的传统生活和文化精神。

3.2 国外相关理论研究

国外并没有"红色革命"这一相关概念，课题的相关理论则归于国外对历史街区保护的相关研究。

里普凯马（1992）指出，一座历史建筑具有多层次价值，而最重要的是经济价值的支撑。保护最根本的要求是要合理且具有经济和商业目标。

史蒂文·蒂耶斯德尔（2006）提出所谓振兴历史街区，正是要

青石桥社区现状1

青石桥社区改造方案1

青石桥社区现状2

青石桥社区改造方案2

图8 社区改造效果图

中华路入口现状

中华路入口改造方案

农讲所门前现状

农讲所门前改造方案

图9 入口广场效果图　　　　　　　　　　图10 农讲所门前广场效果图

缓解历史街区的功能与现代化需求之间的不和谐。

3.3 红色革命历史片区的概念

"红色"是指中国共产党成立以后到新中国成立以前的这段历史时期，主要包括红军长征时期、抗日战争时期、解放战争时期。红色革命历史片区是指具有红色文化遗产的历史片区，一种类别是在特定的土地革命战争时期、抗日战争时期和解放战争时期所形成的历史文化村镇、街区等；一种类别则是多个历史时期形成的，具有古建筑文物资源的历史文化村镇、街区等。

4 武昌区农讲所红色革命历史地段案例前期分析

4.1 武昌农讲所红色革命历史地段的历史遗产

农讲所片区主要的革命旧址包括：

（1）毛泽东旧居

旧居位于都府堤路41号，1927年毛泽东在武汉从事革命活动时暂时居住的处所。1967年依据原来的民房样子重新修建了现在的旧居，2001年公布为全国重点文物保护单位。

（2）中国中央农民运动讲习所旧址

旧址位是毛泽东同志在1926年开始筹备的，是为培养全国农民运动干部而创办的学校。农讲所为砖木结构的晚清宫廷式建筑，2001年公布为全国重点文物保护单位，2010年被评为AAAA级景点。

（3）"中共五大会址"旧址

建于1918年，原是武昌高等师范学校附属小学，后为陈潭秋中学，2007年11月中共五大会址纪念馆开放。

4.2 基础建设与现状问题

（1）历史地段风貌的不完整

由现状调查分析得出，现存的主要历史保护单位有三处：中共五大会址、农民讲习所以及毛泽东故居。除此外并没有其他完整的历史遗存，周边脏乱差的环境与历史建筑也极不协调。

（2）部分街巷肌理关系杂乱

传统历史街区的街巷肌理具有原有居民生活的场所关系，大部分地形是顺应山体自然生长的，后来随着生活环境的改变，人们又自发地搭建了一些零散的建筑群落，对历史风貌的延续以及周边环境的协调都有一定的影响。

（3）公共空间及景观绿化较少

由于传统建筑肌理的制约以及日常生活中人们的乱搭乱建现象严重，造成公共空间缺少，景观绿化除现有的"武昌廉正公园"及历史古建筑内比较集中外，其余社区和街巷绿化严重不足。

（4）建筑立面不协调

基地内历史建筑保存完好，能够体现荆楚建筑的文化，而新建建筑的部分建筑构件、细部装饰、整体色彩等，与周边历史建筑不

街边现状1

街边改造方案1

街边现状2

街边改造方案2

院落现状

院落改造方案

图11 部分景观改造效果图

太协调。

5 武昌区农讲所红色革命历史地段保护与利用

5.1 项目设计理念

本着以保护为主要前提的设计理念，在发展中完善需要保护的对象。在设计思路上，需要解决商业圈与文保建筑的关系，现代功能与传统类型之间的关系。而在具体措施方面，需要将零碎的空间连续起来，使孤立的交通有序起来，使破碎的建筑界面协调起来。

5.2 项目保护的措施

5.2.1 完善法规体系

首先，在对红色革命历史地段的保护规划中，要完善法制法规的完整体系，制定确实有效的配套实施细则。建立健全的管理机构，加强监督检查。

其次，制定保障制度，设立红色革命遗产保护的专项资金，合理地分配对保护与利用的投资，将企业与个人的收益清晰分开。

5.2.2 完善具体景区格局设计

（1）建筑的保护措施

为保护武昌农讲所历史建筑和地方风貌的完整，充分考虑现状和可操作性。对于重点的文保单位建筑，在整体的格局上是不予变化的，但要有主要日常的保护、局部整修、重点加固等措施。部分保留的历史遗存历经时间久远，在不改变外观的基础上，尽可能保留历史原貌。

（2）用地布局的保护措施

项目平面布局（图1）主要是在原始的建筑基地进行局部调整，主要的古建筑遗址不能变动，都府堤路入口的清江饭店也是不能拆除的，将都府堤社区建筑基地位置予以保留等。

保护的范围包括：

1）南北景观主轴线不变，设置若干业布置，以红色历史文脉作为主线，在周边产品的经营上做文章，连接三个历史建筑的历史精神；

2）保留都府堤入口与农讲所入口，分别拓宽路口尺度，设定一定的广场范围，使得人们进入景区时感受到强烈的识别性；

3）在农讲所西面增加公共的停车场区域，使得车辆有序停放，不影响路面街道车行的通达性；

4）都府堤社区和雄楚楼社区的街巷拆除违章多余建筑部分，还原道路宽度，增加绿化区域与公共休闲空间；

（3）公共空间结构的保护措施

整体规划的结构在原有的布局上大部分是保留的，只是在主题定位上与尺度上略有变动（图2）。

"二轴"：形成以都府堤路为南北向特色商业轴、以红巷路为东西向历史文化轴"一纵一横"轴线格局。

图12 农讲所历史地段整体改造效果图

"二点"：指农讲所门前广场和中华路入口广场的两个广场节点。

"三区"：指以文保单位为核心形成文物展览区，以武昌廉政文化公园为核心形成休闲景观区，将农讲所东、西两侧进行改造形成文化创意区。

（4）道路交通的保护措施

原有的交通具有一定的历史遗留，规划保护的重点是梳理街道的不合理搭建，控制主干道和支路的明确宽度。每条道路分别承担旅游、商业和交通步行绿道的功能，各有作用而又相互联系（图3）。

都府堤路、红巷路交汇，设计均达到景观与交通的双重性功能，都府堤路为人行参观步道，禁止车辆进出，是该区域的步行人流来源。都府堤路轴线古建筑与社区建筑的距离控制在15米。增设商业单元形成部分商业步行街，提供给人们聚集活动的场所。红色广场为人流密集处，区域控制道路规划尺度为30米，保证一定人流量的聚集。红巷路段农讲所外墙与社区建筑的距离控制在15米规划范围（图4）。

5.3 项目开发利用的策略

5.3.1 建筑整治与利用方案

在农讲所片区的建筑整治中，多数建筑的基地位置是不能变更的，所以建筑的外观造型是整治方案的重点。

（1）红巷路为主要观光轴线，现有的沿街活动主要为居民的居住日常活动，体现出过于闲散的环境特点。改造方案将临街一层改造为商业店铺，一来增添景区的产业特色，二来可以规范街面秩序，使得街巷有一定的时代气息。材料以清水砖饰面，配以黑布瓦屋面，木制葵式万川挂落，木制十字长方式长窗，部分外墙刷白色涂料（图5~图7）。

（2）青石桥社区与雄楚楼社区中的建筑立面过于陈旧。改造方案将建筑外观饰面材料改成清水砖，增设斜面块瓦装饰窗楣，增加窗台结构与配以绿化，使得整体环境更加有秩序（图8）。

5.3.2 公共景观区域的整治和利用

（1）在整体的景观布置中，方案规划出"二轴"、"二点"、"三区"的结构，将零碎的景观节点连贯起来。

"二点"设计中"一点"则是以中华路入口广场与农讲所门前广场作为景观节点，以丰富视觉中心。中华路入口广场为主要步行出入口，设计一半圆形包围式的广场，自然地将人流引入其中。建造一景点门楼，形成标志性的门楼建筑，给人们明确的指示性（图9）。

"二点"则是在农讲所门口广场设置圆形五星图案，以革命元素图案象征人们的凝聚力，增加古建筑庄严肃穆的氛围，四周绿植环绕，广场也可形成部分纳凉集散的环境效果（图10）。

（2）整个历史地段用地面积有限，为了满足交通，在道路的尺度上加以控制，使得景观绿化严重缺少，现状景观硬质铺装面积过多。改造方案在社区与临街步道的绿化设计中采用了大面积灌木植被、单株观赏树种（图11、图12）。

6 结论

红色革命历史文化街区是具有特色的城市发展的重要部分，是延续革命精神、学习革命事迹、展现城市革命文化内涵的构成要素。对于农讲所红色革命历史地段应进行积极有效的保护，合理地开发可利用资源来协调传统文化与现代生活的需求。

课题需要不断深入实际进行研究，每一个革命历史遗留的区域都有着其自身的特色。因此希望以此文作为研究的起点，今后更加深入地学习与研究下去，并进行更加符合科学的、全面的理论研究与实践启发。

参考文献

[1]（英）史蒂文·蒂耶斯德尔，蒂姆·希思，塔内尔·厄奇. 城市历史街区的复兴[M]. 北京：中国建筑工业出版社，2006：11—15.

[2] 王景慧. 城市规划与文化遗产保护[J]. 城市规划，2006(11).

[3] 奚文沁，周俭. 巴黎历史城区保护的类型与方式[J]. 国外城市规划，2004(5).

[4] 全国人民代表大会常务委员会. 中华人民共和国文物保护法. 2007.

[5] 中华人民共和国国务院. 历史文化名城名镇名村保护条例. 2008.

[6]《武汉国土资源和城乡规划》武汉历史文化名城保护规划专辑（一）.

[7] 彼得·霍尔. 城市和区域规划[M]. 邹德慈，陈熳莎，李浩译. 北京：中国建筑工业出版社，2008.

[8] 武汉城市规划管理局. 武汉市城市规划志[M]. 武汉：武汉出版社，1999.

[9] 宣婷. 历史风貌区保护规划[M]. 南京：东南大学出版社，2013.

[10] 孙婕，仝娟. 红色历史文化村镇时空特征初探[J]. 中南林业科技大学学报(社会科学版)，2011(5).

[11] 钟虎，吴国玺. 红色旅游与生态旅游资源整合开发研究——以河南省确山县为例[J]. 经济研究导刊，2009(5).

[12] 高亚芳，何喜刚. 甘肃省红色旅游资源开发规划研究[J]. 西北师范大学学报(自然科学版)，2006(5).

[13] 刘茶根，戴和杰. 提升红色景区教育功能-培育社会主义核心价值观[J]. 中国纪念馆研究，2012(2).

街区式商务办公景观设计
——以合肥金融港一期景观为例

张亚南　湖北商贸学院

摘要：合肥金融港作为国内产业地产领先的园区运营管理商，光谷联合控股集团2016年最新力作，其超前的规划理念"街区式商务办公"，与2016年《中共中央国务院关于进一步加强城市规划建设管理工作的若干意见》中我国新建住宅要推广街区制的发展趋势不谋而合。作为金融后台主题产业园，其园区定位为具有浓厚商务、小资氛围的街区式商业办公环境，成为同类项目中的品质标杆。本文从项目规划、定位为切入点，从地面铺装、绿化景观两部分，探析如何进行街区式办公空间的景观设计。

关键词：街区式　商务办公园区

2016年2月21日《中共中央国务院关于进一步加强城市规划建设管理工作的若干意见》提出，我国新建住宅要推广街区制，原则上不再建设封闭住宅小区。未来的城市规划将逐步向街区制转型，作为城市的创新载体，主题办公产业园的开放进程亦在实现之中。

何为街区式商务办公空间？规划时将城市构架内的街区体系理念延续到用地范围内，打破原有办公社区与城市的隔阂，实现基地环境及设施与城市共享。其次，道路尺度细分。在原有城市规划街区网络基础上增加地块内的道路，进一步将街区网络细分为100-150米，创造宜人的步行尺度。最后，突破办公社区相对封闭内向的状态，将城市道路引入。合肥金融港一期景观即为此类办公空间

中的典型性景观设计作品。

1 合肥金融港景观设计要点

1.1 项目介绍

合肥金融港坐落于合肥市滨湖新区，定位为金融主题产业园。合肥金融港于2013年10月正式启动开工建设，由国内产业地产领先的园区运营管理商光谷联合控股集团投资建设，总投资35亿元，占地171亩，建筑规模约61万平方米，将建造10栋高层办公楼（14~23层），14栋多层独栋办公楼（5~6层），1栋经济型酒店（19层），配套商业裙房、会议中心、地下停车库及设备用房（图1）。

1.2 项目受众

项目为金融后台主题产业园，入驻企业多为大型金融类或相关产业链公司。办公人员多为1980~1990年代的青年白领。在工作性质、习惯及年龄结构等方面都有其共同特征：

（1）综合素质与审美素质高

从事金融类行业的1980~1990年代后职场人士，拥有良好的综合素质与较高的眼界，会对工作场景有期许，会期望办公环境注重美与文化意蕴，能够带给他们不同的视觉与心理感受。

（2）追求办公品质与多样化

上班族一生约有三分之一的时间是在办公室度过的，办公室就是第二个家。传统的办公空间已不能满足其对办公空间的期许。温

图1 项目鸟瞰图

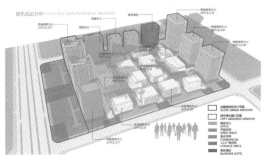

图2 项目设计条件分析

馨、开放、自由的办公环境越来越受到人们的关注与重视。

（3）普遍具有紧张感和焦虑感

由于工作性质及其他多方面的原因，"办公大楼综合征"严重影响着从业人员，亚健康已成为非常普遍的现象。他们渴望拥有一个宽松、舒适的办公环境，既可缓解压力，又能增添工作情趣，激发工作热情与活力，提高工作效率。

1.3 项目定位

项目一期环境设计定位为具有浓厚商务、小资氛围的街区式商业办公环境，让其成为具有商务、交流、活力、生态庭院等多重感受的立体景观空间，成为同类项目中的品质标杆。

1.4 项目设计条件

（1）场地面积有限

项目土地性质为金融商业用地，容积率为4.14，建筑密度为33.7%，绿地率仅为20.4%，景观面积相对较小。

（2）红线外有城市绿化控制带

临城市主干道一侧有总面积1.5万平方米的50米宽城市绿化带。该绿化带被纳入项目园区，需结合项目景观的设计理念重新设计。

（3）项目建筑单体和而不同

项目内街14栋多层建筑单体外观和而不同，每个建筑单体外观都有其唯一性，外立面材质、颜色、出入口、内廊、阳台、露台、

天井等因素，在环境营造时带来无限可能（图2）。

2 合肥金融港一期环境设计分析

随着其核心特征和经营模式不断的演进，产业园进阶可以简单分为1.0到4.0，其园区外在形象如园区规划、建筑形态与景观绿化也随之不断探索升级。

1.0阶段的园区，多以"厂房+道路"的布局为主，环境常被忽略，给人以空旷荒凉的工厂区感观。2.0阶段，环境有所提升，但植物种植形式粗放，绿化量不足，户外空间为单一活动场所。3.0阶段，园区环境变得多样化，重视人性化设计，工作环境变得舒适宜人。4.0阶段，以"街区、生态"办公为理念，塑造个性环境体系，形成低密度绿色低碳综合性的生活区域。

下面从景观规划、底界面设计、绿化景观三个方面，对合肥金融港一期景观设计进行重点分析。

2.1 景观规划

（1）确定功能分区

将景观主次轴细分为外围商业景观带、四个主题活动区、广场入口及城市绿色窗口。多层区域中分割出四个独立广场，分别定位为商业办公融合区、休闲活动区、绿色办公体验区与酒店后庭景观区（图3）。

（2）梳理交通组织

对道路分级、停车位布置进行梳理，确定"快轴"空间。根据

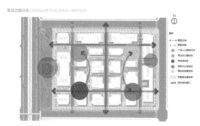

图3 功能分区

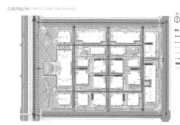

图4 交通流线分析

图5 魔纹铺装

每栋建筑特性,赋予底层建筑间的"慢轴"空间属性。

"快"源自对项目的解读——金融代表高效、快速;"慢"源自对空间使用人群需求的供应——放松、感性,以希望打造一个展现企业文化、体现人本化与人性化的商务、交流的产业园空间(图4)。

2.2 底界面设计

城市公共空间的底界面——即城市地面,其范围广泛包括地面铺装、室外家具、建筑小品与绿化及其他公共设施。本文仅从地面铺装、台阶、路径等三个方面进行探析。

2.2.1 地面铺装

具体到实际运用,地面铺装应着重考虑三个方面的问题。

一是使用空间的属性。空间功能与性质决定了地面铺装的形式、尺寸、质感。项目为开放性的街区式商务办公园区,首层均为配套园区底商。因此,项目地面铺装在设计时强化了功能的对比性。利用铺装材料规格的大小、园路的曲直、地形的高低起伏,给人以生动、突出、个性鲜明的感觉。

项目沿街底商多规划为银行网点,后期车行出入频繁,在选用地铺材料规格应选择常规尺寸,如规格900毫米×300毫米的石材美观有个性,但其特有尺寸石材耗损多且易破碎,不适合作为车行道路铺装材料使用。同时,车行道路地面铺装材料应至少保证5厘米厚以上,步行道石材或砖均可选用厚度在3厘米以上的材料。

在地铺材料面层上,多使用面层为火烧面和荔枝面的石材,在吸水性、防滑性上均有好的表现,如火烧面芝麻黑、荔枝面漳浦青等。砖类产品使用较少,因后期其面层易附着泥土变得湿滑,如水泥砖、烧结砖。

二是区分空间属性。区域空间属性不同,地面铺装形式、材料及颜色也均有不同。在深入研究业态布局及园区后期经营理念后,对地面铺装形式划分。多数产业园地面铺装无论材料还是铺装形式都相对简单,可以节省造价且施工方便,但品质相对较低。合肥金融港的地面铺装,在办公区、出入口、商业内外街、四个广场及市政绿化带中均有不同的体现。特色处理的魔纹铺装,选用不同规格的芝麻黑白灰及漳浦青波打收边,手法极具活力、动感(图5)。

三是限定空间界面。项目建筑密度较大,建筑间距无富余。通过景观处理细节,可以改变这一现状。如在车行道与底商交汇处地面铺装材料选用颜色对比强烈的两种石材进行竖向铺装,降低路缘石高度,仅高出底商铺装面2厘米。这样调整可以使建筑间的两个底界面(车行道与底商外的人行道)感观上融为一体。在路缘石一侧布置低矮灌木、座凳或花箱对道路范围进行限定,这样既扩大了空间区域感受,又对车行区域进行了明确(图6)。

2.2.2 台阶

台阶是处理竖向场地关系的最常用的一种表现形式。台阶运用

图6 增加空间感受　　　　　　　　图7 台阶处理　　　　　　　　图8 跌级花坛

灵活，处理微高差有着自身的优势。金融港南北两端竖向高差近2米。但建筑设计正负零标高多为同一标高，因此建筑入口、沿街底商形成了多个不同的竖向高差。此时台阶包括花池都是处理高差关系的最好的手法。当然，处理不是千篇一律，细节不同，效果不同（图7）。

如南京路沿街商铺，其竖向高层与市政人行道有160厘米高差。设计时以巧妙两级跌级花坛进行处理，跌级花坛中栽植精品桂花，配以毛鹃、金森女贞、海桐与红继木规则式栽植，台阶处采用8厘米厚石材做踏面，彰显出入口的高端大气（图8）。

2.2.3 路径

路径是划分空间整体秩序的最佳方式。人们进入园区，不管是车行道还是步行道，当人按路径行进时，园区内的种种建筑、小品、景观及室内环境等整体形象逐步展现在眼前。

2.3 绿化景观

产业园内部办公洽谈环境代表了企业形象，是来访者与参观者进入园区的第一印象，而轻松、绿色的办公环境是商业洽谈的美好开端。

项目植物设计延续街区式办公园区设计理念，植物营造整体风格以现代、简洁、舒适的景观设计理念为主，充分利用现有地形，结合园区功能定位及周边城市景观，塑造融合复合多元功能、灵活开放的空间、可持续发展的金融商业办公园区。

设计本着以人为本、自然和谐、生态节能的原则，充分发挥绿地的景观生态效应，合同确定乔木种类和数量比例，其中乔灌与草坪的比例约为6:4，即乔灌的种植比例占种植面积的60%。以生态草坪为主，进行乔灌配置。

适地适树，以乡土树种为主，并适当引入优良的驯化品种，以增加项目的尊贵气质，凸显项目的现代、简约风格。以人为本，不仅注重观赏性，同时强调其功能上的需求，如遮阴、采光不同的需求及开敞空间和私密空间的营造。采用速生慢生多种品种进行配置，形成丰富多变的植物景观，同时选用多种规格进行搭配，尽快形成多层次的植物景观效果，并利于节约成本。

绿化与硬景紧密结合，共同营造观赏亮点及景观精品，达到四季有景的效果。项目整体风格为现代简约风格。为了更好的配合风格表现，突出现代、简洁、自然的植物景观特性，绿化设计以行道树、草地、花林和景观树作为基调，结合局部的水体、地形特点营造出既大气爽朗又丰富多样的园区绿化景观。

2.3.1 景观中轴

紧紧围绕园区路网形成的自然轴线，以四个功能不同的广场为核心，形成自身的景观轴。其中的植物配置方式均有不同。商业广场强调通透性，广场围绕商业建筑，周边用高耐竹地板平台进行围合搭配少量银杏，强调商业氛围。乔木以点缀为主，用骨架蓬径具

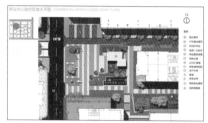

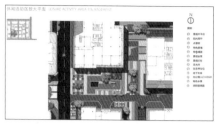

图9 商业广场   图10 雕塑广场

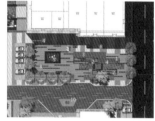

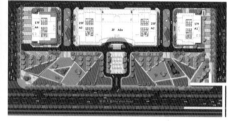

图11   图12   图13

佳的孤植树做点缀，用绿地、色彩不同的灌木进行区域围合划分，大面积的硬质铺装让人明显感觉到该广场与其余三个的不同。乔木之外布置各种草花，色彩缤纷。乔木以色叶树为主，选用黄连木、丛生朴树、乌桕作为骨架树，有利于提升空间档次（图9）。雕塑广场，入口区域布置银杏树阵，强调纵深感与区域感，进入广场后设置跌级绿地、特色雕塑与景墙，强调横向感，给人以明确的功能区分（图10）。

2.3.2 线形空间

通过空间的限定与过渡、视点的转换、视线的引导和连续等方法来实现园区整体的景观组织和空间意象。风格各异的底层建筑错落有致，线条多样而流畅，景观空间尺度与建筑相辅相成，对项目的空间感、品质感有着极大的提升。

在植物的选择上，乔木多选用丛生类，如银杏、丛生黄连木、朴树、大叶女贞成为空间内的主干树种，辅以香樟、乌桕等乡土树种。银杏在雕塑广场中用以规则式排列，黄连木枝干挺拔、树枝分叉点高，形状优美，孤植搭配水景，给人以清新宁静、明快奋发的视觉体验（图11、图12）。

2.3.3 草地空间

草地在景观空间中非常适合造景。通过草坪的自身物理性质及人工处理来完成不同景观空间营造。草坪形状可分规则和不规则两

种。规则草坪可用于制造各种限定景观，不规则草坪则主要用于调节景观空间层次。利用形状来制造和强调景观的表现力，而且目前运用较多。不同品种的草构成的草坪，其色彩有明亮度和纯度的区别，可根据这一特性创造出不同的景观。

"乔木+灌木+地被植物"的组合是景观中常用的一种搭配，也充分利用了植物的生态特点。合肥金融港市政绿化带区域面积大，设计时在临市政路处采用大面积的跌级草坪，一可以与行道树有空间上的距离，二通过跌级草坪将增大空间感。场地后方采用"乔木+灌木+地被植物"的组合，形成大小不一的组团。同时，大面积的草地后期维护有一定压力，因此，项目在市政绿化带中采用了喷灌系统，一方便后期养护，二临近城市主干道，喷灌也可以独立成为一道亮丽风景线（图13）。

3 结语

合肥金融港一期现已交付投入使用，无论是售房时客户的现场体验，还是交付使用后业主的反馈，其整体环境均获得了一致好评，也成为开发单位对外宣传与售房时同其他楼盘竞争的一大优势所在，对开发商售房价格也有一定提升。项目的成功有着方方面面的原因，园区景观的成功则离不开项目的准确定位，设计理念的品质定位准确，顺应了产业园景观空间发展趋势以及可持续的生态自然等前瞻性的空间特质。

基于产业与旅游相结合的
武汉市农业生态园景观设计研究

李　婧　武汉工程科技学院

摘要： 本文对基于产业与旅游相结合的武汉市农业生态园景观设计进行研究，综合运用园林景观学、设计艺术学、生态学、经济学等多学科原理，通过对农业生态园的发展现状的分析，探寻武汉市现代农业景观设计的不足与农业文化缺失的根源；通过对农业生态园景观特色设计的意义、原则、方法以及发展趋势的探讨，寻找武汉市现代农业生态园建设中景观设计形式单一、缺乏特色等各种问题的解决办法；通过对农业生态园人文因素和自然因素的挖掘与运用，把农业文化融入武汉市农业生态园的景观设计中，并与旅游资源结合起来，发展集产业、文化和观光旅游于一体的立体综合农业生态园。综上所述，本课题研究的最终目标是在景观建设中，充分利用农业环境和文化内涵，突出观光旅游在农业生态园中的作用，以武汉市文化经济为基础，营造出一种具有农野风貌和以生态观光为特点的现代农业景观。

关键词： 生态农业　农业景观　产业　旅游

本课题在全面考察国内外生态农业园发展情况和建设成效基础上，从艺术设计的角度，探求武汉生态农业园景观规划的相关原理与技术。课题从以下几个方面进行研究：第一，探讨了农业生态园的基本情况和相关理论；第二，分析武汉农业生态园景观规划发展的成效与问题；第三，重点对武汉农业生态园的景观规划发展模式、园区布局和功能定位、园区产业结构和旅游资源进行了分析；第四，以武汉辛安渡农场景观规划设计为例的农业生态园区景观规划设计方法研究。

1 武汉市农业生态园景观设计模式研究

合理规划的现代农业生态园的建设包括三大内容，即农业产业规划、景观环境规划和文化功能规划。园区的建设内容应根据区域环境的实际情况，在不同的功能区域划分出用地范围，建立集农产品生产、农业技术研究与乡野观光旅游功能为一体的现代农业产业新区。根据现代农业生态园建设内容的设计，武汉市农业生态园区规划应包括以下几个子系统。

一是构建"一园三心"，即一个园区、三个中心（农业生产中心、农业销售中心和农业文化中心）。目前武汉市的农业生态园的产业包括种植业、养殖业、特色果品加工业、生物制药以及科贸与物流。在规划园区时首先应合理分配这些产业的区域位置，同时提供示范、科研、教育等配套功能。

二是农业生态园作为一种独特的农村景观资源，在传承中华农耕文明、协调城镇化和农村风貌的过程中发挥着重要的作用。同时它也为农村旅游休闲产业提供基础，提高了优势特色农产品的附加值。

三是随着武汉市旅游业的发展，现代农业生态园所具备的生态环境优美、乡野风景丰富、农事活动多样等特点，已逐渐成为乡村旅游观光的优势。农业生态园的观光旅游是农业向旅游业的延伸和渗透。这种新的结构，给农村发展带来了新的契机，丰富了农业结构，使得第一产业与第三产业相结合；也使得农业文化延续传播，使得更多的城市居民能够从农业旅游中欣赏到农家乐的精髓；同时农业旅游还是一个低碳产业，在环境保护和资源利用方面保护了农村的蓝天白云，使得农村成为一个宜居的地区。

所以，在农业生态园的建设中创造多种多样的旅游项目是提高园区的经济价值和竞争力的重要途径。

1.1 武汉市农业生态园的景观设计方法

农业生态园在进行相应的景观设计时主要是参考实际的农业生态，农业生态园景观设计不仅体现农业生态的美，还体现出农业旅游的科学发展与现今对城市与农耕地的合理规划。农业生态园的功能分区离不开农业生态园的总体发展所追求的目标，为了实现对农业生态园功能分区的合理划分，在规划功能分区时应遵循"因地因时制宜"原则，做到具体问题具体分析，以此探究出一个高效、科学、完善的农业生态园发展方案。

1.1.1 武汉市农业生态园的功能分区

（1）武汉市农业生态园的功能规划是一个比较复杂的过程，既要统筹全局，又要突出地域文化。功能分区首先要考虑整个农业区内的建设和发展定位，用科学和生态的手段划分功能，同时兼顾艺术性原则。通过整体的规范式网状道路或水利形成基本分区骨架，以体现农业的科学世界观；采用规则式、符号式或自然式园林景观设计的布局手法进行局部分区，以体现观光农业的艺术性和时尚性。整个园区将形成果林环抱核心服务区域的绿地围合式生态格局。

（2）尊重当地农业用地的实际情况，将农业发展中的科学发展理论灵活地运用到农业生态园的规划与发展中，划分出具体而科学的农业生态园功能分区：在相对集中的主入口和核心展示区的

周边，也应该加大对农业生态功能分区的规划，布置出合理而具备实用性的农业生态功能分区，并积极开发合适的农业生态园发展项目；在入口与道路相交的地段布置经营管理、休闲服务的配套建筑用地，便于集中管理土地、基础设施等。

（3）在对紧密联系的园区进行开发时，要充分考虑与紧密联系的园区发展息息相关的地理位置、农业发展环境、当地气候等各方面的因素，通过对与紧密联系的园区发展息息相关的因素进行具体而科学的分析，进一步对紧密联系的园区的发展提出科学的发展方案。提出重点、全面协调，是现代农业生态园功能分区的基本原则。

1.1.2 功能布局

现代农业生态园的发展经过近10年的发展，已经有了较大规模的影响。根据农业项目的类别和用地性质的不同，农业生态园的功能分区一般可分为科研生产区、示范培训区、观光和休闲区及管理服务区。

（1）科研生产区

该区域是农业生态园的核心区域，在园区的用地面积中占较大比重，且相对独立和封闭。科研生产区的主要功能有两个：一方面，是农业生态园里的农、林、渔作物的生产场所；另一方面，也是农业生态园进行新技术、新品种试验、科技成果转化的场地。故一个土壤肥沃、地形平坦、气候适宜、农作物生产技术水平高的生产场地是必不可少的。

（2）农业生态园示范性培训区

农业生态园示范培训区紧靠科研生产区，是农业生态园进行新技术示范推广和培训的区域。示范培训区通过与科研生产区的对接，将品牌与科技连接，实现农产品生产的标准化、规模化和农产

品销售品牌化，提升园区竞争力；通过对管理干部、农业技术人员、当地农民进行技术培训，使园区成为传播农业高科技的教学示范基地。示范培训区一般设置专门的出入口，不应与游客混杂，可与科研生产区之间形成连接口，可设置专门的车道到达其他区域。

(3) 观光和休闲区

观光和休闲区是农业生态园中，为游客提供乡村旅游和休闲活动的场所。这其中包括两方面的内容：一是通过设置观赏型农田、瓜果、珍稀动物饲养、花卉苗圃等，使园区形成层次丰富而景色优美的农村景观；二是通过设置农园采摘、渔场垂钓、畜牧狩猎等形式多样的农场活动，提高游客的参与性与积极性，使游客在轻松休闲之时又能增长知识，达到寓教于乐的目的。农业观光和休闲区的选址可选在地形多变、周围自然环境好的地方。可以远离生产区，但是要有独立的道路连接到主干道，并且要安排适当的生活服务设施，以为游人提供服务。

(4) 农业生态园管理区

管理区在农业生态园的发展过程中起着至关重要的作用，管理区的安全运作是农业生态园稳健发展的关键。管理区的主要工作是对农业管理部门进行合理的建设，对农商发展作出合理的划分，对农业生态园旅游项目提供具体的服务。

1.1.3 武汉市农业产业项目规划

农业生态园建设本质的目的是提高农业整体效益，增加农民收入，推动农业产业的升级，加速实现农业由数量型向效益型的转变。因此，一个成功的农业生态园建设首先是具备合理的产业结构，以优势产业带动全局生产。农业生态园的产业项目不是单一的产业，包括农林牧渔业和农产加工业。在配置农业生态园的具体产业项目时，要从以下几个方面考虑：

(1)农，例如果园、茶园、稻田、作物栽植；

(2)林，例如林场、森林、花圃；

(3)牧，例如饲养场、牧场等；

(4)渔，例如养鱼场、鲸鱼养殖场等。

1.1.4 武汉市农业生态园景观规划

农业生态园的景观规划是将自然风光与农业生产中所运用到的人工技术科学的结合起来，以此体现出农业生态园内独特的美丽景观。农业生态园的景观规划离不开农业生态园的景观形象，即指农业生态园外部具体形态的特征表现、颜色搭配等。在农业生态园的景观规划中，景观意境也是其重要的组成部分，即指景观规划人员通过利用个性化的标志，为游客在见到农业生态园景观时留下一定的想象空间。另外，景观风格在农业生态园的景观规划中起着中流砥柱的作用，农业生态园景观具备特有的风格是农业生态园长久发展的关键。农业生态园的景观规划是对农业环境的自然要素和人工要素的视觉创造，通过植物建筑、道路等元素的艺术化表现，把体现农业发展的文化因素、技术因素、风情特色因素等融会贯通于农业生态园景观中，凸显农业生态园的景观风格，使人们在对农业景观有更深层次的理解和审美。

1.1.5 武汉市农业生态园旅游项目规划

根据生态旅游市场的调查，现阶段对于生态旅游感兴趣的人正由高文化层次旅游者转向较低文化层次旅游者群体转移，即生态旅游正处于向大众旅游市场转型期。整个旅游市场的营销环境状况在给生态农业旅游带来活力的同时，也促进了旅游市场的需求。农业生态园的旅游项目规划必须统筹兼顾，转化农业园区的优势产业，将产业项目与旅游项目相结合，形成一项一景的景观格局。

农业生态园旅游项目分为以下若干类型：

第一，农业生态园游览。游客可参观农园，观看农产品种植、园艺栽培技术等，同时可在园区可以建立多个科技示范观光区域，如育苗区、栽培区、温室区等，果木、花卉按种类又分为特色种植区，可吸引大量游客前来观赏、选购、学习园艺栽培技术，也可供大、中、小朋友进行学习、实习。

第二，农业生态园采摘。在果园、瓜园、菜园或花园等的果实成熟期或开花期接纳游客，游客可以自行采摘果实，游览田园美景，从而亲身体会享用自己劳动采摘果实的满足感。

第三，渔场垂钓。结合部分农业生态园中各种水体（水库、池塘等）开发水上项目，包括垂钓、划船等。

第四，畜牧狩猎。在牧场、林场、马场等划分狩猎区，游客可以一边观光，一边狩猎，体会林牧生活。

第五，民俗风情体验。一些乡村拥有独特的民俗风情文化，可以此为特色开发富有民俗风情特色的民俗风情体验村，发展农家乐的旅游形式，游客可以在农家体验生活，感受独特的乡村民俗风情文化。

第六，综合观光园。结合上述多种类型的农业生态园旅游模式，建立系统完善的综合农业生态园。举例而言，北京市昌平线下庄乡结合自身的山区特色，开发出了具有山区特色的农业生态园旅游项目，并打出了"亲情旅游到下庄"的标语，游客既能领略大杨山自然风景区风光，也能体会山区乡野风情以及参加红果采摘等趣味活动。

2 结语

将农业产业与旅游相结合的农业景观设计模式在我国起步较晚，但近年来发展颇快，已逐步形成共识。我国旅游业界与设计学界也对此表示了很大的关注。本项目的研究具有十分重要的实际应用价值，提高了武汉市农业生态园区的景观生态环境，由以往农业园区单纯的观景功能转向集观赏、娱乐、互动等多功能于一体的综合功能，并加入计算机技术；以农耕为主线，将企业文化融入整体设计，塑造地域性的文化景观；创造多样化的游览项目，提供更为丰富的农耕体验和休闲娱乐项目。

参考文献

[1]陈宇,姜卫兵.观光农业园(区)规划研究.安徽农业科学,2009-04-10.

[2]顾筱和.论乡村旅游自然环境的可持续发展[J].北京理工大学学报,2006(5):100-102,107.

[3]秦源泽，邹志荣，管丽娟，陈虹.区域乡村景观规划体系研究初探.西北林学院学报，2010,25:207-211.

[4] 金学智.中国园林美学.北京:中国建筑工业出版社,2000.

[5]（法）苏菲-巴尔波.法国亦西文化编.生态景观[M].沈阳:辽宁科学技术出版社,2010.

[6] 余树勋.植物园规划与设计,天津:天津大学出版社,2000.

湿地景观可持续设计方法研究

尹 曼 武汉工程科技学院

摘要： 在对湿地景观整体可持续环境设计中，应综合考虑各方面因素，以湿地环境和谐为宗旨，以还原生态的方式进行创造，主要的设计方向是"尊重自然，爱护自然，与自然和谐相处"。

关键词： 湿地景观 可持续设计 设计方法

1 湿地的水体景观可持续设计方法

湿地水体景观的可持续设计要在保证"水"的安全性的前提下进行设计。湿地中的水安全主要包括湿地水质的安全、防洪排涝的安全、景观生态用水的安全等。根据不同的湿地水资源、水环境和水灾害问题的特殊性，从湿地可持续发展的要求出发，维护和保持湿地水生态系统的合理结构和科学配置，加强湿地水质的综合治理与湿地生态环境的恢复。

在湿地的水体景观设计过程中，加强湿地生态净化系统的建立，利用自然水体为主要设计资源，着眼于湿地水生态系统的恢复与保护，展现生物净化的生态作用，考虑在湿地水体底部以黏土作为防渗材料，使得湿地水体和湿地具有良好的生态环境。

以2010年的上海世博会后滩公园的设计为例，后滩公园水体景观设计过程中，设计者通过湿地整体景观规划以及先进的内河流湿地人工净化技术，利用了水池沉淀、落水墙等12步净化过程将黄浦江劣V类水质净化成为Ⅲ类净水，在净化了水体的同时，设计者又在内河湿地营造丰富的溪谷景观，在比较狭窄的场地上造就了相当丰富的湿地空间（图1）。整个水体设计具有层次丰富，变化多样等主要特点，它既突出了湿地作为自然栖息地和水生系统净化的基本功能，又有生产及观赏休闲和科普教育等体验功能。后滩公园水

图1 世博会后滩公园湿地景观

图2 世博会后滩公园湿地公园驳岸设计竖向图

图3 旧石板变石桥

图4 回收材料建筑景观

图5 废旧材料景观步道

体景观就是从湿地可持续发展的内在要求出发，维护和保持湿地水生态系统的合理结构和科学配置，加强湿地水质的综合治理与湿地生态环境恢复的经典案例。

2 湿地的地文景观可持续设计方法

在景观设计的过程中要全方位、多角度地进行考虑。如驳岸景观既要有能防洪防涝实效功能，又要在美的前提下给人类以亲水的体验机会；湿地景观建筑既能够满足参与者休憩休闲的空间需求，又要融入整个自然的湿地环境；道路铺装既要满足参与者体验湿地快感的同时还要降低对湿地环境的污染。这都是地文景观可持续设计提出来的问题，只有解决了这些问题才能有效地做到湿地地文景观的可持续发展。

在湿地的地文景观设计过程中，对于湿地护岸的生态友好型设计是关键，改变常规的防洪工程的理念与做法，不仅要有视觉观赏效果还要满足预防洪涝灾害实用功效；充分体现出节能环保的低碳设计理念，要做到节能技术的使用与创新。在景观材料的选择与使用方面尽量考虑使用可再生、可循环、可降解的景观材料，既要节约景观建设的造价也要体现出景观的自然美感。

2.1 驳岸设计中的美与实用的结合

同样以后滩公园为例，设计者将整个后滩湿地的地形和竖向设计与洪水过程相适应联系起来，将场地防洪分为两个等级，在局部

某些休憩场地使用了百年难一遇的防洪标准的重点保护。在具有防洪功能的堤岸的设计上与湿地现场结合进行适当处理，塑造出视觉与内容都表现得相当丰富的空间，在设计过程中设计者尽量克服以往堤坝单一乏味、死板僵硬的表现形式。因地制宜的设计方法在后滩湿地公园设计中运用得游刃有余，设计采用与水相适应的生态防洪设计成为了整个后滩公园景观设计的亮点（图2）。

2.2 湿地景观设计中材料运用的朴素化

在湿地景观建筑设计上充分体现出节能环保的低碳设计理念，可以将"寻常景观"的设计方法引用到湿地景观设计中去，利用本土常见资源进行景观设计，保留本源面貌的材料带来的视觉愉悦。使用接近本原状态的材质进行设计意味着低能耗，景观低维护同样意味着低能耗，低能耗的设计是保持景观可持续发展的基础。所以在景观设计中由于景观造型的需要、景观建筑的建设及道路铺装的处理都需要大量不同的景观材料。在景观材料的设计使用方面设计者可以尽量考虑使用废旧的利于湿地生态发展的材料，其中包括废旧砖瓦、弃石、朽木等。还要做到节能技术的使用与创新，对可再生的、可循环利用的、可降解的高科技材料科学应用，它们既可以节约景观建设的造价，也能体现出湿地生态伦理的自然美感。

以ASLA2004年获奖作品"人类居住对水质和水生动植物栖息地的影响"中的景观设计为例，设计者在景观设计中大量使用本地

图6 建筑景观　　　　　　　　　　　图7 废旧木条的步游道　　　　　　图8 弃石——砌石　　　　　　图9 生态材料建设的可拆卸景观

的废旧材料进行景观设计与改造，利用锈钢板、石子、沙砾等当地废旧材料进行加工或细加工后直接运用到景观设计中去，一个造型自然且造价低廉的景观栈桥就展现在观者面前（图3）。

乡土景观建筑永远是可持续设计的最佳载体，湿地景观建筑使用回收的木材、石材作为景观本身展现出来，强调出建筑的空间融入感，达到建筑与自然结合的感官享受（图4），在庭院配景方面则是使用天然裸露的鹅卵石铺地和湿地植物配景搭配组成，本来原生态呈现出的石质步道极富有情趣性（图5），用本土回收的建筑材料不仅能使湿地建筑物的居住环境舒适，而且还能表现建筑外部形态美丽自然及本身厚重的历史沉淀感（图6）。

废旧材料的使用不仅体现在建筑上，在道路及休憩广场的景观设计中，为了寻求景观的可持续发展，在材料的选用上可以利用本土的废旧材料加以加工整理后投入使用，例如利用当地废旧木条进行简单加工后整齐排列在一起可以形成一条生态景观步游道（图7），或是使用大小不一的废弃石块有规则地摆放成一个休憩的景观空间（图8），利用弃石到砌石的一种景观设计形式，它们的存在既能降低景观建设与维护的成本，又因为其淳朴的自然气质使得整个生态环境和谐健康，让人觉得这样的景观是自然自生出来的而不是雕琢而成的。

在景观建设过程中，除了利用废旧材料或者本土材料建筑的设计

方法以外，还可以从景观源头入手，例如可选用当今先进的生物可降解高分子景观材料进行设计使用。所谓生物可降解高分子材料，亦称之为"绿色生态高分子材料"。是指在一定条件下，能在微生物分泌酶的作用下分解的材料。它最主要的用途就是利用其生物可降解性，解决环境污染问题，以保证人类生存环境的可持续发展。随着时代的前进、欣赏水平的提高对其进行拆除与休整，由于其材料的独特属性，会大大降低对环境的污染，最终也不会影响整个景观环境的可持续发展。在后滩湿地公园景观设计中，设计者采用路面有钢筋水泥主构而成，用石材及复合竹材进行路面铺装，其中钢结构可以拆卸再利用，而铺装材料则可以降解为绿地肥料（图9）。

3 湿地的绿脉景观可持续设计方法

在湿地的绿脉景观设计过程中，以保护湿地生物多样性为主要目标进行规划设计，让湿地的动植物资源成为设计的利用资源及保护对象，设计的湿地景观既要满足人类参与体验的休闲场所又能成为湿地各物种存活的栖息地，"活"的湿地景观才是可持续发展的湿地景观。

首先，在植物配置设计过程中，由于湿地植物景观的重要性，在湿地植物景观的营造时，首先要考虑使用各种植物物种的生存特性，要以乡土自然植被和群落演替植被为主要使用植被的理论为依据，在湿地植物配置中尽量选择趋于稳定的植物物种作为蓝本，充

图10 湿地植物多样性

图11 乡土自然植被

图12 早期西溪湿地凤眼莲对湿地的侵蚀

图13 后期西溪湿地植物景观环境的恢复

分考虑植物生长的各影响因素，特别是群落中物种之间的相互作用的影响，有控制地选择生态重叠比较少的植物物种进行景观配置使用（图10）。就是选择自然群落环境中的优势物种和常见物种进行植物配置，也就是我们经常提到的"乡土植物"。乡土植物是自然界瞬息万变长期选择的结果，它能够良好地适应和抵抗当地的极端天气带来的温度刺激伤害和洪涝、干旱、病虫害等恶劣环境侵害。由此可见，要达到湿地绿脉景观的可持续设计，"乡土植物"将成为植物景观配置中的首选。乡土植物不仅存活率比较高还往往体现了当地的自然风貌，具有强烈的地方特色，极有可能成为本土特色景观设计元素之一（图11）。

使用自然长期认可的植物不仅可以保护湿地植物不被破坏，还能保护湿地鸟类和动物的自然资源和栖息地的安全健康的发展。原生态植物的引用和保存，可以使得野生生物不被干扰的生长。当地物种的选择无论从景观的呈现还是在日后的养护方面都起着至关重要的作用。以大西溪湿地植物景观规划设计来说，在其早期建设过程中，设计者引进了不少外来物种进行景观配置，这样一来使得原来的生态结构发生了变化，更可怕的是有些外来物种开始疯狂的蔓延（图12），如大家熟知的凤眼莲等繁衍能力极强的湿地植物，最后对湿地物种多样性造成了一定伤害，还好治理得及时，后来在建设过程中大量的引用乡土树种和草本，并对损害的植被进行了恢复

处理，最后以保护湿地生物多样性及优化植物配置为原则进行湿地的绿脉景观设计，确保西溪湿地生态环境处于健康的、可持续的状态发展（图13）。

其次，除了要利用乡土植物的适应性、融入性、舍身性外，还要了解植物的生态个性特性，如他每种植物本身的特性，喜阴或是喜阳；还有整个湿地环境下的湿地植物相互之间的关系，相互之间是否产生毒性等。

再有，植物配置布景设计还需要联系其他景观综合布景。加入水体景观元素，利用地文景观资源，结合石的搭配，接受环境自然光的洗礼。

最后，要考虑利用设计美学原理的应用——对比的美进行设计，利用湿地植物做出潜水、浮水、挺水、灌木、乔木的高低渐层景观，利用针叶阔叶，条状带状，不同面积大小的植物布置景观，利用植物花卉不同颜色进行布景。

4 湿地的人文景观可持续设计方法

在湿地的人文景观设计工程中，在对当地历史、人文脉络有了一定的了解以后并对其资料进行详细的分析，要在立足于本地的历史人文的基础上进行景观设计（图14）。在保存当地地域特色及尊重传统元素的同时，更应该强调尊重历史、尊重当地文化的意识的提高。突出湿地景观设计中历史人文元素的作用，使得湿地景观设

图14 人文景观展现地域风情　图15 生活方式产生的人文景观 图16 乡土景观的融入　　　　　　　　　　　　　　　　图17 西溪湿地烟水鱼庄

计具有独特的内在个性。在湿地区域特色文化内涵的背景支撑下，通过恰当的设计手法对湿地景观进行表现（图15）。

在进行湿地人文景观设计过程中我们应该注意以下几个方面：首先，要保护湿地区域传统的乡土文化遗产。乡土文化是人类发展遗留下来的宝贵财富，一经破坏，就很难恢复再生，始终坚持"保护为首，以留促保护"的设计原则进行景观设计。例如湿地中具有自然风光的风水林，是在祠堂、亭台楼阁、溪流等景观的湿地基础上进行规划，让湿地的人文景观与湿地环境协调统一，这样既能降低湿地景观建设的经济成本，还能增强人文景观环境的归属感，为整个湿地环境形成了一个较为独特的景观格局。在景观设计的同时要把提高群众的湿地文化资源保护意识作为考虑重点进行设计，在保护湿地传统文化的同时，让湿地景观参与者获得一定精神感官享受，在实际参与过程中，实现保护湿地各种文化的传播并非难事。

除了保护修复湿地本土人文景观外，为了适应时代发展的需求，在设计上我们还应该改造传统景观或者促进湿地文化的进化。一方面，不仅要注重湿地本土传统文化延续与保护，还要积极地吸收湿地传统"乡土景观"中的精华；另一方面，设计者也可积极采用新的湿地景观建设材料，新的景观塑造手法及其他文化中可借鉴的各种因素，主要从"形"、"质"、"色"、"人"、"韵"等基本设计元素出发，对湿地各种资源的形态、质感、色彩、历史人

物及文化底蕴进行提取并合理地加以运用。创造出既拥有传统文化底蕴的本土和谐景观，又具有时代发展气息，易于融入本土自然环境又让民众乐于接受与认同的景观新现象（图16）。

以西溪湿地为例，其烟水鱼庄的桑蚕博物馆（图17）等充满西溪湿地文化特色的景观。建造景观中的一个小小的雨篷都能引起游人的关注，西溪湿地将原住民的生活方式进行了保护与重现，这种景观呈现手法很巧妙地将湿地景观与人文景观自然地结合起来，也是表现景观可持续设计的有力凭证。西溪湿地离市中心这么近，政府还能够从城市及湿地可持续的角度出发，来整体规划西溪湿地是杭州的幸事。我国并不缺乏生态湿地资源，但是我国的湿地大规模开发保护还处于起步阶段，杭州在湿地的保护与开发上毫无争议地处在我国的前列，其中很多湿地资源开发经验是值得我国设计者、建设者及参与者进行借鉴与学习的。

参考文献

[1]王伟中.国际可持续发展战略比较研究[M].北京：商务印书馆，2000，5:20—30.

[2]李湘萍等.江苏湿地植物群落学特征及分布和演替规律[J].南京林业大学学报，1998，4:58—72.

[3] 刘红玉，李玉凤，曹晓等.我国湿地景观研究现状、存在的问题与发展方向 [J].南京师范大学地理科学学院，南京:2006:98—105.

[4]黄成才，杨芳.湿地公园规划设计的探讨[J].中南林业调查规划，2004:26—29.

[5]李学伟.城市湿地公园营造理论初探[C].北京林业大学硕士论文，2004 :61—74.

[6]潮洛蒙，俞孔坚.城市湿地的合理开发与利用对策[J].规划师.2003:75—77.

[7]王凌，罗述金.城市湿地景观的生态设计[J].中国园林.2004:39—41.

[8]包青青. 城市湿地公园景观营造——以西溪湿地公园为例[J]. 浙江大学硕士论文，2006:70—81.

[9]北京林业大学园林系花卉教研组. 花卉学[M]. 北京：中国林业出版社，1990:41—47.

[10]胡金明.湿地水文学研究进展及科学前沿问题[C].湿地科学，2003:12—15.

[11]厉以宁.论生态效益型经济发展道路[J].农业现代化研究，1991:10—18.

[12]邓三龙，彭福扬.生态经济与中国农业的可持续发展[M].北京:中国言实出版社，2003.

[13]俞孔坚.定位当代景观设计学——生存的艺术[M].北京:中国建筑工业出版社， 2006:55—62.

[14]左长清.实施生态修复几个问题的探讨[J].水土保持研究所，2002: 9—14.

[15] 邹平，江霜英，高廷耀.城市景观水的处理方法[J].城市污染控制国家工程研究中心，2007: 45—68.

[16]王凤琴.天津湿地及湿地鸟类可持续发展的建议[M].天津: 天津教育出版社，2007:6—11.

[17]蔡昌凤，徐建平.景观水微污染控制[J].安徽: 安徽教育出版社，2007:22—29.

武汉工程科技学院寝室改造设计

单丁涛　　武汉工程科技学院

摘要： 随着社会的发展与不断进步，人们的生活水平有着显著的提高。对周围的环境和生活的质量有着越来越高的要求。绝大多数的高校由于人数的扩招，使得大学生的数量极具增长，大学宿舍的问题日益暴露出来，例如寝室的拥挤、寝室的脏乱差、寝室环境的恶劣等。其实并不是同学们自身的素质存在的太大的问题，只是这样的一个环境下很难让大学生去约束到自己。住宿问题成了近些年一直热议的话题之一，而年轻人对于住房的要求又有着一定的要求，功能需求较高，那么如何才能改善居住环境和提高大学生的住宿率，是我这次毕业设计的主要目的。

本案例以中国地质大学江城学院学生宿舍为例，一个面积仅为20平方米的学生宿舍将容纳4~5人的同学同时在里面完成学习、办公、生活、休息和娱乐。而寝室的拥挤，寝室室内装饰的简陋和功能的不实用，使得我们对大学生寝室这个在高校校园里无比重要的位置看的平平淡淡。现在，以中国地质大学江城学院学生宿舍为依据，去创造一个舒适、实用、美观的环境，让他们能够更加美好地去享受寝室带来的温馨。

关键词： 寝室改造　小户型　室内环境

1 武工院寝室改造设计的选题来源、背景和选题意义

1.1 此设计方案的选题来源、背景

在大学里，寝室就是我们共同的家，是我们休息、安顿、学习的场所。寝室应当是一个非常舒适方便，适宜居住学习的地方。如果寝室的空间设计不合理，寝室的整体环境不好将导致一系列的问题，让人住在寝室会有很多不便，会让人觉得很拥挤，很压抑。例如：寝室的座椅过矮，书桌过低，会严重影响到我们的日常学习看书；床位的摆放不合理使得空间极大浪费造成拥挤；寝室的整体环境太单调，使我们大学四年生活的环境感觉不到家的温馨；寝室的南北朝向问题使北面的寝室一年四季都没有阳光的温暖；寝室的整体设计过于"公共空间"以至于同学们都不会去爱惜这个"家庭"。因此，对寝室的改造与美化势在必行。

1.2 此设计方案的选题意义

随着高等教育改革的发展，大学生综合素质的整体提升，人们对于审美的大幅度提高，对精神生活的追求也越来越高。加强大学学生宿舍的建设已成为高校后勤社会化改革的一项重要任务。然而目前国内大多数高校寝室仅仅注重了其实用性，忽略了它的美观性和舒适性。我们应更加重视居住环境的精神价值，学生宿舍的基本功能也要有很大的扩展，它不仅仅是为学生提供栖息之所，或是一

个生活用房，它的功能已经由单一的"寝室"功能朝着综合多元化的功能发展。

一个良好的寝室文化必须得有一个良好的室内环境去衬托，更多室内设计的运用将提升高校寝室的形象和价值。这将很好地丰富大学生的精神生活，促进大学生的高效学习。这样，学校就能具有优势去吸引和留住教职工和学生，推进教育和研究项目，促进校园人文建设，增加同学之间的凝聚力，展示环境设计的原则和理念，扩充现有艺术品，巩固校园寝室文化所具有的价值。

2 国内外关于高校宿舍的设计处理与现状

2.1 国外高校学生宿舍的现状

国外大学的学生宿舍一般都有以下的特点：

（1）大多数学校仅为一年级本科生和大部分硕士研究生提供宿舍。然而大部分高年级学生都是在校外租房。所以，一般来说他们的学生宿舍都会做得有些许的特点，这样假期对外开放，为旅游、会议或培训班提供住房。

（2）学生宿舍形式多样，一般会有集体宿舍型、旅馆型、公寓型等。他们都会设有公共的餐厅和客厅，一些个性化的家具，为其营造出一种自由开放的氛围。

（3）辅助用房里面设备齐全。豪华的房间拥有单人床、书桌、书架等基本设施。开放式的厨房内冰箱、烤炉、电热灶、排油

烟机等应有尽有。这样的学生公寓是我们国内大学现在无法睥睨的。

（4）造型多样化，形式丰富。大多数学生宿舍建在环境绿化优美的地段，建筑形式丰富多彩。室内的设计也充满着个性化的色彩，每一间房间都可以看出一个人的性格与素养。

国外宿舍的整体环境，包括它的创意、性格化、人性化的设计，营造出一种和谐合理温馨的室内环境。他们的设计更多地是考虑到了人文的情怀和个性的需要。

2.2 国内高校学生宿舍的现状

国内外寝室存在差距。我们的高校宿舍都存在着通病：（1）采光不足，通风差，宿舍面积过小，居住空间拥挤；（2）缺少学生交流、活动场所，宿舍功能过于单一；（3）功能分区不合理，往往厕所显得非常的小，这样一来，我们的晾晒区就草草处理，有时候还没有晾晒衣服的地方跟储物的空间，洗漱的地方也是一处让人头疼的地方；（4）装饰过于简洁。

3 武工院学生宿舍的现状以及存在问题

3.1 宿舍整体设计的不合理

3.1.1 部分家居的设计不合理

我们的卫生间仅仅只有2.6平方米。单单从面积上来说，这样的区域根本就满足不了寝室人的洗漱、方便。第一，在洗漱区的位

置，我们可以看到挂放毛巾的位置跟置物的位置太小，平常四个人的洗漱物品根本就没有地方放，这样就必须占用我们学习的地方，加上来回拿取更是不方便。第二，洗手池的尺寸也偏小，根本洗不了冬天的衣物。第三，室内储物空间大多都是书架，缺少我们大型物品的摆放区域，使得我们行李箱等大型物件没有地方放置。再者就是插座的分布与放置不合理，使得宿舍有太多的明线，对于校园的安全构成威胁。

3.1.2 部分空间的布局不合理

首先，我们没有明显的办公、学习、生活娱乐等的区域的划分，这样只能让我们在同一个空间内完成不一样的工作性质，容易在我们进行一项活动的时候打扰到另外一个人的活动，使得寝室的氛围没有那么的融洽，更严重的会影响我们的生活质量。再者，洗漱的位置在卫生间里面，严重干扰到了彼此的活动，在早上起来洗漱时会显得更加的匆忙。

3.2 宿舍装饰简陋缺乏美观

对于当代大学生而言，宿舍并不简简单单的是一个睡觉的地方，我们在大学的日子绝大多数将在这里度过。生活条件的提高，使得我们对于居住条件的要求也大大提高，寝室的整体美观对于我们来说显得尤为重要。良好的环境更有助于我们学习工作和交流，

利于同学们的个性化建设。

4 寝室改造和寝室文化建设的难点和方法

4.1 如何解决寝室功能区域设计不合理

本案例是寝室改造，也可以说是小户型的改造，必须要在功能性实用性设计得到保证的前提下，再去考虑美观这一方面。然而，要在仅仅只有20平方米的寝室中大做文章，无疑是对我的一次大挑战。所以，我将尝试在第二个方案中大量地运用到多功能家居这一概念，将踏步做成能伸缩能储物的形式，既节省了实际的占地空间，也加大了置物空间。在第二个方案中，我也大胆地将上下两层打通，做成一个复式结构，这样一来，每一个功能分区将变得明明白白。

4.2 如何兼顾美观和实用的相结合

在本案中，寻找一个符合大学生审美的角度与实用性进行结合也是我一直纠结的一个问题，很多地方如果按照传统的审美方式来看，并不能很好地迎合年轻人的口味，再从实际的造价上来看，我不能偏离实际太多，不能将寝室装饰得富丽堂皇。所以，无论从软装配饰，还是室内用色方面，我都尽量选用低成本高性价比的材料。而在实用性方面也加强了许多，比如说踏步与书架的一物两用，卫生间选用台上盆，大大增加了洗漱用品的放置空间。在书桌

的上方放置置物架，能放一些平时的日用品以及书籍。在第二个方案中，整体的装饰风格更是采用了北欧的装饰风格，简洁干净大气。并没有那么高的造价，却能尽量营造出一个非常现代、舒适的环境。进门两个3000毫米长的书架将能让我们更好地去学习与工作。方案中依旧保留了高低床这一设计，由于空间的有限，尽量不浪费空间，但是，这样的设计并不影响整体的效果。

4.3 如何达到寝室文化与室内环境的完美融合

说到寝室文化，这是一个非常广泛的话题，但是在我们生活中，在我们日常的寝室居住中承载着至关重要的元素。这两者有着息息相关的联系。比如说，一个寝室由于储物空间的不足，物品的摆放非常的乱；室内的环境很差，装饰得普通，我们是不是没有那一种爱惜的心理产生，紧接着，我们的寝室会变得更加的脏乱差，以至于影响到整个寝室的关系等。如果，我们拥有一个家一般的寝室，那么我们会不会像在家里那样去爱惜去呵护我们的寝室。所以，寝室文化与室内环境有着重要的关系。

5 寝室改造设计的实际案例分析与方案

5.1 解决寝室整体空间结构的体现

5.1.1 方案一主体结构解决方案

本方案我把原本大门朝里开改成了朝外开，增加了室内的空间，也不会因为门开着的时候影响到我们的活动。同样，室内的家居都是运用了多功能的家居，在节省空间的同时又增大了室内的储物空间。

5.1.2 方案二主体结构解决方案

第二套方案相比之前的方案，改动相对明显一些，也更加地大胆，更多地融入了自己的思想进去。此方案非常明显的一点就是，我把功能区域的划分变得很明了。其中包括了有工作学习区、休闲娱乐区、休息区、洗漱区和卫生间。一进门就是一个工作学习区，四个位置都在一起，这样子我们的所有工作跟学习都可以在这里完成，不会再去卧室学习，从而影响到别人的休息。再往里走接触到的是楼梯与休闲娱乐的区域，我们可以看到这里放置了沙发和电视，还有一些健身器材。每当工作累了想要去休息一下或者是想去锻炼一下的话都可以来到这里，当然，你也可以把这里当成是一个学习讨论的区域。进入二楼，就是我们睡觉的地方，这里的空间也相比之前变大了很多，我们拥有了我们自己的分区，能够满足清早起来同时在这里操作。

5.1.3 方案一个体结构解决方案

相对于整体环境来说，对于这一个小户型，个体的结构就显得尤为重要。

所有的踏步都可以从两边打开，满足了我们放置书籍的需求，包括最大的踏步，可以向上打开，里面可以放置棉絮跟比较大型的物件。整个家居的设计都是有一次我跟随设计师去家居市场买材料的时候看到这样的家居才有的灵感。我觉得这样做既可以节省空间，又可以把里面废弃的空间利用起来，这样做也不会缺乏美观，相比以前的住宿，减少了冰凉的铁元素的存在，运用木质的材料增加了大自然的感觉，增强我们对自由的向往，具有温馨和谐的气息。在灯具方面我采用了现代的灯具，淘汰了老式的日光灯，增强了整体室内的美感。

5.1.4 方案二个体结构解决方案

相对方案一而言，这个方案更加偏重于主体结构的解决，个体结构的解决就显得没有那么的至关重要了。非要从中挑选出比较满意的个体方案，我想那就是楼梯的设计了。不管是它的位置，还是它的材质的选用，前期我都是花了很大的心思去设计的。原本是考虑做一个旋转楼梯的，但是考虑到旋转楼梯对空间的利用率不是很大，它在美观的同时会浪费一大部分空间，然而对于我们这一个小户型来说，空间的利用无疑是最为重要的。在选位置的时候，我也考虑到上下两层的功能分区和布局，最后选在这个位置，既能保留原本卫生间的大小，在楼下也可以设置出一个休闲娱乐的区域跟健身运功的场所。

5.2 解决室内功能需求的体现

5.2.1 方案一储物空间的解决方案与空间的个性化设计

同样，我们还是回归到储物空间的设计上。一个600毫米×1800毫米的衣柜加上每个300毫米高度的踏步。在书桌的上方我们增加几张层板，用来放置平时的日用品以及常用的书籍。从衣柜上来看，我还是保留了它原始的尺寸，用来放置平常的衣物也是绰绰有余了，我们可以把较厚的衣服放在踏步子里面。作为一个踏步，我们可以利用它来进入我们的床铺休息，但是它另一个强大的用途就是作为一个储物空间。明显的，我们可以看到，从两边可以拉伸出书架，空间足够可以放各类书籍。最大的踏步里面，有较大的空间我们可以放较大的物品。

另一个对空间进行处理的小方案是对空间的一个小的个性化改造。我想我们以前都会有这样的感受，每次在桌子上做作业累了或者说是疲惫了，那时候我们就可以用到此设计。我们在墙面上挖了450毫米×600毫米×180毫米的空间，外面还有450毫米×600毫米的柜门，在我们睡觉的时候可以将这张板子收起来放上去，当我们想要使用的时候就可以将这个450毫米×600毫米的柜门变成600毫米×900毫米的桌面，这个桌面的另外一端将正好置在床沿。这样，我们一个书桌就形成了。这样一个储物柜，大大地方便了我们，平面放一些电器跟书籍，还有一些吃货平时的最爱。这样一

来，既方便了我们的日常也提高了安全。

5.2.2 方案二各个功能区域的完美划分

一进门，我们进入的是一个工作学习区，两边是一个3000毫米×2100毫米的大型书架，充分满足我们四个人对学习的需要。桌子采用四个并在一起，这样的设计更像是一个办公的地方，我们可以集体在这里学习工作，也方便了我们的交流。从两个角度，我们可以看到不一样的寝室环境与氛围。对比之前的寝室，我们拥有了独立的学习空间，我想这是最关键的对于学生而言。

每当我们学习累了，工作感到疲乏，意见有了分歧之后，我们可以来到休闲娱乐区，在这里我们可以感受到浓浓的家的味道，因此，采用了北欧的设计风格，简单干练，给人以一种舒适的感觉。沙发背景墙用文化砖贴饰，极具现代的气息。简单的电视背景墙也完美地融入整体的环境中，一切都显得那样的放松与安静，在这个区域我们一下子放松了整个身心。整个健身的区域可以让我们大展手脚。

二楼与一楼有着截然不同的风格，一楼主要呈冷色调，而二楼主要以暖色调为主。由于活动的性质不同，所以装饰的整体色调也不一样。一楼是我们主要的学习办公的区域，而二楼是我们休息的地方，采用暖色调更加有利于我们放松心情。同样，还是保留了高低床这一设计，踏步的位置还是作为一个储物空间在处理，一来是为了节省空间，二来也是为了方便同学们的交流。这样的床铺设计更加贴近自然，具有一种温馨的感觉。

总体上来说，最满意的是对功能划分上的设计。有独立的空间处理，每一个空间都会有它的私密性，同时又不会打扰到别人。在拥有明确的功能分区的前提下，我们能更加高效地学习与工作，将生活变得更加有品位。再加上，我们在寝室设置一个多功能区（健

身区域）大大地增强了学生的自主性，丰富了大学生的业余生活。从装修的效果上来看，这是一个北欧的风格，明亮的整体环境，给人一种全身心的放松。自由和开放本身就是我们大学生所一直追求的。

5.2.3 卫生间的个性化设计解决方案

这个方案，我们扩大了卫生间的区域，做了一个干湿分区，还是采用了台上盆的设计。第一是为了美观，第二是为了节省更多的空间去放置洗漱的用品。我们在这加大了台面的面积，这样就很好地解决了我们一些裤子没有地方搓洗，冬天的衣服只能拿到洗衣机里面清洗的尴尬。一张大型的镜子，满足着我们的日常需要。这样的设计也解决了厕所常年光线不是很好的问题。在洗手台下，我们也做了一些浴室柜，能够放置洗脸盆等一些物品，增大了储物的空间，提高了整体环境的美观。

5.3 解决美观与实用的体现

5.3.1 简单装饰在寝室文化中的重要作用

我们可以把寝室营造出富丽堂皇、高大上的感觉。但是宿舍毕竟是宿舍，是我们学生用来学习的地方，还要考虑到它的造价，要在合理的范围之内。反而，简洁的装饰，更能创造出一种自由的感觉，让人有一种放松的心情，不会让人感受到压抑。人与人之间就应当在这样的环境中相处。

5.3.2 造型空间的巧妙运用

通过一些物架和造型的有效改造，来增加空间的大小，其实整体空间的利用效率就是通过这些来实现的，去放置一些大型的家具和造型会让寝室整体空间看起来更加拥挤。我们需要将每件物品能够充分发挥自己的作用，并且也能让小户型的空间扩大出更多的使用区域。

6　结语

综上所述，随着社会的进步和生活质量的提高，我们对于事物的质量要求也会慢慢得提高。一个寝室，单单作为一个睡觉的地方早已经满足不了当代大学生。寝室的个性化俨然已经成为我们迈向更加美好生活的一个重要台阶，无论是不是因为经济条件的限制，其实美好的寝室是一个很好的载体，能够将个人、集体、社会都很好地承载在一个家的概念里面，其实设计的初衷也是如此，回归到最本质的理念来看，当初为什么要做这个毕业设计？还是因为家的概念深入人心，每个人都渴望有个休憩温馨的港湾，无论大小、豪华与贫穷，每个人心中的家的概念也导致了每个户型每个家居生活的不同，也成就了我们缤纷不同的社会。对于这次的毕业设计，我也学习了很多，感受到了很多。我相信在未来的日子我们都可以越走越远。

从建筑到生活的整体价值
——与"住宅空间的低碳设计创新"相关概念辨析及发展研究[*]

陈鸿雁 广州美术学院

摘要： 文章探讨生态建筑、可持续建筑、绿色建筑、低碳建筑产生的社会背景，对比它们之间的相同与差异，指出住宅空间的低碳设计创新是一个低碳整体概念，包含住宅建筑及空间、家居用品、软装陈设、行为模式、生活方式、使用者的参与及有效传播等方面的整合，其范畴也从住宅空间链接到生活的整体。

关键词： 住宅空间 低碳设计创新 概念辨析 参与 整体价值

改革开放以来，我国社会经济迅速发展，建筑市场得到最广泛的需求；其中，住宅建筑面积及建设规模进入持续增长的阶段，这在中国及全球发展过程中都是史无前例的。毫无疑问，在建设过程中环境受到不同程度的破坏与污染，消耗巨大的地球能源，排放大量温室气体等，这对于我国未来的可持续发展将是一个严峻的挑战。

随着2009年哥本哈根气候大会的召开，"低碳"逐渐成为世界热点，一些国家政府致力于发展"低碳经济、低碳设计、低碳生活"等，其中"低碳建筑设计"逐渐被政府和设计学界所重视。在建筑、室内设计、产品设计领域，低碳建筑已经成为设计师们的重要研究方向，设计师们也设计了不少的优秀作品。但在"低碳建筑"之前，

历史上已经出现几个重要的相关研究与实践阶段，例如"生态建筑设计、可持续建筑设计、节能建筑设计、绿色建筑设计"等，也存在"地域性建筑、被动式建筑、主动式建筑"等。而在近十多年的发展中，不同的国家开始制定系列评估体系，出台相关的政策法规，刺激低碳建筑设计的发展。它们存在一定的相同点与差异之处，需要梳理与辨析，并在此基础上理解住宅空间的低碳设计创新。

1 近代绿色建筑理论产生进程的概述

绿色建筑的理念始于社会发展需求与自然环境受破坏的多种矛盾之中，也源于解决工业化生产与自然环境之间的多种对立当中。19世纪30~40年代，英国的工业革命给当时社会进步带来巨大的贡献，但也不可避免地造成了人类社会第一次大规模的环境污染。基于当时的社会背景，1898年英国著名城市学家与风景规划师家霍华德（E.Howard）出版了《明日的田园城市》著作（在欧洲被称为城市建设的圣经），提出了影响深远的"田园城市"理论。此理论也成为自然主义流派的代表，产生以尊重自然为基础的被动式低技派设计。

继其之后，英国著名艺术评论家约翰·拉斯金(JohnRuskin)提出"师承自然"的主张，出版了阐述其重要理论思想的著作《建筑的七盏明灯》。他认为应当尊重地域自然环境与气候特征，运用朴实的手法进行因地制宜的设计，其思想学说具有最早的"绿色精神"。

*本论文是2012年度国家社会社会科学基金艺术学项目"节约型社会住宅空间的低碳设计创新与实践"成果，项目编号：12CG094，项目负责人：陈鸿雁。

相反，工业化生产却给勒·柯布西耶（Le Corbusier）带来巨大的冲击，他提出代表功能主义流派的"光辉城市"（Radiant City）规划思想，影响后继的主动式建筑产生与发展。

2 相关概念的探讨及辨析

2.1 生态建筑的概念及产生

生态建筑是一个宽泛的概念，狭义上说，它专指符合生态学原理与环境良好的建筑。广义上说，它不仅是生态学与建筑学相结合的产物，还应遵循可持续发展的原则，要求建筑物减少对自然资源的依赖和负面影响，构造适合人类健康、舒适生活的居住环境，并与周围的自然环境和谐统一。[1]

20世纪60年代，美籍意大利建筑师保罗·索莱里（Paolo Soleri）将生态学与建筑学进行结合，提出了对后世具有广泛影响的"生态建筑"理念；其后相继提出"城市内爆""简约线性城市"的主张。1969年，英国著名景观建筑师麦克哈格（Mc Harg）出版著作《设计结合自然》，拓展了传统"设计"的研究范围，提出以生态原理进行规划操作和分析设计，注重生态价值的主张。这两个事件标志着生态建筑理论的正式确立。

在发展过程中，低技术生态建筑与高技术生态建筑逐渐形成。低技术生态建筑是尽可能利用建筑传统技术、地域手段与材料、地块资源等，实现对当地气候因素最恰当的利用。高技术生态建筑就是通过与当代高新技术、新材料、新设备与管理相结合，实现对自然气候要素的深层次利用。

2.2 可持续建筑概念的提出

可持续发展最初于1972年被正式讨论，1980年在世界自然保护联盟（IUCN），联合国环境规划署（UNEP）、野生动物基金会（WWF）共同发表的《世界自然保护大纲》中被明确提出。在1994年的第一届国际可持续建筑会议中，可持续建筑的概念也被提出。

可持续建筑是基于可持续发展体系的建筑及相关行业体现与落实，旨在利用生态学、建筑原理及建筑技术，协调建筑与其他领域相关因素之间的关系，使建筑与当地环境形成有机整体[2]。对建筑业而言，也必须责无旁贷地践行可持续发展原则。其后，不同国家举办多种形式的学术研讨会，丰富了可持续建筑的内涵。

2.3 绿色建筑的概念及兴起

20世纪70~80年代，西方发达国家出现两次石油危机，这促使节能思潮的产生，绿色建筑正是在当时这样的社会背景中发展起来的。由于世界各国经济发展、地域资源、文化历史等方面都存在差异，所以不同国家、学术界对绿色建筑的界定与认识也存在一定程度的分歧。

那么，应该如何理解"绿色建筑"的概念呢？美国国家环境保护局（U.S. Environmental Protection Agency）给出的绿色建筑定义是：在整个建筑物的生命周期（建筑施工和使用过程）中，从选址、设计、建造、运行、维修和翻新等方面都要最大限度地节约资源和对环境负责①。

我国的《绿色建筑评价标准》对"绿色建筑"给出明确界定：在建筑的全寿命周期内，最大限度地节约资源(节能、节地、节水、节材)，保护环境和减少污染，为人们提供健康、适用和高效的使用空间，与自然和谐共生的建筑 [4]。

当下，针对绿色建筑的评价体系也日趋多元化与体系化。其中，中国的《绿色建筑评价标准》、美国绿色建筑评估体系(LEED)、英国绿色建筑评估体系(BREE-AM)、日本建筑物综合环境性能评价体系(CASBEE)、法国绿色建筑评估体系(HQE)、德国生态建筑导则LN B、澳大利亚的建筑环境评价体 N ABERS、加

---

① 美国白宫和国会于1970年7月共同成立了环保局，以响应公众日益增强的需求：有更清洁的水、空气和土地。环保局被委任修复被污染破坏的自然环境，建立相应的环保规则。

拿大GB Tools 评估体系等，丰富了不同国家对绿色建筑的认识，也提供了重要的借鉴，并指导及推动了各国绿色建筑的实践与研究发展。

2.4 低碳建筑的提出及界定

"低碳经济"概念最先于英国被提出。2003年，英国能源白皮书《我们能源的未来：创建低碳经济》中明确提出发展低碳经济。

低碳建筑是在"低碳经济"思维下建筑及相关行业的体现，目前全球尚没有统一的定义。

有的学者从减少建筑物的能源及可再生资源利用的角度出发，诠释低碳建筑。有的学者从建筑形成过程及生命周期角度出发，以减少碳排放为目标来理解低碳建筑。在前面的基础上，有的学者不仅从过程和生命周期的碳排放划分角度出发，更把舒适度作为一个因素进行解释。

无论是生态建筑、可持续建筑、绿色建筑，还是低碳建筑，都是跨学科、跨界合作的结果，是其他学科与建筑领域的一种融合，也是顺应时代需求的一种设计创新；其目的是更好地解决建筑环境与自然环境之间的对立，协调社会发展与环境破坏、能源过多消耗之间的客观矛盾。

3 相关概念之间的辨析

通过历史回顾及对比分析，可以看到它们是不同历史发展阶段，不同国家结合其拥有的资源、地域文化、气候特征以及所面临的时代问题，有针对性地提出解决人、环境与建筑之间和谐发展的策略和政策，但在包含范围、关注点及研究与贯彻的深入程度方面存在差异；它们也是不同政府、学者在建筑领域推进过程中的差异性探索结果。

3.1 产生的历史背景不同

随着20世纪60年代生态学的兴起，"生态建筑"逐渐发展起来，其任务是应对当时社会的生态问题。20世纪70年代，随着可持续发展概念的提出，"可持续建筑"应时而生，其目的在于减少能耗、减少污染、保护环境与生态、有利于子孙后代。20世纪70~90年代出现的"绿色建筑"，是面对当时社会出现的能源危机而提出的建筑理论方法。21世纪初，"低碳建筑"随着低碳经济的出现而发展，逐步成为解决能耗问题、降低排放、自然资源高效利用的有效对策，并成为当下建筑领域的主要研究与实践方向。

3.2 研究的重点不同

"生态建筑"的研究重点是使建筑及其场地环境尽可能形成一个有机结合体，并将建筑视为一个生态系统；"可持续建筑"强调降低环境负荷，尽量实现社会发展、经济发展、环境发展的协调，并保证尽可能少的破坏环境与浪费资源，尽可能使用合适的技术手段和被动式能源方式；"绿色建筑"的目的是能够达到节能减排，最高效率地利用能源，最低限度地影响环境；在其发展过程中，世界一些主要国家制定不同的绿色建筑评价系统，形成具有可推广性和指导价值的导则及政策法规。"低碳建筑"关注全球的气候变暖问题，重点是减少化石能源利用，减少二氧化碳排放，尽可能使用低碳材料和运用低碳建筑技术。

3.3 概念之间的联系与差异

虽然这些建筑类别产生于不同的历史时期，应对不同的时代问题，但彼此之间存在一定的联系与差异。具体来说，生态建筑的综合性目标比较强，是将建筑与人、环境视为一个不可分割的整体。绿色建筑与低碳建筑都包括节能的内容，并需要最大限度地实现节能目标，可以说它们都是可持续建筑的组成部分。

当前热门的低碳建筑则是绿色建筑理念的前沿体现，它关注建筑全寿命周期中的能源消耗。而绿色建筑还强调居住的舒适性与健康问题，并已经制定较为具体的导则。

虽然这些建筑理念都有各自的侧重点，但都是为了应对不同时代发展过程中产生的环境问题或能源危机，协调人类、环境、社会与建筑之间的关系，使得人类的居住环境更加健康。

4 新时代的住宅设计观：节约型社会住宅空间的低碳设计创新

21世纪，国内经济高速发展也不可避免地引发一些环境问题与能源危机，国家制定了一系列政策与法规，从宏观层面促使建筑迈向低碳与节能的新方向。2005年，国家提出建设节约型社会的目标，其核心是尽可能节约资源和减少资源消耗；党的"十七大"明确提出建设生态文明，并将其列为全面建设小康社会的目标之一；2014年国家颁布新版的《绿色建筑评价标准》，制定系列导则。这些都已经在政策方面和战略层面逐步推进，都是处理好人、环境与建筑之间和谐关系的重要依据与出发点。

4.1 新政策下使用者参与"住宅空间的低碳设计创新"方式

基于国内社会当下的背景，笔者认为在探讨低碳住宅建筑的时候，必须同时研究使用者；换句话说，不但要关注低碳住宅建筑之物质层面价值，更要关注使用者生活方式的低碳实现，提供给使用者参与的权利，同时进行有效地传播并形成积极的影响。

首先，从图纸、建设到生活的低碳环节实现。具体来说包括以下内容：方案图纸阶段，住宅建筑设计与建造阶段的低碳实现。在方案图纸阶段，降低能源的消耗与温室气体的排放；在设计阶段，采取地域的、本土的、适应性的策略，以被动式设计为主、主动式设计为辅；在建造阶段，采用低碳节能或增能技术、绿色材料等进行有计划的建设，最大限度地降低碳排放及给环境带来的破坏；在使用阶段，主张回归简单朴实的生活模式，减少能源利用及碳排放，但也必须满足人居环境的基本舒适度。

其次，在整个过程中使用者的多种方式参与，也在一定程度上促使建筑的低碳实现。要尽可能地提供给使用者更多的参与方式和参与环节，目的是增加沟通、减少日后的二次浪费，也使得低碳建筑更加适合未来住户需求；从而通过参与，使用者逐步形成对低碳住宅建筑的责任感、认同感甚至荣誉感。

德国佛莱堡太阳能住宅社区就是居民和建筑师合作的成果。从规划到建设过程都提供给居民参与的环节，部分居民还可以参与社区的决策过程。居民可以参与低碳住宅的室内外设计，甚至可以选择建筑外观颜色，满足自己的生活需求；为了保证居民拥有更多的步行与休闲空间，禁止私人汽车进入社区，将汽车统一规划，停放在车库。

政府也支持这种模式，出资修建有轨电车，改造自行车道，使更多的居民能快捷地乘坐公交车或使用自行车。值得肯定的是，使用者参与和共同治理的精神，让佛莱堡太阳能住宅小区具有更大的弹性与活力。

最后，在投入使用后，住宅社区、使用者对低碳住宅空间多层次价值的展示与传播。在项目完成并进驻后，相关单位、社区管理机构尽可能对低碳住宅建筑及实惠价值进行传播，使用者也积极向社会宣传其长远价值，以实际案例及收获感染外界，形成良性的启发与影响。上述佛莱堡社区，利用主入口的过道空间及节点空间展示低碳住宅的规划设计、建设过程、居民参与过程、低碳价值的主要体现等；让人印象深刻的两种展示传播，例如：①共同设计，居民与设计师按照实际需求共同设计低碳住宅；②增能住宅实现，由于在设计中利用太阳能发电及隔热保温材料，住宅的自我供给能源部分多于生活需求及消耗的部分，住户可以把多余的电卖给政府并获得补偿，实现住宅的自我增能。

这些内容的传播给外界带来积极的启发与影响。

4.2 空间到生活的整体价值

当下住宅空间的低碳设计创新，应该是一个更整体的内涵：从住宅空间到居住者，从室内空间到家居用品，从硬装修到软装饰，从生活模式到行为的链接。概括来讲，包含以下几个方面内容。首先，它是低碳住宅建筑，实现减排、节能（或增能）；第二，它也是住宅室内空间的低碳创新，即实现集约型的空间高效利用、通风隔热、良好自然光照明等的室内设计；第三，包括低碳家居用品设计创新，即用循环物料或环保材料设计、制作室内家具、灯具等，融于日常生活中并被真正使用；第四，低碳软装的设计创新，即利用简易及环保的材料进行室内软装搭配设计，有效激活空间；第五，它更包括住户的简单生活与行为设定，由家庭成员的多种参与方式而产生的深层次低碳价值，这也超出物质层面的低碳追求，迈向具有链接反应的低碳整体。

2015年6月，第三届深圳国际低碳城国际学术会议与系列活动中，也从不同层面与深度探讨了未来低碳城市、住宅以及生活等方面的整体价值，相关国内外专家学者提出宝贵建议。其中，分别邀请哥伦比亚大学+深圳大学团队开展"低碳城——投资者手册"项目，辛辛那提大学团队开展"低碳城——开发者手册"项目，香港大学团队开展"低碳城——设计者手册"项目，雪城大学团队开展"低碳城——居民手册"项目，哈佛大学设计研究生院Harvard GSD+普集建筑PAO团队开展"低碳城——环保工作者手册"项目，比较全面地探讨未来低碳城的整体价值；从投资到开发，从土地到规划，从规划到建筑设计，从建筑空间到居民生活，从生活到环保工作的系列结合研究，也反映其相互之间的良性关系。

住宅空间的低碳设计是低碳建筑的一种更为具体类别体现，其

采用设备与技术，不仅实现节约能源、减少碳排放，更有可能实现自我供给与增能。这种低碳设计创新不仅是建筑空间的低碳创新，更应该是包含整体室内家居设计的低碳使用。居民的身份不仅是住宅的拥有者，更应该是多个环节的主动参与者、传播者。住宅空间的低碳设计创新已经不仅停留在实体建筑过程层面，更需要扩展至具有灵变性的生活过程层面。毫无疑问，这种扩展链接将产生更深远的低碳整体价值。

参考文献

[1]付云松，倪金卫，蒋正跃.现代建筑转向生态建筑.华中建筑，2010（2）：21–23.

[2]韩云娜.浅淡可持续建筑与柔性设计.山西建筑，2010（2）：48–49.

[3]中华人民共和国建设部.绿色建筑评价标准（GB/T50378–2006）.北京:中国建筑工业出版社，2006.

城市旧厂区改造中创意景观对场所记忆的表达
——以广纸313改造项目为例

沈莹颖　广州美术学院

摘要： 针对城市发展产业结构调整下旧工业厂房废弃后更新利用的问题，文章立足于挖掘旧工业园区的历史文化内涵，以广纸313为例进行具体的艺术设计创作，分析和探讨如何将旧工业遗产场所精神融入景观的创意设计中，展现创意园景观改造设计的新思路。

关键词： 工业厂房 更新改造 创意景观 场所记忆

1 缘起

广州地区是我国民族资本主义萌芽地之一，晚清鸦片战争之后，私营民族资本企业、国家民族资本企业,官僚和外国人兴办近现代工业，荔湾区、海珠区和越秀区等老城区集中建设大量旧工业厂房。它们作为工业时代遗产构成了广州历史文化的重要组成部分，承载了一个时代人们的场所回忆。

近年来伴随着国家的经济转型、产业结构调整，作为新型生产服务业重要载体的文化创意产业园区得到了迅猛的发展。2006年广州市政府推行 "退二进三"战略，为了改善城市环境，大量第二产业的旧工厂和企业迁出，原有的旧建筑、厂房和仓库被保留并改造为非营业性的场所或商务型和金融类办公地。从一线城市到二线、甚至三线城市创意园区如雨后春笋般涌现。① 2014年,广州市已经建成了八十多个创意产业园区,但令人担忧的是除了个别特色园区外，大多数园区建设中同质化严重，究其原因，是各个园区文化内容的"贫乏"——对具有产业化潜力的特色文化资源发掘不足，开发不充分。

广州造纸厂，位于海珠区，是一家具有60多年历史的大型制浆造纸联合企业。在2012年广纸厂搬至南沙，2014年9月25日，广州市规委会审议通过了广纸片区规划深化及控规修编，被定位为"海珠西引擎，广佛活力港"的广纸片区将被打造成广州产业集聚区、广佛滨水休闲生活港湾、珠三角西岸配套服务组团之一。②项目位于本次广纸改造片区的相邻地块，园区内存留建筑为原纸厂的员工宿舍楼和仓库（图1），现已空置，急需进一步的改造升级，焕发新的活力，同时作为保留片区，承载着本地区对于纸厂的历史场所记忆，本案着重通过新的创意景观设计来展示这种场所记忆和精神内涵。

2 旧工业园区场所精神及美学特质探究

旧工业园区承载了工业时代的文化内涵，是自然环境和人文因素交织的特殊场所。厂区内具时代特色的厂房排列整齐，古旧的墙面质感、曾经色彩鲜艳的大字海报、地面道路上留下斑驳的树影，都蕴含着无形的场所精神。保留和维护拥有历史文化性工业遗产景观的完整性，是保留人们情感记忆的有效途径。

① 张京成. 中国创意产业发展报告[M]. 北京：中国经济出版社，2006.
② 张荣光（编纂）. 广纸厂志出版社：广州造纸厂，1988.

图1 广纸313改造项目现状

图2 广纸313改造项目鸟瞰图　　　　　　　　　　　图3 纸元素运用

更不能忽略的是场所空间，旧厂房园区同时是工业时代基本社会有机体，存在网状的人际交往结构模式和社会关联，社会关联与人际交往的结构方式发生的场所以某种建筑空间形式固定下来时，形成了场所的空间形态。场所空间形态重塑有利于加强厂区内人群的场所认同感和方向感。①

旧工业园区凝固在衰败和未完成的状态，具备着废墟美学的特质。废墟保留了建筑真实的物质存在，再现的遗迹本身易于激发个体对曾经场所的认同和想象。此外，废墟断裂历史的同时展现了地上辉煌的工业历史和灿烂的工业文明，正是它们的存在，才使得这块工业废弃地的文脉得以延续。②

对废墟美的追求也是旧工业园区改造需要面对的挑战，工业建筑构筑物、设备设施的妥善保留更新成为场地的工业景观的一部分，更是城市中一个回望过去的场所。设计师们需要思考如何面对历史和当下，如何把旧工业遗产昔日荣耀的见证转变为当代城市新生活的引导，如何连接过去断裂的历史和日新月异创意产业的未来这两个不同的时间矢量。

3 广纸313创意景观的更新设计改造策略和方案

3.1 保留场所元素

作为一个有半个世纪历史的旧纸厂遗址，园区内遗留大量自然文化物质特色元素，一草一木、红砖青瓦包括园区墙壁上绘制着革命生产主题的宣传画，无一不呼唤着过去的记忆，渲染了场所的氛围。设计把场地自然元素、工业美学元素和主体建筑设计元素等保留，带入历史的印记，做为建筑景观设计的一个部分。

3.1.1生态系统和自然元素保留

原厂区内有许多大棵乔木、发育良好的岭南特色植物群落，以及与之互相适应的环境和土壤条件。广纸313项目中维持了原有厂区的景观层次，保留原有10棵乔木，在树下用厂区内原砖石材料搭建公共休息平台和座椅，同时保留大多墙面爬藤植物，丰富建筑立面并实现建筑景观一体化，突出了工业遗产的废墟美感。青砖随意放置，缝隙中青苔也以自然的状态生长，鹅卵石、石台阶布满浅绿青草絮语着岁月漫长。

3.1.2建筑和构筑物的保留

313纸厂原有员工宿舍楼和仓库建筑立面形式富有韵律，昔日的工业生产活动的管道、烟囱、工业设备、冷却塔等工厂特有构件，甚至是建筑框架和桁架等构件都是具备直观工业特征的载体。红砖墙面肌理斑驳，墙上绿篱、青苔随机生长，拥有现代建筑无法比拟的废墟美和历史感。20世纪五六十年代的3栋6层宿舍被原地保留，3栋单层厂房保留后结合在场地设计中和加建建筑一同塑造室内外公共空间（图2）。

① （挪）诺伯舒兹. 场所精神. 武汉：华中科技大学出版社，2010.
② 盖世杰、李元振. 时空错位中的前卫——解读"798"工业废墟下的前卫现象及前卫思维[J].新建筑,2007(01).

图4 313纸厂增建与拆迁示意图

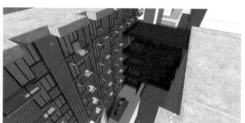

图5 增加橱窗和通透玻璃体

3.1.3工业元素的保留

该项目尽可能利用场地原有材料和物质，如残砖瓦砾、工业废料、矿渣堆、混凝土板等，作为更新、改造的创意景观的材料，保持了场地的历史氛围，延续了场地的场所特征。如将纸这种表现工具丝帛元素反复再现并将其改变成影响整体建筑风格的个性化构件，展示了纸厂所特有的文化品位（图3）。

此外生产机器特征再现，也是场所记忆再现的有效途径。如该项目将具有历史文化特色的特有构件——原有纺织机器齿轮，作为景观小品，在室外公共区域作为小区域视觉展示焦点，通过这个纺织机械向人们传递园区的工业历史和生产情景，丰富场所体验，增加园区趣味性。

3.1.4 "软文化"的保留

保留部分场所元素是记忆再现的有效方式，厂区内的口号、地名、标语等人文资源也是对时代特色和企业文化的鲜明展现，恰当运用有利于烘托场所氛围[1]。313纸厂利用工业遗产的各种软元素，使得工业场景不断再现，使其成为主题公园或文化创意产业区内的亮点。该项目保留了墙面部分工业大字画，当人们步入展览空间，触发对于工业时代工作氛围的想象。

3.2 再现场所精神

旧工业建筑在更新改造中往往需要兼顾现代创意产业的功能需要，如果仅仅是传统元素的提取和保留只能被动回溯过去的工作生活，无法反应当下的审美和价值取向，场所空间无法适应创意产业园的要求。如果缺乏系统全局的景观设计，仅仅简单堆砌文化符号，也无法表达文化历史氛围。[2]

具体说来，景观位置往往与园区的公共空间重合，景观介入影响园区建筑的可达性，影响着公共空间的空间属性。设计通过象征性的手法提炼某些特殊的工业遗迹，梳理零散的景观元素，通过增加、减少、全新设计等空间设计手法（图4），满足新时代功能使用的同时延续了场地景观的历史性及文化性。

3.2.1 增加

增加橱窗和通透玻璃体，模糊原有封闭车间、厂房的界限，将自然引入建筑内部的同时对外展示了车间厂房的空间和各种机械设备。原有宿舍楼变身现代公寓，功能的变化带来垂直电梯系统的置入。传统工业设备与现代生活设备并置，空间中动态感和人们行为的紧张感相互呼应，历史文化也同时在空间中与当下和未来连接，人们对于该场所的记忆也随时代的更替而演进变化。（图5）

3.2.2 减少

对原有界面的拆除打破往往能够形成全新的景观展示面(图6)。
如图4，黄色部分墙体结构全部拆除，将单条狭长的厂房拆成若干栋点状建筑，并通过新的结构体联系起来。减法却带来了空间

① 杨希文. 后工业语境下的景观设计——以广州创意产业园为例 [J]. 广州城市职业学院学报. 2014.
② 刘利永、张京成、黄琳. 文化创意产业的本质特征与实践误区. 第六届软科学国际研讨会. 北京2010;

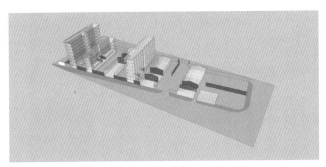

图6 景观展示面

图7 地景时间轴

的连续性，同时将多个孤立的庭院串联成秩序感明显、方向性明确的多层次空间。

3.2.3 全新设计

新旧结合的设计叠加了理性和感性的双层考虑。通过新的创意景观设计，提升建筑主体的外围空间，营造园区新的空间印象。

3.2.3.1 地景时间轴

"居住于自然中，不仅仅是'庇护所'的问题而已。同时意味着去理解即有的环境为一组内部从超大的到微小的层次。"①这里体现了场所的方向感在场所氛围营造中的关键地位。

原有园区规划满足20世纪60年代集中力量工业生产的需要，空间结构单一，各个庭院被建筑体完全隔绝。新的时间轴线设计局部打通建筑或建筑的底层空间，使各个庭院贯通，整个园区形成环绕、通达的行为动线。将原有功能不一的建筑体串联在全新的主轴线上，空间上的轴线通过地面喷涂的白色曲线形态化，用曲线的疏密来隐喻人活动的密集程度和丰富类型。曲线的指向形成新的场所方向感，跟随曲线的指向穿梭过一个个厂房，加以地面喷绘的历史文字注解，再现空间记忆，增强场所认同感，同时融入时间的概念抒写历史和未来（图7）。

3.2.3.2 围墙设计

墙体的建构关系到如何和外部道路环境、和内部园区整体进行

沟通。设计将墙体作为一个体系，进入到整个园区，有着清晰的逻辑、强烈的次序感，如同围棋，讲究的是全盘的布局。

入口广场东侧展示墙，旧建筑挖空的部分相应生成新山墙面，庭院重新设计了一系列全新的围墙，墙呈南北走向，带有强烈的场所方向感，将人群引入园区，层层递进，和地景时间轴相呼应，重新确立了园区的轴线关系（图6、图8）。此外，砖用灵活的方式砌筑，提供游人攀爬玩耍进行互动的场所。半围合的墙体保持原有道路景观系统延续性，结合涂鸦材料转换增加了人行走的趣味。

3.2.3.3 入口设计

入口广场由新建建筑（园区展示厅）和装置（艺术砖墙）围合而成，重视体验和系统的氛围营造。打开街道转角位，指向园区内部商业街。园区展示厅，运用原有3栋厂房拆下的红砖青瓦，结合现代的建筑元素钢和玻璃。作为整个园区景观的入口节点，在轴线开始处点题。

3.2.3.4 艺术介入

广纸313项目中，结合多样化当代艺术形式，包括大地景观艺术、涂鸦艺术、雕塑艺术、极简主义艺术、拼贴艺术等多种形式，将生锈的高炉、废弃的厂房、停产的设备、荒芜的土地等都纳入自身创作范围，进行艺术升华。工业遗产的美学价值与当代艺术的结合碰撞，使基地置于全新的语境，创造全新景观语言，充满场所记忆。

① （挪威）诺伯舒兹. 场所精神. 武汉：华中科技大学出版社，2010.

图8 围墙设计

4　结语

广纸313项目注释了设计者对如何在创意景观中重拾场所记忆的思考。一方面保留和保护原有场地的特色景观元素，尊重工业遗存景观场所及工业历史文脉，另一方面将场所感营造切入公共空间设计中，挖掘、提炼出纸厂历史文化的特色元素，采用增加、减少或者是全新演绎的设计策略，不断发展、创新，在传递旧场所精神的同时建设出具有特色的和适应现代城市发展的工业创意产业园。

绿网
——广州都市型绿道绿色出行一体化设计研究

王　轩　广东文艺职业学院

摘要： 以都市型绿道为载体，构建一体化的绿道绿色出行方式，对于改善城市交通环境、引导人们的低碳生活具有积极意义。具体策略包括两个方面：路线规划方面，绿道有效串联城市的各个功能区，形成自身网络化的绿道路径，并与城市慢行系统和公共交通系统无缝对接，方便人们以较短的时间、距离和多样的方式到达绿道；慢行环境设计方面，提供流畅、连贯的慢行体验空间。

关键词： 都市型绿道　绿色出行　一体化　体验

都市型绿道集中在城镇建成区内，是连接城市公园、广场、绿地、历史人文景点及其他与高密度聚居区紧密联系的开敞空间的线性开放式廊道，主要为人们的日常生活提供慢行场所，是绿色出行的重要载体。广州自2010年起，开始全面建设绿道，截止到2015年底，广州建成长约3000公里的绿道，其中都市型绿道占绿道总长的31.2%[①]。基于绿色出行体验的要求，都市型绿道应构建一体化的慢行方式，方便人们以较短的时间、距离和多样的方式到达绿道，并提供流畅的慢行环境，使绿道真正渗入人们的日常生活中。

1 网络化的绿道慢行体系

1.1 多层级的绿道网络构建

绿道要求首先应构建自身具有独立性的网络体系，并串联各个功能区。然而，通过GIS分析，广州二环路以外的绿道占据约70%

，只有约30公里的绿道在城市内环路以内。在城市内环路以内能在15分钟内到达都市型绿道的居民仅约20%。已建成都市型绿道主要位于城市建成区的外围，中心城区覆盖率低、总体距离不够。都市绿道建设初期主要考虑了区域绿道和城市绿道的建设，对社区绿道则涉及较少，绿道网络层次单一。东濠涌绿道是区域级绿道，应对周边区域，如中华广场生活圈、花园酒店生活圈、北京路生活圈和中山纪念堂生活圈等形成较强的辐射力。但东濠涌绿道缺乏下层级绿道网络体系的支持，没有形成多层次绿道网络，因此该绿道与周边社区的联系较弱，绿道使用率并不高。广州大学城内的绿道尽管包括区域绿道和社区绿道两个层级，但二者在构成上属于环形绿道形式，仅仅通过中一路和中八路衔接。社区绿道太少，违背了绿道的连通性原则，与人们的日常生活和出行缺乏紧密联系。[②]

1.1.1 构建"区域绿道——城市绿道——社区绿道"网络

绿道网络化应具备多路径、层级式和网格式的特点，其设计可借鉴日本大野秀敏在2050年东西概念规划方案中提出的"纤维"绿廊概念。该方案构建了一种"指状绿带——绿网——城皱——绿垣"的多层级绿色网络。其中，"指状绿带"是指将大面积的绿色区域引入城市；"绿网"是指利用高架路，将其改造成绿色生态立体式带状公园；"城皱"是对具有历史意味的地段采取的绿化措施；"绿垣"是针对社区的覆盖性和连通性较高的起"毛细"作用

① http://gz.ifeng.com/zaobanche/detail_2015_09/29/4403099_0.shtml.
② 赖寿华，朱江.社区绿道：紧凑城市绿道建设新趋势[J].风景园林，2012(3).

的绿廊。从广州来看，区域绿道、城市绿道好比宏观尺度的指状绿带和绿网，是绿道网络的主要结构。社区绿道则如微观尺度的"绿垣"。广州都市型绿道网络应形成"区域绿道——城市绿道——社区绿道"的多层级绿道网络体系，并实现相互之间的衔接和串联。例如，广州海珠区绿道就确立了"以水为脉，绕岛成环；以园为核，串绿成网"的绿道网络体系规划概念。

1.1.2 发挥社区绿道的"毛细"作用

一般来说，都市型绿道的使用频率与其距居住区的距离成反比，服务半径则与其等级和面积成正比。[①]因此，应重视靠近居住区的城市绿道和社区绿道的建设。社区绿道分布广泛、形式多样、渗入性强，是都市型绿道网的"毛细"组成。社区绿道紧邻居住小区，可有效串联人们的工作、学习、生活与娱乐场所，实现点与点的连结[②]。绵阳市在绿道规划中，划定22处社区绿道建设点，利用社区绿道连接商场、人民公园等场所，为人们提供抵达日常生活娱乐区的绿色通道，并与城市绿道对接，有效提升了绿道的可达性。

1.1.3 连接设施"连结"绿道

绿道连接设施主要用于串联不同路段的绿道，包括跨河桥梁、人行天桥、地下隧道和码头等。这些连接设施对于加强不同绿道之间的联系，实现绿道的网格化布局具有重要意义。例如，人民桥、解放桥、海珠桥、江湾大桥和海印桥是连接滨江路绿道和沿江路绿道的跨

河桥梁，在建设过程中，可通过划分步行道与自行车道，设置合理的慢行宽度，并安置防护栏，将其建设为绿道连接设施。

1.2 绿道与城市慢行交通的整合

广州中心城区用地面积紧张，原有城市慢行系统为绿道的建立创造了先决条件，绿道在设计过程中应注重与原有慢行道的结合，方式主要为借用、改造和链接。城市支路作为城市道路系统毛细血管，非常适合自行车行驶，可以发挥"微循环"作用，有效地提高城市交通运行效率。此外，绿道应与广州市规划的11条步行径相结合，构筑良好的城市一体化慢行体系。

1.3 绿道与城市公共交通的无缝衔接

都市型绿道的慢行功能是基于延伸公共交通的可达性而发展的，"步行/自行车＋公交/地铁"的出行模式不仅有利于扩宽绿道慢行功能的作用范围，而且符合城市交通"公交优先、鼓励慢行、限制小汽车"的理念，是构建绿道一体化慢行交通的组成部分。二者之间的衔接主要依赖公交站点和地铁站点等换乘媒介来实现。[③]广州都市型绿道沿线的公交站点之间的间距不够合理，有的过长，给慢行者换乘带来不便；有的则太短，造成公交车频繁起步，并对慢行交通造成干扰。广州中心城区地铁总数约为93个，其中约27个地铁站位于都市型绿道路段，数量不到中心城区地铁站总数的1/3。此外，绿道沿途自行车租赁、停车设施少，距公交、地铁站点远且

① 黄晶.社区绿道设计研究——以珠三角地区中小城市社区绿道为例[D].华中科技大学硕士论文，2011.
② 张润明，周春山，明立波.紧凑城市与绿色交通体系构建.规划师[J].2012(26).
③ 余红红，柳波.慢行交通衔接常规公交的换乘时间分析[J].公路与汽运，2012(4).

服务不到位也影响了广州都市型绿道的换乘功能。

1.3.1 关联绿道与公交、地铁站点

加强绿道与公交、地铁站点的关联，关键在于加强二者在地理位置上的关联。一方面，都市型绿道在线路选择与设置上要考虑已有公交站点与地铁站点的情况，尽量与其发生直接或间接的关联。另一方面，根据绿道网络的实际情况，整合、新建和优化公交站点与地铁站点的设置，满足和刺激绿道与公共交通之间的换乘需求。

1.3.2 合理设置公交站点的间距

当人们都能方便步行换乘公交时，便不会有自行车换乘形式。调查表明，步行换乘公交，通常换乘距离不宜超过500米，一旦步行距离超过此值，自行车就成为理想的代步工具。另外，当人们在乘公交车后必须换乘自行车时，倘若公交乘车距离不太长，那么出行者有可能考虑全程使用自信车而不进行换乘[1]。因此，公交站点间距的设置应综合考虑步行、自行车等多种因素。

1.3.3 建设与完善自行车停车场、沿线停车设施和租赁驿站

美国学者G.parkhurst研究发现停车换乘站对于各种交通方式的换乘具有深刻的影响[2]。为提升慢行交通与公共交通的接驳，日本车站附近自行车停车场的容量从1977年的59.8万，扩充至1987年的2382万[3]；荷兰到 2010 年轨道交通车站附近建成33万个自行车停车场。停车场应集中设置在公交车站、地铁站、居住区、工作地点和商业中心等高频区。此外，自行车租赁服务可以提高绿道自行车与公共交通的换乘数量。哥本哈根中心城区约有150个自行车免费租赁点，巴黎实施公共交通系统（PBS），平均每200米就有一个自行车租赁点，荷兰建立了绿道自行车互联网租赁点[4]。广州都市型绿道的自行车租赁站应实现网络化和智能化，将驿站规划为区域级、城市级和社区级，与绿道网络的层级相对应。

2 流畅的骑行空间与体验

2.1 绿道横断面一体化设计

广州都市型绿道各要素比例不恰当，机动车道过宽，慢行道过窄，不同路段绿道宽度不统一，导致绿道交通组织形式和横断面构成形式的多样性，对绿道的交通通行秩序造成影响。绿道各要素组织关系不合理，中山七路、烟雨路等绿道的自行车道与机动车道处于同一板块，仅用交通标线隔离自行车道，造成自行车与机动车间的摩擦和安全隐患，影响骑行体验。

广州都市型绿道可考虑将自行车道引入慢行道，实行慢行道一体化设计，具体包括分离型、并行型和混行型三种形式（表1）。

2.2 自行车道、步行道与机动车道互相隔离

绿道在隔离设施设置上的问题主要为隔离设施缺乏、不连贯，自行车道、步行道和机动车道互相干扰，缺乏独立性，影响绿道慢行的流畅性。丹麦专家Troels Anderson在对广州市区内的已建成绿

① 张颖.北京城市自行车与公共交通换乘研究[J].中国公路学报,1995(8).
② G.parkhurst. Influence of Bus. Based Park and Ride facilities on user's car traffic[J].Transport Policy, 2000(7):35-37.
③ 陈思.自行车与轨道交通换乘衔接研究[D].长安大学硕士学位论文，2006.
④ Karle martens. The bicycle as a feed ring mode: experiences from three European countries[J]. Transportation research PartD.9,2004.

广州都市型绿道横断面的构成类型 表1

类型	图例	特征	适宜范围
分离型		步行道与自行车道各自独立且有隔离设施,通行秩序较好,对绿道宽度要求较高	绿道控制区宽度宜>8米
并行型		步行道与自行车道虽各自独立但无隔离设施,存在一定混行	绿道控制区宽度为6~8米
混行型		步行道与自行车道重合,步行与自行车交通混行严重	绿道控制区<6米

道研究中发现:专门隔离的自行车道只占9%,无专用自行车道但可骑行的为20%,无专用自行车道也不能骑行的为9%,而划几条白线就表示是自行车道的占了62%。同时,他指出人行道、自行车道和机动车道区分不清晰存在碰撞的不安全风险[③]。设置安全隔离设施的优先次序依次为绿化隔离带、护栏、隔离墩和交通标线。(表2)原则上,绿道绿化隔离带的宽度新城地区不宜小于3米,旧城地区不

宜小于1.5米,旧城中心或者改造难度比较大的地区不宜小于1米[②]。

绿道慢行道与机动车道之间的隔离设施设置的基本原则 表2

允许空间宽度	>1(米)	<1(米)	条件不够
隔离设施类型	绿化隔离带	护栏或隔离墩	白色交通标线

在条件允许的情况下,自行车道与步行道之间也应设置隔离设施[③]。若用行道树或树篱作为隔离设施,可采用慢行道与自行车道之间互通的形式。既可以降低自行车交通与步行的混行程度,保证了出行者的安全,又有利于自行车道空间与步行空间的相互利用。

2.3 铺装的同构与异构

步行与骑行是不同的慢行方式,对地面铺装材料的适应性要求也不一样,同时差异化的铺装可强化二者各自的通行空间,避免步行与骑行之间的摩擦。不少绿道的步行道与自行车道的铺装材料同质化,慢行道的铺面材料不统一,完整性与连续性差,同时出现破损和凹凸不平的现象,影响了通行效率。

绿道慢行道的铺装应采用同构与异构的铺装方式。同构是指步行道与自行车道的铺面材料应各自保证完整性与连贯性,一气呵成,避免不同铺面材料的拼接。异构是指步行道与自行车道的铺装材料应具有差异化,避免趋同。具体而言,步行道宜采用透水

① http://news.dayoo.com
② 《广东省省立绿道建设指引》
③ 潘昭宇、李先、陈燕凌.北京市步行、自行车交通系统改善对策[J].城市交通,2010(1).

地砖，耐磨性好，透水性能好。自行车道宜统一采用红色沥青，承载力高、易维护、耐用性能好，适合自行车通行。例如，伦敦自行车道就利用有别于机动车道的蓝色铺装，强化慢行道通行空间。此外，应加强对绿道慢行道铺装的维护，避免绿道慢行道铺装出现凹凸、破损等现象。

2.4 绿道斑马线的专属性

绿道应在其交叉路口和路段行人过街处设置绿道专有斑马线，且斑马线的宽度宜不小于3米。现有的绿道斑马线沿用了过往白色的线性形式，在视觉上往往无法起到很好的提示作用。绿道的斑马线应有其专有属性，特别是应该在空间上给予相应的限定，而不仅仅是光秃秃的斑马带。例如，杭州实行的面状彩色斑马线，浙江省台州市椒江区解放路具有立体感的蓝白黄三色相间的彩色斑马线，都有效降低了步行交通、自行车交通和机动交通在交叉路口的混乱局面。

2.5 绿道高速骑行空间设计

与城市道路连接度高，导致绿道沿线出现过多的交叉路口，受到各种非绿道交通的干扰，破坏了绿道慢行交通的连续性。此外，街具、违规停放的机动车、流动性摊位等占据绿道慢行空间，也对慢行道的通行安全与流畅性产生了不利影响。据此，可借鉴德国的经验，修建半封闭和封闭式的自行车高速公路，避免绿道出现交叉路口和红绿灯，以此提供时速可达40公里的绿道自行车专属空间。

3 结语

都市型绿道是广州城市慢行系统的重要组成部分，是绿色出行的载体，对于实现城市低碳公共空间具有重要意义。绿道绿色出行要求绿道从路线规划和慢行环境的层面提供一体化的慢行场所与体验方式，给人们带来便捷、有效的绿道出行体验。只有这样，才能让绿道介入人们的日常出行与生活，发挥绿道低碳出行的价值。

浅谈夜景光环境创新设计与城市更新

李　光　广州美术学院建筑艺术设计学院

摘要：本文介绍了LED在城市光环境艺术设计中的创新应用，分析了夜景光环境艺术设计的特点与载体，得出了夜景光环境创新设计不仅提升了城市夜景照明的艺术层次，而且可以促进城市更新和发展的结论。

关键词：夜景光环境　创新设计　LED　城市更新

1 概述

每一个时代都有其独特的艺术表现形式，新时代的科学技术催生了新时代的艺术表现形式。LED作为人类历史上的第三次灯光革命，其革命性的技术不仅改变了传统的光源形式，而且打破了传统光源的局限性，改变了传统灯光设计的形式，为提升城市的光环境质量提供了极大的发展空间，为光环境的艺术设计提供了有效工具。本文以LED光源为立足点，将光环境作为研究对象，重点研究LED在城市光环境中的特点与创新形式。这不同于传统的城市夜景照明，LED的创新设计提供的不仅仅是照明，而是以LED为主要创作媒介，以空间环境为载体，结合景观、公共艺术、工业产品、雕塑、多媒体、互动装置等艺术形式，创造了全新的城市光环境形式，创造了城市文化景观，使人们的城市体验变得更加丰富和有趣，为城市增添了新的风景和文化气息。

2 光环境创新设计的特点

2.1 立足于空间环境

光是环境塑造、空间处理中不可缺少的重要因素。空间中有了光，才能发挥视觉功效，在空间中辨认人和物体的存在。同时，光也以空间为依托显现出它的状态、变化及表现力。路易斯康说过"设计空间就是设计光"，也就是说光参与了空间的创造与再组织，空间通过光和影与周围环境形成不同层次的交互作用，丰富了空间内外的知觉深度，产生了不同的气质和意境。空间环境是进行LED光环境创新设计的立足点，一切LED光环境的创新设计都不能离开这个主要因素，依据空间环境，结合LED的产品特点，以创新性的设计重新定义光在空间环境中的作用，这样的创新是对于整个空间光环境的创新，而非某个具体的产品创新。如果脱离了空间环境，研究对象就转移到具体微观的灯具外观设计上了。所以，当代的LED光环境创新设计都应首先考虑空间要素和环境特点，从空间环境出发来设计光，甚至根据空间环境进行灯具产品的延伸设计。

2.2 注重空间尺度

LED光环境创新设计更强调光的尺度与体量，通过它来调节建筑、景观的空间尺度感，使城市夜景获得更好的视觉效果的同时也获得更舒适、更人性化的空间效果。一方面，良好的光环境设计应尊重和平衡尺度较大的城市公共空间，要加强建筑、景观、桥梁等城市公共空间光环境的整体感和尺度感，从而体现城市整体的光环境效果；另一方面，还要注重人在城市公共空间中活动时，光环境及其设施细部所蕴含的人性尺度，在设计光环境时也应当把人的尺度作为空间量度的标准，把人的行为特征作为光环境组织的依据，探索空间层次与光环境要素之间的组成比例关系，协调人与现代空间的生理和心理关系。例如，法国里昂的灯光风车的尺度既协调了河道、桥梁、河堤之间的空旷关系，又为市民提供了亲切适宜的活动空间。

2.3 跨专业协同创新

宏观的协同创新是指创新资源和要素有效汇聚，通过突破创新主体间的壁垒，充分释放彼此间"人才、资本、信息、技术"等创新要素活力，从而实现深度合作。LED光环境的协同创新主要是微观层面的协同与创新，通过汇总建筑设计、景观设计、雕塑艺术、产品设计、新媒体艺术、展示设计等多个专业的人才与专业知识，多专业协同研发具有创新性的LED光环境作品，使得这些作品不仅体现了光环境的创新，而且拓展了原有艺术形式的表现领域。例如，在2011年法国里昂灯光节的一个作品中，整合了景观、雕塑、公共艺术、软件工程等多个专业，横跨道路搭建了一个网状构筑物，通过像小松鼠一样的灯光在道路两边的小广场之间来回跳跃，既解决了小广场的断裂感，又充满了视觉动感和童趣。这个作品虽然只是采用了多专业的基础技术，却艺术化的模糊了各个专业的边界，创造了全新的LED光环境，从中不难看出，只有各专业协同，经过一番脑力激荡后，创新之路才会越走越宽阔。

2.4 强调艺术表现

光环境创新设计更强调光的艺术表现力。光是一种造型手段，

由于LED光源可以做成点、线、面各种形式的轻薄短小产品，所以，LED光环境创新设计与造型的结合就非常自由，无论是抽象的点、线、面、体，还是具象的各种造型，都可以随心所欲找到表现形式。而色彩的表现更是它的长处，通过混色可产生1600多万种颜色，形成不同光色的组合。光是一种材料，它不仅能够提高其他材料的质感和表现力，其本身也可以像金属、石材一样作为空间的表皮，成为审美的主体。光也是一种媒介，一种载体。通过设计光源的色彩、造型，借鉴艺术学的对比、强弱、序列等设计手法，光大大地发展并丰富了造型艺术表现的语言，开拓了环境艺术的新境界。

2.5 吸引公众互动参与

传统的光环境设计专注于功能性照明，人是环境的被动参与者，而LED光环境艺术设计更强调光与人之间的互动性，吸引公众参与城市光环境的创造过程，从而加强了公众与城市环境之间的情感联系和公众作为城市环境的主人公意识。例如，2012里昂灯光节设计的互动装置"floating lights"将灯光的概念转化成城市空间的游戏，让各个年龄层次的公众都能参与到这个以灯光和色彩为基础的互动系统中。装置使用了两块10米×3米的低分辨率屏幕，它们由100个圆形彩色灯管组成，每个灯管中心有一个转换开关。参观者可以触摸这些彩灯，可以随心所欲的点亮或熄灭它们，还可以将装置上充满创意的留言、文字和图片带走，充分激发了观众的参与意识。

3 光环境创新设计介入城市更新

3.1 公共建筑

不同于传统意义的建筑照明概念，LED在建筑中的创新设计是把LED光源与建筑结合在一起，整体设计、整体表现的艺术形式。我们常见的有二种表现形式，一种是通过利用LED的特点，把光源隐藏在

建筑结构上，使得建筑成为一个巨大的灯具载体，见光不见灯，突出建筑结构之美。另一种是在建筑设计的时候就把灯光作为主要表现形式，通过设计特殊的建筑结构和光效，丰富建筑设计语言，突出建筑光效，使建筑成为灯光艺术的载体，成为城市的夜景地标。例如奥地利的现代船坞俱乐部（Nordwesthaus），外部造型极其简单，只是一个立方体，通过LED灯光的变化才体现出了内部结构的美感，某种程度上来说，内部的树状结构其实就是作为受光面而存在的，只有光才能赋予它如此丰富别致的层次感。

3.2 城市景观

城市景观在城市空间中相对永久性的设置让它们与城市文化的联系更为紧密。不同于传统城市照明与城市景观、公共艺术之间的关系，LED在城市景观中的应用不是对已经做好的城市景观、公共艺术进行后期的灯光追加和润色，亦是它从设计之初就将光视为艺术创作的直接媒介。例如瑞士日内瓦的一个城市光景观艺术项目，为了让老城区中一片靠近日内瓦湖的广场重新散发活力，艺术家设计了一件名为"Place du Molard"的作品。在广场和周围街道的地面嵌入多达1800块与广场铺装尺寸一致的发光玻璃砖。这些玻璃砖的每一块上面都刻有来自于六种不同的欧盟官方语言文字，它们呈不规则状散落在地面，越靠近湖边数量越密集。走在白天的广场上，我们几乎不会发现作品的存在，但是一到入夜，这些发光的玻璃砖所产生的点点光芒恰似湖水在月光下泛着的粼粼波光，让人仿佛置身于湖面。人们很享受这种安逸而神秘的环境氛围，广场也重新成为人们喜爱的聚会和聊天的场所。充满视觉美感的LED光景观设计使这里不仅成为了城市客厅，同时也成为了城市名片。

3.3 新媒体展示

新媒体艺术是一种以"光学"媒介和电子媒介为基本语言的新

艺术学科门类。它利用计算机技术、通信技术、人工智能的知识表达技术等实现文字、数字、图像、声音等文献信息数据非线性组织的一种技术。它的特点是使用者和作品之间的直接互动，参与改变了作品的影像、造型、甚至意义，通过触摸、空间移动、发声等不同的方式来引发作品的转化。由于LED的出现，许多当代的新媒体艺术家都以LED为载体作为触发作品的互动形式和表现形式。艺术家鲁斯嘉德工作室的作品"沙丘"是一件LED互动回应装置，当你穿行于这件作品之中时，可以轻抚芦秆与"沙丘"互动，它会作出反应，用LED灯点亮的芦秆对观者的运动与触摸作出反应，营造出一种千变万化、让人沉浸于其中的环境。又例如伦敦维多利亚阿伯特博物馆的发光交互装置作品"Volume"，它由一系列的光柱组成，具有很好的体验交互功能，可根据人的行动而发出一系列视觉和声音感应，当你的形体动作与"volume"交互时，你能体会到非凡的声光享受，从而成为John Madejski花园里美妙的一景。

3.4 城市雕塑与公共艺术

传统的光雕塑一般以建筑物或构造物为造型的基础或依托，采用光照投射的方法来构成光的形体，或者用强化轮廓的方式来表现，形体总体上是以雕塑+灯光来呈现雕塑作品的。随着艺术家对于LED的了解，现在，他们更多的是利用各种光源及光学材料创作出具有三维视觉效果的雕塑作品。例如2012法国里昂灯光节和2011广州国际灯光节的光雕塑作品可以说是材料与LED的完美结合，雕塑与LED相互依赖共生共存。

4 光环境创新设计对于城市更新的作用

4.1 提升城市形象

近年来，中国城市照明发展之快、规模之大、举世瞩目，北京奥运会，上海世博会的成功举办充分提升了中国各大城市的城市形象，对我国的LED城市光环境的发展更是起到了巨大的推动作用。目前，国内很多城市已经意识到开发城市夜晚灯光景观的重要性，如广州已经在全国率先推出了广州国际灯光节，通过对城区内的选点进行灯光设计，重塑了城市夜晚景观，推动了经济和文化发展，大大提升了广州的城市形象。好的城市光环境不仅有助于加强城市文化环境特色，提升城市形象、还可以促进旅游业的兴盛和商业的繁荣，甚至已经成为推广城市国际形象的发展策略，以文化艺术带动城市经济发展。

4.2 提高生活品质、满足居民精神需求

美国著名的城市规划专家—凯文·林奇（KevinLynch）说："我们不应把城市仅仅看成自身存在的事物，而应该将其理解为由它的市民感受到的城市。"光环境艺术设计正是这样一种让人可以亲切地感受城市、体验城市、欣赏城市的方式。这些城市光环境艺术作品之所以受到人们的喜爱，除了每年在内容上不断推陈出新之外，另外很重要的一个原因是它将现代科技巧妙地融入到城市照明之中。声、光、电技术的综合运用加之艺术家丰富的想象力与创造力，灯光的艺术表现力得到了极大的拓展。用流动和富于变幻的光影叠加在城市灯光载体之上，在人们享受这场视觉豪华盛宴的同时，城市文化已经在不知不觉中以光影为媒介投射在到场的每一个人的心中。

参考文献

[1] (荷兰)克雷斯塔·范山顿.城市光环境设计[M].章梅译.李铁楠校.北京:中国建筑工业出版社,2007.

[2] 方海、洪科宁.城市景观与光环境设计[M].北京:中国建筑工业出版社, 2006, 1.

[3] 凤凰空间·上海.照明设计 : 建筑.景观.艺术[M].江苏:江苏人民出版社, 2012.

[4]王超鹰.21世纪超级灯光设计[M].陈蕾译.上海:上海人民美术出版社,2006.

[5]徐纯一.如诗的凝视:光在建筑中的安居[M].北京:清华大学出版社.2010.

[6] 毛白滔.光与空间[J].室内设计与装修.2005 (12) .

[7] (美) 刘易斯·芒福德.城市文化[M].宋俊岭,李翔宁,周鸣浩译.北京:中国建筑工业出版社,2009.

[8] (美)凯文林奇.城市意象[M].北京:华夏出版社,2001.

[9]李农.光改变城市——照明规划设计的探索与实践[M].北京:科学出版社,2010.

[10]吴嘉振.透过光影看城市文化——城市光环境艺术略谈[J].雕塑.2011 (3) .

价值的重现
——罗城寨洲历史文化遗产的再利用*

郭新鼎　　广西艺术学院

摘要： 如何利用村落文化历史遗产，使其融入现代生活，焕发出新的活力，是当今快速发展的城市和乡村亟待解决的问题。本文介绍了罗城寨州的文化历史遗产保护的重要性，并从寨州景观设计，壮族民族文化景观小品等方面阐述了如何在罗城寨州进行景观设计的同时，又很好地利用当地文化历史遗产。

关键词： 罗城寨州 价值重现 景观设计 再利用

1 价值的重现

价值，从景观的角度理解，是一种非常重要的核心思想的体现，景观的价值在于它的历史性、人文性、可利用性。本次罗城寨州的景观设计就是要继承它的历史性，同时通过再设计，利用其历史遗产，使其成为生活和整体环境中不可缺少的一部分，体现新的价值，从而实现价值的重现。价值的重现不仅使已有景观焕发活力，还可以发展当地经济，吸引外来游客游玩和体验。

2 广西罗城的历史遗产和历史遗产保护

罗城仫佬族自治县，隶属于广西壮族自治区河池市，因为四周有群山环绕，因此得名为罗城；罗城被称为广西"有色金属之乡"、"广西煤炭之乡"，中国野生毛葡萄之乡。罗城是少数民族自治地区，也是中国唯一的仫佬族自治县。

广西壮族自治区罗城寨洲拥有丰富的自然资源，寨洲屯四周群峰环绕，种植资源优越，地理环境优美，有众群峰，泉水细流的山水风光，当地人们很早就在这里生活，留下了很多宝贵的历史遗产和丰富自然景观。由于人们长期在这里生活，留下了很多历史遗产，比如当地特有的院落，干栏式建筑，特有的民俗等。如何实现保护这些遗产的同时，改造当地的环境，使其更好地适合现代村民居住，生活，是这次再设计要解决的问题。

3 广西相关乡村历史遗产保护策略

在已有7个中国历史文化名镇名村的基础上，广西壮族自治区积极挖掘乡村历史文化遗产资源，将投入组织第二批历史文化名镇名村评选，并从中择优申报第六批中国历史文化名镇名村，进一步加强古村镇的保护、规划和管理。

作为多民族地区，广西长久的历史和丰富的民族风情造就了一批反映地方传统风貌、当地民族特色和历史文化的古村镇。例如昭平县黄姚古镇保护古代民居，发展建筑的同时，大力发展文化历史产业，通过建设古代演艺场所、开展交互互动式体验等方式，为古镇旅游增添了新的活力。这些保护历史遗产的策略不仅加强了对旧的文明的保护，而且还进一步推动了当地经济发展，形成了良性循环发展模式。

2016年在广西河池罗城仫佬族自治县县政府领导的推动下，

*广西研究生教育创新计划，项目编号：JGY2015108《广西历史文化名村创意规划设计工作营实践教学研究》。

在罗城东门镇寨洲屯实施新一轮扶贫、脱贫项目，关于旧村落的改造，新功能区的植入与生态环保综合性规划治理。罗城因四周群峰环绕、罗列如城而得名，利用其地理优势，优越的自然环境，依托壮族民族文化旅游和新乡土改造将寨洲屯扶贫脱贫示范性项目提上议程。本项目被定为2016年发展新农村经济重要工程之一。

4 罗城寨州的历史文化景观再利用实践

这次罗城寨州在总体设计上特别突出了生态新农村建设，包括文化、旅游、环保的新乡土、新村寨的设计思路；在景观节点的设计中突出了保护原生态，利用当地植物、地形、材料来建设新景观风景区；运用当地的水体来改善环境以及适宜人居住的功能特征；在设计的同时注意当地的文化、历史遗产，尽量取自于当地的材料，文化纹理；同时还要体现新乡土的特征，例如打造花海景观，大峡谷风景区。不仅吸引外地游客来体验新文化村镇，同时促进了当地的经济发展，给罗城寨州带来良性循环的发展。

4.1 因地制宜

在寨州屯小广场的景观节点上，增大了水体面积，利用水车、拱桥增加了景观的趣味性，同时也采用当地植物，例如粗壮的竹子等，在广场正前方设置奔马的雕塑。整个景观看上去有山，有水，同时也满足了人们聚集的功能性。设计的同时实现了再造景观的特性。

4.2 改造环境

环境是景观的重中之重，建筑环境显得尤为重要，罗城寨州的建筑高低错落，有主有次，有非常强的原生态之感，在周围植物环境衬托下，有一种世外桃源的美感。在此基础上，有水体、有村落、有峡谷景区。面对好的自然环境，此次设计突出了景观再利用原则，例如：可以利用当地的畜牧特点，利用骑马观景，打造"走马观花"壮人农耕生活新体验。开发徒步旅游线路，名之"健康徒步之路"的健康体验。这种区别于城市景观的原生态体验区，结合壮人文化大峡谷可以吸引很多游客。马的叫声与花海应景，骑马体验原生态农耕乡村生活，壮族文化的陶艺制作，是现代化都市生活缺失的部分，能够吸引外来游客，旅游景区的建设对发展本村落的经济有很大帮助。

4.3 整体性思考规划景观

首先是寨门，也就是屯门。进去之后是原住民区，古民区的观赏和体验，包括一些民国古建筑的保护和改善，同时也是对非物质文化遗产的一种继承和发扬。新民居点的概念按照现代的新乡土风格来建造，打破旧民居干栏式的建筑形态，打造新型别墅区，作为旅游度假体验的一部分。从泉水开始的一端景观节点，做一个水体，修复水磨坊，保留之前桥的设计思想，考虑桥的位置和形式。原住民区后边可以做一些小的景观，这些小的功能区作为依附于原居民区的休闲空间景观而存在，比如修建亭子等。花海，大峡谷的景观，考虑大峡谷检票口的设置，找到最合理的地方作为景区入口的设计。停车功能区要有独立的设计，新村和旧村都要有各自的使用功能，考虑到村民生活习俗，做一些人性化的改善，在他们原有的生活习惯上改善他们的生存环境，提高生活质量。包括竹林的景区等配套的景区观赏都可以依附于原居民区进行打造。种植体验区可以标注一些种植种类，做出示意。对道路进行合理化改造，进行保留和删减。

4.4 精神价值改造

寨州的历史遗产保护和再利用的价值取向将带动乡村发展和解决乡村问题作为乡村历史遗产保护和再利用的目标，这也使乡村历史遗产更好地融入生活，同时最大限度地发挥乡村历史遗产的综合价值。乡村历史遗产的保护和再利用针对建筑和环境的特征，具体问题具体分析，且方式灵活。公众是推动乡村历史遗产保护的重要群体。

5 结语

通过本次罗城寨洲的景观设计，认识到景观再利用的重要性，前期运用创意头脑风暴增加了各种改造的可能性，在设计过程中不断考虑如何运用当地自然资源来与设计结合，实现当地历史文化的再设计，使其价值重现。不仅是继承村落的历史景观，而且也会使当地人重视当地生态环境的保护，有利于经济增长推进、文化保护。一定要结合新乡土、新功能、本土文化特色和自然环境来解决规划景观等问题。

参考文献

[1]陈娟.景观的地域性特色研究[D].长沙：中南林业科技大学，2006.

[2]楼庆西.乡土景观十讲[M].北京：生活·读书·新知三联书店，2013.

[3]邱健.景观设计初步[M].北京：中国建筑工业出版社.2010.

[4]雷翔.广西民居[M].南宁：广西民族出版社，2005：173.

[5]林其标.住宅人居环境设计[M].广州：华南理工大学出版社，2001.

客家围龙屋公共空间浅析*

肖　彬　广西艺术学院

摘要：围龙屋是典型的客家民居建筑形式，是由横堂式结构发展而来，以祖堂为中心，由堂屋、围屋组合成的结构形制相当严谨统一的超大型集体住宅。本文将分析围龙屋的基本建筑空间布局，并归纳出其中三个层次的公共空间及各自宗族、礼教和生活功能。围龙屋是客家聚居式集体生活的产物，既体现了家族凝聚力和宗法观念，又体现了其传统生活、生产方式。

关键词：客家民居　围龙屋　公共空间

1　什么是围龙屋？

围龙屋是客家地区最普遍也最具特色的民居建筑形式。客家民居大多是聚居式集体住宅，但各地方建筑形式、结构有所差别。比如福建地区就常见圆形土楼、方形土楼，江西一带则盛行有角楼的方形土围子，而广东东北及广西的客家地区则流行围龙屋，以客家聚居地兴宁、梅县为中心向周边辐射。

围龙屋由横堂式结构发展而来，围屋形成"龙伸手"的围合之势，并以此得名。大多依山而建，前低后高，规模宏伟，是集传统礼制、伦理观念、阴阳五行、哲学思想、建筑艺术等为一体的民居建筑。

2　围龙屋的基本空间结构

围龙屋的基本结构是由横堂式结构发展而来的，以祖堂为中心，组合成一座结构形制相当严谨统一的超大型集体住宅。

典型的围龙屋整体平面是大椭圆形，包括了三大部分（图1）：

（1）中央部分是矩形形态，包括了两个部分：一部分是中轴线上的堂屋、两进或三进，中间夹着一个或两个天井，称为两堂或三堂。另一部分是堂屋两侧的横屋，每排横屋由面向堂屋的若干房间并列而成，前后走向，以中轴线上的堂屋左右对称。每侧有一排横屋的称"两横"，每侧有两排横屋的称"四横"，以此类推。堂屋和横屋组合，两堂或三堂，两横或四横，甚至有三堂八横。

（2）围龙屋中心堂横式矩形的建筑后面是近似半月的形态，这是围龙屋特有的部分。后部包括了两个部分：一部分是围屋，围屋呈半圆形排列，两端连接着横屋，形成了围合之势，这就是"围龙屋"的命名由来。围屋数量一般是和横屋对应的，有二横一围龙，四横二围龙，最大规模的为十横五围龙。围屋围数的多少，取决于家族的发展状况和地形位置等因素，一般在初建时为一围，以后不断增加。第二部分是围屋包围的院落，称为"化胎"，"化胎"是"来龙所在"，俗称"屋背头"或"屋背伸手"。

（3）屋前是长方形的禾坪和半月形的池塘。屋后化胎的半月和

---

*本文为2015年度广西艺术学院青年项目《客家围龙屋居住空间公共性的研究》（项目编号：QN201506)的阶段性成果。

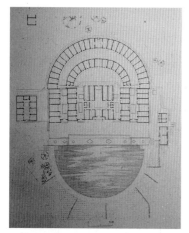

图1 典型围龙屋平面（摘自李秋香《赣粤民居》图1-5 德馨堂平面图）

屋前池塘的半月合二为一，象征了太极的圆孕育在居宅之中，融合了天地、阴阳。

早期围龙屋的形成过程是开基先祖造不大的堂屋，一进或两进。然后，以堂屋为中心，随着家庭人口的增长，由小家庭不断地添建堂屋、横屋和围屋。围龙屋作为一个整体不断向外扩散，形成向中心堂屋围合的形式。"早期的围龙屋以这种方式增建，所以他的格局是未完成的、开放的，习俗上没有限定的边界规模，可以无限扩大，除非地形限制或者家族中出现某些大的变化。"

3 围龙屋公共空间的三个层次

围龙屋的扩建方式类似于一个村落的形成，有自生长的特性。横屋和围屋之间的走廊和堂屋，好比村里的道路和祠堂。围龙屋居住空间是将宗族公共空间和小家庭私人空间有机结合的整体。小家庭在经济上是相对独立的，每户大概拥有三五间住房。但在围龙屋的大环境中，私密性和独立性相对薄弱，类似于集体宿舍。

围龙屋内的公共空间按照公共性的强度，可以分为三个层次：

（1）处于中轴线上的堂屋，是围龙屋的核心，也是公共性最强的地方

所谓堂屋，就是中轴线上的方形厅堂建筑，最少为二堂，一般三堂，堂与堂之间以天井相隔。上堂是祖屋，供奉了祖先神牌和其他神邸，用作祠堂和祭祀，婚礼节庆时举行仪式，庆典时僧尼道士将此作为道场等。这是围龙屋内礼制的中心，是最神圣的地方。中堂比较宽，明亮，是最典型的生活空间，平日待客、节庆、婚礼时礼拜设宴，还可作为家族的议事厅等，相当于现代的大客厅。下堂进深小，一般用作门厅。

堂屋是宗族共有的，向全族开放。既作为祭祀、会议、集会等集体活动的中心，又承担着对外开放的作用。以堂屋为核心的空间布局的基础是族人对宗法共同体的依附，体现了客家家族制度强大的凝聚力。堂屋的公共性让围龙屋成为了家族制度的物化表现。

（2）过道、天街、化胎、禾坪、水塘等公共空间有机地散布在堂屋、横屋和围屋之间，和居民的日常公共生活息息相关

天街是指在横屋和围屋之间的公共交通空间，好像村中的道路，起交通流线的作用。化胎也叫做"花台"，是屋后半圆形的山坡或林地，种有翠竹树木。可以看作后花园，也可以搭架子晾晒衣服。禾坪在屋前，是和主屋一样长的长方形空地，顾名思义用作晒谷场，年节时舞狮子耍龙灯，婚宴庆典时设宴款待八方来客。禾坪作为公共空间，不光是面向本宗族的人，还承担着几个宗族间的往来和迎接外人的功能。禾坪前大多有水塘，对聚落的空间结构和景观起到很好的作用，也有实际作用，可养鱼、可洗涤还可做消防水源。

（3）天井、敞廊、厨房、厕所、冲澡房等生活机能空间分布在横屋和围屋之中

前文所述，围龙屋内的小家庭每户拥有三五间居室，家庭生活无法完全在自家室内进行，串门子很常见。各家厨房、饭厅相对开放，甚至偶尔几个家庭互助共食，更常见小孩子拿着饭碗在几户人家之间串门吃喝。厕所和冲凉房一般在后天井的两侧，条件不足的情况下也如同集体宿舍中一般由几户人家共用。

在一些围龙屋里，横屋之间的公共巷道封闭起来成为天井，形成类似北方四合院一样封闭的共用场所，得到独立于宗族生活的私密性。这种情况一般出现在清朝后，大批客家居民下南洋经商打工，和传统农民不同，他们的独立意识更强，家族崇拜淡薄了，对宗法共同体的依附性也大大削弱。在这种情况下，围龙屋内的居住空间虽然仍然以堂屋祖屋为核心，但各个小家庭相对独立性增强了，成为独立住宅。

4 围龙屋公共性特征形成的原因

围龙屋作为大家族小家庭式的聚居式住宅，是最典型的客家民居。一个大家族之内的十几个甚至达200个以上小家庭的居住生活在一起，以祖堂为中心，组合成一座结构形制相当严谨统一的超大型集体住宅。家族集体生活和公共空间在客家居民生活中占重要地位。这种特殊居住模式的形成和客家居民自古以来的生活方式息息相关，形成原因主要有以下两点：

4.1 宗族凝聚力的需要

客家围龙屋的公共性特征体现了客家人对宗族共同体特别强的依附性。

客家先祖是生活在中原地区的汉人，因为灾荒和战乱，历经千年向南迁移，遍布福建、广东、广西、湖南、湖北、台湾等地。南迁过程中历经艰苦，与南方原住居民既斗争又融合，需要依附家族共同体团结的力量实现稳定和发展，因此宗族凝聚力和宗法观念在客家文化中尤为突出。客家宗族凝聚力体现在村落建筑的结构布局上。围龙屋的结构布局的核心是中轴线上作为宗祠存在的堂屋，在堂屋中进行的祭祀、礼拜等活动也是家族中最重要也是最神圣的集体活动。家族成员的住宅都以堂屋为中心形成横屋和围屋，向外发散，随着家族成员增多而不断扩大规模。

4.2 客家居民生活方式决定

在传统客家居住空间中，对公共性的需求大于私密性，这是由妇女地位和家庭劳作方式决定的。在传统民居中，对私密性的需求一般是为了隔离女性和男性的生活空间。女性留在闺房范围内，不参与家族事务和劳作，和公共生活是隔绝的。然而，在客家居民的生活中情况完全不同。

首先在客家传统里，妇女不但主持家政，还是生产劳作的主力，地位比较高，所受的礼制约束比较少。客家妇女不用缠足，直到明朝末年，尚可"男女饮酒混坐，醉则歌唱"，或者"饮酒则男妇同席，醉或歌，互相答和"。在客家地区，女性甚至参加宗族的一切祭祀活动。这样的背景下，为了将女性隔离在公共生活之外而形成的私密空间显得不是那么重要。

另一方面，劳作和持家的妇女，更需要群体的支持。从事农耕的传统客家人普遍贫困，宗族内贫富差距不大，各个小家庭拥有三五间居室，甚至几户家庭共用厨房等。做饭、洗衣等日常生活偶尔是几个小家庭共同进行的。特别到了农忙时期更是需要家庭间的协助。清人黄钊在《石窟一征》中写道："乡中农忙时，皆通力合作，插莳时收割皆妇功为之，惟聚族而居，故无畛域之见，有友助之美。无事则各爨，有事则合食，征召于临时，不必养于平日。屯聚于平日，不致失之于临时。其饷则瓜薯芋豆也，其人则妯娌娣姒也，其器则篝车钱也。井田之制，寓兵于农，三代以后，不可复矣，不意于吾乡田妇见之。"

5 结语

客家围龙屋的空间布局是客家村民聚居式集体生活的产物，体现了家族凝聚力和宗法观念。多层次的公共空间在围龙屋建筑布局上尤为重要，在历史上满足了庞大家族内部祭祀、礼教、仪式、聚会等的生活机能，保障了家族团结和发展。围龙屋居住空间公共性的研究具有现实意义，例如在万科集团土楼计划中，知名建筑事务所"都市实践"设计的土楼公社，借鉴了客家土楼的概念，把公共空间融入集体住宅设计，是对低收入保障住宅的一次尝试。同理，客家围龙屋内公共空间的运用对于当今集体住宅和社会保障住房的设计也有一定的指导作用，通过研究与现实的结合，让传统民居的设计精髓在当代建筑设计中得以传承和发展。

参考文献

[1]李秋香.赣粤民居[M].北京：清华大学出版社，2010.

[2]黄崇岳，杨耀林.客家围屋[M].广州：华南理工大学出版社，2006.

[3]傅志毅.粤北客家围楼民居建筑探究[J].装饰. 2006（9）.

[4]贺小利，甘萌雨.近十余年来我国客家围龙屋研究综述[J].赣南师范学院学报. 2013.

[5]杨赐文.论围龙屋与客家居住文化[J].嘉应大学学报.1998.

[6]周建新.动荡的围龙屋（一个客家宗族的城市化遭遇与文化抗争）[J],2006.

[7]潘安，郭惠华，魏建平等.岭南建筑经典丛书岭南民居系列：客家民居[M]. 广州华南理工大学出版社.2013.

[8]宋奕孜.福建客家土楼与公共居住区交往空间设计研究[D].南京工业大学，2012.

[9]孔详伟.社区公共生活与公共空间的互动[D].东南大学，2005.

浅谈"那文化"在蝶城广场改造设计中的构建

陈慧杰 广西艺术学院

摘要：壮侗语民族中称水田（稻田）为"那"。据"那"而作，依"那"而居，据此孕育的文化称之为"那文化"。隆安县在6500年前就拥有了中国新石器的稻作工具，出现了大规模的有组织的水稻生产，隆安所在的坛洛平原是那文化圈中"那"地名最集中的地方，全县有122个乡镇和村屯以那命名，那文化包含众多文化如铜鼓文化，歌圩文化，干栏建筑文化等，本文通过对那文化考察与研究，结合南宁市隆安县蝶城广场的现状进行分析，从中发现不足之处。从而提出改造设计创新的构想方案，将那文化在广场改造中得到充分体现，凸显那文化的特色。

关键字：那文化 蝶城广场 改造设计

1 隆安县蝶城广场现状概况

广西区南宁市隆安县蝶城广场地处隆安县县政府办公大楼正前方，本地区属湿热的亚热带季风气候，夏长冬短，四季常青。蝶城广场作为隆安县城市居民休闲的聚集地，在隆安县扮演着重要角色，广场成为当地居民特有的公共休闲娱乐场所，一直受到人们的青睐。但是，广场规划还存在一些不足的地方：未充分体现那文化的本土特色；在规划中不够合理，缺乏相应的娱乐场所；没有更好的借助水体进行造景等。下面分别从规划现状，铺装现状，绿化、水体及公共设施现状进行阐述。

1.1 整体规划

蝶城广场规划的现况是由竖向的三部分长方形组成，中间部分是以铺装为主的活动区，活动区两侧是园林形式的休闲区。在规划上大多采用直线规划，目前的蝶城广场比较单调，缺少情趣性和文化内涵。规划面积就目前而言基本满足使用的需求，但从长远考虑当前的广场可以适当增加一半才能符合未来发展的需求。广场扩大之后，活动区可以根据功能需求、活动特点、年龄阶段等进行划分；休闲区在现有的基础上可适当增加一定的公共设施，并对已有的设施进行完善与改进；从整体上来讲，在广场规划中应因地制宜，结合岭南文化，那文化等进行设计构建，从而体现蝶城广场的地域性。

1.2 铺装现状

蝶城广场现有铺装相对单调，大多采用广场砖和单一的鹅卵石，基本解决了市民使用的需求，成为居民休闲，娱乐、健身的公共空间。但是该广场的铺装已经跟不上当今时代的发展，从长远的发展眼光来看待当前广场的铺装，确实需要进行改造设计和构建具有那文化气息的铺装来体现地方文化，从整体来看现有铺装过于单一，层次不够丰富，造型不够美观，图案过于简单，工艺过于简陋，更缺少特有的那文化本土气息。

1.3 绿化现状

绿化在蝶城广场现有的设计中分居广场两侧，属于景观休闲区，在植物的种植上以当地的盆架子、榕树作为广场周边的行道树，树木的种类相对稀少；草坪的绿化较为普通，植物的搭配种类比较简单，缺少绿化节点的创新；从绿化的造型来看，植物虽有简单的修剪和处理，但缺乏艺术性以及那文化的相关造型元素。

1.4 公共设施

公共设施在园林设计、景观设计、庭院设计中一直都占着非常重要的地位。蝶城广场虽然已经具有基本的公共设施，当前能够满足市民的基本需求，但还缺乏人体工程学原理和创意性的设计；材质上，只是单一的运用石材，未将当地的木材和新型的材料运用到设计当中；整体的公共设施缺乏相应的围合空间，且未将那文化的相应的元素运用到公共设施的设计中。

2 广场改造设计与那文化

2.1 "那文化"在改造设计中的体现

2.1.1 铺装改造设计

结合蝶城广场已有的现状，通过对蝶城广场的设计与构建，整体面积扩大之后，铺装设计可以在原有的基础上进行改造设计。比如，在活动区的中央，可以在现有铺装的地砖基础上，采用具有那文化气息的铜鼓纹样进行切割改造，点缀那文化的相关纹样和符号，从而凸显那文化在广场铺装上的艺术性；针对休闲景观绿化部分来说，把现有活动区域两侧的绿化进行拆除，并结合三个踏步的高度抬高地面45厘米，抬高的地面铺装青石板及台阶作为长廊的基座，并结合交通的必要确定台阶的位置，本区域改造之后，可以成为活动区与休闲区之间的公共休闲平台，又通过地面的落差形成不同的区域，在长廊的设计上采用当地的干栏式建筑特征进行建造；

针对广场两侧休闲区的铺装在造型上可以利用直线、弧线、曲线及各种形状进行铺装，并通过青石板、鹅卵石、广场砖、透水砖等不同砖的类型进行搭配，结合地面落差进行灵活构建，改造后的整体铺装不仅可以体现那文化的民族特色，而且可以为整个环境增添浓厚的意境。

2.1.2 绿化改造设计

蝶城广场的绿化尽量在现有的基础上适当的移植，特别是行道树，因为当前的行道树长势非常好，尽量在现有的基础上合理地进行改造设计，该修建的修建，在保障移栽成活率较高的情况下适当的移植，并在现有的基础上丰富树木的种类，特别是两边的休闲区部分，更要重视植物的搭配，可以结合树叶的大小、习性、颜色等进行搭配，再结合花卉和设施创造更丰富的节点景观，在整体构建上可以根据铺装形状和改造后的设施造型添植相关的植被和花卉，来烘托那文化的整体氛围，在个别节点和局部区域可以借助那文化元素通过植物的造型进行修剪和加工，来体现艺术审美与那文化的魅力。

2.1.3 水体改造设计

水体在整体设计中避免大面积的规划，更不允许出现较深的水池，应该将安全放在第一位进行改造设计，因为该区属于休闲娱乐的广场，如果设计较大的水池和湖泊会有很大的安全隐患，并且当前的状况也是不允许的，所以应该在现有的基础上进行适当的改造和美化。比如：在水体改造设计上，可以在广场中央根据铜鼓造型设计旱喷，每天在规定的时间段播放具有那文化的音乐，让喷泉跟随那文化音乐的韵律形成的高低起伏的节奏，增添蝶城广场的灵气，使得蝶城广场充满动感和活力，针对休闲区可以规划出小型的浅水池，在水池的边角借助水体、石头和灯光来设置水景文化墙来

为中国而设计 第七届全国环境艺术设计大展入选论文集

DESIGN FOR CHINA The Collection of the Selected Thesis of the Seventh National Exhibition of Environmental Art Design 209

烘托那文化。

2.1.4 公共设施改造设计

公共设施是广场的灵魂所在，应在蝶城广场规划设计中增添相应的公共设施，根据已有的设施构建的情况进行取舍和改造。比如：在广场休息活动区域增加适量的休息座凳，在座凳外形上可以设计成具有那文化特征的稻谷纹样，体现相应的文化元素特征；针对广场中的长廊、亭子、卫生间应该根据实况在建筑的外观上体现那文化特色；在垃圾箱、路灯的创意上也可以借助那文化特有的元素进行创新设计，并通过不同颜色的灯光体现广场的夜景；在整个广场中应该结合不同区域增添相应的艺术雕塑，来彰显颇具内涵的文化艺术氛围。

2.2 "那文化"在广场设计中的创新

每年的四月份是"那文化节"，每到这个时候，当地的居民都会在广场举行各种各样的活动来庆祝该节日，体现广场改造后的真正意义。由于蝶城广场的现状缺乏特定的活动区域，并且广场现有的面积不能够满足节日庆祝活动的需要，导致节日期间广场上整体出现场地不足的混乱场景。如果通过创新改造设计，并在广场局部建立了可供演出的戏台，且在戏台的外观进行一定的文化元素的装饰，再区分出不同的区域，进一步增添当地的那文化气息，从而体现广场的创新设计。

3 总结

本文通过对蝶城广场现状的考察、分析与研究，结合蝶城广场当前的现状，分别在道路铺装，水景绿化，公共设施等方面进行设想构建和改造设计，根据改造的需求增添那文化的相关元素，打造具有那文化品牌的广场设计，不仅可以加深当地居民对那文化的重视与理解，还可以为那文化的研究者提供相关的参考依据，从而体现对那文化研究的重要意义和实用价值。

参考文献

[1]翟鹏玉.那文化生态审美学[M].广西:广西师范大学出版社,2013,3.

[2]邱健.景观设计初步[M].北京:中国建筑工业出版社,2010.

[3]俞孔坚.景观:文化、生态与感知[M].北京:科学出版社,2010.

[4]刘晖,杨建辉,岳邦瑞,宋功明.景观设计[M].北京:中国建筑工业出版社,2013.

[5]文增.广场设计[M].辽宁:辽宁美术出版社 2014,6.

[6]宋珏红.城市广场植物景观设计[M].北京:化学工业出版社,2011,5.

城市桥梁景观的空间环境探讨

胡雅岚　重庆艺术工程职业学院

摘要： 自古以来，人类沿河而居，城市滨水而建，而桥则是连接两岸的枢纽。城市的快速发展，交通需求的大幅增长，促使各种类型各种功能的桥大量出现，其中不乏让人眼前一亮的桥梁景观设计作品，但在全球化和城市化的影响下，"千城一面"的现象并不少见。现代桥梁作为城市的重要构筑，在满足功能需求的同时，由于其巨大的跨度和形体表现力，对城市景观产生影响。因此，研究桥梁景观时，应将桥梁与周围环境作为一个整体空间进行思考和研究。同时，还应当将这个整体空间作为一个重要的城市空间节点，重视其建筑属性之外的城市属性。

关键词： 城市桥梁 桥梁景观 桥空间 复合景观

1 城市桥梁景观概述

1.1 城市桥梁的类型

桥梁种类繁多，可按用途、跨障碍、材料、桥面的桥跨结构、桥长、受力特点等分类。按用途，可分为铁路桥、公路桥、人行桥、运水桥等；按跨障碍，可分为跨河桥、立交桥、高架桥、栈桥等；按材料，可分为木桥、钢桥、石桥、混凝土桥等；按桥面的桥跨结构，可分为上承式桥、中承式桥和下承式桥；按桥长，可分为小桥、中桥、大桥、特大桥，小桥为桥长20米以下，中桥为20米到100米，大桥未100米到500米，特大桥为500米以上；按受力特点，可分为梁式桥、拱式桥、悬索桥、斜拉桥、钢构桥、组合体系桥等。

1.2 城市桥梁的基本特征

(1)桥梁是以静态的形式存在的，在同一景观环境中处于静止的不变的状态。

(2)桥梁是三维的空间结构，又强调一维的纵向空间，属于典型的跨越结构。

(3)桥梁使用材质多样，形成不同的形式，形式的不同使桥梁具有各自不同的力学特征，与结构和跨度相适应。

(4)桥梁是构成城市景观的重要部分，是审美对象，其组成构件是外露的，具有信号作用和象征作用。

1.3 城市桥梁景观的定义

桥梁景观是桥梁美学发展到20世纪六七十年代出现的一种新的设计理念和设计思维，在此之前，对桥梁造型进行符合美学规律的组织和优化是懂得桥梁结构的建筑师的行为。而桥梁景观的设计不仅要"关心"桥梁本身，同时还要"关心"环境景观。

城市桥梁景观是以桥梁及其周边环境为审美对象，按照其美学法则及功能需求对桥梁及其周边环境进行美学创造和景观资源，开发人工与自然的综合体。桥梁景观设计着重于研究桥梁与桥位周边的环境相融合，共同构成景观，提高桥梁的审美价值，是一门从环境出发进行桥梁美学设计的学科。桥梁景观不是单一的桥梁本体的设计，而是以桥梁与桥梁周边环境为景观主体和景观载体的景观。随着城市的发展、科技的进步，桥梁已经不是单纯的跨越河川险阻的建筑形式，它的外延已经扩大化。

由于本文以城市桥梁为研究对象，因此主要研究以下几种城市中常见的桥梁类型：

1.3.1 人行天桥

人行天桥是为避免交通事故，保障行人安全，同时改善交通状况的功能性城市桥梁。通常建造在车流量大，交通复杂的区域，如十字路口、广场、商业中心等。其建造结构主要有三种：悬挂式结构、承托式结构和混合式结构。悬挂式人行天桥以栏杆为承重部件，造价相对较低，但这种结构的天桥栏杆通常粗大，影响桥梁美观。承托式结构人行天桥桥梁架设在桥墩上，栏杆不承重，整体更加美观。混合式结构人行天桥是前两种桥梁结构的混合体，桥梁和栏杆都具有承重功能。

随着经济的发展，城市建设的加快，人行天桥的造型也成为城市建设中的重要问题。如今的人行天桥不再是单纯的满足通行，人流疏散的功能，还有对其外观的美学造型、自动化设施的使用等设计内容。

1.3.2 立交桥和高架桥

在城市中，高架桥应属于立交桥的一种。立交桥的全称为"立体交叉桥"，是现代城市中最为常见的桥梁类型之一。其作用为缓解城市交通压力，提高城市交叉路口的通过能力，实现多方向行驶。立交桥通常分为跨线桥和地道桥。高架桥即跨线桥，指跨越道路，以多层的立体式布局提高道路的通行效率，通常体量较大，延续性长，形成大面积的空白区域，对城市景观有较大的影响，也为其景观设计提供了可能性。

1.3.3 临水桥梁

水流是城市的风景线，城市景观因水而更具活力。城市景观中水上的桥梁，是城市水景的体现者和组织者。临水桥梁由于其特殊的形式，巨大的体量，在所有桥梁类型中地标意义最为显著。历史上人们常把水桥称为"城市广场"、"思考的空间"、"理解城市空间的线索"[2]，可见水桥在城市景观中扮演着重要角色。

城市中临水桥梁空间复杂，且体量巨大，在担负交通功能之外，在空间的营造、城市景观的建设方面都承担着重要的作用。近年来，临水桥梁景观越来越受到重视，各地都有针对性的对桥梁进行装饰，在设计中应避免为装饰而装饰，遵从桥梁结构。

1.4 城市桥梁景观的特征

1.4.1 技术美学特性

桥梁景观一词中，桥梁是先行词，也就是说先有桥梁，再有景观。因此，桥梁景观不能为绝对的美学而景观，首先要满足的是桥梁的通行功能，并且在技术和经济的可能性之间优化。桥梁设计的基本要求使其景观设计必须符合桥梁的功能、技术、经济要求，再在此基础上对桥梁景观的其他构成元素进行调整美化。这种功能优先，技术为重的特点即桥梁景观的技术美学特性。

1.4.2 时代性

桥梁历史悠久，其形态有强烈的时代特征。在古代，由于经济技术的影响，桥梁多为木桥、石桥，而现代桥梁形态多样，体量巨大，每个时代的桥梁形态和材质的运用都是其结构和技术发展的结果。桥梁形态的更新使桥梁景观具有深刻的时代印记，而桥梁在城市中的重

要地位，使其时代特征感染城市，成为城市中时间的记忆点。

1.4.3 地域性

由于桥梁所跨之处地理环境、自然环境和城市空间的特指性，桥梁与其特点区域的地形地貌的和谐共生也是桥梁景观的重点。桥梁与环境配合，体现地方特色，表达地方文化，有机地融于环境，展现出具有地方性的景观意义是桥梁景观地域性的表现。

2 城市桥梁及其复合景观分析

桥梁景观与桥梁环境、城市景观相伴生，称之为复合景观。桥梁景观的异质性使其复合景观成为城市独特性的象征，同时也是桥梁景观地域性的特殊表现。

2.1 桥空间

2.1.1 桥空间的定义

桥空间指桥体本身及桥体周围的水面或地面、桥面、桥头及引桥周围的空间。概括地说，桥空间包括桥上空间和桥头空间。桥空间的存在打破了桥梁本身所具备的连接功能和跨越功能的完整性，提供一种新的连接秩序。

城市中的桥空间，既是一种建筑空间，也是一种城市空间，合理的桥空间设计可以促进城市公共生活，激发城市的活力。

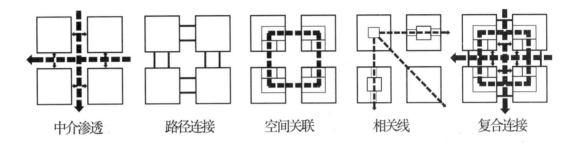

中介渗透　　路径连接　　空间关联　　相关线　　复合连接

图1 桥梁的多层次空间关系

2.1.2 桥空间的类型及功能

桥空间主要分为交通空间、绿化空间、休闲空间、商业空间等。不同的桥梁类型，桥梁的地理位置与周边环境的差异，其桥空间都不尽相同。如临水桥的桥下空间，可以满足人亲水的愿望，会出现经营特色的商业空间；高架桥下空间，地段的不同、桥梁高度的不同，形成具有不同可能性的空间；人行天桥体量相对较小，桥下空间可作小型商业空间和绿化空间。

其功能主要有交通功能、整合功能和空间定位功能。

交通功能：城市桥空间首先是满足交通功能的空间。形式不同的桥空间道路是构成城市交通空间有机整体的一部分，分布在城市的各处。桥空间的交通功能是联系城市各个空间的枢纽，从而使城市富有活力。

整合功能：在城市空间、功能、形态较为杂乱的地段，桥空间对周边环境有整合功能。通过桥空间的整合起到连接作用，改善该地段的交通和环境。

空间定位功能：人对空间的认知规律帮助人在城市交错的空间网络中建立认知意向和方位感。而桥空间是城市中空间定位的重要环节。桥头广场、桥梁主体都在形态上有它的特征，更成为城市的地标，在一定程度上反映城市的经济、文化和历史。

2.2 桥梁景观与环境景观

桥梁环境对桥梁景观有直接的影响作用。桥梁总是处在一定的环境景观之中，因此桥梁景观设计应使桥梁与环境相衬托，利用自然景观和环境景观，展现桥梁的特色。1999年第20届世界建筑师大会发表的《北京宪章》提出了对环境和谐与尊重应该成为一切建设行为的基本原则。在桥梁景观中对环境景观的重视也是如此，同时也是保持景观可持续发展的举措。桥梁景观与地形、地貌的适合，对文化环境景观的尊重与共生，桥梁景观建设对当地的原生态景观的保护都是对这一理念的反映，由于本文主要研究城市桥梁景观，故以下将选取两种城市中常见的桥梁景观环境进行讨论。

2.2.1 桥梁景观与街区景观

在街区中，桥梁一般作为路径连接功能的建筑出现。其连接形式也比较多样化，如道路与道路的连接、道路与建筑的连接、建筑与建筑的连接等。街区的活力来自于其用地性质的丰富，多功能的结合。桥梁形式的多样，让街区景观更加丰富，也使街区空间更灵动。完善的街区桥梁景观可以有效地提升人的活动基面，延续人在地面上的各项活动，同时减少对机动交通的依赖。在街区中的桥梁主要是通过步行系统连接，如人行天桥、廊道、地下通道等。随着街区功能的复合化，对桥梁的多维度、多层次、多功能也提出了更高的要求，城市步行系统也将向三维空间发展。（图1）

2.2.2 桥梁景观与滨水景观

自古以来，城市的发展与水密不可分。水和桥构成城市中特殊的水环境。每个层级繁华的城镇都能找到桥和水环境的案例。城市中桥跨越环境的不同限制又创造不同的桥梁景观，而桥梁景观又反过来改变原有的环境景观，形成新的空间景观。滨水景观出了满足人们日常休闲、娱乐的需求，也是城市生态、文脉延续的重要场所。其处于人工环境与自然环境交汇处的特点，使滨水景观具有人工－自然的二重性，体现为线型的带状视觉通廊，空间连续、开阔，桥梁可看作滨水景观中标志性的一点，从而成为主导城市第一印象的载体。

2.3 桥梁景观与城市景观

城市景观的主体是建筑，城市独具特色的建筑赋予城市独特的城市景观。桥体巨大的体量和跨越联系的功能本质，也成为城市的标志景观，在城市印象形成的心理过程中有重要作用。

2.3.1 标志形象

由于城市道路的规划发展，桥梁一般都建造在便于记忆的位置，突出的地理位置使桥梁引人注目，具有特殊的信号作用。另外，桥梁由于其形态、体量与城市景观共同构成独特的城市天际线的特征，所传达给人的心理感受，也使其成为城市的象征。如上海的南浦大桥和杨浦大桥与东方明珠并成为"二龙戏珠"，象征着上海蓬勃发展，所传达出的精神成为上海的象征性建筑之一。

2.3.2 融合文化

桥梁作为城市景观中的重要元素，与城市文化结构形成有机的延展关系。特定的历史和传统环境下的桥梁景观，体现着特定时期城市的文化，与整体文化环境保持着对话关系，使桥梁与文化形成文脉的结合，塑造出城市景观的亮点。

2.3.3 拓展空间

城市中的桥梁作为城市的公共空间之一，是城市有机整体的一部分，积极的引导和延伸城市的结合，在一定程度上增加了城市建筑的空间层次。其通行功能为各空间要素之间提供具体的或者隐藏的连续性功能，成为不同城市空间的连接点和延伸点，使城市空间有更多的可能性和更丰富的空间层次。

3 城市桥梁景观设计原则

3.1 城市文脉传承原则

在景观设计领域，文脉是人与景的关系，景观与城市的关系，城市与城市文化背景的关系。与城市文脉相耦合，一个空间才能具有高于物质层面的文化属性和精神属性。

随着我国城市的发展和城区的改造，许多文化景观遭到严重的破坏。景观风格趋同化使得具有民族和地方特色的公共空间日趋减少。从城市意象的角度来讲，城市是否具有文脉传承取决于人们对实存景观因素的知觉记忆及视觉感受。在桥梁景观的设计过程中，挖掘和提炼具有地方特色的风情，风俗并恰到好处地将其表现在桥梁景观设计中，对于体现地方文化特征，增加区域内居民的文化凝聚力、提高景观的旅游价值都具有重要作用。

3.2 因地制宜原则

因地制宜是所有景观设计的一大原则，任何一项设计任务在开始之前都要对其周边环境有充分的考虑。桥梁置身于环境中，受到环境的制约，同时由于环境中加入了桥梁，环境景观也会受到影响。为了处理环境空间与桥体的协调统一，通常将桥梁或强调，或消去，或融合。将与环境协调作为桥梁景观设计的原则之一，使桥梁融入环境，环境衬托桥梁，在空间组合，平面布局，比例和尺度等方面都需要与环境一起作整体的考量。

3.3 人性化原则

人是设计成果的使用者，也是城市的创造者、建设者。景观设计的基本立足点是人的户外活动规律，人在户外活动中是否感到舒适愉悦，是否符合人行为要求，是判断景观设计优劣的基础。

挪威学者诺伯舒兹在其著作《场所精神——迈向建筑现象学》中提出："建筑是赋予人一个'存在的立足点'的方式。"[7]因此，主要目的在于探究建筑精神上的涵义而非实用上的层面，也强调"环境对人的影响，意味着建筑的目的超越了早期机能主义所给予的定义"，也就是说，场所，在建筑实体之外的更具内涵的精神意义。结合场所精神和人的意志，发掘景观的空间的内在作用，从而使使用者在思想深处产生对景观所表达的精神的共鸣，也是桥梁景观设计中人性化原则的重要方面。

3.4 整体性原则

1999年第20次世界建筑协会通过的《北京宪章》提出了整体性原则，指出用传统的建筑概念或设计来考虑建筑群及其与环境的关系已经不符合当今社会的要求，我们需要用群体关系的眼光来看待建筑。从单个的建筑到城市的规划设计，到城市与乡村规划相结合，区域之间协调发展，成为建筑设计的基本要求，并且在其成长中追求建筑环境的整体性和与自然环境的结合。这也对城市桥梁景观设计的整体性原则做了完整的诠释。桥梁景观不是孤立存在的，在设计和建造过程中都受到多方面因素的制约，一方面要考虑桥梁景观形态的整体化，对整个桥梁空间形式进行深入探究，另一方面，桥梁景观的各个细节也要整体把握。

4 结语

在城市环境的不断变化中，桥梁景观与城市的地形、地貌、建筑环境等配合形成的景观，蕴生出更新的景观意义，设计师更应利用景观更新中的继承和发展，开拓新的设计思路，使桥梁景观成为城市中更加美丽的风景。

参考文献

[1] 凯文·林奇.城市意象[M].北京：华夏出版社，2001.

[2] 杨士金，唐虎翔.景观桥梁设计[M].上海：同济大学出版社，2003.

[3] 郑圣峰.城市桥空间.[D].重庆大学，2001.

[4] 林玉莲，胡正凡.环境心理学[M].北京：中国建筑工业出版社，2000.

[5] 弗里茨·莱昂哈特.桥梁建筑艺术与造型[M].北京：人民交通出版社，1988.

[6] 张清.城市桥梁景观设计研究——以重庆地区为例[D].重庆大学，2012.

[7] 仝太彬.浅谈桥梁景观对于城市建设的重要意义[J].城市建筑理论研究，2012.

[8] 诺伯舒兹.场所精神：迈向建筑现象学.施植明译.[M].武汉：华中科技大学出版社，2010.

传统民居建筑空间与现代生活的冲突与适应
——探索传统民居保护与利用的可能性

孙　晓　重庆工商大学艺术学院

摘要：传统民居建筑的改造是时下室内设计研究的一个热点方向，对传统民居建筑现状进行研究有利于设计理论及实践的进一步发展；分析传统民居建筑与当代人、当代生活方式及当代文化之间的关系，分别从当代人的思想观念、生活模式及传统民居建筑文化的传承三个方面对传统民居建筑空间与现代生活方式适应的理论研究进行梳理和比较分析。并对传统民居建筑其内部空间改造的重点技术问题以及改造的方向问题进行讨论，并通过案例分析的方法对提出的问题进行总结。

关键词：传统民居 现代生活模式 传承 保护 再利用

随着地域文化的传承与发展，传统建筑作为一个城市不可移动的历史，是当地文化的一大载体，它的保护与应用必将引起社会各界的关注与重视。而传统民居建筑作为传统建筑中的一大分支，也必然会引起一股新的设计思潮的袭来。在现有的技术条件下，如何去解决这些问题并最终形成一定的理论框架，是本文所要研究的重点内容。

1 对传统民居建筑改造的认知

1.1 对传统民居建筑有影响的理论研究

1964年，国际古迹遗址理事会 ICOMOSD 在威尼斯通过了《国际古迹保护与修复宪章》其中专家提出以建筑遗产保护为主题的条款。从此以后，各个国家都非常关注和重视建筑遗产的保护问题。

近年来，国内很多学者也针对传统建筑改造再利用这一课题，进行了深入的研究与探索。其中最具代表性的就是周卫在《历史建筑保护与再利用——新旧空间关联理论及模式研究》一书中重点探讨了建筑新生空间与旧化空间之间存在模式的相关性，通过多维视角对建筑的过去、现代、将来的空间问题进行深入的研究和分析，并对新旧空间之间的原真性关系和解释性关系进行探讨。[1]

1.2 传统民居建筑的研究现状

随着城市化的不断加剧，城市人口急剧增多，原有传统建筑格局及体量已不能满足现在的使用需求。传统民居建筑被大量推倒，一座座新城代替了古城。当我们意识到传统民居文化快要破坏殆尽时，可用的资源已所剩无几。

如何更好地保护与利用这些仅存的资源？是今天全社会都需要思考的问题，更是设计师必须研究的问题。从近些年一些涉及传统民居的旧城改造项目实际案例中可以分析和归纳出以下几个问题：要不要改造，改造的依据是什么？如何进行改造，改造的手法有哪些？怎么改造，改造的方向在哪里？

2 传统民居建筑空间与现代生活方式适应的方法研究

针对传统民居建筑空间与现代生活方式适应的方法研究，主要通过研究现状中所提出的问题——对应解决。

2.1 改造的依据

2.1.1 彻底拆除，建新建筑

对破损比较严重，历史文化价值不高，难以修复的传统民居建筑。如果其地处城市黄金地段，地价较高，一般采取整体拆除的方式，建造新建筑作为商业综合体以获得更大的实际收益。

2.1.2 拆除重建，再造建筑

对于破损严重存在很大的安全隐患，加固修复的成本高于重建的传统民居建筑。如果民居风貌具有典型地域的特征，又比较具有历史影响力，那么，主要采取拆除重建，在建筑外观上保留原有建筑风貌，对其内部空间进行重新划分的方法来延续其历史文化价值，增加其商业利用价值。

2.1.3 保留完整部分，修复破损部分

对传统民居建筑保存较为完整的，主要采取的方法是对完整部分进行保留，对破损部分进行修复或是改造，这是目前较为常用的改造手法，它的优点是既节约成本又保证了文化的延续性。

2.2 改造的手法

2.2.1 空间功能的置换

传统民居建筑功能的退化主要在两个方面：一是空间的使用功能不再适合现代人居住的使用需求，二是空间的布局也不能满足现代人的使用要求。而传统民居建筑大多处于城市黄金地段，并不局限于住宅使用，可以根据具体的设计要求将其改造为具有经营功能的新空间。

2.2.2 室内空间的重组

由于一些现有的传统民居空间比较狭小、使用功能比较单一等，所以在后期的调研与设计实践中发现很多改造的空间应适度的将建筑内部的部分空间进行重组，使其变为更为适合的空间尺度。重组的手法一般为：水平重组、垂直重组、灵活重组。

2.2.3 室内空间的重新划分

室内空间的重新划分就是重新规划并扩充增加室内空间。空间扩充增加主要是为满足新的功能要求，在原有建筑内部或外侧增加新建筑的方法，扩充的方式有垂直加层、水平扩建和增加地下空间等。

2.2.4 室内空间的局部更新

室内空间的局部更新主要是空间内部保存比较完好的部位进行保留并对其周边部位以及建筑维护层做更新处理。它的优点主要是工程量小、见效快、操作简便，所以被广泛运用。

2.3 改造的方向

2.3.1 传统民居改造为现代民居

传统民居在很多功能方面已不能满足当代生活的使用需求。一般采用空间的重新划分形式将房间的功能做较大的调整，来满足现代家具和基础设施的使用需求，既解决了空间的舒适度又增强了空

图1 光照跟视线分析

间的私密性，从而满足现代人对其使用的需求，逐步将传统民居改造为符合当代人居住的空间。

2.3.2 传统民居改造为经营类建筑

传统民居建筑在城市区位中地理位置优越，商业利用价值高，常被改造为经营类建筑。改造形式通常有两种：一种是居民自行改建的，这种自发性改建一般投资少、规模小，主要以家庭经营为主，多为客栈、餐厅、商店等小规模空间；另一种是集团或是政府出资改建，这种改建一般投资多、规模大，主要改造以商业系统空间为主，如酒店、卖场等大规模空间。

2.3.3 传统民居改造为博物馆

对于具有深厚历史渊源的建筑，主要改造为博物馆。改造形式通常有二种：一种是民居生活博物馆，主要是介绍当地村民的一些传统技艺和生活方式，起到一个科普的作用，让前去参观或调研的人能够更好地了解当地的风土民情和地域文化；另一种是历史人物纪念馆，以名人故居的形式出现居多，主要展示历史人物的居家生活布局，让参观者近距离观察体会历史名人的生活状态。

3 现代生活方式对传统民居建筑空间改造的影响要素

3.1 居住人口构成的变化

由于生活方式的变化，家庭人口构成由原来的几世同堂解体转向以最小家庭（父母、子女）为单位的家庭格局，这种格局是现代社会的主要构成单元，它可以根据居住主人的兴趣爱好以及居住需求来进行分配，比如三室中除了父母和子女的房间以外其余的房间可能会作为书房或是客房等设置，这就已经打破了过去的传统模型转而向更为科学合理的方向进行房间的配置。

3.2 伦理观念的变化对民居建筑格局的影响

传统民居建筑格局和功能布局很大程度上受男尊女卑、长幼有序的传统伦理观念以及"礼制"思想的束缚和制约。而随着传统家族的解体，外来文化的渗入，新住宅形式的引入以及大众传播的介入都对传统建筑格局变化产生着各自的影响。

3.3 传统民居空间尺度与空间需求的尺度形成冲突

经济全球化以后，许多的家具、家电及智能产品进入到寻常百姓家，而原有的传统民居建筑格局不再适合现代人生活方式的要求。家具的尺度、家电摆放所需的空间、厨房以及卫生间的设计；保暖、通风、隔音、给排水、照明、供电等生活配套设施的产生也对传统建筑空间发出了新的使用要求。

4 案例分析——"狮山人家"民居风貌旅游度假酒店

4.1 前期调研

"狮山人家"民居风貌旅游度假酒店位于丽江古城内，酒店主要是由数个民居改造而成，大多数为"土木"结构，总面积一万五千平方米，酒店经过几次转手与改建，部分建筑年久失修、破坏严重。

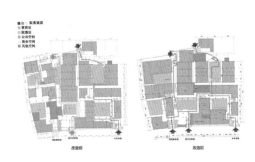

图2 茂恒缘客栈改造前后功能与路线分析

图3 蓝月谷客栈改造前后功能与路线分析

4.2 改造分析

4.2.1 光照跟视线分析

建筑本身利用地形高差错落而下，坐西北偏东南，不仅光照效果良好，还形成了通透的视觉线路，而且各栋建筑之间既相互联系又互不干扰形成一个完整的体系。如图1所示。

4.2.2 功能与路线分析

茂恒缘客栈改造前的空间布局开间较小、功能零散、缺乏公共空间、空间路线迂回繁琐。针对这些问题，在空间的调整过程中，主要对建筑内部空间隔墙进行拆除和新建，最终获得新的建筑空间。改造后的功能分区与路线导引也较之前更为合理，运用的改造手法是室内空间的水平重组（图2）。

蓝月谷客栈，改造前空间结构比较单一，没有形成各自独立的体系，缺少公共空间。所以在改造的过程中将一部分客房区改造为公共庭院部分，对空间功能做了局部调整，并增建了一栋新的建筑，使整体功能分布更加合理完整，形成了两栋比较完整的独立空间。两栋建筑的入口相互呼应，路线引导比较明确地将整个空间连贯起来，整体功能分布更加合理完整，改造手法是室内空间的重新划分。如图3所示。

4.2.3建筑现状

（1）建筑特性

建筑的优点为：建筑风格及外貌保存较好，建筑的空间格局比较完整；建筑的缺点为：房屋低矮、空间狭小、采光不好、尺寸不标准、砖木结构不牢固、年代久远舒适性差、不防火、卫生设施条件差，不隔音隔热，现代家具的空高与原有建筑格局无法匹配等。

（2）遭遇的问题

解决了传统民居建筑格局的问题之后，剩下的最大问题就是建筑材料的使用问题。我国现存的传统民居建筑，大量使用木材作为建筑原材料，木材的优点是可塑性强，抗震性强，但其最为突出的问题就是建筑使用寿命短。如何在尽量不改变建筑环境的条件下将新科技与新材料运用到改造过程中，保证建筑安全性的前提下解决建筑本身防火、防虫、防蛀、隔音、隔热、私密性等方面是我们所要解决的重点问题。

（3）解决的办法

①吊顶：传统民居这种木质结构的建筑，由于使用材料的限制，建筑本身具有一些不可避免的缺陷，在改造过程中我们将引进现代的技术和材料尽量弥补这一缺陷。首先在吊顶改造中引用到轻钢龙骨以及石膏板吊顶，这样不仅可以加固建筑本身的格局，也可以将改造中所需要的水电线路引入到改造范畴内，同时又可以起到防火、隔音、隔热的作用（图4）。

②墙面：木质结构在改造墙面的过程中，除了基础的空间格局的

图4 吊顶轻钢龙骨新材料的应用

图5 墙面隔音新材料的应用

变化，其重点就是隔音效果的处理，通常采用的办法是用轻钢龙骨木工板做夹层，中间填充隔音棉隔音，也有会在饰面上用软包做处理，而窗户的隔音主要采用双层中空玻璃的运用来达到（图5）。

③地面：如果是在底层地面，这种时候底楼混凝土基层下5厘米加塑料防潮膜，并做好排水。如果不是底层地面则需要用混凝土加固后铺设隔音棉，解决好防水、隔音与承重的问题。如木地板糟朽比较严重则考虑直接更换为新的。

④其他配套设施

卫生设施：一楼地面是砖石结构，可以直接设置现代化卫生设施，二楼用钢筋混凝土浇筑，表面贴防滑石材，墙面钢丝网挂墙，混凝土抹平，石材饰面，保证功能，不漏水。

防盗：运用现代科技手段安装视频监控系统、门锁。

网络：运用现代科技手段安装网络线路。

4.3 小结

不同的景观及建筑都有着其不同的魅力，归根结底是因为它与其根植的文化是一脉相承的。而丽江古城的狮山酒店改造项目，更是在尊重自然、民族、民俗文化以及其传统民居风貌的设计原则的指引下完成实际的酒店改造设计。

5 启示

传统民居建筑室内空间的改造与再利用让我们对传统民居文化有了一个新的认识，无论是物质文化还是非物质文化，它的传承需要的是很多代人的共同努力。而这些文化载体不再是一个静止的物体，而是一个能够进行新陈代谢的生命体，应该与当下的文化与生活同呼吸共发展。这样才能够保持长久的生命力。所谓"用进废退"应该在传统民居保护和建设中有所启发，所有的事物都是在使用中发展，价值在利用中产生，用才是保护的最好办法。

参考文献

[1] 孙大章.中国民居研究[M].北京：中国建筑工业出版社，2004.

[2] 易涛.中国民居与传统文化[M].成都：四川人民出版社，2005.

[3] 徐天羽.历史建筑的改造和再利用[J].中外建筑，2004(2)：51-57.

[4]（英）肯尼斯·鲍威尔.旧建筑的改建与重建[M].于馨，杨智敏译.大连：大连理工大学出版社，2001.

[5] 陆地.建筑的生与死:历史性建筑再利用研究[M].南京:东南大学出版社，2004.

传统民居修缮技艺的承传与措施

许　亮　四川美术学院
李　琴　四川美术学院

摘要：传统民居是历史文化遗产的组成部分，我国传统民居不仅反映了其蕴涵的文化理念、审美特点、技术水平、社会认同，还体现在它顺应环境、因地制宜的特点。在经济快速发展的当下，较多的传统民居不注重生态修缮和修缮技艺的传承与提高，导致现存传统民居修缮的当代价值得不到充分体现。本文从3个具代表性传统民居的修缮与利用为例，阐述修缮技艺的当代价值，并提出维护传统民居修缮技艺当代价值的方法与措施。

关键词：传统民居　修缮技艺　当代价值

中国传统民居从先秦开始发展，伴随着社发展与变化。因此，传统民居所积淀的不仅仅只是人类社会文化、政治经济，更多是沉淀着人类的生活变迁与文明，代表着各民族文化特色，是人类发展重要的借鉴源泉、承传创新。根据宋应星著作的集合传统修缮工艺操作的《天工开物》，对民居的修缮过程中，包括各类花雕、木刻、斗栱、彩画等的修缮技艺。传统民居的修缮技艺继承了我国古代建筑传统，加上民居特色的独创，形成特色民居修缮技艺的凝练。修缮技艺在"修旧如旧"原则的基础下，主要应用于当地传统民居的基础建设、木构架、墙体、屋顶、装修、地面、砖木石雕及彩绘壁画等，保留其特色。[1]传统民居是一份珍贵的历史遗产，特别是修缮的传统民居，更要体现民居的特有元素，做到和区域形象相一致，真正使传统民居在夏季可以接纳凉爽的自然风，并有宽敞的室外活动空间，冬季可获得较充沛的日照，并可避免寒风的侵袭，充满生活气息。

1　传统民居修缮技艺的当代价值

1.1文化价值

中国的传统民居文化是中国的社会产物，是物质与精神的社会表现，代表着中国不同区域的不同文化，具有多样化的文化价值。因此，中国传统民居修缮需要根据不同的地域特色进行"修旧如旧"，保护承传与创新并行。[2]在现代的民居修缮中，部分较少使

①　杨雪.论城镇化进程中历史建筑的保护——黄山景区徽派建筑古民居现存状态及保护[D].武汉纺织大学,2014.
②　马全宝.江南木构架营造技艺比较研究[J].中国艺术研究院,2013,2:102—104.

用的技艺如复古石雕，是延续明清时代古建筑的体现。如门廊、门窗一带雕刻琳琅满目、内容变化万千，大多数采取代表吉祥如意的图案、寓意美好的动植物纹样，其雕刻手法精湛丰满、线条落落大方。

安徽歙县宏村丁头隼爆头梁商字门的修缮技艺根据不同的深浅表现手法对门框进行透风修缮技艺，采取木制本身的色调，对其进行图案的凹凸层次雕琢。在修缮过程中，主要用手工雕刻小件和激光雕刻大件，相对于较为简单且作为基础雕刻的大件，更多的采取激光雕刻，然后再手工采取凹模与凸模的更替交换模式雕刻出重要出彩部分，技艺精湛，修缮出栩栩如生的传统门雕。雕刻技艺中，镂空、留孔是江南地区修缮技艺的常见手法，这样主要是为了使门柱间的空气获得对流，以防木柱糟朽，镂空、留孔的门雕修缮技艺，将功能性和美观性有机结合，是做法讲究的一种具体体现。我国封建时期形成的信仰文化、民间雕刻工艺、建筑构造、商贾文化，都可以从修缮后的民居获得体现，对考古研究、文化传承有重要现实意义。

1.2 艺术价值

中国是一个多民族国家，所呈现的艺术价值自然多元化，无论是中国传统民居中所折射的心理艺术价值的吉祥图案，还是中国传统民居中民族建筑的生理艺术价值都是世界文化珍贵的保护遗产，更是世界民居建筑研究的珍宝对象。然而在当今经济高速发展的现实社会里伴随着科技、生活条件的变化，中国大量的传统民居被现代城市建设充斥着，濒临消失，得不到重视。传统民居是时代的代表、是人文的代表、更是艺术价值的体现，刻骨铭心。因此，中国传统民居的艺术价值应该得到及时的、系统的修复与整理。

安徽歙县宏村的传统民居是中国艺术遗产重要的一部分，融合了艺术与文化的地方特色，其技艺具有很强的艺术价值。从艺术价值中获得认知价值、审美价值和情感价值，无论形制还是装饰都带来了一定的认知功能，即外观形状样式的程式化。例如传统民居建筑大门的门枕石构件，[①]在《营造法式》中就已记载了具体形制：“造门砧之制：长三尺五寸，每长一尺，则广四寸四分，厚三寸八分。”这里所说的是对比例的认知。其次，在砖雕、木雕、石雕、油漆和彩画中无论是吉祥瑞兽的动物形象，还是植物文字纹样，其装饰美不胜收，都带来了审美价值和情感价值。例如龙、狮子、麒麟、鱼、龟、蝙蝠等，其中龙虽然不是现实中的动物，但它已成为一种图腾标志和意象，代表的是人们对神物的崇拜，象征着神圣的力量和威严。还有寓意吉祥如意的“狮子耍绣球，好事在后头”，“遍福”，“五福捧寿”等形象；于污泥而不为泥染，居于水中而不为水没的莲、象征着富贵与吉祥的牡丹以及“三君子”；百年雕刻的“暗八仙”（八仙法器）、刘海儿、四大美人、渔樵耕读和戏剧人物；通过平雕、浮雕（又分浅浮雕和高浮雕）和透雕，被广泛呈现在砖、石、木雕刻装饰中，在建筑装饰的题材中占有重要的位置，经历着历代技艺娴熟的雕刻艺人的锤炼。最后以简洁规律并相对固定的程式化格式呈现给世人。在安徽歙县宏村的传统民居中木雕装饰多用于建筑的梁、枋、柱、窗等构件部位，因木容易腐朽，故此在其修缮中会根据不同部位采用不同的动植物形象、器物纹样、神仙人物戏曲故事等吉祥图案题材，尤其集中表现在梁和窗的装饰构件部位，多以浮雕和透雕为主，线条流畅、栩栩如生。在宏村木匠工人的交流中得知民居建筑装饰部位构件的修复方式，采用常用的香樟木、杉木、红木、金丝楠木、小叶紫檀等木材，并根据木料的造型来决定适应的设计图案。通过平雕、浮雕和透雕来区分基础、中级和高级的雕刻技法。首先修复第一步都需要打胚，

① 宋应星.图解天工开物[M].海口：海南出版社，2007.

先打粗胚后细雕，使用电钻先粗后细，技术功底要深，年龄一般在37~40岁。然后再用工具或砂纸将细雕打磨修光，制作后期采取打磨、油漆（红漆）、桐油、橄榄油的先后顺序，最后利用涂高锰酸钾、放在水里、用火烧（时间最短）等方法把木头做旧达到"修旧如旧"，呈现给世人。

1.3 经济价值

传统民居修缮技艺的经济价值主要体现在城市经济建设中的旅游开发发展方向，而修缮技艺的经济价值措施是通过对当地特色传统民居经济建设的可持续投资、可循环旅游消费的增长来制定长期阶段性的修复政策，达到更有效、更持续、更长久的带动民居住宅以外的经济收入。相对于传统民居的修缮经济额度，短阶段来说是高投入、低回收，长期来说是经济的可持续增值回升。由于传统民居的地理位置、经济条件和社会文化，对其传统民居旅游经济发展必须采取阶段性、可持续性与创新适应性方式。与此同时，修缮技艺需因地制宜、合理用材，保护好当地传统的民居特色文化、民居意识，这一点是非常需要的。

安徽歙县宏村民居修缮是政府投入的修复工程，续写了徽派儒、商、仕的历史文化传奇。该类民居较多应用砖木结构，采用木质、砖质本色，多以精妙绝伦的平雕、浮雕和透雕为主，显得栩栩如生。在修缮过程中，增加了创新适应性理念，创造了新视野，同时也带动了周边地方区域的其他服务行业和交通行业，尤其在以服务业发展为主的同时也会汇集劳动力以及交通的改善，更重要的是保留了传统民居建设中即将消失的工匠艺人。传统民居在修旧如旧的修缮基础原则下，面貌一新，给人们提供了欣赏历史文化的场所空间，体味了当地的"古"味浓郁之情。修缮后的传统民居更有效地保护了历史印记的可持续性，又有效地创造了老宅的经济价值，

更以可循环可发展的方式传承了中国传统建筑文化以及背后的人文精神。

2　维护传统民居修缮技艺当代价值的措施

2.1 梳理修缮文档保留历史文化

修缮文档是记录民居修缮的重要文件，在修缮前、修缮中、修缮后都需要各种有效设备来承载内容，需详细记录整个过程的变化和需要完善创新之处。如木质结构的民居，为了保证结构安全性，会采取检查防漏、局部翻盖和全部揭盖屋面的修缮技艺，那么，在整个修缮记载中必须一一完整才能更好地实现修复。整个修缮时期的文档记录，需要有建筑的、文化的、科学的、民俗的、艺术的、历史的甚至于考古的各方面协作、登记，才能全面领会其建筑真谛。在确保传统民居安全的前提下，当修的则修，能补的则补，能不动的尽量不动，旧的材料能用的则用，能不换坚决不换，这是民居修缮过程中重要的指导思想。

2.2 重视修缮技艺保留民族艺术

传统民居的创造是我国传统民族特色最具代表的瑰宝，其修缮的技艺以历史实物承传着，会随着时间的更替、社会的变迁而变化，甚至消失。随着现代经济生活条件的变化，具有传统民居工艺的工匠艺人也被重视。那么，通过对传统民居的实地考察调研就显得立竿见影，对当地即将遗失的工匠进行寻访，对其资料进行系统的整理确保无误的记录下修缮技艺。而对于传统民居建筑的保护，则可以因地制宜。针对于破旧不堪、无法再居住的房屋，我们可以采取及时有效的摄影拍照方式以及收集整理可利用建筑构件，达到事后高效率恢复其建筑，在确保传统民居安全的前提下，保存具有民俗特色的图腾和吉祥物图案的原样。

2.3 提升修缮技艺拓展经济价值

在民居结构房屋改造过程中，要保持民居特色，在保留原生态、朴素民居文化底蕴的前提下，开拓现代气息与传统农业相结合经。针对于还未破坏，正濒临破坏的传统民居，我们要采取及时生效的方法对其进行保护。例如，我们可以采取以旧换新、合作共赢的政策，一方面解决了生活其中的人们生活条件状况，另一方面也解决了传统民居以更持续、更永久的发展状态。根据各民居特色保留当地淳朴民风，吸引大众，使修缮后的民居环境变成体验院落、乡村客栈、特色商业的场所，以保持古村落原汁原味的生活状态，更是蕴含取之不竭的当代经济开发价值。

3 总结

各类特色的传统民居建筑代表的是当地民族差异的历史文化和风俗人情，作为代表生活文化、因地制宜的传统民居建筑表象，所承传的是人类社会的发展与更新，更体现的是我国劳动人民的技艺精湛与文化精神。应当将传统民居的保护与修缮作为整个社会发展、开拓创新的重要借鉴源泉，在其修缮技艺当代价值中维护传统民居的文化价值、艺术价值和经济价值。传统民居的修缮在保持原有民居民俗特色、建筑环境特点的基础上，借鉴国内外民居修缮的经验，以保护传统建筑、文化为基础，大胆创新，展现当代特有民居的民俗特色。

参考文献

[1]段牛斗.清代官式建筑油漆彩画技艺传承研究[D].中央美术学院,2010.

[2] 杨雪.论城镇化进程中历史建筑的保护——黄山景区徽派建筑古民居现存状态及保护[D].武汉纺织大学,2014.

[3]马全宝.江南木构架营造技艺比较研究[J].中国艺术研究院,2013,2:102-104.

[4]宋应星.图解天工开物[M].海口：海南出版社,2007.

[5]梁思成.中国建筑史[M].北京：百花文艺出版社,1998.

城市包围农村过程中
城市新区农业景观发展策略与价值

徐文婷　重庆大学

摘要：随着城市化进程步伐的加快，城市人口日渐增多，城市用地出现了紧缺的局势。在城市不断向农村扩张的过程中，大量的农田、绿地被高楼所取代，城市的扩张以牺牲了周边的农田和自然环境为沉重的代价。城市缺乏了很多生机与绿意，一系列像耕地锐减、能源短缺等社会问题、环境问题接踵而来。要怎样在农田改建的城市新区空间里增加有利于人们生产生活的农业景观是一个重要的问题。正是在这样的背景下，通过界定城市包围农村过程中城市新区空间，对国内外城市农业景观建设成果的分析，提出对城市边缘新城景观规划的相关建议与策略。

关键词：城市农业景观　城市新区　城市化　景观规划

1 背景

1.1 城市农业景观

城市农业景观是由"田园城市"、"花园城市"慢慢发展演变过来的。这个词最初是出自1898年霍华德的著作《明日之田园城市》（Garden Cities of To-morrow），该著作中第一次提到了"田园城市"这个概念。麦克哈格教授在《设计结合自然》一书中也强调"设计要将与自然、城市与乡村有机地结合起来"的思想。城市农业则是城市化进程的必然产物，是城市社会、经济、文化发展紧密相关的农业形态，同样，还以满足城市消费者为主要目的，利用城市空地、废地来规划设计一个现代化的、亲民的、亲近自然的城市景观带。城市农业景观可以说是未来城市景观发展的一个必然趋势，是打造绿色城市、山水城市、生态城市、健康城市、可持续发展城市的一条必经之路。

1.2 城市包围农村过程中城市新区的发展

随着城市化进程加快，国内很多城市的城区面积不断加快扩大，城市四周的农田与乡村慢慢都变成了新兴的城区，农业与乡村正被日渐壮大的城市所吞并。城市边缘空间的农业本来是城市市民最重要的生活物资来源，现在已经渐渐地不复存在。城市化进程是人类发展的一个必然趋势，必然不能阻止，但是在城市包围农村过程中对农业的参与和重视是对人与自然、人与城市最好的尊重。在旧城区没有更多发展潜力的情况下，发展新城农业景观这也是现代城市景观规划少走弯路的一个重要策略。

2 城市化进程中打造新区农业景观的主要类型

2.1 公园农业景观

随着农业景观的不断成长，新兴的城市公园中逐渐出现了农业主题景观，不但有常见的果园，还有稻田景观、梯田、花卉景观等。近些年来，农业主题公园也在如火如荼地建设，更多的是在公园的建设中，将农作物作为种植带，装点到公园的绿化中，五颜六色的农作物出现在游客的视线里。城市农业公园更好地与城市公共空间相融合，将日常生活与公园艺术融合到一起，形成美化环境、生态改善、农业生产、管理维护和休闲使用等功能结合起来的一个景观基础设施建设。

2.2 社区农业景观

社区农业景观是最直接贴近百姓的农业方式，通过城市新区建设，发展住宅小区和低效利用空间，将城市农业景观与城市社区园林、绿地等公共空间结合起来，提高综合服务功能。同样也可以在开发商规划设计小区之时，不完全把自然的农田水系掩埋，可以直接将其利用在设计规划当中，形成点状或者星状的农业景观带。同样还可以在规划设计居住区的时候就将油菜花、向日葵等一样的农业花卉、果树等代替绿植种植在小区中。以社区居民的利益为驱动，由居民共同参与经营、维护生产过程，收获绿色农产品。这样还可以增进邻里关系，提高社区的归属感和凝聚力，这是城市农业景观带给社区的全新景观享受。

在国外，社区农业景观是美国农业景观发展的主要方式，是一种居住社区与农业园相结合互动生产的新的生活模式。这种农业景观一方面给社区居民供应新鲜、安全、高品质的农产品；另一方面，居民集体耕作、种植，也大大增加了社区居民之间的感情，改善了居民之间和谐的邻里关系。

2.3 校园农业景观

城市新区农业景观建设的一个亮点就是新城校园的建设。农业景观以其独有的科普教育、体验等功能特点与校园教学文化环境相融合，为校园景观增添了新的景观活力。校园农业景观从心理教育、团队合作教育、学生素质拓展、装点美化校园环境等多方面为师生提供了一个很好的平台。从俞孔坚教授设计的沈阳建筑大学的稻田景观开始，校园农业景观已经渐渐成了高校新校区建设的新宠。沈阳建筑大学用东北稻作为景观素材，设计了一片校园稻田。将稻田景观与学校绿化结合起来。

在四川美术学院新校区的规划中，学校秉承环保、自然、农耕校园的原则，在校区规划设计时，特意保留了当地11个山头和一片水稻农田一片耕地。在四川美术学院新校区里油菜花、地瓜代替了金叶女贞等灌木，在校园里道路的两旁，根据季节的不同绿油油、金灿灿地散布着油菜花和地瓜等植物，校园亦是营造出一片生态自然农业园的感觉。农业景观在四川美术学院新校区里得到了很好的施展。

2.4 城市广场绿地农业景观

新城的城市广场绿地一般是新区农业景观施展很重要的舞台。城市广场绿地是市民流动最大的公共设施，城市广场作为市政建设的一个重点项目，在规划修建的时候政府应该进行干预，预留出可以建造农业景观的部分。也可以在城市向农村扩张的过程中，就开始有计划地保留部分农田景观，稍加改造就可以成为城市广场中的亮点。

3 城市新区农业景观发展的价值内涵

城市新区农业景观集社会、人文、教育、经济价值于一体，具有回归大地劳作、收获硕果、拉近人与人之间的距离、缓解城市生活压力、为城市提供新鲜血液的功能（图1）。

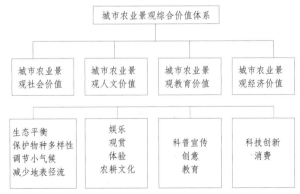

图1 城市农业景观多功能综合价值体系

3.1 社会价值

城市新区农业景观有着改善城市环境、维护城市生态平衡、构建城市人文环境、人与自然生态环境融洽共生的一个作用。城市农业景观是提高人类未来生活质量的有效途径，还具有延续地方文脉、保持物种多样性、增加城市生态资产、促进城市生态健康发展的作用。

3.2 人文价值

随着城市农业功能的进一步发展，农业景观的社会功能在城市现代农业中日渐重要。观光农业景观结构调整，农业景观带能够为市民提供天然的休闲区，为城市居民和国内外游客提供干净美好的农业旅游。通过旅游休闲，让市民融入农业空间中，体验生态农业景观的大自然情趣。市民可以在农业景观中观光、休闲、参与，这样既增长了知识，又亲近自然，陶冶情操，还可以让市民潜移默化地受到教育，增强环境保护意识。对于青年、中年人，这个肩负着工作、家庭各方面的压力的群体来说，在繁忙的工作背后他们渴望一方净土能够缓解内心的辛劳，而城市农业景观恰好承载着这一"乌托邦"式的希望。

3.3 教育价值

对于城市中的少年儿童来说，城市少年儿童都不曾参与过，甚至都没有亲眼见过农耕活动，城市中出现的农业景观，能够打开孩子们的一片新天地，让从小待在城市中的孩子可以得到了一个认识大自然，了解农业的机会，这也是一个很好的科普实践机会，通过学习与实践领悟到食物的珍贵，劳动者的不易，从小树立正确的人生观。

3.4 经济价值

城市化进程中城市新区农业景观的发展具有非常重要的经济效益和生态效益。城市新区一般都是农田、乡村改建的，本来就有很多农园。而瓜果蔬菜等农作物的种植和传统的绿化植物都有改善环境的作用，用农作物来代替绿植，不仅具有观赏性，而且农作物的收获还具有经济效益。其次，近些年来，随着人们生活条件的提高，人们开始注重心灵的放松，开始喜欢"归园田居"的生活，城市农业景观正好可以解决一些市民没有时间去乡村体验农耕生活的问题。诚然，城市农业景观具有了一定的市场经济价值。

4 城市包围农村过程中城市新区农业景观的具体实施策略

在城市包围农村过程中，新城的城市农业景观主要通过保留、置换、重构、填充的方法进行实施。在这种策略下，城市农业景观以多种方式融合、渗入、调整到城市景观规划中，构建出多元化和效益多重化的都市农业空间结构。

4.1 对生产性作物的保护与原有场地的保留

在城市化加快，城市包围农村的过程中，大量的农田和村庄不断被城市建设用地所侵占。当城市建设的浪潮无法被阻止时，我们可以通过其他策略来解决这一问题。通过对原有农田和场地生产性作物的保留，重新塑造人与自然的和谐关系。在四川美术学院虎溪校区的设计中，都可以看到这种模式的应用。但是保留不是仅仅停留在不动的基础上，而是结合场地新的功能需求和校园设计风格、周围环境，在近来最大化的保留原有生产性作物和原有场地的基础上，对空间形态进行了一定的调整。通过新的交通流线设计，允许行人更方便、更好地接触、观赏并体验其生产性特点。

4.2 绿色观赏植物与农作物类型的替换

中国最早的园林可以追溯到殷商时期，为了满足统治阶级的需要，产生了苑、囿、园、圃等早期的园林形式。园林最初开始出现的时候是以种植果蔬为主要功能。根据《诗经》记载："囿，所以域养禽兽也"。《说文》中叶描述道："园，树果；圃，树菜也"。园林从最初的实用功能演化为具有观赏游乐功能的场所，是一个重大的转变。现在人们在能源危机、生态保护的问题下，又逐渐回归到最初的功能。开始渐渐地将城市的绿化植物替换成果蔬以及农作物，这不失为一种最直接的城市农业景观策略。

4.3 空间结构的重塑和新生

空间结构的重塑和新生是指要突破原有的空间形态，将农业景观作为策略重新构建城市新区的空间框架。这种模式一般是用在新区的建设中，而在旧城改造方面就显得有一定的局限性了。在生态友好城市的建设中，城市农业景观常常被作为一个重要的策略，旨在发展自给自足的新城模式。在城市景观规划设计中，通过重新塑造空间的手法，重新调整城市、开放空间与农村之间的关系，促进农业景观与城市肌理的相互渗透。

4.4 空白或废弃"失落空间"的重新利用

高密度是城市农业景观发展面临的一个重要挑战，索然城市土地表面上非常紧张，但实际上城市中依然存在大量浪费的、没有合理利用的空间。这些"失落空间"占据很大的土地比例，而且土地成本很低，具有很大的利用潜力。农业景观的出现，在有限的空间中充分利用场地的特点对这些废弃空间产生经济价值和景观效应。同样，建筑的屋顶、阳台等也是城市农业生长的良好空间，这样不仅可以改善建筑立面，同时也可以缓解城市空间利用紧张的压力。

5 结语

城市农业景观的发展具有一定的历史必然性，城市包围农村过程中新区农业景观的发展是城市新规划、城市新景观的突破。城市农业景观基础设施将更多地考虑到利用城市的闲置空间和未充分利用的土地，如屋顶、阳台、道路空间、铁路沿线空间、建筑边缘空间等，或者与城市公共绿地空间，如城市广场、社区绿地、庭院、城市公园等进行结合，采用灵活而富有弹性的景观设计手段，为其赋予城市农业生产的功能，实现城市空间功能复合化和废弃空间的功能、活力和经济再生。

参考文献

[1] 陈高明.从花园城市到田园城市——论农业景观介入都市建设的价值及意义[J].城市发展研究，2003（03）：25-28.

[2] 李倞.现代城市农业景观基础设施[J].风景园林，2013（03）：20-23.

[3] 徐亚琼.农业与城市空间整合模式研究[D].山东建筑工业大学，1997.

[4] 孙俊桥.城市建筑艺术的新文脉主义走向[M].重庆：重庆大学出版社，2013，8.

川渝地区传统民居门饰形态及其更新研究

李 超　　四川美术学院

摘要： 在传统民居中，门是建筑物重要的物质形态。本文以传统民居门饰为研究对象，利用建筑学知识，对川渝地区尚存的传统民居门饰进行实地调研，并结合艺术学、民俗学对门饰的形态进行分析，寻找传统民居门饰的特殊性。在此基础上研究传统民居门饰的更新模式，完善对川渝地区传统民居传承与发展的研究。

关键词： 民居 门饰 形态 更新

1　千门万户的物质形态

门作为建筑物的出入口，既具有出入防守的功能，也是人类审美文化意识的体现。川渝地区的居民习惯在门前谈天说地，俗称"摆龙门阵"，可见门在百姓生活起居中占有重要地位。

"门"，在古代汉语中有不同的解释，一般来说，单扇为"户"，双扇为"门"。本文所讨论的门，指的是民居建筑中供人出入的空间，包括宅门、中门、屋门等。川渝地区传统民居的大门有龙门、朝门、石框门、牌坊式、门廊式、门屋式等不同形制。如重庆市冯玉祥故居的大门属门屋式，入口两侧为围墙，中间开辟门屋作为大门；郭沫若故居的大门则属门廊式。普通民宅多为一字独幢式，常见于乡间，大门设于明间，有的在明间后退一到两个步架形成一个门斗空间，称"燕窝"或"吞口"。

1.1　龙门

川西地区的龙门最能代表成都平原传统建筑的特点，百姓所说的"摆龙门阵"由此而来。龙门通常是由一间人字形的屋宇构成，两榀屋架，悬山式屋面。门扇为板门，一般是放置在金柱上，最外檐柱不落地，做成吊瓜状，落在向外伸出的挑枋上。一般的龙门开间在2.5米左右，大一点的可达3米左右；

---

① 曾宇.川渝地区民居营造技术研究[D].重庆大学，2006：39.

为中国而设计 第七届全国环境艺术设计大展入选论文集

DESIGN FOR CHINA   The Collection of the Selected Thesis of the Seventh National Exhibition of Environmental Art Design   231

图1 成都市宽巷子36号宅的龙门　　图2 重庆市渝中区　　图3 阆中市管星街
　　　　　　　　　　　　　　　　谢家大院八字朝门　　45号院八字朝门

图4 重庆市郭沫若故居　　图5 重庆黔江小南海镇女儿寨某民宅的腰门　　图6 重庆市万灵古镇　　图7 重庆市渝中区
　　石框门　　　　　　　　　　　　　　　　　　　　　　　　　　上宅下店式大门　　谢家大院八字朝门

板门的尺寸一般在4尺左右。龙门的左右一般为八字门墙（图1）。①

1.2 朝门

在川南、川东地区，较常见的是朝门。门两侧多为用砖砌成的八字墙，上嵌照壁图案，也称"八字朝门"（图2、图3）。这种宅门宽敞大气、防御性强，是大型庄园或大户人家宅门的常用形式。大型宅院常做多重大门，最外面的一层是头道朝门，第二道是二道朝门。

1.3 石框门

庄园、名人故居的大门多为石框门，即用整块的青条石做石柱、石梁，在石柱与石梁交接的地方用一对石制雀替连接，石梁上通常会有对门簪（图4）。石框门的门扇一般为板门，这种形制的门防卫性较强。石框门大致由青石框、连盈、门簪、门枕石组成。青石框的宽度在35厘米左右，厚度同墙体。

为方便出入，一些院落中的门以砖石砌成，这些没有门扇的石门被称为"洞门"，其造型各异，有瓶形、圆形、八边形等。还有一些大户人家甚至在门头上做出精美的浮雕图案，以显示家门的威严。

1.4 腰门

腰门常见于乡间场镇中的沿街民宅。每逢"赶场"，街道便成为贸易场所。临街檐房屋的住户就可以通过"腰门"购买生活用品，这或许和古代妇女大门不出二门不迈的风俗有关。重庆市黔江地区的苗族吊脚楼在大门处设有腰门（板夹溪又称杉门），大门敞开，关闭腰门，便形成一个半封闭的空间（图5），既利于采光通风，又可以保护房主的私密，防止动物或小孩进出。

2 各具神韵的地域风格

2.1 川东及重庆地区民居门饰

川东及重庆地区分布有土家族、苗族等少数民族，民居建筑以吊脚楼为主。场镇中的沿街民居有上宅下店式（图6）、前店后宅式，门扇的颜色以暗红色、棕色为主。除了吊脚楼，重庆也有一些豪宅大院或地主庄园，其门饰制作精美，如位于重庆市渝中区太华楼二巷的谢家大院，系重庆知名江西籍商人于清朝后期所建。庭院为二进式穿堂布局，雕刻工艺细腻流畅。头道朝门紧靠道门口之下石梯口（图7），门框内空高2.5米，宽1.6米，门框石雀替三面雕花，门楣阴刻"宝树传芳"四个大字。朝门左右两壁八字形砖墙雕吉祥花鸟，朝门之上建一门楼，檐口挑出1.8米，筒瓦作顶，檐下施以卷棚，4根垂花柱雕刻精美。比较特殊的是，朝门内侧还有一座门楼，顶部四角翘起，檐下有撑拱。头道朝门前后两座门楼增添了朝门的威严与气势。①

2.2 川西地区民居门饰

成都市宽窄巷子中的民居是川西地区民居的代表，门头多采用青砖砌筑，门头两端设置有壁柱，部分门头顶部为木结构屋盖。位于成

① 何智亚.重庆民居[M].重庆：重庆出版社,2014,6：20.

图8 成都市宽巷子11号院　　　　　　图9 成都市窄巷子30号院　　　　　　图10 宜宾市夕佳山黄氏庄园文魁门　　　图11 前厅刻有
　　　"渔樵耕读"图案的正门

都宽巷子11号的恺庐，其宅门向西北歪斜，门头具有中西合璧的风格（图8）。据说此宅主人留洋归来后，将自家的门头用特制的青砖砌成带有弧形凸起的拱形宅门，门洞上方悬挂传统石匾，匾上采用大篆阳刻"恺庐"，一反当时从右至左书写的惯例。石匾上方砌出椭圆形图案。

窄巷子30号院的门头为砖木结构，也同样受西式建筑风格影响（图9）。门头改建于民国时期，形制等级大概相当于北京四合院的蛮子门。门头屋脊高5.94米，门洞高2.8米，宽1.8米。上有石过梁，红砂石造。门外有斜八字影壁，影壁上有砖拼席纹装饰。屋架支承于门头的砖墙上，木构歇山顶，屋脊为灰塑，两边略有起翘。门头两边倒座房的门窗为砖砌六边券顶。[①]在宽窄巷子、锦里等历史文化保护区，这种西式石砌宅门比较常见，一般是商贾富人的宅邸，显现了主人富裕的生活。

2.3 川南地区民居门饰

夕佳山民居位于宜宾市江安县，是一座川南地区典型的封建地主庄园，始建于明朝万历年间，清代、民国屡有修缮。正门为文魁门，属悬山式三穿三柱木质结构（图10）。原本门额上悬挂着一把倒扣的木瓢，瓢背面绘有吞口文魁像，以镇鬼安宅。如今，悬挂的是刻有"文魁"二字的竖形匾额。平日，文魁门是关闭着的，只有在红白喜事或逢年过节时才打开。古代有"左贵于右"的观念，高贵的

人从左朝门进，低贱的人从右朝门进。堪舆学称"门前，塘之蓄水，为内阳之水，足以阴地脉，养真气"，故主人在门前修建池塘。

前厅正门悬挂"世代宏基"的匾额，门扇为十四关二十八扇木制菱花隔扇门，正中四扇上刻有"渔樵耕读"的四幅镂空木雕图（图11）。平日门栓紧关，只留正门敞开供人出入，只有人流量大时，才打开所有的门扇。民居后厅的正堂屋是祭祀区，正面三关六扇花格棂窗隔扇门，其上的棂窗为木制隔条，衬出"福禄寿喜"四个篆书大字；四周各衬五个变形蝙蝠，组成"五福临门"；正门的两扇门下浅刻"寿"、"喜"、"琴"、"棋"、"书"、"画"等图案。[②]

2.4 川北地区民居门饰

阆中古城民居是川北民居的代表。自古以来，阆中便是川北军政经济重镇，发达的经济促进了民居的发展。古城内民居多为纵向扩展，形成"重门深院"，每间院落之间均有大门相隔。蒲家大院位于阆中古城笔向街40号，是一座建于明朝末期的三进庭院，也是四川省唯一倒进门式院落古民居（图12）。大门背面临街，设长甬道，经二门、三门进入花园，再倒退至正门，由此分别进入前、中、后三个庭院，当地人称这种设置方式为"倒朝门"（图13）。通过堂屋后的神壁道可进入后花园，另有朝南的侧门与大门相通。

① 梁爽、刘鸿涛.历史街区的保护与利用探讨——以成都市宽窄巷子30号门头保护工程为例[J].四川建筑2010，30（3）：44.
② 四川省文物管理局编.四川文化遗产[M].北京：文物出版社，2009，10：54.

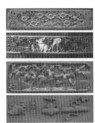

图12 阆中古城蒲家大院　图13 阆中古城蒲家大院平面图　图14 不同类型的木雕题材
的倒进门

图15 成都文殊坊珠宝街27号民宅　图16 文门神　图17 武门神

3 匠心独运的装饰艺术

川渝地区民居木作、石作、砖作工艺精湛，有线刻、浮雕、圆雕、镂空、镶嵌等多重技法。门窗格扇、雀替、垂花柱等部位多为木雕（图14），题材广泛，涵盖植物类、动物类、人物类、器具类（表1）。

川渝地区民居门饰木雕题材　　　　　　表1

吉祥图案	福寿双全、福山、寿海、暗八仙、西风三祝、连升三级、团福、四季平安、人寿年丰、富贵平安、万寿无疆
花鸟虫鱼	梅兰竹菊、因荷得实、神龟问福、鸳鸯戏水、三阳开泰、喜鹊闹梅、鹤鹿同春、百鸟朝凤、麒麟吐宝
戏剧故事	《白蛇传》的船舟借伞、《西厢记》的西厢听琴、《三国演义》的凤仪亭、赵颜求寿、关公夜审于禁、乌江自刎、桃园结义、挂印封侯
民间故事	鱼跃龙门、黄道周发兵、别窑从军、鹊桥会
诗歌故事	枫桥夜泊、清明、逢雪宿芙蓉山主人、寻隐者不遇

4 深渊博大的文化表征

4.1 "道"——内外乾坤之变通

川渝民居多为坐北朝南，大门开在东南角。进入大门后要向左拐，才能进入院落中。也有少数院落的大门与房屋的朝向不是呈垂直角度，而是故意做成斜门，如成都文殊坊珠宝街27号民宅（图15）。由于其发音与"邪门"相似，而且又容易与邻近建筑物互相磕碰，因此为了避免带来麻烦，一般人家的大门要避免这种格局。但是，有些情况下却需要通过改开斜门改变格局。当有道路直冲大门的时候，改开斜门可以避免与尘土和噪音。[①] 如果是道路垂直相对的，可以将大门改为斜开，以避开直冲角度为宜。如果是大门与道路从左边或右边是斜的，则可以将大门改为的斜开门。

4.2 "祥"——纳善辟邪之态度

阆中古居的门神与其他地区的年画门神有所不同，是固定的大型装饰门画，刻绘结合，永久固定，带有浓郁的原生性，是门神崇拜传统向世俗年画过渡表现的活化石。[②]由于阆中是人口汇集重镇，不同地区的人所信仰的门神也不尽相同，主要有文将（图16）、武将（图17）、祈福门神三类，文门神有天官、仙童、刘海金蟾等；武门神有秦琼、尉迟恭等；祈福门神即为福、禄、寿三星。

5 川渝地区传统民居门饰的更新模式

5.1 保留传统空间

完整地保留传统民居的入口空间，可以传达真实的地域文化信息。阆中古城内保存的较为完整的民居多被开发成客栈，其门饰延续了传统民居的空间肌理，如杜家大院、蒲家大院被改造为前店后宅式客栈。水码头客栈兼具水文化博物馆展示功能，利用院落空间展示嘉陵江码头文化，主人在客栈入口处悬挂鞭炮、门联、彩带等装饰品营造传统文化氛围（图20）。成都市宽窄巷子、锦里等历史街区中的很多餐饮店、茶庄也利用原有建筑，在入口处将原来的匾额替换为商店

① 董易奇主编.黄帝宅经全书典藏精品版[M].黑龙江.黑龙江科学技术出版社,2013，01：516.
② 李东风.阆中木板彩绘门神的人类学考察[J].内蒙古大学艺术学院学报，2011，8（4）：30—33.

图18 阆中前店后宅式大门

图19 成都市窄巷子　图20 成都市窄巷子　图21 重庆市洪崖洞商铺　　图22 成都市文殊坊商铺
14号院　　　　　32号院

招牌，游客可以进入院落中体验传统民居文化。

5.2 改建历史建筑

成都市窄巷子保留有清朝至民国时期的宅院，这些宅院虽不是传统民居，但也是历史建筑。很多餐饮店、茶庄改建了宅院的内部空间，入口处仍保留中西合璧式的门头。窄巷子14号院现为一个集销售、当代艺术展示、建筑艺术发布鉴赏为一体的院落，保留中西合璧式门头，门洞为方形，两侧有青砖柱，柱顶四角飞檐攒尖带宝瓶顶做装饰，有保佑平安之意（图19）。窄巷子32号院现为酒吧，保留了民国时期的四柱三山式西洋门头，门柱柱头为卷草纹（图20），西厢房东立面保留部分原有门窗。

5.3 新建仿古商铺

城市历史街区中的旅游纪念品店、古玩店、手工艺品店等大部分商铺入口均模仿传统木构建筑，在隔扇门上雕刻传统图案，还原民居文化，如重庆市洪崖洞民俗风貌区的商铺（图21）。成都市锦里、宽窄巷子的很多商铺在门板上绘出彩绘门神画、门前设置铺首衔环抱鼓石，体现出四川地区传统门饰的独特性。有些商铺的入口则将传统元素与现代设计相融合，如成都市文殊坊某商铺入口，在黑色木制大门的基础上加入传统蜀绣图案，以体现独特的蜀文化（图22）。

以上三种新型传统民居门饰的更新模式是对传统进行复兴、更新与创新，利用现代设计重新挖掘传统门饰的价值。

6 结语

在千篇一律的城镇化建设中，出现了营建地域历史文化街区的热潮，促进了对传统民居进行保护与更新。传统之门蕴含着物质形态的地域性与文化内涵的集体性。利用传统门饰造型语言是城市历史街区营造川渝地方特色、延续地域文脉最直接的途径。结合原有建筑空间，传统之门的功能被重构，原本的沟通连接、安全防御之功能逐渐转向文化体验、民俗展示之功能。在对传统民居门饰的更新中，维持本原真性与现代性、特殊性与普遍性的平衡是进行创新设计的重要原则。

方寸之间显现林泉之趣
——住宅阳台空间的景观研究

潘召南　四川美术学院
王秋莎　四川美术学院

摘要： 人的自然属性决定了人在任何时候都希望与自然相伴而生活。在中国传统文化中，自然主义是中国人精神世界的象征，道法自然就是传统思想形态的代表，中国绘画艺术中的山水、花鸟的类型描绘，无不揭示中国人对自然意趣的领悟与追求。对于今天城市的高密度居住空间，同质化和封闭式的空间处境难以满足人们这一愿望，而阳台是人与自然互通的纽带性空间，是城市生活对自然向往的些许补充。

本文以阳台这一狭小的、不被人重视的过渡空间作为研究对象，提出在这个狭小的特定空间中，如何释放人们内心对自然的向往，如何通过设计改善现实生活状况，并在格式化的相同空间中呈现不同的、中国式的审美意趣，以小见大，方寸之间显现具有东方审美精神的"林泉之趣"。

关键词： 城市住宅阳台 景观设计 自然主义 传统文化 审美意趣

1 住宅阳台的概述和相关研究

1.1 住宅阳台的概念界定

"阳台"一词是近代随着外来建筑在中国传播而出现的，其词源于德语中的"Balco"，意指是最低程度上附着于建筑主体的凸起平台。我国住宅设计规范中将其定义为：楼房有栏杆围绕的室外平台，供居住者进行室内活动和晾晒衣物等的空间，是联系室内外、改善居住生活、住宅建筑中不可或缺的功能空间。

集合住宅是我国城市建设的主体。在集合住宅中的阳台最具有普遍意义和代表意义。本文研究的现代城市住宅阳台侧重于高层集合住宅，由于其概念的范畴较小，在这里为了阐述方便，将其定义为狭义的住宅阳台空间。

1.2 住宅阳台的建筑基本要素

住宅阳台的建筑基本要素通常为：基面、顶面、立柱、栏杆或栏板、墙体。这些建筑要素通过自身变化和相互组合对住宅阳台的空间营造起着重要作用。

1.3 住宅阳台的基本类型

住宅阳台的基本类型可以从功能性质、建筑形式、结构类型这三个方面进行归纳分类。

1.3.1 按功能性质分类

按住宅阳台的功能性质分类，一般分为服务阳台和生活阳台两种类型，是最具针对性的。

1.3.1.1 服务阳台

服务阳台，是为人的居住生活提供各种服务功能的阳台，位置与厨房、卫生间相连，朝向大都向北，故又称其为北阳台。面积

凸阳台　　凹阳台　　半凸半凹阳台

图1 按建筑形式分类

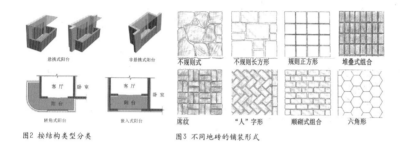

悬挑式阳台　　非悬挑式阳台　　　不规则式　不规则长方形　规则正方形　堆叠式组合

转角式阳台　　嵌入式阳台　　　　席纹　　"人"字形　顺砌式组合　六角形

图2 按结构类型分类　　　　　图3 不同地砖的铺装形式

较为紧凑，在3~5平方米内。其主要功能为：放置洗衣机、晾晒衣物、储存杂物、烹炒空间等。在设计中为了使用方便，要考虑到洗衣机、洗涤池的位置以及阳台排水。

1.3.1.2 生活阳台

生活阳台通常叫做"景观阳台"，一般连接住宅的起居室、卧室、书房，朝向多为南向阳台，日照充分。其使用需求相较服务阳台更加丰富，主要分为种植花草、观景、休闲、娱乐和扩展部分居室空间的功能。

1.3.2 按建筑形式分类

住宅阳台的凸凹形态一般与户型的平面布置相关，限定了阳台的位置和形式。按建筑立面形式分为凸阳台、凹阳台、半凸半凹阳台（图1）。

1.3.3 按结构类型分类

住宅阳台按建筑结构类型分为 悬挑式、嵌入式、转角式（图2）。

2 住宅阳台的景观设计策略

2.1 景观设计主旨

住宅阳台的景观设计主旨一方面是因地制宜，另一方面是满足住户的需求和生活习惯。

2.1.1 因地制宜

在住宅阳台景观设计时，首先要因地制宜，充分了解住户的阳台所处区域位置是南方还是北方，是封闭式阳台还是开放式阳台，阳台的面积及朝向，日照是否充分，阳台的围栏是实体墙还是栏杆等（表1）。充分了解这些设计背景，很大程度上决定了景观设计的合理实用性，为后续的实践工作提供设计基础。

设计主旨：因地制宜　　　　　表1

区域位置	面积大小	阳台朝向	阳台日照	封闭式或开放式	栏杆或实墙

2.1.2 住户的需求

了解住宅阳台的可造性后，还需要满足不同住户的需求和生活习惯。住宅阳台的功能主要有收纳杂物、晾晒衣物、休闲娱乐、园艺种植、喝茶看书等，根据不同住户的生活需求而设计。

2.2 常用景观设计元素

2.2.1 地面的处理

2.2.1.1 地砖

阳台地砖尽量选择耐磨、防滑、抗渗的室外地坪砖、陶砖、瓷砖等，地砖的铺设形式多样（图3）。注意不要铺设大理石或花岗石这类较重的石材，会增加阳台的荷载。

2.2.1.2 地板

地板比地砖更适合营造自然温暖的氛围。开放性阳台建议使用

图4 防腐木地板　　　图5 强化地板　　　图6 拼接式地板

图7 景观小品

防腐木地板，适宜种植植物（图4）；封闭性阳台为避免因潮湿地板变形，适合选择强化地板（图5），对于阳台的二次改造优选安装方便的拼接式地板（图6）。

2.2.2 景观小品

在住宅阳台空间中加入精致、小尺度的景观小品作为视觉中心，为空间增添些许传统文化的意趣。景观小品的大小、色彩、质地等选择，需要从人的观赏视角和整体空间风格考虑，可以选择材质自然质朴的景观小品，或能体现中国传统文化的小品元素（图7）。

2.2.3 水景的设计

北宋画论著者郭熙认为："水者，天地之血也"。可见，水是大自然中与人关系最密切的景观元素之一。水可以静心，水可以映射倒影，水声可以悦耳动听，其特有的气质成为阳台空间观赏的焦点（图8）。需要注意的是水景的布置要考虑到防水和承重的问题，且后期维护较为麻烦，设计时还需多加考虑。

2.2.4 灯光的营造

灯光是营造阳台空间夜晚氛围的重要元素，当灯光照射到阳台空间中的景物时被人所感知，开始变得有意义。可以采用柔和的灯光效果，还可以利用蜡烛或串灯烘托夜晚气氛，营造出自然柔和的生活气息（图9）。

2.2.5 植物的配置

住宅阳台通常是居室里阳光最充足的空间，也是花草植物最喜爱的自然环境。住宅阳台的方位不同，会造成其所接受的光照程度不同，因此适合栽种的植物也就不同。向阳面的住宅阳台要选择需要日照充足、耐旱性的植物；背阳面的住宅阳台则需要选择耐阴性的观叶植物（表2）。

不同朝向阳台适宜种植的植物　　　　　　　　表2

阳台的朝向	不同朝向的特征	适宜的植物	植物的特性
北向阳台	光照不足，冬季有北风侵袭，栽种植物的自然条件较差	粗肋草　合果芋	需光量少、耐阴性植物
南向阳台	阳光最为充足，是朝向最好的阳台，一般用作生活阳台，连接起居室	九重葛　马缨丹	喜光、耐阳性植物
西向阳台	所谓的"西晒"阳台，下午有3~4小时强烈阳光直射，在高温的夏季，对植物而言是一种严酷的考验	龙船花　虎尾兰	喜阳、耐热性的植物
东向阳台	只有上午有半天的直射阳光，其余为非直射阳光	常春藤　彩叶草	中性、较少耐阴性植物

图8 水景的设计

图9 灯光的营造

2.3 景观设计方法

2.3.1 中国传统的自然主义人文思想

在中国传统文化中自然主义是中国人精神世界的象征，中国人之所以崇尚自然是源于中国古典哲学中的自然主义思想。"道法自然"是中国传统思想形态的代表，"道"即是自然之道，讲究顺应自然，以自然为最高原则，追求自然而然，无为而不为的精神境界。这种无为思想促使人们欣赏未经人工修饰的自然美。阳台是当今城市居住生活中最接近自然的空间，设计时将自然美景引入阳台空间，使得道家崇尚自然无为、真淳质朴的审美意趣得以体现。

正因为历史文化的不一样、居住的人不一样、生活方式的不一样，住宅阳台应该体现出中国人所理解的自然理想，而不是单纯地模仿西方阳台景观。面对当下的城市生活环境，论文创新性地提出将中国传统自然主义人文思想与阳台空间设计相结合，通过设计去表达一方水土所培育出的人文习性，将自然意境与当下的生活相结合，以寻求符合中国人审美意趣的住宅阳台。

2.3.2 中国传统艺术中的自然主义表现

2.3.2.1 中国盆景艺术的以小观大

中国传统文化的自然观除了在哲学思想上有所体现，还在传统艺术中有所表现。中国盆景艺术是中国传统艺术的表现之一，是从中国山水画的画意所延伸出来的，是立体的画（图10）。小小的盆盎之中，以山石植物组成景，取来一片山水园林，赋予其自然的生情，实现了中国传统文化所追求的翳然清远，自有林下风趣的境界。

中国盆景艺术以小观大，咫尺之中犹见山水树石。陈从周先生曾用"栽来小树连盆活，缩得群峰入座青"来形容盆景艺术小的神韵。这一特点同样反映在阳台空间的景观中，阳台就好比是放大了的盆景艺术，把自然景观的美浓缩到方寸之间，一拳代山，一勺代水，营造出一种山水园林的微型景观，让居者虽不出斗室而知溪山清远，让小小的阳台成为当下城市钢筋水泥中的一方自然天地，充实丰富着我们的居住生活。

2.3.2.2 中国传统绘画艺术

中国传统绘画形成了以小观大的审美趣味和艺术特点，纵有重峦叠嶂般的构图，仍然追求的是在咫尺千里的绢布上表现广阔的自然，清代山水画家石涛主张的"搜尽奇峰打草稿"充分体现了中国传统绘画对自然意趣的领悟与概括（图11）。而阳台空间和其有着相同的特点，追求的都是人与自然的和谐共生，是融入主观情感的人化自然，通过设计表现自然，创造一个可望、可居的阳台空间，把自然的景物经过概括抽象，再现于方寸之间，让居者不出斗室就可以欣赏自然。

中国传统绘画艺术中的山林泉石咫尺千里，花鸟鱼虫生动意趣，缩在绢素上成为绘画艺术用来寄情，因此被称作"无声的诗"。传统

图10 中国盆景艺术

图11 石涛《搜尽奇峰打草稿》

绘画中的山水、花鸟不仅仅有其外在的面貌，还要有诗情和画意，而阳台景观其实就是诗画的物化形式。阳台景观与中国传统绘画同是大自然的文化载体，把中国传统的自然主义人文思想通过写意的景观手段表现出来，体现出今天居住生活中的人们对自然的眷恋和情意。如德国诗人荷尔德林所颂扬的"人诗意的栖居……"但这里应该强调的是，不同的地域、不同的文化，有不同的诗文和对诗意的理解，中国人的文化基因造就了他们的欣赏倾向，住宅阳台景观设计也要尊崇使用者的欣赏需求。诗意是生活的艺术化，是生活的精神化，当下的生活方式早已发生深刻的变化，而传统文化仍然留存在中国人的内心深处。

2.3.2.3 营造林泉之趣的自然理想

"林泉"一词原出自于北宋时期郭熙的山水画论著《林泉高致》，所谓"林泉"，即山林与泉石，在这里意指归隐的林泉之心，体现出中国人希望与自然相伴的向往之心。

"林泉之趣"在阳台空间中可以理解为对当下生活方式的一种文化倾向，在当今城市居住生活中依然可以欣赏山水间趣和林泉幽胜的自然理想。人们身处于城市的钢筋水泥之中，阳台作为人与自然共生的特殊空间，尺度虽小，其间趣不让林泉，被赋予了不可替代的功能特性。通过景观设计把今天的居住生活与自然环境紧密地结合起来，让人们在家庭生活中就可以充分欣赏自然的意趣，不下

堂筵，就能坐拥泉壑。

2.4 住宅阳台景观设计的传承与发展

苏东坡评吴道子的画说："出新意于法度之间"。住宅阳台的设计是在传承和发展的法度之中，今天城市生活的人们其精神愉悦与前人有所不同，如何用继承和发展的眼光看待中国传统文化，在城市化与同质化并存的城市居住空间中，寻求可以代表现代人的精神需求与欣赏差异的住宅阳台空间。比如在阳台放一把椅子，它的造型是不是中式，那并不重要，而是在阳台坐着喝杯茶的感觉让人觉得它是中国式的传承，这是需要在住宅阳台的设计中体现的。当设计在强调传承中国文化的时候，不必一味地从古典典籍里面找一些华丽的辞藻去演绎，真正需要理解的是，当下中国人的居住生活方式是什么，然后用设计的语言转化为从一定的角度和态度改善现实生活的方法，那么中国式的感觉也就自然而然的传承了。

现代社会的思想和审美是丰富多样的，阳台空间的设计需要在东方传统文化和西方思想体系之上进行融合思考。如图12所示的景观花池是一个西方现代景观，如同一幅立体绘画，其表现不同于中国传统的绘画形式，但所追求的都是对自然的欣赏和意趣。设计与绘画一样，会在历史中追溯中国的传统文化，但是又不能完全遵循传统的美学方式。从传统与当下的共通、碰撞处找寻设计的灵感，在艺术与生活的交错、和谐处探寻设计的本质，从而归宿到住宅阳

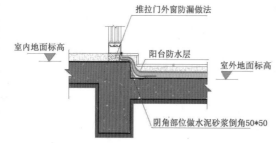

图12 景观花池　　　图13 阳台地面防水层剖面图

台空间的本质，如阳光、绿植、空气等愉悦美好的自然元素，懂得倾听自然的声音，懂得体会生活的意义，寻找中国人在居住生活中对自然的精神诉求。

3 设计中需要注意的问题

3.1 住宅阳台的防水与排水

阳台是住宅中唯一暴露在外的空间，而且处于开敞状态，因此在设计中需要注意防水和排水的问题。

3.1.1 注意做防水

住宅阳台的防水主要集中在两个方面。一方面是推拉门或密封窗的防水。如果是封闭阳台，要选择质量过关的封闭窗，避免雨雪直接灌入阳台；如果是开敞阳台，为防止雨水进入室内，室内地面要比阳台地面高20~30毫米，要检查连接室内和阳台的推拉门框是否密封性良好。另一方面是阳台的地面防水（图13），为避免水直接渗透至不透水的水泥或瓷砖，造成表面开裂，外阳台地面需要经过防水层处理。

3.1.2 阳台的排水

为防止下雨天阳台地面积水，地漏要保持通畅。常见的阳台地漏，多为与地表同高的平盖式，也可以将高脚落水头加装在阳台排水孔上，避免落叶直接堵住出水口，还可以在女儿墙面钻孔，加快排水速度，避免单一排水孔来不及排走突如其来的雨水。

3.2 住宅阳台的安全性设计

3.2.1 住宅阳台的承重

住宅阳台的承重归纳分为两种：一是阳台本身的自重；二是阳台后面增加的承重。按照我国房屋设计规范，住宅阳台的设计活荷载为2.0千牛顿/平方米。国家执行的阳台承重设计标准为：250公斤/平方米，超过这个标准必然带来安全隐患。因此在设计阳台时要了解其承重，不要使用过于沉重的地面铺装材料，如大理石等。如果抬高或加厚阳台地面，则需要选择轻质材料，不使用黏土砖或混凝土砖等过重的材料。

3.2.2 护栏的高度和间距

护栏主要有栏杆和栏板两种形式，安全防护是其最重要的作用。我国《住宅设计规范》中有明确规定：低层、多层住宅阳台空间栏杆净高不低于1.05米；中高层、高层住宅阳台栏杆净高不低于1.10米。为防止儿童攀爬，栏杆的垂直杆件的间距不应大于0.11米。此外为防止造成坠落伤人事故，栏杆离地面高度内不应留空，防止杂物滑落伤人，若放置花盆，栏杆则必须采取凸起挡台。目前，很多高层住宅的阳台多为低窗阳台，为保证安全应选用厚的中空玻璃，并在阳台内侧加设防护栏杆。

3.2.3 安全疏散

随着现代高层集合住宅的发展，住宅的安全疏散问题日益受

图14 日本集合住宅的避难通道

到关注。阳台本身的设置能有效防止向上燃烧蔓延和进行消防救援活动。我国《建筑设计防火规范》中明确规定"每个单元应设有一座通向建筑屋顶的疏散楼梯,且从第十八层起,每层相邻的单元通过阳台或凹廊连通的单元式住宅,可只设一个安全出口"。可以看出,在高层集合住宅中的阳台不仅可以作为住户疏散的备用通道,还是灭火时消防队员进入室内灭火的重要通道。中国目前集合住宅中的封闭阳台在北方非常普遍,是以牺牲一定安全性能为代价的。关于阳台在安全疏散方面,日本集合住宅在避难和防火对策方面积累了丰富的经验(图14)。

参考文献

[1] 陈从周.说园[M].上海:同济大学出版社,2007.

[2] 琚宾.中界观[M].北京:中国建筑工业出版社,2014.

[3] 朱良志.南画十六观[M].北京:北京大学出版社,2014.

[4] 朱良志.天趣:中国盆景艺术的审美理想.学海杂志,2009(4)

[5] 宋霄霄.住宅阳台空间设计探析与研究.北京建筑大学硕士论文,2014.6.1

[6] 程大锦.建筑形式、空间和秩序.[M].天津:天津大学出版社,2005.

[7] 彭一刚.建筑空间组合论[M].北京:中国建筑工业出版社,1983.

[8] 刘敦桢.中国住宅概说[M].北京:中国建筑工业出版社,1954.

灌坝新生
——旅游开发视角下的乡土景观更新研究与实践

章　波　重庆工商大学
杜全才　重庆大美景观艺术设计事务所

摘要： 乡村景观环境随着近年来我国城镇化进程的不断加快及乡村旅游的飞速发展，已逐渐呈现同质化的现象。然而，地域环境个体的差异，决定了设计的独特性，因此要求广大设计者应更加重视地域性。本文以灌坝村发展旅游服务为契机，以乡土景观建设为载体，重点研究如何通过设计的介入，规避过度商业化的旅游开发，从而促进地方有序、和谐地发展，构建村民、游客认同和具有强烈归属感的乡村景观环境。

关键词： 乡土景观 整合 更新 认同

引言

乡土景观可分为自然环境景观和人文景观两大部分，是在长期顺承与适应一个地区自然和气候条件过程中生成的生产生活景观。这种在地性的独特变迁发展，形成了各具特色的乡土风貌。随着近年来乡村旅游开发的兴起，乡土景观正面临危机，乡土生态退化、乡土风貌遗失、乡土文化出现断层。很多地方政府缺乏对乡土景观的正确认识，片面地追求经济发展速度和产业回报的效益，忽略了乡村所在的村落环境是自然发生、渐进生长的客观规律。其乡村建设照搬城市化建设的模式，用简单的拿来主义造成了走到哪里都好像似曾相识的乡村环境感觉，缺少新鲜的创意和对地域文化的认同，最终导致了那些独具特色的地域乡土特征丧失。保护乡土景

观的完整性和特色性，挖掘乡土景观的价值，成为保护传统景观风貌、弘扬民俗文化、维护生态环境和景观发展创新的重要任务。

灌坝村地处偏远，经济落后。同大多数中国农村一样，这里的年轻村民为了生计，纷纷到大城市寻梦，村里面临田地荒芜，百业凋敝的窘况。为了改变这里的落后面貌，政府利用其距离国家级风景区光雾山十八月潭较近的优势，计划将其打造为该景区的旅游服务接待点，完善光雾山景区功能，并带动该村经济的发展和美丽乡村的建设。借助旅游开发这一历史性的机遇，本文以灌坝村乡土景观建设为载体，重点研究如何通过设计的柔性介入，规避过度商业化的旅游开发，促进本地有序、和谐的发展，从而构建村民、游客认同和具有强烈归属感的乡村景观环境，留住该地区的记忆和乡愁。

1 场地的基本概况及现状

灌坝村隶属于巴中市南江县杨坝镇，在杨坝镇西北，距杨坝镇5公里，处于光雾山十八月潭景区环线的关键节点，距离南江县城23公里，距光雾山5公里左右。海拔1100~1400米，属亚热带季风性湿润气候，常年降雨量1000~1200毫米，平均气温8~16.2摄氏度，气候凉爽宜人，是打造景区服务接待门户客厅的绝佳选址。

1.1 灌坝村发展旅游的现状优势

1.1.1 良好的区位条件

地处于光雾山国家级风景区入口门户，景区干道穿境而过，具

有得天独厚的旅游服务及接待优势，具备融入光雾山风景区的地利条件。

1.1.2 丰富的自然资源

区域内高山林密，盛产野竹笋、野生猕猴桃、核桃、板栗、黄花、香椿及各种菌类，牧场广阔是放牧及发展黄羊的优选之地。其靠山一侧疏林草坡面积较大，是放牧南江黄羊的绝佳场所。村中溪流水量充沛，坡地石芽林立，山头林木繁茂，是发展旅游的绝佳之地。

1.1.3 深厚文化底蕴

南江，古属巴国，自石器时代以来，经过八、九千年的沧桑，南江人创造了独具特色的南江文明和本地民俗。巴人自古尚武，本地土著巴人板凳蛮的祖先曾助周王伐纣，这种精神对杨坝山歌、薅秧歌舞、翻山饺子以及狩猎文化等方面影响巨大，最终形成其独有的南江地方特色。

1.2现状旅游开发所存在的问题

（1）道路基础设施建设落后。现有道路等级低下，且村内道路不能畅达，交通条件急待改善。靠近旅游环线，对外交通无法满足未来旅游交通需求。

（2）村内现有建筑主要为村民住宅，具有一定的川北民居风格，但较为破旧。现有政府修建的羊公馆一座，还有散落在农户中自建的羊舍，规格形式不一，未形成一定的规模。

（3）乡村原有公共活动区域较为不足，不利于旅游文化活动的开展。

（4）乡村公共卫生环境较差。从当前的村庄环境来看，部分地方的房前屋后、道路两侧、绿化带里生活垃圾随处可见。

（5）现有林地植被较为丰富，但可视范围内相关建筑物及新建后的乡村旅游道路需进行植物补植。

2　顺应旅游开发需求的灌坝村乡土景观更新路径及策略

随着灌坝村产业转型和发展定位的落实，村民们迎来了本地百年难遇的发展契机。如何通过规划设计带动本地经济的发展？如何通过设计实践改变落后的村落面貌，让这里获得新生，建设村民、游客认同的乡土景观环境，营造静谧和美的乡村氛围呢？

2.1梳理地域特色，打造旅游产品的独特性

（1）根植地域，强调在地性。注重局部环境与整体环境的和谐统一。

（2）避免简单的拿来主义。结合地方长期形成的历史情况建设秩序和谐的物质家园。避免盲目沿用城市的规划与设计模式或是以程式化的思维简单地对待千差万别的自然条件和地域传统。

2.2强化地域精神的更新设计策略，打造特色旅游文化及体验

（1）强化对地区资源的整合

以光雾山景区为发展依托，整合杨坝镇灌坝村的四大资源：自然资源（高山美食）、人文资源（杨坝民俗）、旅游资源（寨堡体验）、品牌资源（南江黄羊）。深入挖掘当地的人文历史和产业特色，注重在精致品牌特色上做好文章，与区域内其他旅游资源和旅游景点的开发进行结合，从而满足为光雾山旅游景区服务的整体功能需求。

（2）注重地域文化内涵的提炼与传承，形成独特的地域旅游体验

强调精神家园的营建。注重乡村的精神与信仰、传统行为与礼仪的传承，注重村民和游客的认同。深入挖掘本地文化，并将地域文化形象化、符号化。用创意激活乡土文化，将文化物化到具体环境。鼓励村民、游客的文化体验与参与，让游客形成对南江巴地民俗文化、山歌秧舞表演、狩猎文化等的体验，同时也是对本地文化的传承。

（3）注重乡土景观设计的再生，展现浓浓的乡愁

乡土景观的构成要素应源于其所在的乡村生活环境，源于自然，与当地的地域特征密切相关，并蕴含一定的文化意义和地方精神。要注重乡土建筑的地方性、差异性、强化可识别性。尊重原有村落与民居，这些要素是体现浓郁的乡土气息和乡土生活的重要载体，并对区域内石磨、古井、古树等其他景观要素进行保护和利用。

乡土材料如旧，它是记忆的载体，能让人们感受到时间的流淌和岁月的痕迹。在材料的使用上要强调对竹、木、夯土等乡土原生材料的利用，对区域内新建、改建、扩建的建筑立面、护坡挡墙以夯土、石头材质为主，保持村貌的协调统一和浓郁的地方特色。

3 整合区域旅游资源的乡土景观设计实践

结合灌坝村村民生活现状及农村经济永续发展的现实需求，在搞好规划区域的新村风貌、土地整合、道路建设、水域建设、广场及停车场建设等五大基础设施的同时，依据灌坝村现有的自然风貌和产业特点，因地制宜，发展旅游接待、黄羊经济、高山蔬菜、干果野菜、高山狩猎等五大产业，使灌坝景区成为光雾山国家级风景区的前沿客厅，并带动当地村民走上致富的快车道。

3.1 总体规划

本次以建设十八月潭景区旅游服务接待点为契机，有机结合民房改造、水土整治和农村的产业结构调整等具体项目，因地制宜，务实求真。在充分保护利用自然生态、历史人文的基础上，以"羊文化"为核心，合理布局，有意识地人为植入雅俗共赏的文化元素，提升灌坝景区品位，使之既能融入光雾山国家级风景区的大景区格局，又能打造成独立的国家4A级景区节点，成为融接待、观光、体验、休闲、养生为一体的绝佳去处。景观设计内容包含六个方面，分别为：

（1）十八月潭的旅游服务接待点（满足基本功能）；

（2）高山有机蔬菜示范片（提供饲草及有机食品来源）；

（3）有机生活及避暑休闲度假的高山乐土（提供消费基础）；

（4）川东北唯一的狩猎文化体验基地；

（5）南江特色民俗体验的最佳场所；

（6）高山乡村旅游和新农村建设典型村（寻求新的发展）。

3.2 服务于区域特色旅游的具体景观节点打造

整个区域因地制宜，依据其自身地形、地势状况决定各分区各自主题特色。各分区通过生活情景轴线，有机串联整个乡村环境，保留了乡村的历史场所和记忆，延续了乡土的特色。围绕羊文化，整合高山地区的特色产业链，注入参与性极强的文化性和娱乐性，使其吃、住、游、乐、玩都有自身独特之处。其具体可分为七个区域：

3.2.1 罐塘明月——滨水区（含黄羊宾馆，饮食一条街及滨水景观）

对现有环境加以整治，结合寨堡、民居特色于一体，对现有建筑风貌进行改造，加入具有地域文化特色的小品，使之成为景区游客的聚散、购物及接待中心。设计水上活动舞台，为杨坝山歌文化的展现提供场地。

3.2.2 群羊下山——石芽坡地（羊公馆、水车磨坊）

围绕羊文化，整合高山地区的特色产业链，设计注入参与性极强的文化性和娱乐性。民居改造以符合寨堡乡村风情为特色，适当融入本地乡村民居符号，打造一体化的设计环境。

3.2.3 坝上秋色——山地景色（养老院及黄羊酒店等）

对该区域的设计，利用当地特有的高山气候资源条件，对现有坡地进行整治，种植高山萝卜、黄花、甘蓝、香椿等特色蔬菜，打造高山有机蔬菜种植基地。既为周边城镇的餐饮提供蔬菜产品，带动地区经济发展，又可开展田园观光、艺术写生等体验活动。

3.2.4 老林旧事——狩猎区（狩猎广场、羊场、山地猎场、山神庙、猎户宾馆、神庙钟声等）

这里主要展现本地古老的狩猎文化。充分利用林间山岭坡地，种植玉米、高粱、红薯等旱作粮食，既为放养飞禽走兽提供食物链，也可为参与游客提供真实的现场体验场地和无污染的绿色食品，让人们在现场体验狩猎文化，学习狩猎技巧的同时，得到休闲和养生。

3.2.5 瓜果飘香——高山有机蔬菜基地

3.2.6 庄子沟聚居点——梨花院落（含杨家湾及白果树山梨园）

为了统一整合景区资源，便于规划设计需求，将区域内分散居住的10多户居民集中迁到罐坝塘、庄子沟两处，建造居民聚居点，同时也有利于土地规模化生产，适应旅游服务业发展的需要。

3.2.7 林泉雅趣（含新建集中羊舍及羊公馆，肖国宝故居等）两处相邻地块

根据现场的实际情况，在对该区域的设计中，结合川北民居风格和寨堡风格对该区域的民居建筑和居住环境加以改造。合理布置休闲设施，实现人畜分离、集中养殖，使村民家家都各具自身特色，将这里形成一个集居民聚居、体验休闲及旅游度假的乐园。

4 结语

在强调人文关怀、场所精神、文化体验的后现代设计中，结合旅游开发的乡土景观建设，要体现地方生产生活风貌、营造乡土特色的休闲感受，要规避盲目的乡村建设对乡村环境造成不可逆转的破坏。在旅游开发的同时，保证乡土生态环境不受破坏，保护乡土文化的原汁原味，最终形成一个完整的农村建设和产业发展之路。

参考文献

[1] （美）约翰·布林克霍夫·杰克逊.发现乡土景观[M].北京：商务印书馆，2015.

[2] 王浩,孙新旺等.村落景观的特色与整合[M].北京：中国林业出版社，2008.

[3] （日）进士五十八.乡土景观设计手法——向乡村学习的城市环境营造[M].北京：中国林业出版社，2008.

[4] 彭一刚.传统村镇聚落景观分析[M].北京：中国建筑工业出版社，1992.

[5] 王建国."乡村建筑的在地性特色及其品质提升".江苏建筑[J].东南大学出版社，2012.

[6] 南江县志1986-2000[M].北京：中国文史出版社，2011.

公共艺术在茅台镇改建中的文化复兴探索与运用实践

郭晏麟　四川美术学院
肖冠兰　四川美术学院
朱　航　四川美术学院

摘要： 现代城镇生活方式的转变和传统城镇空间结构的颠覆，导致了具有地域特色的传统山地场镇人居环境逐渐消失，本文通过以公共艺术学科特色理论为基础，开展文化复兴综合实践活动，对杨柳湾传统酿酒工坊重要历史片区，进行可持续发展的人居环境创新研究与探索。

关键词： 保护与传承　文化复兴　公共艺术

1 更新城市，复兴文化，创新模式——茅酒之源项目背景

在传统人居环境面临生产、生活方式发生巨大变革（改革开放三十年，生产力快速发展，科学技术突飞猛进，法治建设持续推进，公众伦理道德观念和社会风气发生改变）的时代背景下，茅台镇茅台酒厂拟在其一车间厂区，原茅台镇茅台酒"成义、荣和、恒兴"三大烧坊所在街区，复兴茅台镇、茅台酒的历史文化，达到更新茅台镇的城镇空间，复兴茅台镇传统文化和创新人居环境的目的。

2 以历史文脉为核心的艺术构思——项目定位与策划

该项目是一场在公共艺术领域，以公共艺术兼容并包的学科特色理论为基础，组织的一场文化复兴综合实践活动。其中包括了规划、建筑、景观、造型艺术、文化展陈、遗址保护与展示等层面的内容，将空间营造和空间中的行为活动、静态的物质空间与动态的文化内容整合成一个完整的项目案例。

在传统的城乡规划与建筑设计领域的实践中，往往缺失对城市精神的关注和文化传承的研究（一段时期以来城乡规划和建设发展的质量效益失衡，在追求经济效益高速增长的过程中，忽略了对精神生活的关注和城市文化的传承），造成千城一面、尺度失衡、风貌错位、具有地域特色的街巷空间肌理消失的现象（建设理论研究

滞后，舆论引导与监督缺位，政府管理松懈，社会力量盲从），在这样的人居环境中人与人的情感交流变得冷漠，邻里之间的生活交往变得疏远，公众对未来生活的安全感产生疑惑，传统的地缘关系难以建立。

因此，本项目计划从以下几个方面来实现物质空间与历史文脉的整合：在规划与建筑设计层面上复原茅台镇传统的街巷空间与建筑风貌；在景观与造型艺术层面上充分烘托和展示茅台镇、茅台酒的历史文化内容；在文物保护与利用层面上尊重历史遗迹的真实性，遵循世界文化遗产保护理念的原真性原则和最小干预原则；在活动与行为组织上复兴茅台镇以茅台酒生产为核心的传统生产生活方式。

2.1 以复原物质空间为基础

茅台镇的城镇空间是茅台国酒文化的物质依托，是茅台酒发源、发展、兴盛的这一历史过程发生的空间场所，在快速城镇化的过程中，茅台镇的时空场所发生了巨大的变化，这种剧烈的变化切断了茅台镇、茅台酒的历史文脉，"古代的茅台"、"近代的茅台"都完全消失在"当代的茅台"中。因此，要复兴国酒的文化，首先要以复原"历史的物质载体"为基础。

2.2 以复兴文化活动为内容

城镇空间、建筑是文化的物质载体，是作为历史文化的实体存在的，但文化价值中的非物质实体也是重要的一个部分。因此在复兴文化的实践中，复原物质空间只是基础，而具有活态特征的传统生产、生活方式才是这个物质空间中可延续的文化内容。

2.3 以创新人居环境为目的

复原空间、复兴传统的目的不是回到过去，而是以历史为基础，在当代的语境中，创新性地营造一种既能接续文脉，继承传统，又能符合当代使用需求的，且能向未来可持续发展的人居环境。

3　以茅台历史文化景观为载体的艺术设计——设计理念与策略

3.1 理念——"人文、地理、历史"文化的内涵

3.1.1 以川南黔北赤水河流域为人文地理背景

茅台镇地处贵州、四川、重庆交界的赤水河流域，赤水河流域是川南黔北地区重要的文化区域。自古以来就有人类活动。到了清中后期，随着赤水河航道的运行，赤水河成为了川盐入黔的几条重要通道之一，沿岸也随之形成了若干场镇，商业也随之而兴。盐业作为当时的重要产业，吸引了大批山陕籍商人来此经营盐业，同时也开展起其他商业。因此，茅台镇的历史文化可以说是以赤水河流域的原生黔贵文化为底色，在明清以来融合了外来移民文化形成的。

3.1.2 以巴蜀地区典型的山地峡江场镇为特征

茅台镇因川盐而兴，因酒而盛。经过晚清以来直至近代一百多

年的发展，形成了茅台镇典型的巴蜀峡江山地场镇的特色。这种峡江场镇的基础是以水运为主要交通的场镇形成的码头文化，其外在的形态特征是在山地地理空间中所形成的山地人居环境的场镇空间特色。

3.1.3 以穿斗民居为主的传统乡土建筑特色

茅台镇传统的乡土建筑特色在外部形态特征上，是以小青瓦屋面、桐油清漆、白灰编壁和夯土墙为主要材质和色彩，屋顶多为悬山屋顶，建筑多为一层半至两层，二层时有出挑廊的做法。

营造技术上，屋架结构以穿斗式屋架为主，夯土墙为辅。个别规格等级较高的合院式民居中的厅堂采用穿斗混抬梁的做法。围护结构楼板以下以木装板墙为主，当地称"板壁"，楼板以上多为竹编抹灰泥墙为主，当地称"灰壁"。小木作部分重点装饰的部位有吊瓜、门簪等部位，正房明间门窗等。

建筑的规模与工艺和当地的经济文化是密切相关的，作为川南黔北山区中峡江山地上在清中后期发展起来的场镇来说，当地的乡土建筑展现出质朴、宜人的风貌和特质。

20世纪中叶以来随着作为茅台镇支柱产业的茅台酒生产的工业化，在原来的传统场镇的空间中逐渐出现了一些现代工业建筑，改变了原有的场镇空间肌理、尺度和风貌。

3.2 策略——"空间、形态、材质、肌理"景观的构成要素

3.2.1 山地场镇街巷空间的重塑

利用场地内的地势高差和已建成的历史环境，重塑茅台镇杨柳湾街区依山而建、因地制宜、高低错落、曲折迂回的街巷空间。

通过两条垂直于等高线的爬山街将高程较高的茅台镇主要街道——杨柳街和高程较低的茅台酒生产核心区（干曲仓、茅酒之源制曲车间、古窖池遗址）联系起来，再向东西延伸出两条平行等高

线的半边街和杨柳街联通，使得整个文化复兴实践区域和茅台镇有机紧密地结合在一起，从空间到活动都有机地融入茅台镇的大区域环境中。

在空间尺度、景观特征和使用功能上，从高处的茅台镇的日常生活空间，通过爬山街逐级往下进入传统生活空间，再逐渐进入酿酒产业的生产空间，将整个复兴复原的空间变成一个历史的时空场所，将茅台镇当下的世俗生活通过这个历史街区中复原的传统风貌空间与以茅台酒生产为核心的历史空间连接起来，融为一体。

3.2.2 黔北传统乡土建筑形态的再现

在建筑的形态与风貌上，以黔北地区传统乡土建筑为"母本"，用黔北地区传统建筑营造技术和工匠，恢复茅台镇的历史风貌。在建筑的形态上，爬山街两侧采用山地建筑封层筑台、吊脚架空等空间处理手法形成层层叠叠、店宅结合的小场镇街巷空间。在用地稍平整的地方设置合院式的小天井带檐廊的传统建筑，丰富建筑的类型与形态。

3.2.3 传统原生态建筑材料的运用

建筑材料完全遵循当地传统，采用原生态的本土天然材料：木、石、竹、泥、石灰、桐油、青瓦。为了烘托渲染历史文化的艺术效果，其中木料主要采用当地传统建筑中的旧料，不足的用当地产杉木补充。墙体主要为木装板和竹编夹泥墙。建筑的用材、选料、工艺均遵循当地传统技术。

3.2.4 传统场镇视觉肌理的复原

建筑的尺度与规模控制在传统的尺度，开间为4米左右，进深6~10米，正脊高度控制在8米以内，建筑以古镇的高密度布局，加上双坡瓦屋顶为主的形态特征，恢复黔北地区传统小场镇的视觉肌理。

4 以非物质文化为对象的艺术组织——组织方式与行为

4.1 传统生产生活方式的复兴

文化价值中的非物质实体是杨柳湾传统酿酒工坊人居环境的重要组成部分。对磨坊、制坛坊、封口坊、马店、酒馆、盐号等相关的生产活动和生活方式开展呈现式恢复设计，在大宅院内创作以传统茅台酒酿造为主题的大型群雕，重塑国酒茅台的酿造历史与恢复茅台镇传统生活的记忆。

在爬山街和半边街这样的街巷空间中，恢复传统场镇中的店宅结合的建筑功能，前店后宅或下店上宅的模式，恢复传统的商业生活。在作为文物保存下来的荣和烧坊的"干曲仓"、近现代工业的成义烧坊古法制酒车间"茅酒之源"、踩曲房、窖池遗址等构成的茅台酒古法踩曲、制曲、制酒完整工艺生产区内恢复和酒业生产相关的运输产业的马店、加工产业的磨坊和配套产业的制坛作坊、封口作坊等。在相应的物质空间中复兴传统的生产生活方式。

4.2 传统建筑营造技艺的复兴

4.2.1 传统建筑营造技术与工艺的使用

黔北地区传统的屋架多为木结构的穿斗式屋架。恢复乡土建筑的传统不仅仅是风貌上的恢复，还包括营造技术。在这次的实践中，在建筑部分，从大木作到小木作到石作、瓦作、泥作等工艺完全采用当地传统的木结构建筑的加工与构造技术营造而成。

以竹编夹泥墙的制作为例。作为骨料的竹子在当地采购运送至工地，由工匠现场加工成为适宜大小的竹篾条，再将竹篾条在屋架上编成墙体的基层。泥匠将黄泥、稻草筋、石灰、水按比例混合后，踩和均匀，敷在竹编墙体上，干透后，再刷上白石灰涂料。

所有的材料均采至当地，所有的加工均遵循传统工艺现场制作，保证了建筑是在传统技艺下营造而成的。

4.2.2 传统木建筑施工组织方式的复原

除了技术和工艺复原外，整个建筑施工的组织方式也采用传统"掌墨师傅"牵头负责制。一栋建筑一位掌墨师傅带领自己的施工班子完成。从计划（屋架的尺度、结构形式），办料，壕寨，下地基，大木作，立架，上梁都由掌墨师傅组织、管理和实施。

4.3 公共艺术与历史空间的对话

在茅台酒古法工艺区内有一处茅台酒窖池的遗址，对于遗址本体采取最大程度保留其真实性的原则，不加任何干预，将清理出来的窖池真实、完整地展现出来作为"遗址景观"。在确保窖池遗址本体安全完整的前提下，当代艺术家通过视觉景观的"艺术创作"与之展开"对话"，这种态度使得作为代表"真实历史"的遗址，不再是一个被保护在真空中的孤立的对象，而是和它所处的环境发生了关系，从一种僵化的"福尔马林式"保护中复活了，变得生动而有趣。

5 结语

这个项目作为"公共艺术"领域在城市规划、建筑设计、环境艺术、雕塑和人文学科上的一次"整合"式的实践，还有很多可发挥的空间和未解决的问题，本着复兴宜居、宜商、宜产的杨柳湾传统酿酒工坊的历史空间和人居环境的目的，希望表达一种尊重历史、唤醒记忆、提出反思、传承文脉、引发共鸣的态度与愿景。

基于创新思维下的围墙设计

余 毅 四川美术学院

摘要： 目的 对当代审美艺术下彰显中国传统文化的围墙创新设计方式进行探讨，以此让围墙设计在紧随时代审美的同时蕴含文化传统之美。 以创新思维为出发点，结合四川美术学院虎溪校区围墙的营造作为案例，探究具有时代性且不失传统艺术情操的围墙设计新方式。围墙设计的创新思维在于用新的视界挖掘文化传统、将文化传统元素符号化，重新来认识和利用传统元素，并加以创新，赋予其时代的生命以及永恒的记忆。

关键词： 古为今用 创新表达 文脉传承

围墙是一种代表着不同时代历史传统、民族性格，价值观念的文化符号。随着人类居所构建的发展变迁，围墙不仅是作为围合和分隔的空间隔断，还具有装饰的作用和效果，发展至今围墙更成为了复合边界装置艺术、视觉传达艺术等具有现代艺术表现的城市景观。围墙作为一种文化，它是一个民族哲学和民族心里的反映，它是历史无声的赠予[1]。世界信息化技术革新与国际频繁合作，在一段时间内使得克隆、复制成为国内围墙设计的主调。西方化、雷同化的围墙设计形式在我国各大城市中逐步呈现。深受儒家文化影响，中国人习惯于用围墙来保护家庭的领地，对围墙有着深刻的乡愁情结，然而围墙现代设计的文化认同感及精神归属感丧失现象明显。因此，探讨如何满足现代文化环境带来的审美变更，同时又能蕴含传统文化艺术的设计创新思维显得尤为重要。

1 围墙文化内涵阐释

1.1 围墙的传统内涵

古籍记载中，墙的称谓有墉、垣、壁等多种说法。《释名》曰："墙，障也，所以自障蔽也。垣，援也，人所依阻以为援卫也。墉，容也，所以蔽隐形容也"[2]。围墙的诞生起源于人类抵御异族、隐蔽防身的生存需要，因此，在古代围墙能够满足古人隐蔽藏身的心理安全感。故而，围墙在中华文化中有家的依恋情愫。从夏朝大禹建造"城墙"与"沟渠"抗敌到世界奇迹长城的修建，从皇家宫殿到传统民居，围墙承载了几千年中华人民的心理归属感。古代社会，中国大陆在大山屏障的包围中，人民日出而作、日落而息，世代繁衍，这种追求和谐、安宁的生活方式也造就了中国人的围墙意识，从而也形成了含蓄和内敛民族的审美习惯。围墙作为一种传统文化独特的符号，不仅能够传递不同历史时期的信息，还能折射出不同地域民族的文化内涵[3]。

1.2 围墙的变迁发展

伴随社会物质文明，围墙已不再是以前作为防御藏身的分隔介质，而成为了一种高于生活的精神追求，在围墙的营造中逐渐重视围墙的观赏性和艺术美感。围墙的类型和样式也越来越丰富，一些世家大族宅院、官邸以及民居私宅都建造起了"影壁"或"屏风墙"等观赏性的景观墙，如山西大同的九龙壁、大理的"三滴水"照壁、陕西的唐语砖雕等都是观赏性围墙的精华。围墙在城市环境中高频率地出现，成为城市历史文化和城市文化特色的重要组成部分。在新技术的引领下，开阔的多维立体设计、视觉传达设计、照明艺术等富有时代特色的艺术表现形式和设计思路融入围墙设计当中，围墙设计形式上体现了现代性的延伸。但现在城市中仍有一些追风式围墙，虽粉妆玉琢、潮流时尚，但由于缺乏精神层面的考究，不得不沦为影响城市形象的障碍。

2 围墙创新思维的设计表达

2.1 设计理念创新思维表达

时代发展的催化之下，国际文化融合使得国人的思维逐步改变。创新是人类特有的认识和实践能力，是推动人类社会进步与发展的动力与源泉[4]。在融入世界的大潮、适应世界发展的过程中，对中国固有传统文化的抛弃并不是真正的设计创新思维而是民族文化的消亡。设计理念是设计师在设计构思中的主导性思想，它为设计提供指导性原则，赋予设计作品文化内涵和风格特点，是设计作品具有个性化、专业化和与众不同效果的前提[4]。而当代围墙文化及设计思维也应该向中国传统文化发展一样，我们应该在历史发展的长河中提取中国传统围墙文化构成的各个要素，在遵循客观规律的基础上，在继承中创新，在保护中变革，走符合自己民族设计文化之路。以中国文化发展为依据，总结出国人对于围墙的需求性，寻找到适应国人当代审美的创新思维表达形式，结合新材料新技术给未来围墙设计赋予新的文化内涵。

2.2 传统艺术的当代思维表达

"十八大"以来，传统文化要"坚持古为今用"是习近平总书记有关重要讲话中所表达的重要思想，"古为今用"是文化发展的客观规律，在艺术创作上，则表现为一个时代的文化主体对前人留下的传统艺术文化"有鉴别地加以对待，有扬弃地予以继承"，传统艺术与现代科技相结合是在根本上对文化发展客观规律的遵循和尊重，也是艺术在这个时代的鲜明特征。在飞速发展的今天，作为城市景观的围墙设计不仅要有自己的特色，"与时俱进"同样是中国传统文化古为今用、推陈出新的成功范例[5]。在现代创作中很好地融入中国传统文化的元素，从中能体现出中国文化的内涵，同时，也能看到新型材料、新兴技术的运用，而不让人觉得它积极是模仿、拷贝古人的赝品。

2.3 本土资源文化整合表达

文化是人类社会历史实践过程中所创造的物质财富和精神财富的总和[6]。一个地域是一个具有具体位置的地区，在某种方式上与其他地区有差别，并限于这个差别所延伸的范围之内。[7]因此，不同的地域资源文化圈内有着不同的景观表现形式，例如受到吴越文化背景影响，该地域的景观多呈现文雅、婉约的景象；在黄土风情文化的背景影响下，陕北则出现了粗犷的窑洞景观，这些景观的表达风格除了受当地原有的地貌、风景因素的影响外，也与当地人们的风俗、文化以及信仰等相互融合。本土资源文化是围墙设计的重要依据和形式来源，地域文化在景观设计中表现出来的文化特色和地域特性可以充分展现出该地域的民俗文化、风土人情、地方习惯和历史脉络。

3 四川美术学院围墙设计传统符号表达案例分析

四川美术学院大学城虎溪校区围墙不仅运用当今先进的工程技术也结合了本土传统工艺进行设计和营造；不仅体现了现代大众的时代审美需求并相得益彰地融入了中国传统符号元素和本土传统文化，同时也是体现"古为今用"艺术创新思维的典型案例。

3.1 技术表现

四川美术学院大学城虎溪校区围墙营造中，不仅延续了校区原址虎溪镇土地生活原貌，还保留了当地土生土长的传统工艺。在围墙的营造过程中，学校组织招募当地的农民工匠参与施工，这些土著的农民艺术家们保留了中国传统"口传心授"的质朴工艺。围墙营建结合土著农民濒临失传的珍贵手艺和先进的工程宏观规划技术协作完成，用新的理念和现代技术手段保存了这片土地的历史文明，这座围墙也将承载着更多的文化积淀和艺术新生。

3.2 艺术表现

城市中不同的街景区都有自己独特的风貌，四川美术学院虎溪校区介于古朴的田园式校园园区和校外现代时尚商圈两边不同的文化氛围之中，充当着两种不同文化区域间过渡的灵魂景观介质，校区围墙设计延续了本土保持淳朴的西部原生设计风格，并在围墙西段内侧嵌套时尚元素的学生创业店铺，不仅能够与校外浓厚的商业街景相呼应，也满足了当代大众文化时尚的审美需求。围墙采用了开放式设计，秉承了关注公共价值、弘扬公共精神的内涵，是公共艺术展示的最佳体现，形成了与外部可参与性的新型艺态活动空间。

3.3 人文表现

校区围墙设计中融入了本土以及巴渝地区的历史文化元素，嵌入这岩石围墙中的巴渝地区民居院落竹骨泥墙；本土农耕时代的用具、青石板、水缸、磨盘以及即将消失殆尽的青石板、石雕等浓厚的历史地域文化和淳朴的乡土意象是对大自然原生文化的尊重与虔诚，也是唤起都市人被屏蔽的民族记忆，体现着现代人对大自然返璞归真人文关怀。

4 结语

不同的时代有着不同的审美观念和审美需要，但无论审美的风格、形式如何变化，都不能忽视文化内涵的重要性[8]。任何"新的创造"都不可能割断与传统文化的联系而独立存在，在围墙设计中，将传统文化观念重新审视的创新思维融入艺术设计创作，这种方式为艺术设计创作提供了更多的思考维度。同时新技术、新材料的融入也使得传统元素在围墙的设计中多了更多的表达可能。文化创新，就是对原有的文化价值观念、文化知识体系、文化思维方式和文化体制的思维解构活动[9]。所以我们在围墙设计中对传统文化符号的借鉴与引用，已经不仅仅是简单地照搬和模仿古人的思想，而是在中国的传统文化下进行"嫁接"、"重组"为围墙设计寻找一种表达其时代性的可能。

参考文献

[1] 陈斯敏. 城市景墙设计研究[D].长沙：湖南大学，2013.

[2] 陈赛赛. 清代苏州第宅室内空间中的壁饰风格研究[D].上海：东南大学，2012.

[3] 胡一. 中西文化视野中的墙情结[J].福州大学学报，2012，87-90.

[4]卢建洲.论包装设计创新思维的形成与发展[J].包装工程，2014，35（6）：86-89.

[5] 裴植，程美东. 中国共产党历代领导人对中国传统文化的古为今用、推陈出新[J].毛泽东邓小平理论研究，2015，（4）：62-66.

[6] 兰勇；陈忠祥.论我国城市化过程中的城乡文化整合[J].人文地理，2006，（6）：45-47.

[7]王耀，耿蕾.景观规划的地域性及其特点[J].现代园艺，2014，（22）：2-4.

[8]郑灵燕.现代包装设计创新思维方式的研究[J].包装工程，2014，35（22）：9-11.

[9]郑丽莉. 文化全球化语境下的文化整合与民族文化创新[J]. 内蒙古大学学报(人文社会科学版)，2005，（1）：69-72.

论节约型景观设计的原则与方法

张　倩　四川美术学院设计艺术学院
王　川　重庆电子工程职业学院传媒学院

摘要： 在建设"节约型社会"的背景下，节约型景观应是城市景观建设未来的主导方向。本论文通过对节约型景观国内外现状与相关理论的研究，以可持续发展理论、循环经济理论和景观生态学理论为基础，界定了节约型景观设计的基本概念，提出了节约型景观设计的原则和方法，旨在为节约型景观建设提供有益参考。

关键词： 节约型景观　设计　生态　原则　方法

引言

随着国民经济的快速发展和城市化进程步伐的加快，城市景观建设日新月异，在经济社会发展中的重要作用日益显现，但也面临资源和能源短缺、自然生态环境恶化等不容忽视的问题。由于缺乏生态和节约意识以及系统的理论指导，在城市景观建设中依然存在着大挖大填、急功近利、盲目攀比、贪大求洋、铺张浪费的现象，弃本土材料于不顾，大量使用花岗岩、大理石，引进奇花异木，追求豪华奢侈的景观效果等。凡此种种问题，不仅造成了资源的浪费，增加了建设和维护成本，而且还对城市自然生态环境造成破坏。因此，要确保城市景观建设的可持续发展，必须将勤俭节约、因地制宜、生态环保的设计理念贯穿城市景观规划、建设和管理的

全过程，这也是城市景观建设的必由之路。

1 节约型景观设计的内涵

1.1 节约的内涵

从字面上讲，"节约"由"节"和"约"两个汉字组成，其中"节"是指节省、节制、限制，与浪费相对立；"约"则是指控制、约束、集约，与粗放相对立。从概念上讲，"节约"有狭义和广义两个层次。狭义的"节约"是指在消费领域内的节俭和其他经济活动中对人、财、物的节省或限制使用[1]，其节约的对象主要是货币、机器、厂房、道路等人造资本，这是一种相对于消费的节约。[1]广义上的节约是对土地肥力、森林资源、渔业资源、环境净化能力、石油、煤等自然资本的节约和对无形的劳动时间、空间等人力资源的节约，广义的节约不仅仅是单纯的节省，而且要提高不可再生资源的利用率，增加可再生资源的利用，改变资源利用模式，建立一种"减量化—再使用—再循环"资源利用方式。

1.2 节约型景观设计

节约型景观设计是指在景观规划、设计、施工、养护等各个环节中，用最少资金和资源投入，选择对周围生态环境最少干预的景观设计模式，以"因地制宜"为准则，以"资源与环境承载力"为原则，以"节地、节材、节水、节能"为途径的，为人类提供高效生态保障系统，保护和改善自然环境，实现生态、环境和社会效益

的最大化的景观设计。

节约型景观设计不是因陋就简、简单行事、粗制滥造、盲目减少投入。而应以节约资源和能源、师法自然、强调对自然资本与生态环境的合理高效利用为原则，达到最佳的资金投入效益。节约型景观设计也不是追求零消耗，而应是在满足人们对高品质生存环境追求的同时，降低资源与环境的代价，实现人与自然的和谐发展。

2 节约型景观设计的基本原则

节约型景观设计是以景观生态学原理、循环经济理论、可持续发展等理论为指导的景观设计，旨在解决在景观设计中出现的一系列环境问题和社会问题，使设计更好地结合自然，创造舒适健康的室外人居环境。本文在对景观设计与建设的现状分析和相关理论研究的基础上，提出节约型景观设计的以下原则：

2.1 减量与高效原则

减量与浪费相对，指有节制、有约束地对各种资源进行合理分配和利用。高效与粗放相对，指通过提高对资源的综合利用率，降低环境资源代价。节约型景观设计中的减量与高效，就是在满足基本的景观功能前提下最大限度地节约资金和资源的投入，降低不可再生资源的消耗，利用太阳能、风能等天然资源和可再生资源，采用各种新的节能、节材、节水、节地等生态技术手段寻求以最低的建设成本，实现不同景观空间和景观要素应具备的功能，从而实现资源的高效利用。

2.2 再用与循环原则

生态学观点认为，自然生态系统是一个由各种有机物质经过分解者分解后归还环境，再重复利用，周而复始的循环过程，是一个头尾相接、闭合的循环流，在这个物质循环中，没有废物的存在。而在今天的科技高度发展的人类社会中，这种物质的流向在生产和消费中出现了问题，循环规律被局部停滞了，出现了垃圾和废物，产生了空气、水和土壤的污染。因此，节约型景观设计要求设计师遵循自然规律以废弃物的再用为节材设计的重要途径，坚持废物再用、多角度运用、反复运用、循环利用的用材思路，开发各种巧用废物的设计方案，从而最大限度地减少废物，使自然的物质重新循环流动。设计师应该改变传统的用材理念，充分了解废弃材料的性能，以非传统的方法运用传统，以不熟悉的方法组合熟悉，挖掘废弃材料新的使用价值，对它们重新加以整理、设计和提炼，赋予与废弃材料新的生命力，变废为宝让它们继续循环于我们的物质流中，达到资源节约的最终目的。

2.3 让自然做功原则

自然环境是千百年来优胜劣汰的结果，有极强的自律性，不需要人工过多的维护，具有自我维持、自我调控、自我设计和自我管理的功能，其丰富性和复杂性远远超出人为的设计能力。让自然

图1 将建筑"埋伏"于丘林、山谷之中
（川美新校区景观规划设计）

图2 利用中水为水源的重庆彩云湖湿地公园

图3 采用废弃材料和本地土陶构筑的"护坡、挡墙"
（川美新校区景观设计）

做功就是要开启自然的自我设计过程[2]，让自然发挥最大的作用，让自然作为真正的设计者，设计中应考虑如何把人为的干扰降到最低。设计师要做的工作是在顺应自然的基础上适当调整，而不是对自然的再一次破坏。让自然做功这一设计原则强调人与自然过程的共生与合作关系，减少设计对生态的影响。设计师更多的工作是尊重场地的原始肌理，充分利用自然所赋予的地形条件、光热条件、材料条件，最大限度地借助于自然再生能力和自我设计能力，利用现代科技手段进行局部整合，使城市景观建设成为生态环境治理不可少的组成部分，实现可持续的节约。

2.4 全寿命周期设计原则

全寿命周期设计是指景观设计涵盖景观项目策划、设计、材料、施工、使用、维护以及数年后废弃材料的处理等景观建设生命周期的所有环节，使景观建设全寿命周期中所有相关因素在设计阶段能得到综合规划和优化。节约型景观设计要求在景观规划设计的整个生命周期内对资源和能源优化利用，消除或减少环境污染，全面实现更为完善的节约设计途径。全寿命周期设计要求景观建设项目从决策阶段开始就将节约型景观的理念灌输其中，合理、和谐的利用、开发自然资源，避免重复设计、过度设计、透支设计，避免因为决策的失误导致后续设计无法弥补的重大损失；在景观概念设计、景观施工图设计阶段更应以资源节约为基本原则，从设计思维、方法、手段、工艺到景

观材料的选择，甚至施工过程中对于废弃材料的处理都应该给予充分考虑；在景观项目的使用阶段，对景观环境的运营与维护应充分考虑环保和节能的要求，对使用过程中产生的个别场地废弃物如翻新、修补、加固后的废弃构建材料、死亡的废弃植物根茎等应有合理的处置方案。全寿命周期的节约型景观设计全方面、全过程、更为系统地诠释了节约型景观设计的内涵。

3 节约型景观设计的方法与途径

节约型景观设计的核心在于节约各种资源、提高资源利用效率和减少能源消耗，促进人与自然的和谐发展。就资源和能源节约而言，根据上述节约型景观设计的原则，从节地、节水、节材和节能的角度寻求节约型景观设计的方法与途径。

3.1 "节地"设计

节约型景观的节地设计，首先是充分尊重原有的地形地貌、保留城市原有的自然肌理——山坡林地，江湖水系，自然景观（湿地景观、农耕景观、草原景观、山岳景观等）避免大刀阔斧的改造。节地的核心不是片面缩减景观用地面积，而是尊重自然、依托自然，用最少的开发成本收获最大的经济效益及意想不到的景观效果。四川美术学院新校区规划设计就充分体现了师法自然的节地设计理念（图1），川美新校区原有场地浅丘密布，共有26处小丘和11条山谷。在其规划设计中采取了"保护中开发，实施中预防"的

废砖　　　　　　　　　　　废瓦　　　　　　　　　　　　　　废木材
图4 废弃材料

措施，以自然做功为原则，提出"十面埋伏"的设计理念，对原有自然景观，山地溪流，花草林木，因地、因势进行保留，将建筑"埋伏"于丘陵、山谷之中，最大化地保持原有场地的肌理，体现出山城重庆"在坡地上生活"的独特景象。同时，缓解了人、地之间的矛盾，以有限的土地资源发挥出最大的经济效益，是节约型景观设计的典范。其次，在节地设计还要设计结合地形，加强对场地空间的合理规划，增强空间层次与容量，充分拓展立体空间，建立竖向交通，增加立体绿化、竖向绿化、屋顶绿化。

3.2 "节水"设计

我国是一个水资源贫乏的国家，2／3以上的城市都面临着不同程度的缺水问题，严重制约城市的可持续发展。因此，在节约型景观设计中节水设计显得尤为重要。首先，要对场地原有自然水体（河流、溪涧、湖泊、塘等）尽力保护，设计应在尊重原有水环境基础上进行补充设计。其次，在景观设计中充分重视水资源的节约利用，做到"开源节流"。开源，主要指通过雨水的收集与利用、再生水回用等措施，提高可利用水资源总量；重庆彩云湖湿地公园（图2）利用污水处理厂的中水为主要水源，在污水处理厂与水库之间、水库与桃花溪之间建立了人工湿地，不仅实现了中水的循环利用，节约了水资源，而且其生态的湿地景观逐渐成为"一个青山绿水、市民理想休憩地"。节流，通过使用节水器具、采用微喷、滴灌等节水灌溉技术，选种耐旱和乡土植物等措施，减少水资源的消耗。

3.3 "节材"设计

对于现代景观设计材料而言，概念是广泛的，它包括天然的石材、木材和各种植物素材，也包括钢、玻璃和各种人造建材。不同的材料来源、不同的设计构思、不同的施工工艺都会对景观建设带来不同的生态效益、社会效益和经济效益。就节材而言，首先应提倡就地取材，选用乡土材料，包括乡土木、砖、瓦、石、植物等。四川美术学院新校区建设中，在充分尊重场地的原始肌理的基础上，将护坡、挡土墙与景观设计统一构思，综合用料，采用重庆本土毛石、块石和条石，同时加入富有重庆乡土特色的土陶罐等设计元素，经过艺术化堆砌，使之融为一体。其工程造价低廉，而且还创造出多孔隙的小生物栖息地，同时保留了固有的生态环境，是节约型砌块式护坡、挡墙设计的成功之作（图3）。其次，鼓励采用通过科技手段研发的无毒、无害、无放射的新型的环保材料，如透水砖、透水沥青混凝土、木塑材料等，不但有利于环境保护和人体健康，而且也顺应现代文明的发展，满足了人们物质需求和精神需求。最后，应选择从各种废弃材料中挖掘其新的实用价值，做到材料的循环利用、反复利用、多途径运用。四川美术学院新校区景观规划建设中，其材料大量来源于场地原有建筑拆迁遗留下来的石、砖、瓦、木材、石磨、石猪槽等废弃材料（图4），通过艺术的构

图5 采用废砖、废瓦、废木材设计的"风雨长廊"（川美新校区景观设计）

思与创意性的手段，设计出带有浓郁地方及川美特色的 "风雨长廊"、" 景观亭"、"景观桥"、"景观墙"、"石拱门"等构筑物（图5）；同时，通过收集本地农村废弃的生产工具，生活用品——风车、犁、座椅、斗笠、竹篓等作为景观构筑物中的小品。这种利用废弃材料设计的景观构筑物，不仅记载了场地记忆，还延续了历史文脉。其设计风格古朴，与场地融为一体，具有鲜明的个性与特色，且大大节约了资金和资源，为人们提供了新的使用功能，是废弃材料运用的典范。

3.4 "节能"设计

面对全球性的能源危机，节约型景观的节能设计要求最大限度地降低对资源和能源的用量，特别是不可再生资源的消耗，同时寻求新能源、新资源来支撑城市景观的建设和发展。一方面，在城市景观的建设、管理和运营中，减少对电、热等能源的消耗，寻求降低建筑能源消耗量的有效手段，如结合自然条件特点营造建筑周围适宜的小气候环境；另一方面，应重视使用太阳能、风能、地热、水力等可再生能源技术解决景观照明、灌溉、养护以及日常护理等问题，减少对化石能源的依赖，进而保护生态环境。

4 结语

节约型景观设计不仅仅是修建一条道路，砌筑一个广场，美化一个花园，更重要的是能通过设计改善生态环境、促进人与自然的

和谐发展，其核心是为人类生存环境而进行设计。因此，它要求设计师必须具备保护生态和促进可持续发展的精神境界与价值取向，在设计中以节约资源和能源，改善城市生态环境，促进城市、人、自然和谐发展为目标[3]，遵循减量与高效、再用与循环、让自然做功和全寿命周期设计为原则，开拓新的设计思路、构成手法、组合形式、用材途径和工艺手段，构建顺应自然、反映自然的生态景观，实现人与自然和谐发展。

参考文献

[1] 黄铁苗等.节约型社会论.北京：人民出版社，2009.

[2] 俞孔坚.节约型城市园林绿地理论与实践.风景园林.2007,(1)：55—64.

[3] 朱建宁.促进人与自然和谐发展的节约型园林.中国园林.2009,25 (2)：78—82.

[4] 罗华.节约型园林建设中节地要素的运用,2008,(15)：28—29.

[5] 赵郁玺，林涵，李静.节约型园林建设中节地要素的运用.安徽农业科学,2011,39 (25)：15488—15489,15592.

[6] 冯江.一处浅丘基地的记忆——四川美术学院虎溪校园地志解读.新建筑.2009,(4)：38—43.

[7] 彭建明.绿色生态人工水景设计要素.工程建设与设计,2009, (5)：54—56.

老年居住空间室外步行系统设计研究*

李敏敏 四川美术学院

摘要： 散步是老年人进行室外活动的主要方式，因而，老年居住空间室外步行系统的设计成为影响老年居住空间整体空间质量的重要内容之一。考虑到老年人特殊的生理、心理需求，老年居住空间室外步行系统的设计有其特殊的要求。本文从安全性、无障碍性、导向性、生态性和人性化几个方面，详细讨论了老年居住空间步行道设计的基本原则。

关键词： 老年居住空间 室外步行系统 软质要素 硬质要素

老年人由于身体的感觉系统、神经系统、肌肉和骨骼等各方面的机能下降，容易产生视觉误差，出现摔倒、滑倒等意外事故，因此如何通过设计进行弥补，避免意外事故的发生，是对设计师的挑战。

其次，由于老年人活动范围缩小，主要在居住空间等小范围内活动，散步是老年人室外活动的主要方式，因而，老年居住空间室外步行空间的设计是否成功，直接影响老年人的生活质量。因此，设计师在进行步行空间设计时，应充分考虑到老年人特殊的生理、心理需求，最大限度地给老年人以安全、舒适的心理感受。

1 步行空间设计原则

老年居住空间步行系统设计必须遵循以下几个原则：

1.1 安全性原则

老年居住空间室外的步行道首先要考虑安全问题，必须从人车分流、照明设备、装置等要素入手，如人车分流，夜间照明尽量避

免眩光，消除室内外高差，采用浅坡地坪来取代路面的高差，地面做到具备吸水性和防滑性，铺装注意表面及拼缝处保持平整，多设置休息的座椅，完善报警和救护系统，从各方面保证老年人散步时的安全。

人车分流的目的是力求把动静交通分开，尽量人车分流，避免机动车辆穿越步行道，让老人的户外空间活动有更大的自由、安全和舒适感，提供一个安全、放松的步行空间。调查表明，来往行驶的机动车辆，不但干扰老年人的活动，还进一步影响到老年人的心情和交往，因为机动车行驶速度太快，容易给老年人造成一定的心理负担，他们害怕自己躲避不及。而在没有机动车干扰的步行空间，就会发现户外活动的老年人数量增多，逗留时间也相应延长，户外活动内容也更加丰富。

一般来说，老年人普遍视力下降，因此需要更高照度的照明，昏暗的灯光对于视力不好的老人来说，可能是造成事故的因素。因此，步行空间应提供更高照度的照明，以弥补老年人对深度和高差的辨别。步行地面应使用颜色较深的面砖，这种材料不会在灯光照射下产生强烈的反光，从而影响老年人的判断。坡道、道路边缘等容易发生危险的区域，应设置特别照明。路灯位置应顾及步行者的需要，避免步行道成为阴影区。

步行道路地面的铺装直接影响老年人步行的舒适性和安全性，

*本文为清华大学公共健康研究中心《为老年人健康而设计》项目研究成果。

因此步行道路应该平坦、平整，采取防滑防水措施，表面凹凸不平的材料对高龄者尤其是利用拐杖不方便，路面可以选用透水性较好，摩擦力大，而且潮湿情况下也不会滑的材料，以保证步行道路面防滑且有弹性、耐磨，同时必须注意排水、防滑，避免下雨、下雪的时候产生积水、积雪；虽然卵石、碎石等材料可以增加步行空间的质感，但对老年居住空间来说并不适用，不过考虑到不同年龄阶段的老人，可以在平坦主路的基础上，作为辅助道路使用。高差的变化会给老年人带来很大的麻烦，既不安全又打乱了行走的节奏，因此应尽量避免高差变化。

1.2 无障碍设计

老年人由于生理的衰老，视听力减弱，运动不便，尤其是部分老年人存在着的听觉障碍、视觉障碍或者有残疾等，行走时需要人搀扶或借助其他行动辅助工具，因此设计老年居住空间步行道必须时要充分考虑无障碍性，以满足这一部分老年人的使用需求，真正做到老年人散步安全、无障碍，活动不会受到限制。老年居住空间步行道的无障碍设计包括的内容很多，如为视觉障碍的老年人考虑，步行空间应设置盲道；为活动障碍的老年人考虑，应在设计步行道时考虑轮椅的通行方便，消除高差、台阶，改为坡道的设计；在轮椅不能通过的路段，道路设计应及时对轮椅使用者提示，标志的文字尺度由行走速度和距离决定；为记忆力减弱的老年人考虑，应增强步行空间的可识别性，如通过地面铺装的色彩、图案和材质等变化，增加步行道路的导向性；视觉残疾者无法看到一些提示性的标志，这些老年人的户外活动就很不方便，设计时可以通过声音、路面盲道，给视觉有缺陷的老年人进行导向。另外，应在户外设置应急呼叫系统等。除了想办法消除老年人步行到达各个空间场所的障碍，考虑到满足不同年龄阶段、不同身体状况、不同活动能力的老年人的需求，应该针对性设计不同层次和等级的步行空间。

1.3 导向性原则

老年人的视力衰退、记忆力的减弱、识别能力下降、方向辨别力差，当步行道路缺乏明确的标识和有效的导向功能，往往会进一步增加老年人在方位判别方面的困难，为了弥补老年人感知方面的缺陷，在路面设计时要特别重视道路的导向性。如尽量采用平面线型设计，线路不宜弯曲过多，避免迷宫式的步行空间，以免增加老年人的心理负担。可以考虑在包括道路转折点、路径终点等特殊地点设置标志物，进而增强道路的导向性，或考虑采用丰富的提示手段，如视觉、听觉、触觉兼而有之，用多种方式提示老年人，以保证有视觉或听力障碍的老年人及时得到信息，做出正确的判断。在出入口、台阶、转弯处、坡道等容易发生危险的地方，采用变换铺装材料的颜色、图案、纹理变化等方法，达到明显警醒和提示的目的，以便老人在行走时提前作出反应；为视觉障碍或视力减弱的老年人考虑，如果路面有台阶，需要在台阶的边缘处用不同的颜色进行提示和区别，以免老年人产生视觉误差。总之，在步行空间的设计中，清晰、明确的导向有利于老年人步行者形成清晰的空间认知，增加户外活动的意愿。

1.4 生态性原则

步行空间是老年人活动、锻炼的主要场所，因此步行空间的绿化非常重要。设计步行空间时，应尊重场地的自然特征，顺应地形，因地制宜，充分利用现有的自然条件，使步行空间与自然景色融为一体，为步行者构筑一个真正生态化的步行空间。步行空间的绿化对老年人健康非常有益，尤其是在现代都市里，雾霾严重，而植物能释放大量的负氧离子，能够在空气净化、气温调节、减少尘土等方面发挥有益的作用，另外步行空间的绿化还可以提高步行道的亲和性，层次丰富、色彩绚丽的植物景观，可以极大地提高老年人对生活的信心和活力，使老年人的身心都得到放松。

2 步行空间的设计

老年居住空间室外步行空间的设计包括多方面：就具体软质、硬质要素来说，包括道路、铺装、绿化、照明、设施；就设计元素来说，包括材质、色彩、质感、界面、道路线性（曲直和宽窄）、空间围合等，步行空间的设计围绕这几个方面展开。

2.1 步行空间的界面设计

就步行空间的界面来说，主要是考虑空间的尺度是否适宜、空间的围合感。尺度小的空间具有很强的私密性和围合感，而尺度大的空间则具有开阔感，从行为心理学的角度讲，步行空间尤其是供老年人漫步、休闲的社区步行空间，尺度应该亲切宜人，而且边界明确，这将给人一种安全、舒适感、亲切感，反之，尺度大而无当、空旷的空间则会使人心理上产生强烈的排斥与失落感。容易让老年人感觉陷入一个空旷无依的境地，会加深老年人的惶恐和孤独感。同时横穿宽阔的大空间，容易让老年人感觉不自在，因此应该沿大空间的边缘安排步行道，这样既能使老年人体验到大空间的开阔，又能沿着有防护的立面行走，尤其是晚上，更有一种安全感。[①]尤其是具有围合感的空间，可以增强使用者的安全感和领域感，这才是积极的空间。如果空间尺度过大，可适当化整为零，利用植物、铺地、设施、高差、台阶等要素进行分隔[②]，从而形成丰富的空间形态和具有良好的围合感、向心感的小空间。设计时，应依据边界效应，尤其是对于上了年纪的老年人来说，具有围合感的空间才能让他们更有安全感——"边界效应"反映出环境中人们对安全的心理诉求，因此应尽量把步行道放在空间的边缘。

2.2 步行空间的硬质要素

步行空间设计的硬质要素包括道路、铺装，设计中不但要考虑道路材料的质感、色彩和纹理图案，还要精心设计道路线性（曲线和宽窄）和趣味性。一般的人行道，行人行走速度快、目的性强，采用较平整的混凝土砌块或砖块就行，而老年空间中的漫游步道，可适当强化细节。以地面铺装为例，不但要考虑到便于行走、安全、经济及美观，还要考虑砌块的大小、色彩和质感，已经铺地材料的多样性，铺地丰富的小路比铺地单调的大马路更有吸引力，因此多种多样的铺地材料、图案纹理的变化，可以增加步行空间的生动性，还可以变换不同的材料，暗示不同类型空间的功能，达到划分区间的效果。尽可能创造一系列相互连通，能形成环路的步行道，既能给老年人造成一定的感官刺激，又具有很强的指向性。在主路之外，采用砾石、卵石、砖、片石等材料铺设成弯弯曲曲、变化多样的辅助道路，可以使老年人产生丰富的心理体验。或借助步行道路的设计，将沿途各种不同的休闲空间、景观小品串联在一起，形成紧凑有趣的空间，或设计不同的路线达到同一目的地。

2.3 步行空间的软质要素

老年人散步一般随机性比较强，没有非常明确的目的性，且属于漫游，因此对环境的细部相对比较关注，因此需要细致的细部、细节设计[③]。强化步行空间的照明、绿化、景观小品及设施等，可以增加空间的舒适度，增加老年人在户外散步的愉悦感。在步行道上借助植物，形成不同程度的阴影区和围合感，从而为老人创造丰富的心理体验，但是要避免强烈的对比，如过深的阴影区和过于明亮的区域并列，产生视觉偏差，使老年人判断失误。尤其应尽量提高步行空间的供座能力，调查表明，大多数普通人一般可以轻松地步行400~500米的距离，但是考虑到老人的体力和精力，合适的步行

① （丹麦）扬·盖尔.交往与空间[M].何人可译.北京：中国建筑工业出版社，2002：145.
② 杨海鹰.城市步行环境设计研究[D].武汉理工大学硕士论文，2002：62.
③ 石英.独立式老年公寓室外空间环境研究[D].西安建筑科技大学硕士论文，2011：61.

距离只有成年人的一半，因此在设计步行道路时应将步行半径控制在 200~300 米之间，或者在步行道沿途适当增设座椅。在步行空间中，一般每隔150米左右安排一个座椅，供座能力、座椅布局是对步行空间的补充和支持。座椅应设置在步行道的交叉点，或可以观看到其他活动的地方，体贴入微的细节可以大大促进老年人活动的积极性。

2.4 步行空间的可选择性

由于步行空间具有线性的特点，加上居住空间老年人的活动具有休闲性的特点，因此线路设计、线路的趣味性尤其重要。老年居住空间的线路设计应适应不同年龄、不同身体状况的老年人，满足不同活动能力的老年人的需要。因此，步行道的设计要多样化，设计不同的长度和难度的步行道，或者对步行道进行适当的难度分级，以适应不同年龄阶段、不同活动能力的老人，鼓励老人独立完成具有挑战性的活动。一般的人都爱抄近道，不愿意绕道，但对于老年人来说，由于老年人比较悠闲，步行纯粹是锻炼身体或消磨时间，因此线路设计要灵活多变，增加步行空间的趣味性。因为，当目的地的路程一览无余，步行会变得索然无味，而采用富于变化的曲线型，道路设计得比较生动、有趣，会强化老年人的心理体验。应尽量避免笔直而漫长的路线，要曲而不折、隐而不偏，以增添行走的趣味性。其实，步行道路本身的实际距离并不是重要，重要的是心理距离。同样是一千米的步行道路，平直、单调而且毫无防护的道路，会让人感觉沉闷、枯燥、漫长。在老年居住空间环境中，良好的步行设计可以鼓励老年人活动、散步，而且不感觉累。在设计道路时，应增加一些趣味性的空间要素，搭配不同植被，既不让老年人一眼就能直接看到远处的目标，让老年人感觉具有一定的探索性，但是又不会迷失方向，能够顺利到达目的地。

2.5 步行空间的适当刺激

20世纪末欧盟提出了"积极老龄化"的概念，积极老龄化作为一种革命性的理念，要求最大限度地弱化对衰老的认识。具体对设计来说，就是以空间设计的方式，引导老年人努力挑战衰老，刺激老年人的生活热情，把积极老龄化的设计理念贯穿到设计实践中。① 设计师应该在保证安全性和舒适性的基础上，创造更具吸引力和"趣味性"的步行空间，尽量创造条件，为老人提供更多的锻炼机会和选择的可能。沿途要为老年人提供足够的公共活动空间，促进老年人的交往，或在步行空间的周围，提供唱歌、跳舞、唱戏、练气功、太极拳等群体的活动场地，或是设置一些健身器材设施。亲切、融洽的步行空间会增强老年人的参与性，达到鼓励老年人积极地参与户外活动的目的，从而激发老年人积极向上的生活情绪和潜在的能量，维护老年人的自尊和对生活的信心。

综上所述，所谓步行空间的人性化，就是要提供一个能够让

① 李伟.基于"积极老龄化"理念下的城市适老空间设计探究[J].建筑学报.2014(11);85.

老年人产生亲切、舒适、安全、轻松、平等、自由、有活力、有意味的心理感受和体验的步行环境。步行空间的人性化必须全面、综合衡量，完善的步行空间可以使老年人与社会联系起来，减少他们的孤独感，是对老年居住空间步行道设计的基本要求。室外步行空间设计安全合理、体贴入微、生动有趣而且无障碍，就能更好地保障老年人日常行动的安全性，提高老年人户外散步活动的积极性。

参考文献

[1]李伟.基于"积极老龄化"理念下的城市适老空间设计探究[J]，建筑学报,2014(11).

[2]杨海鹰.城市步行环境设计研究[D]，武汉理工大学硕士论文，2002.

[3](丹麦)扬·盖尔，交往与空间[M].何人可译.北京：中国建筑工业出版社，2002.

[4]程琼.现代城市养老居住环境设计研究[D]，重庆大学硕士论文，2008.

[5]石英.独立式老年公寓室外空间环境研究[D]，西安建筑科技大学硕士论文，2011.

论医院建筑空间优化设计与行为管理

刘　蔓　　四川美术学院

摘要： 医院建筑空间优化的目的是为人类创造更佳的就医环境，行为管理的目标是创造一种使医院更高效、更安全、更人性化的服务理念，以最低生命周期成本、最有效率管理本身资源、具有快速反应的工作对接、高效率的诊疗平台、弹性应变的作业条件，使医务工作者实现工作便捷、医患准确沟通的目的。

关键词： 医疗空间优化　行为管理　空间流程

传统医疗模式下的就医环境缺乏感动服务、体贴入微的行为管理；缺乏以人为本、科技仁心的便捷式行为管理；缺乏建筑空间优化、疗愈人心的精准医疗行为管理。缺乏精实医疗、创新优化的行为管理；这些均需要我们对传统医疗建筑重新定义，对传统的就医流程重新整合，对传统的就医板块进行优化，对传统的服务明确行为管理，使医院建筑功能及质量得以提升，达到建筑之安全、健康、节能、便利与舒适的目的，可以增加公众对医院在关心患者的安全和医疗质量方面的信任度，从而提高安全高效的工作环境，达到改善员工的工作压力、尊重患者之权利的目的，让家属参与就诊过程，避免医患之间的矛盾。所以行为管理是对诊疗质量和患者安全设定的工作重点并得到持续监管。医院建筑设计和实施必须有相应的程序来保障医疗服务和病人的安全，医院建筑空间流程的合理性是重点，医院空间的优化是病人医疗安全的提升，下面就医院建筑空间优化设计部分进行以下论述：

1 医院建筑空间人流与车流动线的优化与行为管理

人车分流适用于所有的综合体建筑，并非只应用于医院建筑，但在医院建筑空间里，这个板块显得尤为重要。主要体现在急诊和急救快速对接板块上，绿色通道的无缝对接是保障患者安全的生命线。这是一个为高风险患者的诊疗和高风险服务提供的重要体系。作为医院设计工作者，能以生命的名义来进行流程优化工作是我们的荣幸。对生命的尊重，是我们的第一责任。所以，人车分流的行为管理在医院环境中必须针对救护需求提供最适宜、高水平的计划和协作动线安排，使患者享受生命的尊严。急诊科建筑空间的优化对人的行为管理部分体现为缩短接诊和分诊的时间和建筑尺度，保障患者快速而准确地分流，达到安全、便捷、高效、准确地处置病人的目的，将急诊和急救进行合理地分流和行为管制，做到高效、安全分流和紧急处置"急救、危难、危险、病重患者"的目标，通过空间优化计划和行为管理提高管理流程作业。车流的优化和行为管理体现在对急救车独立管制形成无障碍绿色通道，社会车辆的急救病人与急救车不能形成流程的交叉，人车必须严格分流，急救床连接车与人的诊疗全过程，保证绿色通道快速、畅通、高效的急诊服务。我们设计的琼台医疗合作项目"三亚国康医院"的急诊部分（图1），得到了中国台湾童综合医院的支持，并对建筑流程作了

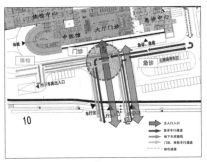  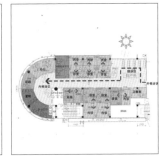

图1 三亚国康医院急诊部分　　　图2 三亚国康医院体检中心　　　图3 妇产科诊室空间优化

全方位的优化和行为管理。从院前急救到医院急诊科、诊室、抢救室实行人车行为管制，实现紧密衔接，做到更有效地抢救急危病人，有效地形成"急救链"体现了急诊流程的优势。急诊空间优化和行为管理目的是建立快速的分诊系统、快速的救治安全、快速的分流的系统建设。

2　以病人安全为重点的建筑空间优化和行为管理

病人安全的课题是一个系统工程，涉及降低医院的感染、病人预防跌倒的安全措施、减少错误的管理、降低精神压力、提升服务质量等一系列的制度执行和服务。我们以医院体检中心为例，体检中心在医院是一个独立的板块，是针对健康人群进行预防和测查的场所，在行为管理上必须严格把健康人群和病人进行分流，避免交叉感染，实现安全体检的目的。图2为三亚国康医院的体检中心，建筑空间规划了体检中心和门诊病人用门禁系统的管制，医疗垃圾和生活垃圾严格分类，医患分流，洁污分流，把感控的每个环节细化并分流，达到有效控制感染的目的。在服务的行为管理方面，我们把VIP与团体检查的行为分流，尽量做到检查设备不共用，实行严格的消毒措施，具有便捷而良好的沟通评估点等功能，同时满足团体报到和团体检查行为管理；对VIP报到和VIP检查的行为管理，不仅实现了病人的安全管理，也促进了质量改进保护患者的安全，同时也降低了运营成本。

3　以病人为中心的诊疗建筑空间优化与行为管理

以病人为中心的诊疗包括空间行为管理、流程行为管理、动线行为管理、服务行为管理几个部分。空间行为管理主要是指人和物的位置是否合理，特检区相关的设置、送检流程是否避免感染等方面；流程行为管理包括候诊区的位置是否设置一级候诊和二级候诊，评估的位置是否方便，报到和叫号信息是否合理整合；动线的行为管理包括导示系统的指引是否走回头路，初诊和复诊的报到动线是否流畅，就诊历程整合是否合理，诊间的配置是否完善；服务的行为管理包括医嘱是否简化，检查流程是否流畅、便捷。

以病人为中心的妇产科诊室空间优化为例（图3），我们把内候诊区和外候诊区进行了板块化的行为管理。让家属和患者都能实现等候和陪伴的功能，并能成功分流和管理。传统的诊室和检查相对独立，问题是重复等候和耗时过长，所以我们把诊室、内诊和超声检查的流程进行优化整合，让医生执行一站式的服务模式，患者的隐私得到了最大化的保护，实现以患者为中心的就诊服务。以病人为中心的病房医疗空间优化为例（图4），把病房设置为南北向、开窗，让阳光最大化地照进病房（阳光有补钙、杀菌的功能），同时达到建筑节能的效果。护理单元设置于病房的中间，便于管理和缩短到达病房的距离，减少事故的发生，避免因距离过长耽误了病人的救治时间。护理单元还应该设置在通道的主入口，以便对

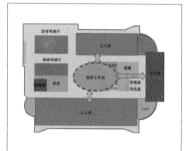

图4 病房空间优化

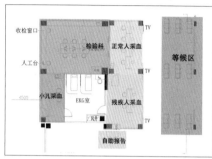

图5 采血板块空间优化

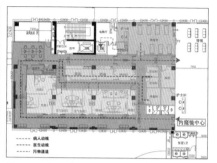

图6 三亚国宾腔镜中心空间优化

访客进行有效的行为管理。

4 医患流程空间设计优化与行为管理

医患流程是指医患分流，把等候区、作业区、报导区进行分区，达到工作便利、节省人力资源的目的。以医院采样板块为例，传统的采样时在检验科通过窗口式服务完成，病人也是在此等候报告结果。而我们把检验科移出（图5），搬到了门诊大厅，采样后通过物流系统3秒送达检验科，病人也无需在检验处取报告，可在任何出单系统机完成报告的打印工作。在采样区的空间规划上，我们把残障人士的采样和等候区独立设置，与正常人的采样和等候区对应，儿童的采样和等候区也是量身设计的，真正实现了精实医疗，针对不同人群按不同的服务、不同的方式、不同的尺度进行行为管理，把医院建成一个精细化管理和人性化服务的阳光平台。

5 医疗单元配置空间优化与行为管理

以腔镜中心的流程为例，这个单元相对复杂，包括医生操作及配套设施设备，也包括患者从检查到隐私、从便捷到心理的承受过程，要求医生能精准地检查和判断的医疗单元，也是一个有关医患分流、有关洁污分流的感控要求、有关通道不能交叉的行为管理单元。

三亚国宾医院的腔镜中心护理单元的空间优化（图6），把医生，病人（包括候诊和检查、恢复室和护理），污物通道，无菌物品通道均独立设计并相互联系，为病人提供了一个安全、精准的检查环境。

6 结语

医院建筑空间优化设计与行为管理在现代的医院建设中起到了重要的作用，行为管理的目标就是要在医院建立一种文化、一种秩序，使病人有效地分流，更好地实现区块化管理，达到精细化服务的目标，实现精准诊疗的理念。行为管理的实现还有利于控制感染，达到医院服务安全的最高目标。通过建筑空间优化设计和行为管理，可以保证"快速、畅通、规范、高效"的医疗服务，提高医疗服务水平和管理水平，真正建成以病人为中心的人性化医院，实现对每个生命的尊重。

参考文献

[1] 高行.大型综合医院诊楼空间设计研究[D]，北京大学，2013 (05)

[2] 薛铁军.医疗建筑空间与流线组织的人性化[D]，天津大学，2004-01-1.

[3] 董洋，习艳.试论以人为本的医院建筑设计和布局流程[J]，建筑与规划设计，2015 (07).

[4] 综合医院建筑设计规范[M]，GB5109-2014,2015-05-01实施

为中国而设计 第七届全国环境艺术设计大展入选论文集

DESIGN FOR CHINA The Collection of the Selected Thesis of the Seventh National Exhibition of Environmental Art Design 267

黔东南西江镇干阑式苗居大木作营造技艺的原理与特点探究*

刘贺玮 四川美术学院

摘要：对地方营造技艺的原理和特点的把握是相关传承与保护工作的基础，而大木作的营造是整个营建过程中的核心组成部分，本文以黔东南西江镇干阑式苗居为例，分别从设计和建造两方面来分析和认识大木作营造技艺的原理，并分析其特点，为后续传承和保护工作提供根本基础资料。

关键词：营造技艺 原理 特点

21世纪初非物质文化遗产概念的提出为建筑遗产的保护提供了新的视野，建筑营造技艺作为非物质文化遗产的相关研究为建筑遗产的传承和保护工作打开了新的维度。我国传统建筑呈现以木构架为主的特点，大木作的营造在整个造屋过程居于首位，具有举足轻重的作用。营造技艺一手资料的来源以匠师实践和口述为主，由于匠师的方言术语、知识体系、流派等的差异，其口述往往比较零散且相互之间会有不一致的情况，再加之民居营建全过程持续时间较长，因此我们对营造技艺进行完整、全面的把握有一定难度。然而只有对营建技艺的研究进行系统化和深入的研究并把握其原理和特点，我们才能从根本上来认识、保护和传承营造技艺。

1 黔东南西江镇干阑式苗居营造技艺的现状

西江镇位于贵州黔东南苗族侗族自治州雷山县，这里的苗族建筑因保持着古老的干阑式而具有特色。干阑式分为全干阑与半干阑式，西江的干阑式建筑属于半干阑式，当地俗称吊脚楼。西江

的苗族传统建筑匠师擅长在斜坡上搭建吊脚楼，在长期的营造实践中积累了丰富的技术和经验，由于相关部门的保护和旅游业的发展等原因，西江仍在兴建传统吊脚楼建筑，其匠艺的传承是苗寨吊脚楼营建活动得以延续和发展的重要条件。2005年6月，"苗寨吊脚楼营造技艺"被列为第一批国家级非物质文化遗产，但是现今黔东南传统营建技艺受到新材料、新工艺的冲击，再加上师徒传承的局限性，传统干阑式苗居营建技艺也面临断绝的危险，其传承与保护工作迫在眉睫。对营建技艺的研究是相关保护与传承工作的根本基础，大木作的营造是西江民居营建的核心部分为了更加深入和系统化地保护苗寨吊脚楼研究技艺，我们采用文献调研与田野考察相结合的方式，深入走访西江苗寨的东引村、羊排村、平寨村等，拜访多位经验丰富的大木匠师傅，对大木作营造技艺中大木构架的设计原则、各类构件的加工方法和搭接方式、大木构架排扇立架的过程与技巧展开研究，整理和总结他们的营建过程中的原理和特点，意图向世人展现黔东南干阑式苗居大木匠师的造屋智慧。

2 大木构架的营建原理

2.1 设计原理

2.1.1 图纸与丈竿的制作原理

苗族匠师在构架设计的过程中考量的重要因素是使用功能空间的分布与构件受力的平衡。在绘制图纸之前，大木匠师会对平整加

---

*基金项目：国家科技支撑计划课题——传统村落居民营建工艺传承，保护与利用技术集成与示范（2014BAL06B04）。

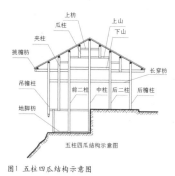

图1 五柱四瓜结构示意图

图2 苗居五柱四瓜构架

图3 客栈功能六柱木构架

固过的基址进行丈量，确定好基址的长宽尺寸及台地的高差，与主人家沟通具体的使用需求并对功能空间进行布置，确定房屋的规模和大致形式。大木匠师根据丈量的数据对整体构架进行设计并绘制图纸，一般只画单独的一排架，即剖面图（图1）。排架的形式对房屋形式的影响最大，它涵盖了房屋构架的大部分信息，在绘图的过程中大木匠师根据高差和基址的宽度来选择构架的形式并安排各构件的位置，考虑照面枋、楼枕等开间方向的构件在剖面图上的卯眼位置，进而根据功能和受力情况调整构件的位置。匠师计算出柱子、穿枋等各构件的长度和数量，与屋主进一步沟通材料的需求，备好料后即可开始加工枋板。

丈竿是与纵向构件1:1关系的丈量工具，它是由排架图纸转化而来，用于在构件加工的过程中直观地丈量柱子的高度及榫卯的位置、尺寸，是匠师进行设计和施工的重要工具。在排架图纸画好以后，于图纸左侧或右侧画一条竖线，将各构件标高对应到竖线上并进行相应标记，之后将竖线上的标记和尺寸放到与房屋高度尺寸1:1比例的木杆上，就完成了丈竿的雏形。由于使用功能、规模需求的不同以及地形等差异，每户人家建房的丈竿都是不一样的，掌墨师傅每建一栋房子都需要新制丈竿。制作丈竿是在枋板裁好之后进行，因为柱身卯口的尺寸需要视枋板用材的大小来定。西江常用丈竿由木杆制作（图2），木杆上画不同的符号代表各类构件信息（表1）：

木杆也可不同侧边标记不同类的构件信息，也可单独一个侧面标记所有构件信息。丈竿就相当于是师傅建房的图纸，丈竿操作轻便，且不会皱、耐水，容易保存。

西江董洪成大木匠丈竿符号释义 表1

符号	⧖	⊠	◫	▨
释义	柱头	带肩膀的卯口	楼枕卯口	枋类卯口

2.1.2 构架的设计原则

由于苗族独特的文化以及气候、材料等因素的综合作用形成了我们今天看到的独特的吊脚楼形式，苗族匠师在构架设计的过程中除了考虑功能和构件的受力关系之外还会自然而然地遵循苗族社会传统的审美和精神需求，这些经过匠师的代代传承和积累潜移默化，形成了一些必须遵守的准则。

2.1.2.1 构架形制

西江传统苗居建筑是半干阑式穿斗型木结构建筑，在构架形式的选择上，基本是以五柱四瓜为标准（图3），其余的构架形式都是在此基础上结合基地的尺度大小变化而来，如进深较大的使用七柱、九柱的，进深较小的选择三柱，建筑通常为四榀三间到六榀五间不等。大部分苗居吊脚楼中间堂屋的楼枕要比两侧的抬高四、五寸至七、八寸，有的甚至达到一尺，且中间堂屋开间比两侧大一

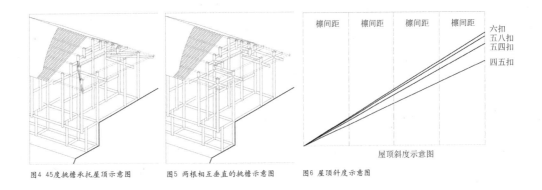

图4 45度挑檐承托屋顶示意图　　图5 两根相互垂直的挑檐示意图　　图6 屋顶斜度示意图

尺，这样做的原因一是凸显堂屋的重要性，二是使得木构架之间的拉结、受力更合理。苗居层高一般由房主自己定，但从一层到顶层每层递减三寸，底层牲畜圈的层高则视地势而定。房屋的宽度由地基的宽度来定，另外吊瓜下面支撑的柱子一般放在挑出宽度的三分之二左右，不能挑出太多，否则房屋容易重心不稳向前倾塌。部分人家需要在一楼建外走廊的需加设夹柱，因为分割走廊的墙板需要卡在夹柱的企口上。挑檐枋需要从二柱出挑，若从夹柱或边柱出挑，檐头屋顶瓦量施加的重力会破坏架子的受力平衡。

苗居关于木材的大头（树根方向）、小头（树尖方向）的放置也有讲究。进深方向的穿枋类构件需大头朝前，小头朝后山方向，但挑檐枋需统统大头朝屋外，小头朝里；楼枕、檩条方向的构件，需大头朝屋内，小头朝外，若是四榀三间、六榀五间等间数为单的屋子，最中间一根楼枕或檩条应小头朝河水流去的方向。这样做的原因是主要是礼俗上求吉利。聚居山地的苗族由于受到地形的限制，建房不怎么讲究朝向，房屋多沿等高线布置，房屋朝向因地就势，朝阳即可。

2.1.2.2 功能分布

传统苗居一般分为三层，底层饲养牲畜，平层生活居住，顶层堆放粮食杂物。平层功能空间的布置围绕堂屋展开，堂屋是生活居住的中心。苗族崇拜祖先，堂屋后隔一间房为祭祀空间，摆放先人牌位。

堂屋前设置退堂，外侧设置美人靠，退堂相当于休闲区，苗家女子空闲时间就会坐在退堂唱歌、绣花。卧房布置在平层两侧，火塘屋或厨房一定设置在后方有地面的房间，因为火塘或灶火需设置在地面上。厕所一般设置在宅旁与生活空间分开。顶层两侧一般不封完壁板使其通风，粮食自然风干不受潮，也有些儿女多的人家在顶层设置卧房，这样就需要把壁板封完整，在顶层分隔出卧室。

2.1.2.3 屋顶曲线的设计

苗居屋顶原先为六扣，即屋顶侧面高宽比例为6:10，后来由于采光的需要变为五八扣，至现在普遍采用的是五四扣的屋顶斜度。在西江地区，由于旅游业的发展，为防止瓦片掉落，屋顶更是做到了四五扣。然后瓜柱、金柱、长瓜处依次扣一寸半，两寸或两寸半、一寸半，屋檐处作四扣，这才是我们现在看到的屋顶的曲线(图4)。虽然同一地区的屋顶斜度已形成一个普遍采用的数值，但是在实际设计过程中，匠师还会根据靠自己审美经验对屋顶曲线进行调整。

此外，屋顶在开间方向也有一定的弧度，计算好屋顶斜度之后，匠师会对其进行考虑。做法是左右最外的一排架子每根柱子包括挑檐枋的位置都抬高一寸至两寸半，有的还把最中间两排架子的柱子降低相应尺寸，这样屋顶中间往两端横向的线条也呈现一个微妙的弧度。

图7 西江窗格纹样

2.2 构件加工原理

大多数构件的榫卯尺寸都没有规定，匠师根据房屋规模和用料的实际情况来定，穿、枋、檩条等横向构件都是两头出榫，柱身开卯口与之连结。开工后先加工穿类构件、枋类构件，根据地基的长宽来定穿类构件、枋类构件的长度，对其进行初加工。之后做柱的时候匠师根据穿、枋等构件的宽度与厚度来定柱身卯口的位置与开口大小，反过来根据柱径来定穿、枋等构件上榫头的长度。

2.2.1 穿类构件

穿类构件按照排扇组装的顺序和方向(图5)其截面的长宽会有相应变化，长穿枋贯穿所有的立柱，穿枋厚度中间宽两头略窄，宽度也是中间宽两头窄，目的是为了排扇组装的时候方便。具体减少尺寸是：从中间开始，每遇一根柱子扣一分，穿枋厚度最窄处为一寸二或至少一寸，宽度最宽处为六寸左右。穿枋与最外侧两根柱子的连接采取透榫的方式，榫头超出柱子的距离一般不超过五公分。穿类构件的加工首先需在预先改好的板材上画好墨线，之后裁去多余木料并推平表面，画线标明对应柱子的位置后，编号堆放备用，待对应柱子加工好后再来做榫头。各类枋片加工的过程相似，需要注意的是挑檐枋，挑檐枋从二柱往外挑出，超出边柱四尺，从檐柱开始向上挑出，至端部挑高约二寸五左右。挑檐枋与二柱连接的地方需制作透榫榫头，与檐檩相接的地方需制作檩碗承檩。

2.2.2 柱类构件

一般楼枕、穿、枋用干透的树，做柱子用新砍的树做，这样屋架做好柱子水分干透收缩之后与穿、枋、楼枕的榫卯会更紧。根据之前设计好的柱子高度上下各浮五公分左右斩砍，选好用料的方向，使用墨签、墨斗与丈竿配合画线，依次画柱子的高度线、榫口位置圈线、柱身中线、迎头十字线、柱身其余三根中线、柱身卯口线，之后徒工根据墨线加工柱子(图6)。掌墨师傅会以同样的步骤画好第一排架的其他柱子，并且直至画好所有排架的柱子。各类柱子的画墨线过程相似，只是高度和榫口的位置不一样，故不作一一介绍。

2.2.3 枋类构件（照面枋、楼枕、地脚枋）

按地基长度和间数取楼枕长度，在初加工之后的木材上画楼枕的宽与高。首先用水平尺在柱头画水平墨线，楼枕一般宽三寸三左右，然后找垂直线，画连接两头的墨线，然后斩砍推平，并画四个角的倒角线，斩砍倒角的斜面推平。最后画上中线，楼枕初步加工完成，堆放在一边备用。

楼枕与楼枕之间制作榫头相搭接，从两头穿入柱身上的榫口然后在柱身与榫头上打榫眼上销子固定。为了组装时候的方便榫头制作成头部较细根部较粗的样式，一般根部一寸粗，头部五分细，榫头的长短视柱子的粗细而定，宽窄视楼枕的粗细而定（一般做三寸）。楼枕与最外侧柱子相接的时候则做成透榫样式。需要注意的

图8 苗居美人靠挡板

是柱子上楼枕榫口的高度需要考虑与穿枋的位置关系，楼枕榫口高于穿枋榫口至少二寸二的距离，这样后期装修的时候安装壁板才方便（图7）。

照面枋之间榫头的搭接方式以及与柱子的连接方式都与楼枕的做法一致，需要注意的是照面枋的内面要做楼板与它搭接的企口，企口高七分，深约二至三公分，距离照面枋下边线二寸一或二寸二左右，距离照面枋上边线至少八分的距离，且这条缝下边缘与楼枕顶面齐平（图7）。

脚枋与脚枋之间水平连接的时候需制作榫卯相扣，榫头的头部粗根部较细，相差约一分或两分（图8），脚枋相扣后再装入柱子与脚枋的榫口，两块脚枋之间就不会产生水平移动。脚枋与角柱连接的榫头也是头部较粗根部较细，两块脚枋90度相抵与角柱底部榫口连接。脚枋与柱子之间的榫卯设计防止了脚枋的水平移动使之更稳固，因而不需要再使用销子，这样也保护了柱脚部位的完整，减少低矮处被水腐蚀的可能性。

2.2.4 其他类构件（檩条、椽条、封檐板）

为防止檩条左右移动，西江地区的苗居吊脚楼在边柱、二柱、中柱等主要柱子的柱头设置"双檩"，即在柱头檩碗往下再制作一个深三寸、宽一寸左右的槽搁置一根长条形的檩条卡死，然后在其上再搁置近似圆柱形的檩条，两个檩条中间产生摩擦减少左右活动

的可能性。房屋两侧的檩条需超出最外面一排架四尺，檩条与檩条相接处需制作榫头搭接搁置在柱头上，榫头长约五寸，两个榫头上分别上两个榫眼上销子固定，销子多余的部分削去推平。柱子顶需制作檩碗搁置檩条用，椽条宽一寸，厚七分，两根椽条为一组，中间间隔一寸八，每组檩条中间间隔三寸八。封檐板钉在屋檐四边一圈，以保护椽条与檩头头部。房屋两侧的封檐板宽四寸厚七分，前后檐的封檐板宽四寸，厚四分。

2.2.5 大木构件编号及榫卯编号

柱类构件需要在柱身画标记来标明位置和相互区分，据西江苗寨蒋正光师傅介绍，一般中柱画横线，左边的柱子画左高右低的斜线，右边相反（图9）；第一排架用一根线表示，第二排架的用两根线表示，以此类推。相应的枋板也会画上线条标记。楼枕、照面枋与柱子相接的榫头与柱子的榫口需编号一一对应，从左到右或从右到左用阿拉伯数字或大写数字表示，不同的师傅有不同的编号习惯。每一个榫卯因为位置的不同以及对材料合理利用的原因，大小尺度都有差异，编号是为了一对一加工方便，也是为了排扇的时候方便找到相应构件来组合。

3 大木构架的排扇、立架

3.1 排扇

所有部件加工好后要分别把各排架拼装好，这个过程称为排

扇。排扇需要二三十人，一般都是寨中的叔伯兄弟，一般一天可完成。排扇的顺序从左到右或从右到左都可以，主要看立架的顺序和堆放排架的位置从哪边方便。掌墨师傅根据之前各部件上的编号指挥帮工把相应排架的柱子、穿枋等构件找出并搬运到大致位置放好；先把主要的几根柱子穿上穿枋，从两头往中间穿柱子、用木槌敲紧榫口，打上销子固定穿和柱；按此方法依次组装好排架剩余部件，最后上瓜柱和瓜枋；全部部件组装好后众人合力把排好的扇移到一边。按顺序排好所有排架后堆放好，以方便后面的立架。

3.2 立架

立房架的过程称为立架。立架需要叔伯兄弟三四十人，需要一整天的时间立好。立架由掌墨师傅指挥，负责指导怎么使用力道以及即时纠正用力不当的问题。立架时用绳子系在架子上拉起排架，一部分人用木枋子抵住柱脚防止位移，一部分人往上推起排架，一部分人用木撑杆及时支撑。立好第一排架前后用撑杆稳固支撑住，同样的方法立好第二排架，之后安装连接第一、二排架的楼枕与照面枋，以此类推立好全部排架。

立好架之后需要检测和调整排架的水平和垂直。用细线吊石块来检测柱子是否垂直，柱子间拉细线检测柱子位置是不是在一条线上，需要调整的柱子用撬棍或木锤来移动（图10），地基不平的或者柱子歪斜的下面垫石块调整。

3.3 上檩条、椽条及封檐板

上檩条至少两个人来完成，用绳子把事先制作好的檩条吊运至屋顶并放置在相应位置附近，左右相接的檩条需要把榫卯上紧后摆放至相应的柱头檩碗上，一般一天可上完。

上完檩条就可以上椽条了，首先把锤子、铁钉、锯子等需要用到的工具及木条运至屋顶，用工具量好位置，就可以开始钉了（图11）。两根椽条为一组，中间间隔一寸八，每组檩条中间间隔三寸八。椽条全部钉好后，屋檐处的椽条在超出檩条三寸左右的位置统一弹一根弹墨线，锯齐。前后屋檐及左右两边檩条挡头处需钉封檐板。上椽条及钉封檐板一般需要2~3人，一天可完工。

4 西江大木作营造技艺的特点

西江木构干阑式苗居的营建由大木匠师主导，通过对大木加工技艺的研究我们可以看出匠师对木构架的宏观整体把握贯穿整个设计和施工的流程，如构件的位置调整、编号以及榫卯的制作都不是孤立的，都是匠师从构架整体的角度来考虑和操作并形成体系。相对比其他地方的大木作营建技艺，黔东南西江镇苗居大木作营建技艺主要呈现以下特点：

4.1 对山地地形的适应

半边架空半边落地的半干阑式能够更好地适应山地地形。苗居一般根据地形分阶筑台而建，根据地形下吊一至二层；面对各种起伏剧烈或不规整的复杂地形，以吊脚或悬挑的方式，并加以调整落地柱的不同长度就能够很好地适应。半干阑构架适应各种地形变化却不影响其受力状态，"……构架每根柱子独立承荷，相互不发生受力上的关联，各节点为柔性铰结点，能缓冲变形，虽柱脚高低不同，但在垂直荷载作用下内力不会发生改变，在水平荷载作用下内力变化也很小……"①其结构的力学性能为构架的灵活变化提供了保证。干阑式苗居对山地的适应性之于我们现代山地建筑的设计、营建提供了一定借鉴。

4.2 构件轻巧灵活

西江地处雷公山区，木材资源丰富，但苗居吊脚楼的构件用材尺寸都不大，构件较轻巧。我们可以看到部分苗族大木构件的加工地点与实际立房的地点并不一定在一个地方，苗族聚居山地，建房基址处不一定足够平整宽敞来方便构件的加工与摆放，因此许多人家都是在开阔避雨处加工好构件之后再搬运至基址处拼装立架，通过匠师的有序编号能很快找到对应连接的构件进行排扇组装。并且由于地形的限制，部分构件如挑檐枋、瓜柱及瓜枋等可在立架之后再进行组装。在营造过程中，各构件的轻巧为我们对其灵活的操作提供了可能性。

4.3 对木材最大限度的利用

在西江大木营造的过程中体现了对木材最大限度的合理利用。西江地

区苗居吊脚楼的柱子并不像许多地区讲究的柱子需加工成标准的圆柱，苗族匠师将砍下杉木的枝桠削去，大致砍直后即可弹线做柱，使木材截面保留了最大使用面积。木材整体不够直的，则用有弯曲的一面用来作穿枋的榫卯，保证一排架子的各个构件在一个平面上。木材加工过程中将树皮大块剥下压平晾干，可做树皮瓦。过去是由于经济条件的限制，西江苗居屋顶许多都使用树皮瓦，这种习惯延续到现在，部分辅助用房的屋顶仍在使用这种树皮瓦。一根成材的杉木，底部粗的做柱，上部细的做檩，中间不粗不细的做楼枕，削去的枝桠以及加工的边角料、木屑可用来烧火煮饭。在整个大木营建过程中，每一根杉木从头到脚每个部分都被合理的使用，没有一点浪费。过去苗族生活并不富裕，而木材的砍伐和搬运都需要资金或人力，因此每一根木材都需要被最大限度的利用。现在苗族经济情况改善了，这些对材料的使用习惯大部分仍保留了，它们潜移默化成了匠师的技艺。

5 结语

大木作的营建在西江地区苗居营建过程中具有主导性的地位，对其原理和特点进行探讨将有利于我们深刻地把握营建技艺。然而，在此基础上，当今时代背景下我们怎样对西江地区的营建工艺展开有效的传承与保护工作，采用什么样的方式和手段，这仍需要我们去研究、去探索。

① 李先逵.干栏式苗居建筑[M].中国建筑工业出版社，2005：75.

"生态的艺术"：重庆市永川区茶山竹海宝吉寺景观设计

张　越　重庆大学城市科技学院艺术设计学院
文　静　重庆文理学院美术与设计学院

摘要： "生态的艺术"由自然美、生态美和设计美三种艺术形式共同组成，它是采用异质化设计手法来解决城市景观同质化设计问题的有机途径，尤其体现在乡土特色景观的保护与利用之中。然而，如何在茶山竹海景区进行宝吉寺景观设计，突出乡土生态环境和乡土文化氛围，让游客进行独具特色的游憩观光体验？文章将"自然美、生态美、设计美"介入到宝吉寺景观设计，提出总体景观设计理念和竹海观音——放生池景观设计理念，阐明"生态的艺术"在特色文化产业项目中的应用价值。

关键词： 生态的艺术 自然美、生态美、设计美 景观设计 茶山竹海宝吉寺

重庆市永川区茶山竹海宝吉寺的兴建，获市区政府批准建设，是集商贸、旅游、宗教于一体的文化产业项目，也是著名茶山竹海景区的重要景点。本次景观设计以佛教文化为主题展开，总体分为佛文化商业街、水景园林、寺观园林三大板块，考虑到宝吉寺周边优美自然环境，因而在设计实施过程中，以最小化人工干预为环境保护前提，运用"生态的艺术"概念作为场地更新、复兴与创新的主导理念，从而激发具有地域特色的佛教文化主题场所精神，探索宝吉寺造福社会的价值。

1 "生态的艺术"概念

1.1 概念

"生态的艺术"是"生态功能化和生态人文化的艺术创新，以环境美学的多样性表现为前提，以设计作为生态与艺术思想传达的媒介途径，强调自然美、生态美与设计美的有机结合，从而构成一个相对完整的环境艺术设计生态系统，该系统一方面要考虑艺术设计对生态环境保护与创造的科学合理化表达，另一方面要兼顾环境生态营造中多样性人群的参与体验对艺术设计的特色需求，最终实现环境的生态可持续与艺术趣味性的有机共生。"[1]

1.2 方法

从"生态的艺术"概念中，可知其包括自然美、生态美和设计美，当三种美渗透到景观设计场地之中，便有了与之对应的实施途径："一是自然美，是现有场地中不需要进行景观规划设计的一部分，场地内自然环境可以直接提供优美的原真自然景观；二是生态美，是现有场地中需要进行规划设计的一部分，以人工改造方式实现自然环境的再生，从而构成多样性绿色生态景观；三是设计美，是自然美与生态美的综合表现，指现有场地由上述一和二两部分景观规划设计共同组成，主要取决于设计师对环境美的视觉取舍，在结合与创造场地环境的综合评估中，形成兼具自然美与生态美的创意设计景观。"[1]三种美要依据场地的客观条件做具体选择，以系统模式对景观设计资源的有机整合。

2 "生态的艺术"在茶山竹海宝吉寺景观设计中的应用

宝吉寺项目总建设规划用地50311平方米，其中建筑设计用地14478.5平方米，景观设计用地40856.2平方米（包含2000平方米竖向边坡堡坎），位于重庆永川茶山竹海景区内，整体呈不规则形状，在其西南侧有一山区道路接景区主公路，南侧有一正在规划中的茶神公路。

2.1 "生态的艺术"认知下的宝吉寺景观设计场地环境表述

2.1.1 宝吉寺景观设计的场地自然环境特征表述

场地周边为20000亩连片茶园和50000亩茶竹共生林，年平均气温14摄氏度，森林覆盖率达97%，负氧离子含量每立方厘米20000个，气候舒适宜人，为游客观光旅游、避暑疗养、休闲度假与祭佛求缘提供了"天然氧吧"环境。场地东北部高差较大，中部、南部相对平缓，东侧用地东南低西北高，自东向西逐级抬高，最大高差大于30米，竖向变化的自然地形丰富了景观的层次性。场地与周围三条道路进行连接，一条为佛宝路，一条为佛宝路支路，一条为正在规划茶神路，而茶神路将成为宝吉寺的主入口道路，交通环境优势显著。

2.1.2 宝吉寺景观设计的场地生态环境特征表述

场地内东侧有保留较为完整的植被系统，包括乔灌木与乡土野草，为景观规划提供了植物生态优势，在进行生态保护的同时也节约了绿化成本；此外东侧还有两个凸起小土丘，基本位于寺院山门的东西两边，建议景观设计保留现林地地形环境。场地北侧为大斜坡绿地，主要为周边自然林；西侧主要为堡坎和边坡，需结合地形竖向进行生态修复和生态绿化；南侧为缓坡，植被主要为茶竹林。

2.1.3 宝吉寺景观设计的场地人文环境特征表述

场地是茶山竹海风景区的一处观音佛教景点，从茶山竹海的桂山茶园、青龙茶园、金盆竹海、竹海迷宫、朱德楼、田坝子古墓、天子殿、薄刀岭等景点中，可以看出宝吉寺景观设计在整个风景区具有独特的生态人文特色。场地是茶山竹海风景区的一处生态文化旅游景点，游客可在规划建成后的主题商业街中领略茶山竹海的美食、茶艺表演与制茶工艺，还可在茶竹共生的唯美意境中进行采摘活动，因而宝吉寺景观规划应对生态旅游、人文礼佛、观光休闲和参与体验具有整合作用，人文环境须在多样性营造的基础上成为游客的身心净土。

从以上三类场地环境表述中，可以得出三种设计策略：一是场地景观设计应结合外部自然环境产生原生风景价值，即"设计结合自然"的策略；二是场地景观设计应创造内部生态环境构建再生风景价值，即"设计创造生态"的策略；三是场地景观设计应服务内部人文环境形成共生风景价值，即"设计传承人文"的策略。此三策略为宝吉寺景观设计主题理念提取的重要参考条件。

2.2 "生态的艺术"整合下的宝吉寺景观设计场地利用模式

将"生态的艺术"与宝吉寺景观设计场地相结合，可构建出一个相对完整的环境认知和感知框架。该框架在自然美的外圈上，表现为对场地周边自然风景资源的保护与利用，主要以自然观光风景和天然氧吧的功能形态提供给游客，形成自然环境可持续美效应；在生态美的中间圈上，体现为对场地内部过渡区域的生态资源保护与利用，主要以坡林地的保留改造和堡坎修复来增加场地的生态基础设施，从而形成生态斑块化的柔性边界，有效减少水土流失和维护植被的乡土特色，形成生态环境可持续美效应；在设计美的内核圈上，是一个相对复合化的操作流程，不仅需要考虑以人为本的人性化使用、人文环境的主题营造手法，而且还须注重生态技术的应用和艺术审美视觉的合理性，形成设计环境的可持续美效应。

2.3 "生态的艺术"提炼下的宝吉寺景观设计主题理念

通过对场地利用模式的深入分析，从"自然美"之中提炼出游客"观游生态茶竹"的原生观光游憩形式；从"生态美"之中提炼出游客"传承佛教文化"的园艺再生保护形式；从"设计美"之中提炼出"感悟艺术真谛"的景观创新互动形式。

2.3.1 总体景观设计理念

结合场地的生态环境特点，从"仁、义、礼、智、信"传统人伦观念和"情、财、逆、智、健"人的五商观念中，提炼出"开、聚、合、集、收"作为景观的视觉序列和心理体验的佛宗文化轴线。现做核心内容阐释："开"字主要表现为"菩提迎客、仁人志士、通情达理、金石为开"的开放佛文化；"聚"字主要表现为"曲水流觞、伸张正义、生财有法，物以类聚"的特色佛文化；"合"字主要表现为"叠水潺潺、礼贤下士、思逆变通、合生万物"的流水佛文化；"集"字主要表现为"青松翠柏，智者聚首，慧者无界，集思广益"的禅宗佛文化；"收"字主要表现为"济世药园，诚信为德，健康为本，修养收心"的养生佛文化。

2.3.2 竹海观音·放生池景观设计理念

依据场地地形和观音楼台建筑的特色条件，在佛教"普、度、众、生"的人文思想下，对应构思出"水瀑、流渡、润众、泽生"的实施途径，将佛教文化与甲方提供的"佛隐竹海，长乐永川"主题进行结合。通过对"佛隐竹海，长乐永川"主题进行解构，作者提炼出"佛如水长、简隐乐活、青竹永驻、海纳百川"的佛宗生态轴线。现做核心内容阐释："普"到"水瀑"，主要体现为"佛如水长，普天同庆，竹海观音，层层水瀑"；"度"到"流渡"，主要体现为"简隐乐活，度日自然，跌水梯台，级级引渡"；"众"到"润众"，主要体现为"青竹永驻、广纳众聚、永济佛池、汩汩

清泉"；"生"到"泽生"，海纳百川，济世放生，护佑祈福，觞觞不息。

在两个设计理念结合的基础上，提出了宝吉寺方案设计总平面图。

2.4 "生态的艺术"渗透下的宝吉寺景观设计功能分区

包括主入口区、祈福广场区、十佛街区、竹海观音区、放生池区、庙宇寺院区、药师园区、山门广场区、公共绿地区、公共停车场区、斜坡堡坎区，共十一区。每个分区都以"生态的艺术"为主旨，结合场地道路、高程、水体、视线、植物分析展开。

2.4.1 主入口区景观设计

主入口区景观设计主要体现在白马驮经步道与植被空间的营造之上。白马驮经用花岗岩石雕刻八匹驮经白马是讲述东汉天竺高僧用白马驮来《四十二章经》，展现佛法在我国早期传播的历史片段，用以烘托主入口处的佛教文化气息；斜坡堡坎处植被采用分层绿化的种植方式，将乔木、灌木、绿篱的季相与形式有机地结合在一起，突出主入口艺术氛围。

2.4.2 祈福广场区景观设计

祈福广场区设莲花铺装，为花岗岩石收边纹样，设计源于莲花的图案，进行几何化艺术处理，结合两边祭拜佛手型曲线图案构成，体现出佛教文化的包容意象性；七棵菩提树的点景处理，强化了对立体空间的营造，并方便游客休息。两者以简洁的设计形式，共同构成了空间的围合感和丰富度。斜坡堡坎处采用绿化和浮雕相结合表现形式来体现佛教文化的生态艺术特征。广场一隅设有紫竹林小景园，中设"唯吾知足"洗手池，让游客接受佛文化的洗礼，从而表征静谧的佛教艺术。

2.4.3 十佛街区景观设计

十佛街区不以商业街为名，设计主要是运用佛教文化元素来体现场所文化商业意境，诸如石狮、须弥座、佛灯、佛龛等环境小品，让十方有十佛的思想融入到游客的旅游观光体验之中，并受到佛祖庇佑。历来僧众有其经济来源，六祖慧能开辟丛林众后，农禅经济得到发展，使禅宗在战乱中损失有所减少并发扬光大，故景观作为宝吉寺经济运营来源。

2.4.4 竹海观音区景观设计

竹海观音区是结合观音生平故事为浮雕创作题材，为展示观音与佛教文化的重要场所。在滴水观音区的建筑外环境设计中，考虑到观音代表女性文化特征，运用"普、度、众"的佛家思想，提炼出"观音瀑、观音渡、观音种"三位一体设计理念，利用台池将三者合入流水梵音意境之中，产生动态的活水效果；在植物种植中，运用大缓坡的设计手法，将乔冠木与草有机融合，在营造植物层次与季相空间的同时，以生物多样性并存的方式烘托出竹海观音的地域文化氛围。

2.4.5 放生池区景观设计

放生池区突出"生"字设计理念，是滴水观音区"普、度、众"佛教思想的延续，是"观音瀑、观音渡、观音种"设计理念的最高境界，代表着佛教文化对芸芸众生的思想，游客可通过佛家倡导的放生行为方式来获取精神洗礼。智慧佛海景观主要强调众生品德修养和品格境界；中间的智慧桥则意指智慧是连接众生的品德和品格的桥梁。智慧佛海设计源于坐禅佛像，头戴佛环，腿脚下方为莲花底座，意为佛海无边。其两岸相对平整地台处设计为小茶园，斜坡堡坎处设有游憩步道，水面之上设计智慧台并与游憩步道相连。

2.4.6 庙宇寺院区景观设计

庙宇寺院区主要展示传统佛教建筑景观的空间构成，表达佛教主题文化意象。利用青松菩提、碑刻浮雕、香炉石塔成为景观营造的主要元素，从而渲染出浓郁的佛教寺院文化意境。在藏经阁的一侧设有禅宗庭院，布置枯山水石庭和梅、兰、竹、菊四个种植池，营造传统禅宗文化氛围。庙宇寺院区景观设计分为山门景观、寺院景观和禅宗庭院三个部分，其中山门景观为庙宇寺院区的入口标志；寺院景观为佛教主题的展示和氛围营造；禅宗庭院为佛教禅宗文化的感知场所。

2.4.7 药师园区景观设计

药师园区位于消防道路的两侧，主要配置药用矮灌植物，以形成庙宇寺院区向药师塔的柔性过渡，使院塔空间自然清幽。药师园区景观设计主要分为药师植物园、药师花园两个部分：药师花园是台地式结构，依竖向地形特征而设计，在块状覆土堡坎上种植多种药用植物，丰富游客的保健审美感知；药师植物园呈现出自然式种植特征，并运用植物来创造安全游憩空间，其中药师广场可作为游客了解药师文化的户外场所，并在一定程度上能缓解人流的过于集中。药师园设有两条游憩步道，一条由藏经阁通往药师塔，一条由僧寮房通往药师塔，以不同景观形式来丰富游客的观光游憩体验。

2.4.8 山门广场区景观设计

山门广场区是庙宇寺院区向前的延续，一方面给游客驻留并进行观光远眺提供了观景场所，方便游人的佛学思想交流；另一方面可满足寺院的祭祀和庆典之用，如公开典礼和祭祀放火炮等活动。依据场地的现有地形，景观设计构思出大钟形的表现方式，以警世忠言向世人阐释多行善事会声名万里；山墙设计是将喇叭中底部的拱形进行立体化，山墙前为观景天台，寓意通过佛法修心通过山墙后而达到"极目楚天舒"的生态文化意境。

2.4.9 公共绿地区景观设计

公共绿地区包括上客堂风情园、盆景地坛观赏园和主题生态林。上客堂风情园为游客住宿之用，盆景地坛观赏园为游客观赏巴渝盆景山石之用，主题生态林以佛教文化营造为主，突出特色，如青龙林、白虎林等。游客在此可以体验佛家休息环境的清雅宁静，体验特色盆景山石之美，感受生态青林之美，体会佛家文化之大成。

2.4.10 公共停车场区景观设计

停车场在满足车行交通的前提下进行优化设计，按场地坡地结构分为上下两层，均可满足大车和小车的停放，并设人性化的候车廊和大型公共卫生间，候车廊和卫生间建筑风格与总体建筑风格协调。

2.4.11 斜坡堡坎区景观设计

在祈福广场区北面的堡坎需进行生态人文处理，因其外表为石质材料，所以主要结合佛教人文故事进行浮雕展示，增加广场的主题人文气息；其他堡坎主要以立体绿化进行护坡处理，增强生态美观性和安全性。

总体景观设计在"生态的艺术"主旨下，突出山、水、林共生的自然格局，将建筑隐藏于该格局之中，在青山绿水与佛教文化的艺术融合中，获取宝吉寺独特的茶竹文化氛围，从而推动重庆永川特色佛教文化的生态可持续发展。

3 结语

从"生态的艺术"设计思想在宝吉寺景观设计的应用中，可以看出其可以在宏观层面达成对场地内外部景观环境的整体认知，在中观层面上可以合理组织场地内部景观环境之间的关系，在微观层面上可以具体到场地景观设计分区内的细部设计之中，因此，具有复合化的景观设计应用前景。宝吉寺景观设计属于一个独特的山地景观设计项目，场地错落有致的改造丰富了景观设计的艺术表达形式，与茶山竹海特有的山地环境形成了互动关系，是集商贸、旅游、宗教三位一体的特色项目，在"人、场所、自然环境共同发展的时代背景下，将地域风情、科技构筑与社会价值三方设计资源进行有效统一。"[2]进而成为游客观游茶山竹海的新地标。

参考文献

[1]文静，张越.生态的艺术：重庆市永川区兴龙大道景观规划设计[J].西部人居环境学刊，2014，29（03）：101-107.

[2]张越，詹秦川."使用与满足"传播理论与文化休闲景区规划设计[J].中国园林，2010，26（10）：43-47.

三峡移民群体民俗家具"儿背篓"的分析和启示

闫丹婷　长江师范学院美术学院

摘要："儿背篓"是三峡移民群体非常有地域特点的民俗家具，本文在对三峡库区"儿背篓"形制梳理的基础上，将之与现代婴儿车和婴儿背带进行比较，提出借鉴现代婴儿车，从功能、外观、工艺及生产几个角度实现"儿背篓"这一民俗家具产品的创新设计和发展，在婴儿车领域实现民俗和民族文化的传承与发展。
关键词：三峡移民　民俗家　儿背篓

引言

2015年10月中共十八届五中全会决定：完善人口发展战略，全面实施一对夫妇可生育两个孩子政策。据华泰证券预测，此后每年将有100万~200万新生儿，年出生人口峰值在2200万左右，将拉动1千亿左右的消费市场。[1]背带、婴儿车、学步车作为低龄儿童外出散步的交通工具和外出活动的必需品，其需求势必呈上升趋势。然而，在重庆和湖北交界的三峡库区移民群体仍习惯用传统的"娃娃背带"和"儿背篓"带孩子外出。

1　三峡库区移民群体儿背篓简介

三峡库区是指因修建三峡水电站而被淹没的区域，三峡移民是指因这一原因而进行了整体迁移的居民，包括湖北省所辖的宜昌、秭归、兴山、巴东4个县，重庆市所辖的巫山、石柱等16个区县，库区内居民状况复杂，涉及汉、土家、苗等多个民族，他们均生活在地处四川盆地与长江中下游平原结合部的三峡库区，跨越鄂中山区峡谷及川东岭谷地带，北屏大巴山、南依川鄂，高峡险滩，生存环境恶劣。因此，产生了竹编背篓这一极具地域特色的家具。[2]"儿背篓"属于"花背篓"，也被称为"娘背篓"、"娃娃背篓"，主要用来背小孩。以前女孩子出嫁，娘家都要用金竹、慈竹等材料削刮成粗细均匀的篾丝，编织成背篓用以陪嫁，这种背篓比一般的背篓形态上更加紧凑，工艺处理更加细腻，制作精良，小巧玲珑。可以说儿背篓就是库区人民特有的民俗婴儿车。使用"儿背篓"将孩子背在身后，当地妇女不仅可以带好孩子，还能够完成捡柴、放牧、煮饭等一系列劳作，一举两得。

始自20世纪90年代的三峡移民工程，骤然改变了库区居民的居住环境和生存状态，生产用的背篓逐渐湮灭，但"儿背篓"却较多地被保留下来，形成移民城市的一大特色。

2　三峡库区移民群体"儿背篓"的基本形制

2.1 三峡库区常见儿背篓造型分析

三峡库区移民喜欢以当地最常见的竹为原材料制作儿背篓，其基本造型因区域或民族不同而稍有差异，但经过大规模的三峡移民，尤其现今社会发展所导致的人员大流动，从客观上促进了各种形制儿背篓的交流。目前在三峡库区移民群体中常见的儿背篓如表1所示。

三峡库区常见儿童背篓　　　　表1

名称	图像示例	造型特点	使用功能	
			优点	缺点
锦囊形		外观与中国传统的锦囊相似，肚腹大，外沿稍外撇，是该地区最常见的一种儿背篓	内空间大，孩子活动不受拘束，平适用范围广	外观普通，自重较大
微喇形		背篓整体呈微喇叭形，体量修长，内空较深，最早源于秀山地区	腿脚活动空间较锦囊型小，深度较大，不适合太小的孩子	
阶梯形		背篓底部空间较小，坐面外凸，形成一个阶梯型	外观优美，功能划分合理	底部较小，当背篓放在地面上时，必须用手扶着，否则易倾倒
椅架形		整体外观与儿童座椅类似，常在椅背处增加背带，脚部加轮子，综合了儿童推车和背篓的双重优点	造型多样，样式轻巧，自重背，可推	沿口浅，空隙大，不适合太小的孩子使用

（注：表格中图片来源于网络和作者实地拍摄）

2.2 儿背篓的使用特性

儿背篓是三峡库区人民长期以来与当地自然环境和谐共生，而形成的集体智慧结晶。儿背篓采用当地竹材制作而成，材料速生

易得，无毒害物质，符合当下绿色环保的生活理念，且有耐干燥、不变形、不虫蛀、耐水、可清洗等特点，使用成本非常低。[3]勤劳善良的三峡库区人民在长期的实践中总结出了儿背篓的制作尺度：一般而言总高度为480~630毫米阶梯形和微喇形较高，其他类型背篓多采用480毫米的高度，这与我国人口身体测量尺寸的背长相契合；宽度分为210毫米的下宽和390毫米的上宽，分别与我国人口的腰宽和肩宽测量尺寸相合，符合现代人机工程学原理，保证了使用的舒适度。

3 儿背篓与现代婴儿车的使用功能分析

3.1 儿背篓与现代婴儿车比较的优势

（1）孩子肢体自由，有一定活动空间。几种类型的儿背篓，其内容空间均较大，不是完全贴在孩子身上，有较大的活动余量，尤其身体躯干的活动较之现代背带更为自由；较之婴儿车孩子的身体接近直立，在背篓中孩子可以有站姿和坐姿两种姿势，更利于孩子脊柱的发育，利于学步儿童自行练习站立。

（2）解放大人，带孩子、做事两不误。使用儿背篓，大人要做家务事时，可以将孩子背在背上，随时关注孩子的状态，孩子也可以一直感受到大人的关注，内心安全感更容易获得满足。这点与儿童背带有相似效果，但是背带将孩子紧贴在大人身上，夏季较热，不透气，同时孩子活动受到较多限制。

(3) 温度可调,舒适度高。儿背篓以天然竹材制作,充分利用竹材柔韧的材料特性,以竹片或木片做底架,以竹篾编织做体,经纬竹篾相互交叉构成正方形或"人"字形纹样,为了取得良好的装饰效果,也会综合使用十字纹、波浪纹、菱形纹、六角纹等几何纹样或喜字、福字、砖花、万字格、井子底、千鸟花、斜纹花、波纹花、梅花、路路顺等纹样,[4]这些纹样的空隙保证了背篓内的空气流通,给孩子一个适宜的温度;若遇秋冬季节,或孩子太小,则可在背篓内煨一圈棉被,保证孩子的温暖。

虽然儿背篓有多种优势,但种种原因导致背篓仍仅仅在西南山区流行,很难扩展到其他区域,究其原因,与以下背篓的劣势有较大关系。

3.2 儿背篓与现代婴儿车的比较劣势

(1) 纯手工制作,造型单一。儿背篓采用传统竹编工艺制作而成,使用的竹材是经过严格挑选的,经过破竹、去节、分层、刮平、划丝、抽匀等十几道工序,全是手工操作,对制作师傅的技术要求较高。但因为竹器销售状况不佳,因此年轻人很少有愿意从事这一行业。大足竹编传承人赵行恩已77岁,他的30多个徒弟多数都因为收入的问题而选择放弃。[5]人才的缺失导致行业创新能力偏低,产品只能延续传统造型和功能,难以吸引追求时尚的年轻父母。

(2) 缺乏硬性质量标准,质量参差不齐。作为民俗家具的竹编儿背篓,多数为乡民利用闲暇时间制作,只有一些口耳相传的制作方法,缺乏产品质量标准的准确定位,有些产品在销售中出现制作粗糙、毛刺等现象,影响了产品形象。

(3) 产品功能单一,缺乏与现代室内存储环境的配合。儿背篓缺乏创新,功能和外观无明显改善,无法收折,和现代室内环境相容度差。而现代婴儿车、背带等出现非常多的创新设计探讨,如基于改善儿童婴儿车风扇效能的婴儿车自动摇扇设计,可爬楼梯的自动调平婴儿车设计、摇篮婴儿车设计等,吸引了消费者的注意。[6]

4 现代婴儿车给三峡移民儿背篓的启示

婴儿车是新生婴儿必备的"交通工具",在日新月异的今天,人们对于婴儿车有了更多的要求,更加注重婴儿车的安全性、功能性和外观的时尚性。据2016中国十大品牌网推荐的品牌,我国仅有好宝宝等三个品牌上推荐榜,并且随着生活水平的整体提升和优生优育观念深入人心,年轻父母越来越倾向于选择国外品牌的婴儿车。

三峡库区移民的儿背篓作为一种传统的婴儿用品,是民间百姓智慧的结晶,不仅反映出民间传统的勤劳美德,更凝结了人们对于精神文化的追求,在全面开放二孩的大背景下,我们应向现代婴儿车学习,让这一传统文化精神产品获得发展和新生,给我们的婴儿车等产品以民族的印记,实现文化精神的代季传承。

(1) 功能改进思考。研究新时代人们带孩子出行的新特点、新需求，根据需求改进背篓的功能。如随着生活水平的提高，父母带孩子外出远行越来越多，可以考虑结合儿背篓与婴儿车的优点，开发适合户外旅行的多功能婴儿车。功能方面考虑在山路或台阶上利用背篓的传统特性，可背着孩子行走，增加机动能力；在坡道和平路上可推行，或可挂在自行车后拖行，同时考虑产品的安全性。

（2）外观及工艺改进思考。积极开展外观及工艺改进设计，考虑布、塑料等多种材料的综合应用，让产品更加具有现代感，外观更加时尚。制定并完善产品的各项指标质量体系，严格控制儿背篓的质量。

（3）规模化生产。寻求与品牌婴儿车的合作，引入现代管理思维和品牌意识，实现民俗家具向现代产品的转化。

5　结语

国家级非物质文化遗产——青神竹编的传承人张德明说："只有传承而没有创新的民间艺术是会走向消亡的。传承是基础，创新是出路，只有创新，传承才具有历史意义和现实意义。"儿背篓只有借鉴现代婴儿车的设计、制作理念，研究新时代人们带孩子的出行方式和具体要求进行创新设计和研究，才能够实现传统的活态传承，同时让我们的文化实现真正意义上的延续发展。

参考文献

[1]华泰证券-深度专题研究."全面二孩"或带来千亿消费市场[EB/OL].http://www.doc88.com/p-6731221758709.

[2]赵修渝，杨静.文化的特点[J].大学学报（社会科学版），2011，6（17）：140-145.

[3]谭鹏.秀山凉亭竹编难以传承[N].武陵都市报，2013-7-17.

[4]金晖，冯家锐，谭祖裕.恩施民间竹编背篓形态的审美特性探析[J].装饰，2015(2).

[5]高文.大足竹编传承百余年 非物质文化遗产如何在困境中实现逆袭[N].垫江日报，2015-6-25.

[6]刘岳开.基于婴儿车的自动摇扇设计研究[J].几点产品开发与创新，2015，5（28）：39-41.

乡土石作肌形式肌理研究
——对三个乡村民居石砌墙体样本的解析

赵 宇 四川美术学院
张昕怡 四川美术学院

摘要： 如何使传统的景观元素加入今天的话题，成为建立民族特色、地域风格和历史文脉的环境景观的优质资源，是当今的热门课题。本文利用当代图像处理技术对乡土石作样本进行数理逻辑分析。通过计算机图像采集和图像处理，用阈值法和计算机动态学原理，提炼乡土石材砌筑表面肌理的形状样式、大小尺度、长宽比率、面积比例等元素，使随机的石砌肌理样式转换成可记录、可复制的数据，进而借助计算机的运算能力，生成符合地域特色的新的肌理式样，使原生乡土石作的形式肌理以新的面貌呈现在现代景观的多种需求之中，从而获得传承、利用和创新。

关键词： 乡土石作 形式肌理 图像技术 传承创新

1 研究样本采集

研究乡土石材的形式肌理规律，需要选取富有明显地域特色的自然村落样本进行调研考察。采集的样本应具备乡土性属性、民间自建、历史传承等特点，并以未经雕琢的原生石材砌体为主，且保留着当地特色。

1.1 浙江宁海许家山石头村石砌体样本采集

许家山石头村坐落在平均海拔约200米的浙江省东部丘陵地貌的宁海县，傍海依山使得其盛产玄武岩、花岗岩、凝灰岩、安山岩等优质石材（图1）。

许家山石头村的石砌体自然随性，大小石块穿插并用，形状各异。大大小小的石块组合有一种点、线、面的构成美。

通过调研，从墙体、门窗、桥、路面几个方面的垒砌样式采集了研究样本。

许家山村石砌体样本 表1

墙体	
	村中石砌墙面的石材大小不一，在单个石材的大小和垒砌摆放上无明显规律性，这种随意的建造方式使得每一面墙都是一幅独特的画面
门窗	

图1 浙江省宁波市宁海县许家山村

图2 河北省石家庄市井陉县于家村

续表

	采用石梁作为门窗横梁结构，由于石材的抗压性不够，所以村中门窗都比较小巧狭长。在小窗上常有砖块拼成的或是石材雕刻的花格。因为宁海沿海，通过海上运输，仿欧式的拱券结构也出现在部分人家的门窗上
桥	 许家山村有着江南小镇的特色，有溪水从村中穿过，许家山村的桥大致有两种形式，一种是采用一块或几块大块面的石板叠加起来，直接作为带有梯步功能的桥，还有一种就是用石块垒砌成拱券结构的石桥
路面	 村中的道路都是用石材铺制而成，中间较高，向两边倾斜，道路两旁一边或两边都有排水小沟。石块的采用任意随性，主要有两种样式：一种是采用体块较小、大小比较统一的石块进行铺装，其中用体块较大的石头拼出两道线型纹样，另一种是采用的石材大小差距显著，对比强烈，这种样式中又可以分为带有水沟的时候采用大体块石材垒砌在路边防止垮塌和没带水沟时大体块石材摆放在中间的两种形式

1.2 河北井陉于家村石砌体样本采集

于家村坐落在河北省石家庄市井陉县中西部一个四面环山的盆地中，是河北民居中的典型代表之一。1998年11月1日被河北省民俗学会命名为"于家石头民俗村"（图2）。

于家村历史悠久，文化底蕴浓厚，保留有官宅大院和年代久远的民居。砌块石材有的加工精细，雕有装饰纹样；普通民居和公共环境则多是简单加工成方正的块材以便砌筑，色彩多为灰白、灰黄色。

于家村石砌体样本　　表2

	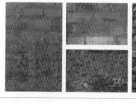
墙体	于家村的石砌墙体分为勾缝和不勾缝两类，勾缝又有精细的勾缝和抹灰两种区别。我们可以看到，大户人家的石墙方正、整齐划一，并且勾缝精细。虽然普通百姓的石墙并没有大户人家的这么规整，但基本统一，并且在搭建过程中，通过一些不同的摆放方向增加了墙面的装饰性。或许经过岁月侵蚀，大部分的石块都有些圆滑

图3 河南省南阳市内乡县吴垭村

1.3 河南内乡吴垭村的石砌体样本采集

吴垭村是河南内乡县乍曲乡的一个自然石头村落，距内乡县城6公里，建于清乾隆八年，历经17代，距今已有270年历史（图3）。

吴垭村地处偏远，一直保持着农耕生活。在这个世外桃源的地方，石砌建筑更简洁、淳朴。

续表

门窗

于家村的门有两种形式，一种是中式院门，一种是拱券结构的拱门。窗也有方形和拱形两种形式，都采用石材搭建，中间装饰木花格

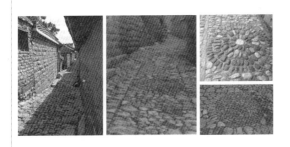

路面

据村民所述，于家村的路面都是旁边的住户在修筑自家房屋时剩余石材再利用铺砌而成的。路面中间低，两边高，呈凹字形，建筑墙体与地面连接处用石块斜铺作为散水，保护墙根不受雨水侵蚀。除了用自建房屋时废弃的石块外，村民还会使用卵石，拼贴成一些有趣的花纹点缀在路上增添了趣味性

吴垭村石砌体样本归类　　　　　表3

墙体

吴垭村的石头基本为暖色调，大小不一，但石块总体呈扁平状，搭砌采取顺搭形式，有一定的方向性

图4　使用曲线调整过暗或过亮的照片并裁剪

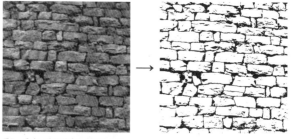

图5　通过二值化将彩色变为黑白图

续表

门窗	  
	吴垭村的门采用的是木质结构，墙体上窗洞很少且小，小窗洞一般都为石横梁结构，为数不多的几个大一些的窗采用的都是木横梁，由此可以发现，石材作为横梁的局限性
路面	
	吴垭村的地面也都是用石头铺砌而成，在村口有用石头铺的一块平整的平台，地面上还用了细条形的石块勾勒出米字连续图案。在落差大的路边，采用了大石块垒砌出一条犬牙般的石边，防止泥土垮塌和被雨水冲刷流失

1.4 小结

通过三个样本的采集调研可以看到，各地石作形式肌理表现丰富，用石选材和砌筑方式既有相同，又各具差异，呈现出不同的形式肌理。然而这些形式肌理的生成有着很大的随机性、偶发性和匠人手法的差异性，不利于直接利用，更难以传承推广。

2 利用计算机图像技术对乡土石作表面肌理进行解析

石材在乡土景观表达中，多采用自然原生石进行堆砌、铺装或建造，少雕琢却淳朴优美，其中包含了力学的美、材料的美、色彩的美、纹理的美、组合的美、比例的美，等等。工匠们运用就地的材料，下意识成就的乡土石作的肌理形式，成为难以复制、难以推广、难以延续的偶发现象，对传承乡土景观元素和工艺成果明显不利。寻找石材砌筑的肌理逻辑，使其成为可复制的景观元素，是时代背景下的途径之一。本文试图利用当代图像处理技术对不同式样的乡土石作样本进行数理逻辑分析。通过计算机图像采集和图像处理，用阈值法和计算机动态学原理，总结不同砌体中石材的地域肌理特征，从中提炼出单个石材砌块的形状样式、大小尺度、长宽比率、面积比例等元素，使乡土自然的石砌肌理样式转换成可记录、可复制的数据。进而借助计算机的运算能力，生成符合地域特色的石块砌筑肌理式样，使原生乡土石作的形式肌理以新的面貌呈现出

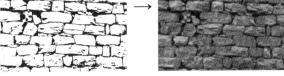

图6 运用动态学运算得到间隔　　　　　　　　　　　　　　图7 采用区域分割法得到精准的形状

独具特色而又依据充分的图形式样，在现代景观的多种需求中得到传承、创新和利用。

2.1 数字图像技术介入

在采集三个自然村落石材砌体样本时，采用相机垂直角度拍摄砌体肌理。在提取区域放置一元钱硬币作为后续计算机运算的参考值。通过对每个村采集到的几十张样本的石材运用显现面的大小比例进行数据计算分析，总结得到石材在砌筑上地域性的排列规律。

首先对图像进行效果处理，使其满足计算要求：

（1）要求图片分辨率高，无污点干扰。运用高性能单反相机，通过准确对焦进行图像拍摄。

（2）图像裁剪。为了运算方便，比较时有统一规格，并且有利于进行后期的纹理合成运算，将图像样本裁剪为512像素×512像素大小人工筛选区域（图4）。

（3）图像亮度调节至均匀一致，对比度以及饱和度适中，通过二值化提取法将彩色图像变为黑白图像（图5）。

（4）对图像进行镜头倾斜校正。由于拍摄时人眼的距离与墙体会产生些许高差造成采集到的图片有倾斜的效果，倾斜校正就是消除照相机与砌体产生的倾斜角度。

2.2 数据计算过程记录

以于家村为例，图像处理过程如下：

取一张经过前期图像处理，得到满足运算条件的图像，为了提取砌体当中各个石块的大小、面积，通过二值化过程将图像变为只有黑白两色的黑白图像。

黑白图像的提取过程：二值化提取有三种方式分别为直接选取法、迭代选取阈值法、最大类间方差法，通过验算我们此次计算采取阈值法进行图像转变。经过计算机动态学运算生成自动阈值，这个阈值在每一张图中生成的数值是不一样的，大于此阈值的图像变成白色，小于此阈值的图像变为黑色。

得到这张黑白图像后计算机通过动态学运算将黑色区域连接起来，形成闭合区域，这时有些相邻区域的闭合线有可能会有无明显分割的相交显现（图6）。

对于这些无明显分割的相交闭合区域，运用形态学计算的方法通过腐蚀或膨胀得出单个石材的区域范围，由此可以计算出石材的长、宽、面积像素值（图7）。

由于所选素材的图像为不规则异形石材，此处出现的长、宽指的是外接最小矩形的长宽值，石材越接近外界矩形，那么石材与外接矩形的比例将会越接近1。这个比例可以衡量出石材的异形程度，对每个区域的石材进行计算可以得到区域异形比。

此处所述的长、宽、面积单位均是像素值。在前期准备中，我们对采集的样本设置了一元硬币的参照物，通过一元硬币的像素点人工筛选后的典型样本：

图8 宁海许家山样本

图9 井陉于家村样本

图10 内乡吴垭村样本

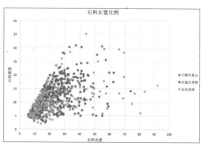

图11 组成砌体中的单个石块外接矩形长宽比例图

与实际尺寸对比，可以对样本石材的长、宽、面积布局进行矫正。例如：在图像中硬币的直径为10个像素点，实际硬币的直径为25毫米。由此我们可以得出一个像素点代表2.5毫米。

组成砌体中的单个石块面积数据表　表4

组成砌体中的单个石块面积（单位：像素）		
宁海许家山村	井陉于家村	内乡吴垭村
3366	2208	4931
5571	4234	5466
……	……	……

组成砌体中的单个石块长宽比例数据表　表5

组成砌体中的单个石块长宽比例（单位：像素）					
宁海许家山村		井陉于家村		内乡吴垭村	
长	宽	长	宽	长	宽
37.3248	30.9183	27	23	44.1468	35.1021
54.6723	30.5305	62.5	21	56.2761	29.6097
……	……	……	……	……	……

组成砌体中的单个石块矩形度数据表　表6

组成砌体中的单个石块矩形度（单位：像素）		
宁海许家山村	井陉于家村	内乡吴垭村
0.784297	0.891484	0.619406
0.853645	0.840433	0.73381
……	……	……

2.3 数据计算结果

通过对各采集点样本进行人工筛选，得到典型性样本（图8~图10），以之为对象进行数据分析，计算出每个村落石砌体表面肌理的三组数据，组成砌体中的单个石块面积、单个石块长宽比例、矩形度。

2.4 分析数据的规律研究

利用计算数据，用图像分析技术，绘制得到以下图表：

通过表5可得石料外接矩形长宽比例图：

从图11可以得知：

（1）紫色虚线代表长宽比为1的正方形，越接近紫色虚线，代表石料越接近于正方形。反之远离紫色虚线形状的越细长。

（2）越向右上方的点表示石料长宽尺寸越大，也就是面积越大。

由此可以看出：

（1）吴垭村（绿色）运用的石料长宽比较大，接近于长方形，且石块大小差异较大。

（2）于家村（红色）的石料则更接近正方形且石块面积大小比较集中。

由图12可知：表7中分组代表面积在某个范围内的个数，例如第1组，面积在像素范围0~200内，第2组代表面积在像素范围200~650内。后面具体地名是指这个范围内石料的个数，整体组成

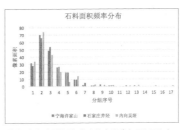
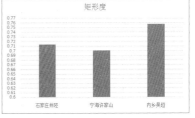

图12 根据表6得到组成砌体中的单个石块面积分布频率图　图13 组成砌体中的单个石块矩形度柱状图

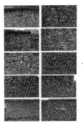
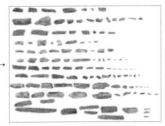

图14 从样本中随机提取的肌理元素

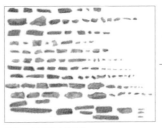

图15 不规则块面的生成

组成砌体中的单个石块面积分布频率表　　　　表7

序号	分组(面积单位：像素)	宁海许家山砌体个数(个)	井陉于家村砌体个数(个)	内乡吴垭砌体个数(个)
1	200	32	28	34
2	650	70	66	74
3	1100	49	54	43
4	1550	26	27	20
5	2000	19	19	6
6	2450	9	9	14
7	2900	2	5	0
8	3350	1	1	3
9	3800	3	0	2
10	4250	1	1	2
11	4700	0	0	0
12	5150	1	0	1
13	5600	1	0	2
14	6050	0	0	0
15	6500	0	0	0
16	6950	0	0	0
17	7400	0	0	1

石料面积频数的表格。

从图12中可以看到：于家村用到的大石料较少(10组之后就没有了)，同时方差较小，石块大小差不多；吴垭村则用到大石块较多(一直延续到17组)，石块大小差异较为明显。

由表6得到石料的矩形度图表：

石料的矩形度（图13），计算公式为：石料的面积/其外接矩形的面积，石料的矩形度接近1，代表其越接近矩形，反之则代表其越不规则。可以看出，吴垭村的石块的矩形度较好，于家村的次之，许家山村的石块矩形度最差。从现场采集到的照片直观分析，许家山村的石块三角形等不规则的较多，代表其矩形度较差，与数据一致。

3 利用计算机图像技术对乡土石作表面肌理进行合成

3.1 图像处理技术合成原理概述

通过计算机图像处理我们也可以把地域性石材砌筑表面纹理合成，在不规则的砌筑方式中找到地域特征，进行最优匹配的计算。通过计算机处理我们可以得到砌体的大小比例、色彩区间、结构规律，运用这个规律我们可以生成符合地域性肌理特征的新的不规则块面，运用这个不规则块面就能随机生成符合当地特有的地域风貌肌理纹样。

运算方法分为两个环节：首先依据人眼的视觉特性，采用智能选择工具从样本中抽取具有明显边界特征并且符合地域纹理大小比例的单元样本组成不规则块面，其次运用随机覆盖法和曲线最优匹配法来决定如何把不规则块面拷贝到目标纹理中并且有效快速的合成文元式纹理。[4]

3.2 地域性石砌体元素提取

为了很好地保持纹理中的边界结构特征，利用智能选择工具从样本纹理中随机提取单体样本，单体样本满足石作肌理形成的长宽、大小、面积规律（图14）。

3.3 地域性石砌体肌理合成

将提取的单元样本采用逐块拼合的方法进行合成，生成不规则块面，合成时对石块的大小比例按之前得出的比例进行选择。单元样本体现了样本纹理的单元边界结构特征，是通过纹元边界曲线在样本纹理中围合而成的。这些单元样本是为了保证不规则块面中单独纹元边界信息不被破坏，保护其完整性。不同的人所选取的单元样本特征会有所差别，那么通过单元样本重新组合的不规则块面也会有所差别。由于单元样本是从原始样本中提取保持了原始样本的整体特征和边界的结构特征，又按原始样本中的大小比例等规律进行选择和合成，因此合成的新的不规则纹理块面的整体效果具有一致性（图15）。

不规则纹理块面的选择涉及人为的因素，这部分会耗时较长，但一旦选择后就可以重复使用，选好的不规则块面可直接进行纹理合成，不再需要原先的纹理样本。一旦生成不规则块面就可以用于此样本纹理以后的各种合成操作。[4]

我们通过以上人为的组合形成的不规则块面作为参照纹元，根据运算要求与运算难度，从参照纹元中采取了64像素×64像素点正方形来减少运算难度和运算时间。通过对样本中的石块外接矩形长宽比、石料的面积分布、石料的矩形度进行运算分析，可以生成连续的、无重复的、有地域特色的新纹理。

纹理生成演示：

（1）许家山村纹理生成（图16）

在计算机中输入参照纹理元1

计算机输出纹理1-1：　　　　　计算机输出纹理1-2：

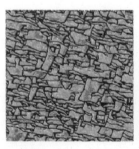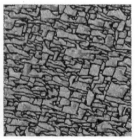

图16 许家山村纹理输出

因为是随机算法，我们可以看到两次生成的纹理都不相同但具

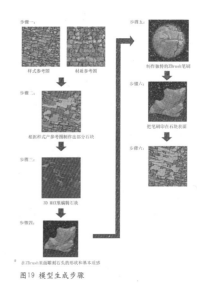

图19　模型生成步骤

有一致性的整体效果。在纹理生成过程中，由于计算机运行速度和配置问题，所采用样本中石块单体个数少、像素较低，采取的参照纹元颜色上从彩色转换成了黑白。但在设备、时间达到要求的情况下，有技术与能力完成面积更大、更复杂、带色彩的纹理生成。由于选用的智能程序选择工具得到的纹理边界存在精度限制，在纹理合成过程中会通过羽化把边界的像素值与目标纹理进行融合，所以得到的石砌肌理图案会有些许偏差，但今后可以通过重新编辑程序达到更好的效果。

（2）吴垭村纹理生成（图17）

在计算机中输入参照纹理2

输出纹理2-1

图17　吴垭村新纹理

（3）于家村纹理生成（图18）

在计算机中输入参照纹理3：

计算机输出纹理3-1：

图18　于家村纹理输出

4　相似模型模拟试验

相似模型模拟实验是指利用分析数据，建立新的与原型相似的肌理模型，从而使乡土石作肌理的数理逻辑研究成为可复制的规律总结，向应用实践成果转化，推动乡土石作在现代景观中的延伸利用。

4.1　模拟过程（图19）

使用软件：

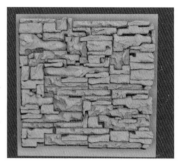

（宁海许家山村）　　　　　　（井陉于家村）　　　　　　（内乡吴垭村）

图20 相似模拟模型

（1）Photoshop软件

（2）3D MAX软件

（3）ZBrush软件

制作流程（选取于家村作为流程演示）：

（1）找到样式参考图和材质参考图。

（2）在3D max里面根据样式中的部分石块进行单个抽离，形成块面。

（3）抽离出的块面进行单块编辑，每块进行细分增加段数方便在下一个软件ZBrush中进行表面肌理雕刻。

（4）把块体单独导入ZBrush软件里进行初步表面雕刻，主要制作基本形状和基本质感。

（5）在基本形状和质感制作完成后，就不同石质的表面进行细节刻画。此步骤需要运用photoshop进行独特的ZBrush笔刷制作，将制作好的ZBrush笔刷印到石材上得到特有的肌理效果。

（6）制作完成后的单个模型由于面数较多为了在后面过程中顺利完成，需要一个减面的过程。

（7）把所有合理减面后的模型导入3D max里进行搭建，最后形成墙体。

（8）通过3D打印技术将做好的墙体进行打印，生成成品，并进行喷色。

4.2 模拟结果

通过数字模型的完成，完全可以达到3D打印实体的要求。从得到的结果来看，三个模型都带有各自的地域特点，呈现出不同的肌理效果。三维模型可以多次批量生产，也可以在保持肌理特性的同时使用不同材质运用到不同的地方，让乡土石作肌理的运用有更多的可能性（图20）。

5　结语

本文对三个石砌村落进行考察调研，提取其不同的乡土石作形式肌理样本，运用现代计算机图像技术进行逻辑性、数据化的分析，寻找乡土石材垒砌中形成的表面规律，运用现代三维技术和3D打印技术，使乡土石作肌理成为可以复制、能够适应当代环境需求，具有开发潜力的式样元素，在新的条件下获得传承与衍生，在现代景观建设中发挥出积极而持续的作用。

参考文献

[1] 李浈，中国传统建筑形制与工艺[M].同济大学出版社,2006.

[2]（英）戴维　德尼（David Dernier）.新石材建筑[M].大连：大连理工出版社,2004.

[3]凤凰空间.华南编辑部.造园艺术设计丛书——园林石景[M].南京：江苏人民出版社,2012.

[4]戴志中,黄颖,陈宏达等.砖石与建筑[M].济南：山东科学技术出版社,2007.

[5]范振芳.砌体结构设计手册[M].北京：中国建筑工业出版社,2002.

[6]侯幼彬.中国建筑美学[M].哈尔滨：黑龙江科学技术出版社,1997.

[7]李诚.营造法式宋[M].邹其昌,注释.北京：人民出版社出版,2011.

[8]楼庆西.中国古建筑砖石艺术[M].北京：中国建筑工业出版社,2005.

[9]刘大可.中国古建筑瓦石营法[M].北京：中国建筑工业出版社,1993.

[10]高蔚.中国传统建造术的现代应用——砖石篇[D].2008.

[11] 熊昌镇,黄静,齐东旭.基于不规则块的纹理合成方法[J].计算机研究与发展,2007.

[12]李浈.我国隋唐及以后的建筑石作工艺探析[J].自然科学史研究,2009.

以空间思维创意为核心的
环艺景观设计课程教学探索*

谭 晖 四川美术学院

摘要： 采用空间思维创意为主线，把环艺景观设计学科原本孤立的课程连接起来，共同组成一个有机的、具有连续性与递进性的教学系统。本文试图通过几年来的教学实践探讨课题创新，在原有课程体系中植入系列创意环节，包括以视觉联想的方式对总平图进行变化、以虚拟空间方式重构具有想象力的形态再造，以及借鉴大师设计思想演绎个人创意思维三个环节，以期为环艺景观设计教学体系的完善和更新提供参考。

关键词： 空间思维创意 认知场地 建立空间 创意表达

空间思维创意教学主题最终目的并不仅仅是课程学习本身，而是拓展学生的创意思维、激发应有的创造力。我们常常看到，即使经过大学三年设计课程的训练，四年级开始毕业设计之际，许多学生仍为找不到灵感而苦恼。纵观我们的课程设置，课程单元的教学模式由于教师和其他原因，往往各自为政，教学内容不仅经常重复，而且缺乏连续性与递进性的核心因素。在实际教学过程中，植入了以空间思维创意为核心的教学研究，是改变这种状况的有效手段。

1 教学大纲与课题创新

教学大纲对环艺景观设计的要求，是掌握景观设计的相关规范和技术指标，了解设计对象的约束性、现场性，做出符合各项规定

的景观设计。以上是景观设计课程的知识，也是每个同学必须掌握的技术知识。但这并不是教学的重点，笔者认为空间思维创意训练才是核心内容，这也是美术院校景观专业与其他工程类院校的不同之处。

对于景观设计专业而言，空间感知、空间想象和空间思维能力的强弱直接影响学生的创作能力和专业发展水平。那么应该怎样来提高学生的空间思维创意能力呢？教学实践中，将空间思维创意作为研究课题，对学生进行训练。以"空间认知—空间分析—空间创造"为序，在教学课程中循序渐进的植入空间思维创意训练。二年级的"景观场地设计"课程中，针对学生刚涉足专业课，全局把握能力薄弱的情况，增加总平面图的创意环节；三年级上"城市街巷设计"课程中，针对学生对场地不能深入研究，缺乏有内涵的设计细节情况，增加了学生们喜欢的，采用虚拟空间来创建真实场地的创意环节；三年级下"城市广场设计"课程，针对学生设计主题创意不足的情况，增加了品评大师作品，学习大师思想，向大师学习做设计的创意环节。三个系列的创意主题共同组成一个有机的、逐步展开的、具有逻辑关系的整体创意教学系统。

2 创意课题的教学实践

空间思维创意系列课题针对学生的特点，设置了若干个以学生为主体的训练环节，给学生充分展现自我和相互交流的平台，采取

*基金项目：本文为2015四川美术学院重点科研项目（项目批准编号：15KY01）。

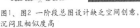

图1、图2 一阶段总图设计缺乏空间创意，沉闷且相似度高　　　　图3、图4 二阶段总图设计思维发散，生动而富有变化

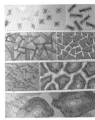

图5 采用平面构成原理进行空间创意训练　　　　　　　　图6 学生通过实体模型推敲空间变化

引导学生自己发现问题、自己积极解决问题的情景式教学。

2.1 空间思维创意系列课题之一："总平图游戏"（二年级）

课题内容：将景观场地设计教学分为两个阶段，一阶段学习各项技术指标，认知基地和组织场地中各项内容的问题，完成大纲规定的教学内容；二阶段为课程重点，发挥学生的创意，在满足各项技术指标的基础上，以视觉联想的方式对总平图进行变化并设计出有个性、有特点的总平面图。

一阶段：完成基本教学任务。场地设计也就是学习场地设计的各项规范和技术指标，包括道路红线、建筑间距、转弯半径、竖向标高、容积率等。在教学中，这些规范可以通过随堂考试让学生记忆，在掌握了这些基本规范后，给出任务书，在一块规定的场地中，完成设计任务并达到规范要求。第一阶段完成了场地设计的一草后，教师会组织一次学生评图，给学生充分展现自我和相互交流的平台，采取引导学生自己发现问题、自己解决问题的主动式教学。在评图中学生们自己发现各自独立设计的场地，出现平面布局的同质化现象，如图1、图2所示，有70%以上同学的平面布局非常相似。总结原因，就是当设计任务相同时，设计师按部就班地按照设计规范，设计出合符各项技术指标的平面布局，就会出现类似的情况。这也是我们时常发现，有一些居住区、社区甚至一些新建的城镇似曾相识的原因之一。因此，如果我们的教学目的中还停留在

仅仅让学生学会并能掌握设计规范和指标的话，那么只是为设计单位输送制图机器而已。

二阶段：创意环节"总平图游戏"。根据学生自己的设计主题，用平面联想和模型联想方法进行创意，课题称为"总平图游戏"。具体教学办法是：第一种手段，学生运用平面构成原理，根据空间形态特点进行联想，发挥学生的想象力将平面构成的几何形，转换为空间的几何体。引导学生从小空间出发向外展开，形成一个发散的空间网格。发散网格上的各个小空间又会和其他空间交叉、叠加，继而产生新的空间关系，形成多变的丰富的空间形式。同学们发现，通过平面构成的空间转换后，新空间已呈现出与初始空间不同的美感，如图3～图5所示；第二种手段，将一阶段的平面图按比例做成实体模型，用实体模型来做"总平图游戏"。把场地中的建筑像下棋一样移动，尝试对称式、非对称式、曲线式、错位式、大组团式、小组团式等手法，用实体模型进行游戏，寻找总平面图布局的各种可能性，改变学生们的惯性思维。如图6所示。

2．2 空间思维创意系列课题之二："虚拟空间的3D想象"（三年级上）

课题内容：本创意环节植入在三年级上期的"城市街巷设计"课程中。教学中分为两个阶段，一阶段学习街巷设计的各项规范，掌握街巷空间尺度及设计中的技术指标，完成大纲规定的教学内

图7 计算机建模还原空间，训练空间思维能力

图8 测绘现场，用模型分析街巷空间

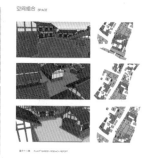

图9 还原吊脚楼，组合新空间

容；二阶段为课程重点，学生大多对3D游戏很感兴趣，本创意环节从此入手，用3D建模的方式，让学生探索空间组合的多样性变化。

课题创意内容："虚拟空间的3D想象"。教学要求：测量建筑单体，计算机三维还原，并进行空间组合。教学目的：在街巷设计中，建筑、规划设计注重建筑的形态、构造和城市的风貌，而环艺景观设计的侧重点，笔者认为是空间的研究。"虚拟空间的3D想象"创意课题之一是选择重庆"十八梯"吊脚楼片区为设计对象，具体教学情况是：第一，测绘个体吊脚楼和传统街巷空间，掌握场地的空间尺度。四人一组对选择的一个吊脚楼单体和街巷进行测绘，现场观察与记录，学习传统空间的形式感、尺度感及各个空间之间的转换、流动方式等，从现场获得塑造真实场地的经验。第二，减法训练。通过计算机三维建模，还原吊脚楼空间。学生测绘了现场后，虽然进行了记录和整理，但对该空间的理解还是平面化和片段化的。一般来说，现场测绘的数据，总是存在着一定的误差和不完整性，而且学生往往是测绘若干的小数据，要完全依靠数据还原，难度是相当大的。在本创意课题中不是以测绘为重点，因此，在复杂的数据面前，要求学生用减法去除过多的干扰信息，同时发挥自己的想象力，用三维建模还原吊脚楼的整体空间形态。第三，加法训练。通过前期测绘学习到的街巷空间经验，四人一组将四个同学分别还原的单体吊脚楼，用加法方式，各自创建出新的空

间关系。这样四个单体吊脚楼，由一组四个同学分别组合出四种不同的空间形式。

在教学过程中，我们发现要求学生做场地前期调研和历史文化等方面的研究时，他们总是在网上寻求答案，大多是一些表面文章，很少能够深入探索。因此，本创意环节，采用学生们喜欢的"虚拟空间"进入设计，用3D方式让学生做前期研究，学习空间的尺度、体量、围合方式、材料、质地、色彩等特征。然后由单个空间进行组合设计，加入现场经验如传统的台地空间、院落空间、过道空间、街沿口空间等，创造出不同的新空间组合。新的空间组合是建立在对场地深入研究的基础上，因此有扎实的现场经验做支撑，在真实街巷空间设计时，学生们都可以游刃有余地变化和更新。如图7～图9所示。

2.3 空间思维创意系列课题之三："与大师一起飞"（三年级下）

课题内容："与大师一起飞"创意环节植入于三年级下期的城市广场设计课程。前面两个创意课题注重空间视觉形式美的营造，本阶段的创意环节侧重设计思想的提升。

课题创意内容：具体方法是要求学生学习大师的设计思想，研究设计思想在案例中的运用，并总结大师思想对自己作品的启发，同时提出自己主题创意思想。

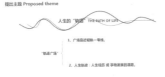
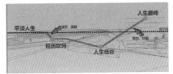

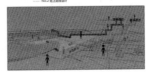
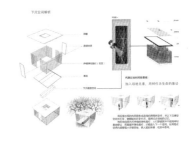

图10 向大师学习，提出主题　　　　　　　图11 向大师学习，亮点设计　　　　　　　图12 注入场地元素，增加创意的丰富性

教学中，要求以大师思想的某一点或某一方面作为重点进行阐述，将研究结果运用到自己的设计，成为作品的创新点。以荷兰设计大师高伊策为例，学生以他的思想"景观是一个动态变化的过程"为研究点，将动态变化与人的生命过程联想起来，提出自己的创意主题。在城市广场设计课程中，植入大师思想，把空间轴线设计为人生的轨迹，人生低谷设计为下沉空间，事业成功设计为观景平台等，从大师的思想中，获得人生的启发，并采用设计语言，运用到空间创意中。"与大师一起飞"创意环节，将思想的学习转变为空间创意表达，空间设计策略丰富而又具有创新性。该课程有助于培养学生的逻辑梳理能力和设计控制能力，为毕业设计做好了准备。（图10～图12）

3 结论与展望

以上是以空间思维创意为主体的环艺景观设计课程教学探索。空间思维创意系列课题植入具体的教学课程中，将原本各自孤立的教学片段联系起来，形成具有结构秩序和逻辑关系的创意思维系统。我们相信，一门课程追求的不是一个结果，重要的是学会能面对未来的设计思维方法。空间思维创意训练植入环艺的景观设计教学体系，培养学生在创意中实现"认知空间—分析空间—创造空间"的教学目标。在这样教学思维体系下培养出来的学生善于思考和研究问题，不仅可以获得想象的能力，而且能够控制思考的结果，真正实现"授之以鱼，不如授之以渔"的目标。

参考文献

[1]（美）诺伯格·舒尔茨.场所精神——迈向建筑现象学.施植明译.田园城市文化事业有限公司，1995.

[2]（丹麦）扬·盖尔.交往与空间.何人可译.北京：中国建筑工业出版社，2002.

[3]（日）芦原义信.街道的美学.尹培桐译.天津：百花文艺出版社，2006.

[4]周至禹.思维与设计.北京：北京大学出版社，2007.

[5]张健.公共艺术专业空间基础课程的教学探索与实践.装饰[J]，2015，10.

中国传统家具中"三弯腿"造型溯源

张海涛 四川美术学院

摘要： "三弯腿"作为中国传统家具中经典腿足造型式样之一，其科学的力学原理、极具韵律的美感和丰富的变化，被广泛应用于历代坐、卧、承具等各类家具中。从"三弯腿"在家具中的造型历史和造型特征出发，通过对实物、古画的研究，对比中国历史上的青铜器腿脚造型，探索其造型的起源和演化。

关键词： 中国传统家具 三弯腿 马蹄 青铜器

在中国传统家具中，腿足的造型极富东方审美韵味。尤其是经典的"三弯腿"，以其科学的力学原理、极具韵律的美感和丰富的变化，被广泛应用于历代坐具、卧具、承具、皮具等各类家具的腿部造型中。成为中国传统家具腿足造型的美学典范，以至于对后世家具和西方家具产生了深远的影响，直至今天的家具设计中依旧可以看到它的影响力。

1 "三弯腿"概述

腿足，作为中国传统家具器形中的重要组成部分，不仅起到支撑承载功能的作用，还起到装饰审美功能的作用。一件家具的整体造型是否具有美感，其各部位比例协调与否，无不与家具的腿足造型有着不可分割的关系。古人根据不同的家具、不同的造型特征，设计出了种类繁多、形式多样的腿形，并依据不同腿足的造型特点赋予了相应的名字，如："蚂蚱腿"、"仙鹤腿"、"圆裹腿"、"箭腿"等。既丰富了家具的形态，又体现了中国的传统文化。"三弯腿"就是中国传统家具曲腿（或弯腿）造型中的一种经典式样的称谓。

"三弯腿"一般指腿脚从面板下部或连接牙板、束腰处开始向外弯曲鼓出，然后再向内收弯曲，到腿脚下端，又再次回转向外弯曲，整个腿脚自上而下形成"S"形的三道弯，故以形取名为"三弯腿"。

"三弯腿"通常用于几、桌、床、榻、皮等家具。根据家具和腿脚的尺度，可分为高型和矮型两种。高型"三弯腿"多见于尺度较高的桌、几类家具，如：香几（图1），其造型高挑、脚腿纤细、曲线较大，刚柔并济，如"T"台上的模特儿般，灵巧而优雅，极富美感。"这件形似荷花的作品……在中国可能也是超群绝伦的，而在以庞贝铜座代表其完美顶峰的西方则肯定无物能与之匹敌"[1]。而矮型"三弯腿"因为家具腿脚的空间高度较矮，则表现为相对短粗，弯曲幅度较小，给人以敦实的厚重感，适合承载较大的重力。因此被床榻、皮具这类短腿承重型家具较多采用（图2）。另外也有体量较小的矮几、炕几、脚踏等采用矮型"三弯腿"。

"三弯腿"虽然都呈"S"形弯曲，但形式却很多样。利用不

图1 黄花梨三弯腿圆几

图2 (明) 黄花梨簇云纹三弯腿
六柱式架子床

图3 弯腿的装饰

图4 (清) 两款红木香几

同的曲度、比例关系、腿线的变化以及腿脚不同部位的装饰，形成了极为丰富的式样和变体形式。如在足端装饰以马蹄形、象鼻纹、卷草纹、云头纹等。在"S"形腿的中上部有一与腿部反向内翻造型的牙子或以卷草、卷云纹进行修饰（图3）。值得注意的是，"三弯腿"并非都是曲线走势，也有直线与曲线相结合的变体（图4）。

"三弯腿"充分体现了中国传统文化中"道器合一"的造物思想，追求功能与形式的统一。既满足腿脚的支撑功能，又要兼顾腿脚造型的审美功能。极富韵律感的腿线走势，以及在腿脚不同部位的各种装饰，营造出一种外柔内刚、线条优美、气质高雅的视觉效果。给家具原本单调呆板的直线和方形结构造型注入了活泼生动的灵气。"三弯腿"为传统家具的设计带来了千姿百态的变化，极大地丰富了传统家具形态，成为中国传统家具中的一大看点，也是中国传统美学的经典代表。

2 关于"三弯腿"的误读

很多人把"三弯腿"称做"外翻马蹄腿"。甚至还认为"马蹄腿"源于"三弯腿"[2]，这是对两者之间关系的误读。

首先，两者所指的是家具的不同部位。"马蹄腿"准确地讲应该叫作"马蹄"或"马蹄足"，分为"外翻马蹄足"、"内翻马蹄足"、"双翻马蹄足"（图5）三种。它是指"腿足下端向内兜转或向外翻出的增大部分[3]"。也就是说它应该是对家具足部造型的

称谓，并不是指的整条腿的形态。而"三弯腿"确是因整条腿的曲线造型走势而得名。两者所指的部位有明显的差异。

"马蹄足"可以说是中国传统家具上使用最为广泛的足部装饰，在"三弯腿"上也经常采用。由于"三弯腿"本身的腿形在中下段向外弯曲，故足部造型多采用"外翻马蹄"。也许正因为这样，才会被误称做"外翻马蹄腿"。但是"三弯腿"采用"内翻马蹄足"的虽为数不多，但也是有的（图6）。并且"三弯腿"的足部不单单采用足部增大的"马蹄足"，也有卷草纹、回纹等造型。"自明初以来，马蹄一直是方腿的特色……后来渐渐收缩成为较弱的回纹了[4]"。甚至还有持续缩小的尖足造型（图7）。这种尖足的细长三弯腿造型后来被西方家具借用，成为洛可可风格家具的经典造型。

在中国传统家具中，通常把腿型归结为三类，即"弯腿"、"直腿"和"片状腿"。常见的弯腿就有"三弯腿"和"鼓腿"，"鼓腿"是腿部自束腰下鼓出后又向内收，但不再向外翻卷，整个腿向外弯呈弧形。"鼓腿"因其外形酷似香蕉，在收藏界"鼓腿"又被称作"香蕉腿"。"鼓腿"都采用"内翻马蹄"作为足部的造型。这或许就是"鼓腿"被误称为"内翻马蹄腿"的原因。值得注意的是，马蹄足既可以用于弯腿，也经常被直腿采用（图8）。王世襄先生的《明式家具珍赏》中就收录了几件直腿内翻马蹄的家具。因

图5（元或明早）黄花梨四面平榻（中间四条腿采用的双翻马蹄）

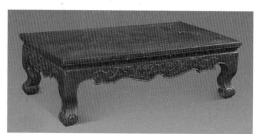

图6（明）黄花梨三弯腿螭龙纹内翻马蹄炕几

图7 三弯腿香几

而，弯腿包含了"三弯腿"（外翻马蹄腿）和"马蹄腿"（内翻马蹄腿）的说法并不妥当。

如果说一定要把家具中带有"马蹄足"的腿叫作"马蹄腿"，那么比较严谨的分类应该是：（1）从马蹄的方向可分为"外翻马蹄腿"、"内翻马蹄腿"、"双翻马蹄腿"；（2）依马蹄腿的弯直又有"曲腿"和"直腿"之别；（3）曲腿马蹄中再分"三弯腿"和"鼓腿"两种。

其次，两者造型的源起和产生的时间不同。"三弯腿"是从先秦时期仿兽腿形态的陶器和青铜器腿足演化而来。虽然名字中并无与动物有关的字眼，但它最初的造型却是来自于兽腿的形态。从文物和历史文献记载，家具中出现的"三弯腿"造型不会晚于魏晋时期。后文有详述"三弯腿"的历史渊源。

"马蹄足"产生于隋唐时期，虽然因为其造型酷似马蹄而得名，但究其造型的渊源跟马并没有什么关系，它是从箱型结构家具中壶门蜕变后的产物（图5），只是在演化过程中被好马的古人赋予了马蹄的形态罢了。王世襄先生著的《明式家具珍赏》中："唐代壶门床和须弥座都四面见方，垂直不带侧脚。有束腰高桌的腿足也多用方材，不带侧脚。壶门从床上消失蜕化之后，只剩下歧出的牙脚，它就是有束腰家具足端的马蹄。[5]"我们从《唐人宫乐图》（局部）中也可以看出凳腿和桌子的壶门结构之间的联系。王老先

生还在书中阐释了源于大木梁架结构的家具和源于壶门结构的家具因其渊源不同，为忠实于渊源，两者的造型不掺混的造型原则。因而，我们在大木梁架结构家具中是看不到"束腰"、"马蹄"和"托泥"造型的。

古斯塔夫·艾克也在1944出版的《中国花梨家具图考》绪论中的"箱型结构及其台式衍生物"一节里，对"马蹄"从箱型家具中的壶门造型演化过程有详细论述，并把中国家具工匠所称的"马蹄"直译为"mati"或意译为"horse-hoof"。

"马蹄足"的出现晚于"三弯腿"，称"三弯腿"为"外翻马蹄腿"显然不妥。"马蹄足"滥觞于壶门结构的演变，从起源上来说两者间也并无关联。"马蹄足"源起于"三弯腿"一说更是无从谈起。

3 "三弯腿"造型的源起

"三弯腿"造型可以追溯到新石器到奴隶社会时期礼器的腿足外形。那一时期，时人的生产力和对自然的认知力都相对低下。出于敬畏和崇拜，人们多采用动物（特别是猛兽和家禽）的形象作为因而当时造物元素。从那时的陶器和青铜器中，可以看到相当多的器物的腿足采用了仿生兽腿的造型。

《周礼·冬官考工记》是我国流传下来最早一部记载我国手工业生产技术规范、工艺流程和管理制度的古籍。其中的"梓人为笋

图8　(汉代) 鸭首铜鐎斗　　　　　　　　图9　(战国) 朱绘黑漆花几

虡"篇就有:"天下之大兽五:脂者,膏者,蠃者,羽者,鳞者……"这是工匠从造型艺术观点出发,根据动物的体态特征所作的分类[6]。把世界上的动物分为五个类别:(1)"脂者"——脂肪坚实的动物,如牛、羊等;(2)"膏者"——脂肪松软的动物,如家猪;(3)"蠃者"——浅毛的猛兽,如虎、豹;(4)"羽者"——鸟类;(5)"鳞者"——鱼蛇类。并规定了不同类别动物在装饰上的使用范围,由此可以看出,古人的在造物时的仿生手法。

将器物的腿足模拟成动物的四肢,在当时造物中是较为多见的。早期的仿生形象较为写实,随着生产和生活的发展,造型从写实的直接仿生逐渐过渡为抽象的间接仿生。如陶鼎、青铜鼎。两图中仿兽腿的"S"形外轮廓线已经非常明确。从汉代的温酒器(也有煮茶用具一说)鸭首铜鐎中(图8),我们可以很清楚地看到,"三弯腿"造型在其他器物腿脚设计上的日趋成熟。

中国的家具中有相当一部分既是家具也是礼器,它和其他礼器在制定时会相互参照借鉴。凭几就是这类家具之一,它是中国席地而坐时期供人依靠的家具,同时也是一种礼器。《周·春·司几筵》中就有:"司几筵掌五几五席之名物,辨其位,与其位。"规定负责铺席安几的官员要按照不同人的等级地位安排与之身份相当的筵席和几。在《周礼》、《仪礼》、《礼记》中就有对几的种类、材质、使用规范和代表的等级地位有明确的规定[7]。

凭几作为供人休息依靠之用的家具,在席地而坐时期尤为重要,是我国出现的最早家具之一。早期凭几基本以直腿直身,放置于人身体的一侧或两侧,功能类似于椅子的扶手供人依靠。早期的家具都以直线和平面构成,视觉上略显单调。为使家具形态生动活泼具有韵律感,于是开始出现对曲线的应用和模拟动物的腿形(图9)。从战国朱绘黑漆花几来看,战国时期的家具造型中已经出现了曲线的兽腿造型。

根据各地出土的文物来看,凭几在汉代之前都为两腿直几,到了魏晋时期,从以前的直几,发展为曲几,两足发展为三足,被称为"三足抱腰凭几"(图10)。历史文献也有记载:"西晋时期盛行曲形凭几,有'曲几三足……以丹漆之。'其形扁圆呈二足条状;下有三高足,足端向外移,仿兽腿形,其功能与椅子的靠背,供坐卧扶靠用。"南京象山七号墓出土的东晋陶制三足凭几就属此类,既可以放在身后背靠,也可以放在身前手扶,三足支撑更加稳定。这种曲几在魏晋南北朝时期非常流行。　曲几的三条腿一般都采用了三弯兽腿造型,可以这样推断"三弯腿"造型在家具上出现不会晚于魏晋时期。

到了隋唐时期,"三弯腿"造型进入成熟期(图11)。三弯曲线走势已经非常接近明清的式样,而且不再是单一的动物腿足造型,多采用卷草之类的植物造型。现藏于日本正仓院的唐代家具

图10（东晋）三足陶制凳几

图11（唐）纷地彩绘八脚长几，日本正仓院藏

里，"三弯腿"造型不乏其中[8]。

4 结语

在魏晋到隋唐相当长的时期里，中国传统家具经历了从席地而坐的低姿家具向垂足而坐的高姿家具漫长过渡。家具中的"三弯腿"造型在也这一时期里从萌芽走向成熟。被奉为中国传统家具美学经典代表的"三弯腿"造型在明清时期发展到巅峰，显示出手工艺人在实用细木工中对材料特性和线条、曲度、立体比例等美学方面的把控能力。手工艺人通过长期实践总结出的传统家具营造法则，在18世纪初已经成为英国乌木工的准则。中国传统家具经典式样被传播到西方，成为仿效的典范。从而对西方的家具造型设计产生了深远的影响。

参考文献

[1]古斯塔夫.艾克.中国花梨家具图考[M].北京:地震出版社,1991.

[2]郁舒兰,吴智慧,邵晓峰.中国传统家具特色腿型马蹄腿文化溯源[J].艺术百家.

[3]王世襄.明式家具研究[M].北京：生活·读书·新知三联书店,1989.

[4] 古斯塔夫.艾克.中国花梨家具图考[M].北京:地震出版社,1991.

[5]王世襄.明式家具珍赏[M].北京：:生活·读书·新知、三联书店 文物出版社联合出版，1985.

[6]闻人军.考工记导读[M].北京:中国国际广播出版社.2008.

[7]胡文彦,于淑岩.礼与家具[M].河北:河北美术出版社.2002.

[8]奈良国立博物馆.第64回正仓院展目录[M].日本奈良:仏教美术协会.2012.

装置艺术的符号挪用在展示设计中的应用

李曾臻   四川美术学院

摘要： 本文主要从符号学的角度，分析装置艺术在展示设计中的应用。文章开篇就分别对装置艺术与展示设计的相关概念进行了界定，紧接着阐述了符号在装置艺术中的挪用、重组。接下来说明了装置艺术和展示设计的共同特征，为装置艺术在展示设计中的应用奠定了可能。最后具体分析了装置艺术的符号挪用在展示设计中的具体应用：分别从空间概念的重构、空间形式的重构、空间体验的重构三个方面进行了说明与总结。

关键词： 生态的艺术 景观设计 茶山竹海宝吉寺

装置艺术兴起于20世纪60年代，其源头可追溯到杜尚在1917年美国举办的军械库展上展出的"小便池"[1]。这可以视作装置艺术的前身，然而准确地说，杜尚这件"小便池"作品算不上完整意义上的装置艺术，它应归类于"拾得艺术"，或称之为"现成品艺术"。装置艺术准确且严谨的概念应该是：将两件及其以上的现成品进行挪用、重组或编排，从而形成具有三维空间特征的艺术作品。此外，装置艺术对现成品的加工仅限于重新的组合排列，而不进行额外的造型艺术处理。

展示设计是室内设计的分支，从属于空间设计领域。相对于其他类型的空间设计而言，展示设计的综合性更强，它是集合了灯光照明系统、多媒体技术、空间规划、平面布局、视觉传达、产品设计等为一体的创造性设计，最终目的是为了最大限度地呈现展品的视觉效果，其本质是对信息的规划和设计。所谓信息，既包括了虚拟的信息（如文化理念、精神内核等），又包括实物的信息（如文字、图片、展品等）。展示设计的对象包括博物馆、规划馆、科技馆等固定陈列馆和房交会、车展等临时商业展位，以及店面、橱窗等商业空间……

从广义上来说，展示设计的兴起远比装饰艺术早得多。古代的集会、市集都是展示设计的雏形。然而，现代主义概念内的展示设计，是工业革命后伴随社会经济的阶段性发展而逐步产生的，是现代主义设计尤其是现代主义建筑设计脉络下的产物。我国展示设计的起步与探索较晚，远赶不上装置艺术在我国发展的成熟程度。从这个角度来说，装置艺术有很多值得展示设计借鉴应用的地方。

1 装置艺术与符号学

从符号挪用的角度看装置艺术对展示设计的影响，实际上是从符号学的角度阐释装置艺术与展示设计。分析装置艺术中的符号挪用，绕不开构成装置艺术的物质材料。装置艺术是基于现成品的艺术，因此所有物质材料都是生活中常见的现成品。而装置艺术，是通过对现成品的重新排列组合赋予其新的观念意义。这个对现成品重新排列组合的过程，即皮尔斯符号学中符号意指的过程。皮尔斯认为，符号运动（或产生）的过程包括三个部分：一是符号采纳的形式，既再现（representamen）；二是符号组成的感觉或意义，即解释（interpretant）；三是符号所指的事物，即物像（object）[2]。这三者之间的关系是，再现通过被解释，形成所指的事物即"物像"。符号的挪

图1 Caitlind Brown的作品 "Cloud" 1

图2 Caitlind Brown的作品 "Cloud" 2

用就是在符号活动的过程中实现的。在装置艺术中，现成品即"再现"，这些"再现"本身都有其原本对应的"物象"。但是，经过符号的挪用——也就是重新"解释"的过程，这些"再现"形成了新的"物象"。因此，装置艺术使现成品形成了新的符号，从而具有了新的"所指"。

装置艺术中往往不只一组符号关系，其艺术蕴意往往充满暗示性和不确定性。例如，加拿大艺术家CaitlindBrown的作品"Cloud"（图1、图2）。这是一个原比例的互动灯光装置，艺术家用6000多个灯泡组成了一团巨大的云朵。在这个作品中，有2组符号被同时重新"解释"。其一是现成品灯泡被重新"解释"，形成云朵这一"物象"，而产生新的所指。其二是云朵这一"能指"，被灯泡结构重组以后，形成新的所指。这里的"能指"与"所指"源于索绪尔的符号学理论：符号呈现的形式称为"能指"（signifer），符号再现的观念即为"所指"（signified）[3]。"云朵"是"能指"，"所指"本应为"自然界中的云朵"，而在这个作品中，"由灯泡组成的云朵"则成为新的"所指"。

2 符号的挪用在展示设计中的应用

符号的挪用在装置艺术中体现为符号的解构与重组，它在展示设计中的应用，则以装置艺术为中介进行展开，主要原因如下：其一，展示设计与装置艺术都是对现成品的加工处理。展示设计的对象除了空间以外，还有文字、图片、实物等展示物品。而从建筑空间到空间内陈列的物品，都是既有的现成品。展示设计就是通过设计的手段对这些现成品进行合理的规划，这与装置艺术的构建手段不谋而合。其二，展示设计与装置艺术都是空间艺术，具有三维乃至四维性。展示设计是通过展品介入空间并改变空间的原有语境，装置艺术则是通过装置作品介入空间改变空间的原有语境，二者都是通过对现成品对原有空间的介入改变空间的初始属性，构建新的空间语境。

以上是装置艺术与展示设计的两个共同特征，这让我们可以从符号挪用的角度来探究装置艺术在展示设计中的应用。符号挪用在展示设计中的应用具体表现在空间语境的重构。空间语境的重构包括空间概念的重构、空间形式的重构、空间体验的重构。

2.1 空间概念的重构

空间概念的重构，即将原有的建筑空间视为"再现"符号。介入的现成品和设计手段对原有空间进行"解释"，原有空间经"解释"后形成新的"物象"，即新的空间属性。例如草间弥生的"镜屋"（图3），她将大卫.茨维尔纳画廊设计成了一个镶满镜子并挂着75个彩色灯泡的镜屋。她通过符号的挪用，将原有空间"所指"的画廊变成了新的"所指"镜像空间。

将整个展示空间当作装置艺术作品，展品和设计手段就是对原

图3 镜屋

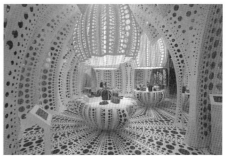

图4 "LV"伦敦概念店

有空间的"解释"，展示空间就是新的"物象"。在展示设计中，原有空间经过符号的挪用变成了展示空间，这是对空间概念的第一次重构。展示空间概念的第二次重构则是对空间内部的展品进行规划设计。这些展品都是现成品，因其符号的挪用（展示设计）而形成新的"物象"，进而重构了展品所在的空间语境。这两次空间概念的重构，是符号从内部到外部、从部分到整体共同作用的结果。

近年来，在展示设计中，涌现出不少类似于装置艺术的概念空间，草间弥生设计的LV伦敦概念店就是其中的典型代表（图4）。这个空间充满同一个视觉符号"波点"。"波点"是草间弥生的代表性元素，它的"索引"意义直接将我们的联想指向草间弥生，而"草间弥生"这个符号的"所指"，则是一个乖僻又独特的女性艺术家以及其极具代表性的圆点波普艺术。因此，在这个概念店的空间中，草间弥生通过"波点"符号的挪用，重新解释了"空间"，使空间生成了新的"物象"——不仅仅是LV店，更是草间弥生的装置艺术作品。

2.2 空间形式的重构

空间概念的重构主要是从符号释义的运动过程说明了装置艺术在展示设计中的应用，重点在展示空间的内容理念上。空间形式的重构，则主要从符号间"能指"与"所指"的关系，研究展示空间的形式美感。"能指"与"所指"是符号代表物和对象之间的关系，皮尔斯将其分为象征符号（symbol）、索引符号（index）、和图像符号（icon）[4]。象征即"能指"，就是约定俗成的符号含义；索引也是"能指"，但在某些方面与"所指"有直接联系；图像的"能指"则是与某些"所指相似"，如肖像画等[4]。

符号的挪用，构成了装置艺术的内容观念和表现形式。装置艺术的符号挪用对展示空间形式的重构，主要包括以下几种方式：解构与重组、放大与缩小、对象置换、重复排列、视觉变换等。

2.2.1 解构与重组

结构与重组是重构空间形式最主要的方式之一。在展示解构较为复杂的物品的时候，不用展示完整的物品，而将物品拆分成多个部分，将其中最具"索引"或"象征"意义的部分与其他现成品重组，形成新的展示方式。这种新的展示方式，就是新的"所指"。它丰富了展品的内涵，重构了展示空间的语境。

欧洲设计师集合品牌GALA9展出的Arteinmotion——意大利航空装置艺术（图5）。他们将引擎、发动机、机翼等金属部件从飞机上拆解下来，再与其他现成品结合，做成既具实用性又具艺术感的装置艺术作品。在观看的过程中，观众不会忽略调"飞机"这一符号，因为机翼、发动机都具有"索引"意义。但由于这些金属部件与其他现成品进行结合，其他现成品对其进行"解释"，使原有符号延伸出更多的新的"所指"。在展示设计中同样如此因此。

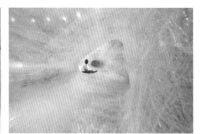

图5 意大利航空装置艺术　　　　　　　　　图6 爱尔兰设计师 Joseph Walsh的装置作品　　　　　图7 胶带反复缠绕形成的管道空间

当我们对展品解构重组后，展品有了多重"所指"，从而有了多重含义。例如，我们要展示自行车，那么完全可以将自行车的轮胎与其他现成品重组。自行车轮胎具有"索引"意义，能轻松地让观众联想到自行车这一展品。

2.2.2 放大与缩小

大与小本身就具有隐喻意义，它们是"能指"符号，其符号的挪用在于它们的"所指"是相对而非绝对。爱尔兰设计师Joseph Walsh 的装置作品（图6）采用多层白蜡木制作，从地面的桌子作为起点，螺旋上升至天花板，然后结束在墙壁的搁架。作品命名为MagnusCelestii，这两个词在拉丁语中意为伟大和至高无上。木头的本身没有"伟大和至高无上"的隐喻，但艺术家对白蜡木的放大，以及白蜡木与桌子的大小对比，都使木头有了新的"所指"。观众就会由此感受到"伟大和至高无上"。

由此可见，"放大与缩小"在空间中，通过形式、尺寸的对比，强调空间的视觉中心，重构空间的视觉形式。"大"本身就有"伟大、崇高"的"所指"意义，在展示设计中放大展品会使参观者在心里感到渺小，进而增加空间的视觉冲击力。其次，而"大"与"小"是相对的，放大了展示空间中的部分空间形式，其他空间形式就相应的"缩小"了，空间的形式和语境也因此改变。

2.2.3 对象置换

对象置换的方式看似与"解构和重组"相似，但这里更强调的是物理性质，而非形式结构。物理性质，是指不同材质或属性的现成品。例如纽约世贸中心四楼的"Predator"装置，它位于磁流体池上方。当游客对着"Predator"说话的时候，它就会把声音转换成磁电荷，让磁流体发生波动。磁流体产生的波动会被周围的显示器记录下来，呈现在游客眼前。这个作品中有两组对象置换，"听觉"被置换成了"视觉"，"磁流体"被置换成了"图像"。

在展示设计中，对象置换可分为实体间的置换和虚实间的置换。实体间的置换很简单，用其他的材质代替原有展品的材质（图7），例如展览汽车的时候可将其置换为3D汽车模型。这样的材质置换，改变了原有符号的"象征"意义并形成新的"所指"。虚实之间的置换更多的是依靠新媒体技术。例如"Predator"装置，展示设计中的虚拟翻书，都是虚实的置换。

2.2.4 重复排列

重复排列是将现成品规则或不规则的重复组合，形成新的空间形式。这个新的空间形式，既可以是对原有空间形态的更新，又可以是在原有空间中形成新的空间结构。图7是艺术家用长达44千米的胶带反复缠绕，形成的管道空间。多个现成品对空间形式的重构，形成了新的空间语境。

图8 上海世博会意大利馆　　　　图9 Ice Angel 1　　　　图10 Ice Angel 2

展示设计中，重复排列手法的应用如，草间弥生在LV伦敦旗舰店中对"波点"的反复使用，上海世博会意大利馆（图8）中，凳子和乐器在墙上的重复排列。在展示物品重复排列的过程中，物品和物品之间会相互形成"索引"意义，使其"所指"变得更加丰富且复杂。对于空间的形式而言，展品的重复排列增加了空间的感染力，使空间语境更加多元化。

2.3 空间体验的重构

空间体验，即"人"作为符号介入空间，成为空间的一部分，构成完整的空间语境并赋予其新的寓意。在这个过程中，每个参观者的介入，都会为这一空间语境带来新的"所指"，并构成空间视觉的新形式。因为符号总是被另一个符号所规定的，正如皮尔斯所言"……每一个思想都必定涉及另一个思想，必定对另一个思想有所决定"，符号不断地转译和产生新的所指，不断地重构并丰富空间的体验。

在展示设计中，构建空间体验：一是直接应用新媒体装置艺术作为媒介。艺术家Dominic Harries和Cinimod Studio的"Ice Angel"（图9、图10）是一件光影互动装置，体验者只需要站在装置前，就可以化身为带着双翼的天使。新媒体装置运用信息技术，营造虚实结合的空间。二是应用实体物质材料作为媒介。例如在草间弥生的"镜屋"中，镜子便成为重构空间体验的物质媒介。用装置艺术重构展示设计的空间体验，因为装置艺术不再强调艺术家的主体性，而更重视观众的参与性和互动性。从某种程度来说，观众的反应本身就是装置艺术的一部分，他们与艺术品的互动构成了艺术形式与观念的完整。因此，装置艺术成为重构空间体验最重要的方式之一。

以符号学为切入点，谈展示设计，很少见，尽管符号学能和任何学科进行交叉。因此，将装置艺术作为符号学和展示设计的中介，通过解析装置艺术的符号挪用，来探讨其在展示设计中的具体应用。借由装置艺术，重新构建展示空间的语境，这本身就是对符号的挪用。通过"符号学"对展示空间的重新"解释"，将"装置艺术"挪用到"展示设计"中，构建一种"艺术"与"设计"之间的新的"所指"。

参考文献

[1]顾丞峰,贺万里.装置艺术[M].长沙:湖南美术出版社,2003:23-24.

[2]郭鸿.索绪尔语言符号学与皮尔斯符号学两大理论系统的要点——兼论对语言符号任意性的置疑和对索绪尔的挑战[J].外语研究,2004（4）:1-5.

[3]索绪尔.普通语言学教程[M].北京:外语教学与研究出版社,2001.

[4]曹意强.图像与语言的转向——后形式主义、图像学与符号学[J].新美术,2005（03）:4-15.

安置性模块式居住空间户型研究
——以菲律宾马尼拉安置房设计为例*

孙　丹　绵阳师范学院

摘要： 本文以菲律宾首都马尼拉安置性保障住房设计为实例，对基于可持续性居住环境的理念加以更新。通过对安置性模块式居住空间户型设计的提升研究与探索，逐步解决低收入家庭的居住现状，同时试图利用周边国家的实例项目促进本土此类实践的进步。

关键词： 模块式居住空间 安置性保障住房 重构设计 解析

在世界的城市化进程中，研究者对社会转型产生的民生问题给予关注：贫富差距增大、城市城镇规模急速扩张、低收入群体人居质量极易下降。同时，刚进入城市谋生的流动人口也急需一个可以"蜗聚以居"的空间作为栖身场所。安置性模块式居住空间可以利用有限的建筑面积为此类群体提供基本且多元的居住空间环境，从而达到城市化进程的可持续发展。安置性模块式居住空间的特点表现在单一户型下的公平性分配、内部空间的充分划分、生活使用空间的完整、土地的集约型利用、可持续型建材和节能技术应用等方面。本文就菲律宾首都马尼拉安置性保障住房设计的实例，对相关问题进行探讨，同时也为我国的相关设计提供了一个有价值的对照参考。

1 滞垢：分析现有条件，批判现有设计

马尼拉是菲律宾的首都及其最大的港口。从1571年殖民者第一次踏上这块土地到1946年菲律宾独立，先后经历了西班牙、美国、日本的统治。马尼拉的城市面貌既古老又年轻，CBD地区建筑高耸，马路宽阔；北部贫民窟地区民宅破旧不堪、满地垃圾。据统计，马尼拉人口数为2000万，如今仍有近1200万人生活在贫困线之下，一些穷人从垃圾堆收集餐厅丢出的厨余垃圾，挑出客人吃剩下的肉和骨头，清洗后装入塑料袋拿到贫民窟贩卖。有些人家买下后，用油炸一下，让家人享用。

马尼拉北部诺特区的墓地是菲律宾全国最大的墓地，而这里生活着成千上万的菲律宾穷人，形成菲律宾特色的墓地贫民窟。人们只能在住处上方钉一块铁皮来挡雨，孩子们有时就睡在大理石墓石上，也在那上面做功课。这里没有抽水马桶或自来水，狭窄的路上脏水四溢。贫民窟中，低矮的住宅彼此紧依，因此即使外面是艳阳高照，屋内也仍然是昏暗无光。如何解决贫民窟现状，提升贫困线以下人民的生活基本需要，使贫民窟居民愿意搬迁到新的社区并对新建社区有归属感，通过建设安置性保障住房，让这座矛盾城市焕发其应有的光彩，成为本次设计的最终目标。本文分析原有条件，通过重构户型设计，从强化内部功能和空间、户型到建筑构建的升华，为贫民窟百姓打造一个温馨的家。

由于菲律宾人口中超过80%信奉天主教，教会反对政府实施"计划生育法"，导致首都马尼拉的人口以每年25万的速度递增。当地政府部门提供给中国建设单位的设计图纸陈旧，不但没有考虑每个家庭的人数，更欠考虑的是不符合现有的、最基本的建筑

*本文为绵阳市社科专项科研项目"安置性模块式居住空间设计研究"（编号：07168731）。

防火规范。从平面方案上看，此图纸借鉴了西方国家20世纪中期以前的保障性住房平面布局方案内容，整个户型对于土地使用浪费较大。房屋建筑面积太小导致了厨房、餐厅、起居厅的混合使用；卧室不能摆放常规尺寸的家具；卫生间空间太小，人们不能进行基本的盥洗活动；楼梯宽度不够，导致在危险情况下逃生困难；房屋层高过低，不利于采光和通风。另外，图纸中标注的"Sleeping Area"不是真正的卧室，可译为"睡觉的空间"，这个"睡觉的空间"没有划分不同性别少年儿童的房间，这不是人性化的设计。2015年起，菲律宾性教育从小学开始施行，作为安置性保障房的户型设计必须将其考虑在内。建筑外部，每户门前有一块较大的花园，花园前面还保留了停车位，这对马尼拉生活在贫困线以下的贫民窟居民来说显然不合时宜。

这一系列的滞后条件和设计理念导致原有设计图纸在马尼拉实际环境下被"腰斩"，设计重构迫在眉睫。

2　打散与重构：梳理必要空间，重新构建新户型

由于马尼拉政府部门提供的户型图纸在设计上考虑不周，施工工程材料无法得以充分运用。在马尼拉政府部门的支持下，国内建材供应商联合高校设计院对此项目进行重新设计，在打散原户型设计之后把此类空间进行必要的梳理。居住空间的主要功能空间不外乎公共休闲空间、休息空间、餐饮空间、盥洗空间、储物空间等。一般的居住空间功能可因户型的大小适当增加或者减少。本文研究的是安置性模块式居住空间，不同于普通商品住宅户型。本项目户型面积控制在40平方米以内，采用单一户型以保证分配的公平合理。

根据菲律宾国情，还要满足于一家多口的人数条件，且儿女异房。重构的户型拥有三个独立房间，卧室空间面积应依据安置性模块式居住空间特点和户型空间条件适当减小，形状规整，有直接采光的窗体；满足基本储物条件，便于布置家居且有更衣空间；满足基本的睡眠要求，单人床宽度1000毫米，双人床宽度1400毫米，如一户人口较多，则房间可使用复式床。

普通住宅的公共休闲空间即客厅。客厅是供居住者交流、娱乐、团聚等活动的空间，是住宅中使用频率最高、最为活跃的因素。对于安置性模块式居住空间的客厅设计应该更具灵活性和多元性。客厅面积约为9平方米，满足一家多口人的休闲活动和就餐活动，将休闲和就餐空间二合为一。一般来说，人类的社会活动带给居住者在家就餐的次数为小于等于三次，频率和使用时间上不超过2个小时，使用的就餐工具不是固定不动的。所以，根据以上特点和户型面积限制，将公共休闲空间和就餐空间统一利用。选用实用而不占空间的家具，搭配可折叠、易收纳的设备，将公共活动区域充分利用。同时，客厅还可以作为临时居住房间，沙发折叠摆放、茶几移动到电视机下方，可容纳1~2人临时住宿。

厨房是供居住者进行炊事活动的空间，在城市商品住宅户型中，厨房是居住标准的重要指标之一。面积不大，但使用要求高，功能要求复杂，设施集中。厨房布置以电器、炉具、操作台面、储物等设施，应设置烟道，便于油烟、气体的排出。还应布置适当的电插位，满足小家电在厨房空间中的使用。安置性模块式居住空间的厨房设计重点在于充分利用有限的空间。在不足40平方米的户型中，除了以上列举空间，还要分隔出厨房空间。厨房的使用时间和频率相对于客厅和卧室较少，将厨房设计在卫生间对面，利用过道的空间条件，使厨房本身功能满足有烟道、便于排出油烟和气体，又符合人体工程学的尺度要求，还满足操作空间的基本需求。

盥洗空间是住宅设计的核心部分之一，所以人们对于盥洗空间的需求也是十分重要的。卫生间的位置在住宅中应靠近卧室，并应有可靠的通风措施，争取自然采光，应注意私密性的要求，避免视线干扰。盥洗空间使用面积不应小于下列规定：便池、洗浴器、洗面器三件卫生洁具的为3平方米。安置性模块式居住空间的盥洗空间基本遵循普通住宅设计的方法，适当下调了盥洗空间的面积，布局和内部功能无变化。满足上、下水条件；设便池、淋浴器、洗面器；设有室内高窗采光及通风，保证了私密性。

安置性模块式居住空间内，没有专门的储藏室。储藏空间是由家具和富余空间等扩展而来的，并使其具有储物功能。例如，在卧室

中，床下空间就是一个可充分利用的储物空间，可以将衣物棉被等储存在当中；门上方的富余空间；厨房和客厅设橱柜、吊柜等。

空间的充分利用和整合对于安置性模块式居住空间户型研究至关重要。在满足低收入家庭的基本使用功能的同时，在有限的面积内使其生活变得更多姿多彩，达到"麻雀虽小，五脏俱全"的实际使用效果。

3 建立：推广新材料，缩减建设周期

基于马尼拉贫困人口数量庞大，改善这一状况并非朝夕所能及。为了能在最短的时间内使一批贫困居民入住"新家"，本次项目中国材料供应方给予了最大限度的协助和支持。同时，对原设计图纸的审定和重构设计是新型材料得以推广的依据。建筑材料使用钢结构发泡水泥板技术，户型设计尺寸符合板材模数，推进了"模块"这一概念解析。钢结构建筑相比传统的混凝土建筑而言，用型钢替代了钢筋混凝土，强度更高，抗震性更好。由于构件可以工厂化制作，现场安装，因此极大减少工期。钢材的可重复利用性，可以大大减少建筑垃圾，更加环保。模块化建筑概念与钢结构建筑特点无缝结合，因此安置性模块式居住空间更适合应用此项建筑技术。

安置性模块式居住空间的内在特点在于面积小，空间层次丰富，功能齐全。外在特点则是可多种组合，在城市不同的地貌特征条件下，钢结构基础都能够胜任有余。发泡水泥板用于隔墙和预制

楼板，可根据不同高度和强度设计定制其厚度。

4 结语

　　参与本次马尼拉安置房设计从另一个层面上折射出的民生问题是建筑设计中值得长期持续关注的问题。作为室内设计从业者，以往我们更多地注重设计的形式美学，忽略了对"人性化"本身更深刻的设计解析。我们应该拾起设计最初的真谛——"解决人们生活的最根本需求"，这才应该是研究型设计从业者的出发点。以可持续发展的设计理念解读，不是只有那些最昂贵、最顶尖的技术才需要可持续化体验和推广，普罗大众的建设项目才是可持续发展的立足点。安置性模块式居住空间从户型设计出发，通过调查和项目实践，不断总结和提升，相信在未来的安置房项目中会看到更多样式的模块式居住空间户型的产生和应用。

参考文献

[1]梁美兰.外宾要来，马尼拉扩建广告墙遮挡贫民窟.潇湘晨报.长沙：湖南省报刊出版服务中心，2012-5-4A11国际.时讯.

[2]武勇.谈住宅功能空间设计要点.城市开发，北京：北京城市开发集团有限责任公司，2003 (2)：38-40.

[3]　宋晓刚：基于工业化模式的建筑装饰装修施工项目管理体系研究[J].建筑经济，2011(6).

[4]　童悦仲，娄乃琳，刘美霞等.中外住宅产业对比[M].北京：中国建筑工业出版社，2005.

[5]　韩晨平.基于数理经济学视角的建筑设计创新研究[D].沈阳：哈尔滨工业大学，2013.

[6]　冷天翔.复杂性理论视角下的建筑数字化设计[D]. 广州：华南理工大学，2011.

[7]（日）青木昌彦，安藤晴彦.模块时代[M].周国荣译.上海：上海远东出版社，2003 .

[8]吕俊华等主编.中国现代城市住宅[M]北京：清华大学出版社，2003.

[9]　王玮龙.中小户型居住空间弹性设计研究[D].大连：大连理工大学，2013.

[10] 仲文华.蜗居住宅空间的优化性设计研究[D].南京：南京林业大学，2012 (9) .

[11] 曾虎.小户型住宅多样性空间设计策略研究[D].武汉：武汉理工大学，2009.

[12]惠博，张琦.美国、新加坡保障性住房发展经验及对我国的借鉴[J].海南金融，2011(5).

[13]姜秀娟，郑伯红.谈国外及中国香港地区保障性住房对我国内地的启示[J].城市发展研究，2011(3) .

怀旧与创新
——"乡土田园"文化创意设计与都市餐饮服务的融合

秦安建　四川旅游学院艺术系

摘要： 文化因美食的传播而更加鲜活，美食因文化的凝聚而更具深意。一个好的文化创意设计必须是文态、形态和业态这三者的完美结合。"乡土田园文化"主题餐饮以体验营销为设计理念，以乡土菜美食为载体，把文化内涵与整个餐饮服务形态进行完美融合，并贯穿到整个餐饮过程当中。通过餐饮的菜品、空间环境和互动服务等多方面的创意设计，一方面使都市消费者享用了健康、绿色的原生态美食，同时满足了"留住乡愁"的怀旧心理；另一方面为餐饮服务提升了品质，创造了鲜明的个性特色和品牌形象。本文主要以"乡土田园文化"主题餐饮创意设计为例，探讨文化创意与业态融合及应用等相关问题。

关键词： 乡土田园文化　创意　主题餐饮

乡土田园文化是在一个特定血缘关系和地缘关系的地域内产生、积淀，并带长期传承，有着浓厚地方色彩的文化。在如今的工业化时代，随着城市化进程的快速推进，田园牧歌的农耕方式也被工业大机器所代替，诗情画意的田园风光被钢筋混凝土的城市森林所代替，乡村记忆与城市体验的冲突造成了都市居民身份认同的迷茫与困惑。当食品安全、环境污染、交通拥堵等"城市病"给久居城市的居民造成极大的压力，"留住乡愁"的怀旧心理更加强烈。

自改革开放以来，经济的腾飞推动着都市餐饮业的发展并出现了新的变化，都市消费者从满足"吃饱"到追求"吃好"，再到追求"吃文化"，餐饮消费成为生理需要和审美体验的双重追求。因此，除了对菜品的质量要求之外，餐饮空间环境的氛围营造已经成为餐饮创意设计非常重要的一部分，"许多企业利用创意、文化，为中国人的味蕾打了一针又一针的'兴奋剂'。""乡土田园文化"主题餐饮就是在这个背景下出现了，并成为都市餐饮业中的一种流行趋势，演绎着都市餐饮的另类叙事。

1 创意定位：文化创意与业态融合

我国餐饮业经历了过去30年的迅猛发展之后，都市餐饮行业的竞争越来越激烈。在全球经济疲软以及中央政策的调控背景下，高端餐饮遇冷或者倒闭，大众餐饮又陷入原料价格高、人力成本高、房租高、运营成本高和利润低的发展困境。为了走出困境，都市餐饮业开始洗牌调整，探寻转型升级和可持续性发展的经营理念和经营模式。

1.1 营销定位——体验式营销

随着生产力的提高，商品的大众化满足了人们的基本需要，服务逐渐代替商品受到消费者的普遍认可，当服务变得更加个性化与商品化后，体验就从服务中分离出来，独特的感受和体验逐渐受到消费者的青睐，就产生了体验经济。[1] 在体验经济的视角下，餐饮企业的"服务"与餐饮消费者的"体验"紧密关联，即顾客通过对产品、环境和服务从知觉、思维、行为等进行全方位的体验，通过体验而实现消费，这就是"体验式营销"。事实上，餐饮的营销创意与设计不再是传统意义把菜品做好，或者餐厅装修更豪华，而是需要挖掘消费者的心理需求与文化需求。

"体验式营销"是一种品牌营销战略。品牌即特色化，而特色就是差异化。餐饮品牌战略者总是在挖掘传统文化，通过文化创意寻找经营的差异化，探寻以独特的餐饮体验为消费者提供特色化服务，从而通过创立独特的品牌而获得更大的经济价值。

1.2 文化定位——乡土田园文化

近年来，中国政府不仅重视文化创意产业对经济增长的促进作用，同时制定相关政策激励文化创意产业与其他产业融合，推动社会经济转型发展。中国美食大家吴坚讲道："餐饮美食发展的最高境界和许多产品一样，是成为文化或者文化的象征物……而随着消费形态的变化，人们在品尝美食的时候，仅仅是美味已经不能满足消费者的味蕾，文化性、娱乐性、心理性的精神满足日益重要，这就是为什么美食需要文化与创意。"[2]

在体验经济的视角下，文化创意与餐饮结合的主题餐饮已经成为都市餐饮业发展转型的新趋势。随着乡村旅游的影响，国内诸多城市已经盛行吃土菜、吃杂粮的绿色饮食风潮，"乡土田园文化"主题餐饮如雨后春笋般地发展起来，其中一些颇具名气，如成都巴国布衣，田园印象，湖南湘西部落，北京向阳屯食府等。"乡土田园

文化"就是以某一特定地域范围为基础，以历史、民俗、建筑、景观、生活等为载体，在乡村社会进程中发挥作用的人文精神活动的总称。它不但指乡村田园的视觉物质形态，而且还包括视觉物质符号包含的内涵和意义。"乡土田园"文化创意与都市餐饮设计的融合，形成了"乡土田园文化"主题餐饮，即餐饮体验围绕"乡土田园"文化主题导向而展开，将餐饮的主题产品（乡土菜、土碗菜）、餐饮空间的氛围营造与个性化的服务相结合，为餐饮消费者营造一个绿色、原生态的乡土田园主题情境。

2 创意设计：文化内涵与形态融合

"乡土田园文化"有着丰富的内涵。乡土田园即自然、原生态，其内涵就是本真性。乡土田园有着明显得地域性，由地缘所结成人缘有深厚的情感性。乡土田园代表过去，或即将消逝的传统，具有历史的时代性。同时，"乡土田园"还承载着对"世外桃源"的赞歌，是中国仕人的乌托邦乐园，代表一种"诗意的栖居"，具有理想主义内涵。由此可见，"乡土田园"文化创意设计与都市餐饮业的融合，最重要就是挖掘其文化内涵，把这些精神内涵与物质形态或者行为进行巧妙地融合，这就是"乡土田园文化"主题餐饮的创意方法与途径。

2.1 符号再现——记忆田园的视觉体验

乡愁是一种情怀，这是一个由青山绿水、美食和童年记忆构

成的情感系统。因此，在餐饮空间的创意设计中，通过乡村田园的各种视觉符号再现，营造一个自然、清新的乡村田园情境，成为"乡土田园文化"主题餐饮创意设计的重要思路之一。"乡土田园文化"主题餐厅主要经营乡土菜、农家菜，传承民间美食，传承农耕民俗文化。为了达到记忆中乡土田园的视觉体验，餐饮空间设计主要运用民居建筑形式和地方特色的建筑材料，如巴蜀地区常用的梁柱式、穿斗式结构的木建筑，以及青砖、灰瓦、竹墙、粉墙等，构建一个古拙、淳朴、清新的建筑空间。在餐厅的陈设方面，采用传统的木桌椅如八仙桌、条凳等，尤其是具有一定年代的旧桌椅更有沧桑感。在软装方面，常常采用农村常见的农具如犁、耙、蓑衣、斗笠、筲箕、背篓等，或者是农产品如红辣椒、玉米、老腊肉等。特别是在餐厅内摆上石磨，搭上灶台，架起大锅，架起蒸笼等，让人直接拥有到乡村农家的真实感受。有的还设计了专门的展示空间，通过景观小品（如稻田、瓜棚、菜园等）表演再现乡村田园劳作的场景。在这样的餐饮环境里，顾客仿佛远离了城市的喧嚣，在悠闲与安宁的农家院子里感受劳作的乐趣。

2.2 乡音乡情——和谐田园的氛围营造

"老乡"一词，指特定地缘上的亲密关系，是一种浓浓亲情与关爱。"美不美家乡水，亲不亲故乡人"，乡音乡情是茫茫人海中情感的自我心理归属与价值认同，是自我与家庭、亲友、邻里、种群之爱的延伸。因此，乡音乡情作为"乡土田园文化"的一种餐饮营销创意，就是要营造一个浓浓乡情的和谐氛围。关于氛围营造，必须从营销策略整体考虑，第一就是菜品的研发与创意设计，如巴国布衣的"三峡爆脆肠"，既有食材名又有工艺手法，特别加上了地域名称，让人从味觉体验联想到川东三峡风情。重庆"游子回家"的菜品创意设计把"亲戚"当菜名，如"爷爷最爱的糯

猪手"、"婆婆粉蒸三合一"、"妈妈炒的洋芋片"、"舅娘鲜椒炒腊肉"……60余款菜品都围绕"家人"名字命名，体现浓浓的亲情。第二就是餐饮环境的装饰创意设计，如前面所述，通过乡村田园的各种建筑与装饰等视觉符号再现，营造一个淳朴、清新的乡村田园情景，勾起顾客的记忆，与乡土菜的美味和谐统一。第三就是运用独特的服务，实现店方与顾客的互动，使整个餐饮过程充满亲情，达到和谐相处的目标。比如，成都"田园印象"老食堂的"鸣堂"服务就具有特色：堂倌迎客与后厨一唱一和，用一种老成都老腔调，让人感到犹如穿越到了民国时代。第四就是互动活动的创意设计，比如顾客可以亲手推石磨磨玉米饼烤来吃，或者亲自采摘蔬果来吃。成都"田园印象"老食堂专门设置了"成都非遗活态展示区"，这里有过去的民间娱乐设施，顾客可以参与活动。互动活动增加了餐饮的情趣，烘托了餐饮的氛围。

2.3 回归本真——诗意田园的价值认同

回归本真是"乡土田园文化"主题餐厅的营销创意的核心内涵。"乡土田园"文化创意设计与都市餐饮业融合，这种体验式营销定位并不是凭空而来的，而是建立在都市消费者的饮食与文化等各种需要的基础之上的。创意的定位必须要符合都市消费者的价值认同：首先，"乡土田园文化"创意倡导绿色、环保、健康的饮食观念，主打原生态的乡土菜、民间菜；其次，依托菜品营造与之相协调的乡土田园情境空间，即"土锅土灶土板凳、土屋土料土味道"，以及浓浓乡情的和谐氛围。总之，"乡土田园文化"主题餐饮强调顾客对乡土田园的原生态的本真体验。

中国传统文化热爱和尊重自然，士大夫向往退隐山林，达官贵人希望告老还乡，他们对乡土田园情有独钟。如果说乡土田园是古代文人的"诗意地栖居"之所，那么对于平常老百姓来说，生于

斯、长于斯、死于斯，这才是完满的人生。因此，中国传统文化讲"叶落归根"就是人们希望回归故里，这实际上就是人性回归自然的本真。对于都市消费者来说，通过原生态饮食休闲活动的体验，不仅仅是一种自我心理归属情感，而且也是对"乡土田园文化"价值的认同。

3 创意误区：盲目模仿与美学误读

3.1 符号拼凑——"乡土田园文化"的盲目模仿

近年来，"乡土田园文化"主题餐饮越来越受到都市消费者的青睐，涌现了一些著名的品牌企业，但是市场上出现了模仿跟风的现象。比如某些企业对一些知名品牌企业进行抄袭，如店招设计、陈设设计和餐具使用等都大量采用乡土田园的视觉符号。他们以为通过装饰上面大量使用乡村文化、民俗文化等一些视觉符号进行拼凑，就是餐饮的特色。其实这种盲目的模仿之风是一种浑水摸鱼的心态，妄图在这个流行潮流中分得一杯羹。事实上，那些经营者对"乡土田园文化"的认识比较肤浅。经营者如果缺乏自己独特的经营理念和服务特色，就只能从表面去模仿一些品牌企业的外在形式，进行符号拼凑或嫁接，最终注定要失败。比如成渝地区"柴火鸡"曾经风靡一时，许多企业争相模仿，结果好景不长，不到两年几乎消失殆尽。

"乡土田园"文化创意与都市餐饮空间设计的融合，是文化内涵与餐饮形态的融合，形式上看这是一种怀旧，而实际上却是创新。"乡土田园文化"主题餐饮以围绕绿色、健康的美食入手，挖掘乡土田园文化内涵，从主题选取、菜品开发、餐饮空间设计、互动服务、营销与管理模式等多方面进行创意，以文化提升餐饮品质，形成鲜明的品牌特色。

3.2 "土、俗、怪"——"乡土田园文化"的美学误读

"乡土田园"文化创意与都市餐饮空间设计的融合，是大众餐饮的一种美学形态。餐饮美学必须是实用功能与审美功能的完美结合，创意设计应首先满足餐饮功能，为顾客提供更多的便利。但是，如果片面追求强调视觉上的"土、俗、怪"，不仅妨碍餐饮过程中的服务，带来诸多不便，甚至带来安全隐患，这都是对"乡土田园"的美学误读。比如餐厅装饰大量使用草、木、竹等材料，随时都有火灾隐患；又如餐具或者桌椅的造型、材料与尺度，都应该以安全、舒适为第一位；特别是在卫生间的设计上，由于乡土人家的卫生习惯和条件较差，如果过分追求"土"，便池、水龙头以及私密性等就使人难以接受。

"乡土田园"文化创意的目的是提升餐饮品质，并非片面追求"土、俗、怪"的形式。视觉符号是对文化的一种诠释，符号是主题文化的载体，主题则是经营者的服务理念，而这种服务理念正是文化内涵与餐饮形态的完美融合。

4 结论

一个好的创意设计必须是文态、形态和业态三者的完美结合。"乡土田园文化"主题餐饮以体验营销为设计理念，以乡村土菜美食为载体，以餐饮空间氛围营造为平台，把"乡土田园文化"的精神内涵贯穿到整个餐饮形态和餐饮过程当中，使都市消费者在饮食过程中不仅享受了健康、绿色的原生态美食，而且在餐饮过程的全方位感知中找到了乡土田园的记忆，感受到浓浓的亲情慰藉了乡愁，感悟到生命意义的真谛。同时，"乡土田园"文化创意设计与都市餐饮服务的融合，以独特的服务提升餐饮的品质，彰显独特的餐饮文化并创造餐饮品牌。

参考文献

[1]（美）B·约瑟夫·派恩，詹姆斯·H·吉尔摩.体验经济[M].夏业良，鲁炜译.北京：机械工业出版社，2002：2.

[2]吴坚.创意餐饮启示录.餐饮世界[J],2008(6):20-23.

景观规划设计中的生态安全思想

刘　扬　西南林业大学
沈　丹　云南大学

摘要：提出了生态安全的景观规划设计理念，并以城市景观规划设计为例，从城市地形地貌特征、城市典型气候天象、自然植被、水体、建筑、绿地、城市文化景观七个方面阐述了城市景观规划设计中的生态安全思想，指出只有让人类达到一种安全的生存状态才是景观规划设计的宗旨，也即生态安全的景观规划设计才是人类解决自身生存问题的良好途径。

关键词：景观规划设计　生态安全思想　城市景观规划设计

引言

随着我国景观行业越来越被人们重视，景观学科的创新面临着前所未有的机遇，行业的发展需要业内外人士共同交流研讨。在中国快速的工业化和城市化进程中，前瞻性的城市景观规划设计及其研讨具有重要的现实和战略意义。

在全球化的浪潮中，环境污染和生态破坏成为世界性问题，人类正以前所未有的规模和速度改变着人类自身的生存环境：全球气候变暖已是不争的事实；海平面上升的态势仍在继续；臭氧层空洞出现而后迅速扩大；生物多样性急剧锐减；印度洋海啸和菲律宾泥石流对人类造成严重危害……面对全球环境危机，人类自身的生存和发展开始有了风险，而这种风险仍在不断加剧，已经开始向人类的安全发出严重挑战。正如中科院生态环境研究中心研究员欧阳志云指出的，生态环境问题正逐渐上升到生态安全问题，成为国际社会日益关注的一个热点问题[1]。

人类最伟大的功绩莫过于创造了城市。但是，随着城市化进程的加快，城市景观中产生了大量生态安全问题：自然森林植被破坏；耕地、湿地、水资源被占用；盲目引进物种，却疏于保护和利用本地乡土物种；生物多样性被毁坏；环境污染加重等。这就要求在进行城市景观规划设计与建造过程中不仅仅要解决物质规划设计和物质形态建成的问题，还要对其中的生态安全问题进行考量，树立景观规划设计的生态安全思想，逐步形成景观规划设计的生态安全方法，最终实现景观与景观规划设计的可持续发展。

1 生态安全的景观规划设计

美国人本主义心理学家马斯洛的需求层次理论将人的基本需求归纳为生理、安全、交往、尊重和自我实现。而且他还认为发展中国家、西方发达国家以及人类社会理想的需求类型是不同的[2]。但无论如何，"安全"需求是基于"生理"需求的第二个需求等级，可见"安全"对于人类存在的重要意义。"安全是生物体有序存在的基础，其最基本的涵义是指主体的一种不受威胁、没有危险的存在状态，也是人类生存的前提条件。[1]"

生态安全与生态风险或生态危机相关[3]。过去从生物生态角度几乎未涉及人类自身的生态安全问题，因此，尽管过去已有生态胁迫、生态退化、生态破坏等概念，但未提出生态安全概念。生态安全概念是在生态问题直接且较普遍、较大规模威胁到人类自身的生存与安全之后才提出的，是人类生存环境处于健康可持续发展的状态[4]。在全球化的背景下，生态安全问题以环境污染和生态破坏的形式表现出来，成为全人类共同的问题。它的产生与人类的生存方式相关，表现了人类一定的价值观念以及在这种价值观念指导下形成的生产与生活方式的局限性。景观规划设计的实践很大程度上也是在反映人类生产和生活的方式。

景观规划设计诞生一百多年来，人类的生存环境发生了很大的变化：从最初的仅仅是满足正常的生存条件，到现在的对物质、精神、生理等多方面的追求，这充分体现了人类环境意识的提高。

随着社会的进步、经济的发展、文明的提高、人口的增长、城市化的加剧，人类开始以城市为中心，向城镇辐射发展。预计到2030年，将有超过60%的世界人口居住在城市中[5]。这一切对自然生态系统和人类生存环境产生了严重的影响，原有的生态环境被城市及其中的景观分割开来；自然资源被过度开发和掠夺；空气、水体、垃圾、噪声污染……人类的生存质量在下降，甚至对人类的健康和安全构成了严重的威胁。因此，景观规划设计的目的和任务应是在带给人类视觉美感享受的同时，从根本上解决人与自然相互作用的平衡关系问题，解决人在地球上存在的问题，倡导一种全新的生存设计理念：生态安全的景观规划设计。

2　城市景观规划设计中的生态安全思想

城市景观的研究与实践已经成为当今中国城市建设的前沿和景观规划设计领域的重点[6]。随着景观的发展，景观规划设计概念

也变得越来越广泛。从规划角度，它注重土地的利用形式，"通过对土地及其土地上物体和空间的安排，来协调和完善景观的各种功能，使人、建筑物、社区、城市以及人类的生活同地球和谐相处。"从设计角度，它注重对环境多方面问题的分析，确立景观目标，并针对目标解决问题，通过具体安排土地及土地上的物体和空间，来为人创造安全、高效、健康和舒适的环境[7]。

城市作为一个生态系统，几乎包含所有的生态过程。城市景观规划设计，要研究城市面临的主要生态环境安全问题与原因，分析景观规划设计如何可以解决这些问题对城市社会经济可持续发展造成的影响；分析景观规划设计如何做到维护生态安全和保障人体健康；分析景观规划设计如何构建景观生态安全格局；分析景观规划设计如何保护生物多样性；分析景观规划设计如何提高生态系统的稳定性和生态修复能力。应该说这种以生态保护、生境重建和生态安全为目标的景观规划设计实践，其影响力已经超出单纯景观规划设计的范畴，是一种可持续的生存和安全设计理念。

一般而言，城市景观由自然景观要素和人工景观要素构成。其中，自然要素包括城市地形地貌特征、城市典型气候天象、植被、水体；人工要素包括建筑、道路、广场及设施、街道及小品[8]。城市景观规划设计中的生态安全思想可以体现在以下几个方面。

2.1　城市地形地貌特征

地形地貌是城市景观规划设计与建设中应当尊重和利用的自然生态要素，应当尽量避免对于地形地貌和地表肌理的破坏，特别是那些地形地貌及地质结构比较复杂的城市。减少对自然景观基质造成的破碎化，避免任意地切割山脉和截断河流，应当充分体现城市自然生态的特征，维护和强化整体山水格局的连续性，只有这样才能使得自然形态和人工景观达到和谐与相互衬托，减少滑坡、泥石

流、塌陷、水土流失等生态安全问题的发生。而且，结合地形地貌的景观规划设计才容易突出城市的个性，形成特色城市风貌景观。

另外，土地利用、覆盖变化是自然与人文过程交叉最为密切的产物，是区域生态环境的一个敏感因子。针对城市土地利用变化导致的生态安全效应进行城市景观规划设计，以及从土地自然属性和土壤学基本特征出发，考虑城市景观规划设计的用地适宜性与土壤学适宜性，将从根本上解决城市景观规划设计中地形地貌及地质结构方面的生态安全问题。

2.2 城市典型气候天象

著名建筑学家欧金斯认为，作为自然环境的一个基本要素，气候是城市规划的一个重要参数，气候越特殊，越需要精心地进行景观规划组织[8]。气候天象也是影响城市景观的重要因素，特别是因为环境污染和生态破坏导致的各种生态不安全的气候天象，如城市气候变暖、城市热岛效应、城市干燥化、空气烟雾化、大气污染、光污染、沙尘暴等。如何在城市景观规划设计中考量这些生态不安全的气候天象，并进行有针对性的设计实践，最终通过景观规划设计来解决困扰城市和人类存在的城市气候天象方面的生态安全问题。

2.3 自然植被

城市自然植被景观是城市当中年代久远、多样化的乡土植物的栖息地，是保障和体现城市生物多样性的所在，往往具有非常重要的生态和安全价值，保留这种植被景观的异质性，减少对它的破坏和侵占，对于维护城市及国土的生态安全具有重要意义。相反，由于过于单一的植物种类和过于人工化的绿化方式，尤其因为人们长期以来对引种奇花异木的偏好以及对乡土物种的审美偏见，城市中即使达到30%甚至50%的绿地率，其绿地系统的综合生态服务功能并不强[9]。因此，城市景观规划设计就应当尊重自然的生命，通过设计重新学习、认识和保护人类赖以生存的自然植被环境，模拟和建立多样化的人工植被景观系统，将自然植被景观与城市中的人工绿地景观相结合，共同构成城市景观的绿色基质，进而维护和巩固乡土自然植被的生态位，防止生物入侵、生物多样性衰退等生态安全问题威胁人类身体健康、毁坏城市基础设施而引发各种安全性灾害，进而威胁城市人类生存和发展。

2.4 水体

由于自然和人为因素的影响，中国很多城市正遭受严重的洪水灾害，人们的生存环境受到威胁，国土生态安全也在经受严峻的考验。永远都不会忘记的1998年南北持续3个月的特大洪水，造成了2551亿元的巨大直接经济损失，表明长江、嫩江等河流水系所提供的涵养水源、保持水土等生态服务功能已被严重削弱，对整个国家安全构成严重威胁[10]，更是威胁到这些河流流经的城市地区的生态安全和城市中人们的生存安全。再加上城市水体的污染、城市湖泊的富营养化、城市水资源的缺乏、城市中不同类型湿地的面积逐渐变小并趋于消失的问题，城市水体景观规划设计将面临如何维护城市水生态安全的重大挑战。

2.5 建筑

建设部原总规划师陈为邦认为，当今大城市的老城区、中心区、建筑密度和人口密度过高，城市生态安全、公共安全存在很大隐患，城市景观项目的建设需考虑兼备应急避难场所的功能。另外，新老城区的交错、老城区的改造、"城中村"的整治、新兴城市建筑景观混乱、建筑玻璃幕墙造成的光污染、建筑视觉污染等问题实质上也是广义生态安全中社会角度的生态安全问题，也是城市景观规划设计中需要考量并应予以解决的、关乎城市及城市人存在和发展的问题。

2.6 绿地

当前的城市绿地景观建设中的大树移植现象，往往是不惜工本到乡下和山上挖移大树进城，这是舍本逐末、"丢了西瓜捡芝麻"的目光短浅的做法，是"拆了东墙补西墙"的非明智之举，是导致生态不安全的生态破坏行为，必须坚决反对。城市及其景观要可持续发展，需要前瞻性的、长远的规划建设，每个城市都应当为未来生态安全的大目标来开展城市绿地景观规划设计。随着城市的更新改造和进一步向郊区和农村扩展，生态安全的绿地系统应当是城乡一体化、城市人工绿地景观与城郊自然植被景观相融合的大系统。城市绿地景观规划设计也应当以解决绿地及绿地系统中的生态安全问题为根本思想和出发点。

2.7 城市文化景观

全球化进程导致外来文化的渗透越来越多，中国传统的城市文化格局被打破，城市文化景观的本土性遭到前所未有的冲击，社会生态安全在城市文化方面表现出的一系列问题如新型文化的兴起、新老文化的交替、文化表现的动荡等都影响到城市文化景观的表现和结构特征。历史文脉多元的景观发展要求景观规划设计强化地方性与多样性，以充分保留地域文化特色的景观来丰富全球景观资源[7]。这将是深层生态安全思想意识主导下的城市文化景观。

3　结语

未来的景观规划设计将是一个更加复杂的概念，其涉及的专业知识在包含众多学科的基础上将具有更加广泛的包容性，生态安全的思想即是其中之一。景观规划设计要发展，威胁人类生存的生态安全问题要解决，二者的协调与融合将成为可能与必然。上面的论述已经证实了这一点。只有让人类达到一种安全的生存状态，才是景观规划设计的宗旨，也即生态安全的景观规划设计才是人类解决自身生存问题的良好途径。从这个意义上讲，生态安全的景观规划设计应当不仅提供一种设计的方法，更重要的是作为一种思考生存问题和解决生态安全问题的理念，并贯穿到景观规划设计的各个环节，最终实现景观与景观规划设计的可持续发展以及人类安全的生存。

参考文献

[1]欧阳志云.城市化进程突显城市生态安全问题.http://www.lahr.com.cn.2006.5.15.

[2]戴世智.寒地城市居住区更新的外环境设计探讨[D].哈尔滨:哈尔滨建筑大学，1998:18—19，29.

[3]余谋昌.论生态安全的概念及其主要特点[J].清华大学学报（哲学社会科学版），2004，19（2）：29.

[4]陈国阶.论生态安全[J].重庆环境科学，2002，24（3）：1.

[5]宋治清，王仰麟.城市景观及其格局的生态效应研究进展[J].地理科学进展，2004，23（2）：97.

[6]刘滨谊.创造美好的城市景观[J].规划师，2004，20（2）.

[7]周向频.全球化与景观规划设计的拓展[J].城市规划汇刊.2001（3）：17—23.

[8]尹海林主编.城市景观规划管理研究——以天津市为例[M].武昌:华中科技大学出版社，2005:3—4.

[9]俞孔坚.城市生态基础设施建设的十大景观战略[J].规划师，2001（6）：9—13.

[10]肖笃宁.论生态安全的基本概念和研究内容[J].应用生态学报，2002，13（3）：354.

记忆与技艺：
论文化景观再造

梁　川　四川理工学院美术学院

摘要： 景观具有物质和非物质双重文化属性，景观在动态演进中形成，是文化塑造的对象；景观具有明确的族群归属，是文化的空间载体。建造景观依靠技艺也依靠记忆，技艺造就景观也承载记忆，维系记忆依靠文化景观与技艺。文化景观记录真实的历史传统，巧妙延续旧有景观的文化性是复兴传统的重要选择。

关键词： 文化景观　记忆　技艺

引言

在传承中国优秀传统文化，着力强调理论建构民族自觉的当下，全面保护好现有文化景观资源，延续具有中国风格的历史文脉，为民众创造寄寓乡愁的新环境无疑是设计界的一个热门话题。

1 文化景观与景观文化

文化景观是文化遗产的重要组成部分，具有物质性与非物质性互为支持、互为印证的根本特征。2005年联合国教科文组织《会安草案——亚洲最佳保护范例》指出："文化景观产生于人与自然环境之间长期持续的相互作用。因此，文化景观反映了不同文化的有机哲理和观点，必须得到了解和保护。文化景观并非静态，保护文化景观的目的，并不是要保护其现有的状态，而更多的是要以一种负责任的、可持续的方式来识别、了解和管理形成这些文化景观的动态演变过程。"[1] 景观是文化的物质性表现媒介，是非物质文化存在的场所。自然地理环境是形成景观的基础，为满足个体和族群生存发展需要，人们合理利用自然地理环境创造新空间，基于亲身参与累积起来的文化经验，在系统的技艺总结和自觉的审美判断中实现人与人之间的多维度交流。人与自然长期的交互作用将文化的意义物化成为景观，人们的日常行为习惯、思维表达方法和审美感知定式与自然环境共生共存，景观成为传播文化的对象和手段，也成为文化演进的载体和结果。

人是创造文化的主体，也是文化创造的对象。中国文化自成一脉，中国人的文化景观具有鲜明的民族标识，更有多样化的地域风貌。改革开放后，出于追赶世界的迫切需要，我们以欧美为坐标，接受外来观念、借鉴外来经验、移植外来样式，为追求物质富裕而把自身所处的环境改造得越来越"现代"甚至"后现代"，失去民族底色的时尚生活在看似新潮中颠覆了中国人应有的文化自信。百年前中国文化落后的偏激判断，就已经开始消解国人心中那来之久远的文化自豪，改革开放后向西方学习的现实更加剧了我们的文化自卑。爱屋及乌，人之常情。物质对意识的决定性作用，使置身其中的每一个人不得不高看那种繁荣的物质存在，并由此厚爱与之相对应的文化存在，传统等于落后，新潮等于先进，数千年积淀起来的文化标准被无情抛弃。以物质崇拜为基点形成的文化立场使我们在面对自己的历史时不免惭形秽，民族传统不值一提，因为它们代表着落后。

何谓先进？何谓落后？身处不同意识形态的人持有不同的标准，多样化的世界滋养着多样化的民族，每一个民族都有属于自己的判断依据，它存在于民族的精神家园。族群内部最强大的认同感和凝聚力来自于传统，还来自于当下人群对传统的秉持。文化景观是容纳族群共同体认同的第一场域，它提供的情境具有历史感和真实性，它记录着前辈关于文化的种种体验，后人在此场域中亲身躬行可以最大限度地履行新旧交替，因为传统就表现在这些景观所具有的形式与内容之中。"所谓文化，即某种社会行为范式，便是人类生态与相关社会现实本相的产物。对于社会中的个人来说，文化有其规范性，让人们不知不觉地产生模式化行为。"[2]文化的规范性影响着景观的生成。文化景观是民众在改造自然和社会时创造的具有地域归属和族群归属的生活空间，而填充这个空间的还有众多属于精神存在的非物质因素，与景观相联系的种种形式与内容都有可能成为我们探寻文化本源、剖析文化品性、解读文化内涵、阐发文化精艺的一个断面。

2 技艺与记忆

技艺是创造景观的必要条件，技艺传承需要技艺掌握者施展记忆，在耳提面命中完成对他人的教育，这既是传授技术的过程，也是传承文化的过程。起初，技艺也许只是为自我创造宜居环境而选择的劳作手段，但是，如果将它与所归属的族群联系起来，它就会显露出文化的本性，因为技艺的持有者是具有知识和情感的人。作为遗产存在的景观不仅能够真实地保留下建造时代的种种信息，在建成之后，人们对它的利用和改造也会在它身上留下深刻印记。经过时间的洗礼，它的分类与构成、形态和性质、功能与用途，它所体现出的与社会政治、经济和文化之间错综复杂的关系，完全可以在其物质性的空间存在中得到确证，成为后人追忆前辈生活的第一场景。技艺是传统文化的重要组成部分，传承技艺对当下的环境设计而言显得极其重要。技艺是造物的基础，是建造景观的前提，传统技艺可以最大限度地保留或复原那些已经具有文化意义的场景，而这些场景必然是后人铭记先辈、怀念过往的第一选择。站在遗产保护立场，推进技艺传承方式的本真性刻不容缓。正如《会安草案》指出："本地区的高速现代化和城市化进程也导致了传统建筑技术、工匠技术和原料生产的衰退，在有些情况下甚至是丧失。传统的师傅带学徒的教学体系正在这一区域逐步瓦解。我们亟须通过培训、制度支持和创新方法为这些领域提供支持，将这两个群体同时汇聚在遗产地现场，创造一种传统的教学环境与学习氛围。"[3]秉承技艺是守望传统的首选，完整地持有技艺是建造原汁原味仿古环境的基础，但守望传统的目的不仅在于留住过去，更在于建设当下。传统技艺完全能够应用于新时代的设计，是因为旧有生产方式改变、旧有生活形态解体，留存在文化传统中的种种精神诉求不可能迅速改变，那些在民族共同体中具有永恒价值的文化内容还需要长久地保留下去，那些标识民族特色的文化基因始终具有超越时代的强大生命力。

事实上，我们必须将更多的精力投注到当下，新的时代必然会出现新的景观，然而，新文化景观的确认却举步维艰，因为它们不能伸张我们民族的存在，其建造技艺也没有民族底色，很难得到族群的共同体认。技艺存在于不同的地域之中，不同的地域生活诉求培养不同的技艺形态，造就不同的文化景观。技艺与文化之间具有明确的对应关系。文化可以分为物质与精神两个层面，"与文化的结构相适应，文化景观也可分为技术体系的景观和价值体系的景观两大组成部分。技术体系的景观(具象景观)是指人类加工自然而产生的技术的、器物的、非人格的、客观的东西在地球表层形成的地理实体，如聚落、农业、工业、公共事业等；而价值体系的景观(非具象景观)则是指人类在加工自然、塑造自我的过程中形成的规范的、精神的、人格的、主观的东西在地表构成的具有地域分异的意象事物，如民俗、语言、宗教等。"[4]建造具象景观首先依靠技术体系，其生成以族群谋求生存需要为出发点，非具象景观创造更多依赖族群精神性诉求，具有深刻的非物质文化特性。在传统社会中技术是个性化的生产力，它的存在以工匠们掌握的实践经验为基础，浸透着技术主体对劳动对象的深刻认识，显示出对生活环境的充分接受和高度尊重，冷漠生硬的技术由此变得温暖鲜活起来，变成具有审美价值的技艺。那些为不断满足生活需要而进行的创造相互作用，共同构成日常生活的情境，当它们经过一定历史时段而有

幸未被毁损之时才有可能成为后人反观过往的真实物证。无论具象还是非具象，物质还是非物质，决定其生成的永远是技艺。

与技艺相对应的是记忆，记忆延续离不开具有特定文化属性的物质空间。设计具有中国气派的文化景观理所当然少不了传统艺术元素，元素可以是物质性的、静态可视的，也可以是非物质的、动态演进的。文化传承则必须依靠族群这个集体，因为设计的逻辑起点永远是为他人，景观的文化意义永远需要生活在这个场域中的族群来体认。有效维系族群集体记忆，展示传统文化魅力，谋求民族群体认同是必须解决的问题。"集体记忆的框架把我们最私密的记忆都给彼此限定并约束住了。这个群体不必熟悉这些记忆。我们只有从外部，也就是说，把我们置于他人的位置，才能对这些记忆进行思考。"[5]记忆的力量来自于他人，他人的确能将我的生活界定在某一历史情境之中。记忆依靠族群共同秉持的文化传统实现有效建构，在集体无意识状态下形成特定模式，它的共享性可以为技艺传承提供多重保障。

3 文化景观再造

一方水土养一方人，不同的水土养育不同的人，造就不同文化景观时下。开放与交融已经成为十分普遍的世界性现象，由于国家、民族、地区之间的自然阻隔被完全打破，全球化文化交流伸延至世界每个角落，传统意义上那种封闭的、自给自足的文化模式不复存在，文化传播的及时性和纪实性愈发明显，这导致在强势经济基础上生成的文化更有可能成为强势文化，在有意或无意中为文化霸权助长声威。就文化景观而言，中国设计界无疑是选定欧美作为参照系的，因为欧美范儿是强势文化的代表，但就文化景观遗产保护而言，他们也走在我们的前面。1933年国际现代建筑协会《雅典宪章》提出："一个城市的精神是长时期形成的，而象征

着群体精神的最为简单的建筑往往具有隽永的寓意；它们是传统的灵魂——这种传统决不意味着对未来发展的限制，它只是将气候、地形、区域、种族、习俗等融汇为一体。"[6]其实，梁思成先生关于古都北京的保护规划和改造利用思想即来源于此。朱涛在《阅读梁思成之七·梁思成的城市规划思想综述：1930-1949》一文中有明确断定："他一定阅读了柯布西耶综合国际现代建筑协会（CIAM）1933年在雅典的第四次会议的决议，1943年出版的《雅典宪章》。"[7]毋庸讳言，百年来中国设计界的顶层思想建构没有跳出西方的逻辑。

艺术可以无所谓东西，但必须有传统，无论是从传统中滋生出来还是决裂出去，其坐标点都应该有章可循。说东西是强调审美取向，讲传统是强调族群归属。因社会变迁而导致对技艺的自然遗忘本来在所难免，但是，那些体现民族悠久历史的文化景观不该被人遗弃，那些能够体现中国工匠集体智慧的优秀技艺不该被人抛弃。不幸的是，许多具有深厚传统的地方建造技艺已经被彻底遗忘，因为它们构筑的文化场景在过去的很长一段时间内被判定为"落后"，掌握建造技艺的工匠们已经完全找不到安身立命的谋生之路。就保护而言，做到原汁原味，则要求设计师必须熟知传统、掌握技艺。在这方面梁思成先生仍是一位先行者，"梁先生指示要接近古建老师傅。当日古建筑技术，大体分瓦、木、扎、石、土、油漆、彩画、糊等各工种。从工具到备料、工艺等，均向老技工请教。"[8]向工匠学习，尊重他们的技艺，才真正能够把握住传统文化蕴涵的技术理性。"建筑是一门技术科学——更准确地说，是许多门技术科学的综合产物。这些问题都必须全面综合地从工程、技术上予以解决。"[9]技艺丧失使我们不仅无法照旧原样复制，也难于进行维修改造，因为一旦施加改造则必然产生假古董。

保持传统技艺是保护文化景观的基础，也是培养文化传承人的前提。时移世易，新旧交替理所当然，将守成和创新合二为一无疑更具现实意义，当然，这里所说的守成不是要求当代人硬生生地回归到所谓过去的生活中去，泥古不化、墨守成规，而是要求文化主体能够清醒地认识到自我文化精髓所在，有针对性地保留住那些最能体现民族特色的艺术要素，并能适时运用于当下生活以建设新的文化环境，那么，创新之意不证自明。因此精研传统，找准文化根脉尤其重要。建设新环境离不开对旧环境的深刻认识和深厚感情，尊重自己的文化传统，才能够热爱自己所处的文化环境，理解现有文化环境的生成，也才能够珍惜文化传统中那些人的独特创造。王澍"回收"废旧材料就充分说明这种情况。预制化是建筑艺术重要的工艺特征之一。旧的砖瓦石料镌刻着历史印痕，能充分唤起民众对过往历史的深刻记忆，原本就具有预制化性质。以重新累砌的方法改造旧材料，使废旧材料产生新的功用，剥离那些根本无法适应现代建造技术的内容，在"变废为宝"中体现传统精神的延续。"一个是这个材料我很喜欢，这种自然的材料，是非常好的技术做出来的，质量非常好，几百年过去了，还那么好。另外，时间就是一个文化，是非常有尊严的东西。被拆成垃圾一样，这个我完全不能接受。我就想了一个办法，再用它们，而且能够让它们恢复尊严的感觉。"[10]突破旧有景观建造时形成的内容与形式之间的既定联系，研究其可以独立生成的"形式"存在或"内容"存在，予以巧妙改造，借此完成传统造型法式的设计创新。

4 结语

长久以来生活在某个特定地域的人，他们对文化的体认必然受制于在这个空间中已然形成的传统，而且受习惯支配，已然熟悉了这个特定空间生活方式的人，必然对这个场域心生眷恋与热爱。尊重传统是把握景观文化精髓的先决条件。善待技艺，探索保留民众集体记忆的设计方法，找寻一条不割裂旧有艺术形态的创意之路，在当代生活中建造感知传统文化精神的新情境，才能实现民族文化旧有内容的新转换；使民众在新情境中继续保有对过往生活的愉快体验，才能真正做到复兴传统。

参考文献

[1]联合国教科文组织世界遗产中心，国际古迹遗址理事会，国际文物保护与修复研究中心，中国国家文物局.国际文化遗产保护文件选编[Z].北京：文物出版社，2007:354，354，8.

[2]王明珂.反思史学与史学反思[M].上海：上海人民出版社，2016:67.

[3]吴必虎、刘筱娟.中国景观史[M].上海：上海人民出版社，2004:5.

[4]莫里斯·哈布瓦赫.论集体记忆[M].毕然，郭金华译.上海：上海人民出版社，2002:94.

[5]朱涛.阅读梁思成之七·梁思成的城市规划思想综述：1930——1949[J].时代建筑，2013（4）：155.

[6]单士元.梁先生八十五诞辰纪念[A].梁思成先生诞辰八十五周年纪念大会编印，梁思成先生诞辰八十五周年纪念文集　[C].北京：清华大学出版社，1986:26.

[7]梁思成.拙匠随笔（一）[A].梁思成文集（四）[C].北京：中国建筑工业出版社，1986:265.

[8]王澍、白睿文.在"回收"中找回记忆[J].读书，2015（9）:59.

景观设计中的民族文化传承与更新
——以戛洒镇花腰傣旅游度假综合商业区景观规划设计为例*

包　蓉　西南林业大学
谢荣幸　西南林业大学

摘要： 该论文通过对玉溪市戛洒镇花腰傣旅游度假综合商业区的景观规划方案进行介绍，着重介绍和分析了花腰傣独特的民族文化在规划设计中的体现。指出了传承民族生态文化观、体现民俗、利用民族视觉符号开展设计，是景观设计传承和发展民族文化的三个关键途径。

关键词： 景观设计　民族文化　传承与发展　花腰傣　综合商业区

民族文化依附人们的宇宙观、宗教观、生态观而产生，体现在经济政治、民族宗教、风土习俗等社会生活的各个方面。在景观设计中传承民族文化，是体现景观地域文化特征、形成独特地域形象的重要途径，也是传承和发展少数民族文化的需要。

我国是一个多民族融合的国家，少数民族文化丰富多彩，各民族地域特色突出，如何在全球化背景下实现融合与发展，成为摆在规划设计工作者面前的难题[1]。在云南这样的民族文化省份，探讨如何在景观设计传承民族文化，是景观设计的重要课题。

1　项目概况

戛洒镇位于云南省玉溪市新平县西部，居住着傣、哈尼、拉祜、汉、布朗、彝等六个民族，傣族占总人口的63.9%。其中花腰傣约有80%，因此戛洒镇素有"花腰傣的故乡"之称。花腰傣被称为古滇国的王族后裔，至今仍保留着中国傣文化中最原始、最古老的原生型文化。在城镇化背景下，戛洒镇政府提出了把戛洒建成云南独具魅力的花腰傣文化生态旅游休闲区的发展方向。按照规划，该项目所在的地块位于戛洒新镇中心商业圈，在戛洒文化生态旅游活动中，承担旅游度假接待和综合服务功能。

2　场地认知和地域文化分析

2.1 场地认知

项目位于戛洒江和南恩河交界处，交通便利，周边自然条件

*基金项目：本文为2015年度云南省哲学社会科学艺术科学规划项目A2015YBS005的成果之一；2015年度教育部人文社会科学研究项目15YC760001成果之一。

图1 设计理念与构思图

图2 酒店入口效果图

图3 "鸡枞帽"水景观效果图

优越、环境优美。基地地处海拔512.9米的干热河谷,雨量充沛,气候温和。总占地面积16781平方米,西高东低,基地内高差为3.6米。地块上生长着44棵大乔木,其中大青树1棵,芒果树27棵,攀枝花树13棵,玛莱树1棵,酸角树2棵。

项目东面正对视野开阔的戛洒江和镇政府规划的200亩滩涂绿化地,北侧为南恩河,东北面有一口待开发的温泉,西侧为戛洒街,南侧为7米宽的规划道路。基地背对花街商业一条街,处于镇中心商业圈,周边商业环境良好。

2.2 地域文化

戛洒镇是花腰傣的最大聚居地之一,有着深厚的民族文化。这为挖掘当地的历史文脉和精神内涵,整合和提炼有价值的文化资源开展景观设计提供了充足的条件。

据说,花腰傣是古滇国贵族的后裔,是历史上傣族迁徙途中的落伍者,由于地理因素,长期封闭在红河上游的热坝地区,花腰傣人才得以保留了傣族中古时期的一些习俗[2]。花腰傣因其服饰古朴典雅、雍容华贵,采用彩带层层束腰,挑刺绚丽斑斓的精美图案,挂满艳丽闪亮的樱穗、银泡、银铃而得名。

花腰傣与其他傣族支系有着共同的创世纪神话,但她们不信小乘佛教而是自然崇拜和祖先崇拜。人们认为世间万物都有灵魂,水有水灵,山有山灵,树木和农作物也有其灵魂。由此产生了人们对各种显魂的祭祀与原始崇拜。花腰傣文化丰富,有文身染齿、用槟榔待客的奇异习俗,有土陶制作、纺织刺绣等优秀的传统工艺美术,是少数民族文化中的一朵奇葩。

3 景观规划设计

3.1 设计理念和构思

在前期的场地调查和文化分析的基础上,提出了"生长在戛洒"的设计理念(图1)。"生长在戛洒"表明了这个项目是从当地的自然环境和文化土壤中孕育而来的,它天然地适应这片土地,并且体现了这片土地的精神。这个基因里带着花腰傣文化的景观项目,是这片土地的孩子,在新时代里传承和发扬着花腰傣的文化精髓。

在整体构思上,景观规划设计力图做到敬畏土地上的生灵,传承土地上的文化。尽可能地保留原场地的面貌和资源,并且提取独具特色的当地元素融入设计。抱着这样的一种观念去设计,协调人地关系,重建天人合一的生态和谐、文化和谐。

3.2 功能分区和交通规划

根据建筑规划设计的报规文件,将该项目分为三个景观功能区:商业景观区、酒店景观区和滨水景观区。商业景观区是设计的重点,也是整个项目的人气所在,这里是集购物、休闲、娱乐、康体为一体的多功能商业区。主要由两大景观轴线和多个节点构成,其中景观主轴线以花腰傣的花腰带为设计元素。美丽的"花腰带"

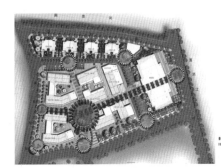

图4 景观结构图

贯穿和联系整个场地，同时又以"槟榔"样式的树池点缀其间，形成具有戛洒特色的商业街。结合场地现有条件，在商业景观区中心位置设置龙树广场，形成有凝聚力的场所。而酒店区则追求简洁现代的效果。在酒店前门和后门各设置一景观节点。酒店入口延续建筑形式，以"菱形纹"为元素设计入口标示（图2）。在酒店后以"鸡枞帽"为元素设计水景（图3）。为了体现豪华大气和整洁的效果，配以"三角纹"样式的魔纹花坛来烘托整个酒店气氛。滨水别墅区的设计追求静中取乐，和传统的花腰傣民居一样，与水相伴，静谧舒适。

在交通规划上，为满足综合服务功能，消防通道贯穿酒店区、商业区和滨水别墅区，方便消防车及时到达；备用消防通道深入商业区，覆盖消防通道所涉及不到的范围，并且可以作为商业区的货运通道。景观道路分为三级，一级道路作为主要道路，供机动车行走，连接酒店、商业区及滨水别墅区；二级道路贯穿商业区；三级道路供店铺进出口所用。

3.3 景观结构规划和节点设计

依据该地块的地形地貌，建筑的规划和功能组织，将景观规划为"三轴九点"的结构（图4）。"三轴"指的是一条景观主轴，两条景观次轴。主轴贯穿了酒店正门、后门、商业中心和沿街的路口；一条次轴贯穿了步行街路口、商业中心、住宅区与商业区交汇

的路口；另一条次轴贯穿车行主入口、酒店后门和交通干道的大转角。九个景观节点分别处于三条景观轴线的起始处和交汇处。做到处处有景，步步吸引。最重要的景观节点位于商业区中心，这里古木林立，树木葱茏，是花腰傣聚集的主要场所，也是传承民族文化的重要基地。

3.4 绿化设计

绿化设计遵循生态、美观的原则。从生态设计的角度来看，首先做到合理利用场地的原有资源，保护场地原有植物；适地适树，大量运用乡土植物，特别是热带、亚热带棕榈科植物和桑科榕属植物的运用很好地凸显了地域特色；合理搭配乔、灌木，尽量采用地被植物，减少草坪的面积。植物配置遵循美学原则，注重植物的季相变化、节奏感和韵律感，主动营造高差，形成起伏，使景观产生丰富的层次。

4 景观设计中对花腰傣民族文化的传承与发展

4.1 生态文化观的传承

生态设计是当今景观设计的热门话题，也是景观设计的潮流所向。如何在花腰傣的传统文化中提取与总结出人与自然和谐相处的生态观，并且在当代景观设计中加以借鉴和利用，对景观设计来说无疑是有益的。

花腰傣认为树干粗大、树冠宽广、枝叶茂盛、寿命长久的大

图5 龙树广场效果图　　　　　　　　　　　　图6 菱形纹水景观效果图

青树是神的化身。每个村子都有一棵大青树，称为"龙树"，是村子的中心。每年春天全村人都要在大树下面进行隆重的祭祀活动，杀猪宰牛，称为"祭龙"，目的是祈求天神保佑风调雨顺、五谷丰登。[3]大青树的长势好则象征着村民兴旺发达、健康长寿、吉祥幸福。花腰傣不仅崇拜龙树，对风水林也充满了敬意。许多大树聚集形成风水林，通常位于村落的水口或宅旁。在花腰傣看来，风水林具有滋润土地、滋生水源、辟邪驱灾、庇护聚落平安的功效。

从龙树和风水林的生态文化中，可以看出花腰傣对树木的尊重和爱护。因此，设计充分尊重花腰傣的生态文化传统，尽可能地保留基地上原有的大树。将商业区看做一个花腰傣聚落，大青树作为聚落的龙树，芒果树和攀枝花树围绕龙树，形成龙树广场（图5）。此外，场地中原有的八棵大树被建筑占用，于是将这八棵移栽到风水林。风水林设置在酒店的旁边，正好是水泵房所在，茂密的植物既遮挡了水泵房，同时也处于"水口和宅旁"，有滋生水源、庇护居所的寓意。龙树和风水林的设计保留和延续了当地文脉，同时也做到了生态自然、天人合一。

4.2 生产生活和民俗的体现

花腰傣在生产生活中有许多奇异的风俗和习惯，比如"以槟榔待客"、"用辽达祈祷"、"佩戴秧箩"等。吃槟榔是花腰傣的待客之道。古往今来，花腰傣把槟榔作为上等礼品，他们认为"亲客

来往非槟榔不为礼"。椭圆形的槟榔果是美好友谊的象征，也是青年们爱情的象征。"辽达"原本是祭祀寨神时的法器。竹篾编织成圆形、椭圆形、雪花形等各种形状的"辽达"，在农耕时插在田间地头祈祷丰收，挂在门口则寓意吉祥。"秧箩"原本是插秧时节用来放秧苗的竹箩，后来成了人们的随身容器，用来盛放饭菜给心爱的人食用，因此有"吃秧箩饭"的定情仪式。

在地面铺装、坐具和树池设计中，采用了圆形的辽达、椭圆的槟榔，以及秧箩的造型（图6）。将花腰傣的民俗生活提炼出来，融入景观设计中，也表明了旅游度假小镇对游客的热情欢迎和祝福。

4.3 典型性民族符号的利用

花腰傣的服饰艳丽华贵，特别是服饰的腰部彩带层层叠叠，颇具特色。在花腰傣的服饰中可以看到大量三角纹（也叫山形纹）和菱形纹的装饰，象征了花腰傣人居住在高山环抱、河流相伴的地理环境中[4]，寓意深刻。花腰傣服饰色彩浓郁艳丽，色彩较多。但由于色彩搭配中同类色、邻近色偏多，如同类色中的酒红、砖红、橘、玫瑰红、粉色，所以整体色调并无杂乱之感[5]。

在地面铺装设计中，采用了戛洒民族文化中最具有典型意义的符号作为铺装纹样，尤其是三角纹的带状铺装贯穿了景观主轴，如同花腰带一样有着强烈的装饰意味（图7）。菱形纹在酒店入口景观和水景观墙上都有运用（图8）。在景观材料和色彩的选用上，也尽

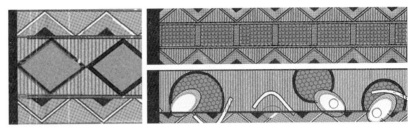

图7 地面铺装局部

图8 槟榔树池效果图

图9 鸟瞰图

可能体现出花腰傣的民族风情，采用黄锈石、金麻黄花、黄木纹、幻彩红、中国红、海棠红花岗石做主材，用中国绿花岗石、深青石板、芝麻白料石、红褐色水洗石和黄色水洗石做辅材，形成以黄色调为主、红色和灰色调为辅，蓝色和绿色调作为点缀的铺装景观，色彩艳丽华贵，质感富于变化。

5 总结

综上所述，戛洒旅游度假综合商业区的景观设计，扎根于戛洒的土壤之中，充分挖掘当地的民族文化，充分尊重场地的自然特征，提取和保留了当地良好的自然生态和历史文化遗存，并通过广场、水景、植物、铺装、设施和小品等形式来具体演绎。形成了充满生命力和体现地域特征，具有独特形象，也能使当地人获得归属感和认同感的景观环境（图9）。

在全球化的冲击下，国内的景观设计大量存在西方化、雷同化等问题，景观形象单一，地域特色丧失的现象十分明显。研究和探索民族文化在景观设计中的传承和发展，是今天中国的设计师们所应考虑的。

参考文献

[1]王彬汕.少数民族地区新乡土设计:塑造一种融合与发展的地域景观[J].中国园林，2009，25(12)：84-87.

[2]孙军.云南玉溪花腰傣[M].昆明：云南美术出版社，1998.

[3]郑晓云."花腰傣"的文化及其发展[J].云南社会科学2001(2)：60-64.

[4]孔令奇.探析花腰傣服饰的符号寓意[J].山东纺织经济，2011(2)：47-49.

[5]庞绮，孙阳.滇南与滇中地区花腰傣服饰色彩异同[J].设计艺术，2013(3)：18-24.

云南滇东自杞国遗址景观修复与再生设计*

崔龙雨　西南林业大学艺术学院
郭　晶　西南林业大学艺术学院
徐　钊　西南林业大学艺术学院

摘要： 从古滇王国的历史文化特征入手，分析了自杞国遗址景观发展中存在的问题，探讨了自杞国遗址景观修复与再生设计的思路和途径，提出了自杞国遗址景观修复与再生设计策略，为自杞国遗址景观的特色文化传承和旅游资源开发提供多元化的理论支持。

关键词： 自杞国遗址 景观修复 再生设计 云南滇东 环境设计

自20世纪90年代以来，云南凭借丰富的旅游资源成为全国知名的旅游大省，旅游业已经成为云南经济发展的支柱产业。近年来，政府陆续出台了"美丽乡村建设""发展乡村旅游"的相关政策，为云南的特色文化传承和旅游资源开发创造了有利条件。自杞国遗址是云南滇东先民留给人类的一笔珍贵的历史文化财富，对于发展当地旅游业、改善人们生活水平有着很大帮助。然而，由于社会经济的快速发展，现代文明悄然而至，村落居民的生活方式已发生了很大改变，随之而来的是外来文化影响下人们对于新生活的追求。如何保护自杞国遗址景观的文脉传承和旅游资源的可持续发展，实现自杞国遗址景观的修复与再生，是当今时代人们亟待解决的现实问题。

1 自杞国遗址概况与文化特征

云南省沪西县永宁乡隐藏着一座千年历史的古村落，因这里保存着600多幢土掌房使得这个村子引人瞩目。云南本土学者杨永明经过多年的考察，从大量史料中获悉，城子村就是一千年前曾经存在的古滇"自杞国"遗址，盘江古战垒、滇东古长城、千年土窟城、乌蛮陶文化等都勾勒出一个带有浓厚历史文化氛围的古滇王国。中科院地理科考队在考察城子村后认为："古村落具有极高的科学价值和观赏价值，是极其难得的风景旅游资源，并符合世界文化遗产的所有标准"。

自杞国遗址（城子村）位于云南省红河州泸西县的永宁乡，最高海拔为2234米，最低海拔为870米，呈现垂直立体的气候特点。城子村与丘北县、弥勒县接壤，距离县城23公里，属于南亚热带气候，全年最高气温30摄氏度，最低气温0摄氏度，年平均气温21摄氏度，年降雨量为1100毫米。城子村在长期的自然环境和历史文化的影响下，形成了特色显著的土掌房建筑，被专家学者们喻为原始土掌房的活化石。因城子村山高坡陡、环境优美、景色宜人，且建筑与环境融为一体，自杞国遗址景观无疑成为融合自然与生态环境的宝贵旅游资源，对于当地旅游经济的可持续发展有着现实的意义。

1.1 自杞国遗址的历史背景

经云南本土学者杨永明多年考证，"自杞国"曾是古滇时期存在的一个国家，1253年归顺了元朝，据《云南志》卷七记载："至

*项目基金：西南林业大学科技创新基金项目"基于旅游开发的滇东自杞国遗址景观修复与再生研究"（项目编号：15128）；云南省哲学社会科学规划项目"云南新平夏洒花腰傣民居建筑保护与再生研究（项目编号：QN2014082）。

元中，弥勒部仍以本部为千户把总，继续领吉输、哀恶、步龙、阿欲四千户。"明朝成化年间，泸西设置土司衙门，改为永安府（城子村旧名），其住户增至1200余户，出现了飞凤山土司府、江西街等。城子村现存历史较长的24处景观建筑群位于小龙树山，建于清雍正八年（1730年），至今已有280多年历史。虽然从发展历程来看，城子村的建筑群多是军事防御攻伐选择的结果，但是从生态角度来看，城子村是人类居住的理想场所，具有很多优点，例如：村落依山而建，高差依山体坡度设计，其山体的视觉形态与自然地貌符合生态自然观，村落景观的山坡形式具有较好的日照系数和采光性；建筑平面采用合院布置，建筑结构由厚实土料构成，能够做到保温隔热、冬暖夏凉，从而很好地节约了能源，同时屋顶晾晒与建筑的紧凑布局为土地资源的节约和综合利用创造了条件。

1.2 自杞国遗址的文化特征

自杞国遗址有着独特的彝族文化精神，城子村的选址体现出传统观念。"城子村背依高山，山势犹龙；中有大河流至村头，可谓玉带环抱；立于飞凤坡远望，则有左青龙、右白虎、上朱雀、下玄武的格局。"同时城子村的景观布局，体现出宗教思想的意识观念。房屋内的火塘是彝族文化的特征之一，他们认为火塘是家族的象征，火塘中的火四季不灭，体现了家人生活长年红火。自杞国遗址体现出的民族文化瑰宝有很多方面，例如彝汉建筑结合的土掌

房、精巧的房屋门窗、规整的柱头柱脚，还有屋檐上精妙绝伦的龙凤雕画，使城子村的建筑有着浓厚的民族气息。城子村也有很多民间文学，如"昂土司的兴衰""江西街的沉浮""将军第的辉煌""张冲将军的起家"等都体现出古滇王国的文化积淀。城子村的木雕、石雕也较为出名，特别是将军第的门窗、屋檐雕刻精美，木雕"渔翁得利""飞凤朝阳"极为精彩，还有绘画、民歌等都烘托出古遗址文明浓厚的文化底蕴和历史气息。

2 自杞国遗址景观修复与再生设计的理论基础

随着经济发展和外来文化的冲击，村落居民的生活方式发生了改变，人群居住结构和生活习惯也发生了相应的变化，原来的居住环境与空间功能已经满足不了当代生活的需要。新时代下，人们的生活方式产生了多重的功能需求，无论从生理上还是心理上都需要进行自杞国遗址景观的修复与再生设计，当然不能丢弃传统的地域文化特色，作为人类宝贵的历史文化遗产，应在继承和发扬传统文化的基础上探讨自杞国遗址景观修复与再生设计的发展。

自杞国遗址景观修复与再生设计理论，体现出朴素的生态学思想，最早在《荀子·劝学》中曾讲："草木畴生，禽兽群焉，物各从其类也。万物得其和以生，各得其养以成。"充分体现了古人对于环境和谐与自然平衡的早期意识和人类智慧，体现出人、自然、环境之间的协调关系。自杞国遗址景观修复与再生设计，其理论核

心应坚持"以人为本"的原则，目的是提升景观旅游价值和居民生活需求，实现自杞国遗址的可持续发展。

2.1 生态设计观

自杞国遗址景观修复与再生设计应遵循系统保护、合理利用、协调建设的基本原则，具体包括：保护遗址区生物多样性原则、保护遗址生态系统连贯性原则、保护遗址环境完整性原则、生态可持续发展原则、综合协调合理利用原则等。这些原则落实到遗址景观模式结构的开发上，要做到风格上突出自然生态性、内容上强调科普教育性、形式上强调体验参与性，并充分强调地方文化性。自杞国遗址景观实现与再生设计，具体体现为：①完整性，需要考虑生态基建的完善、遗址绿化系统组团、生态环境多元等方面，从人文生态、景观生态和生物生态的视角，来实现古遗址历史文化的景观再现，当修复古遗址景观风貌时，还需结合生活环境的相关对象，实现环境修复的系统化与整体性；②原真性，需要坚持"修旧如旧"的原则，保护历史文化积淀，还原景观的历史信息，保护历史文化场景，反对拆老古董建新古董的"返老还童"的做法；③延续性，遗址景观是历史文化与自然环境共同塑造的结果，是长期发展过程中积累的财富，其核心是保持遗址景观文化的延续，在新时代中谋求可持续发展。

2.2 可持续发展

自杞国遗址可持续发展的核心思想是探索人与自然的平衡之道、节约资源、合理利用能源、改善恶劣环境、正确处理人与自然的和谐关系是景观环境建设的基础。自杞国遗址景观修复与再生设计，应该实现遗址、文化、景观之间的可持续发展，具体体现为：①注重人文和自然特征，应把独有的自然生态通过景观形式充分体现出来，其中生态和谐是贯穿整个景观设计的主线；②注重科

学保护和适度开发，因"经济发展、人群结构、生产方式和生活习惯等"发生变化所引起的"历史文化建筑与现行生活需要"之间存在的矛盾关系，需要在"继承传统文脉和保护文化遗产"的基础上寻求解决问题的科学方法，重新诠释古遗址景观的文化内涵，让古村落在满足宜居条件的基础上焕发持续的生命力；③从"保护历史文化遗产和自然生态环境"的角度出发，避免居住环境的趋同，发掘地域文化特色和民族艺术瑰宝，合理保护传统民族手工艺和特色营造技术神韵，弘扬传统文化，延续历史文脉，提高少数民族的文明审美意识和生态文化意识并顺应时代潮流，满足新的生活需求和居住功能需要，促进自杞国遗址景观修复与再生设计的和谐发展，提高民族村落居住环境的品质。

3 自杞国遗址景观修复与再生设计的构思要点

作为自杞国遗址的城子村，其景观建筑群具有较高的保护和开发价值。自杞国遗址景观修复与再生设计，可以依托遗址景观建筑群，对其空间结构、空间形态、景观环境及周边景色，围绕生态旅游和古迹游览进行总体设计，并将生态学的思想应用到景观设计之中。同时，引入园林式的自然元素，利用自然系统的自我有机更新来进行遗址景观的再生设计，实现古遗址景观文化的多元化发展，用将历史记忆融入生态旅游的理念营造其文化特色和艺术魅力。

3.1 主导思想

自杞国遗址应采用"复原与修补、重建与更新、再植与改良"的设计手法，以"历史典故"为主线，在自杞国遗址周围修复古建、广植树木，增加文化旅游线路，杜绝古遗址景区保护范围内的"现代建筑"形式，仅在古遗址外围区域合理规划一些特色服务设施，供游客购物、休息、娱乐和住宿之用，以保护古遗址景观的原始生态性。同时，还原历史原貌、开发隐性的旅游资源是自杞国

遗址景观修复与再生的主要宗旨，需要在整体在上展现遗址景观规划的开放性、历史性、时代性，在布局上体现古遗址景观环境的和谐性和统一性，在细节上体现古遗迹景观场景的优雅和内涵。

3.2 设计思路

对自杞国遗址本体及周围环境的修复与再生，应以绿化和展示为手段，逐渐修复遗址景观的历史风貌，建成以历史文化古迹游览为主线的景区环境，形成集科考知识、民俗风土、旅游观光为一体的遗址景观公园。具体体现为：①对原有遗址景观进行改造，对无规划的"现代建筑"进行拆除、改建，将古遗址中的老建筑进行修复和加固，对破坏旅游环境的不协调建筑，进行统一的规划整改，保护历史景观的和谐性；②对古遗址景观的本体修复主要体现在"土掌房"的修复，首先应加固建筑的结构，改进建筑的综合功能、墙体承重、雨水侵蚀、材料更新等，其次是对景观植被的修复，特别是"古树"的修复，应采用"补洞疗伤、树木注液、合理修剪、渗水管透气系统"等方式进行；③创建标志性的"遗址景观符号系统"，挖掘遗址景观修复与再生的文化底蕴，古遗址景观的修复需要建立完整的"符号系统"，可以给游客带来情景交融的亲身感受，直接反映出自杞国遗址的远古文化；④自杞国遗址景观的展示系统，体现于现场展示设计和陈列展示设计，遗址村现场展示设计的重点是"遗址入口、登高观景、身临其境"等布置方式，激发游客对遗址村的"景观组合、景观模式、景观尺度"进行亲身体验，并加强对"古战垒、古城墙、土司府和江西街"的还原更新设计。遗址村的陈列展示设计主要重心放在"民间工艺品、民族服饰、民族雕刻及当地书籍"等上，这样才能丰富古遗址景观的空间层次和艺术特色。

4 自杞国遗址景观修复与再生设计的策略思考

自杞国遗址景观修复与再生设计，需要从"自然创造美、工艺揭示美、感受决定美"的角度出发，进行遗址村的文化观察、美学思考、社会风潮的梳理，还原历史"真实性"与景观建构"精确性"的优化整合，从而实现自杞国遗址景观的文脉传承和可持续发展，营造古遗址景观的文化特色和艺术魅力。可以看出，自杞国遗址景观的修复与再生充分体现了自然生态理念，强调"地域特色、民族文化、风土人情"，解读遗址景观的聚落形式，利用乡土材料重构、村落建造构法、节点细节设计等方式给人们更多的启发。

4.1 设计定位

"人"是景观的使用者，首先要考虑人的因素，提高遗址村环境的质量和品质。其次要注重自然生态平衡，采用"建筑景观、植物景观、文化景观"三位一体的方式，结合古树、古村营造出令人心旷神怡的美丽景色。而后，还要注意遗址村环境的地理因素，以"因地制宜"的方式，遵循"适地适树""适景适树"的原则，正确选择适生树种和乡村树种，做到经济节约，发挥景观环境的生态效益。最后，遗址景观的修复与再生应从自然生态角度出发，综合考虑环境需求、绿化技术与生态设计的综合原则，发展"整体、主动、有机、有序"的再生设计理念，大力发展乡土地域特色景观创作思路，实现景观空间与人的行为、心理的互动效应，促进自杞国遗址景观修复与再生设计的可持续发展。

4.2 设计手法

对于遗址村的建筑设计，仍然保持传统土掌房的形态，仅是对附属建筑进行改造与创新，采用乡土材料和传统工艺，以简洁概括的方式营造土掌房的形式美感，并使土掌房与周边自然景观协调一致，充分展现景观规划的观赏性与时代性。对于遗址村的景观绿化，要注重景观的层次性与丰富性，除了配置传统的古树、绿植外，可以增添一些层次丰富且有变幻性的树种和植被，为游客体验古遗址多样的自然风光创造条件。这样设计的遗址村仿佛是一个花园，美不胜收，节奏起伏中散发出一种对古韵乡愁的记忆与怀念。另外，对于遗址村的小品设计，功能与观赏合二为一，既满足功能需求，又达到景观装饰效果，使整个遗址村呈现"古滇风韵"的基调，例如旗帜与石刻设计、土司府大堂设计、遗址村围墙设计、景观灯饰设计及小广场环境设计，都散发出浓郁的古滇王国文化气息。

4.3 布局形式

在自杞国遗址总体布局设计上，功能分区融合景观布局凸显文化特色，可以划分为遗址景观核心区、遗址景观延伸区两大部分。核心区为遗址景观再生设计的主体部分，主要体现"土掌房"建筑群、"遗址景观、土司府、江西街、古巷道"等；延伸区，主要体现"遗址区的民俗文化、自然景色，以及游客购物、休息住宿、散步游览、工艺制作体验"等，还有一些民族歌舞表演、民俗工艺品展览等。另外，道路交通要合理布局，注重游览的便捷性和景点的集中性，其中，遗址中心区保留原始的古巷道，应精心梳理设计地面材料与道路景观，并且进行周边道路的综合设计，移步换景、趣味横生，提升街道环境的可观赏性，特别要注重遗址景观的竖向设计，在古遗址区内合理布置古战垒石雕、先民生活场景石雕、土司

生活环境浮雕等主题雕塑群，渲染遗址村的历史文化，还原自杞国遗址古韵犹存的景观意境。

5 结语

遗址景观是一种珍贵的历史文化财富，它不仅为人类传播无限的精神动力，也为后人带来无穷的经济资源。云南滇东自杞国遗址景观修复与再生设计，体现了开发旅游资源与传承民族文化的重要意义，从"保护历史文化遗产和自然生态环境"的角度出发，实现"人、自然、社会"的和谐，符合社会发展的时代需求。继承和发扬古遗址景观环境的地域文化与民族精神，保护传统文化，挽救民族遗产，已刻不容缓。本文提出自杞国遗址景观修复与再生设计策略，为自杞国遗址景观的特色文化传承和旅游资源开发提供多元化的理论支持。

参考文献

[1] 苏伯民.国外遗址保护发展状况和趋势[J].中国文化遗产，2005(1):104—107.

[2] 梁思成.中国建筑史[M].天津：百花文艺出版社，1998.

[3] 李海燕.国内外大遗址保护与利用研究综述[J].西北工业大学学报（社会科学版），2007(9):16—18.

[4] 褚智勇.建筑设计的材料语言[M].北京：中国电力出版社，2006.

云南新平戛洒花腰傣土掌房建筑的保护与再生设计*

郭 晶 西南林业大学艺术学院
徐 钊 西南林业大学艺术学院
郑绍江 西南林业大学艺术学院

摘要：本文从云南新平花腰傣传统土掌房的建筑特色入手，分析了土掌房因社会发展和时代变迁所产生的现实问题，构建了土掌房建筑的保护模式，并对土掌房建筑室外部分和室内部分进行了再生设计探讨，为新型土掌房的文脉传承和可持续发展提供多元化的理论支持。

关键词：土掌房 再生设计 建筑特色 新平花腰傣

建设美丽乡村，发展乡村旅游是推进新农村建设的有效途径之一。云南省依托丰富的旅游资源，建设了众多环境优美、特色鲜明、景观独特、文化气息浓郁的旅游村寨和旅游乡村。作为我国花腰傣族的聚居地——云南省新平县戛洒镇，有着丰富的高原干热河谷自然风光、花腰傣民俗风情以及独具特色的传统土掌房建筑，对拓展当地旅游产业、推动经济增长具备良好的发展优势。然而，随着社会经济的快速发展，现代文明悄然而至，不断改变着当地村民的生活方式与风俗习惯，随之而来的城市文化冲击影响了人们对于新生活的诉求，当地居民迅速引进城镇、新村寨的建设模式，花腰傣村寨建设中出现了大量盲目的拆建、改造和废弃问题，造成村寨中水泥、钢筋混凝等材料建成的"小洋楼"与土掌房并存，曾经田园古朴、清新典雅，与自然融为一体的民族建筑风格荡然无存。因此，从民族文化可持续发展的角度来看，在满足当地村民的多重需

求的同时，挖掘新型土掌房的地域文化，实现新型土掌房的文脉传承和延续民族传统，对花腰傣传统土掌房建筑进行保护与再生，成为学术界和专业人士亟待解决的问题。

1 花腰傣民居建筑特色

花腰傣民居土掌房位于云南省中西部的新平彝族傣族自治县戛洒镇，处于哀牢山中段东麓，新平县内最高海拔为3165.9米，最低海拔为422米，呈现垂直立体的气候特点。一山之中，自红河谷底到哀牢山顶可划分为河谷热坝高温区、半山暖温区和高山寒温区，年平均气温为17摄氏度，年降雨量为946毫米，年均日照2230小时，无霜期312天。基于自然地理环境的影响，新平县戛洒镇形成了独具特色的花腰傣传统土掌房建筑，以适应当地的自然条件、气候特点、地质土壤以及山体环境，使建筑与环境融为一体，成为保护自然和节约能源的生态建筑，对于维护自然生态环境和可持续发展有着现实的意义。

1.1 传统土掌房的建造特征

土掌房依山而建，平面采用合院式布局，并且院内高差依据山体坡度而设计，从而很好地保护了山体的视觉形态和自然地貌，符合自然生态观念；民族村寨多建于朝阳山坡上，有着良好的日照系数和采光效果，且房屋结构由厚实土料建构，能够做到保温隔热、冬暖夏凉，从而很好地节约了能源和资源；花腰傣族家庭的生活习

*基金项目：云南省哲学社会科学规划项目"云南新平戛洒花腰傣民居建筑保护与再生研究"（项目编号：QN2014082）。

惯离不开火源，屋内的火塘不仅能够满足炊事需要，还能将多余热量用于农产品的烘烤，其散发的浓烟可以熏死屋内有害的昆虫，从而保护了土掌房内木梁、木柱、木构件不被害虫蛀蚀，可谓一举多得；土掌房屋顶晾晒与建筑的紧凑布局，为土地资源的节约和综合利用创造了条件，并且建造土掌房的乡土材料相对容易获取，施工工艺技术简单，能够节约建造的成本，具有良好的经济优势和可操作性。

1.2 传统土掌房的建筑材料

传统土掌房的建筑材料主要以生土为主，木材、石材、竹子、稻草等材料次之，充分体现了土掌房的生态特性，而室内一般选用质地较好的黄梨木，较好地保证了土掌房内木梁和木柱的物理性能和结构强度。整个土掌房由土地面、土泥墙、土屋顶等构成，尤其是土制的泥墙吸热慢、散热慢，能够很好地调节房屋的昼夜温差，改善房屋的保温隔声性能，保证了土掌房内的温度适宜和空间宁静，而且建造用的土料无需额外购置，能够就地取材，筑建房屋极为方便。传统土掌房建造工艺技术相对简单，主要采用"砌、筑"方式营造，总体工序为："下地基、筑土墙、立木架和铺屋顶"。在土掌房建造过程中，墙基极为重要，首先考虑筑台的稳固，通过凿土、毛石筑墙基的方式加固；其次，通过夯打、补墙、开门洞的方式来筑墙体，其墙厚不小于40厘米；然后，房屋内部搭建木结构框架体系；最后，夯筑屋顶，并作防水处理，且屋顶土厚不小于20厘米。

由此可知，传统土掌房不管是建造的方式，还是材料的选择，充分体现了传统土掌房自身的生态特性和宜居特性，具有人与自然和谐共存的艺术品质，是人居环境的典范。然而，面对时代的变迁和外来文化的影响，传统土掌房也逃脱不了被遗弃、取代的危机厄

运，整个村寨遗存下来的土掌房所剩无几，且年久失修，陈旧不堪。因此，作为一个民族宝贵的居住文化遗产，设计师们应该维护和修复花腰傣先贤们通过智慧创造下来的土掌房，在继承传统和弘扬文化的基础上，重新构建土掌房良性发展的模式。

2 花腰傣土掌房建筑保护模式的构建

2.1 保护花腰傣土掌房建筑的完整性

花腰傣土掌房的保护是以保护花腰傣村寨的完整性为主要手段。每一个单体土掌房建筑只有在聚落的建筑系统里才能实现他们应有的历史、文化、科学和艺术价值。因为单体土掌房建筑的有价值的内容，存在于它们和聚落整体以及和其他建筑的相互联系之中。土掌房产生的原因、选址、形制、社会功能、艺术表现力都和聚落的形成过程、社会结构、经济活动、文化特质以及自然环境等息息相关，脱离了聚落的整体，单体土掌房建筑就会失去价值。换言之，每个单体土掌房建筑作为建筑聚落系统中的一个子系统也非常重要，聚落失去了部分个体建筑，它有机的系统性就会遭到或轻或重的破坏。同时，也要保护每一个单体土掌房建筑上的细节和历史痕迹。土掌房建筑是花腰傣人生活的环境，花腰傣人们在土掌房建筑建造的过程中和使用过程中遗留的各种痕迹，可以体现出花腰傣民族生活温馨的人情味，让他人更为直观地了解花腰傣独特的文化传统和生活方式，懂得土掌房建筑延续至今的意义。

2.2 维护花腰傣土掌房建筑的原真性

花腰傣土掌房的保护是以其原有的土掌房建筑风貌来体现它的历史文化价值和民族地方特色。从历史保护的角度出发，花腰傣民族建"小洋楼"的行为往往被视为对建筑原真性的破坏。此外，大部分有待保护的土掌房建筑由于国情的限制，政府部门难以抽调足够的资金进行整体维修和改建。在这种情况下，大部分居民采取

迁出原住房，只有经济条件较差的极少数居民愿意忍受现状继续居住。这种情况便会造成原有民族的生活方式开始改变，破坏了原有的社会关系和社会结构，致使土掌房成为空有表皮的建筑群。再加之受外界社会文化、价值观的影响，傣族地区的民俗民风也开始有所变化，原本作为住房使用的土掌房建筑也发展成了旅游用的商铺和旅馆。居民居住在其中更多地表现为一种商业性的活动而不是原有的生活方式，冲淡了原有生活的宁静，从而导致了保护的变味，保护住了土掌房建筑实体，却放弃了土掌房建筑原本的精神。因此，设计师要维护花腰傣土掌房建筑的原真性就应该摈弃"焕然一新"的建筑风貌产生，尽量利用原有的土掌房建筑增设新设施如医疗站、展览馆、小餐厅、小商店、幼儿园、养老院等适度谨慎地改善土掌房建筑的居住舒适度；在单体土掌房建筑中，可增加现代化设备，做合理的室内装修，但应尽可能维护土掌房的面貌。

2.3 延续土掌房村落原有的生态环境

花腰傣自远古以来就信奉万物有灵，即万物有灵观。他们认为：天地万物，即便是一棵草、一枝花、一块石头、一棵树或者高山、河流等无一不具有生命和灵，万物之生命和灵与人同在，甚至高出于人，人的生息繁衍依靠灵，生老病死与灵相关，必须礼待灵、敬畏灵、避讳灵。在对戛洒花腰傣土掌房的保护方面，首先要对村落的自然环境进行保护，针对戛洒镇附近的农田、山林、水体、道路、桥梁、植物，还有构筑物、其他功能的建筑等进行整体的保护，让哀牢山与戛洒江与这里的人们和谐共处。戛洒的花腰傣土掌房很大程度是与这里的山水和自然环境融为一体的，在花腰傣土掌房建筑的建设过程中充分利用地形地势、避免进行大规模的挖掘工程，严禁人们对原始地形地貌进行大规模的破坏，要让新的土掌房建筑的建设延续这里最原始的三维空间的布局，保护这里的自然生态链，延续土掌房村落原有的生态环境，从而维系土掌房的生命力。新平戛洒地区现在正处于快速发展时期，设计师需要在还没有受到现代文化严重摧残土掌房之前，立即进行合理的规划，防止村民乱拆乱建，破坏土掌房村落原有的生态环境。

3 花腰傣土掌房建筑再生的设计探索

云南玉溪新平戛洒镇地处哀牢山中段东麓，地势西北高东南低，地貌两山对峙一江之隔，气候属亚热带河谷垂直立体气候，具有罕见的四季田园景观、独特的花腰傣民族文化和丰富的旅游资源。根据戛洒镇环境的特殊性，将戛洒镇打造成为富有当地特色的旅游小镇，无论是对少数民族村寨人居环境的优化，还是对云南乡村旅游业的开发都具有重要的现实意义。

为了保护花腰傣土掌房建筑的完整性、维护土掌房的原真性、延续土掌房村落原有的生态环境，一方面，在保护原有建筑面貌的同时，需挖掘传统土掌房建筑自身的空间特色，继承传统土掌房建筑自身的优势，并对土掌房进行"创新"，设计出与原有土掌房建筑风格迥然不同的扩建部分，通过对比产生和谐。而对于那些历史和艺术价值较高的建筑来说，在扩建过程中往往更多地考虑如何加固或者局部修复破损的土掌房建筑，如何更好地维护原土掌房建筑的风格和营造"整旧如旧"的建筑面貌。在土掌房建筑外部的保护方面，应结合新材料对土掌房屋面进行防水、制作土坯模块填补残缺的土掌房建筑墙面、更新土掌房建筑的排水系统以保护土掌房地基不受雨水的侵蚀。另一方面，保持传统土掌房建筑与现代建筑的"和谐"氛围，即新的土掌房建筑既需要有自己的个性，又需要与传统土掌房建筑和周边环境进行对话，将传统土掌房建筑、新土掌房建筑、环境和人融入一个整体中，不能在新旧土掌房建筑的风貌上产生明显差异。

传统土掌房建筑的室内空间虽然具有冬暖夏凉的特性，但房屋内部毫无规划、杂乱无章、通风较差、采光不足、潮湿严重，且缺乏卫生设施和给水排水设施，已不能够满足现代人生活和居住的需求。将传统土掌房建筑改造为客栈，首先，把室内空间重新划分且合理规划，增加卫生设施和给水排水设施。其次，在保持原有当地特色的前提下结合现代装饰方法，在墙面装饰上采用木材和竹材，不但对墙面起到保护作用，还可以起到装饰室内的效果；在地面装饰上丢弃原有的土坯装饰，采用同建筑色泽一致的木地板，这样既可以使室内的环境得到优化，也可以保留原有土掌房的土木结构风格。再次，收集和保护当地居民日常使用的家具、器物和用具，例如花腰傣人用竹条制成的鸡枞帽、抓鳝鱼使用的腰间小箩筐、特色花腰傣刺绣用品、土陶器皿、竹条制成的家具。这些用品有的是生产劳动工具，有的是家常日用品，有的是用于婚丧嫁娶，有的用于礼神敬祖，能够反映乡土生活的细节，表现花腰傣人的智慧和技能。如在室内陈设上采用这样富有特色的当地家具、器物和用具，既能够改变原室内的杂乱无章、环境较差的室内现状，又能够保护和延续民族文化。

4 结语

"建筑是石头的史书"，建筑最基本的价值是作为历史的实物见证。土掌房建筑的保护和再生设计应该力求多元化、系统化和全面化，以聚落的形式保护花腰傣土掌房建筑的完整性、维护土掌房的原真性、延续土掌房村落原有的生态环境。积极传承花腰傣的特色传统文化，而不是固守、复旧或因袭传统，更不可以去刻意地追求伪文化。传统的花腰傣土掌房固然美，但毕竟已成往昔，创新的本质是承旧立新，是在传统的基础上实现再创造，这是设计师维护新平戛洒花腰傣历史文脉的正确的设计态度。希望设计师们能够在掌握当今时代发展的特征中，赋予建筑更多的地域文化、文脉思想及个性特征，传承民族建筑特色与精髓，使民族建筑能在未来的发展中百花齐放、各展异彩。

参考文献

[1] 陆元鼎，杨新平.乡土建筑遗产的研究与保护[M].上海：同济大学出版社，2008.

[2] 陈志华.文物建筑保护文集[M].南昌：江西教育出版社，2008.

[3] 郭晶，徐钊，石明江.云南花腰傣新型土掌房民居建筑设计探索[J].山西建筑，2015 (22) .

渤海国皇宫建筑文化考究

李 媛 西安美术学院
吴文超 西安美术学院

渤海国是与唐朝同一时期的北方政权,其民族以靺鞨族为主,渤海国都城上京龙泉府地处黑龙江宁安境内。据《新唐书》记载,渤海国为靺鞨族首领大祚荣于公元698年建立。公元713年,大祚荣接受唐朝册封为渤海郡王。公元793年,渤海国第五世王华琅复,迁都上京,上京龙泉府也成为渤海国平稳发展时期的都城。渤海国建立之后,发展迅速国力强盛,被称为"海东盛国",都城上京龙泉府也成为当时渤海国政经文化中心,其皇城宫殿建筑格局完全参照唐长安宫殿所建,中原建筑艺术在白山黑水间得到辉映。其都城建筑规模成为仅次于唐帝都长安的亚洲大城。

1 渤海都城建筑格局

渤海国与数个国家、部族接壤,唯独南临的唐朝中原文明最为先进。从大量古籍文献来看,渤海文化与唐朝文化同属一脉,几乎相同,成为东北地区带有本民族特色的中原文化。渤海国都城上京龙泉府地势平坦,镜泊湖水自西南流,灌溉千顷沃野,远处群山环抱、森林密布,此地适宜修建大型建筑群。在建筑设计布局上,渤海皇宫建筑完全参照唐朝长安都城建设。规模宏伟、气势磅礴。《考工记》记载:"匠人营国,方九里,旁三门,九经九纬,经涂九轨,左祖右社,面朝后市,市朝一夫"。都城中轴线以朱雀大街划分,宫殿建筑群整齐划一坐落在中轴线上。皇城格局完全参照唐代都城长安的建筑格局而建造。东西各设城门两个,南北各三

个,城内建筑都以笔直街道划分,布局极为规整对称。在一些细节之处也以本地域特点进行处理,如宫殿群北部没有紧靠北墙,在皇宫内寝室设有火炕,以土坯修砌烟道,以石板铺设炕面。烟筒至于屋后。这种火炕取暖设施是北方少数民族冬季抵御严寒所特有的设施,一直流传至今。宫殿墙体厚度也较唐代大明宫厚很多。这些都是北方建筑特色,唐代宫殿内没有,使得上京龙泉府皇城建筑,于中华建筑间反映本民族地域特色。

2 上京宫殿建筑特点

有关渤海国建筑史籍流传下来并不多,关于皇宫建筑介绍更是少见。新中国成立后,渤海国上京城建筑遗址得到发掘考证,从遗址现场考察报告中,我们能窥见当年渤海国宫廷建筑特点。宫城正南午门位于京城朱雀大街南北中轴线上,北对第一宫殿。整体由门道、门楼、东西俠楼和墩台构成,这座门楼也被看成渤海皇宫建筑中的第一门户。门道长12米,宽5米,地面以玄武岩铺设。墩台有沙土与鹅卵石叠加夯筑而成,外表砌有条石。墩台以门道为中心分为东西两部分,东部与主楼连接,台基上建有单格歇山顶城门楼。从整体建筑格局上,渤海国皇宫建筑是在仿制唐朝长安宫殿群。但从城门的建筑风格上又体现了当地的特色。从城门建筑规模上,上京城门建筑相比唐长安皇城门楼有明显简化,不但规模大大缩小,附属设施也进行缩减。雄伟气势不可同日而语。从宫门进入行至大

约200米处形成一巨大殿前广场，广场后为一巨大宫殿建筑，从考古发掘得知，台基两端各有一梯道连接对应城门两个门洞，从而形成殿前巨大空间。宫殿建筑巨大、雄伟。从遗址发掘出的石柱、璃首、瓦当、地砖面积等遗物看，这座宫殿面阔十一间，进深四间，台基慢道上建有斜廊，廊屋进深三间，廊柱挺立在玄武岩柱石上，石柱没有覆盆雕刻，廊柱间有一道土墙，大柱之间以小柱进行加围、加固。墙内面绘制有精美的彩绘壁画。这座大殿前的广场也是整座皇宫建筑群面积最大广场，由此推断，此殿多为政务朝会、重大庆典之所，其作用与大明宫中含元殿相当。

在此宫殿往北约130米处建有另一座大殿，两殿之间形成上万平方米殿前广场。台基高度2.9米。此宫殿坐落在整座皇宫建筑中心区位置，这座宫殿建筑面积大于第一宫殿，从台基尺寸看已经相当于长安大明宫含元殿规模，由此可见此殿在皇城中的重要地位。大殿面阔十一间，进深四间，殿内廊柱错落，支撑起硕大斗栱屋檐，是渤海国皇宫建筑中唯一重檐大殿建筑。在第二宫殿北70米处又有一座宫殿，其台基高1.8米，面阔七间，进深四间。殿内廊柱间隔有序，有明显的木装修痕迹。从与大明宫殿群宫殿位置比对来看，此座宫殿相当于大明宫宣政殿，为皇帝临朝听政之所，群臣在这里朝见渤海国帝王，史称"入阁"，这座宫殿是外朝宫殿最后一座。三殿以北三十米处又有一座宫殿建筑，两座宫殿有柱廊相连，形成工字殿格局。下部直径半米左右，殿内石柱底座没有覆盆纹饰。由此可推断大殿外部南侧在屋檐下为开阔地带，其他部分位居殿内，这样就形成各自独立空间。使得大殿不再过于封闭。大殿左右各有门户通道进入东、西侧房。大殿后半部分北墙后廊西南角有一土炕，为侍卫或仆人用房寝室。主人卧室内土炕宽大，北墙外有长长烟道从主殿内两房向外伸出。大殿两侧各有耳房与朵殿连接，

东朵殿内有砖砌成的60厘米见方的炉灶、瓦罐残片器物，由此可知这里是供大殿内主人生活的厨房。西朵殿内设施并不明显，推测为殿主人洗漱洁净房舍。从第四宫殿往北是第五座宫殿建筑，两座宫殿之间有一道院墙相隔，使得第五座宫殿形成一个相对独立的建筑区间。从现有建筑遗存来看，这座大殿基石完整，东西长十二间，南北阔六间，为整个皇宫建筑中最大的单体宫殿建筑。大殿外檐廊柱基石粗大等距，可以设想整座大殿气势之恢宏。由于渤海皇宫是以唐长安大明宫建筑为依据建造。大明宫建筑在此建有麒麟殿，是皇帝宴请群臣、使臣之地，因此推测这里也是渤海国宴请宾客所在。由于这里地势较高，京城景致一览无余，在此饮宴会平添几分情趣。

3 唐朝文化对渤海皇宫建筑影响

《新唐书》中记载，渤海国完全仿照大唐建制设立三省六部、左右六司，太常寺等政府机构。由于与唐朝是君臣关系，上京龙泉府皇宫建筑在规模尺寸上都逊色于长安皇宫。皇宫中的台基、龙尾道、东西厢廊和巍峨的城门都有所简化。这是因为受封于大唐，在封建统治思想下不得翻越朝纲所采取的设计意图。与此同时，渤海国皇宫建筑格局也没有完全照搬大明宫建筑，而是因地制宜采用将主殿设立为几何图形中心区域，其他各大殿排列有序对称，这种因地形结构设计的规整结构，是大明宫所不具备的地理形态。《新唐书》记载：渤海国王曾"数遣诸生诣京师太学，习识古今制度，至是遂为海东盛国，地有五京，十五府，六十二州"。这些不远千里的渤海国遣唐使，在东土大唐吸收中原文化，同时也带回对京城建筑规划蓝图。使得远在北方的渤海国上京龙泉府在形制结构上成功仿效唐长安建筑格局，皇宫以大明宫建筑形制为蓝本进行建造，从而形成具有唐朝皇城特点的北方政权都城。

汉文化的影响力巨大，使渤海国完全以汉文化标准来建立。

在上京发掘石碑中曾记载有："下瞰台城，儒生盛于东观，士子皆汉字，字画庄楷，盖国学碑也。"在建筑细节表现上，汉文化影响无孔不入，从渤海国建筑构件上看，宝象纹饰、莲花瓦当、殿阶璃首、宫殿廊柱基座样式、屋檐鸱吻造型寓意都被运用到渤海国宫殿建筑上。在上京龙泉府宫殿遗址中存留的大型石龟雕刻都与中原雕刻完全相同，其石龟神态昂扬，目视远方，展现了纯正汉文化艺术特色。渤海国对汉文化的学习，使汉文化成为渤海国的主流文化。这样的艺术熏染，使得渤海国建筑有着深厚的唐风遗韵，从设计建造本质上与唐代建筑没有区别。仅仅因渤海国地域偏北，冬季严寒，需要火炕取暖，加之建材稍逊粗糙，这也成为与唐长安皇宫建筑最明显的区别。

中华传统建筑多以木材为建筑材料，渤海国处于白山黑水之间，森林资源极其丰富，建筑木材选取十分便捷。良好的石材加之大量能工巧匠，使得渤海皇城宫廷建筑建设并非无法建造。虽然其建筑与长安大明宫如出一辙，但在精细雕琢上还是无法与大明宫相媲美。廊柱基础石墩多数都未加修饰使用，这与大明宫精美的廊柱石墩雕刻形成鲜明对照。这一方面是渤海国工匠对建筑雕刻艺术并不擅长，这也是因为上京龙泉府当地盛产玄武岩，其坚硬程度使其本身难以雕刻。在房屋檐设计上，渤海皇宫建筑展现出大唐宫殿建筑大气雄浑的美，斗栱飞檐加之琉璃瓦当等建筑构件，使渤海国皇宫建筑更显庄严奢华。

渤海国完全仿效唐朝政体制定了三生六部制，对儒家文化及其推崇。渤海国内农业手工业均比较发达，展现出北部边疆唐代缩影，被誉为"海东盛国"。其国内经济的发展，同时带动了其他行业的发展。建筑业因此得到更生。在渤海国立国的二百多年时间内，陆续建立大小城池一百三十多座。其建筑形制都参考唐代建筑

格局，外部建筑和内部装饰几乎相同。在漫长的文化融合中，唐代中原文明以势不可挡的魅力影响着周边少数民族，加之大唐盛世，更使得中原文明成为少数民族知识阶层和上流社会争相效仿的社会风尚。渤海国皇宫的建筑设计，正是这一历史潮流的必然产物，其精美的设计，大气恢宏的建筑，在展现渤海国皇宫建筑艺术同时，也体现了中华文明悠久的历史和影响力。

从天津维多利亚公园Victoria Park
看租界公园的转型

毛晨悦　　西安美术学院

摘要： 公园作为中国近代城市的一种新型公共空间，其建设和推进普遍认为经历三个阶段：租界公园的产生、私园共用和政府对公园文化的认可。租界公园的产生标志着西方公园文化在中国本土的引入。本文以天津维多利亚公园为例，追溯租界公园的产生、发展、转变过程，探索中国近现代早期公园发展的时代性与社会性。

关键词： 租界公园 转型 天津

1 被动接受的公园

中国的造园历史十分悠久，从《诗经》的记载中就可以看到，早在周文王时期就已经有了营建苑囿的工程。此后经历了朝代更迭，但帝王们建造离宫别苑的兴致并没有因此削减，也成就了为数不少的皇家园林。唐代之后，私家园林的发展日渐兴盛，达官显贵和文人墨客的造园风气有增无减。到了清代，造园活动无论在数量、规模或类型都达到了空前的水平。然而，自1840年鸦片战争爆发后，中国逐渐沦为半殖民地半封建社会，这也使得中国传统造园赖以生存的社会基础不复存在了，整个传统园林发展停滞在清末到民国期间。

1858年签订的《天津条约》允许外国人到中国内地游历、经商和传教；1860年签订的《北京条约》增开天津为商埠，同年12月，以最早在1845年设立的上海英租界为例，英国驻华公使普鲁斯（Frederick Bruce）依据该条约中"允许英国侨民在通商口岸租地造屋"的规定，强行在天津划出英租界，租界拥有自主独立的行政、司法权。由此出现了"城中之城"的格局。在文化改造方面，英国人将西方价值观、伦理道德、审美情趣等西方文明带入租界，同时在物质建设方面也进行了西化的改造。具体表现在对于建筑及公共空间的改造上，这客观上为公园的出现带来了契机。租界的产生一定程度上成为中国近代公园的发生场所。

公园本质是一个向各个社会阶层开放的公共场所，与中国传统园林"私家花园"用来满足封建统治阶级的物质和精神需求的性质有很大不同。

英租界维多利亚公园是天津第一座租界公园，也是天津第一座参照西方评价标准建设的公园。此后，德、日、意、法等国家也相继在天津各所属租界区内建设租界公园，自此公园的概念逐渐渗透到了天津租界以外的区域。

2 来自天津英租界的外国人对公园的要求

19世纪初期，英国完成工业革命，迅速成为世界头号资本主义强国。在强大的政治和军事的保障下，国内的经济和文化发展十分迅速，为国家建设提供了充分的物质保障，大众开始关注社会生活品质。

　　一方面，从英国当时的历史背景而言，从17世纪开始，随着农业生产效率的提高，许多英国大众逐渐变得富有起来，他们向英国皇室要求更多的公共空间，英国的皇家庭园和贵族私家庭园陆续开放，公园体系逐渐形成。到了19世纪，英国已有海德公园（Hyde Park）、圣詹姆斯公园（St. James Park）等数个著名公园。英国大众有休闲、聚会需求，而公园的出现恰恰是提供此类活动的绝佳场所，因而在西方生活方式中占有重要位置。

　　另一方面，从当时英国在中国的政治诉求而言，公园的推行在一定程度上能够满足租界当局将西方文化输入中国的需求。借由公园及其入园的限制条件的设置来突显国与国之间的不对等地位，强化差异，提升本国的优越感。

　　因此，在英租界兴建公园是有其必然性的。

3 维多利亚公园的设计意向

　　天津维多利亚公园位于维多利亚道上，占地面积1.23公顷。场地本是一片沼泽和棚户区，1860年改造之初只是利用疏浚海河的泥沙做了场地平整的工作，并无公园的基础设置。

　　1887年恰逢英国维多利亚女王即位五十周年庆典，英租界工部局投入资金对这片场地进行修整。6月21日，英女王即位纪念日，天津英租界举行了公园的对外开放仪式，维多利亚公园的名称也由此而来。

　　维多利亚公园完全由英国园艺师负责营造，所用设施及建材均来自英国。租界当局多次派园艺师回国采购苗圃花木，以让在他乡的英国人感受到"家"。建成之初，有环绕公园的小溪一条，北侧一角曾为马术训练场；东南角设笼，常有动物展出；园西为半地下室花架。从公园的平面上可以看出，整体设计以英国传统园林风格为基调，平面呈四方形，以草坪做为绿化主景，无明显的地形起伏。花坛及草坪的设计均呈现出规则的特点，又在中央设六角攒尖亭一座作为全园的视觉中心，将一些中国元素融入其中。

　　当时公园的开放时间规定"夏日游园终止时间为中夜，冬日为晚九时"。此外，公园也制定了十几条管理章程，有"摘花、折树、草地上推行婴儿车，皆所不许"的条例。这与英国当时本土公园的开放目的有相似之处。包括海德公园在内的皇家庭园，都位于市中心外缘的地方，通过交通的限制性及开放时间的限定可以判断并不是将一般大众作为游园考虑的重点，它的真正目的是为了显示贵族的恩典与威严，同时依然未能摆脱君主意志的左右，公众入园是受限的。

　　天津维多利亚公园当时虽没有华人不得入内的明确标示，但据《天津租界与特区》一书记载，有"华人未经董事会理事或巡捕长许可者，自行车、军乐器及狗，皆不需入园"的规定，可见这并不是一个面向所有普通大众开放的公园，是租界当局提升社会地位

的工具。公园成为殖民者向社会推行他们的生活方式和道德标准的
空间，并强迫其他人接受这个标准，推行不平等的公园使用准则。

4 维多利亚公园其后的发展

1906年，端方、戴鸿慈奉命出国考察宪政，对于西方的公共文化设施
颇感兴趣，回国后提出公共设施建设的必要性，得到清政府的允准。1907
年，天津开始正式筹建公园，公园不再局限于租界区内。加之晚清时期公
园与私家园林的界限逐渐模糊，为开放公园创造出越来越多的有利条件，
国人对公园的认识也逐渐清晰。

进入民国后，维多利亚公园不再对游人做硬性限制，中国人可以到公
园中游览，成为完全开放的公共场所。此后公园虽有小的变动，但基本保
持其原有布局。1927年增建花架一座，后于1979年拆除；1981年拆除公园西
南角圆攒亭，改为太湖石假山；2000年又拆除原假山改为青石假山，并增
设公共厕所。

1949年，维多利亚道更名为解放北路，维多利亚公园更名为解放北
园，并沿用至今。此后的维多利亚公园和在中国的众多租界公园一样，随
着时代的变迁在设施和景观方面更为完善。

租界公园从一开始由西方人带入，只允许部分人进入到逐渐完全开放
为所有人提供休闲娱乐的场所经历了将近一个世纪的时间。尽管它的产生
伴随着帝国主义列强的侵略行为，但其一定程度上起到了示范并刺激了更
多公园兴建的可能，为中国近代公园的过渡起到了一定的积极作用。

参考文献

[1] 李长莉等. 中国近代社会生活史1840-1949[M]. 中国社会科学
出版社，2015.

[2] 胡冬香. 浅析中国近代园林的公园转型[J]. 商场现代化，
2006(1).

[3] （日）白幡洋三郎. 近代都市公园史欧化的源流[M]. 新星出版
社，2014.

[4] 张亦弛. 天津首座英租界公园——维多利亚公园[J]. 农业科技
与信息：现代园林，2015(5).

[5] 李德英.城市公共空间与社会生活:以近代城市公园为例[M].《城市
史研究》第19 -20辑.

复苏与复兴
——中国环境艺术教育的发展

刘晨晨　西安美术学院

摘要： "中国梦"是新时代的发展焦点，也是每一位中国人内心最朴实的夙愿。人塑造环境，环境反过来也会塑造人。该文通过探索环境艺术发展目标，从传统文化意识精髓的复苏，传统设计思路内核的复兴两方面进行论述，进而推演出环境艺术教育的未来发展模式，旨在寻找适应时代需求、民族需求的环境艺术教育发展方向。

关键词： 复苏 复兴 环境艺术 教育

国富民强的梦想在每一个中国人的内心涤荡。我们要在怎样的土地上实现这个梦想，我们又要将这块土地塑造出怎样的梦想之境，我们又应该怎样才能培养出创造梦想之境的设计者。

传统文化的灵魂从未在每个中国人的内心丧失，"穿越"、"回到唐朝"寄托着人们朴素的幻想。而那样一片历史的土地为什么会深深吸引着当代民众的内心，这大概就是民族血脉中永远流淌的一致气息。原本上下五千年的文明，中国的营建自有一套体系，审美自有一套标准，并且形成了不可取代的价值取向。虽然今天，国人对环境的认知与建设方式已在西学侵染之下，发生了大幅的面貌同化。但是民族的内在灵魂，驱使人们开始思索地方性文化存在的价值，开始找寻民族情感的归宿。几千年的营建体系根深蒂固，曾经成功地指导着中国环境的识别与营建，是中国古代的环境艺术。时至今日，传统的聚落面貌仍然吸引着今人去感受、去探查、去体会，传统建筑甚至成为人们趋之若鹜的宝贝。这些都说明传统华夏文明生命力的顽强与魅力所在，也可以说是国人在物质基础达到一定高度之后，开始反思内心，从而引发了精神需求的复苏。

另一方面也应看到在技术高速发展的今天，人们的价值观念、生活方式都有着巨大改变。人口激增要求环境提供更密集的生存空间，经济分化要求环境提供更多层面的个性空间，技术发展要求环境提供更丰富的功能空间。那么，我们真的改变了吗？这种改变真的应加以推崇吗？我们真的拥有更好的生存环境吗？环境应该适应生活，还是应该引导生活？人类的发展比起自然的存在只是弹指一挥间。为什么人类今天科学的发展更多的是带来对远古文明的疑惑和感叹。有怎样的环境就有怎样的人，我们的中国梦也许只有在中国的环境中才能实现。那么"复兴之梦"也将是中国环境艺术必然的发展道路。复兴并不是再现，复兴是历史发展的再一次飞跃，是可持续发展的又一次完美旋转。文化的趋同带来的必定是文化的消亡。那么在今天，重新定位我国的环境艺术发展，恢复民族精神氛围对于环境建设来说就是势在必行的。换言之，民族自身的发展规律和价值标准将是中国环境设计应遵循的重要依据。复兴是国人的目标，而复兴的基础就是复苏流淌在灵魂当中的传统意识形态。而教育更是应以此为基础，才能培养出可以肩负起复兴大任的设计人才。

1　传统意识的复苏

如果没有中国意识，何来中国设计。在经历了文化断层和改革开放以后，物质丰富带来环境的跨越式建设，抛却传统与舶来文化共同造成今天城市环境的西化与千篇一律。美来源于意识，美的深度更是来源于意识的深度。只有唤起传统文化中的意识形态才能开启东方文明的精彩。

传统文化的核心意识就是万物一元。一生二，二生三，三生万物，其本源是同一性的。艺术是基于精神的高层次需求，所反映的必然是与自然相契合，内容与形式上的高度统一。中国艺术所追求的并非单纯视觉享受，亦非客观事物的形似，而是对于自然本源的追溯和精神再现的形神通汇。《尚书·物之情》有云"诗言志"，这是中国艺术中，情感理论的发端。《淮南子》提出"放意相物"、"谨毛失貌"、"君形说"等概念，都是在说明，艺术中对形的描绘，应臣服在主体精神表现的控制之下。王羲之"意在笔先"，顾恺之"传

神写照"、"迁想妙得"都印证了写意是中国艺术的核心思想。写意就是再现意识。但是"写意"并非仅仅是个人情志意识的体现，中国的"写意"首先体现在"意"。《说文》"意，志也志即识，心所识也。"《大学》曰："欲正其心者，先诚其意。诚谓实其心之所识也。"古文解"意"，指的是对自然理解的认知，"写意"则是对这种认知的形式反应。所以中国的"写意"是对人文意识的形式反应而不是单纯感官与精神享受。中国人文意识是以反映"天、人、地"关系，以承天命的社会伦理秩序为核心思想的。所以中国的艺术就反映出了规范行为思想，引导情感秩序的作用。因此，所有的艺术形式都是为了引导生活以及塑造精神。中国的营造艺术如此，绘画艺术亦如此。甚至"礼、乐、射、御、书、数"，通五经贯六艺的目的都是为了实现升华心性。所以中国传统文化中并无明确的艺术界限，虽然也有分类，但从艺术的目的与源发性上来看，完全是一致的。只有深刻复苏"一元"的认知方式，才能理解艺术与意识的高度统一，才能进而复兴传统的艺术设计思路。

2　设计思路的复兴

中国环境的气息就在于对整体文化的承载性和空间的整合性上，其中具有明晰的脉络，任何一个片段都同整体具有对应关系。内外环境与建筑也是作为一个艺术整体，甚至将人也纳入其中，行为与状态就是环境表达的核心。所以，至今我们还能够在传统环境中感受到亲和与平和。这种环境的美源于意识形态的表达，也源于设计思想的规划。

五千年的家园建造经验中一直流淌着一种"致美"、"致深"而又"致简"的设计思路，这就是"易"的营建思路。

"易"就是转变。该设计体系本身如生命体一样，具有可变性与适应性。这并不是说主体的变更而是具体操作方法、技术、样式

的再发展。就像大树会根据气温、湿度、照度、土质、水质的变化而改变生长形态，没有哪两年的枝繁叶茂会是一模一样的。所以，今天的环境艺术就是要根据新的背景状况，来建立新一轮的枝繁叶茂。"易"并非空泛概念，一方面它是中国传统意识的集中归纳。另一方面它是一种绝佳的设计思路。例如传统基址选择也是在高地上走内敛趋势，并在内敛下陷中寻找高点建筑房屋，得以循环互补。这种思路完全渗透在环境营建的方方面面。例如，建筑内部空间的限定与围合，自汉魏以来就是以帷幔等织物为主要手段。并逐渐形成透、漏、通的柔性空间限定，这实际上体现的正是"易"的思想。墙面设置的目的是阻隔，所以设计的手法就是打破阻隔。又例如，园林中所谓的曲径通幽，实则也是"易"的表象手段。道路设置的目的是通达，所以设计的手法就是阻止或延缓到达。自然就形成了"曲径的形式"。这就是一种动机平衡。心理学上的补偿效应。还可以举出成百上千的例子，既灵活适于各个层面，又体现了内核的一致性，并将文化、秩序、生态、形式、心理、美都融入了其中，十分伟大并具有启发意义。

"易"是一种正向与逆向同时发生，建造与消解同时建构的一元设计思路，几乎可以解决所有问题。塑造的同时就要考虑如何消解该塑造可能带来的变化。正向和逆向的设计是同时发生的。这就是设计之美，"一勺水，便具四海之味，世法不必尽尝"，今天的环境艺术也应是核心的、自然的、本性的。

这样的设计思路对今天的环境营建也是有效的。例如，在营造环境、索取环境时，首先应该考虑的是环境能够给予什么。以"易"的思想就应依据环境的给予，来进行环境的补偿营建，自然就会生成今天的生态意识、绿色设计。要做建筑，就应考虑建筑对原有地貌生态的影响，并尽量消解这种影响，使建筑顺应周边环境，这自然就会形成所谓的全局规划观。要设置围墙，就应考虑如何消解围墙的隔阂感，自然就会增添很多的柔性设计。如果是做开敞性设计就应考虑，如何消解开敞性，自然就会进行空间限定的丰富性处理。用"易"的思想进行设计，所有的问题似乎都可以迎刃而解，也许这就是中国文化中最深奥，最简洁的内核。可以肯定的是"易"的设计思路在今天的环境设计中不仅具有强大的生命力，同时显现出其进步性与时代性。这样的设计思路无疑本身就是美的。

3 环境艺术教育的发展

沿着传统的"一元"意识与写意目标，依循着传统的营建设计思路，必然就应该呈现出融合的艺术设计教育体系。

"环境艺术"综合性概念的确立并非巧合，这正是中国这块土地才会产生的综合意识。而这种综合意识正体现出传统文化中"融合"的一元思想。但是环境艺术发展至今，其方法与内容一直源于西学体系建构。是以空间界面为依据，针对不同大小范围及功能场所进行研究发展的。这就形成了当代环境艺术设计教育与复兴中国式环境艺术道路的两个矛盾。（1）审美素养教育与设计能力教育不匹配。（2）设计方法教育与设计内容教育不匹配。

正如前文所述，中国意识与中国审美都是一元的，设计自然反映的就是人的状态与意志，换言之只有心性的提升，综合素养的提高才能实现设计的提升。所以综合素质的培养与人性情志的教育才是艺术设计教育的生长基因。直接决定了会发展成为怎样的物种。既然是培养中国的艺术设计人才，那么就应该滋养中国的人文精神与审美意识形态。也就是要全面搭建综合美学素养。中国的营造艺术追求的是在时空体验中教化于民，引导生活以及塑造精神。只有设计者自身达到一定高度，至少是有此发展追求，才可能营建出能够带来"写意"感受的环境。所以对于艺术设计的教育绝不能仅停留在空间层面，应全方位多层次的搭建美学基因平台。例如，诗人苏舜钦因感慨命运的捉弄，修建了著名的"沧浪亭"。"一径抱幽山，居然城市间"，书画情缘尽显于园林营建之中。北宋画家郭熙所著《林泉高致》更是源于早年对营建的研究与山川河流的游历。在其论著中常可窥见与著述的一致性。如果没有丰沛的人文积淀与游历经验，很难想象他们能够将绘画与营建，人生与环境自然对接。而今天的环境艺术教育所缺乏的正是这种美的全面滋养，美学素质教育将成为复兴环境艺术教育的重要基础。

另一方面，前文已提到传统营建思路在今天也具有时代性与先进性。设计方法才是教育的灵魂。而今天的环境艺术教育主要基于分项内容的搭建。首先是以时间轴线为限定进行历史发展变化教学，但缺乏对设计演变的内在原因以及设计内核发展的研究。其次是以空间界面为限定进行场所教学。从基础材料到家具陈设，从小型家装，餐厅、酒店到公共建筑空间，从公共艺术、居住区、广场到绿地，风景园林规划。基本上是以面积和功能的复杂性为研究链接。这样的构架体系虽然全面覆盖了所有行业市场需要，但却缺乏对设计方法的体系建构。

目前的教育体系确实解决了改革开放以来环境建设有没有的问题，可以让学生掌握基本的设计技术、设计规律与设计流程。但是设计艺术创想，设计主题建构方法，设计独创性才是设计教育的灵魂。

这就需要建立以设计方法为核心的设计教育体系，同时应以本民族设计方法作为串接的主线，而不是用西学方法串接民族符号。这样才能培养出具有鲜明特征的具有原创性的设计人才。这样的平台也更利于教师持续性专项深入研究课题，并利于研究在教学中进行标准化转型。也只有这样才能复兴具有中国特色的环境艺术教育体系。

只有在"美"的家园里，中华民族的"梦"才会更美丽，也只有在梦想的驱动之下才会"复兴"我们的家园。当传统文化意识形态的精髓得以复苏，逐渐复兴具有传统气息的艺术设计思路，搭建起生生不息并具有中国特色的环境艺术教育体系，培养出具有民族气息与使命感的设计人才时，我们的土地才真正会成为反映民族情志与民族追求的梦想家园。

格式塔心理学与情境设计
——环境设计课程教学探析

孙鸣春　　西安美术学院

摘要：我们有很多方法，去从视觉和意识的状态了解和阐释任何一种形态环境。其中在论述环境的作用中，德国著名格式塔心理学家考夫卡的论述有物理环境（视觉的）和心理环境（意识的）两种形态。这两种环境在现实设计中分别起着视觉的和心理的相互沟通作用，当视觉的环境出现时，心里的感受也同时出现。因此，我们在教学的设计传达中发现了这两种空间的不同性格，同时我们在专业教学过程中不断地发现、分析和探索这两种不同性格的空间环境。对心理学及这两种空间的教学与研究极大地改观了设计教学的深度问题，也解决了设计过程中的诸多空间的"性格"问题。

目的：利用格式塔心理学中物理场及心理的概念，将其引入环境空间教学体系，使教学更具深刻的理性思辨过程。

方法：通过对格式塔心理学典型实例的简要剖析，以笔者总结的视觉概念形态传达，分析及给予明确的诠释。

结果：分析表明，格式塔心理学中对于心物场的阐述与环境空间的深入设计语言有内质的联系，这一联系，对于环境空间教学有着重大意义。

结论：运用心理学知识、图形解析形态等综合手段，培养设计过程中的理性思辨能力是极具现实意义的研究。

关键词：格式塔心理学　物理场　心物场　界面

近代设计的全方位发展，经人类在生产、生活、工作、愉悦方面带来很多的便利，但同时也提出了一些深度的思考：飞速的社会发展推动着人们需求欲望的提升，东西部若干城市处在发展中的设计体系尚不够完善，以专业院校为研究基地的一线教学团队，如何能博采古今，旁引博证地开发、寻找、利用相关或其他学科的研究成果，为专业学院的一线教学提供充足的养分，使西部地区的环境空间设计体系不断地走向完善，不断地走向深入的研究环节，针对教学体系的综合建立、充实、完善都具有重要的意义。

1　环境现象

我们普遍认为视觉所能够传达的环境，或是表现出的场景，是准确而且可信的，它通过我们的视觉忠实地反映出所看到的场景，使我们依视觉而做出相应的判断，我们认为这一判断是正确的。但是，事实并非如此，视觉的观察只是反映出客观的环境某一阶段的某一形态，它不能够表明一个环境的综合真实内在的指标，例如在一个风雪交加的夜晚，一个骑着马飞奔到客栈的男子，当他听到店主告诉他，他已经骑马穿过了一个无比宽阔的河流之后，极度惊讶而倒地。很显然，他并不知道自己长途飞奔穿越的竟是一条宽广的河流，他依据视觉的感观而获得他认为真实的场景就是陆地。

这一现象，在我们的现实生活中很多，它表明一种状态，环境是有多重状态和意义的。著名景观规划大师芦原义信就提出："在环境中，每隔25米时，如果没有造型、色彩、尺度等方面的变化，视觉就会产生疲劳感。"这说明，环境除视觉的客观反映外，还有心理的需求和认知。

一个人不可能两次站在同一条河流中，这一现象正说明环境具有很大的变化性，时间的变化导致环境的不同；同一环境下，意识的不同也导致环境的表现意义不同。研究这一课题，将有着重大的学术意义。

因此，我们有更好的层面去理解，感知一个更深层面的环境。曾经纷繁的和正在纷繁的视觉环境、生活环境、功能环境、社会环境等，给了我们诸多的影响，但我们更深地理解一下，影响是客观的，其暗示才是更为准确的一种认知。其中，暗示即观察者心理对环境的反映，随着时间的延长，我们发现能够留在记忆当中的是无形的情怀波动痕迹，其后才是被映射到的物体，这一过程我们也称为"环境质量"的产生过程。

我们依据格式塔心理学的描述，可以明确地感受一个环境、空间所拥有的视觉存在价值，它帮助我们理解了很多不为语言而能够诠释清楚的许多环境、空间类型。

2　环境心理解析

这是一个心理理解环境的尝试。我们可以进行一个分析和剖析。当出现一个以六面体为界定的空间时，一个空间（室内）就

瞬间存在了，心理的感知状态也同时具备。这时我们感知到它的客观存在功能，同时依照视觉感受的先后关系，形成了视觉空间的客观存在，我们也称为客体空间的存在，这是第一感知。纯净的空间里我们切入一张桌子。这时整体空间性质，由原来无特质的层面，瞬间被提升到一个有意识的层面，由于桌子具有相应的功能特质，这时我们发现空间具有了某种意识，这一意识的切入，导致空间的属性随桌子的存在而存在，空间由无特性转为有感知特性。这一变化由何而来？我们说，是由人所熟知而接受的某一种功能的媒介质的切入，而带来一个客体空间的较高层面的表现。我们再分析，一只桌子，所具备的只是功能，因此，我们又引出一个层面，载体（桌子）具有何等的承载能力？它能承载的是什么？它能带来何种精神因素？这又是我们要剖析的一个问题。我们现在有两个意识层面的问题，一是物质的切入后产生了客观存在的意识空间；二是切入的载体具有其所含纳的意识，我们认为两者共存组成了空间存在的两大重要因素。

物质的切入具有其客观形态与主观形态的表现，当环境、空间不具备物质存在意识时，这是一种客体空间形态，与人没有建立起对话的平台，意识是弥散的，不定位的。空间中切入了一把椅子，它导致整体空间进入意识范围层面。椅子是人的视觉再现，因此，椅子是一个物质的介质，但同时也是一个双向载体，即对物体和意

识的双向承载，也是对于主体空间形态的质量判定。

我们有这样一个分析：一个男孩走进了一个空间当中，他发现了一把陈旧的靠背椅。这是他第一次约他的女友来家中，当看到的第一视觉感知后，男孩瞬间对于空间的认知大为失望，因为具有其双重身份的介质所传达的信息，造成男孩对于空间环境质量的怀疑。男孩产生了明显的排斥心理。这样，空间的存在意义，也为之大受影响，这时，母亲出现了，值得注意的是，这把旧椅是母亲出嫁时，最为喜爱的一把椅，它跟随母亲多年，母亲对于它，有太多的美好回忆，椅子承载着太多的甜蜜往事，母亲对于空间的感知，是何等的美好。同是一把椅子，但形成了两个反差很大的空间质量形态。

我们研究格式塔心理学发现，这一过程，是人类心理活动当中的心物场的存在结果，心物场是由物理场和心理场组成，椅子真实的状态为物理场，而母子对于椅子不同感知称为心理场。

3 情境感知

通过对格式塔心理学简要的分析了解，我们发现心理学的应用价值在于对心理审美情境的产生价值的运用。因此，心理学与情境是具有内在联系的，它不仅有其相互的影响，而且具有心理质量的导入，观察者对环境空间的认知程度，很大程度上是对心理感知的评价程度，即掌握设计语言的真正实质的核心是心理感知部分。

空间的形成有其不定位的多重因素，大致可分为客体的、心理的、意识的三重层面，一把椅子的切入（客体的），对椅子的心理感受（心理的），外延至对所属空间的情境意识感受（意识的）。每一件物体都具有其生存附加的社会语言、风格、气息，每一人的个体都具有认知的一个层面，认知是由客观转化为心理的，最终转化为意识的。因此，空间的存在质量是具有其多重因素的。心理的感知质量是一个至关重要的环节，英国著名规划师高登·卡伦在《城市景观艺术》一书中，不断地用"思恋"、"亲切"、"粗鲁"、"神秘"等语言，大幅地阐释空间形成的多重要素影响下的空间质量。

格式塔心理学的魅力在于把功能的视觉形态，从心理的意识层面加以诠释，并由此升华了功能存在的意义。不仅以完美的视觉状态，同时以心理意识的双重完美，构成审美主题的深层面的价值取向。

把自身与周边环境结合、联系是人类的意识本能，心物场的形成，从宏观的概念上说是空间存在的依据。

一个空间的形成、时间的切入，形成新的一个维度，无论形成的空间好与坏这不重要，而重要的是此空间承载着什么？能承载什么？这给所处其间的人具有怎样的心理暗示？承载是以时间为载体的，它是一个通道，把切入的物体，穿过心理意识之后，以视觉的方式表现出来。

如何定位空间视觉造型出现的准确性、完善状态、适合的位置、形态等，不是以造型本身的形态来完成的，而是要通过造型出现后，它所在的空间形态、环境是否能接纳它，是否能产生意识的对话局面，决定权在空间环境，而不是造型自己本身。

4 结语

"埏埴以为值，当其无，有器之用。凿户牖以为室，当其无，有室之用。故有之以为利，无之以为用。"有与无，实与虚，从老子富有哲理的空间辨证关系中，我们研究总结出界面是虚，空间为实，做界面而非为界面，做实体而非实体，避虚而为虚，是设计理念中的最高意识氛围。因此，我们说、环境、空间的存在质量和意义，是由双重介质的椅子所产生的心理场所影响。由此，我们得出一个结论：空间的质量关系，是与双重介质的切入有着紧密的、不可割裂的内在联系，而不是由空间界面所决定。

环境，具有多重的性格元素，空间的存在，也有着多元素的影响。心理的感知，最终成为环境、空间存在质量的诠释。

在今天的环境设计教学中，激活式教学手段已成为新的教学方法，博引众采已成为此手段的主要养分来源，对心理学在设计语言中的有效引入及应用，对教学的深度有着不可轻视的作用，它在设计语言中的运用程度，决定了心理环境质量的提升深度。我们相信，利用这一设计语言导入教学后，将会给未来设计环境质量的提升打下良好的基础。

参考文献

[1] （美）库尔特·考夫卡.格式塔心理学.李维译.北京：北京大学出版社，2010.

[2] （美）阿恩海姆.艺术与视知觉.孟沛欣译.长沙：湖南美术出版社，2008.

[3] （美）巴里·W·斯塔克，约翰·西蒙景观设计学——场地规划与设计手册.朱强译.北京：中国建筑工业出版社，2014.

"无痕"设计之探索

周维娜　西安美术学院
孙鸣春　西安美术学院

摘要："无痕"设计是一种注重人文设计理念、遵循客体环境规律、倡导生态循环、倡导民俗文化内涵、生命持续发展共生的设计方式。"无痕"是一种理想状态下的词汇，设计师在实际环节中努力寻求"无痕"的视觉传达，寻求必要的表现、表达方式。我们所强调的"无痕"设计概念，是真正站在可持续发展的历史长河中，以不破坏我们未来子孙们的希望为主体的设计介入方式，此方式在未来的发展中，一定成为人们生存手段的首选，"无痕"设计理念及手段，从根本上树立起持续发展的意识、从源头上解放了被人类几乎无限度滥用的地球资源，这将是一场伟大生存方式的尝试，可以说"无痕"设计理念及它所带来的生存环境，将是我们人类潜在的精神需求。

　　"无痕"设计在执行过程中存在着诸多的综合因素，本文将就"无痕"设计的本质内涵、价值取舍及人文因素、意识境界等方面展开论述，以求为当代及未来的环境艺术可持续发展的研究提出一种可借鉴的方式方法。

关键词：无痕设计　过度习性　价值取舍　意入无痕

1　"无痕"设计的本质内涵

　　"无痕"是设计师对环境生态学的一种自我的倡导与保护，是用精神与意识的高审美境界，来替代低俗的、张扬的、无节制的环境状态，从而使被扭曲的表现形式和环境表现情感得以自然，同时，也使人们对于各种资源的索取降至最低。

　　"无痕"设计手段的运用，有以下几个方面的含义：

　　（1）"无痕"设计本质意义在于始于自然、流于自然、成与自然，因地制宜，且在形态上具有融合环境意识的超视觉功能，在意识上满足了受众体的生活本能及健康的审美情趣、审美情感。

　　我们举一个描述环境的对话例子，从中我们能够感受到"无痕"设计的本质："这庭院美吗？""我没有看到什么啊！"而她走下台阶，双脚轻轻地踏在满是金色的落叶上，同时用手轻轻地摇动那棵银杏树，只见金色的叶片飘飘洒洒地落向地面，同时闪烁着金色的阳光。"多美啊"她动情地说道……。这情景是设计中高境界"大无痕"典型状态。这一情景的设计表现正是这一动态的景观情景，它没有教化的造型、机械冰冷的符号，而仅一棵在阳光下健康生长的银杏树，却带来能够与心交流的空间环境，我们从中分析出，它既有其对时间的设计——阳光；又有其对动静态环境的设计——小路、庭院；也有对深层情节的设计理解——飘落的树叶在描述的环境中，我们看不到刻意的视觉造型、看不到强迫你眼睛接受的图形、体量表现。有的只是一种空灵、机敏、充满自然生机的元素：阳光、清新空气、小路、质朴的台阶、建筑体、随风飘落的树叶。这一切将纷繁、杂乱、无序的生存状态，从我们的心灵中抽离出去，使真实的生命重新相互融合。自然被放生、生命被注以新的、恒久的生机。可以说是自然造就了我们的生命状态，而不是我们创造了自然。

伟大的美国建筑哲学家路易·康曾这样对建筑材料红砖说："砖，你愿意在什么环境中生长，你愿意长成什么才能表现出你的性格？"他对生命存在状态的探索，去挖掘表达出设计对象的生命体征，从而最大限度地烘托出空间、环境的存在灵魂，而不仅是客观存在的冰冷状态，或是视觉符号存在的绝对静止状态。

"无痕"设计语言的悄然体现，在我们整体感观上，我们既能充分的认知环境，同时在脑海里也深深地印下了这种"无痕"设计的艺术境界。

（2）"无痕"设计的第二个内涵在于小无痕而大有痕。小与大的区别，在于不以小聪明设计语言来占有公共的环境资源，打破和消除固有的视觉主导设计手段的最为有效的方法，即为必须先去揭示出现存的固有经验的模式定律。

设计是一个思考过程、是一复杂的对潜能和限制的思考过程，区别于有些按照完美、有条理的直线所产生的思考。新的思维、意识反应产生于各种关联及造型数量的闪现，我们运用脑海中已有的造型、经验来设计，如同厨师，好的厨师可以用他现有的材料做出超乎寻常的精彩菜肴，从而在他们的调配上有更广泛的可能性。这一可能性，是超越固有思维状态的有利契机，丰实的菜肴属小聪明式的阶段产物，它从现存的模式当中寻求最传统的设计语言，令我们视觉上有强烈的丰实感。但超越传统只存在于可能性之中，当通过进一步可能性的分析之后，新的、超越视觉的创造性思维模式由此产生。这时，先前的由经验取得的丰实视觉感观概念随即消失，取而代之的是简洁而有生命力的新思维形式，丰实的菜肴消失之后，升华出新的饮食文化，后者即为大有痕。一个儿童，看见小河

溪流之后的天性表现，即为兴奋而欢笑，有本能欲望与之亲近，而成人首先对于危险的感受成为主要模式，儿童看见烟花，本能的欢乐感是理所当然的，但是有先前固有经验的成人感受到的很大成分是根深蒂固的恐惧状态（潜意识活动）。

"在我的整个生命中所要做的就是尽力保持像少年时期一样的开放性思维。"这是毕加索对其后来生活的注解。

"大有痕"存于开放性思维过程中，就如同儿童的天性感知，当里特维德设计"Z"形折椅的时候，他希望保持空间的完整性，因而椅子从空气中切过，它没有取代空间，也没有占据空间，你可能会产生疑问，这些东西是索取了空间还是创造了空间？

维韦住宅的院墙是由勒·柯布西耶为他父母建造的，恰位于日内瓦湖堤上，湖对面高大的阿尔卑斯山脉映入眼帘，一张石桌，一扇敞开的石窗，坐在窗前，映入眼帘的湖及山脉的宽广巨大似乎过于不设防，但通过从一个相对室内概念的窗空间望出之后，你会减弱对巨大的整体的注意。同时框内的景观因而获得了深度及美感。

未做任何视觉的造型及修饰，无痕的窗空间却带来了无限广阔的自然风景，每一眸都将会映在心灵的深处，设计完全融于自然，与风景共生、与人共生，小无痕而大有痕。

2 "无痕设计"大隐于视觉设计的升华阶段

尽管我们不能用语言表达出是什么使得空间美好或打动感情，但它会在很多方面影响你，这包括了所有会影响空间效果的因素，例如光的质量、声音、特殊气味、人，最重要的一个因素就是你的情绪。

经过我们分析这种情绪的起因发现，"无痕设计"的本源也在此之中，我们归纳如下：

2.1 "无痕设计"本源理解——"渗透环境"

"无痕设计"是对未来生态环境设计和生活的先驱解析。"无痕"的状态，是我们现实生活环境中太缺乏的一种视觉空间表现，在我们生活的空间中，到处都能看到不顾一切闯入眼帘的庞杂烦乱的环境、灯光、视觉造型、符号，到处都能感受到缺乏文化的文化景点，杂乱的色彩，极不和谐的建筑，不知羞涩的城市超大广场与游人一起茫然的存在着，教化的景观……。低俗的审美表现，造成了一个城市，甚至一个国家对美学素养的集体丧失。

"无痕设计"本源功能就在于设计升华，对环境的意识渗透，通过调整、顺应自然规律、人体的生理规律、心灵情绪来深刻体会出设计之外的意识环境存在，释放出人性中最为美好的本真，以求得到心灵的愉悦。

我们人类的生存痕迹，已经无法让后人轻松的擦去、轻松的延续，以便能按照后来生存的人类的发展愿望继续健康的生存下去，对能源无节制的需求，高技术带来的高速度破坏，建设性的远期破坏，地球气候的变异及失衡，各类自然资源的商业化……，导致人类会有更大的生存危机的担忧。

21世纪是人类文明生死存亡的关键期，也是资源浪费全球化、环境风险全球化的时代，我们可以看看这样一组数字:地球每秒钟有一人饿死，每分钟有30公顷的雨林遭到破坏，每小时有一种动物物种灭绝，每天有60种植物物种灭绝，每星期有超出5亿吨的温室气体排放到大气中，每个月沙漠延展50万公顷，每年臭氧层变薄1%（Franz AIt,2005中译本P20）。尤其全球有一半资源消耗于建筑产业中……

未来社会的发展，迫切需要环境的"无痕"，不仅视觉需要"无痕"、心理也需要"无痕"。以这一高度来思考，"无痕"

设计是对未来生态环境设计的诠释。"无痕"的状态是生活最为本质的行为，心理的本源状态是我们现实生活环境中长久缺失的一种意识形态，它的真正意义还在于当前消费环境对于公共资源的过度消耗，导致了当下一种缺失消费理性、非健康形态的划时代产生，环境沦落为消费高低的筹码，成为消费环节中的道具或场景，从本质上已失去了环境本身存在的意义。当梁思成的故居在北京被规划所摧毁、当鲁迅的故居无法得以保留的时候，经济的变革及其一夜暴富的心理，促使整个社会建筑形态在加速变革，传统的文化资源正在被无情的破坏……

大"无痕"设计概念的应用迫在眉睫。

2.2 "无痕"的本源理解——"意入无痕"

一个设计项目，在主体文化立意之后，环境的表达出现了特殊的气息，仅有其造型的传达，可能会制约甚至是破坏其主题自然"流动状态"。"无痕"设计所要完成的是减去不必要的造型状态，意随空间形态，寻找出自然的脉络，就像树木分叉一样的自然，由此形成了视觉为意识的临界面，例如我们欣赏树木的美，不会因为它某一个枝、叉的具体表现形式，而是总体给我们带来的愉悦心灵的精神美感，这种感受瞬间转为意识、意向的、多层面的理解与情节的流露。

"意入无痕"是一种境界，它几乎不带任何的附加条件，不带任何的粉饰、说明，无论对于室内环境，还是景观环境，它的表现都像是一阵清风，所过之处，挡去一切繁杂，清澈、透明，境界的本源状态跃然眼前，设计的一切手段、技法、痕迹消然无存，所有一切溶入在美的意境中，与心灵产生了脉动。

"无痕"设计是"意"的渗透 "无痕"之后，使意境得到了最大的表现张力，"无痕"是高境界、高意识、高质量的最为本质的基础平台，它使我们人类心理最为健康的一面得以释放，是我们在多年真实美的禁锢之后，悄然能够流露出的一种心境，超越一切物质状态，使我们在完成审美活动之后，能够逐渐将自身的心理状态调节到本我的状态，更重要的是恢复了自我的人格、风格、性格的本原状态，加之有健康的心态，最终是不断地推进了设计境界的、意识的不断提高，设计手段不再是表象的特征，每个人都有其本质审美情结，设计的创作深度，也将大为提高，因此"设计——反馈——设计"的良性循环将会建立起来。

"无痕"设计也是一种设计文化，目的是消化设计的痕迹，达到另一种设计境界。例如居室设计，在国内设计领域，设计师与居室主人之间的主次关系往往是对立的、互不理解的，居室使用者往往无法阐释出自己本原的真实需求，而设计师或将取代业主的一切审美资格，或无原则的满足业主低俗的、杂乱的所谓个性的需求而不加以干预。由此一来，造成的结果是设计的不完善，审美的不完善。而国外很多设计多样化的原因，就在于客户对居住空间的理解和设计师对空间的理解，具有比较健康的协商和相互的尊重，达到双方本我意识的真实交流，其结果必然是顺畅的审美表现，达到业主最终的愉悦心灵境界。

2.3 "无痕"的本源理解——"直取内心"

在生活中能够被环境感动的状态，绝不只是繁华的视觉造型，而是"无痕"穿过了视觉和固有的障碍，进入到意境的审美氛围，摆脱了形态、色彩、造型的约束，在意境中，人的感受得到极大的丰富，审美的愉悦到达心灵的深处，即"直取内心"。设计需要理性的思考，但同时也需更激情，对于设计语言来讲，直取内心是一种设计的最高理想手段，也是一种不用造型等视觉的基础形态来打动观者，而是借用意识在整个空间、环境中的停顿、流动，

形成"节点"即景点、景观，以审美意识的需要为主，一切视觉状态的出现均在意识的流动、传播和取舍。

"直取内心"是对"无痕"设计理念的最高诠释，它是我们人类发展当今阶段最为健康而迫切的最佳设计手段之一，无论我们人类以怎样的方式生活、生存，"无为"之当今，而"有为"之未来，对于地球上任何一个国家的生态发展，都有其实质的意义。"无痕"设计理念的最高境界——取之内心、愉悦心灵，是要由视觉的界面来传达，我们研究、探索这一境界的设计语言，成为未来城市景观建设过程中的一项质朴而伟大的使命。

3 结语

超越固有的、不健康的理念的过程，是一个经历痛苦和痛思的过程，但最终我们获得的是欣喜、健康和欢乐。我们可以承载着文化、人类本体的健康以及心灵的愉悦，完成我们最为本质的生活历程，把空间、资源与希望留给未来的子孙后代，使他们能以更健康的生活状态面对生命存在的意义。

我们期待有更多的设计师关注自身内心的本源需求，关注人类社会最为本质的健康生活需求，我们才能内省于设计的当代及未来，才能将环境还给生态、还给人类自己。

新农村建设背景下传统村落复兴的
策略思考与模式建构*

郭　晶　西南林业大学艺术学院
徐　钊　西南林业大学艺术学院
徐忠勇　西南林业大学艺术学院

摘要：新农村建设背景下，大力发展乡村旅游，拉动地方经济增长，导致传统村落中产生诸多的问题，例如长期闲置和破旧废弃的民居建筑较多、村落生态环境破坏严重、地域文化丧失和传承意识薄弱等。本文分析了传统村落存在的问题，提出了新农村建设背景下传统村落复兴的策略，构建出传统村落复兴的模式，旨在探索一种科学方法保护原有村落结构与聚落空间环境，传承和弘扬乡村中所蕴含的历史、文化、生态、经济和社会价值。

关键词：新农村建设 传统村落 复兴 策略思考 模式建构

建设美丽乡村、发展乡村旅游、拉动经济增长是推进新农村建设的有效途径。政府正在大力推动"美丽乡村"的建设计划，各省市依托良好的地域特色和自然资源，建设了一批生态良好、环境优美、文化气息浓郁的乡村旅游景区。然而，大多数的新农村建设中，无论是城市的近郊，还是偏僻的乡村，因不事农耕、不谙农事、脱离实际的设计师对中国乡村和乡土生活的误解，大力推进城镇化建设的新模式，生搬硬套城市的空间结构、物质形态和生活方式，强行给广大农村打上城市的烙印。更有一些新农村示范居住区，设计师将散点式排列的建筑形态强制性规划成整齐密集的建筑群体，让原本丰富多彩、特色鲜明的乡村景观变得千村一面，昔日环境优美、清新典雅、古朴自然的村落原貌荡然无存。因此，从可持续发展的角度来看，探索一种科学的方法保护原有村落结构与聚落空间环境，传承和弘扬乡村中所蕴含的历史、文化、生态、经济和社会价值，成为学术界和专业人士亟待解决的问题。

1 传统村落的现存问题分析

1.1 村落闲置废弃建筑较多

中国广大的农村，大多数人从事农业生产劳动，不仅劳作辛苦，收成受到自然环境影响较大，收入还要承担市场价格波动的风险，当地村民难以保证自己稳定的经济利益，加之在农村生活的子女得不到良好的教育，为寻求更大机遇和发展空间，让子孙后代走向具备便捷生活条件和完善公共服务的城市环境，村民们背井离乡、流向城市成为当今中国农村的普遍现象。中年人和青年人进城寻找高薪的职业，老年人和小孩子留守乡村、看家护院，从而导致乡村中闲置和废弃的建筑较多，这种现象成为当今社会中国农村的真实写照。

1.2 村落生态环境破坏严重

随着城市化进程的不断推进，人们物质生活水平的普遍提高，以及对当今社会城市生活方式的向往，越来越多的村民认为传统村落是贫穷落后的象征，而富裕的村民则向往"高楼大厦"、"洋房建筑"的居住环境，根本没有意识到传统村落的重要性、稀缺性和不可再生性。因此，在新农村建设中出现了大量盲目的拆建和改

*基金项目：教育部人文社会科学研究青年基金项目（项目编号：I5YJC760033）；云南省哲学社会科学规划项目（项目编号：QN2014082）。

造，导致许多传统村落的建筑格局和历史风貌失去了昔日画卷般的自然美景，生态环境恶化的状况越演越烈。

1.3 地域文化传承意识薄弱

新农村建设是政府主导的政绩工程，主管部门是当地政府，有时候过于追求实效，往往采取拆旧建新，撤并和整合一些分散式的行政村和自然村，重新规划设计了一个个的村民居住区，使不少传统村落渐趋消失或自然衰败，地域文化随村落的消失而消逝。另外，那些向往城市生活的村民，怀着到城镇谋生的强烈愿望，有劳动力的年轻村民外出打工，大量民俗文化濒临消亡，不少传统技能和民间艺术后继无人，面临失传危险，导致非物质文化遗产处于无人继承甚至濒临消亡的境地。

2 新农村建设背景下村落复兴的策略思考

2.1 严格控制旅游资源的开发力度

传统村落以无形的历史文化和有形的遗址遗迹为主要旅游资源，过度开发会让无形的历史文化消逝，甚至有形的遗址遗迹也会遭到损坏，从而导致村落的可持续发展缺乏强劲的生命力。为了延续村落的独特价值，传承和弘扬村落的历史文化，传统村落复兴也不能采取激进的发展方式，而是要有限制的开放和展示乡村的自然美景和物质文化，严格控制旅游资源的开发力度。因此，设计师必须以彰显地域特色和延续历史文化为村落保护的目的，以传承村落文化和弘扬民族精神为村落开发的宗旨，有计划、有节制地进行乡村旅游资源的开发，尤其是村落中的老宅院落，更需注重与村落文化的一致性、与村落建筑的和谐性、与村落环境的融合性等相结合，实现传统村落文化保护和传承弘扬的共赢。

2.2 继承发扬乡村文化的原真特性

乡村文化是乡村旅游的一个基本属性，乡村旅游规划模式应以乡村文化为切入点，构建乡村旅游主题，开发乡村旅游产品，创建乡村原真特性，从而促进乡村旅游的快速发展。新农村建设的目的是为了留住乡愁，让从乡村走出来的人留下美好记忆，让从城里走进去的人感受乡村乡情，也就是要保留传统村落最原始的地域文化。但是，在新农村建设中，由于决策者的某些原因，难免会出现一些追求形象工程的举措，例如推倒旧有的民居建筑，规划全新的村民居住区。可以看到，中国很多乡村是在漫长的人类历史发展过程中自然形成的村落，已经成为一个有生命力的综合体，并不需要人为的重新规划，任何附属和强加的设计都只会破坏其原有的肌理，失去特有的乡村文化，尤其是一些具有特殊地理环境和建筑风格的传统村落，其独特环境的风貌和因地制宜的建筑已经成为人类物质文明和精神文明的宝贵遗产。因此，新农村建设背景下传统村落复兴的策略，就是要继承发扬乡村文化的原真特性，防止外来文化的渗透侵入，让那些蕴藏着浓郁地域特色和历史文化的乡村景观和民居建筑，既能够反映出乡村与城市巨大的文化差异，又能够吸引游客参与乡村旅游活动，改善当地村民的居住环境和提高村民的收入水平。

2.3 维护强化天人合一的乡村意象

乡村意象是人们头脑里形成的对乡村聚落形态、民居建筑、景观环境以及生活方式的一种共同心理图像，主要表现为乡村景观意象和乡村文化意象两个方面。乡村景观意象是通过乡村聚落形态、民居建筑、景观环境等可见实物直接给人们留下的表面印象，它是基于乡村物质文化资源的一种表层性认识；乡村文化意象包括乡村传统文化意象和乡村"天人合一"意象，蕴含在景观意象之中，表现为乡村的一种"氛围"，它是基于乡村物质文化资源和乡村制度文化资源和乡村精神文化资源的一种深层感知。乡村能够吸引游客前来旅游的根本原因，本质上就是乡村与城市有着巨大的环境差异和文化差异，因此，为了更好地开发乡村旅游资源，必须维护和强化"天人合一"的乡村意象，增强乡村旅游地的感染力和吸引力。

3　新农村建设背景下村落复兴的模式建构

3.1　乡村养生养老模式

"扁鹊创五禽戏法乃为养生，始皇求仙问道乃为防老"，中国作为一个历史文化源远流长的文明古国，从古至今都对养生养老极为重视。乡村有着生态良好、空气纯净、食材新鲜、环境优美、生活成本相对低廉等优势，以及"新鲜空气洗肺、山溪清泉洗血、有机食物洗胃、乡土文化洗心，以及慢食、慢城、慢生活"等诸多功效，引发了众多老年人到乡村养生养老的向往。乡村养生养老模式的开发，可以为游客提供观光、休闲、娱乐、体验、度假等各种活动的场所和服务，有利于城镇居民和外地游客放松身心、缓解紧张工作和刻苦学习的压力。因此，建设养生养老模式的乡村，为城市人提供一种候鸟式与休闲型相结合的农家寄养、异地养老的特色服务，也是当前我国解决老龄化问题的一个重要举措。

3.2　创意文化民宿模式

近年来，政府对新农村建设项目的大力扶持，使得传统村落商业文化环境快速发展，造就了社会大众创业的热情，普通客栈、主题酒店、精品酒店、个性化的创意文化民宿设施随乡村旅游的发展而大量涌现。民宿不同于普通客栈和青年旅社，其核心在于业主希望通过住宿这一行为，向消费者传达当地人的一种多元化生活理念和生活状态，而这种生活方式是在民宿主人经营过程中与当地的地理位置、民族特色、历史文化、风俗习惯相结合的。因此，创意文化民宿模式的开发，应采取因地制宜、因时制宜、因人制宜的方法，结合地域特色制定适合自身发展的经营策略，掌握淡旺季节和

消费习惯的变化，定制个性化的管理制度和服务方式，给消费者带来新颖、舒适、健康的特色体验。例如：国家级历史文化名村——浙江省桐庐县荻浦村，作为传统村落保护与开发的样本，坚守本土地域文化传承与创新、保留传统村落文化原真性的设计理念，开发了"龙吟居"、"桐庐金基·原乡客栈"等多个具有浓郁乡土气息的创意文化民宿，并充分利用传统村落的自然资源和文化资源，打造了独具特色的"牛栏咖啡"、"猪栏茶吧"等休闲旅游产品。可以看到，荻浦村一改往日传统"农家乐"的设计手法，将城市中的文艺范、小清新等有着优雅品质的文化内涵成功融入乡村设计中，从而形成特色鲜明的"乡土文艺范"，质朴却不失个性，满足了当代年轻人的审美需求，不仅让游客体验到乡村生活的"独特"和"新奇"，还能从中对设计师的设计初衷进行更为深度的解读和感受。

3.3　野奢度假乡居模式

野奢度假乡居模式的村落环境建设，需要具备三个条件：首先，村落民居建筑必须为传统院落，且建筑特色突出，具有较高的改造价值，有利于设计师能够兼顾乡土性与人们对高品质生活的需求，做到民居建筑"修旧如旧、修新如旧、外朴内雅"的效果；其次，村落周边区域应具备生态良好、环境优美、风景宜人的自然条件，有利于开发多样化的度假方式和旅游产品；再次，村落中应该具备较多的闲置民居，以"空心村"或"废弃村"为首选，创建野奢度假乡居综合体，便于政府对整个度假区统一进行改造和维护，实施"标准化、品质化、国际化、连锁化、规模化"的经营管理，建设市民与农民共同创造的新型乡村社区。一旦乡村能够进行统一经营管理，便可以实施登山、徒步、房车露营、越野定向、生态种植、田园采摘、农业科普、家庭农场、田耕体验、户外野餐、摄

影、马术、龙舟、钓鱼等多种项目,较好地开展乡村旅游、体育休闲、生态农业等度假乡居模式。例如:北京市密云县北庄村的干峪沟,由于地处偏远和交通不便,大量村民外迁,导致整个村落的房屋空置率达80%,已经成为典型的空心村落,北庄旅游开发公司以50年租用、二套闲置房入股合作的形式,收租了干峪沟的废弃闲置房屋,建成了"山里寒舍"创意乡村休闲度假区。设计师将干峪沟的传统民居院落改造成为"奢华与朴素混搭,舒适与自然结合"的高品质度假酒店,整个酒店在原有民居的基础上改造而成,外观保留木门、木窗、椽子、石头院墙等民居建筑特色,酒店内部融合了古朴自然与现代时尚相结合的设计理念,创建了全新的室内环境效果。因此,干峪沟的复兴是"山里寒舍"创意乡村休闲度假区的建设成果,其成功在于开发了一种不破坏当地环境、保留乡村文化原真特性、维护和强化乡村原始生态特征的度假乡居模式。

3.4 艺术孵化聚落模式

艺术孵化聚落模式是将农民闲置的老宅以较低廉的价格租赁给人们进行艺术创作,逐渐产生艺术家的自动集聚和自动孵化,从而形成一种产业链的规模效应,并且循序渐进地成为一个有文化、有特色的艺术创作村落。例如:秦皇岛市北戴河村响应美丽乡村建设政策,大部分村民搬进新房屋,诸多旧民居便闲置出来,其村落改造立足于"艺术村落景区化、景区生活艺术化、艺术创作产业化"的设计理念,通过整合闲置民居建筑资源与出台一系列文化艺术机构驻村的管理优惠政策,将北戴河村的老宅院改建成了独特的艺术村落,在保留民居建筑外观的基础上,由"面朝黄土背朝天"转向独树一帜的"艺术范儿",走出一条接地气、重体验的美丽乡村建设之路。可以看到,村落中建设了供年轻艺术家展示作品的公益美术馆,以及可供游客参与艺术品制作的体验区和可供艺术家静心创作的工作室。因此,艺术孵化聚落模式的开发,一方面艺术家在乡村中创作,结合自己对乡村的思考和体会,依托乡村的环境优势让艺术作品迸发出蓬勃的生命力;另一方面解决了村落民居闲置与旅游产业发展的问题,增加了乡村文化的艺术氛围,提升了传统村落的软实力,为传统村落的经济文化发展注入了持久动力。

4 结语

传统村落作为一个国家和一个民族宝贵的居住文化遗产,许多规划师、设计师已经意识到传统村落保护和复兴的重要性,并正在进行传统村落复兴的社会实践。中国的广大农村有许多百年积累下来的美丽村落环境,只需要导入适当的现代机能和生活方式,就能成为最有品质的生活空间。系统地、持续地不断挖掘传统村落中蕴藏的优秀基因,既是传统村落保护和复兴的重要目标,也是所有传统村落复兴工作中最根本的因素。在新农村建设背景下,对于传统村落复兴的工作开展,应该充分认识到传统村落的核心价值在于传承和弘扬文化基因,做到有目的的保护历史文化和有节制的开发旅游资源,实事求是地探寻传统村落复兴的新途径、新模式,针对不同村落的现实条件和地域特色,因地制宜地引入乡村养生养老模式、创意文化民宿模式、野奢度假乡居模式、艺术孵化聚落模式,破解村落中闲置废弃建筑较多、生态环境破坏严重、文化传承意识薄弱等难题,从而引领新农村建设中传统村落复兴的正确方向。

参考文献

[1] 陆元鼎,杨新平.乡土建筑遗产的研究与保护[M].上海:同济大学出版社,2008.

[2] 郭晶,徐钊,石明江.云南花腰傣新型土掌房民居建筑设计探索[J].山西建筑,2015(22).

[3](美)兰德尔·阿伦特.国外乡村设计[M].叶齐茂等译.北京:中国建筑工业出版社,2010.

新时期历史文化街区保护与更新的方法研究
——以介休古城顺城关历史文化街区为例*

李慧敏　西安建筑科技大学艺术学院
王树声　西安建筑科技大学艺术学院

摘要： 本文以介休古城顺城关历史文化街区为例，分析其特色历史文化价值的定位，针对保护与更新面临的挑战，研究如何将历史文化街区的保护更新同现代城市功能衔接，探索新时代背景下的历史文化街区保护更新的模式，为更好地完成对文化环境的传承与创新提供积极的思路。

关键词： 新时期 历史文化街区 保护与更新 方法 介休 顺城关

历史文化街区是历史文化名城中具有极高历史信息和空间艺术特征的构成要素，通过深入研究和挖掘其丰富的历史遗存和文化空间格局对于新时期下展现历史文化名城的传统风貌和历史文化街区的保护更新具有十分重要的历史价值、文化价值、艺术价值和科学价值。在新时期如何更好地保护历史文化街区的历史风貌和文化环境是我们面临的问题和挑战。

1 介休古城及顺城关历史文化街区概况

介休古城位于介休市域西北部，总面积236.6公顷，以其优秀的人文传统与自然环境完美结合，共同构筑了介休城雄阔壁环的山水城市格局，营造了其自身城市形象与独特的城市文化底蕴，于2009年被评为"省级历史文化名城"。介休古城山水与人文交融并重的城市文化空间格局，体现了中国传统人居环境思想。[1]古城内历史街道骨架以东南西北四条的大街组成"十"字形。古城内现存有丰富的历史建筑，但都零散地分布于古城中。顺城关历史文化街区恰巧位于串联城市主要历史文化街区"干"字形城市骨架"东西主轴线"后土庙经顺城关至袄神楼的辐射范围中，位于介休市旧城区东北部，北以小庙底街、梁家小巷、袄神楼五巷及院墙为界；南以北马道、市人民医院北外墙、文家巷、袄神楼南巷及院墙为界；西以新华南街东侧道路红线为界；东以东关马道为界，范围面积16.35公顷。（图1）

*国家自然基金面上项目：黄土高原历史城市人居智慧及其当代应用研究（51178370）资助。

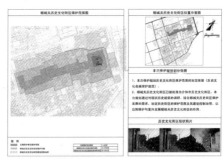

图1 顺城关历史文化街区保护范围

2 顺城关历史文化街区历史文化空间特征与价值定位

历史街区的范围应同时满足历史街区的三个核定标准，即历史真实性、生活真实性和风貌完整性[2]。顺城关历史文化街区是介休古城两个历史文化街区之一，区内文物古迹和历史遗存十分丰富，有国家文物保护单位袄神楼（国内现存唯一一座袄教文化建筑，具有极高的文化价值），林宗书院和介休古城墙遗址以及3组保存较完好的历史院落等。有东西大街一条，长约1000米，巷道12条，沿街至今保留着传统的历史风貌，沿街典型的历史建筑、传统四合院和珍贵的文物古迹，展现着介休城悠久的历史文化底蕴，集中体现了介休城地域文化特色，其自身独特的历史文化资源和空间艺术特征是古城重要的市域文化景观空间构架。其价值定位有以下五点：

（1）城市特色的集中体现：顺城关西接后土庙、东连林宗书院至袄神楼，原袄神楼东西两侧分别为介子祠与文公祠，该地段集中展示了介休城"琉璃之城、寒食之乡，三贤故里，文化名邦"的城市特色，是城市文化复兴的最佳起点。

（2）新旧交融的空间秩序：作为介休古城的东入口，为顺城关与东外环路交界处，该入口临近介休城高速路，袄神楼也位于该入口西侧，是古城文化特色对外展示的重要点，应以新旧文化特色融汇展示的城市设计手法，展现古城与时俱进的时代面貌。（图2）

（3）文化网络的支撑载体："通过保护与创新等手法，建立古

城完整的步行空间，以联系古城新旧城市节点，串联各城市文化要素，使古城支离破碎的历史街区形成有机的文化整体。"[3] 作为古城的主要步行空间，顺城关历史文化街区可充分调动和利用区内的公共空间与市民文化场所，形成从内到外发展延续的文化网络支撑体系。

（4）现代生活方式的注入：通过现代生活方式注入古城，激发古城活力，做到既保持传统风貌，又满足现代生活的需求，使旧城发挥更大的作用，处理好保护区与现代城市区之间的交通联系。

（5）原有历史精神的复兴：介休旧城原有历史地区文化精神的恢复是十分重要的，也是旧城发展的关键一步。因此需要部分的修复，重新提振旧城原有的文化精神。把旧城固有的精气神给以彰显，重要的祭祀、节庆要予以恢复。

3 顺城关历史文化街区保护更新面临的挑战

区内居住密度大，但土地利用率低，居住和建筑质量较差，以1~3层民居为主，基础设施配套不完善，缺乏绿地及户外活动场地。行政办公类单位有区内绵山陈醋厂、顺城关农林牧服务中心、介休市城区建设公司、介休绵建一公司等企事业单位，主要沿顺城路和各个支巷分布，各类行政办公大多与居住建筑联系紧密，形成前办后住或下办上住的居住办公形式。商业金融设施较少，主要沿顺城路、三贤大道布置。居民休闲健身等公共服务设施极度匮乏，教育设施与园林绿化也面临亟待改善的境地。

图2 介休古城规划结构图

（1）保护与发展的紧迫性——区内以大量居民自建房屋为主，各类型企事业单位遍布其间，伴随着保护更新的进一步深入和实施，用地性质和征地拆迁工作将陆续启动，需要政府部门和基层群众通力合作，克服困难，为确保介休市旧城区首个文化名片的打造争取时间。

（2）环境整治的复杂性——区内东北侧为耕地，居住用地和农业用地属性不明，用地存在明显高差，最大处达到2.8米，为恢复历史文化格局和创新地区生存环境带来不利影响。东侧排洪干渠及基地北侧环境较差，存在居民随意倾倒垃圾现象。

（3）再现历史风貌的挑战性——各个历史时期均对传统院落采取了加建和改建，整体立面外观杂乱，布局和使用功能不明。区内保留的介休古城城墙遗址自北向南贯穿整个街区范围，现有城墙遗址其上均建有房屋，对城墙破坏严重，介休城城墙历经抗战，在新中国成立初期已被完全拆毁，城内城墙遗址由于历史原因在顺城关大街处开凿城墙修筑道路，致使该处城墙被夷为平地，为下一步恢复历史文脉和城墙形象展示工作带来挑战。

4　顺城关历史文化街区保护规划的研究

（1）规划范围：顺城关历史文化街区保护区范围：北以小庙底街、梁家小巷、祆神楼五巷及院墙为界；南以北马道、市人民医院北外墙、文家巷、祆神楼南巷及院墙为界；西以新华南街东侧道路

红线为界；东以东关马道为界；保护区范围面积16.35公顷。根据上位规划的相关要求，基于对介休古城 "琉璃之城、寒食之乡、三贤故里、文化名邦"的历史价值定位，在全面保护介休历史文化名城风貌的前提下，重点发展古城重点地段顺城路历史街区，保护的同时融入介休城市复兴发展战略、城市布局、旅游开发等相关功能。

（2）规划目标与原则：突出顺城关历史文化街区文化环境营造，完善区域公共空间体系，打造介休市首个公共文化产业体系，提升介休古城区的整体文化品牌优势，为市民提供一个高品质的文化休闲环境，最终促进社会经济的发展和人民生活水平的全面提高。

5　对顺城关历史文化街区保护与更新的思考

顺城关街区保护与更新规划要深入探究其历史文化的特色与内涵，准确把握本规划区域与介休旧城区及城市总体结构的关系，进一步明确规划目标以及本区域在整个旧城区中的定位。对区内用地进行定性、定量分析，从经济效益、社会效益、环境效益有机结合的角度，对本区的开发建设进行评估，确定合理的开发建设目标，并在现有的环境基础上构建良好的城市环境。合理划分和完善区内各功能区，确定各街区与基本地块的用地性质及使用功能，统筹安排各项建设用地，形成规模性的建设，以动态控制为原则，充分考虑城市不同发展阶段规划的可持续发展，提高土地的级差效益。贯彻"以人为本"的思想，充分体现人性化设计和市民参与的原则，

① 三贤祠
② 三贤广场
③ 中华圣贤影壁
④ 城墙遗址
⑤ 祆教博物馆
⑥ 祆神楼
⑦ 环城遗址公园
⑧ 凤城酒店
⑨ 林宗书院
⑩ 幼儿园
⑪ 书院步行街
⑫ 高档住宅
⑬ 大型商业
⑭ 保留古院落
⑮ 停车场

图3 顺城关历史文化街区保护与更新规划图

注重区内居民生活环境与历史文化环境相结合，促进社会、经济与环境可持续发展，实现介休旧城区历史文化环境的整体保护与城市文化的全面复兴。

5.1 恢复历史街巷空间格局，创造与复兴古城新旧城市轴线

《介休历史文化名城保护规划》中提出市域文化遗产保护框架，以及介休古城风貌整体保护与城市文化整体复兴，恢复历史文化街区的街巷空间格局是其中十分重要的组成部分。顺城关历史文化街区有较高价值的历史建筑或构筑物、有特殊保存价值的环境要素相对密集的街区，地处古城东门户，是古城东西轴线的起点也是新旧城市区域与功能的交汇点。因此，保护与更新的规划结构提出构建"一轴、三心、五区、一带"的空间格局。[4]"一轴"指顺城路—祆神楼的历史文化空间轴线，包括三贤祠——三贤广场：文化休闲轴线，祆神楼——与前广场：宗教文化轴线，林宗书院——幼儿园：文教展示轴线；"三心"：指区内主要历史文化空间节点，包括"三贤"文化休传承展示区（三贤广场、三贤祠），祆教历史文化展示区（祆神楼、祆教博物馆），林宗书院；"五区"：指区内主要功能分布区域，包括："三贤"文化传承展示区，宗教历史展示区，文化教育活动区，综合休闲服务区，高档住宅区；"一带"：指环城遗址公园景观带以及城墙遗址展示区。（图3）

基于对介休古城的历史价值定位，在全面保护介休历史文化名城

风貌的前提下，重点发展古城重点地段顺城路历史街区。为了保护介休古城的历史文化的整体性，把各种类型的历史建筑和以历史街巷为骨架的古城的结构机理纳入历史文化街区内来充分利用区内历史文化资源、交通区位优势，高起点、前瞻性地规划设计三贤广场及祆神楼周边历史街区。保护的同时融入介休城市复兴发展战略、城市布局、旅游开发等相关项目，创造并复兴古城新旧城市轴线。

5.2 着重调整功能结构，提升地段生活质量

古城内历史街巷基本保留其传统格局，在街区整治中应保留历史街巷的走向和路网结构，改造街区的建筑，其功能、形式和尺度应与保留的历史街巷相协调。历史文化街区保护与更新以宜居居民条件为首要原则，尊重旧城风貌，保护古城各街坊传统特色布局结构，对现状用地结构中不合理以及与发展定位相冲突的用地进行调整，配备公共服务设施与市政基础设施，保留部分教育科研用地，调整各文物保护单位用地，搬迁不符合文物保护要求功能的建筑，发展文化与旅游事业，营造街区"三贤文化、寒食文化、琉璃之乡"的传统文化氛围，以文化体验休闲的方式创造优良的人居环境。

历史文化街区的保护与更新在传承和创造空间结构肌理的同时还要注重当地居民生活环境的改善与生活品质的提升。做到环境更新与功能更新相协调。通过比较保护更新前后用地汇总表可以看出，居住建筑面积和工业用地显著减少，公共建筑面积和广场道路

规划前用地汇总与保护更新后技术指标对比　　　表1

规划区保护更新用地汇总表			规划区保护更新经济技术指标		
项目	数值	单位	项目	数值	单位
总用地面积	16.8	hm	总用地面积	16.8	hm
总建筑面积	40000	m²	总建筑面积	83600	m²
居住用地面积	29300	m²	公共建筑面积	20670	m²
文保单位用地面积	2000	m²	商业建筑面积	44530	m²
工业用地面积	7600	m²	住宅建筑面积	17500	m²
教育用地面积	4800	m²	保留古院落面积	900	m²
广场道路面积	13300	m²	文物建筑面积	1200	m²
现存树木	227	棵	广场道路面积	46500	m²
建筑密度	44	%	建筑密度	32	%
容积率	0.46	—	容积率	0.48	—

面积大幅提升反映出新型功能结构调整给规划区带来的深层变革和新的发展契机（表1）。符合现代城市功能和市民生活规律的新的历史空间秩序正在逐步取代地块内陈旧杂乱的生活空间和环境。通过准确定位顺城关历史文化街区为旅游文化街区，从而全面提升文化体系建设，通过对沿古城墙一侧地段和排洪干渠的环境整治，着重改善民生和提高地段内居民生活质量。积极保护历史文化街区的生存环境，将新的城市功能注入其中，共同孕育和创造介休古城新的文化名片。

5.3 尝试多元化保护更新模式，发掘历史文化遗产新价值

顺城关历史文化街区是在较长一段时期内发展构建而成的，保存着某个历史阶段的商业、文化与生活格局，独特的空间形态与环境特色、建筑的传统形式与建造方法而具有历史美学价值、场所感价值、文化记忆的认同价值、经济与商业价值[5]。由于区内民居、环境、功能、定位丰富多样，相互交织，因此在保护更新规划当中应当继承历史街区的传统生存环境，挖掘历史建筑本身深层的与城市发展脉络相通的生活结构问题[6]，尝试多元化多功能的更新模式，在继承现有合理功能布局的基础上，挖掘并开发出历史文化遗产新的使用功能和多重价值，创造集历史、文化、生活、旅游、展示、商业为一体的历史文化街区。深入研究街巷传统空间特征和历史信息，注重保护与发展具有现代城市生活结构的文化脉络，将介休"崇义重商"的文化品质融入大的环境建设和功能布局中，规划中将祆神楼周边地区作为"祆教"宗教文化展示区，区内有国家文保单位祆神楼和"祆教"博物馆，充分利用历史文化资源和空间景观要素展示祆教文化特色，充分发挥多元化更新模式的优势，挖掘并激活历史文化遗产的新价值。

5.4 构建古城特色文化展示街区，创造市域独特文化景观

顺城关历史街区为明清风貌传统历史街区，规划定义该街区为

现状图片

改造意向

图4 顺城南路立面风貌整治图

旅游文化街区，以介休明清时期金融商业为主题，以文化观光体验为主要功能，依托顺城关较为密集的历史院落、祆神楼、介子祠、文公祠、林宗书院等，注入旅游展示功能，设计参与性活动，打造一段街景式的、移动的、变化的明清商业一条街，全面展示介休琉璃文化、寒食文化、三贤文化。

顺城关历史文化展示街区秉持着以下几点展示特点：

（1）保护优先、合理利用。历史文化资源应在充分保护历史文化资源的历史价值、艺术价值和文化价值的前提下合理利用。对局部的重点沿街立面、主要出入口节点、具有代表性的街道、民居进行概念化意向设计，以达到整体风貌整治的目的（图4）。街区内有3座保留历史院落，根据街区更新的内容分别赋予它们新的使用功能，通过这种方式达到保护和利用的目的。

（2）原址展示为主，适当集中展示。历史环境是体现、理解和研究历史文化遗产价值的重要载体，遗产展示中尽量以原址展示为主，完整展示历史信息。祆神楼是目前国内仅存的祆教建筑遗迹，现存为清早起建筑风格。形制奇特，结构精巧，融三结义庙山门、乐楼及顺城关大街过街楼三位一体，在建筑艺术上达到了极高的成就，与晋南万荣的飞云楼、秋风楼并称为三晋三大名楼。在此处规划了祆教文化展示区，主要功能是以祆神楼为主的宗教文化展示和"祆教"博物馆展示陈列为主，前广场设计以祆教宗教文化主

题为主，配合右侧与"三贤"文化休闲体验区衔接的可拆卸舞台，这种、公众参与设计，可以对出现的不同问题有针对性地实施不同的保护方式，使得历史街区既要保护又要发展的目标能够得以实现，共同营造开合有度的空间环境[7]。

（3）物质与非物质遗产展示相结合。介休地区物质遗产和非物质遗产联系紧密，展示中应当相互结合，实现物质与非物质的整体展示，达到抢救、保护、传承、利用的目的。在三贤广场的景观设计当中，重点以精湛的琉璃艺术品作为非物质文化遗产展示，运用现场展示的形式再现介休传统琉璃手工艺人的绝活高招。广场南侧琉璃影壁展示区将空间景观特色与传统手工技艺巧妙地联系起来，达到了物质与非物质文化遗产整体展示的效果。

（4）动、静态展示相结合。地段内通过标识展示、原址展示、多媒体展示、现场表演展示、场景展示等多元化的技术与方式，构建"活态博物馆"，在保护历史环境的前提下，充分认识历史街区作为城市空间所承载的公共性[8]。将静态文化空间与动态文化活动紧密联系起来，坚持动态活动展示和静态实物展示相结合，充分展示历史文化遗产的精华。

6 结语

历史文化街区作为一种活态的以人为本可持续发展的历史文化遗产，它的保护与更新应该结合街区自身的独特属性，将传统文化

保护与动态发展相结合，整合各种资源，进而增强历史文化街区的活力。介休古城顺城关历史文化街区的保护与更新是在充分认识和研究其文化特色价值定位的基础上，以历史文化观念，寻找历史文化街区发展的基本规律，明确历史文化街区空间构成与城市关键点的关系，将新时代的精神需求，融入新的城市关键点，形成新时代文化空间秩序。这种模式和经验在现代化背景下为历史文化街区的保护与发展，以及文化环境的传承和创新提供了积极地思路。

参考文献

[1]、[3]参见《介休市历史文化名城保护规划》。

[2]阮仪三，孙萌．我国历史街区保护与规划的若干问题研究[C]．城市规划，2001(10)：30．

[4]参见《介休市顺城关历史文化街区保护与更新及三贤广场规划设计方案》。

[5]毛彬，蒋献忠，徐莉君．触摸老街脉搏，体味古韵重塑——扬州东关街历史文化街区(核心区)保护与整治之思考[C]．华中建筑，2009(27)：109．

[6]陈蔚，胡斌．当代城市历史遗产的保护——以互补方法论的观点[J]．重庆建筑大学学报，2005(27):30．

[7]郑利军，杨昌鸣．历史街区动态保护中的公众参与[C]．城市规划，2005(7)：64．

[8]汪芳．用"活态博物馆"解读历史街区——以无锡古运河历史文化街区为例[C]．建筑学报，2007(12):85．

中式风格室内设计中的留白应用探究

刘亚国　西安美术学院建筑环境艺术系

摘要： 本文首先以优秀案例分析留白在中式风格室内设计中的具体应用，然后分别从传统美学、现代人的生活方式和人与物的关系来探讨留白在室内空间设计中的价值和意义，进而讨论传统绘画元素如何转化为现代室内设计的组成部分，并与现代人的生活发生联系。

关键词： 留白 中式风格 室内设计 绘画元素

在经济全球化的背景下，文化领域也呈现出各国文化互相融合的景象，西方文化的强势影响也渗透进室内设计领域，因此如何在西式风格占主流的情况下保存与发展中国传统文化元素就成了一个至关重要的问题。在笔者看来，具有中国风格的室内设计并非仅指中国风元素的简单堆砌，比如在室内摆放明式家具、盆景、屏风、古典字画、文玩等传统文化的典型代表事物，而是指通过对中国传统文化的深入理解，将古今中外的设计理念融会贯通，使空间及物体布置既有传统韵味又符合现代人的审美偏好。留白——作为中国画的一个典型特征是营造画面空间感的重要表现手法，计白当黑、以虚代实的处理手法擅长以极简的笔墨表现丰富的空间层次，并在整体上营造一种虚实相映、情境交融的意境，这样的表现手法与现代室内设计的结合显然既可以保留中国传统文化的精髓，又能契合

在西方文化的强势影响下人们所形成的审美趣味。

目前对留白的研究多局限于国画中的留白应用及美学意义分析，较少将留白与实用艺术门类相联系的研究，因此，本文将从实际案例分析入手探讨留白的美学理念如何与现代室内设计的理念相结合从而形成独具特色的中式室内设计风格。这个问题一方面涉及二维平面的绘画元素如何转化为三维空间的构成元素，另一方面也关乎中国传统文化元素如何融入当下人们的日常生活。

1 留白在室内设计中的具体运用

被誉为"香港室内设计之父"的高文安非常重视传统文化与西方现代文化的结合，他的许多设计作品都糅合了中西文化，将中国传统文化元素巧妙地融入室内环境中，结合西方产品的科技感和舒适性，呈现出独具特色的风格。位于中国"三遗"名城丽江的瑞吉别墅毗邻象山，正对玉龙雪山，总体规模约一千亩，在高文安的规划下无论外部建筑、园林景观还是室内设计都与当地的纳西文化相融合。别墅的总体规划与丽江古城的自然景观相映成辉，高低错落的独栋建筑都遵循纳西民居传统的三坊一照壁的结构，并且大量采用当地的建筑装饰材料，如灰瓦、古木、原石等，营造出一种古朴的味道。而在室内空间的布置上更是处处可见传统文化的气息，留白的运用不仅是连接古典与现代的桥梁，同时也拓展了室内空间，使室内的人文环境与室外的自然环境和谐地融为一体。

1.1 空间留白

在空间中大量留出空白是营造意境简单而有效的手段，比如在瑞吉别墅凌云户型的一个设计中，空旷的房间内仅有少量陈设，纯净、简约的墙体、天花板和地面的设计为整个房间奠定了雅致的基调，空白的天花板无任何装饰，其中一面墙仅置一画、一柜、一对文玩和一对花瓶，另一面墙兼作窗户，透明的玻璃以窗外美景作装点，位于视线中央的也仅是一盆简约的花枝和散落四周的几个蒲团，所有的这一切构成了一个静谧的空间，营造了一种颇有禅意的氛围。这种整体空间留白的设计不仅关乎物品陈设的方式，也是为快节奏的现代人留出的一块心灵栖息地。开放式的空间设计是另一种空间留白的方式，瑞吉别墅天影户型的一个设计中，传统的私密空间被设计成前后通透的布局，两面透明墙体拓展了室内空间，使有限的室内空间得以无限延伸，人的居住环境与自然环境融为一体。这种设计方式打破了室内狭促空间的界限，室外广阔的空间皆以留白的状态存在，两者的结合既能满足现代人对舒适生活的需求，又能弥补现代人越来越远离大自然而带来的心灵缺失。

1.2 结构留白

瑞吉别墅的每个户型中都既可以发现丰富的传统文化元素也处处可见富有现代感的家具陈设，留白则是使两者能和谐统一的重要处理手段。这种手法同样也运用于与别墅配套的会所设计中，传统

民居建筑设计为整个现代化的会所增添了古典的韵味，传统建筑与现代生活方式在这里结合。观感古旧的雕花木梁在阳光下的投影斑斑驳驳、虚实交映，空隙不一的木梁、镂空的隔窗所形成的结构上的空白有着丰富的变化，增加了许多趣味。当处在一个相对封闭的空间内时，这种结构上的留白就显得更加重要，的室内空间因陈设和场所性质的原因显得稍微拥挤，因此设计师在隔墙上镂出的那些空白就属点睛之笔，不仅拓展了空间，使室内环境避免压抑，也增加了形式上的变化，使空白的墙面更有设计感。屋顶木梁之间的空隙有着类似的作用，以丰富的韵律感打破空间的沉闷。

1.3 色彩留白

从以上对高文安的瑞吉别墅设计的分析中可以看出，留白不一定是指"白色"，它既可以指空间对比，也可以是一种平面构成，甚至包括空间给人的心灵留下的空洞感或放松感。字面意义上的留"白"也不一定指白色，也可以是一种相对而言的空白色。图7、从瑞吉别墅天影户型的设计，可以看出设计师对留白的运用得心应手。空间相对私密、封闭，大面积深棕色的屋顶、博古架、地板使室内整体色调较为深沉，设计师则运用两条明亮的灯饰带为整个室内环境带来一些活力，又运用几块大面积的空白墙面平衡整体的紧促感，零星点缀的灯具、文物、桌椅进一步打破整个空间的沉闷感。在图8中，所谓的留白更偏向于整体的色彩平衡，当色彩较多

时，白色或者相对的浅色既是很好的过渡色，又能让整个色彩统一在一个色调中不显杂乱。

2 留白在室内空间的设计策略

高文安对传统文化和现代设计理念的理解无疑都是非常深入的，我们也许可以从他的作品中对留白的运用得到一些启发，思考并总结一下在将留白运用到中式风格室内设计中时可以使用的策略。深入地理解留白的美学意义是进行这项尝试的首要前提，准确地感受现代人的生活需求是另一个重要前提。

2.1 留白的美学意义在室内空间的体现

首先，留白之美可以体现在室内物品的选择和陈设上。正如高文安在他的作品中所做的一样，室内所陈设物品的形状、颜色、装饰风格等都可以通过留白的方式得到协调，实体的物品和空间之间就发生了联系，这种简繁得当、有无相生的联系既可以在封闭空间中营造空灵感，也可以将封闭空间转化为宽阔的无限空间。然后，留白之美可以体现在物品之间的位置和摆放上。留白的美学意味与极简主义艺术有某种程度的类似性，形式主义批评家迈克尔·弗雷德（Michael Fried，1939-）认为极简主义去除了所有多余的形式元素和作者的情绪倾注，因其形式上的"极简"，作品被还原到了实实在在的物的状态（objecthood），作品所形成的空洞感使得欣赏这样的作品必须把作品与外在环境联系起来构建出一个"剧场"（theater），如此才能触发观者的审美体验。欣赏留白之美也需要物品放置在一个环境中，在物品与物品，物品与周围空间，物品与观者之间的关系中体验虚实相映的美感。因此，显然留白之美也可以体现为整体室内环境带给人的感受。在营造具有中式风味的室内环境时留白的运用可以得到最佳的体现，在能体现中国传统文化的场所如茶室、书房、画室、琴房等地，空间布置上的留白、物体结

构上的留白和色彩上的留白共同构建了一个富有诗意的心灵留白空间。

2.2 留白与现代人生活方式的契合

现代人的生活压力大、节奏快是有目共睹的，相对于竞争激烈、处于高压之下的工作环境，家庭、休闲场所首先是一个放松之地，不仅为身体提供休憩的场所，也为心灵保留一块轻松、舒适、缓慢的空白休憩地。因此，留白从两方面与现代人的生活方式相契合，一方面，留白与时下流行的西式风格有着某种程度上的共通性，正如上文所分析的那样，无论中式古典风格还是西方现代风格，形式美感都是一个重要的追求，而留白使这两者在同一个空间中以新的形式、新的面貌、新的风格得以融合。另一方面，在注重物质实体的留白之美的同时，也不可忽视精神层面上的留白的重要性，由形式所带来的精神感受也是在运用留白时必须考虑的，能够缓解压力、放松精神的空间也是现代人在繁忙的社会生活中的另一种留白方式。

3 留白在中式风格室内设计中应用的意义

在将留白这种传统中国画元素应用于现代的室内设计中时，实际上是对传统绘画元素从二维平面转向三维空间所进行的一项尝试，类似的这种尝试在中国园林艺术中已得到完美的体现，中国传统山水画中景物的安排、观景的方式、对山水的理解都以巧妙的方式在园林中呈现出来，包括留白以及山水画中的皴擦技法都已应用于园林的设计中，而留白在室内设计中的应用仍需探索。这也同时涉及传统文化元素如何在现代社会焕发活力，如何在全球文化大融合的背景下保留与传承中国的特色文化传统。

3.1 传统绘画元素在室内空间设计中的转化

中国画的艺术特征十分明显，中国画的观看方式和体验方式

也自成体系，这种独特的审美体系如何与其他艺术形式贯通，如何与时下人们的生活发生联系是需要认真思考的。通过在房间内陈设古典家具、盆景、屏风、字画、博古架等方式仅是传承传统文化的一个方面，这种方式需要协调古典风格与现代风格之间的矛盾，处理不好就会显得生硬、俗气。而将传统书画中有代表性的元素选取出来，通过现代设计理念的糅合，紧贴时下人们的审美偏好和生活习惯，则能更好地体现传统文化的价值和魅力。如前文所分析的以高文安的设计作品为代表的中式风格室内设计通过对留白的巧妙运用，不仅协调了古典陈设与现代家具之间的冲突感，更在整体上打造了一个带有深厚文化传统的室内空间。

3.2 传统文化元素在中西文化交融背景下的传承与发展

探索留白在中式风格室内设计中应用的意义不仅与不同艺术门类之间的融会贯通有关，同时也是在探索不同文化之间融合发展的问题。在中西文化发生碰撞时，最简单的融合方式就是在一些细节处采用另一种文化元素，以新巧取胜，但中西文化毕竟差异巨大，很容易弄巧成拙，而在深入理解各种文化的内涵之后再进行结合则会顺理成章，比如上文所提到的中国画留白的美学意义与西方20世纪60年代开始流行的极简主义的美学意义之间的相通性，理论家对极简主义的阐释同样可以适用于某些方面的留白，通过哲学、美学意义上的阐释寻找可以结合的切入点，这种方式也许更有利于传统文化元素与外来文化元素的融合和重组，室内设计以这个角度创新，也许能使传统文化元素更好地融入现代人的生活方式。

4 结论

通过对高文安丽江瑞吉别墅设计的留白运用分析，可以总结出中式风格室内设计在空间留白、结构留白和色彩留白三个方面的运用方式和作用，在空间中大量留出空白和开放式的空间设计都是在三维空间中营造空旷感和意境的有效手段；物体结构的疏密安排、隔窗以及其上的镂空设计的应用则更为具体地提供了留白的方式；色彩的留白则不仅包括字面意义上的"白"，也包括相对而言的色彩对比和心理感受。这些不同角度的留白方式既可以体现在室内物品的选择和陈设上，也可以体现在物品之间的位置和摆放上，同时也可以体现在整体室内环境带给人的感受上。在当下的社会环境中，留白也意味着为心灵保留的一块轻松、舒适、缓慢的空白休憩地。对留白在中式风格室内设计中运用的探讨一方面是对传统绘画元素在室内空间设计中转化的探讨，另一方面是对传统文化元素在中西文化交融背景下的传承与发展的探讨，上文的讨论也许可以对这一问题提供一些方法和思考的角度。

参考文献

[1]唐婉玲.香港室内设计之父·高文安.上海：同济大学出版社，2005.

[2]季伟.高文安室内设计理念研究[D].吉林艺术学院，2012.

[3]（日）野俊明.看不见的设计.蔡青雯译.台湾：脸谱出版，2012.

[4]（美）迈克尔·弗雷德.艺术与物性.张晓剑，沈语冰译.南京：江苏美术出版社，2013.

藏族碉楼民居更新与整合设计研究*

崔文河 西安建筑科技大学艺术学院

摘要：对青海省南部擎檐柱式碉楼进行地域性解读，选取班玛县科培村典型新老碉楼居民对比分析，总结传统碉楼营建智慧和居民更新中的问题，通过擎檐柱式碉楼更新设计案例，探讨空间功能优化、太阳能绿色建筑技术、再生资源利用、民族建筑文化等要素的整合设计方法，指出乡土民居更新不应仅是视觉层面的美化，它更应是传统营建智慧与现代绿色设计理念融合有机更新的过程。

关键词：青南 碉楼 更新 设计 整合

引言

如果说传统民居尤其是正在使用居住的传统民居日渐消亡的话，青藏高原一些偏远山村仍旧保留着"原汁原味"的民居及村落，成为我国传统"活态"民居村落的聚集地。但是，随着城市化的冲击，加之本土适宜营建方法的缺位，极具高原特色的传统民居面临着消亡的危险。

青南地区是我国著名的三江（长江、黄河、澜沧江）源头，生态区位十分重要，这里也是藏传佛教和草原文化浓郁的地区，民居更新建设肩负着保护高原生态环境和传承民族文化的双重使命。本文通过对青南果洛藏族自治州班玛县碉楼民居地域特质的考察及设计实践，总结传统碉楼的生存智慧，分析现有民居存在的问题，尝试探讨建立本土适宜性设计方法，以期保护高原乡土风貌的同时，促进人与环境的和谐与可持续发展。

1 班玛县碉楼的地域性解读

青南地区是青海四大地域环境之一，具有自身显著特质，西北至东南由无人区、草地牧区和少量河谷林地组成，人口绝大部分从事草原牧业，仅在河谷谷地存在半农半牧农业方式，碉楼聚落便分布在这高山河谷地带。

1.1 与玉树碉楼的差异

地域文化上受巴颜喀拉山阻隔，班玛县所在的果洛州属安多藏区，而玉树地区多为康巴藏区①。青南地区地貌类型总体是西北海拔高且植被稀疏，东南海拔低且林地较多，班玛县正位于青海省的东南角，这里年平均降水量在600毫米左右，在玛可河谷地带降水达到近800毫米，是整个青海省降雨量最集中的地区。虽然班玛县碉楼与玉树地区碉楼同属石木结构，但班玛碉楼"木"的成分较多，尤其在玛可河谷地，碉楼外墙多是1～3层的木质檐廊，成为典型的"擎檐柱式碉楼"。

1.2 与四川阿坝碉楼的差异

班玛县与四川省阿坝和甘孜藏族自治州接壤，境内马可河即为四川阿坝大金川的上游，两地碉楼建筑空间、建造技艺、装饰色彩

*国家自然科学基金项目（项目号51308431）

① 藏区按方言划分可以分为卫藏、康巴、安多三种。以拉萨为中心的周边地区叫做"卫藏"；四川甘孜、云南迪庆、青海玉树以及西藏东部的昌都为"康巴"语系区；青海果洛、黄南、环青海湖地区、四川阿坝北部、甘肃甘南及天祝等地区为"安多"语系区。

方面有较多相似。但是，调研发现班玛县的碉楼位于四川康巴藏区的最北缘，处在青海草原游牧与四川河谷农耕的中间段，两地碉楼建筑形制既有联系又有明显差异。

差异主要体现在石砌墙体外围木质构架的建造形式上。青海班玛碉楼外围木质檐廊立于地面，其梁、架的立柱均落在地面，从地面到屋顶檐廊上下贯通。而四川阿坝碉楼的外围木质檐廊主要采用悬挑的形式，常在二至三层做"挑楼、挑廊、挑台、挑厕"。因此，青海班玛县玛可河谷地区的碉楼具有擎檐柱式的地域特点。

2 新旧碉楼民居对比

2.1 自然气候与人文环境

班玛县灯塔乡科培村属典型高原山地型村落，这里河谷纵横，海拔高度多在3500～4300米，谷底至周边山顶落差近1000米，村旁玛可河蜿蜒曲折自西向东流淌，大大小小的藏族碉楼聚落便位于河谷两岸，科培村即为其中之一。

该区气候升温快、降温急，昼夜温差较大，常年平均气温仅2.4℃，极端最低气温可达−29.7℃。与严寒相比，该区太阳能资源丰富，太阳高辐射量6300MJ/m².a，这意味着太阳能利用在当地生产生活中具有重要作用。这里年平均降水量638.4毫米，年均降雨天数142天，是青海省森林植被分布最为密集的地区之一，这也为擎檐柱式碉楼木质构造形式提供了物质基础。同时该地区海拔较高，空气稀薄，缺氧严重，对人畜行为模式影响较大。

历史上班玛县在新中国成立前长期属于川、甘、青三不管地区，历代的中央和地方政府从未在这里建立政权，封建牧主、喇嘛寺院、部落头人共同管辖班玛近七百余年，直至1955年正式成立班玛县人民政府。当地受交通条件的制约，相对封闭，人与自然环境

依存度高，仍旧保持着较为传统的生产生活方式，灯塔乡的班前村、多日麻村也先后列入中国历史文化名村和传统村落名录。

2.2 传统营建智慧解析："党曾措家"

党曾措家位于科培老村入口处，是该村建造年代较早（距今约两百多年）的碉楼，建筑主体占地面积约135平方米，石砌墙体内部总使用面积225平方米（单层75平方米），外墙廊架总使用面积147平方米（一层41平方米、二层50平方米、三层56平方米）。院落空间由碉楼、内院、外院农田三大部分组成，家中有老人、儿子和儿媳3人居住。该户碉楼建筑传统元素保存较为完整，在河谷两岸的传统碉楼建筑中具有一定的代表性，对它的解读有助于更为清晰地认识传统民居在应对地区自然气候与资源环境的营建智慧。

2.3 民居更新中的问题："阿洛次成家"

该宅为一户2013年初新建民居，位于老村东南处的河滩地，紧邻谷底公路。该民居背后的崖壁是通往老村的老路，该户有夫妻二人及三个孩子，所居住的建筑总面积为170平方米，楼层布局由碉楼传统三层空间改变为上下两层。新房一层已不再是传统的性畜间，改为客厅和储物间，但受传统构造形式的制约，一层室内多处为"黑空间"，二层作为卧室和佛堂，放置开窗一改以往传统小窗形制，南墙整面开窗，虽然增加了采光量，但建筑结构存在较大的抗震安全隐患。

阿洛次成家作为新建民居，其建筑模式具有一定的普遍性，当前该地区新建民居基本延续着传统石木结构形式，但是在建筑形体、空间功能、开窗布局、构件材料、室内装饰等方面均发生了较大变化，其中既有适应时代变化有序更新合理的成分，但也有丢弃传统优秀经验盲目建设的乱象。

2.4 新旧对比的思考

虽然传统民居蕴含丰富的营造智慧，但是面对经济社会的发展和生产生活方式的改变，以及新技术新材料的涌现，传统的建造模式与当前村民对安全、舒适、健康的诉求存在较大差距，传统民居日益暴露出与现代生产生活不相适应的一面，故此当地多数传统碉楼建筑遭到遗弃。

那么，新建民居应当如何建造？随着现代化的生产工具（拖拉机、摩托车、小汽车等），以及家用电器（电视、洗衣机、冰箱等）的普及，显然新建民居应能够适应当前生产生活的新变化。但是，当地为了刻意满足现代化功能需要，建房过程丢弃了传统营建智慧，盲目移植城市建筑模式，又限于家庭经济条件，往往进行一种"混搭"、"拼贴"式的建造。农户出于自身经济物质条件，做出自主的建造，依据自己所能掌握的资源，不论是新材料还是老材料、城市化的还是本土化的，全由农户自主自由"嫁接"、"并置"。

从历史发展的角度看，这反映出社会转型背景下，新、老建筑环境的冲突和矛盾，说明本土适宜性建造模式尚未建立，因此，有必要立足当地，探寻擎檐柱式碉楼的可持续发展的具体路径，正确引导当地民居更新建设活动，同时保护好当地自然生态环境和民族特色建筑文化。

3 民居更新设计探讨

3.1 优化空间功能布局

满足当前空间功能的需要，是民居更新建设的重要原因。传统碉楼一层为牲畜间、二层居住、三层多为粮储空间，这是建立在传统半农半牧生产方式的基础上的，然而如今当地产业结构正发生着改变。为加强三江源生态环境建设，自2004年班玛县在玛可河流域先后实施

了"退牧还草"工程，项目涉及16个牧委会和2438农户[3]，"减畜禁牧"的实施使得当地牲畜量明显减少，碉楼一层饲养牲畜功能需求日渐降低。同时科培村由传统青稞种植转变为藏茶、羊肚菌等特色农产品种植，大力发展林下经济作物[4]，新的农业种植方式和现代化的生产交通工具与传统碉楼空间形态相冲突。从实地调研情况看，现在新建民居已不再延续传统碉楼空间布局形式了。

新建民居并不意味着要抛弃传统建造模式，研究认为民居更新应在继承传统生存智慧的基础上，优化空间功能布局形式，满足当前生产方式需要以及提高农户的生活质量。传统碉楼"形态规整"、"避风蓄热"、"内聚向阳"、"大面宽小进深"、"北高南低"等应对当地高原严寒、昼夜温差大气候环境的生存智慧[5]应得以传承。因此，在民居更新空间功能优化方面应注意以下几点：

（1）调整传统碉楼空间布局形式：传统碉楼室内空间低矮昏暗，当地新建民居已普遍将传统碉楼一层牲畜间改作客厅、二、三层做卧室和佛堂使用，这是生产生活方式调整带来的新变化。空间集约利用后，室内居住空间相对增加，这也为有条件的农户开展民宿旅游提供了可能。

（2）综合利用外墙檐廊空间：碉楼的西北侧木质檐廊，一方面起到抵御西北寒风，与室内空间形成热工阻尼区，另一方面起到晾晒谷物储藏作用。为此，延续传统西北檐廊做法，同时檐廊一层可改造为小型车库，满足建筑避风防寒和农业生产的双重要求。

（3）生活空间布置在南向：延续传统碉楼柱网模数，合理划分室内南北空间布局，将储藏、交通、厨卫空间布置在北向，南向布置为生活空间。

（4）更新楼梯交通设施：传统碉楼上下只有一根独木楼梯，老弱家庭成员行走极为不便，因此新民居应结合楼层高度，控制好

楼梯坡度和踏步的尺寸关系，提高交通空间的安全及舒适性。

3.2 引入太阳能绿色建筑技术

青藏高原太阳能资源具有得天独厚的地缘优势，传统碉楼民居充分利用日照，具备朴素的传统生态智慧。但是，受材料构造及建造技术的制约，太阳能资源优势没有发挥出来，急需引入现代太阳能绿色建筑技术。根据能源转化方式，可分为太阳能光热及光电系统，根据太阳能被动利用和主动利用，对当地而言，重要的是建立本土适宜的太阳能利用策略。

当前，农户普遍采用由政府提供的太阳能小型发电设备，但是电量仅够日常室内基本照明所需，建筑的太阳能光热利用也还停留在传统采光蓄热层面，这或许是家庭经济条件的制约，但更重要的是当地群众对现代绿色建筑技术知识的匮乏。

本土适宜的太阳能利用主要体现在：

（1）增加采光，控制进深与层高：传统碉楼进深4米与层高2.5米，比值多在1.6，新民居在北墙有附属空间，虽然总进深有所增大，但生活居住空间进深比仍可控制在1.5左右，这有助于减少黑空间。

（2）太阳能光热建筑一体化：对于乡村而言，被动式太阳能利用技术较为适宜。被动式太阳房不依靠任何机械动力，通过建筑维护结构本身，完成吸热、蓄热、散热的过程，其中直接受益式、集热墙式、附加阳光间式，农户可根据自家经济条件，择取建设，并结合碉楼石材墙体"日蓄夜放"的热工作用，提高室内居住舒适度。

（3）太阳能光电建筑一体化：结合屋顶放置光伏采光板，将室内北向房间做光伏组件（蓄电池、逆变器等）的储备室。同时引入现代光伏建筑材料，逐步探索光伏器件与地域建筑的组合形式，

这需要建材企业、设计院所、文化学者们的共同努力。

3.3 再生资源利用与建筑一体化

与城市相比，农村丰富的可再生资源，包括秸秆、牲畜粪便、太阳能、风能、水能等自然清洁能源，是农村天然宝藏，对解决我国农村地区生活用能具有重要作用。但是，当前新建农房盲目套用城市化用能模式，柴薪炉灶被废弃，致使农牧区生物质资源浪费，增加了商品能耗及农民负担，引发环境、经济等多方面问题。

当地生物质资源丰富，利用空间广阔，但目前生物质能利用效率不高，同时传统用能模式影响居住环境的改善，因此有必要结合民居更新，对用能方式进行改进。

（1）由火塘到生物质炉具：燃煤、天然气成本高，也很难输送到偏远山区，当地依然采用柴薪、牲畜粪便做燃料，但存在诸多不便。传统炉具转变为现代生物质炉具，将提高燃烧效率，取得良好的节能环保效果，同时炉具安放灵活，既可采暖也可加热食物。

（2）檐廊及北向房间可做燃料储藏室：碉楼多存在暗房间，可将檐廊做晾晒柴薪之用，碉楼北向的暗间，可做燃料储藏室。

（3）做好室内通风：一是做好炉灶的排烟，需要将碉楼一至三层炉灶排烟管道统一布局，可在外墙内壁做共用烟道。二是做好室内换气，可通过上下贯通的楼梯做好室内外空气循环。

（4）风能利用：青海风能密度多在150～200瓦/平方米，玛可河谷日间多山风，夜间多谷风，年平均风速可达8米/秒，风力资源十分丰富。建筑屋顶加装小型风力发电设施，可缓解阴天太阳能发电不足的问题，建立风电一体、风光互补的用能模式。

3.4 传承民族文化特色

擎檐柱式碉楼有自己明显的地域建筑特色，不同于玉树的碉房也不同于四川檐廊悬空的碉楼，同时碉楼又具有浓郁的民族色彩，

每家每户的玛尼旗杆、屋顶的剑旗台、阳台的煨桑炉等。如何在快进式的民居更新建设浪潮中保护和传承好地域文化特色？

调研发现，有经济能力的家庭，已经把新房建设为混凝土墙面，并镶嵌上白瓷砖，趋向城市化住宅。正如我国其他地区传统民居，如青海的庄窠、陕北的窑洞、河南的地坑院等，同样面临着更新的问题。更新不是丢掉传统，而是在传统的基础上注入活力，使其焕发新的活力，延续自身的地域特质和建筑文化。为此应做好以下几点：

（1）优化墙体构造形式：这是保持碉楼地域特色的重要方面，规整敦厚的石墙和灵活便捷的木质檐廊，是擎檐柱式碉楼的重要特征。为提高碉楼抗震性能和加大窗洞采光，有必要更新优化碉楼墙体构造。调研发现，当地建房已经在传统石墙基础上，增设钢筋混凝土构造柱的做法，只是构造形式还较为粗糙，结构关系还有待优化完善。

（2）尊重文化习俗：佛堂多设置在三层，紧邻露天阳台，室内安放转经筒。受民族洁净观的生活风俗影响，厕所远离客厅，多设置在檐廊的西北角。

（3）保留宗教设施：宗教设施是碉楼建筑的一部分，应传承，其中剑旗台、煨桑炉、玛尼旗杆是其重要代表。

（4）门、窗、檐口特色传承：除碉楼石木外观，就是门窗檐口最能体现碉楼建筑特色了。门窗及檐口整体采用藏式风格，构造细节要考虑与密闭性强的工业建材能够有效衔接。

4　结语

传统民居更新，不应是视觉层面的单向设计思维，它应当是基于传统生存智慧的基础上，融合现代绿色建筑技术的综合设计。文章认为：

（1）新民居建设应从传统民居中汲取营养，对传统民居生存智慧要有清晰的认知，并在新民居建设中能够予以充分的传承。

（2）乡土民居更新技术策略的建立，应立足当地，发挥本土资源的地区优势，从设计、技术、材料等方面择取本地区适宜的技术路线。

（3）少数民族特色建筑文化应得到充分的重视，保护和传承民族优秀文化，增加民族文化认同感。

（4）将绿色节能设计与民族文化相融合，促进空间、技术、文化等要素的协同整合，实现高原人居环境的可持续发展。

参考文献

[1]青海省统计局.青海省社会经济统计年鉴[M]. 北京:中国统计出版社,1986, 8: 378.

[2]崔文河.青海多民族地区乡土民居更新适宜性设计模式研究[D].西安建筑科技大学博士论文,2015: 264.

[3]王春庆.班玛县退牧还草实施情况的调查报告[J].中国畜牧兽医文摘,2013, 2:3-5.

[4]张海虎.绿色生态成为班玛县域经济发展重要支撑[N].青海日报,2013.11.30

[5]崔文河, 王军.青海传统民居生态适应性与绿色更新设计研究[J].生态经济,2015.7: 190-194.

传统民居保护性设计与价值利用方法探析
——以重庆市走马古镇为例

李乐婷　宁夏大学

摘要： 我国的历史建筑文化遗产保护工作进行到现在，无论理论研究还是设计实践都已取得了一定的成果，但是，在面对"传统民居的保护与再利用"这一问题时，尚缺乏有效的解决办法，往往顾此失彼，无法在保护传统民居——特别是广布乡村而未纳入文物保护范畴的大量普通乡间民居的同时，使其综合价值获得最大化地利用，从而使大量民居无奈地走向消亡。

传统民居的保护和一般性质的历史文物建筑保护不同，具有其特殊性。笔者认为蕴含着历史文化积淀的民居场镇，它的价值由两部分组成，即以建筑、景观为载体的物质实体和以人的活动为主体的非物质内核。传统民居价值构成的特性决定其保护方式应该是动态的，既要保护建筑景观主体，又要兼顾人的时代需求，将历史建筑的保护、非物质文化的传承以及激发居民保护自身环境的意识自觉这三者综合考虑，不可分割。

本文以走马古镇的再利用为例，试对传统民居保护性设计与价值利用的方法进行探析。

关键词： 传统民居　保护性设计　价值利用

走马古镇位于重庆市九龙坡区，距离重庆主城约21公里，由城区中心驱车至古镇大约30分钟车程，是离重庆中心市区最近的、保存最完好的古镇。走马古镇于2002年被重庆市人民政府公布为第一批历史文化名镇，2008年又被住房和城乡建设部、国家文物局评为中国历史文化名镇。

走马古镇是重庆地区古镇山水环境与传统历史文化完美结合的代表，拥有多元化的历史人文特点和深厚的文化底蕴，是巴渝文化的缩影，具有较高的历史、文化、艺术和科学价值。因此，将走马古镇未来发展的战略目标定义为：保护中求发展，发展中守特色；将走马镇打造成为文化、经济价值共生的重庆都市人文、景观后花园。

1 保护策略

1.1 保护与发展的适应性策略

（1）动态保护。传统民居区别于历史文物建筑，不能使用简单的"博物馆式"保护方式，需要加入人的活动，采用互动、动态的保护方式，将其纳入现代化生活的轨道，通过发掘传统民居的经济价值和政府宣传教育，影响动员刺激广泛的民众参与，特别是当地原住民的自发保护。权衡文化价值和经济价值之间的关系，让文化价值带动经济价值的产生，经济价值反哺文化价值，使其成为一个动态良性循环的自发性保护方式。

（2）整体性保护。遗产的保护不仅仅要关注人造物质形态遗产的保护，还要关注自然生态系统的保护，更要关注作为物质形态遗产思想源流的地方性历史文化传统的保护，和历史形成的人居生活系统的保护。这是一个整体性保护过程。

（3）珍稀历史建筑的原状维护。作为有一定规模的传统民居场镇，除了多数为不拘法式、怡情幽默的普通店、宅建筑外，也有部分珍贵的特色民居建筑和宫祠建筑。这部分建筑物文化价值较高，是重要的生活和历史节点，可以依照历史文物建筑的保护方式，除更新必要的基础设施和破损局部修复外，基本保持原样维护，必要时甚至可以采取冻结封存的手段。

（4）基因的延续。对于传统民居基因的延续可以分为两方面：①对于部分价值较高，有着重要历史文化意义的破损严重、没有修缮可能性，或者已坍塌、消失的建筑，如有必要，可以在尊重历史原貌的基础上重建。这种重建并不意味着"造假"，而是对历史的重现。②针对部分质量较差，没有保留价值的"鸡肋"民居，也可以选择拆除重建，但是这种重建是在吸收传统民居基因精华的基础上，运用现代技术、材料和设计手段赋予民居新的生命力，是一种兼收并蓄的保护方式。

2 具体修复设计措施

2.1 建筑分级保护

以《上海市历史文化风貌区和优秀历史建筑保护条例》为参

照，将走马古镇核心保护区内的历史建筑保护措施按照现有建筑的保存现状和可操作性，分为四个等级。

（1）复原修复。针对文物保护单位、历史建筑中价值较高的部分重点保护建筑。在具体实施中，以维护建筑原貌为出发点加以修复清理，力求如实反映历史遗存。建筑的立面、结构体系、基本平面布局和有特色的内部装饰不得改变。

（2）修缮再利用。针对一般性历史建筑。此类建筑具有一定的历史文化价值，建筑保存较完好，根据现状进行加固修缮，建筑的主要立面和结构体系不得改变，内部可根据新的功能需求予以改善再利用。

（3）风貌整治再利用。针对与历史风貌不甚协调的部分建筑，这部分建筑为后期加建且近期难以拆除，暂时保留。对其外观加以整治，包括调整外立面、更换屋顶、降层等措施，内部空间可根据新的功能要求改造再利用。

（4）拆除。对于古镇核心保护区内与历史风貌冲突较大的一般性新增建筑、临时或违章搭建的建筑构筑物和质量较差的建筑，应该拆除。拆除后，可以作为开放空间和景观节点，恢复街巷庭院空间，增强古镇空间的通透性。

2.2 多种设计方法的整合运用

在具体的保护实施过程中，新的保护理念的引入要求有合适

图1 欧洲老建筑保护中"补丁式"修复手法的运用

的设计手段与之相匹配。笔者认为，在古镇风貌整治过程中应该尽可能保留传统民居风情建筑的"原汁原味"，一改传统的"修旧如旧""修新如旧"的更新方式，采取一种较为开放的态度，将各种设计手法和新的建筑材料等综合运用到传统民居场镇的整治中去，形成大胆的、新旧结合的城镇景观效果。在这方面，欧洲的建筑师们已经进行了许多相关研究和实践，可供我们学习借鉴。

具体来说，主要采取以下方法。

（1）新旧元素的组合，塑造"补丁式"对比效果历史建筑外观

"修旧如旧"和"修新如旧"是被广泛运用的历史建筑整治方法，前者是将老建筑重新仿古粉砌，后者是将建筑新建部分仿旧处理或者直接将老建筑完全拆除建造仿古建筑。

"补丁式"修缮介于二者之间。这种设计手法保护历史建筑风貌不作改变，只对原有历史建筑做基本清理和修缮工作，对于破损部位和需要添置的房屋构件，使用新的建筑材料，不做做旧处理，最终效果如同老建筑打上了现代的"补丁"（图1）。历史肌理一目了然，现代修补烙印清晰明了，尊重每一个时期的创造，是历史文化的续写。同时新旧元素组合在一起，就设计手法而言大胆新颖，对比强烈，符合后现代主义审美需要。

走马古镇沿街民居立面整顿过程中可借鉴此种设计修复手法，整体建筑修缮保留，部分破损部位用新的建筑材料予以修补。

（2）新旧元素的大胆并置

新旧元素的大胆并置于"补丁式"修复方法并不完全相同，这种手法是在设计中新旧元素简单地放置在一起，将历史遗存作为设计单元使用，不以"修补"为目的。可以清楚地揭示出建筑物历史与现代的关系，丰富视觉语言，形成既有历史感，又有现代感的独特氛围。

以走马古镇供销社遗址的保护性设计为例。供销社遗址中有一处斑驳的夯土墙，设计中，我们可以将其清理加固，使夯土墙成为老供销社具有特殊历史肌理的标志性构件之一。在夯土墙旁的空地上做景观设计，使用现代的设计语言及施工工艺、材料，通过整合植被、加入亲水性水景等手段，把原有杂乱场地打造成开敞、静谧的现代水体景观空间。

（3）突出历史特征，形成标志物/标志建筑

大多传统民居村镇在形成的过程中都会自发地形成某个标志性建筑或者标志物，作为场镇公共活动集散中心或心理凝聚中心，在具体设计中应该注意发掘并刻意突出其历史特征。

局部空间的标志物突出处理方面，以走马古镇万寿宫为例（图2）。万寿宫是大进深的砖木结构宫庙建筑，建筑用砖上均有"万寿宫"字样。建筑主体保存基本完好，但由于年代久远，部分土墙硝化严重，裸露出青砖的"万寿宫"字样。在万寿宫的

图2 万寿宫再生设计效果图

图3 上海田子坊　　　　图4 走马古镇风貌整治中旧材料的重新使用

再生设计中，可以适当清理部分墙面以凸显特色砖，附以墙面装饰，简化其他部位设计语言，刻意突出其特点。

（4）遗迹式再利用

遗迹式再利用是再利用方式中较难把控的一种再利用方式。设计者并不需要添加过多的现代设计手法，只是以展览的方式科学地完全呈现历史遗迹，并且设计人的参观互动，加入观者行为。这种手法和纯粹的文物遗迹保存有所区别，在遗迹式再利用过程中，历史建筑只是提供了一个历史性场所或者一个故事讲述地点和氛围，人们的行为设计是最重要的部分。

上海田子坊最大的特色就是依然有很多居民生活其中，部分弄堂保有本真的历史特征和民俗风味，游客穿梭其中进行参观互动体验，是遗迹式再利用的代表之一（图3）。

（5）旧材料的再次使用

各个建筑因为保护方法、用料、使用年限的差别，现有完好程度是不同的，有些建筑已经岌岌可危，没有修缮的可能性，甚至有些老建筑已经局部或者全部坍塌。在整治中，为了协调古镇的整体风貌，这些不具备保存价值的建筑需要清理整顿。但是，清理掉的废墟仍然有厚重的历史痕迹，一块块斑驳的砖石，残了半边的梁架，或者磨去棱角的柱础，其所承载的文化的沧桑感是现代材料所无法替代的，可以再次使用。

使用方法灵活多样。可以补充替换保存较完好建筑上的残破构件，也可以重新设计用途，做景观节点小品等（图4、图5）。

（6）保留多种历史痕迹，尊重文化原真性

每个古镇的形成都历经了多个时代，拥有多个时代的文化烙印。风貌整治中应尽力尊重各时代的文化原真性，梳理重点，分项保留。

走马古镇盛于明清，现存完好的老建筑多为清朝所建。但历经时代洗礼，多间民宅墙上印有"文化大革命"时期的口号标语。这种特殊的文化符号也是历史的记载，也应该在设计整治中得以保留。

3 保护以人为载体的文化传承

如上文所述，以人为主体的非物质文化传承是传统民居场镇文化价值的重要组成部分。只有认识到古镇居民是地方文化创建和延续的主体，使居民及游客找到走马古镇的社区归属认同感，传统特色文化才能够得到传承和发展。下列措施可以在保护与整治的过程中予以考量：

（1）在走马古镇的规划中，必须以法规文件为指导，明确保障一定数额（70%）以上的民居生活区域，划定区域，杜绝大型旅游服务设施的介入。

（2）保证戏楼、茶馆等有独特历史文化积淀的公共场所的功

图5 旧材料和新材料在景观小品中的结合使用

图6 丰富多彩的当地民俗活动

能不作变更，并适当增加适应于走马古镇文化特色展示和发生的建筑空间，构筑有意义的地方社区，促进居民间的交往和互动，加强居住着对走马古镇的社区认同感，引导走马传统文化的复兴（图6）。同时，这种方式还可以使得外来常住人口积极融入古镇生活，延续和创造走马文化。

（3）重视仪式和活动对传统文化复兴的作用。可以举办讲故事大会、川剧坐唱表演艺术节、以走马古镇风光为题材的摄影比赛等活动，达到对传统文化的宣传和复兴。

（4）加强对遗产保护的教育和宣传，让公众了解历史文化遗产的价值所在，并具备科学保护方法和保护过程的相关知识，理解保护走马古镇传统场镇风貌的社会、文化影响。

（5）为古镇常住居民提供特定的政策、资金补偿，调动居民保护遗产的自发性，延续古镇居民生活的传统习性。

民居聚落镶嵌空间形态探究
——以喀什老城区维吾尔族民居聚落为例

张　琪　乌鲁木齐同辉艺阳建筑装饰设计工程有限公司
詹生栋　乌鲁木齐同辉艺阳建筑装饰设计工程有限公司

摘要： 从喀什老城区维吾尔族民居聚落现有的街巷风貌来看，聚落空间的形成是在资源紧凑的环境之中不断提升空间使用率的筑造过程。镶嵌空间，作为一种能在紧凑空间中游刃有余的"加载式"形态，在不挑剔地面平整度、立面高度、空间大小、围合形状的情况下，进行空间的组合、扩展。展现出老城区内，居民与生活活动环境之间的互动，承载着功能最大化、分隔连通、引导视线、私密性围合等作用。与此同时，镶嵌空间也是聚落街巷风貌尤为重要的一部分。可以说镶嵌空间记录了老城区民居聚落历史风貌的更替、沉淀着喀什维吾尔族人民的乡土文化，在空间、结构、特征、创作思想等方面都极具探究价值。

关键词： 镶嵌空间 民居 街巷 聚落

1 聚落镶嵌空间成因

喀什老城区民居聚落的形成，是居住在此的居民在这一地区长期的生活过程中，结合了本民族人文环境及这一地区地理气候而渐变成型的。因气候、地形、居民需求的特殊限定，在很多时候，规矩、有序的建筑方式在这样的环境中并不十分占优势。因此，拥有极强应变性的老城区民居在顺应地理气候的同时，又根据居民生活活动的需求，在现有空间扩建时因地制宜嵌入不规则且灵活多变的功能性空间。

通常民居聚落的内部，都有几条主要街道纵横贯穿整个聚落的建筑群，与主要街道相连的小巷则呈枝干状向四周扩散。街、巷的延伸形成街巷与院落、院落与院落相互镶嵌的聚落空间模式。这些镶嵌空间不仅可以增加居民可利用的空间，不断满足居民生活活动的需求；同时也将聚落中相对独立的居住空间进行拓展、连接、组合，形成独具特色的民居聚落空间。

1.1 使用性扩展构筑

因信奉伊斯兰教，老城区民居聚落中居住的穆斯林民众在民居选址、院落建造、房屋扩建上又受到信仰、血缘等关系的影响，其中依靠血缘关系进行居住空间分布，是民居在建造过程中最基本的参照。体现在居住文化中就形成了"分家不分院"的大家族聚集居住模式（大家族的成员尽量同亲戚们住在同一区域），形成具有一定血缘性的聚落空间结构。

在老城区民居聚落里，最基本的民居建造形式为房屋、院落、庇夏以旺（外廊：这种廊是家庭户外活动的主要场所，供家人夏季在户外会客、睡觉、吃饭或娱乐活动的展开）。随着民居单体（家庭、家族）人口的增加，对生活活动空间的进一步需求，这种建立在使用性基础上的扩展构筑方式，让新增空间不断地加载在原有空间上，就出现了大小不同、层次错落、相互穿插的形态，最终呈现出"单元细胞"扩散式的镶嵌空间模式。

1.2 多向度空间拓展

喀什老城区维吾尔族民居聚落是在随时间推移的基础上，发生的立体空间多向度拓展，有空间的地方就有空间建造的发生。在老城区内随处可见，民居随地形向上、向下建造；居住空间顺沿墙体向不同空间维度扩建；随周边房屋增多进而增加连接性空间、跨越性空间等拓展模式。建造紧凑、相互依附的建筑结构与空间布局，表达着居民们对有限土地资源的珍惜。

2 镶嵌空间形式

2.1 立面镶嵌

墙体，是构建居住空间乃至整个聚落街巷的主要立面。在这个主要立面上，门窗空间的嵌入是老城区聚落常见的街巷风貌。因为喀什地区多风沙，人们为减少风沙气候的干扰，以生土筑高墙，嵌入木结构门窗，外部墙体上少开窗而开小窗、开高窗。民居大门也是与主体建筑紧密连接的，院墙门户交错安装而不对开，成为沿街立面重要的造型部分。

在喀什老城区民居聚落的建造过程中，过街楼，这种横跨于巷道之上的镶嵌空间，不仅具有居住、储物之功能，还起到"空中桥梁"的作用。在过街楼两侧安装上门，邻居可以由此互相串门走动，成为独特的空中交流平台。半过街楼，则是外挑半嵌入街巷上空的重叠式小二层建筑。从屋顶向外伸出的木椽子形成挑梁，二层

挑出的建筑一角即建于其上，半嵌入街道上空，与过街楼共同构成喀什老城民居聚落的建筑元素。除此之外，单体民居多院落，起到连通作用的楼梯不仅自身就是重要的立面嵌入空间，在楼梯的下部墙体位置，出于对空间的利用，同样也多是可以容纳生活活动的、实用性的嵌入空间。

2.2 院落空间镶嵌

喀什民居中院落是地平面空间中最基础的空间形制，无论住户面积大小，都会尽量做出庭院，这种"无院不成户"的院落布局镶嵌在地平面上。因占地布局的千变万化，院落的布局也在形状、大小上各有悬殊。

不论民居与院落的形状与空间大小，房屋与庭院的序列都是合理有序的，以房屋空间为主、户外空间为辅，院落内部生活活动空间布局合理，并用植物点缀。形成舒适、可交流、兼具私密性与开敞性的活动空间。

2.3 过渡空间镶嵌

在芦原义信的《外部空间设计》一书中，将坡道与台阶看成是联系两个空间的第三种空间存在形式，也就是过渡空间。坡道，会让处于空间中的人在视觉上有更为明显的引导、对焦；而台阶具有明显的向心性，台阶数量越多，向心性就越强烈，空间的立体感也就越强。 对于过渡空间的把控与利用，于正伦在《城市环境创

造》中说到，"它们是富有表情的空间构成要素，起着有力地引导和分划空间作的用。"

在喀什老城区民居聚落中，通常地势的走向不是一个平面，而是上下错落、高低不同。在传统技术条件以及有限的人力、物力等因素的影响下，喀什老城区民居聚落通常不做大面积的地基平整，因此民居的建造就依附在带有起伏的空间之上，形成多样形态的过渡空间。

在连接具有错层空间的聚落区域时，坡道和台阶是重要的通道要素，实体形态属于重复几何体。通过重复运用这样的几何体形体，既起到了视觉指引、宅院区分、区域划分的作用，又展现出老城区街巷特有的筑造节奏，让其成为空间场所中一个立体化的过渡镶嵌空间，并且这些过渡空间的镶嵌方法都具有无限的灵活性与多变性。

3 镶嵌空间元素起到的作用

3.1 灵活的个体空间移动性

个体空间会随着个体移动而移动，个体空间的领域性能够给空间主体较大的自主掌控权，帮助个体在适度范围内调整、互动。这种调整与互动可以有选择性地控制其他个体或者团体的接近。同时，也会影响到空间的向内收缩或者向外扩展。

在喀什老城区民居聚落空间中，从基本需求筑造起，先建主体房屋，尔后再逐步增加附属房间。这种以使用者为主，从内到外，功能逐步增加的嵌入式筑造设计法从一开始就不同于从外到内的空间营造设计法，在空间利用上表现出更多的个体自主选择、合用空间筑造、多样布局形制。在最优化利用空间的同时，也协调了与周围空间的互动关系。

3.2 守护聚落空间隐私性

隐私，并不只是要把别人赶出去，它是个人用以控制与何人互动，以及何时、如何发生互动的边界控制过程，也是用来维持秩序并且避免与他人的冲突。隐私的概念与个人空间及群体空间的领域性有着极为密切的关联。而老城区民居聚落中的两种镶嵌空间形式就对这种隐私性给予了很好的维护。

第一种，是聚落整体空间中的镶嵌空间，这种类型的镶嵌空间是为了节省土地资源，并可以避免烈日的暴晒及风沙的侵袭，高墙嵌入小窗、房屋紧靠街巷，狭长并且嵌入过街楼，形成半封闭状态，便出现了一种类似天井或者半天井式的道路枢纽，使空间经常处于少受外界打扰的环境之中。也使民居院落处于相对稳固、私密的环境中。

第二种，是聚落内部不同院落之间的镶嵌空间。主要体现在用物理环境中的门窗、隔间和其他建筑道具进行穿插嵌入，用以调整民居院落之间的隐私性。例如，将门窗的嵌入用以区分院落所属人，将向外扩展的空间不断嵌入形成更大的院落围合空间，将绿植空间嵌入院落起到遮挡美化的作用等。

3.3 增强景观空间调和性

喀什老城区民居聚落中，街巷空间是复杂、曲折、多变的，聚落中的镶嵌空间，带有收放性、多样性，时常给人以不同的层次尺度感，使空间丰富、视觉延伸；巧妙运用地势的起伏、光线的折射，所以即使在高宽比例不同的情况下，也可以形成或开阔明亮、或隐秘幽暗的空间，院落绿植在墙内外的伸展也同样嵌入街巷景观空间，使得聚落空间移步即移景，聚落内街巷景观在统一与变化中穿插。

4 镶嵌空间创作思想

从老城区民居聚落现有的空间形态可以看出，街巷是在历史的推移中镶嵌、叠加而成的。街巷空间形态的复合性也意味着它的形成是各时期发展与演变的复合产物。不同时期的街巷的建造形态会呈现出不同的发散性。在宽窄不同、高低起伏的街道中，阶梯、筑台、过街楼、错层等不断变化，这种混合镶嵌空间的形态，可以说是将空间嵌入多种功能的交叠和并置中，是一种相互兼容、高效紧凑的空间组织模式。这种适宜于人居的尺度创造了一种浓郁的人文气氛，形成了不规则镶嵌的隐形秩序。

4.1 交往连续性营造

不论在何种居住空间环境中，居住者是空间环境中主要的行动对象。空间的建造必须满足居住者的活动秩序、行为流程。而居住者最主要的行为活动就是交往。在喀什老城区民居聚落中，家族内部、邻里之间、信仰等需求都形成了非常频繁的交往活动。这种交往的连续性主要体现在聚落内部连续性交往、院落内部连续性交往上。

在聚落内部连续性交往中，镶嵌空间起到了连接不同空间的作用。主要体现在坡道、台阶、过街楼、标志性建筑（多指清真寺建筑）这类集使用功能、引导功能、视觉转折功能为一体的镶嵌空间上。在院落内部的连续性交往主要依靠院落中的外廊，即家庭聚会等户外交往活动展开的空间；同时院落内的楼梯也是院落内部抬高空间、上下层居住空间的重要连接体。这些元素都维持着聚落、街巷、民居之中的连续性交往空间。

4.2 模糊性空间营造

在喀什老城区民居聚落中，院墙犹如城垣一样纵贯于巷道两侧，街巷中嵌入的转折空间、交汇空间都在一定程度上保持了空间模糊性。在由公共空间逐渐过渡至私密性空间的过程中，这种模糊性空间丰富了聚落内街巷与街巷之间、民居与民居之间、民居内部空间之间的空间层次。

在街巷与街巷之间，最常见的模糊性空间营造手法就是标志性建筑物的嵌入，在直行、交叉街巷中的标志性建筑物多为清真寺建筑，这样的建筑嵌入让人直观地感受到空间的聚拢性，这种聚拢性削弱了周边的环境元素，因此起到了模糊空间走向的作用。民居与民居之间，建筑折角、墙体支撑、阴影空间等节点的嵌入，能够让人产生一定的视觉偏重，这种视觉偏重就像相机聚焦镜头一样，聚焦到一点则其他点就会被不自觉地模糊。

5 结语

喀什老城区民居聚落本身所呈现出的空间秩序就是在自然环境与人文环境的影响下，居民作出回应的具象表现。在民居聚落空间形态形成的过程中，使用镶嵌空间进行空间的构造与填充，都暗藏着聚落中居民对空间元素的顺势解读、依附改造、接纳回馈。从镶嵌空间这个独特的视角，发现喀什老城区民居聚落在形成过程中对空间以及空间利用的独特创作思想。这种独具地域特色和人文特色的空间营造手法，从理论角度出发，更加丰富了民居聚落的观察角度和解析方式。从实践出发，值得我们学习、借鉴，并运用于民居单体及聚落建造的传承、更新中。

参考文献

[1]李群，安达甄，梁梅.新疆生土民居.北京：中国建筑工业出版社，2014.

[2]李文浩.传统民居——新疆维吾尔族传统民居门窗装饰.北京：中国建筑工业出版社，2014.

[3]（日）芦原义信.外部空间设计.北京：中国建筑工业出版社，1985.

[4]于正伦.城市环境创造.天津：天津大学出版社，2003.

探析新疆伊宁市传统聚落空间的
场所精神

曹　旭　　新疆师范大学

摘要： 伊宁市传统城市聚落是新疆组团绿洲聚落的典型代表，从原始"生存性空间"的基础上经过传承与演变而来，空间的场所与精神的逻辑关系是相辅相成的。本文以建筑现象学的"场所精神"理论为出发点，分析了地域圈层、空间、聚落空间格局和场所特征，而聚落建筑和场景逐渐唤起脑海里的记忆，感受呈现的视觉化现象。探索如何在国际化风格影响下抵御场所精神的流失以及聚落格局的去精神化，进一步对伊犁地区多元的民居构成进行解读，拓展研究的深度与范围。

关键词： 伊宁市 传统城市聚落 空间 场所精神 视觉化

1　概念界定

"场所"一词出现在较多学科，它的概念界定在哲学、心理学、地理学等学科框架下都有延伸。谈到空间就不由自主地想到三维的、具有强大数字化的、复杂并且出现于各种理论中抽象的概念，但本文中对于场所一词的定义主要是一个特定的区域以及与这个特定区域发生的活动和行为，是不可能脱离活动和行为独立存在的。本文中提到的"场所"是一种去理论的、生活化的、包含视觉、触觉、听觉、味觉等感觉的，是通过从可视化的现象中认识场所，而不是用过度抽象的理论去阐述。

"场所精神"是挪威城市建筑学家克里斯蒂安·诺伯格·舒尔兹提出的，它赋予了特定区域的内容性质，以及非物理意义上的空间界定与精神立场的关系概念，是人的意识在有限的空间上形成的，人们在这样的空间中获得归属感，然而这个特定区域也承载了人类的所有印记。简单来说场所精神是一个特定空间符合地域性的土壤、地形、水纹、气候、居住着人文情怀的气质。德国哲学家海德格尔用自己的著作《建筑思》阐述了场所精神的发现是从结构上形而下的"营建"中感受意义中形而上的"诗意定居"；挪威学者诺伯格·舒尔茨建筑理论著作《建筑意向》把"场所精神"阐述为在实用空间、知觉空间、存在空间、认识空间和抽象空间的"事物统一集中"合并中获取"氛围"；金伯利·杜维对"场所精神"的研究和解读是从几何空间汇总获取经验空间；建筑师史蒂芬·霍尔在实践中将"场所精神"总结为从"建筑与场地的纠缠"中获取"锚固"。

聚落作为场所空间中最为复杂的系统，包含了人类活动与创造的地理活动，同时也是地表上重要的人文景观。而传统聚落是最原始的聚落存在的基本形式。距今1万年前左右，从新石器时代开始，人类就开始在伊犁河谷繁衍生息。出现在伊犁河谷的最早部族是塞人，生活在公元前3世纪，约中国古代春秋战国时期。2015年

6月至9月吉仁台沟口遗址考察发掘中发现了五座房屋遗址，墓穴76座，出土文物300余件，并且在房屋遗址的堆积层中发现了青铜时代人类最早使用煤的证据，毋庸置疑这是人类的第一缕煤光在伊犁河流域点亮。

伊宁市的传统聚落是多民族杂居的聚落群体，在这样的社会群体里诞生了很多精神场所，其空间的产生是必然的。追溯到伊宁市有记载以来最早的空间结构与宗教信仰，这两者之间都保持着高度一致，并且在外界的自然环境建立了完整的空间关系。建筑作为聚落内部的组成部分，是空间行为的容器，展现了当时文明的高度。

2 聚落空间的场所精神特征

2.1 聚落空间的场所存在

气候、地域资源的限定、地理条件和生产力水平等问题都严重制约了场所，而场所又对人类生活起到决定性的影响。自然场所引导人们逐渐需要与之具有联系的场地，从而形成了客观存在的人地关系。所有物质基础决定了聚落的特点，在历史演进中人的聚集过程，是通过在场所进行经济交易、互通有无和传递消息的，因此就形成了相对稳定的场所逻辑。西汉初年，乌孙人在远古的伊宁市周边地区建立了乌孙国。乌孙国城池是汉代西域三十六国人口最多、实力最强的国家，控制了丝绸之路中段，是丝绸之路上的重要通道和关卡，城池的建立就此奠定了伊宁市在新疆的重要地位。从有历史记录以来，伊宁市的建设和发展就一直追随着历史的脉络，尤其是在明清时期发展尤为鼎盛。新中国成立后，伊宁市作为新疆地区首先建设的三座城市之一，发展迅速，悠久的历史和多元的文化使其形成了新疆区域内独具风格的聚落形态。

在城市发展初期，存在丰富的自然资源，但是物质技术薄弱，交通也受到了限制，发展程度较低，是由不同小的聚集中心同步发展形成了固定的早期场所。后续建立了交通网络，形成了道路、桥梁、小径等连接了一个又一个单核小型聚落，这些小的聚集中心形成了具有脉络的土地，它的可视化也逐渐形成，展现出了一种物体化和空间化的地方，并且居住在这里的居民对其的认同和归属感极强。

总的来说在生产力不发达的历史阶段，环境的自然演变制约了聚落空间与人的关系，人们逐渐开始规避具有缺点的地区，并且通过自己的努力改变场地景观，使得聚落居住形态的场所精神成为人们体验、崇拜、集聚和秩序的最直接的表现。

2.2 庭院空间的场所认同

由于受小农经济的影响，自给自足的小农经济形式目前较多地出现在庭院空间之中，由于是具有一定血缘关系的宗族在一起生活，就形成了一定的血缘空间，成为了构成场所认同感和归属感的主要"灵魂"。伊宁市的维吾尔族还是保持着传统的居住习惯，很多四世同堂的家庭居住在一个庭院空间内，并且配以葡萄架、连

图1 民居庭院　　　　　　　　　　图2 中心广场的形式向四周辐射　　　　　图3 改良后的灰度民居空间

廊、飞厨等，将院落中的民居单体串联在一起，庭院外围种植的花圃和果树，给街巷绿化增加了变化性（图1）。这样的庭院主要分布在阿依墩街区，同时也是伊宁市传统聚落的重要组成部分。

除了以血缘划分居住的领域以外，还有以族别划分的领域，相同的民族聚集居住在一起，是人类伊始以来就具有的。这种划分形式多以相同的种族为聚居纽带居住在一起，形成犬牙交错的院落群，最终形成了民居群以巷道为单体分布，相互沟通，相同的生活习惯，相同的家庭结构和制度意识，以及高度一致的审美情调形成了具有民族风格的街区巷道。这样的街巷主要分布在前进街区、伊犁街区。

在杂居的大环境里，伊宁市聚落也一直都是开合有序，是可以接纳和包容新事物新文化的。在伊宁市多民族和多元文化的背景下，也形成了多民族杂居的聚落形式，伊宁市六星街道就是一个这样典型的传统聚落。居住着汉族、哈萨克族、维吾尔族、俄罗斯族等9个民族。以院落单体为最小单元，沿着规划好的道路以中心广场的形式向四周辐射，并且形成了轴线状和环状的特殊空间场所（图2）。由于是多民族集中居住，在对于民居建筑的营造模式、生活习惯上，都会有一定的融合和改变，吸取别的民族在建筑上的优势，加以加工和改良，运用在自己生活的空间场所内（图3）。

因此可以看出伊宁市传统聚落不仅是以单一的物理意义上的场地

组成，它包含了不同种类的认同与寄托。目前形成的开合有序，曲径通幽的街巷空间是与居民的生态观、价值观和文化形态是一致的。传统聚落所承载的复杂的社会关系构成了伊宁市的独特历史风貌。

2.3 建筑格局的场所导向

伊宁市的传统聚落是在块状绿洲为基本生活场所经过演进与融变形成的物质空间，完整反映了人居状况和理论关系，这是伊宁市主要文化的载体，发展至今呈现出了以下场所导向特征。

以街巷为方向的空间格局，是以简单线性为主干道的线型控制体系，作为最重要的交通主干道，很多传统手工艺沿街开设。民居建筑与街道街面垂直的节点构成了相对较为狭窄的巷道空间，整体平面形态呈现鱼骨状（图4）。随着道路的等级的降低，私密性逐步增加，骨状鱼刺的末端。往往又会形成小的树杈状的平面形态，但是最终都会以院落大门的出现彻底形成末端空间(图5)。这样的结构较好地保证了交通、社交和功能，构成了稳定的社会秩序。

以中心广场或宗教场所为中心的放射状空间格局，是以街道作为主要的交通和运输的渠道，在街道、街巷、末端巷三类融会贯通下形成网状巷道。在充满精神寄托的场所比如中心小广场和宗教场所，都是社会物质环境的标志性场所，也是场所精神最为基本的知觉图式。在伊宁市传统城市聚落格局中也会呈现"围点而居""围寺而居"的向心形态。这样的空间，往往以宗教场所作为重要街区

为中国而设计　第七届全国环境艺术设计大展入选论文集

DESIGN FOR CHINA　The Collection of the Selected Thesis of the Seventh National Exhibition of Environmental Art Design　389

图4 街巷空间一　　　　　　　　　　　图5 街巷空间二　　　　　　　　　　图6 街区中心的宗教场所

节点(图6)，有限的空地形成公共场所，这样的空间场具有特殊的社会功能，辐射着周围的居民，形成蜘蛛网形状的"内环放射"状的空间形态特征。

以民居群为领域，在伊宁市传统聚落的形成一直都具有较强的自发性，因此在聚落的边缘地带通常会形成大于等于三的民居，形成民居群。人们通过长期以来对结构和地势的改造，在这样的区域形成了社会功能，很明显地形成了围合关系，并且相互干预、投影、建造着聚落空间结构，承载着复杂的人居格局。

3 场所精神的保护与传承

21世纪以来，大规模的建设在新疆伊宁市此起彼伏，但是不难发现在竣工的项目中，很少有以榜样场所精神的抽象意义去主导社会的力量，盲目地追求功能和现代，在这样地域场所单一化的时代，挣扎在传承演变与埋没的边缘。时代性的传统聚落作为立足点，要以"民族""地域"为借口去迎合低级趣味，这些都造成场所的迷失，更是对时代精神的否定。

伊宁市作为旅游城市，旅游资源得到大量开发，在景区优质的情况下，人文景观也是旅游开发的重要部分。盲目的商业开发和经济文化转型动摇了地域文化的根基，然而人类社会发展是与时空共同改变的。在复杂的开发与更新的过程中必须谨慎，抵御去精神化及场所精神的流失，阻止其多元文性的丢失，正确认识和分析聚落

的融变，构建当代的设计语言，是首要问题。

4 结语

对于从事设计和设计理论研究的我们，探索人居环境、空间结构和场所精神都要遵循文化空间的开放性，并且在时代的引导下找寻适宜的表现形式，促使传统聚落的发展具有当代优势，形成自发的、循序渐进的保护与传承形式，探究融变，延续传统聚落空间和聚落场所精神。

参考文献

[1]周坤，颜坷，王进.场所精神重解兼论建筑遗产的保护与再利用.四川师范大学学报(社会科学版)，2015，3：67-72.

[2]章宇贲.行为背景当代语境下场所精神的解读与表达.清华大学硕士学位论文，2012.

[3]吴良镛.建筑文化与地区建筑学[J].建筑学报，1997 (2)：13-17.

[4]李晓东.从国际主义到批判的地域主义[J].建筑师，1995 (8)；91-94.

[5]彭一刚.传统建筑文化与当代建筑创新——创造具有时代性与民族性的建筑新风格[J].建筑师，1996(12).

维吾尔族民俗中推演的木雕家具初探*

郭文礼　　新疆师范大学美术学院

摘要：维吾尔族民间木雕家具也是其民俗现象之一，也是民俗文化中不可缺少的一部分。维吾尔族民间木雕家具与其民俗互生共存，随着民俗的推演而不断地发展变化，共同反映了维吾尔族的生活态度与审美情趣的民俗。而维吾尔族木雕家具的形式、装饰特征，是其民族的某种文化特征和族群文化心理的外向物化。

关键词：融汇变通 习俗 木雕家具 推演

维吾尔木雕家具雕刻的纹样、图案和样式是一种重要文化的映像，它不仅关系到维吾尔自治区的经济水平、发展状况、生活现象，还关系到维吾尔族的文化传统、思想观念、宗教信仰、风俗习惯和审美观念。从维吾尔族木雕家具中能够有序地、立体地去审视他们的曾经并展望其发展的未来。

1 维吾尔族民俗背景浅论

民俗是从人类原始思维的原始信仰中不断传承变迁而来的民间思维观念的习俗惯例 [1] 。而维吾尔族的信仰不影响该民族的物质生活，甚至形成其精神生活中的重要因子。

1.1 维吾尔族民俗背景

维吾尔族的民俗发展受到神话、社会、宗教、文化交融等因素影响。第一，维吾尔族从游牧民族而来，其生活以及生产方式是依赖及顺从自然环境，约束了对神话的创造与想象。第二，从社会角度维吾尔族从游牧到定居的高层次发展，其创作与想象力的成果保存受到经济、社会等因素的淘汰及选择，形成特有的民俗特征。第三、维吾尔族民俗与宗教信仰相互关联，对于每个阶段渲染了宗教色彩，并在文化、行为、心理以及生活习俗中根深蒂固。第四、维吾尔族作为我国古代游牧部落中的一员，在迁移、战争中受到多元文化的冲击，也保留了多元文化的地域文化习俗。

1.2 维吾尔族民俗心态的延续与革新

民俗心态是指人类社会群体中蕴含的呈稳定状态的习俗意识定势[2]。维吾尔族民俗是从其生产经验与精神信仰中产生的，是根深蒂固于该民族生命与精神并积淀下来的心理暗示，经过长期的积累逐渐成为族群精神上、物质上条件反射的思维方式。维吾尔族民俗心态分为定势与非定势模式。其一，非定势民俗是指日常所指的民风、民情，是体现每个时期所崇尚的风气、随大流。会随着时间被摈弃或保留，随机因素占有重要部分。例如每一时期维吾尔族信仰，会随着信仰而发生改变。其二，定势民俗也是深层次的民俗，是由风俗，惯性生活以及虔诚信仰所组成，是固有与特有的民俗也是维吾尔族区别其他民俗的模式之一。而定势民俗根深到维吾尔族的文化、生活、艺术等中，是通过族人对生活直观认识积累而来，形成定势思维模式。然而这种定势民俗往往是维吾尔族木雕家具的功用、装饰以及创作寓意的基础。

*基金项目：新疆师范大学校级重点学科招标课题"艺术设计学"阶段性成果，项目编号13XSX21003；新疆师范大学自治区普通高校人文社科重点研究地新疆民族民间美术研究中心资助，项目编号：0408131304；教育部人文社会科学研究项目阶段性成果，项目编号：14XJJC760001。

2 维吾尔族民间木雕家具在民俗下形成的种类及特征

《汉书·西域传》 宾国条记有："其民巧，雕文刻镂，治宫室，织罽，刺文绣，好治食"。由此证明，西域早已掌握了一定的木雕技艺。而斯坦因尼雅遗址考古中发掘出雕刻工艺精湛的木雕家具部件，证明木雕家具在新疆存在已久。

2.1 木雕家具分类

维吾尔族在10世纪中叶左右开始定居生活，其家具类型主要受到游牧生活与定居生活的双重影响。游牧生活居住具有灵活性，要随时搬迁，要求家具体积矮小，易于搬迁，也造就了一种家具的多种用途。家具主要分为贮藏类、起居类家具。起居类具有代表性的木制矮桌、木床、炕柜等。矮桌主要是用于饮食，而在富裕或阿訇家中圆形小矮桌专门用于读写经文，其桌子一般是圆形或折合架的形式出现，装饰繁琐，可见对于经文的尊敬之情。木雕床有建筑型与围栏型，主要放置在室外（僻希阿以旺与门口），供人们饮食与休息，一般木工工艺为旋木制作，并附有透雕、贴雕等雕刻形式。室内主要是炕柜盛放棉被等招待客人的物品，炕柜精致并盛放较多被子，便认为人缘较好。储藏类型有木箱、粮食储物箱。木箱主要是用于储存衣物，放置在室内土炕上，是维吾尔族婚娶时必需的嫁妆之一。储粮木雕箱，用于谷物储存，粮食对于游牧民族是十分神圣的，其木箱雕刻比较繁缛，具有防潮、防虫的功能，放置在室内

重要部位。维吾尔族从游牧到定居生活习俗的转变，从此逐渐进行农耕生产，不再是单纯的依赖自然，木雕家具的种类也开始有所增加，家具类型更加细化，功能更加合理，由以往的一功能多用逐渐转化为功能专用类型。现定居后家具分为客厅类、卧室类、卫生间类家具。例如客厅的角柜、卧室的组合柜、厨房橱柜等运用于定居后的生活空间中。

2.2 木雕家具的纹样与图案

维吾尔族木雕家具作为其民俗的一个载体，其木雕家具的创作题材必定受到定势民俗模式的影响。首先，维吾尔族在游牧文化中主要是顺应大自然，这就使致维吾尔族在神话创作题材上有了局限性，多以自然崇拜为主，在工匠们经过思维的加工，从中自然形象中抽取的纹样以及图案便成为了维吾尔人的主要家具装饰，例如，巨大的动物、山、火、水、植物等。其次，维吾尔族在信仰中其木雕家具有着人物、动物的雕刻形象，例如，在尼雅考古中发掘的木椅腿，其腿部有狮头或虎，也有类似狮的后腿，并有人物形象。在伊斯兰教传入之后维吾尔族开始禁止在家具上刻画这些图像。其他图腾被禁忌，但植物与几何图案的深入发展并多样化，呈现于维吾尔族木雕家具中，例如石榴花、巴旦木、菱形、鱼鳞纹、网纹、水波纹等。而这些植物与几何纹样，被维吾尔族工艺者进行简化、变形、抽象进行再生，大多已找不到纹样的原型。最后，维吾尔族木

雕家具纹样构成具有对称性、秩序性、节奏性的特点，即线的构成也是体块的构成；并采用对称形式，具有连续性，并以单数存在，单数在其信仰中是吉祥的数字。利用二方、四方连续等手法，使布局均衡，表现出平衡感。在整体雕刻中有主次、结构有聚散、使整个木雕家具充满生命力。

2.3 木雕家具的色彩

维吾尔族人的色彩联想是通过长期情感沉淀，并形成了色彩运用的惯性，使色彩表情逐渐成为一种心理暗示。首先，维吾尔族在民俗生活中对颜色的认知主要是受信仰的发生改变，但是从大体上维吾尔族先民在信仰萨满教的远古时期崇尚蓝色，信仰佛教的时期崇尚黄色，从信仰伊斯兰教开始崇尚绿色，而这些宗教信仰对维吾尔族民俗影响极为深远。因此，维吾尔族木雕家具在色彩装饰中，基本以这些颜色进行装饰，并不进行颜色的调和，以原色展示。其次，在维吾尔传统信仰中颜色不同也象征着高低贵贱不同、好坏吉恶之分，同时也崇尚某种颜色，也喜欢一种颜色。例如白色代表着是纯洁；蓝色寓意着神性；红色是幸福的象征；黄色意味着丰收；绿色是生命的延续；而黑色与其他冷色被认为是不吉利的颜色。由此奠定了色彩运用在木雕家具上的法则，同时也具有了相对固定的象征意义。这就使贮藏类木制家具中运用黄色比较多一些，希望储藏的物品越来越多，谷物丰收。尤其是黄色中的金色运用比较广泛，不仅代表着丰收还有着地位财富的象征。例如在结婚用的木箱中，起初只是运用了原木色，在木箱上雕刻有寓意的纹样，随着技艺与经济的发展，开始在木箱上贴金箔，以表示财富的象征。炕柜、矮桌、书架等基本上运用了其他颜色组成彩绘图案，用于寄托美好的寓意。

2.4 选材

信仰民俗是指一种能够传达人们信仰观念和崇拜心理的习俗，它是深深根植于民间的特殊文化现象[3]。在维吾尔族民俗不断选择下，最终对用于家具制作的树木的需要和认识有所要求。植物以神秘力量的观念从原始社会开始就保留下来，相信树木不仅能育人治病而且还能带来好运，具有神话色彩，甚至具有神力和魔力，因此，多选用有神话力量的树木来福佑生活。首先，在信仰积淀中把树分为圣树与凶树。圣树多指桑树、无花果树，认为这样会多子多孙、兴旺发达。例如在生活中像撬床、家具、餐桌等首选用桑木制作。同时也避讳麦场、死水坑、麻扎等场所的木材。第三，维吾尔族在民俗信仰中有树木像人同样有意识和感觉的残余观念，是出自于对那些树木的生存条件和外部形态的歪曲理解。例如，柳树生长弯曲充满忧愁；红沙枣与野沙枣生长在隔壁或沙漠中，有穷困潦倒的意向。根据维吾尔族民俗的观点，其大致避讳用来做家具的木材有榆木、旱柳、胡杨木、圆冠木、核桃树等。依据对树木的物理属性推测，这些树木不够硬直，所以忌讳采用，居民却把这涂上一层迷信色彩，因此与维吾尔族木雕家具的选材互存互融。

3 推演中，制约与促进共存；融变中，传承与革新共生

维吾尔族木雕家具不仅具有实用作用，还要符合当时维吾尔族民俗性以及艺术审美情趣，其木雕家具就在民俗中相互制约，相互促进下发展。

3.1 制约与促进

维吾尔族原始信仰中有动物、植物、人物等图腾崇拜，而植物崇拜亘古于民俗中，甚至影响到该居民的生活喜好。维吾尔族平时喜欢用核桃木碗、葫芦盛水容器等，果树制作的器皿。喜欢用木雕装饰的木制家具作为日常生活起居，例如木几案、木箱、木制摇床等。奠定木材是维吾尔族家具材料的首选，选材具有单一性，故制约了多样化材质家具的发展，但促进木工工艺的娴熟，雕刻式样的

多样化，由旋木到浮雕、透雕、贴雕等多种雕刻技法在家具中综合运用。在工匠对木文化的传承和见解有了更深刻的理解，运用也更加顺畅。在虔诚的信仰下，维吾尔族木雕家具在图案创作题材多以植物纹样和几何纹样，创作选题也就有了约束性，图案艺术创作素材上有了单一性和重复性。创作题材内容的寓意简单形象，可被重复利用，部分创作内容仅表现的是对植物的崇拜及描摹，虽然维吾尔族木雕的题材的创作资源较为单一，但对于单一的植物与几何图像经过维吾尔族工艺者加以创新，其图案的有序组织排列中，以不同的或相同二方连续形成骨骼，利用几何、波浪、散点、折线等连环式进行组织排列，构成连续、延展循环的排列，具有稳定感；纹样不断重复出现，形态有大小、凹凸、线条有曲直，创作出音乐般节奏感的图案构成方式，使之成为木雕家具纹样的重要部分。

3.2 传承与革新

维吾尔族木雕家具的发展代表着其不同历史时期文化艺术、审美情趣、木雕技术和生活方式的全面体现。维吾尔族品德正直、性格随和、人情浓厚，形成了好客的习俗，促进了木雕床的功能与样式全面化发展。维吾尔族木雕家具作为其民俗的一个媒介载体，需要从习俗推演中进行传承创新。而传统与创新存在着对立面，不是传统的就全是落后的。首先，笔者认为维吾尔族传统的木雕家具虽然不能代表如今机器生产的地位，但也不是落后的一种表现，而是维吾尔族在长期民俗生活中对自然以及精神积淀下形成的。而这种民俗生活下生成的传统手工艺已逐渐被人们认知，在这样的　一种背景下，维吾尔木雕家具以一种人文资源的呈现，重塑当地文化，也是当地的一个经济增长点。维吾尔族木雕家具不需要原本的保留，但需要其活态传承其木雕工艺、创作图案、寓意色彩、选材暗示也要融合现代化生活当中，成为地域民俗生活中的一部分，才能将维

吾尔族木雕家具有生命力、有价值、有意义地传承下去。其次，维吾尔族木雕家具与地域文化相结合，用其精湛的雕刻技艺与维吾尔木工工艺者创作的图案法则与民间艺术相互结合，成为一件地域工艺美术品呈现在人们的生活视野当中，地域人文与维吾尔族木雕家具进行互动，才能将其艺术化，品质化。例如，入选十二届美展维吾尔族民族家具作品，依据维吾尔族饮食习惯中喜欢盘腿而坐为创作思路进行设计的作品。其家具即有民俗中形成的饮食习惯，同时也进行了民族工艺艺术化，而该作品不再是单一的民族装饰符号的传承，而是将民俗生活中抽象化，转化成了具体化。既要保留其生活习俗也要适应现代化艺术需求，将维吾尔木雕家具演变成一件艺术品。因此维吾尔族家具发展中，要进行三位一体的立体式创作，使维吾尔族家具在民俗中相互融会贯通，融变成趣，是今后维吾尔族家具发展的主旨。

4　结语

维吾尔族木雕家具作为其民俗生活的一因子，与维吾尔族民俗互生共存，不仅体现了维吾尔族精神也映射出其民俗文化现象。维吾尔族木雕家具的传承创新与发展不仅有利于改善该居民的生活质量，并能促进该民族的归属感；不仅与维吾尔族民俗相符，也能以特色的旅游纪念品促进经济的发展；同时为研究维吾尔族对家具的审美情趣、民族性格等文化心理特征提供家具艺术方面的研究依据，进而寻求其木雕家具的现代价值。

参考文献

[1]钟敬文.中国民俗史·汉魏卷 [M].北京：人民出版社，2008.

[2]乌丙安.中国民俗学 [M].沈阳：辽宁大学出版社，1999.

[3]仲高.丝绸之路艺术研究[M].新疆人民出版社，2009,8.

[4]中国新疆文物考古研究所，日本佛教大学尼雅遗址学术研究机构.中日共同考察研究报告 [M].北京：文物出版社，2009.

准格尔盆地南缘民居建筑雕刻纹样研究*

赵 凯 新疆师范大学美术学院

摘要：本文以准格尔盆地南缘区域民居建筑雕刻纹样为研究对象，以古丝绸之路文化影响下历史遗存考证为基础，对民居建筑木构件及雕刻纹样的形制特点进行归类比对分析，从而探讨新疆民族建筑纹样艺术的时代特色，以及对我国当代建筑装饰艺术的引鉴价值。准格尔盆地南缘的民居建筑木雕纹样艺术是新疆民族传统文化的重要组成部分，也是西域木雕艺人长期劳动与智慧的结晶，体现了中原与西方、原著民族与迁徙民族在生存经验与技艺上的融合，在现代生活中有着不同形式的存在与传承。

关键词：丝绸之路 民居建筑 雕刻纹样

古"丝绸之路"是历史上横贯欧亚大陆的贸易交通线，学界定论为"古代和中世纪从黄河流域和长江流域，经印度、中亚、西亚连接北非和欧洲，以丝绸贸易为主要媒介的文化交流之路"[1]。故而悠悠丝绸古道不仅是古代中国联系东西方的重要"商道"，也是整个古代中外经济及文化交流的国际通道，并在波澜、延绵的历史长河中承载着不同的信仰和灿烂的民俗文化。

"丝绸之路"南道（又称于阗道），北部深入塔克拉玛干大沙漠腹地，南枕昆仑山和喀喇昆仑山，是古丝绸之路西域段的多民族聚居之域。千百年来，该区域以其独特的风物人情，孕育了辉煌的古丝路西域建筑文明。其中，木质雕刻装饰作为建筑及建筑构件的重要内容之一，在独特的地理自然条件及深厚的历史文化背景下诞生，在传统认知能力的影响下繁衍生息，已成为我国地区民族建筑装饰艺术不可或缺的组成部分。

因此，本文以准格尔盆地南缘区域建筑木雕纹样为研究对象，以古丝绸之路文化影响下历史遗存考证为基础，对常用建筑构件木雕纹样的形制特点归类比对分析，进一步探讨新疆少数民族建筑纹样艺术的时代特色，以及对我国当代建筑装饰艺术的引鉴价值。

1 历史遗存与建筑木雕

据史料记载，准格尔盆地南缘曾是丝路古道上众多古代少数

*基金项目：2013年新疆师范大学自治区重点学科招标课题项目，批准号：13XSQZ0505；2015年自治区普通高等学校人文社会科学重点研究基地项目，批准号：XJEDU04815B05。
① 张田，继承人类古代文明遗产，谱写中西文化交流篇章——《丝绸之路研究丛书》(第二版)出版简述，西域研究，[J].2010（01）：130.

图1 木雕门柱 尼雅遗址

民族的聚居地，如：西域三十六国中的精绝古国尼雅遗址、楼兰古国遗址，吐蕃古戍堡米兰遗址等，这些历史遗存证实了该区域历史建筑是以"架木为屋，土覆其上"①的建筑形态，以及由木柱、木梁、木门、木窗等丰富多彩的组合木质构件，他们向世人们揭示了古丝路时期西域先民的建造工艺与西域文明，更是承载着一个时代的历史风貌特征。

首先，笔者考证了尼雅遗址中出土的建筑木构件，存有大量的木质雕刻双托架、飞檐木雕托饰、木门楣等建筑木构件，虽然遭受风沙的长期侵蚀而刻面残缺，但是依旧可窥其精工鬼斧般的雕刻技艺与美妙绝伦的艺术造诣。著名考古学家，探险家斯坦因在1906年发掘编号为N.XXVI.iii.1的建筑木雕双托架，其纹样以花瓶为主体，中插12根长茎，内雕有宽叶脉纹和锯齿状的石榴形果图案。另一件编号为N.xv.02的椭圆形纹饰飞檐托梁，四周布以四方连续图案，并将四瓣四萼花置于四个三角形之中，重复于建筑檐口，其图形具有明显的犍陀罗艺术表现形式（图1）。

其次，楼兰遗址也出土了大量的建筑遗物。如：应为当时楼兰城统治衙门府所在地的"三间房"遗址。据考古人员发现散落在遗址南部空地上的大量柱体、房梁及门窗框文物中，雕刻有形似于卷草纹的精美装饰纹样。其中一根长达4米多的方形木梁，柱基底部雕刻着细腻的莲花纹样，并呈现出中原雕刻艺术与印度佛教文化相并存的文化内涵（图2、图3）。再者，米兰古城作为古丝绸之路历史叠加的跨文化遗址群，其中东大寺与西大寺是遗址内罕见且保存较为完好的古佛寺建筑。由于受古西域丝绸之路早期佛教艺术的影响，建筑中残存的木构件及佛龛上多雕有线条优美的卷云与植物纹样装饰，成为了西域古建筑装饰艺术的瑰宝。

从审视众多西域古建筑遗址与木雕纹样艺术遗存来看，毋庸置疑准格尔盆地南缘区域的历史轨迹所见证的地区建筑木构件及木质雕刻装饰纹样的璀璨，它不仅体现了西域木雕艺人长期劳动与智慧的结晶，也彰显了中原与西方、原著民族与迁徙民族中的文化融合，更成为我国古代建筑艺术不可分割的组成部分。

2 传统建筑构件木雕纹样之风韵

准格尔盆地南缘的民居建筑长期受中国传统建筑"木作"艺术的影响，他的纹样雕刻多分布于柱、梁、梁托、檩、门、窗等木构件中。这些木质雕刻根植于地域传统艺术，烘托着建筑局部与整体的对应关系，体现了当地居民特有的审美情趣。经笔者大量实地调研采样，对该区域民居建筑木雕中的几何纹与植物纹进行初步的研究分析。

2.1 几何纹样

准格尔盆地南缘区域民居建筑木雕装饰的几何纹样由来已久。如早期的编织物纹样、鱼网纹、菱形纹、延续型组合纹等等，是古

① 闫飞，新疆维吾尔族传统聚落地域性人文价值研究，甘肃社会科学[J].2013(03) 230-233.

图2 楼兰遗址雕刻廊檐（3～4世纪）

代草原游牧文化传承而来的独特艺术造型，在视觉上他不求写实感受，也不求再现自然界原貌，他突破了时空观念的限定和约束，单纯的反映了视觉秩序与规律性，给人们以更加丰富的幻想空间。

2.1.1 单体几何纹

经调研，准格尔盆地南缘区域民居建筑木构件存有大量的单体雕刻纹，这又被泛指为"团纹"。由于受硬木材料及原始手工工艺的限制，几何团纹的样式往往造型简洁、概括，是建筑木构件雕刻中最常用的传统装饰形式之一，图形主要表现为网格形、菱形、星形与发散形纹等。

网格纹又称渔网纹或方格纹，是准格尔盆地南缘区域民居建筑木雕装饰中最早诞生的辅助图形。从早期陶器纹样中发展至民居建筑的门、窗及梁柱上，具体可分为四方形、等边三角形两大类，这类图形具有视觉定位和烘托其他植物纹协调的作用。笔者在考察位于洛浦县杭桂乡的清代古宅伊山阿吉庄园时，便发现了大量应用于建筑梁柱之上的网格形团纹的木构件，当地人将其称之为"卡西帕扑"或"阳皮巧克"。在皮山县吐尔地阿吉旧宅及和田县巴格其镇的大量民居建筑中，同样也发现了大量的菱形纹、圆形纹、星形纹及发散形纹。大多雕刻在建筑的门框、门楣、柱头以及1/3的柱身部位。据《乌古斯传》记载，该类几何纹应源于早期图腾崇拜的原始宗教形式，是维吾尔族原始社会观念和习俗的遗存（表1）。

单体几何纹　　　　　　　　　　　　表1

种类	出处	纹样描述	图例
檐口单体几何纹	伊山阿吉庄园	檐口，突出于门2.8米左右，木结构，木本色。檐口装饰单体菱形几何纹，檐下门头雕有菱形几何纹，门板无装饰。檐下两边廊柱与墙之间装有木椅，椅子后背装有镟木条	
嵌入式入户门	皮山县民居大门	嵌入式入门门，双层门框，外框突出门板45厘米左右，杨木，木本色。大门整体采用浅阴雕及贴雕。门板装饰单体菱形、矩形几何纹，门框装饰网格纹、二方连续几何花纹带	

2.1.2 组合几何纹

组合几何纹借助木材细棂条间相互榫合、接连的特点，是拼凑而成的组合形纹样，常以并列、错位、颠倒、重叠等形式，呈现向左右或上下反复延展的带状或块状纹饰，学术界通常将其定义为二方连续和四方连续的几何纹。

在位于洛浦杭桂乡的伊山阿吉庄园及周边民居中，笔者共收集考证了散点式、波浪曲线式、折线运动式、几何连缀式、连环式等四十多种二方连续纹样。而每种形式至少有四种排列方式，且多分布于建筑密梁、建筑檐口、门板、窗扇、藻井和柱等主要建筑构件部位。在和田县朗如乡的民居建筑中，考证了大量利用平面空间分

图3 米兰遗址 "三间房"雕花榫卯木梁（3～4世纪）

割规律而形成的四方连续纹样，多出现于门板及窗扇上，如象征大地经纬线的十字形窗棂连续、象征财富的斜棂交织菱格连续、呈现出吉祥寓意的交缀的方形连续等（表2）。

组合几何纹　　　表2

种类	出处	图例
几何连缀	和田朗如乡门框纹样	
折线运动式	伊山阿吉庄园	
散点式	洛浦县民居	

2.2 植物纹样

在伊斯兰教中禁止将具象化的生命体当作崇拜对象，同样在艺术装饰中也反对具有人物、鸟兽等形象的具象描绘。因此，准格尔盆地南缘区域民居建筑木质雕刻装饰中大量取材于适地适生的乡土植物原型，再通过雕刻艺术创造的手法，赋予普通植物以博大精深的艺术可能性。

2.2.1 植物原形纹样

植物纹样的原型多取自各民族生活中常见的花卉、果木及枝叶等植物，如：葡萄藤、石榴花、巴旦木果、玫瑰花等，维吾尔语中将其统称为"奥依蔓花"，意为优雅与美丽，通过结合民间传统手工木雕工艺，将其应用于建筑木构件的装饰艺术之中。

以葡萄花和葡萄藤为例，是东汉时途径古丝路传入新疆境内。《后汉书·西域传》曾记载为："伊吾（新疆哈密）地宜五谷，桑麻，葡萄。"[①]19世纪初，斯坦因考察在公元2到3世纪的罗布淖尔遗址的木质门楣残片时，就发现了早期西域葡萄纹样的存在。葡萄枝叶蔓延，果实累累，极贴近人们祈盼家庭兴旺的愿望，因此，在新疆民间建筑传统纹样使用中也极为普遍。除葡萄纹样外，向日葵、石榴花等同样也象征着民族繁衍后代、多子多孙、生生不息的生活意境，以及宽大灵活卷曲的叶片，都是和田民间建筑木雕纹样喜闻乐见的装饰题材（表3）。

植物原形纹样　　　表3

类型	图例
四瓣花 四瓣四萼花	
麦穗	
指甲花	

2.2.2 植物抽象纹样

准格尔盆地南缘区域民居建筑木雕装饰，常见大量象征自然崇

① 余太山，《后汉书·西域传》要注，欧亚学刊[J]，2004-06：23．

拜及具有原始宗教痕迹的植物抽象纹样，主要源于人类本身审美意识的转换。如：叶中藏花、花中生叶、果上攀枝、花上挂果和枝上缠花等，多是在原形基础上通过变形、象征和提取的艺术手法，浮现于意向化的卷草纹、缠枝纹等。

据《古代和田——新疆考古发现》记载，尼雅遗址现编号为N.Vii.4、N.xx.03的木雕柱头上，发现了和田早期的四瓣四萼花、四瓣花及植物叶片的抽象纹样，虽然在装饰后的木雕植物花纹中很难寻找到其花卉或叶片的原型，但已经被赋予了更加神圣、吉祥的寓意。植物抽象纹样在装饰过程中多结合几何纹样的二方连续处理手法，依据植物花和叶的生长结构、形态、动态、减少或增加、放大或缩小、适当移动或抽取基元体，并逐渐形成了具有对称、反复、经纬交织和规律、无限延展的植物纹样体系（表4）。

植物抽象纹样　　　　　　　　表4

类型	图例	
二方连续		
四方连续		

① 周鸣浩，20世纪80年代中国建筑观念中"环境"概念的兴起[J]. 2014.06:18.

准格尔盆地南缘区域民居建筑木雕装饰除几何纹样、植物纹样之外，也有少量的文字纹及代表山川河流、日月星辰的水波纹和新月纹等，如：源于山脉的三角形纹和"M"字形纹饰、象征河流的Qaynam（漩涡）纹、Dolqun（浪）纹等，在多重文化和复杂历史的演变中，纹样融合了多地区及多民族的文化元素以及本土的雕刻技艺，从而构成了极具特色的和田建筑雕刻艺术体系。

3 建筑木雕纹样艺术的再思考

综上分析，我们可以清晰的找到准格尔盆地南缘区域民居建筑的木雕纹样中希腊、犍陀罗、中原文化，以及祆教、伊斯兰教等多元文化的构成因子，并呈现出历史叠加的艺术特色，诸如该区域建筑木雕的植物纹样有着与西欧忍冬纹、莨苕棕榈叶纹的交织与渗透，以及建筑柱式受古希腊"爱奥尼"柱式纹、"穆克纳斯"柱式的内在影响。从而也见证了该区域建筑装饰纹样的产生与源流是以不同民族、不同国域对自然界的认知与悟读。在丝绸之路上，这种不同民族、不同国域的文化交融，使得和田民居建筑木雕艺术在选择、吸收的发展过程中，形成独具地域性、民族性、时代性的新疆少数民族建筑装饰艺术风格。

郝曙光在《当代中国建筑思潮研究》中提到："民居由于它天生的多样性和丰富的艺术手法，可为我们提供许多创作的灵感和启示，当代许多好的建筑装饰手法，都可以从我国民居中找到先例"。①在历史演化过程中，准格尔盆地南缘区域民居建筑中无处不在的木雕纹样，成为新疆民族传统文化的重要组成部分，以及民俗文化的传播符号，不仅有助于提升人们对新疆民居传统木雕装饰的手工艺认知，也是对新疆传统木雕装饰艺术的保护、利用与全新的解读，同时，对我国当代建筑装饰艺术具有引鉴价值，并潜移默化的渗透于现当代少数民族建筑的现代化进程之中。

参考文献

[1]常任侠.丝绸之路西域文化艺术[M].上海：上海文艺出版社，1981.

[2][德]克林凯特.丝路古道上的文化[M].新疆：新疆美术摄影出版社，1994.

[3]王小东.伊斯兰建筑史图典[M].北京：中国建筑工业出版社，2006.

废弃煤矿的后工业景观设计初论
——以徐州权台煤矿东方鲁尔文化生态园区为案例

殷 铄 天津大学建筑学院

摘要： 煤炭资源的逐渐枯竭决定了煤矿开采历史的必然消亡，可其在人类发展中却是永存的。针对中国众多的煤矿关、停、破，通过对徐州权台废弃煤矿改造东方鲁尔文化生态园区的规划剖析，结合国内外例证，对煤矿遗址景观设计的历史、生态、美学、人文艺术诸方面研究，探讨废弃煤矿的保留、利用、改造价值和意义。

关键词： 后工业景观 生态景观 废弃煤矿 权台煤矿 历史 美学 文化 再造

1 后工业景观与中国的工业时代

我国自新中国成立以来，尤其是经过改革开放数十年的经济腾飞，工业发展取得举世瞩目的成就。但由于中国的工业化进程中存在着较为显著的区域性差异等因素，并未彻底完成工业化的历史任务，而是处于一个工业时代和后工业时代相交的历史阶段。后工业时代的来临给工业化完成地区带来了历史上从来没有出现过的问题，也给国人留下了许多新的挑战。

后工业化时代的到来，留下了大量以厂房建筑、矿坑、高炉为代表的工业遗迹。相关的工业设施以及废弃工业用地也在城市空间中占有相当一部分面积。对于这一部分工业遗迹的处理，大规模的拆除重建是目前普遍的做法。然而，如此规划建设的结果，却带来了很多负面影响：一味地拆除抹杀了工业文明的历史记忆；纯粹的"新规划"割裂了城市的肌理；大规模的商业化建设带来的是资源的浪费。对于工业遗迹的处理，应该在可持续发展的背景下，对有价值和先决条件的遗迹进行改造、利用，实现其再生的边缘价值，以生态、环保、人文艺术为目的，设计具有生态价值、历史价值和经济价值的"后工业景观"。

后工业景观设计正是后工业时代的产物。相关的设计在20世纪60年代的欧美国家已经发起并在90年代成为一个新的景观设计领域。狭义的后工业景观设计则专指针对工业废弃地的景观改造，使之成为城市中有效的公共空间。

后工业景观设计和后现代主义艺术在历史上形成的时间可谓完全一致，其原因都归根于工业化的完成。二者不期而遇，并且有着相似的目标：对人类在工业化过程中所犯下的错误作出反省和对人与自然关系的重新审视。景观设计中对于形式化和美学意义的追求，转而变为对人类生存环境的整体规划设计和对人类未来生存延续的思索，所涉及的领域远远不止建筑学、设计艺术学等，而是包含了生态学、社会学、人类文化学在内的等新型学科和理论。

2 工业遗迹中废弃煤矿的时代性和特殊性

在众多类型的工业遗迹之中，废弃煤矿可谓最典型、最具有改造意义的一类。相比其他类型的工业遗迹，废弃的煤矿更具有特殊性、历史意义、生态意义、审美意义和文化意义。

2.1 煤炭工业在我国工业化进程中具有特别重要的意义，承载着无可比拟的历史使命，体现了重要的历史价值

煤炭的资源枯竭决定了开采的必然消亡，可在人类发展中却是永存的，煤矿遗迹本身就是历史的有力佐证。中国开采煤炭的历史源远流长，近代之后更是突飞猛进的发展。煤炭工业为中国国民经济提供了能源，默默地为国家的发展作出不可磨灭之贡献。在中国东部的很多老矿区，煤矿已经接连报废，所遗留下来的不仅仅是报废的矿井，还有一代代建设者的记忆。煤矿这样特殊的黑色部落，也许不会再出现。这些历史的印迹应当也十分必要地成为一个民族对工业化进程的永久回忆。

在权台煤矿的东方鲁尔文化生态园区项目规划（以下简称权台煤矿）中，保留了矿区铁轨沿线几百米的主井架、煤仓、运输廊、副井等遗址，集中体现了上述历史意义。在这些建筑遗址的地下，又复制了还原采煤工作环境的"地下迷宫"，再现当年煤矿工人在800米下采煤面、掘进等采矿的真实场景，增强了煤矿景观的历史厚重感，深层表现了人类在向大自然索取的回报和代价，让人们永远记住曾在这里发生的一切。

2.2 抓住机遇，通过完整的生态景观规划设计，"资源再生、生态再造"，打造湿地生态区，满足可持续发展的要求，有着重要的生态学价值

煤炭的开采一直在工业时代扮演最重要的角色，直接导致了工业革命的完成。然而煤炭开采的历史受诸多因素的限制和影响，实则付出过极大的生态代价。除了众所周知的煤矿生产安全问题之外，采煤的过程实际也伴随着一系列的环境破坏的问题。我国的能源组成结构中，煤炭占70%以上，煤矿生产主要沿用传统粗放型的生产模式，对生态系统破坏很大，如煤炭开采形成面积巨大的塌陷区、土地荒漠化的问题，各种生产过程中排放的硫化物和氮氯化物更对大气和植物产生危害等。

随着煤矿的多年开采，对于空气、水质、宜居适宜度方面都是相互联系的整体并应该以一个系统的方式来解决，而不是将它们割裂开来。经过调查论证，权台煤矿的现状还比较乐观。自然植被得到了较好的保存，水资源良好。这要求跳出传统规划的思维和路径，进行一个整合景观、水系和社会网络的战略性规划方案，能在传承景观文脉的同时，也成为其他废弃煤矿景观改造适用的范本。为此，规划设计的出发点是创立一个可循环的、具有活力的、清洁的水系统，作为改造整个矿区的出发点。由于权台煤矿地下水资源良好，在改造的同时还可以利用清洁的地下水发展饮用水产业。

在权台煤矿景观改造中，水系统成为景观中最重要的动态景观。水系的边界设计应该紧密结合周边场所的环境，实现自然生态的水岸。丰富的水生植物、观景木制平台、生态净水群落、休闲漫步廊道、各种景观小品和内部水湾不仅仅结合成引人入胜的多功能水岸，更加可以实现水资源的维系和净化功能，实现真正可持续发展的生态景观系统。

2.3　煤矿形成了完整的文化生态部落，具有景观改造特有的文化资源，在人类发展史中呈现了典型的文化和社会价值

由于煤矿开采的特殊性质和方式，煤矿形成了一个具有独特精神特质、相对独立与城市和乡村的特殊部落，具有事实上的文化稀有性。"煤矿确实是一个相对非常特殊的地方。它好像在大自然一个角落里，一个非常遥远的角落，像一个部落，它有自己的特殊的生存环境；生存环境带来的是特殊的生存状态；特殊的生存状态而产生的是特殊的一种生活的意识。""矿工的爱、恨、乐、苦、叫、骂，都形成了一个特有部落特性：身居于城镇和乡村之间。"此外，生活在煤矿的矿工、建筑师、艺术家、音乐家、诗人和煤矿一起形成了一个具有独特精神特质的文化生态圈。但随着煤矿的不断报废和工业化的完成，这个文化生态圈迟早要随着城市化的进程而融合成为城市景观的一部分。煤矿工业遗迹将以何种面貌融入城市景观之中，对于中国众多"煤炭城市"的可持续发展来说，具有举足轻重的文化意义。

权台煤矿在遗址中的装煤楼改造成为煤矿纪念馆；煤仓和斜的运输廊改造为目前世界上独一无二的艺术馆；原有的工业广场上改造成为"1882煤矿文化广场"（1882年徐州煤矿开始开采），用绿色灌木构成1882字样，并规划了悲怆庄严的下陷结构煤矿纪念碑等，形成了一个震撼心灵的整体景观，彰显了人类文明中最伟大、最惊心动魄的文化气息。

2.4　我国不同地区的废弃煤矿建筑借鉴了苏联、德国、日本等样式，具有特殊的时代特征，为后工业景观设计提供了很好的美学价值

由于中国工业发展的时期性、特殊性，煤矿建筑的文化含量饱满，成为建筑史上不可或缺的部分。近现代的中国饱受欺凌，中国的采矿业有大量外国资本的进入。在抗日战争期间，中国绝大部分煤矿被日本人占据掠夺。新中国建立后，煤矿的建设吸取了包括德国、苏联等多国的经验，所建成的矿区建筑则因此各具特色，典型建筑群要比现在北京的"798"壮观的多。成功的工业遗迹改造景观，其精彩之处正在于其建筑充满了工业技术之美。煤矿工业遗迹中所反映的，是工业技术的印记和其发展的铁证。

权台煤矿建于20世纪50年代，主体是比较典型的德国20世纪现代主义初期风格的建筑。这些充满沧桑感的建筑自身具有时代性的审美价值。后期煤矿建设中，又增补了一些具有中国社会主义时期特色的工业广场和绿化设施等，体现了准确的时代特点，也可以承载当代人的另一种审美需求，同时也为梳理建筑景观艺术理论提供了线索。

3　后工业生态景观改造与中国废弃煤矿的"资源再生、生态再造"

通过对权台煤矿景观改造的价值和意义的剖析，我们清楚地意识到废弃煤矿面临的后工业生态景观改造过程是历史的必然。随着矿井的不断报废和经济的不断增长，这个生态圈迟早要随着城市化的进程而融合成为城市的一部分。煤矿工业遗迹将以何种面貌融入城市景观之中，对于中国众多"煤炭城市"的可持续发展来说，举足轻重。

工业革命以后，通过英国工艺美术运动直到德意志制造业联盟和包豪斯的成立，产业化和标准化生产促进了工业美学的建立。很快，现代主义设计时代来临，功能性第一位的工业美学迅速被设计师和大众所青睐，并在这以后的数十年中一直站在潮流的前端，后工业景观设计也成为这一领域中的重要角色。废弃的煤矿，在工业时代的处理方案无外乎拆除重建景观。但后工业时代的景观设计给我们提供了更多的选择。保留部分的工业建筑和工业设施往往能在景观设计中起到关键的作用，让整体景观更加震撼而充满美感，成为景观设计感动人的关键，也成为当代生态学的重要组成部分。这在国外和中国的实践中都有了非常成功的案例。如德国鲁尔区的北杜伊斯堡公园、英国利物浦阿尔伯特船坞公园和美国西雅图煤气厂公园，以及中国广东中山岐江造船厂公园等。

中国煤矿相比其他类型的工业遗迹，有着更多类型的功能性建筑，那些高高矗立的煤仓、支架交错的井架都足以吸引人们的眼球和震撼人们的心灵，也就更具有了后工业景观设计的广阔前景。此外，中国将有几百座煤矿面临着同样处境，如何"保留、利用、再生、再造"，用统一模式的规划去面对显然不够，照搬西方国家的成功模式也不符合我国的国情。需由国家力量、政府力量宏观调控，实现对历史负责、对环境负责、对公众负责。根据不同的区域、环境、现状，打造必要的世界级、国家级的煤矿遗址景观。更重要的还要选择性的针对几百个煤矿遗址，建立适应于当代文化生活的多元化的生态园区，避免一哄而上的重复工程。这是功在当代，利在千秋的事业，也是后工业景观设计史中极其重要又亟待梳理、论证、解决的问题。文化学、历史学、生态学、建筑学、设计学等都面临着新的相关结合点和研究课题。

天地之大，国土之大，民族之多，地球造就了东西方的文化。文化不是文人的文化，归根结底是人的文化。所谓大真大善大美，审美是跟随着天、地、人的。不同地域，不同民族，不同文化的特点，说明了世界文化存在的理由。艺术不是工业产品，不可能制定一个通用标准，否则就失去存在意义了。

当前我国处于经济转型时期，工业化即将完成。在多元文化盛行的后工业时代到来之际，对原有的工业遗迹的保护与改造关系着经济、社会、生态甚至价值观重建的重大课题。"天人合一"，智慧的中国一定能抓住契机，变废为宝。作为关键工业遗迹的废弃煤矿的改造，不仅仅是笔者深深的情结所在，更是后工业景观设计，值得研究。后工业时代正是多元文化大行其道的时代。中华民族伟大崛起要求中国文艺的复兴。利用、改造废弃煤矿而成的后工业生态景观，终将是伟大复兴中的靓丽风景。

通过对权台煤矿的规划，引发对后工业时代的煤矿景观的思考。浅析了在中国更多报废煤矿遗存的现状中，对历史、文化、建筑、生态诸问题意义价值的思索，期待各界对此投入更多的关注，以利于更早地建立成熟的理论体系，对我们的国家、国土、国人负责。

由于笔者在煤矿长大，故此在文中融入了浓厚的煤矿情结，又研究了权台煤矿的部分规划和讨论。人是懂得感恩的动物，活在现实自然中着的人们，享受矿工恩惠的人们，应该记着他们，让自己的子孙也记着他们。"眼看着一座座矿山枯竭、报废，被炸为平地，悲壮凄凉。我们的父辈老了，再也不能照顾我们，带着遗憾和期盼离我们渐渐远去。煤矿像睡着了的父辈，强壮、无私、宽容。无怨无悔、忍辱负重，耗尽了自己能够付出的一切，是那么安详地躺在我们面前，犹如一个混凝土浇灌的博物馆。铭刻着时间的石堡、褪色的红色标语、锈瘢累累的井口、炸塌的煤仓、荒野的矿场，见证、记录和凝固了一个时代。"煤炭是不可再生资源，矿山在不远的将来总会完全消亡，但文化艺术不是。煤矿让我们牢牢记住了那些曾经发生过的。不忘历史，活在当下。更重要的是那些即将发生的。

图书在版编目（CIP）数据

为中国而设计　第七届全国环境艺术设计大展入选论文集 / 徐里，张绮曼
主编. — 北京 : 中国建筑工业出版社，2016.10
　ISBN 978-7-112-19950-1

　Ⅰ. ①为… Ⅱ. ①徐… ②张… Ⅲ. ①环境设计－中国－学术会议－文集
Ⅳ. ①TU-856

中国版本图书馆CIP数据核字(2016)第237494号

该论文集紧密结合"为中国而设计"大展的主题，围绕环境设计专业的学科
特点，从建筑、室内、景观、家具、公共艺术等几个方向做了精彩的论述。论点
清晰，论证明确，从教学、实践等不同的方面充分展现了该学科的教育现状和未
来发展趋势。对该专业的教学和实践具有一定的参考意义。读者对象为环境设计
专业的在校师生及相关专业爱好者。

责任编辑：唐　旭　吴　绫　李东禧　张　华
书籍设计：谭　璜　陈奥林　赵吉亮
责任校对：陈晶晶　姜小莲

为中国而设计
第七届全国环境艺术设计大展入选论文集

徐里　张绮曼　主编

＊

中国建筑工业出版社出版、发行（北京西郊百万庄）

各地新华书店、建筑书店经销

重庆大正印务有限公司　印制

＊

开本：880×1230毫米　1/16　印张：25¼　字数：700千字
2016年10月第一版　　　　2016年10月第一次印刷
定价：88.00 元
ISBN 978-7-112-19950-1
　　　（29410）